TEACHING MATERIALS FOR COLLEGE STUDENTS

高 等 学 校 教 材

地震资料综合解释方法

Methods for Seismic Data Comprehensive Interpretation

王永刚 编著

中国石油大学出版社

内容简介

本书是为地球探测与信息技术、矿产普查与勘探、地质工程、构造地质学等专业硕士研究生编写的专业教材，主要介绍地震勘探资料解释的基础理论和基本方法。全书共分 5 章，包括地震资料解释的理论基础、地震资料构造解释与应用、储层岩性与物性预测方法、油气预测与烃类检测方法、地球物理资料综合分析方法等内容，书后还附有部分计算和综合分析的习题。

本书结合了研究生课程的教学内容以及当前地球物理勘探方法和技术的发展特点，力求所述内容新颖、方法系统。本书除可用作研究生的教材外，还可供高年级本科学生以及从事石油、天然气、矿产勘探与开发的学者和研究人员参考。

前言

《地震资料综合解释方法》是为地球探测与信息技术、矿产普查与勘探、地质工程、构造地质学等专业硕士研究生编写的教材，主要介绍地震勘探资料解释的基础理论和基本方法。通过本课程的学习可使学生了解地震勘探的基本理论，掌握地震勘探资料解释的基本方法和相关技术，学会使用各种地球物理勘探方法、技术以及对相关的各项地球物理资料进行综合研究和分析的方法，从而为解决油气田勘探开发的各项地质任务打下坚实的专业基础。

本课程于1988年由陆基孟教授首次为硕士研究生开设，当时的课程名称为"地震勘探及资料解释"。自1995年以来，本课程由我承担，并更名为"地球物理资料解释"，2001年后又更名为"综合地球物理方法与应用"。2000年以前，本课程一直沿用陆基孟教授等为物探专业本科生编写的《地震勘探原理》教材。2001年，我在多年从事本课程教学的基础上，通过教学资料的不断积累，在中国石油大学(华东)研究生院、地球资源与信息学院的支持下，编写了"地球物理资料解释"校内胶印的研究生系列教材。经过多年的应用，吸取了广大读者和专家的意见与建议，对教材内容进行了调整、充实和完善，形成了现在的版本。

本教材以地震资料解释方法与技术为核心，主要包括以下5章内容：

第1章为地震资料解释的理论基础，主要讨论了地震剖面的特点、地震勘探的分辨率、反射界面真正空间位置的确定、地震剖面的偏移归位等内容。

第2章为地震资料构造解释与应用，具体讨论了地震资料构造解释中的二维解释和三维解释的基本方法与相关技术、三维地震资料在勘探开发中的应用、地震资料解释中的可视化技术等内容。

第3章为储层岩性与物性预测方法，具体介绍了利用速度资料、波形和频谱信息进行储层岩性预测的方法和时频分析方法；介绍了振幅信息分析与应用的相关技术，如AVO技术、薄层分析技术等；还介绍了储层参数预测方法，包括统计拟合方法、克里金方法、相关滤波方法、协克里金方法、神经网络方法、非参数回归分析方法等。

第4章为油气预测与烃类检测方法，讨论了油气预测的基本问题，如主要储集层类型与特点、含油性预测的条件分析和地震资料品质的量化分析方法；介绍了烃类检测方法，包括亮点技术、AVO资料的烃类检测技术、地震属性分析技术、因子分析方法、聚类分析方法、利用 Kohonen 网络进行模式分类等；还介绍了含油性预测方法，包括 RS 理论及其决策分析方法、模糊神经网络储层油气预测技术、支持向量机储层油气预测技术等；最后讨论了储层预测结果的评价与检验方面的相关问题。

第 5 章为地球物理资料综合分析方法，具体讨论了开展综合分析的必要性、地球物理资料综合应用的有关问题、地震和测井以及地质资料的综合应用、地球物理资料综合处理方法、地震资料交互解释系统及其解释流程。

教材的最后还附有部分计算和综合分析的习题。

石油地球物理勘探技术的迅猛发展、计算机技术的广泛应用把地球物理资料综合应用和解释提到了一个新的技术水平。本教材在编写过程中参考了国内外相关教材和论著以及互联网资料，并针对研究生课程的教学内容以及当今地球物理勘探方法和技术的发展特点，形成了内容新颖、方法系统、技术先进的，可供从事石油、天然气、矿产勘探与开发的学者和研究者参考的教材。

在教材的编写过程中，得到了中国石油大学（华东）各级领导和许多教授的支持与帮助，也得到了中国石油天然气集团公司、中国石油化工集团公司、中国海洋石油总公司以及相关部门厂矿院所专家的关心、支持与协助，他们为本教材的编写提供了丰富的资料与图件。在本教材初稿完成之际，胜利油田韩文功总工程师、中国石油大学（华东）地球资源与信息学院印兴耀教授认真细致地审阅了全部内容，提出了许多中肯建议。中国石油大学（华东）地球资源与信息学院地球物理系乐友喜教授编写了第 3 章第 3.3 节、第 4 章第 4.2 节和第 4.3 节中的部分内容，我的研究生也参加了本教材部分图件的计算与绘制。在此一并向他们表示衷心的感谢！

由于作者水平有限，书中难免存在不妥之处，恳请各位专家和广大读者批评指正。

王永刚

2006 年 5 月

目录

第1章

地震资料解释的理论基础

地震波的基本理论包括运动学和动力学两大部分。与物理学中的几何光学相类似，地震波运动学研究地震波波前的空间位置与其传播时间的关系，采用波前、射线等几何图形来描述波的运动过程和规律，如反射定律、透射定律、斯奈尔(Snell)定律、费马(Fermat)原理、惠更斯(Huygens)原理等，因此，地震波运动学也称为几何地震学。地震波动力学是相对于运动学而言的，主要是从波的能量角度来研究其传播特征，如波的振幅、波形、频率、吸收、极化特点等。

回顾地震勘探的整个历程，在相当长的一段时期内主要还是通过研究地震波的运动学特点来推断地下的构造形态，从而间接地寻找油气藏。随着油气勘探难度的加大，用地震波运动学理论解决日趋复杂的油气勘探问题的局限性越来越明显。从 20 世纪 70 年代开始，由于上述原因以及数字化和计算机技术的飞速发展，使得地震波动力学问题的理论研究和实际应用都成为可能，而且实践也证明了这些方法的成效。亮点技术、幅距分析(Amplitude Versus Offset，AVO)技术、波动方程模拟、波动方程偏移和反演等新方法、新技术就是最具代表性的几个方面。

地震波实质上是在地下岩层中传播的弹性波。由于弹性波传播的基本规律是由弹性波的波动方程来反映的，因此，讨论地震波的动力学问题就是讨论波动方程的建立和它的求解问题，以及由此得出的结论在地震勘探中的具体应用等。

地球物理勘探方法之一的地震勘探主要包括三大环节，即地震资料的野外采集、数字处理和资料解释。地震资料的野外采集是根据油田的勘探或开发部署，由物探公司组织专门的地震队实施。野外采集的主要工序包括测量、激发(钻激发井、下炸药人工爆炸或使用可控震源，海上则使用空气枪)和接收(使用检波器、采集站、电缆和数字地震仪等设备)，涉及的主要方法和技术有观测系统设计、组合和多次覆盖等。野外采集的主要成果是测量数据、施工班报及大量的原始地震记录数据。

地震资料数字处理是地震勘探三大基本生产环节(采集、处理、解释)的中间环节，它既要适应野外数据采集条件多变的情况，又要满足资料解释的各种要求。地震资料数字处理是指用计算机处理和分析野外数据采集的原始资料，为解释人员提供真实反映地下地质构造变化的剖面或数据体。为此，除了需要专门的硬件设备外，还需要专门的数字处理软件系统。衡量一个处理系统的好坏，既要考虑各种处理功能是否齐全，又要考虑处理效果和效率是否完美可靠、经济高效。从野外采集的原始地震信息到可供解释人员使用的数据体或剖面，这期间经历了一系列的加工、处理流程，例如要经历输入→预处理→滤波→反褶积→速度分析→动、静校正→叠加→偏移→输出等流程。一个处理流程包括许多处理步骤，每一个处理步骤又要涉及许多处理模块。因此，处理模块是处理流程中的最小组成单元，是完成某一处理或分析功能的独立程序。

地震资料的野外采集和室内处理涉及基础资料的操作，而地震资料解释就是把这些资料转化成抽象的地质术语，即根据地震资料确定地质构造形态和空间位置，推测地层的岩性、厚度及层间接触关系，确定地层含油气的可能性，为钻探提供准确井位等。很显然，这种转化和转化的质量是每个解释人员的能力、想象力的综合表现，最终的成果体现在地质解释的合理性上。所以我们说，地震资料解释是一门实践性很强的工作，是一门科学，也是一门艺术和技术。它不仅要有一套理论和具体的操作规范，还要求解释人员要有丰富的想象能力、实践经验和操作技能。

地震资料解释大致可分为三个阶段，即构造解释、地层岩性解释和开发地震解释。20世纪70年代以前，在解决地质问题的过程中，地震勘探方法和技术主要以地震资料的构造解释为主，即利用由地震资料提供的反射波旅行时、速度等信息，查明地下地层的构造形态、埋藏深度、接触关系等。在这一阶段，地震勘探技术在各种构造圈闭油气藏的勘探中作出了重大贡献。但是，随着人类对能源需求的不断增长及构造油气藏的大量发现和开发，比较容易找到的构造油气藏已经越来越少，于是人们不得不设法寻找非构造油气藏。与此相应，在地震勘探技术发展的基础上，对地震资料的解释工作也提出了更高的要求。于是，在20世纪70年代后期出现了地震资料的地层岩性解释。这一阶段包括两部分内容：一是地震地层学解释，即根据地震剖面特征、结构来划分沉积层序，分析沉积岩相和沉积环境，进一步预测沉积盆地的有利油气聚集带；二是地震岩性学解释，它是采用各种有效的地震技术（如地震资料的各种分析及特殊处理方法），提取一系列地震属性参数，并综合利用地质、钻井、测井资料，研究特定地层的岩性、厚度分布、孔隙度、流体性质等。油田进入开发阶段后，地震技术为开发服务，于是产生了开发地震解释。开发地震解释包括油藏精细描述、储层参数预测、油藏动态监测等。

本章主要介绍与地震资料解释（如构造解释、岩性解释和综合解释等）有关的一些理论问题，包括地震记录的形成以及地震剖面的特点、地震勘探的分辨率、反射界面真正空间位置的确定、地震剖面的偏移归位等内容。

1.1 地震剖面的特点

1.1.1 地震记录面貌的形成

在地震资料野外采集时，震源爆炸产生的尖脉冲在爆炸点附近的介质中以冲击波的形式传播。当冲击波传播到一定距离时，波形逐渐稳定，形成地震子波。地震子波在向下传播过程中，遇到波阻抗分界面就会发生反射和透射。最后，地震子波从地下各个反射界面反射回地面而被地面检波器接收。这些反射子波的振幅有大有小、极性有正有负（主要取决于反射系数的数值和正负），到达地面的旅行时间有先有后（取决于反射界面的埋藏深度和波速）。以上是地震记录面貌形成的物理过程，它可以概括为以下的数学模型。

1. 地震记录的数学模型

通常，地震道 $f(t)$ 是由有效波 $s(t)$ 和干扰波 $n(t)$ 叠加组成的，即：

$$f(t) = s(t) + n(t) \tag{1-1-1}$$

此处的有效波 $s(t)$ 是指一次反射波。对反射波法地震勘探而言，除一次反射波以外的一切波都是干扰波。层状介质的一次反射波通常用线性褶积模型表示，即：

$$s(t) = w(t) * r(t) = \int_0^T w(\tau) r(t-\tau) \mathrm{d}\tau \tag{1-1-2}$$

式中，$w(t)$ 为系统子波；$r(t)$ 为反射系数序列；符号"＊"表示褶积运算。

系统子波是由震源子波 $o(t)$ 经地层滤波器 $g(t)$ 形成地下子波 $w_1(t)$，然后逐层反射—折射[透过响应 $\tau(t)$]—反射，最后被地面接收器 $d(t)$ 接收，并由仪器 $i(t)$ 记录后形成的。它是除反射系数以外的综合影响的结果。地层响应、透过响应、接收器响应、仪器响应都是滤波作用，对震源子波滤波相当于它们的时间域响应与子波连续褶积，即：

$$\begin{aligned} w(t) &= o(t) * g(t) * \tau(t) * d(t) * i(t) \\ &= w_1(t) * \tau(t) * d(t) * i(t) \end{aligned} \tag{1-1-3}$$

将式(1-1-3)代入式(1-1-2)得：

$$\begin{aligned} s(t) &= o(t) * g(t) * \tau(t) * d(t) * i(t) * r(t) \\ &= w_1(t) * \tau(t) * d(t) * i(t) * r(t) \\ &= o(t) * f_e(t) * f_q(t) * r(t) \end{aligned} \tag{1-1-4}$$

式中，$f_e(t) = g(t) * \tau(t)$ 为大地滤波器；$f_q(t) = d(t) * i(t)$ 为接收滤波器。

干扰波由非激发干扰 $n_0(t)$、噪音背景 $n_1(t)$ 及规则(相干)干扰 $N(t)$ 叠加而成，即：

$$n(t) = n_0(t) + n_1(t) + N(t) \tag{1-1-5}$$

规则干扰 $N(t)$ 分两类。一类与地质结构有关，称第一类规则干扰 $N_1(t)$，包括多次波、转换波、反射-折射波、断面波、绕射波、伴随波、折射波、瑞利(Rayleigh)波、勒夫(Love)波、斯通利(Stoneley)波等。这类波在某些特定条件下可视为有效波。另一类与地质结构无关，称第二类规则干扰 $N_2(t)$，包括水中鸣震、气泡效应、地表及海面散射等多次波。规则干扰与反射率函数有关，可用一类特殊子波 $w_m(t)$ 与反射系数函数褶积形成的特殊的多次波模型代表，即：

$$s_m(t) = w_m(t) * r(t) \tag{1-1-6}$$

式(1-1-6)可能是线性的，也可能是非线性的。

地震道的褶积模型有多种表达方式。根据频谱定理，式(1-1-2)的时间域褶积在频率域中就是乘积关系，即：

$$S(\mathrm{j}\omega) = W(\mathrm{j}\omega) \cdot R(\mathrm{j}\omega) \tag{1-1-7}$$

式中，$S(\mathrm{j}\omega)$，$W(\mathrm{j}\omega)$，$R(\mathrm{j}\omega)$ 分别为 $s(t)$，$w(t)$ 及 $r(t)$ 的傅里叶(Fourier)变换。

它们的复数形式可分解为振幅谱及相位谱两部分，即：

$$\left.\begin{aligned} S(\mathrm{j}\omega) &= S(\omega) \cdot \mathrm{e}^{-\mathrm{j}\theta_S(\omega)} \\ W(\mathrm{j}\omega) &= W(\omega) \cdot \mathrm{e}^{-\mathrm{j}\theta_W(\omega)} \\ R(\mathrm{j}\omega) &= R(\omega) \cdot \mathrm{e}^{-\mathrm{j}\theta_R(\omega)} \end{aligned}\right\} \tag{1-1-8}$$

三者之间的振幅谱和相位谱分别为：

$$S(\omega) = W(\omega) \cdot R(\omega) \tag{1-1-9}$$

$$\theta_S(\omega) = \theta_W(\omega) + \theta_R(\omega) \tag{1-1-10}$$

上面两式表明：地震道的振幅谱是子波振幅谱与反射系数振幅谱的乘积，它的相位谱是子波相位谱与反射系数相位谱之和。利用功率谱与振幅谱的平方成正比的关系，则有：

$$S^2(\omega) = W^2(\omega) \cdot R^2(\omega) \tag{1-1-11}$$

或者

$$P_S(\omega) = P_W(\omega) \cdot P_R(\omega) \tag{1-1-12}$$

若以离散形式表示，则式(1-1-2)变为：

$$s_i = w_i * r_i = \sum_{k=0}^{m} w_k r_{t-k} = \sum_{k=0}^{p} r_k w_{t-k} \tag{1-1-13}$$

式中，

$$\left.\begin{aligned} s_i &= (s_0, s_1, s_2, \cdots, s_n) \\ w_i &= (w_0, w_1, w_2, \cdots, w_m) \\ r_i &= (r_0, r_1, r_2, \cdots, r_p) \end{aligned}\right\} \tag{1-1-14}$$

s_i, w_i, r_i 分别为地震有效波、系统子波及反射系数的时间序列，长度分别为 $n+1, m+1$ 及 $p+1$，一般有 $m<n, p<n$。这是一个线性方程组，可表示为如下的矩阵形式：

$$\begin{bmatrix} s_0 \\ s_1 \\ \vdots \\ s_n \end{bmatrix} = \begin{bmatrix} w_0 & w_{-1} & \cdots & w_{-p} \\ w_1 & w_0 & \cdots & w_{1-p} \\ \vdots & \vdots & & \vdots \\ w_n & w_{n-1} & \cdots & w_{n-p} \end{bmatrix} \begin{bmatrix} r_0 \\ r_1 \\ \vdots \\ r_p \end{bmatrix} \tag{1-1-15}$$

由于子波为物理可实现序列，故 $w_{-k}=0$；又因为子波长度为 $m+1$，故 $w_{k>m}=0$。因而有：

$$\begin{bmatrix} s_0 \\ s_1 \\ \\ \\ \vdots \\ \\ \\ \\ s_n \end{bmatrix} = \begin{bmatrix} w_0 & 0 & \cdots & 0 \\ w_1 & w_0 & \cdots & \vdots \\ \vdots & \vdots & & 0 \\ w_m & w_{m-1} & \cdots & w_0 \\ 0 & w_m & \cdots & w_1 \\ \vdots & 0 & & \vdots \\ 0 & 0 & \cdots & w_m \end{bmatrix} \begin{bmatrix} r_0 \\ r_1 \\ \\ \vdots \\ \\ r_p \end{bmatrix} \tag{1-1-16}$$

矩阵式(1-1-16)可写成如下的向量形式：

$$\boldsymbol{s} = \boldsymbol{wr} \tag{1-1-17}$$

式中，$\boldsymbol{s}$ 为 $n+1$ 阶地震记录道的列向量；$\boldsymbol{w}$ 为$(n+1)\times(p+1)$阶的子波矩阵；$\boldsymbol{r}$ 为 $p+1$ 阶反射系数列向量。

如果用 Z 变换表示上述地震记录的褶积，则有：

$$S(z) = W(z) \cdot R(z) \tag{1-1-18}$$

式中，$z=e^{j\omega}$表示离散序列中延迟一个样点，$z_n=e^{jn\omega}$即为延迟 n 个样点。

例如，某个子波的时间序列为 $W_i=\{1,0,2,4\}$，则它的 Z 变换为：

$$W(z) = 1 + 2z^2 + 4z^3 \tag{1-1-19}$$

如果用拉普拉斯(Laplace)变换来表示上述地震记录的褶积过程，则在 S 平面上，式(1-1-2)变为：

$$S(S) = W(S) \cdot R(S) \tag{1-1-20}$$

$S^{-1}=e^{j\omega}=Z$ 表示延迟一个样点，于是式(1-1-19)成为：

$$W(S) = 1 + 2S^{-2} + 4S^{-3} \tag{1-1-21}$$

如果用拉普拉斯-Z 变换形式，即 $S_Z=e^{j\omega}$来表示式(1-1-19)，则有：

$$W(S_Z) = 1 + 2S_Z^2 + 4S_Z^3 \tag{1-1-22}$$

而式(1-1-9)可表示为：

$$S(S_Z) = W(S_Z) \cdot R(S_Z) \tag{1-1-23}$$

上面介绍的地震记录数学关系的一系列表示式，如时间域表示式(1-1-2)、频率域表示式(1-1-7)、离散表示式(1-1-13)、向量表示式(1-1-17)、Z 变换表示式(1-1-18)、拉普拉斯变换式(1-1-20)及拉普拉斯-Z 变换式(1-1-23)，它们都是等效的。

大量事实表明：利用声波测井资料和其他资料换算出反射率函数 $r(t)$，并选用合适的地震子波 $w(t)$，计算出的人工合成地震记录与对应的井旁地震记录大都符合较好。由此可见，这一套地震记录形成的理论(也称地震记录的褶积模型理论)是基本符合客观实际的，且是正确合理的(图 1-1-1)。

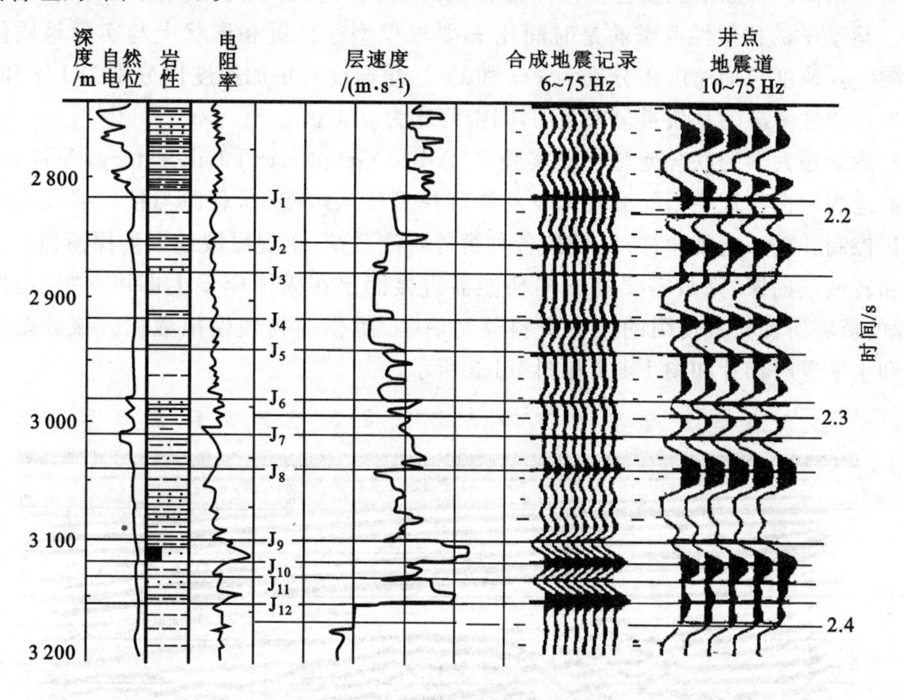

图 1-1-1　人工合成地震记录实例[1]

以上是一道地震记录面貌形成的机理。在实际中，用于解释的是由许多地震道依次排列起来的地震剖面或地震数据体。各种不同类型和传播特点的波的同相轴[在地震记录上相同相位(如波峰或波谷)的连线叫做同相轴]在地震剖面上会表现出不同的特点。进行地震资料解释时，这些特点是我们在地震剖面上识别各种波的主要依据。

2. 地震剖面的正演模拟

在地震资料的构造或岩性解释过程中，经常需要根据解释结果建立研究区的典型“地质概念模型”。模型是真实地质现象的简化，其中只包含影响地震剖面上最重要的因素，如速度、密度、地层厚度、界面空间形态等。根据给定的地质模型，利用计算机直接模拟该模型的地震响应。模拟过程通常是反复迭代的，模拟结果非常有利于理解不同类型的地质特征在地震剖面上的表现形式。

计算机模拟的实现方法有很多种。例如，褶积模型的逐道循环法；射线追踪法，即根据斯奈尔定律，射线在穿过或遇到层位时改变方向；基于波动理论的波动方程有限差分法、克希霍夫(Kirchhoff)积分法、频率波数域法等。

数值模拟结果可以是自激自收地震剖面,也可以是不同偏移距的共炮点或共中心点道集记录,主要用于理论研究或解释成果的分析论证。

上述方法也同样适用于三维情况,只是在算法上和具体实现时相对复杂而已。

3. 地震勘探的物理模型技术

地震勘探的物理模型技术利用一定的物理设备,模仿野外的激发和接收方式,对采集的模型记录进行一系列处理,得到用于理论研究的地震剖面或地震数据体。具体实现时必须考虑所建模型与实际地质体的相似性,包括几何相似性、运动学和动力学特征的相似性等。用相应的比例将地质模型缩小,各层的角度与实际地层的角度相同,则可满足物理模型与地质体的结合相似性。如果长度方向缩小的比例是λ,则面积缩小的比例是λ^2,体积缩小的比例是λ^3。运动学的相似性考虑的是时间比τ,要求模型在位置和形状上与实际地质体产生相似的响应。速度与加速度比分别为λ/τ和λ/τ^2,角速度与角加速度比分别为$1/\tau$和$1/\tau^2$。动力学的相似性考虑的是质量分布比μ,则密度比为μ/λ^3。

美国休斯顿大学的联合地球物理实验室(Allied Geophysical Laboratory,AGL)拥有比较完善的地震勘探物理模型配套技术。将物理模型浸入水槽中,震源与接收器在模型上方由计算机控制并按一定规律移动,模拟各种野外观测系统,实现纵波地震勘探模拟。如果模拟横波和转换波勘探,则只需要将方向换能器直接固定在固体模型上即可。“地震勘探原理”课程的资料解释实践使用的全套资料就是AGL提供的物理模拟数据。该数据体的地震剖面和水平等时切片如图1-1-2和图1-1-3所示。

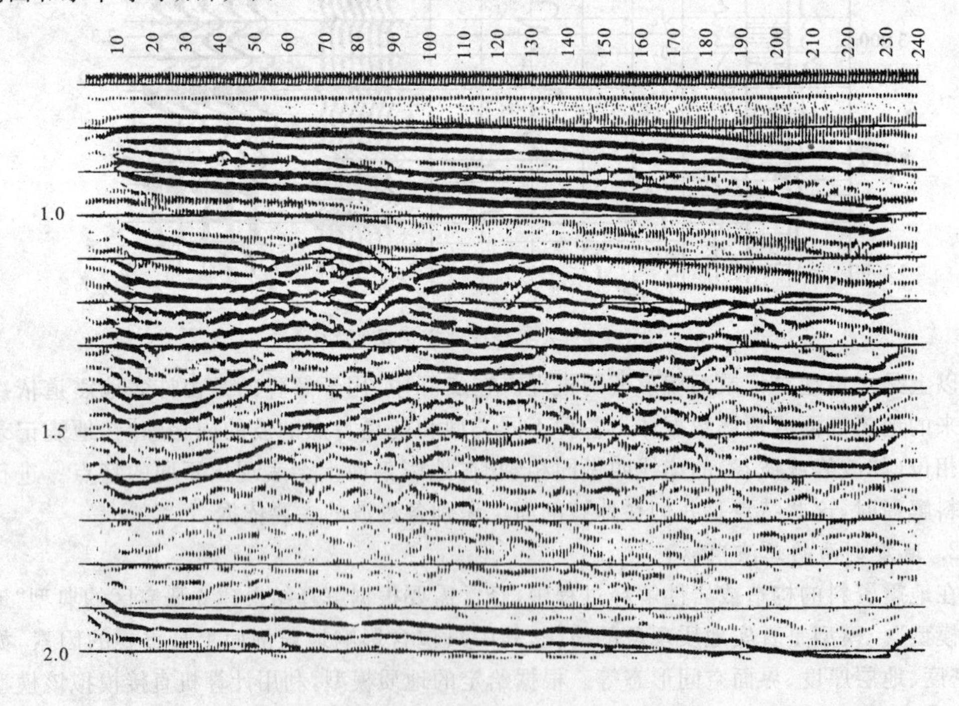

图1-1-2 物理模型数据体的Line 75剖面[5]

1.1.2 水平叠加剖面的特点

经过水平叠加后得到的时间剖面,已相当于在地面各点自激自收的剖面。在地层倾角

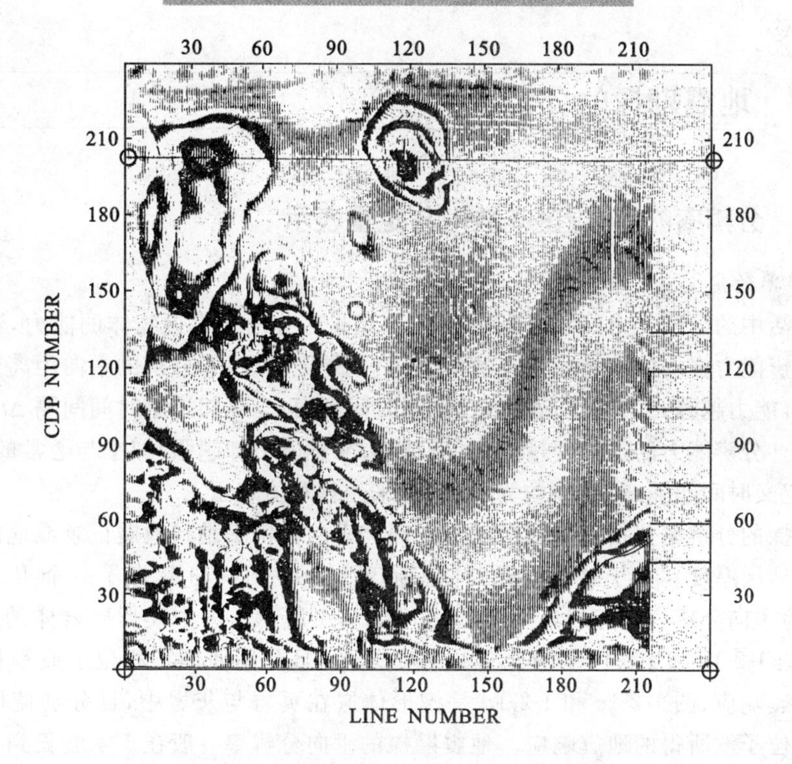

图 1-1-3　物理模型数据体中 t_0＝1 140 ms 的水平切片[5]

小、构造简单的情况下，它一般能较直观地反映地下地质构造特征，同时保留了各种地震波的现象和特点，为我们进行地质解释提供了直观而丰富的资料。

但是我们必须十分清楚地认识到，时间剖面并不是沿测线铅垂向下的地质剖面。它们之间存在许多重要差别，这表现在：

(1) 在测线上同一点，根据钻井资料得到的地质剖面上的地层分界面与时间剖面上的反射波同相轴，在数量上、出现位置上常常不是一一对应的。

(2) 时间剖面的纵坐标是双程旅行时 t_0，而地质剖面或测井资料是以铅垂深度表示的。两者需经时深转换，其媒介就是地震波的传播速度。它通常随深度或空间而变化。

(3) 时间剖面上的反射波振幅、同相轴及波形本身就包含了地下地层的构造和岩性信息，如振幅的强弱与地层结构、介质参数密切相关。但是，反射波同相轴是与地下的分界面相对应的，一个界面的反射特性又与界面两侧的地层、岩性有关。也就是说，一个反射波的特点并不是与一个地层简单对应的，而是与界面两侧的介质参数有关。因此，必须经过一些特殊处理(如波阻抗反演技术等)才能把反射波所包含的“界面”的信息转换成为与“层”有关的信息，这时才能与地质和钻井资料进行直接对比。

(4) 地震剖面上的反射波通常是由多个地层分界面上振幅有大有小、极性有正有负、到达时间有先有后的反射子波叠加、复合的结果。复合反射子波的形成取决于地下一组靠得很近的地层结构的稳定性，如薄层厚度、岩性、砂泥岩比等。

(5) 在水平叠加剖面上，常会出现各种特殊波，如绕射波、断面波、回转波、侧面波等。这些波的同相轴形态并不表示真实的地质形态，它们在三维偏移剖面上不可能见到。

1.2 地震勘探的分辨率

1.2.1 分辨率的定义、基本准则与定量表示

1. 分辨率的定义

日常生活中的分辨能力(Resolving Power)是指区分两个靠近物体的能力,通常以绝对值表示。分辨能力强弱的度量通常有两种方式:一是距离表示,分辨的垂向距离或横向范围越小,则分辨能力越强;二是时间表示,在地震时间剖面上,相邻地层时间间隔 Δt 越小,则分辨能力越强。分辨能力的这种度量方式(值越小,分辨能力却越强)似乎与通常的理解相反,为此,我们定义时间间隔 Δt 的倒数为分辨率,采用相对值表示。

地震勘探的分辨率包括垂向和横向两方面。垂向分辨率是指地震记录或地震剖面上能分辨的最小地层厚度。关于这个问题,怀德斯(Widess)于 1973 年做了一个很好的模型研究,现已成为垂向分辨率研究的典型模型,如图 1-2-1 所示。图中楔形砂岩体的厚度为 0～75 m,其中图 1-2-1a 和 1-2-1b 是楔形体嵌在页岩中,且分别使用零相位子波和最小相位子波所得的地震响应;图 1-2-1c 和 1-2-1d 是楔形体嵌在页岩与灰岩中,且分别使用零相位子波和最小相位子波所得的地震响应。地震勘探的垂向分辨率一般在 1/4 波长到 1/8 波长之间。例如,地震子波的主频为 30 Hz,波速为 2 700 m/s,波长为 90 m,则垂向分辨率为 11.2～22.5 m。

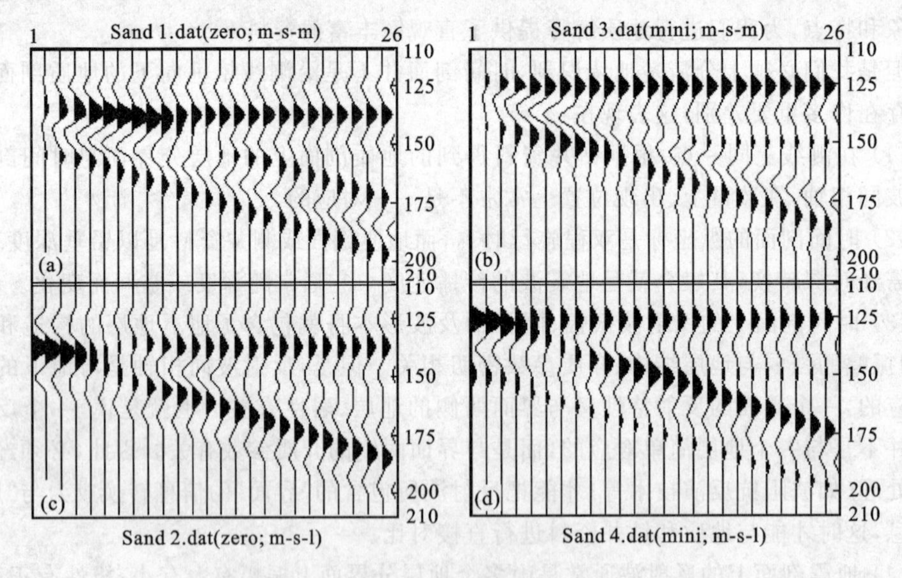

图 1-2-1 Widess 模型的地震响应

横向分辨率(空间分辨率)是指在地震记录或水平叠加剖面上能分辨相邻地质体的最小宽度。横向分辨率通常由第一菲涅尔(Fresnel)带的大小来确定,其半径 R 为:

$$R = \frac{v_{\mathrm{av}}}{2}\sqrt{t_0/f_{\mathrm{m}}} \tag{1-2-1}$$

式中,v_{av} 为平均速度;t_0 为双程反射时间;f_{m} 为地震波的主频。

由于实际生产中总是要进行偏移处理,经偏移处理后的第一菲涅尔带的半径会大大减

小，但减小到何等程度取决于空间采样率、偏移孔径、偏移速度的精度、偏移方法本身、观测系统等。正因如此，在经偏移处理的地震剖面上很难讨论清楚横向分辨率的问题，所以地震勘探中的分辨率一般指垂向分辨率。

下面进一步说明垂向分辨率的问题。图 1-2-2 所示为已知基本子波与同极性双脉冲和反极性双脉冲的褶积结果，用于说明地震记录分辨双脉冲的能力。图中 $\Delta\tau_r$ 为基本子波主峰值两侧转折点间的时差；$\Delta\tau_R$ 为基本子波波峰到波谷的时差；$\Delta\tau$ 为双脉冲之间的时差。

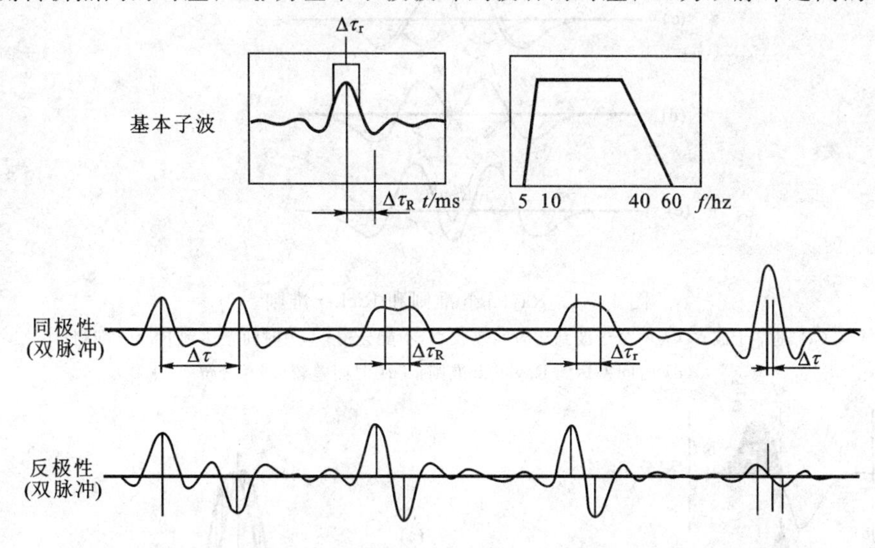

图 1-2-2　同极性与反极性双脉冲的分辨率[2]

当 $\Delta\tau \gg \Delta\tau_R$ 时，两个脉冲能很好地分开；当 $\Delta\tau < \Delta\tau_r$ 或 $\Delta\tau < \Delta\tau_R$ 时，两个脉冲就不能分辨了。这个例子告诉我们，分辨双脉冲地震响应的条件并不要求两个子波彼此不重叠。有时在有重叠的情况下也是可以分辨的。

2. 分辨率的评价准则

从上面的讨论中可以看到，相邻两个反射子波的彼此重叠肯定对分辨率有影响。对于地震记录上可以分辨的相邻间距，一些学者提出了不同的评价准则。在此简要介绍三类关于分辨率的基本评价准则：

(1) 瑞利(Rayleigh)准则。两个子波的旅行时差大于或等于子波的半个视周期，这两个子波是可分辨的，否则是不可分辨的，如图 1-2-3 所示。这里的半个视周期是指子波主极值与相邻异号次极值的时间间隔。显然，当子波的主极值幅度显著大于次极值幅度时，Rayleigh 准则是比较合理的。

(2) 雷克(Ricker)准则。两个子波的旅行时差大于或等于子波主极值两侧的两个最大陡度点的间距时，这两个子波是可分辨的，否则是不可分辨的，如图 1-2-3 所示。如果用子波的时间导数来表示，则 Ricker 准则是子波导数的两个异号极值点的间距，而 Rayleigh 准则是子波导数的两个过零点的间距，如图 1-2-4 所示。

(3) 怀德斯(Widess)准则。两个极性相反的子波到达时间差小于 1/4 视周期时，合成波形非常接近于子波的时间导数，极值位置不能反映层间旅行时差，两个异号极值的间距保持不变，约等于子波的 1/2 视周期(图 1-2-5)。虽然此时合成波形的旅行时差不能分辨薄层，但合成波形的幅度与旅行时差近似成正比，可以利用上述条件下的振幅信息解释薄层厚度。这被称为薄层解释原理。

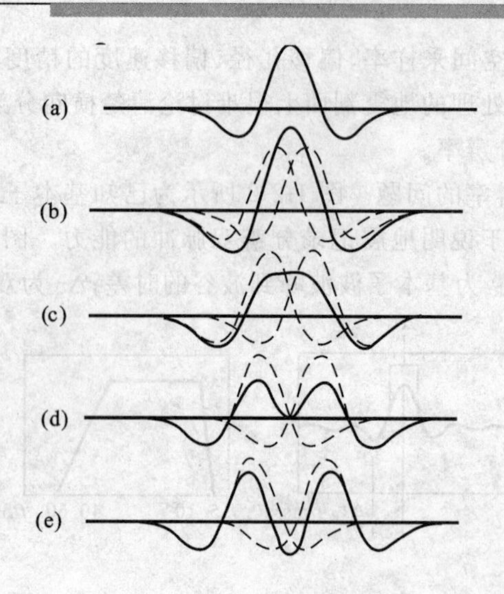

图 1-2-3　Rayleigh 准则和 Ricker 准则[2]

(a) 基本子波；(b) 两个子波到达时间差较小，不能分辨；(c) 时间差达到 Ricker 准则；(d) 时间差达到 Rayleigh 准则；(e) 时间差较大，易分辨

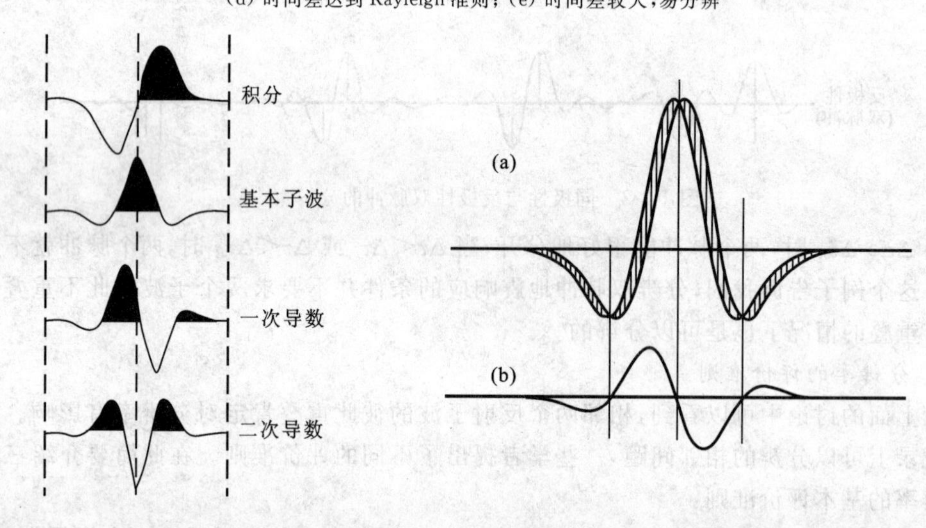

图 1-2-4　基本子波与它的一次导数[1]

图 1-2-5　Widess 准则[2]

(a) 两个子波到达时间差小于 1/4 视周期，阴影部分表示两者之差；(b) 两子波之差形成的合成波形与子波时间导数一致

关于分辨率准则作如下小结：

(1) 上述三准则的适用条件是：零相位子波；子波的相位数少，主极值大而明显。

(2) Widess 准则是目前地震勘探中普遍采用的分辨率评价准则，且为利用振幅信息研究薄层厚度提供了理论依据。

(3) 薄层解释原理：在时间-振幅曲线（图 1-2-6）上，当 $\Delta h < \lambda/4$ 时（λ 为地震波波长），时差关系无法区分薄层顶底，但合成波形的振幅与实际地层的时间厚度 ΔT 近似成正比，确定其线性函数关系并经已知井厚度信息标定，可实现薄层厚度估计。

(4) 时间-振幅解释图版：我们把层间旅行时差 Δt 与实际地层的时间厚度 ΔT 的关系曲线以及薄层顶底反射的合成波形的相对振幅（相邻界面的两个反射波极值振幅之差）ΔA 与实际地层的时间厚度 ΔT 的关系曲线统称为时间-振幅解释图版，如图 1-2-6b 所示。在相对

振幅 ΔA 与实际地层时间厚度 ΔT 的关系曲线上，ΔA 最大值所对应的地层厚度称为调谐厚度。通常，当地层厚度 $\Delta h \geqslant$ 调谐厚度时，采用 Δt-ΔT 关系估计地层厚度；当地层厚度 $\Delta h <$ 调谐厚度时，采用 ΔA-ΔT 关系估计地层厚度。这就是目前利用地震信息估计地层厚度的主要思路。需要指出的是，在此基础上提出的各种改进地层厚度估计的方法很多，实际应用时应该注意基础性工作，如子波处理、高分辨率处理、薄层顶底的层位标定与解释等。

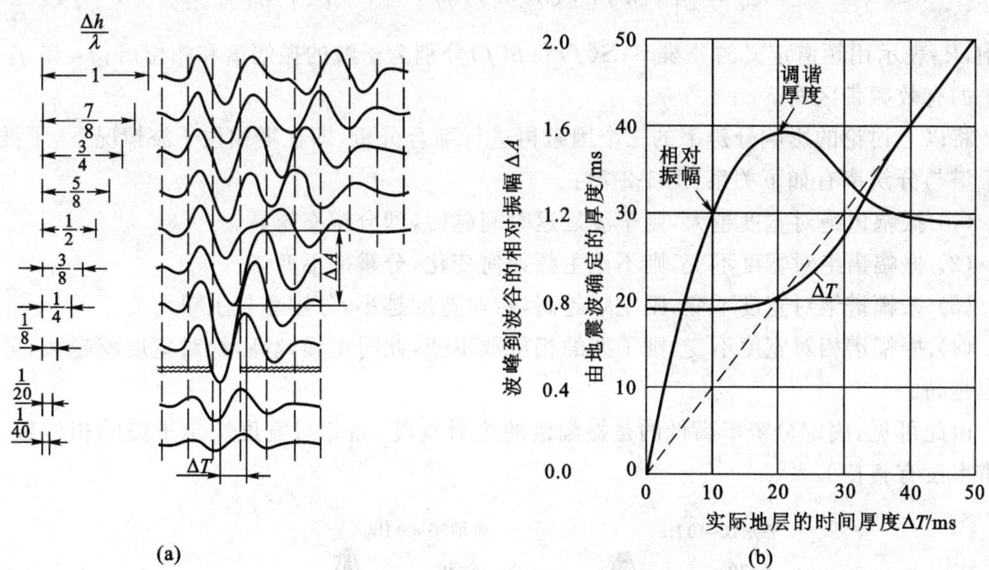

图 1-2-6 Widess 模型与时间-振幅曲线[1]

3. 分辨率的定量表示

目前分辨率的定量表示主要有：

(1) 垂向分辨率：$\Delta h \geqslant \lambda/4$，可分辨。

(2) 横向分辨率与第一菲涅尔带有关，参见式(1-2-1)。

上述垂向和横向分辨率的表示只考虑了简谐波的情况，而地震波是脉冲波，显然上述表示尚是片面的。为此，Widess 从频谱关系的角度给出了分辨率的定量表示式，参见下一小节的式(1-2-2)至式(1-2-8)。

1.2.2 影响分辨率的主要因素

如果两个物体间的距离大于某个特定距离时可以辨认出是两个分离的物体，小于这个特定的距离时就辨认不出是两个物体，则这个特定距离就表示分辨率。在日常生活中，人们的视力实际上就是双眼的分辨能力。显然分辨率与观测者距被观测物体的远近、环境、气候、双眼本身的视力等有关。地震勘探中影响分辨率的因素有很多，归纳如下：

1. 子波的频率成分

从表示分辨率的公式（垂向分辨率 $\Delta h \geqslant \lambda/4$ 和横向分辨率 $R=\frac{v_{av}}{2}\sqrt{t_0/f_m}$）可知，子波的波长 λ 越小，分辨率越高。然而，波长 $\lambda=v/f$，即波长 λ 与频率 f 成反比，因此就子波的频率成分而言，子波的频谱中高频成分越多，其分辨率就越高，但高频的穿透能力较弱。

2. 子波的频带宽度或延续时间

子波的频带宽度 ΔF 与振动的延续时间 Δt 成反比，子波的频带宽度越宽或延续时间越短,分辨率越高。

3. 子波的相位特征

虽然地震记录的相位特征是个复杂的问题,但在相同振幅谱的各种子波中,零相位子波具有最高的分辨率。Widess 于 1982 年导出的公式中清楚地证实了这一结论:

$$R_{sf}=[\int_{f_1}^{f_2}S(f)\cdot\cos\theta(f)\mathrm{d}f]^2/[\int_{f_1}^{f_2}S^2(f)\mathrm{d}f] \tag{1-2-2}$$

式中,R_{sf}表示用频谱定义的分辨率;$S(f)$和$\theta(f)$分别为子波的振幅谱和相位谱;f_1 和 f_2 为频谱的有效频带区间。

将以上讨论的影响分辨率的三个因素再进行综合分析,即在零相位子波情况下,子波的振幅谱与分辨率有如下关系(图 1-2-7):

(1) 振幅谱绝对宽度越大,则子波延迟时间越短,即分辨率越高。

(2) 振幅谱绝对宽度不变,则不论主频如何变化,分辨率不变。

(3) 振幅谱绝对宽度不变,则主频越高,相对宽度越小,分辨率与主频无关。

(4) 振幅谱相对宽度不变,则子波的相位数不变,此时主频越高,绝对宽度就越大,分辨率也越高。

由此可见,决定分辨率高低的是振幅谱的绝对宽度,而相对宽度决定子波的相位数,与分辨率没有直接关系。

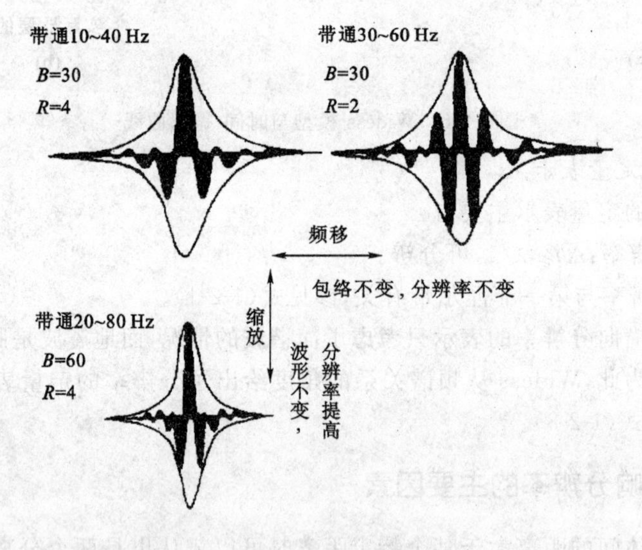

图 1-2-7 分辨率与带宽、主频的关系[3]

B 为频谱的绝对宽度,$B=f_2-f_1$;R 为频谱的相对宽度,$R=f_2/f_1$

上面提到的振幅谱绝对宽度是指用赫兹(Hz)表示的振幅谱宽度,振幅谱的相对宽度是指用倍频程表示的振幅谱宽度。倍频程表示在振幅谱宽度范围内的最高频率与最低频率的关系。如果最高频率与最低频率的比值是 2^k,则相对宽度是 k 个倍频程。如比值为 2,就是 1 个倍频程;比值为 4,就是 2 个倍频程。振幅谱绝对宽度为 10～40 Hz(绝对宽度是 30 Hz),则振幅谱的相对宽度为 2 个倍频程(主频为 20 Hz);振幅谱绝对宽度为 20～80 Hz(绝对宽度是 60 Hz),则振幅谱的相对宽度也是 2 个倍频程(主频为 40 Hz)。由图 1-2-7 可看到,绝对宽度为 60 Hz 的波形,其分辨率高,所以不能用倍频程来衡量分辨率。当子波不是零相位时,上述关系不再成立。

4. 噪音或信噪比

以上提到时间分辨率正比于子波的频带宽度，而子波的频谱可用地震记录的频谱来代替。这种说法还没有考虑记录上的噪音。实际记录上总是有噪音的，有的记录的信噪比还很低。图 1-2-8a 为一个地震道的振幅谱，由信号与噪音的谱混合而成。图中 10～60 Hz 频段信噪比较高，小于 10 Hz 的低频面波占优势，而大于 60 Hz 的往往是高频干扰占优势。图 1-2-8b 为信号 S 与噪音 N 各自所占的百分比，称为信噪比 S/N 谱。图中信号占优势的范围，即 S/N 大于 1 的范围在 12～60 Hz，称为有效频宽。此外，当存在噪音时，式(1-2-2)估计分辨率的公式必须加以修改，例如 Widess 又提出如下公式：

$$R_{sf}=[\int_{f_1}^{f_2}A_s(f)\cdot\cos\theta(f)\mathrm{d}f]^2/\{\int_{f_1}^{f_2}[A_s^2(f)+A_n^2(f)]\mathrm{d}f\} \tag{1-2-3}$$

式中，$A_s(f)$ 和 $A_n(f)$ 分别为信号与噪音的振幅谱。

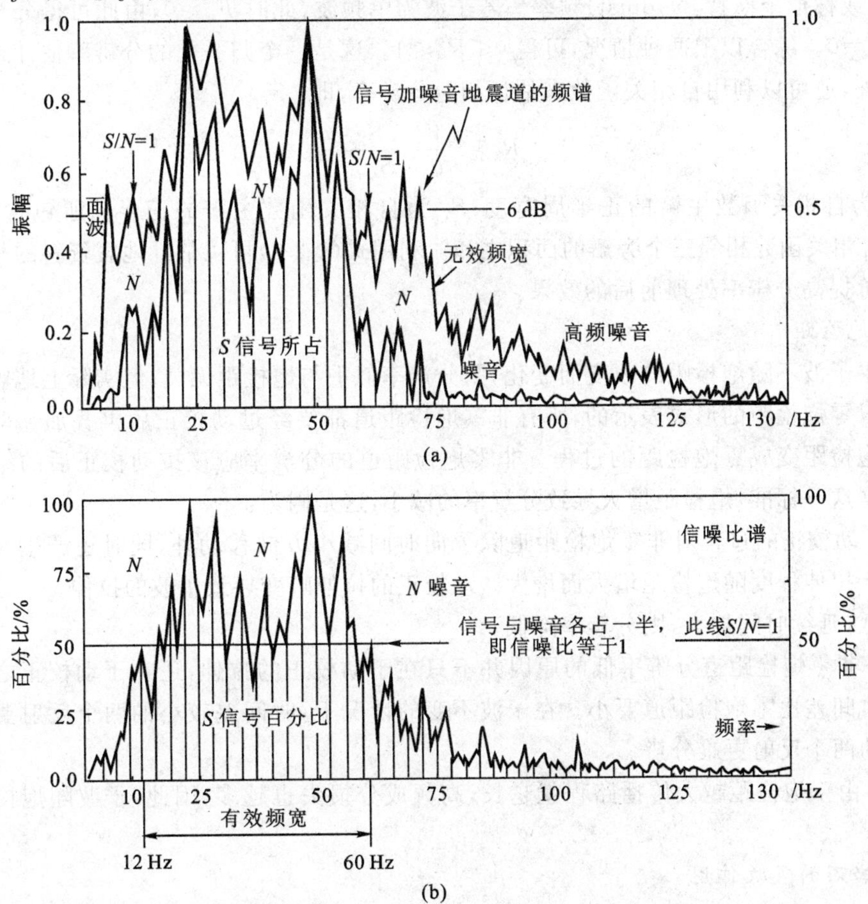

图 1-2-8　信号及噪音在各个频率成分中的比例[3]

(a) 地震道振幅谱；(b) 信噪比 S/N 谱

式(1-2-3)说明：在子波相同的情况下，信噪比越低，分辨率越低；当没有噪音时，分辨率最高。如果把无噪音情况下的分辨率用 R_0 表示，则有：

$$R_{sf}=R_0/[1+\int_{f_1}^{f_2}A_n^2(f)\mathrm{d}f/\int_{f_1}^{f_2}A_s^2(f)\mathrm{d}f] \tag{1-2-4}$$

如果用 P_e 表示信噪能量比，即：

$$P_e = \int_{f_1}^{f_2} A_s^2(f)\mathrm{d}f / \int_{f_1}^{f_2} A_n^2(f)\mathrm{d}f \tag{1-2-5}$$

于是,式(1-2-4)可写为:

$$R_{sf} = R_0/(1+1/P_e) \tag{1-2-6}$$

由上可知,信噪比确实是影响分辨率的一大因素。

对于离散采样的零相位子波的记录而言,它的分辨率公式为:

$$R_{sf} = \{[\int_0^{\frac{1}{2\Delta}} A_s(f)\mathrm{d}f]^2 / [\int_0^{\frac{1}{2\Delta}} A_s^2(f)\mathrm{d}f]\} \cdot 2\Delta \tag{1-2-7}$$

式中,Δ 为时间采样率。

当子波谱 $A_s(f)=1$ 时,$R_{sf}=2\Delta \cdot F_b=1$。其中,$F_b=\frac{1}{2\Delta}=f_N$,$F_b$ 为矩形谱的带宽,f_N 为折叠(或称尼奎斯特,Nyquist)频率。若子波为单频波,此时 $F_b=0$,由此可得分辨率估计式为 $R_{sf}=0$。综合以上两种情况,可得 $0 \leqslant R_{sf} \leqslant 1$。这是一个归一化的分辨率估计式。

此外,还可以利用自相关函数来估计相对分辨率,即:

$$R_\lambda = \frac{1}{\theta} \cdot \frac{S_1}{S_{2\sim4}} \tag{1-2-8}$$

式中,θ 为自相关函数主瓣的正半周宽度;S_1 为自相关函数主瓣的正半周所包含的面积;$S_{2\sim4}$ 为自相关函数相邻三个旁瓣的面积之和。利用式(1-2-8)可以估计地震资料的相对分辨率或评价提高分辨率处理前后的效果。

5. *炮检距*

如果子波不随炮检距的改变而变化,则分辨率似乎与炮检距无关,但实际上地震勘探的成果是以零炮检距的形式表示的,所有非零炮检距道都要经过动校正后再叠加。动校正是把非零炮检距变成零炮检距的过程。非零炮检距道的分辨率应该按动校正后的结果来衡量。根据这一标准,炮检距增大导致分辨率的减小,这是因为:

(1) 动校正的过程对非零炮检距道除了向时间减小方向移动外,同时还产生时间方向的拉伸。拉伸程度随炮检距增大而增大。动校正的拉伸畸变导致子波的拉伸。子波拉伸后频率降低,延续时间加大,则分辨率降低。

(2) 非零炮检距道分辨率低的原因并不只在于动校正的拉伸,还在于动校正之前相邻层反射时间差比零炮检距道要小。在子波不变的情况下,时间差较小的两个反射要比时间差较大的两个反射更难分辨。

(3) 由于炮检距越大传播路程就越长,高频成分损失也越多,因此,子波随炮检距是有变化的。

6. *岩石的吸收作用*

为了简化,地震波在地下介质中传播时,有时视其为弹性波。实际上,地震波随传播距离或传播时间的增大,其视频率逐渐降低。这说明地震波的高频成分比低频成分有较大的损失。地震波在介质中传播时的能量损耗称为介质的吸收或衰减。表示介质吸收或衰减的参数有:

(1) 表示地震波振幅沿传播距离 x 衰减的吸收系数 α。

(2) 表示地震波振幅随旅行时 t 衰减的衰减因子 h。

(3) 表示地震波振幅在一个波长 λ 距离上或在一个周期 T 内衰减的对数衰减率 δ。

对数衰减率 δ 与吸收系数 α 的关系是:

$$\alpha = \frac{1}{\lambda}\ln\frac{A_0}{A_1} = \frac{\delta}{v}f \tag{1-2-9}$$

式中，f 为频率，v 是地震波的传播速度。

式(1-2-9)表示吸收系数 α 与频率 f 的一次方成正比。

(4) 表示地震波能量 E 在一个波长 λ 范围内相对变化的品质因子 Q 通常定义为：

$$\frac{1}{Q} = \frac{1}{2\pi}\frac{\Delta E}{E} = \frac{\delta}{\pi} \tag{1-2-10}$$

式中，$1/Q$ 称为耗损因子。

生产实际中使用品质因子 Q 较多。在具有吸收或衰减的介质中，地震波每传播一个波长的距离，能量损失的程度可认为是固定的。由于地震波的频谱是由多个频率成分组成的，高频成分的波长较短，低频成分的波长较长。对于一个固定的传播距离来说，低频成分的波长数较少，而高频成分的波长数则较多。因此，高频成分衰减得多，低频成分衰减得少。

假如波在吸收介质中每传播一个波长的距离振幅衰减 5%，即传播一个波长的距离后，振幅由 1 变到 0.95；传播两个波长的距离后，振幅由 0.95 变成 0.95×0.95=0.902 5；传播 n 个波长的距离后，振幅由 0.95 变成 0.95^n。若 $n=10$，则振幅衰减为 0.599。

设波的传播速度是 3 000 m/s，反射界面的深度为 3 000 m，自激自收情况下反射波总的传播距离是 6 000 m。比较两种频率成分，一种是 20 Hz，另一种是 80 Hz。20 Hz 成分的波长为 150 m，6 000 m 相当于 40 个波长，按上述的衰减程度，衰减后振幅为 0.128 5；80 Hz 成分的波长为 37.5 m，6 000 m 相当于 160 个波长，衰减后的振幅为 0.000 273。若原来 20 Hz 成分与 80 Hz 成分的振幅相同，则在传播 6 000 m 之后，80 Hz 成分的振幅只有 20 Hz 成分振幅的 0.002 1 倍，即差不多只有其 1/500。

上例中，假设传播一个波长的距离，振幅衰减到 0.95 倍，大约相当于 Q 值为 60 的情况。实际上，不同岩石的 Q 值是不同的，衰减程度也是不同的。Q 值越小，衰减越厉害。

综上所述，地震波振幅的衰减规律可归纳如下：

(1) 传播距离越大衰减越多，振幅衰减与传播距离呈指数关系。

(2) 频率越高衰减越多，振幅衰减与频率呈指数关系。

(3) Q 值越小衰减越多，振幅衰减与耗损因子 $1/Q$ 也呈指数关系。

以上三点结论可用如下的振幅衰减表达式进行说明，即：

$$A_1/A_0 = \exp(-\pi Q_a X/\lambda) \tag{1-2-11}$$

或

$$A_1/A_0 = \exp(-\pi Q_a f t) \tag{1-2-12}$$

式中，A_0 为原始振幅；A_1 为衰减后的振幅；Q_a 为耗损因子，是品质因子的倒数；X 为传播距离；λ 为波长；f 为频率；t 为旅行时。

衰减程度往往也用分贝(dB)来表示，一个量 a 用 dB 表示有如下关系：

$$\{a\}_{dB} = 20\lg a \tag{1-2-13}$$

用分贝表示式(1-2-11)和式(1-2-12)，则有：

$$20\lg(A_1/A_0) = -27.29 Q_a X/\lambda \tag{1-2-14a}$$

或

$$20\lg(A_1/A_0) = -27.29 Q_a f t \tag{1-2-14b}$$

可见，衰减的分贝数与耗损因子 Q_a、传播距离 X、旅行时 t、频率 f 都成正比关系。

7. *地表层的影响*

陆上地震工区绝大多数存在低速层，一般厚度不大，但黄土高原地区有巨厚的低速层。低速层的衰减要比深层严重得多。这是因为表层速度很低，即使厚度不大，波在表层中的传播时间也是很可观的。假如表层速度为 300 m/s，深层速度为 3 000 m/s，则表层 1 m 厚度的传播时间相当于深层 10 m 厚度的传播时间。换言之，若厚度相同，表层传播时间是深层的 10 倍。由式(1-2-12)或式(1-2-14)可知，表层的品质因子至少比深层的小 10 倍。表 1-2-1 列出了华北地区新生代盆地（平原区）的典型吸收模型，表中的 Q 值是按下式计算的：

$$Q = 14v_p^{2.2} \tag{1-2-15}$$

式中，v_p 为纵波速度，km/s。

表 1-2-1　华北地区新生代盆地（平原区）典型吸收模型[3]

深　度/m	厚　度/m	地层及岩性	层速度/(m·s^{-1})	Q 值
0～2	2	第四系表土、松砂、壤土	360	1.48
2～5	3	第四系砂土、粘土	600	4.55
5～15	10	第四系含水砂、土	1 050	15.59
15～50	35	第四系上部	1 800	51.02
50～200	150	第四系下部	2 000	64.33
200～1 000	800	新近系 N	2 300	87.48
1 000～2 000	1 000	古近系上部 E_3	2 800	134.86
2 000～4 000	2 000	古近系下部 E_2	3 500	220.33
4 000～6 000	2 000	E_1-E_K 过渡层	4 500	383.00

由此可以估计，在表层很厚的地区对高频衰减起主导作用的是表层。即使表层厚度不大，它的衰减作用也是不小的。值得注意的是，表层厚度和低速带在横向上常有显著变化，由此导致不同记录道的子波不一致。

除了上述讨论的影响因素外，波的层间反射也会造成影响。在实际工作中，常把地下介质视为层状介质。在层状介质的任何一个层面上都会产生反射和透射，因而不可避免地产生一系列多次反射。这些地层常常很薄，每层内的双层传播时间比子波的延续时间小得多。因此，层间多次反射改造了子波形状，从而影响了分辨率。

影响横向分辨率的因素主要有：

(1) 偏移孔径(Aperture)——中点范围，这是决定横向分辨率的主要因素。一般来说，偏移孔径越宽，可展现的地层倾角越陡，横向可分辨的距离越小，即横向分辨率越高。

(2) 几何路径(Geometry)——零偏移距道集横向分辨率最高。

(3) 覆盖次数(Fold)——多次覆盖可减少噪音，进而可改进分辨率。

(4) 采样率(Sampling)——采样率越小对分辨率的改进越有利。实践证明，采样率的不同对合成空间子波宽度的影响几乎为零，但对偏移噪音有较大的影响。采样率越小，偏移噪音的压制效果越好。

(5) 偏移成像的精度(Imaging)——精确成像是地震资料处理所追求的目标。从理论上讲，偏移可以把菲涅尔带收敛成一个点，绕射波得到收敛，但由于观测点密度的限制、噪音的存在以及介质的不均匀等客观原因，这种理想的情况实际上是做不到的。由此可见，提高偏移成像的精度就是在实际条件允许的情况下最大限度地提高地震资料的空间分辨率。

1.2.3　提高分辨率的途径

根据以上影响分辨率因素的讨论，提高地震勘探分辨率的途径可以从下列几方面考虑：

1. 选择合适的野外采集参数

选择合适的野外采集参数是高分辨率地震勘探这一系统工程的基础工作。经过国家“七五”重点科技攻关后，各探区总结了相应的施工方法。如胜利油田总结了“四小二高”，即小药量、小激发井深、小组合基距、小偏移距和高覆盖次数、高信噪比接收；大庆油田经过野外试验也总结了“四高四小一降低”的高分辨率采集方法，即高采样率、高宽频带接收、高覆盖次数、高自然频率检波器、小药量、小道距、小组合基距、小偏移距和降低环境噪音。这些工作经验固然重要，但并不能说明按照上述施工方法进行野外采集就一定能得到高分辨率地震资料。这是因为高分辨率地震勘探是一个系统工程，从采集到处理、解释还有一系列新课题需要研究。

经过多年的研究和攻关，已在下列方面取得共识：

(1) 对高分辨率地震资料采集的总体要求为：① 在一定程度上补偿高频衰减，使信号的高频成分以足够的精度记录下来，以便在处理时能完善地补偿；② 具有更高的信噪比，特别是改善高频成分的信噪比；③ 加密时间和空间采样，并使获得的高频成分不产生混叠。

(2) 高分辨率地震勘探对震源的要求为：① 比常规地震的震源有更宽的频带；② 在此频带范围内，振幅谱向高频方向增强；③ 性能稳定。

(3) 高分辨率地震勘探对接收条件的要求为：① 选用尾数个数较多(如 14 位或 24 位)、系统噪音较低的地震仪。② 严格施工，把握好检波器与大地的耦合关。实验表明，与检波器接触的介质越致密坚硬，谐振频率越高，阻尼系数越大。这就要求耦合的谐振频率高于地震工作频带。③ 要求较高的覆盖次数，排列长度与常规的基本相同，接收点距(即空间采样率)要减小，这三者的综合必然要求仪器的记录道数增多。

2. 提高地震资料分辨率的数字处理方法

地震资料数字处理的目标可概括为：提高地震资料的信噪比、分辨率、保真度及成像精度。提高地震资料分辨率的数字处理方法主要有：

(1) 反褶积。这是地震资料处理流程中比较重要的一个步骤，常规使用的有脉冲反褶积、预测反褶积和零相位反褶积三种。需要指出的是，在选择反褶积方法时尽量不要采用单道上运算的反褶积方法，这是因为单道运算的反褶积方法采用了各道相异的反褶积因子，其后果是改造了各道真正的反射子波。建议采用两步法统计子波反褶积方法，即第一步在共炮点道集上作多道统计子波反褶积，以消除炮点对子波的影响；第二步再在共检波点道集上作多道统计子波反褶积，以消除检波点的子波差别。图 1-2-9a 是内蒙地区的一条野外常规施工、室内常规处理且采用了单道脉冲反褶积的水平叠加剖面。图 1-2-9b 是同一资料在室内使用了两步法统计子波反褶积方法的结果，与图 1-2-9a 对照，从浅到深无论是信噪比还是分辨率都有很大的改进。

(2) 反 Q 滤波。反 Q 滤波也称为大地吸收补偿反褶积，简称 QCOMP。它从物理角度考虑，补偿了地震波在传播过程中介质对高频成分的吸收作用。由于地层的吸收作用，一个脉冲波输入大地，接收到的反射波不再是脉冲波。反射界面越深，高频衰减越多。从地面得到的记录看，好像是经过时变低通滤波后的输出。这种滤波称为 Q 滤波。设计一个与 Q 滤波特性相反的滤波器(即时变的反 Q 滤波器)，对记录进行滤波，去掉介质对高频成分的吸收作用。目前，精确做好反Q滤波还有一定的难度。这是因为：① 从理论上讲，Q滤波的机制尚不清楚，反Q滤波的数学方法也不十分严密；② 根据实际资料很难精确求取Q值；③ 反Q滤波所补偿的高频段通常信噪比很低，因而只能进行部分补偿。

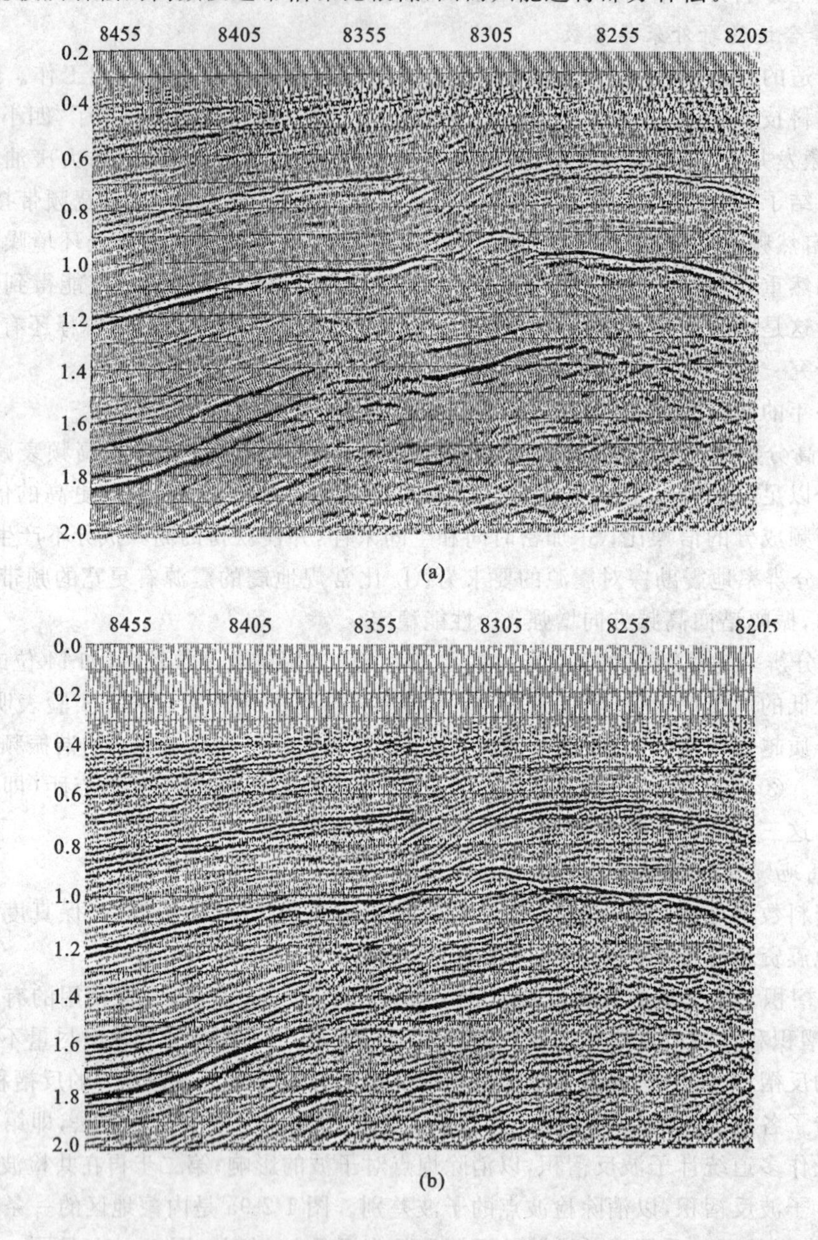

图 1-2-9　野外常规施工经脉冲反褶积和两步法反褶积后的水平叠加剖面[3]

(a) 野外常规施工经脉冲反褶积后的水平叠加剖面；(b) 野外常规施工经两步法反褶积后的水平叠加剖面

(3) 谱白化处理。这是一种展宽频谱的基本方法，它对有限频带进行纯振幅滤波后，外推此频带之外的频率成分，达到扩展频带的目的。谱白化处理可在频率域中实现，也可在时间域中进行。在频率域中，先将地震道振幅谱的各尖峰连成没有极小值的外包线，如图 1-2-10a 所示，然后进行平滑滤波，并在纵坐标上加适量的白噪成分，再求一个倒数，由此倒数比例放大原来的各频率域振幅值，使外包线展平为白色的宽频谱，最后进行反傅里叶变换即得到谱白化结果。在时间域中，先将频谱区间划分成3～4个滤波频段，如图1-2-10b中的①，②，③和④所示，每个滤波频段由梯形组成，其相邻两个边是互补的（加起来为1），然后用分频挡滤波的方法将记录分为四个频挡的时间域形态，再统计各频挡的平均振幅，并设法乘以不同的放大倍数，使每个频挡的平均振幅相互看齐，最后把四个频挡加起来就得到谱白化的结果。图1-2-11为时变谱白化的一个例子，经时间域时变谱白化处理后，分辨率得到明显的提高。

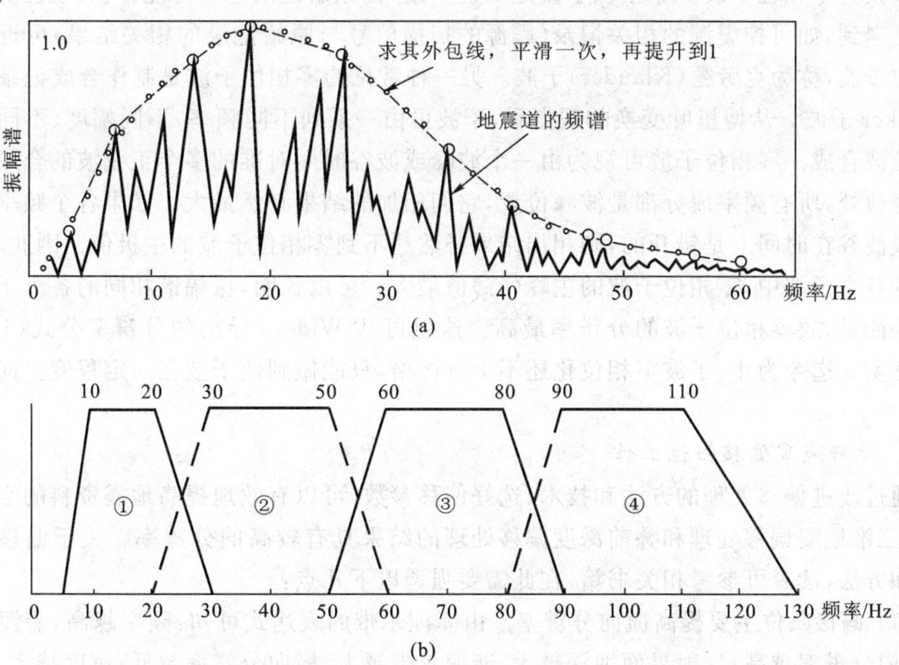

图1-2-10 时变谱白化（零相位反褶积）的两种实现[3]

(a) 频率域谱白化；(b) 时间域谱白化

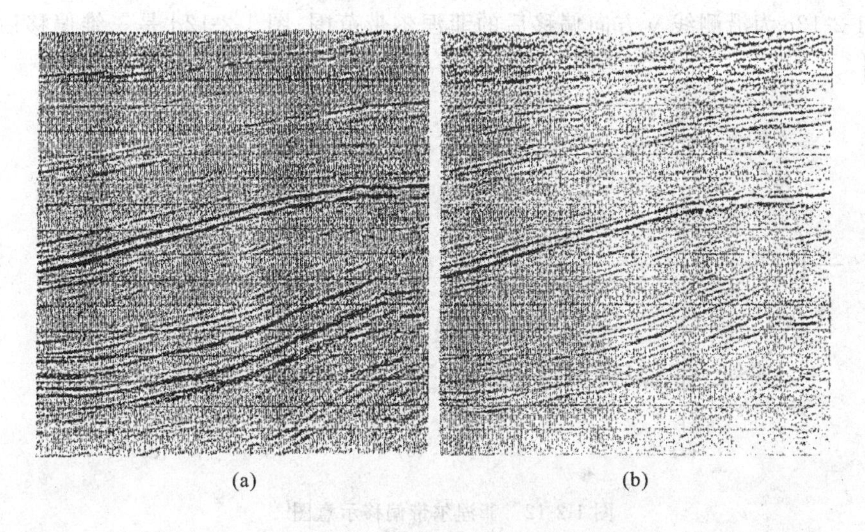

图1-2-11 时变谱白化的效果比较[3]

(a) 时变谱白化前；(b) 时变谱白化后

总之，在使用各种处理方法提高分辨率时，必须考虑信噪比的高低。一般来说，在信噪比小于 2 的地区，要以提高信噪比作为主攻方向；在信噪比为 2～4 之间的地区，应以提高原始地震信息的频带宽度与上限频率作为主攻方向；在信噪比大于 4 的地区，必要时可略微牺牲一些信噪比作为代价，以设法提高地震记录的频带宽度与上限频率。

3. 子波零相位化

子波零相位化（子波处理）是保持子波的振幅谱不变，只改变子波的相位谱，使非零相位子波转换为零相位子波。零相位子波是双边子波，在原始记录上不可能存在，但在实际工作中经常遇到，如可控震源的相关记录（震源的扫描信号与原始记录的相关结果）可近似视为零相位子波，称为克劳德（Klauder）子波。另一种常见的零相位子波是制作合成记录时所用的 Ricker 子波。从傅里叶变换的观点看，子波可由一系列不同频率、不同幅度、不同初相位的正弦波合成。零相位子波可视为由一个波峰或波谷时间对准的多个正弦波的合成。在子波主峰值处，所有频率成分都是波峰位置，它们相加的结果必然最大。如果各个频率成分的波峰或波谷在时间上是错开的，则相加结果必然达不到零相位子波的主极值。因此，相同振幅谱的各个子波中，零相位子波的主峰（谷）值最大。可以证明，振幅谱相同的各个子波具有相同的能量，故零相位子波的分辨率最高。这也可从 Widess 导出的分辨率公式（1-2-2）中得到证实。迄今为止，子波零相位化还不十分严格，只能做到使子波在一定程度上向零相位靠拢。

4. 做好地震偏移归位工作

通过改进偏移处理的方法和技术、选好偏移参数，可以有效地提高地震资料的空间分辨率，如三维地震偏移处理和叠前深度偏移处理的结果具有较高的分辨率。关于偏移归位的原理和方法，读者可参考相关书籍，在此需要强调以下几点：

（1）偏移归位主要提高横向分辨率。由菲涅尔带的表达式可知：频率越高，菲涅尔带越小，横向分辨率越高；反射界面埋深越大，菲涅尔带越大，横向分辨率越低；速度越大，菲涅尔带越大，横向分辨率越低。然而，三维偏移以后，菲涅尔带的大小缩小到 1/4 波长，如图 1-2-12 所示。图 1-2-12a 为偏移前菲涅尔带范围；图 1-2-12b 为沿测线 x 方向偏移后的菲涅尔带范围；图 1-2-12c 为沿测线 y 方向偏移后的菲涅尔带范围；图 1-2-12d 是三维偏移后的菲涅尔带范围。

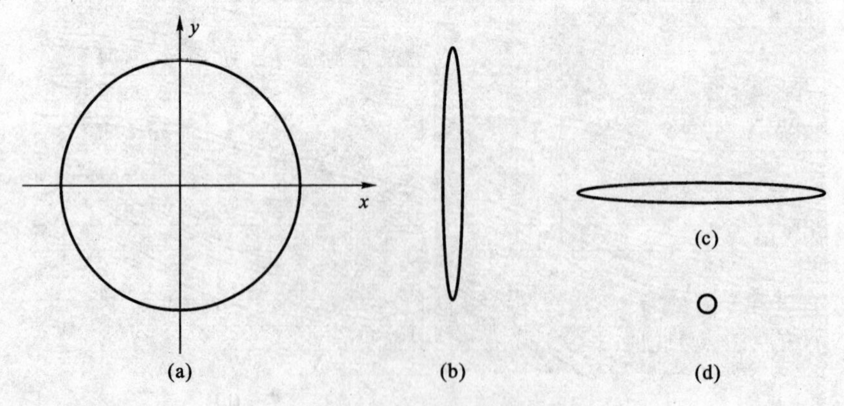

图 1-2-12　菲涅尔带偏移示意图[4]

（2）偏移的方法很多，如绕射扫描偏移，波动方程偏移（有限差分法、Kirchhoff 积分法、频率-波数域法、有限元法等），叠前、叠后偏移，二维、三维偏移，时间、深度偏移。

（3）时间偏移与深度偏移的本质区别可用下面一句经典的英文表示：

The terms depth and time are used to distinguish those algorithms that handle lateral velocity variations and properly bend rays (depth migration) from those that do not (time migration).

它强调了时间偏移与深度偏移的本质区别并不在于显示的坐标，而是在于偏移算法中是否考虑速度的空间变化(波动方程偏移方法)和射线的偏折(射线偏移方法)。

5. 提高速度分析的精度

纵横向分辨率的数学表达式：

$$\Delta h \geqslant \frac{\lambda}{4} = \frac{v_{\mathrm{av}}}{4f_{\mathrm{m}}} \tag{1-2-16}$$

$$R = \frac{v_{\mathrm{av}}}{2}\sqrt{t_0/f_{\mathrm{m}}} \tag{1-2-17}$$

从纵横向分辨率数学表达式(1-2-16)和式(1-2-17)中我们可看到，速度分析的精度对分辨率有较大的影响。提高速度分析的精度可以改进动较正、偏移成像的效果，进而提高地震资料的分辨率。加强因炮检距变化、旅行时变化和方向不同而产生的波速变化特征的研究将有助于地震资料分辨率的提高。

目前，速度场的研究越来越被人们所重视，变速成图、叠前深度偏移、油藏模拟等都有利用。

6. 以提高分辨率为目标的各种地震反演方法

形成反射波的基本条件是地下介质存在波阻抗差异，所以从本质上来说，地震反演的目标就是根据已获得的地震反射波形，反推出波阻抗的分布情况。波阻抗反演的方法很多，如道积分法、最大似然法、地震岩性模拟(Seismic Lithologic Modeling，SLIM)法、广义线性反演等。地震反演必定存在多解性，波阻抗反演也不例外，这是因为：① 反演方程式或方程组大多是欠定的，其解必定为多解；② 地震子波是带限的，通常带限子波必然造成反演中的多解性；③ 反演技术在具体实现时经常采用迭代方法，迭代方法本身就是多解的过程。

在寻求减少多解性的过程中，人们提出了多种方法。如假设子波是最小相位，且反射系数是白噪的脉冲反褶积和预测反褶积；假设反射系数是稀疏的L1模反褶积、最大似然反褶积和最小熵反褶积；在模型基础上迭代反演这种局部优化的广义线性反演、地震岩性模拟等。在求解欠定方程时给定某种先验知识或约束条件，在此基础上实现波阻抗反演且效果较好的国外反演(测井约束反演)软件有：法国CGG公司的ROVIM(Robust Velocity Inversion Method)、俄罗斯的PARM、荷兰Jason公司的Jason、丹麦的ISIS、美国EPT公司的EPS、Hampson-Russill公司的Strata/Geosmart、Veritas公司的RC2软件等。

测井约束反演方法都基于这样的思想：测井资料提供了详细的地质情况和很高的垂向分辨率，但它只是点上的"一孔之见"；地震资料的分辨率虽不高，但它具有线上、面上和体上的信息，可进行宏观控制。把这两种资料结合起来，取长补短，可得到地下介质的准确而详细的信息。

Jason是一套多参数地震特征反演软件，它可以综合地质、地震、测井、钻井、岩心、录井、野外露头等各类信息求取的储层参数，建立三维属性模型，并根据地震资料反演出声波、密度、电阻率、自然电位、自然伽马、孔隙度、泥质含量等各种地质信息。它克服了常规地震反演技术只能反演声波、密度和波阻抗三种有限信息的缺陷，可以更加有效地进行储层预测和描述。Jason软件中InverMod反演处理流程如图1-2-13所示。

此外，采用垂直地震剖面(Vertical Seismic Profile，VSP，包括零井源距、非零井源距、变井源距-walkaway、3D VSP、反 VSP 等)和井间地震等新方法、新技术，也是提高地震勘探分辨率的有效方法。井孔地震技术的突出优点是避开了表层的影响，震源和/或接收器就在介质中，可观测到多种类型的波。井间地震资料与地面地震资料联合使用可减少反演过程中的多解性。

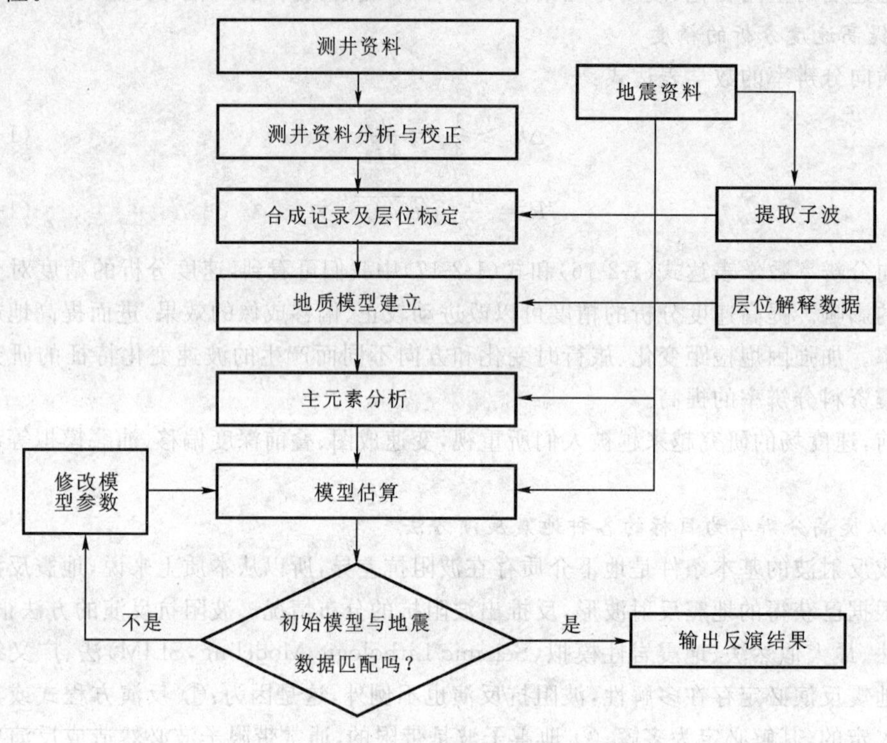

图 1-2-13　地震特征反演处理流程图

1.3　反射界面真正空间位置的确定

20 世纪 80 年代中期以前，地震资料解释主要使用水平叠加剖面；20 世纪 80 年代中期以后，地震资料解释主要使用偏移剖面进行地震资料的地质解释。这一转变与三维地震勘探技术的飞速发展紧密相关。为了对偏移有个较为全面的认识，先来讨论水平叠加剖面存在的问题。

1.3.1　水平叠加剖面存在的主要问题及解决途径

水平叠加剖面是地质解释的基础资料。一般来说，它可以大致反映地下构造形态，但是水平叠加剖面也存在许多问题。

1. 水平叠加剖面存在的主要问题

在界面倾斜情况下，我们按共中心点关系进行抽道集、动校正、水平叠加，实际上是共中心点叠加而不是真正的共反射点叠加，这会降低横向分辨率。同时，水平叠加剖面上也存在绕射波没有收敛、干涉带没有分解、回转波没有归位、在二维地震测线内的侧面波无法归位等问题。

水平叠加剖面总是把界面上反射点的位置显示在地面共中心点下方的铅垂线上。当地层水平时，这种显示方式是与实际情况符合的；但当地层倾斜时，反射点位置就偏离了共中心点下方的铅垂线。这是因为在地表沿测线接收地震波时，波的射线是在界面法线平面内传播的。当地层倾斜时，界面法线平面与铅垂面并不正交（垂直）。地层倾角愈大，两者的差别愈大。时间剖面上记录点位置与反射点的位置不相符合，记录点的显示位置总是相对于反射点向界面的下倾方向移动。这种现象使水平叠加剖面出现某些假象，这不利于地震资料的地质解释。

2. 解决问题的主要途径

解决上述问题的主要途径包括：

(1) 通过数学关系，如三个角度或三个深度的相互关系，换算得到地质分界面的正确空间位置。

(2) 偏移处理。这是把反射和绕射准确归位到其真实位置的反演过程。

(3) 作空间校正，恢复地质构造的真正形态。这是利用水平叠加剖面进行对比解释后，对绘制的目标层 t_0 构造图进行空间校正的一系列工作过程。这种方法在 20 世纪 80 年代的地震资料地质解释中使用得较为广泛，由于地震偏移技术的迅速发展，目前几乎已不用。

1.3.2　三个角度、三个深度之间的关系

1. 三个角度及其关系

如图 1-3-1 所示，倾斜界面与水平地面的夹角叫做界面的真倾角，用 ψ 表示。此时如果测线方向不同，则反射同相轴的产状也将不同，即在地震剖面上显示的界面倾角将不同。这种与测线方向有关的倾角称为界面沿该测线方向的视倾角，用 φ 表示。我们用 α 表示测线的方位角，即测线 Ox 与倾斜界面的倾向在地面的投影线之间的夹角。ψ,φ,α 就是在地震资料地质解释中常说的三个角度。我们的目的是查明地层的真倾角，而实际测得的往往是视倾角，所以有必要找出真倾角与视倾角的关系。为此，我们假设震源位于 O 点，它的虚震源在 O^*，h 为 O 点的法线深度。

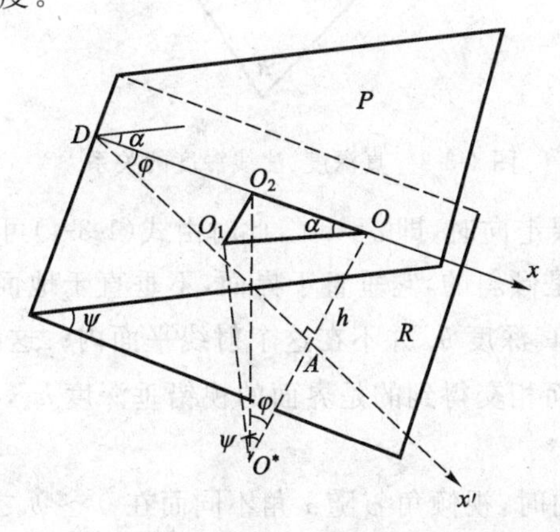

图 1-3-1　真倾角、视倾角和测线方位角间的关系[1]

从 O^* 向地面作垂线 O^*O_1，向测线作垂线 O^*O_2，也就是说，由三角形 $O^*O_1O_2$ 决定的平面是垂直地面的，于是在地面构成一个以 OO_1 为弦边的直角三角形 OO_1O_2。在直角三角

形 OO_1O_2 中，有：

$$\overline{OO_2} = \overline{OO_1} \cdot \cos\alpha \tag{1-3-1}$$

在直角三角形 OO_2O^* 中，有：

$$\overline{OO_2} = 2h\sin\varphi \tag{1-3-2}$$

在直角三角形 O^*OO_1 中，因为 $OO^* \perp$ 界面 R，$O^*O_1 \perp$ 地面 P，所以 $\angle O_1O^*O=\psi$，则有：

$$\overline{OO_1} = 2h\sin\psi \tag{1-3-3}$$

把式(1-3-2)和式(1-3-3)代入式(1-3-1)，得到：

$$\sin\varphi = \sin\psi \cdot \cos\alpha \tag{1-3-4}$$

式(1-3-4)就是真倾角、视倾角和测线方位角三者之间的关系。

2. 三个深度及其关系

在地震资料地质解释中的三个深度是指真深度、法线深度和视铅垂深度。下面分三种情况讨论它们的基本概念及其相互关系。

(1) 当测线垂直于界面走向时，即 $\alpha=0°$，则有真倾角与视倾角相等。此时，射线平面是铅直的，在该平面内可见到界面的法线深度 h，即 $h=v_{av} \cdot t_0/2$，表示界面到 O 点的垂直距离。而从 O 点垂直地面向下到界面的深度称为真深度 h_z，也称为铅垂深度或钻井深度。从图 1-3-2 中可以看出，界面的法线深度 h 与真深度 h_z 之间有下列关系：

$$h_z = h/\cos\psi \tag{1-3-5}$$

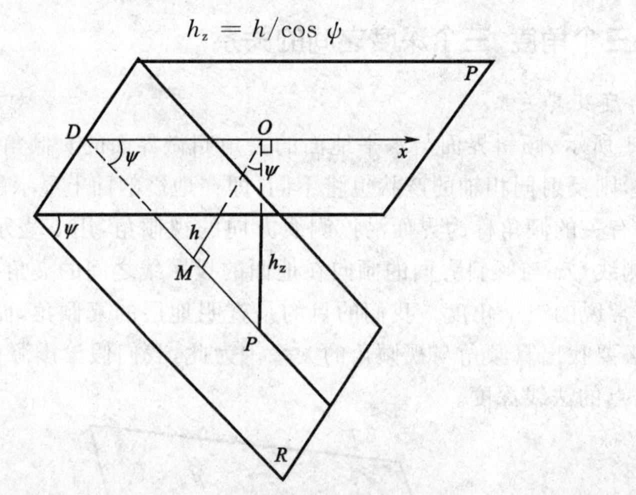

图 1-3-2　真深度、法线深度的关系[1]

(2) 当测线平行于地层走向时，即 $\alpha=90°$，此时由式(1-3-4)可知 $\varphi=0$，表明反射波同相轴是水平的。但射线平面是倾斜的，它垂直于界面，不垂直于地面，因此在沿地层走向时间剖面上只有法线深度 h，而真深度 h_z 并不在这个射线平面内。这时在过测线的剖面内由 O 点作垂直向下的垂线与界面相交得到的是界面的视铅垂深度 h_x，并且 $h_x=h$，如图 1-3-3 所示。

(3) 当测线为任意方向时，视倾角 φ 随 α 角不同而在 $0°\sim\psi$ 之间变化，即 α 角由 0°变到 90°，φ 就相应地由 ψ 变到 0°。这时，时间剖面所反映的反射界面倾角只是视倾角，射线平面是倾斜的，垂直于界面而不垂直于地面，在这个射线平面内只有法线深度 h 和视铅垂深度 h_x。从图 1-3-4 可以看出，在直角三角形 MNO 中，有：

$$h_x = h/\cos\varphi \tag{1-3-6}$$

而真深度 h_z 在这个射线平面内是看不到的，但是当已知 h，α 及 φ 时，可以计算出真深度 h_z，因为由图 1-3-4 可以看出，在直角三角形 OMP 中，有：

$$h_z = h/\cos\psi \tag{1-3-7}$$

由式(1-3-4)得 $\sin\psi=\sin\varphi/\cos\alpha$，则有：

$$\cos\psi = \sqrt{1-(\sin\varphi/\cos\alpha)^2} \tag{1-3-8}$$

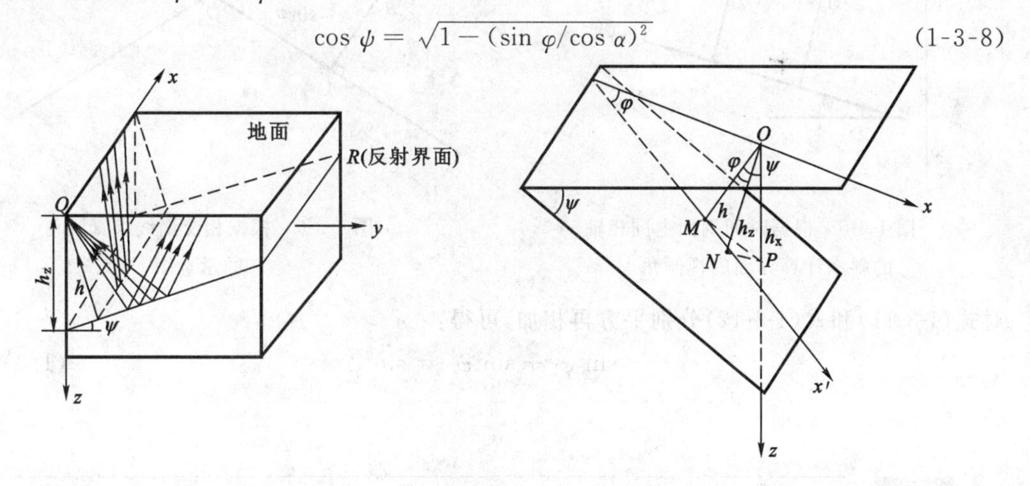

图 1-3-3　测线平行界面走向时深度间的关系[1]　　图 1-3-4　三个深度间的关系[1]

把式(1-3-8)代入式(1-3-7)，得到：

$$h_z = h/\sqrt{1-(\sin\varphi/\cos\alpha)^2} \tag{1-3-9}$$

从上面的讨论中我们知道，由 t_0 时间换算得到的深度总是界面的法线深度，而我们要求地质解释成果图(深度构造图)所展示的应该是真深度。从式(1-3-7)或(1-3-9)可知，若要求取真深度 h_z，必须知道真倾角 ψ 或知道视倾角 φ 和测线方位角 α。在油气勘探区域内，测线方位角 α 通常由测量数据提供。下面简单介绍获取视倾角 φ 和真倾角 ψ 的方法。

在均匀介质情况下，假设水平叠加剖面上有一条倾斜的同相轴，在 x_1，x_2 两点的 t_0 时间分别为 t_{01}，t_{02}，对应的深度剖面如图 1-3-5 所示。设界面的视倾角为 φ_1，界面上覆介质的波速为 v，其他符号见图中所示。由图可知：

$$\sin\varphi_1 = \frac{\Delta h}{\Delta x} = \frac{v\Delta t_0}{2\Delta x} \tag{1-3-10}$$

获取真倾角 ψ 可根据两条相交测线的视倾角，采用作图的方法完成。如图 1-3-6 所示，已知在 O 点相交的两条测线Ⅰ和测线Ⅱ，并已分别计算出这两条测线的视倾角 φ_1 和 φ_2。获取真倾角 ψ 的作图方法是，首先在平面图上画出这两条测线的位置，从 O 点分别沿着两条测线的界面倾斜方向画矢量$\overrightarrow{OA_1}$和$\overrightarrow{OA_2}$，选取适当的比例尺，两个矢量的大小分别等于 $\sin\varphi_1$ 和 $\sin\varphi_2$，然后分别从两个矢量的端点 A_1 和 A_2 作测线的垂线，它们相交于 B 点，再连接矢量$\overrightarrow{OB}$。$\overrightarrow{OB}$的方向就是界面的倾斜方向，按同样的比例尺，$\overrightarrow{OB}$的长度等于 $\sin\psi$，这样界面的真倾角 ψ 便可求得。

当两条测线正交时，则两条测线上的视倾角和真倾角之间有如下简单关系：

设测线Ⅰ与界面倾向的夹角为 α，根据式(1-3-4)，有：

$$\sin\varphi_1 = \sin\psi\cdot\cos\alpha \tag{1-3-11}$$

因为测线Ⅱ与测线Ⅰ垂直，所以测线Ⅱ与界面倾向的夹角一定是$(90°-\alpha)$，于是有：

$$\sin\varphi_2 = \sin\psi\cdot\cos(90°-\alpha) = \sin\psi\cdot\sin\alpha \tag{1-3-12}$$

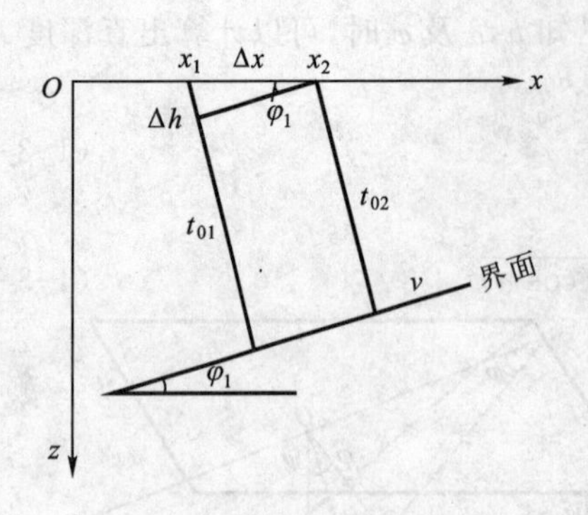

图 1-3-5　根据时间剖面上同相轴的斜率计算界面的视倾角[1]

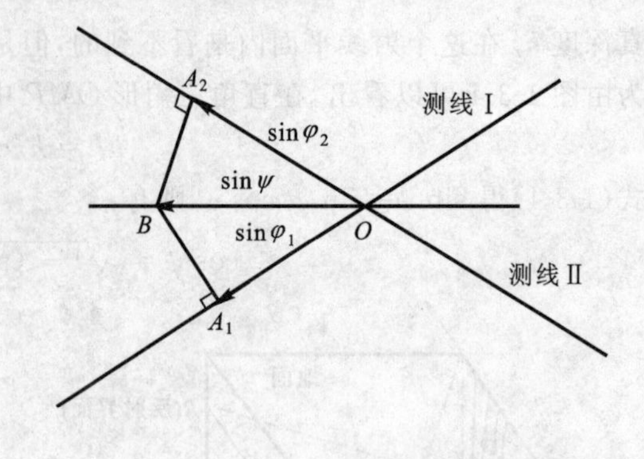

图 1-3-6　根据相交测线求真倾角的示意图[1]

对式(1-3-11)和式(1-3-12)分别平方再相加，可得：

$$\sin^2\varphi_1 + \sin^2\varphi_2 = \sin^2\psi \tag{1-3-13}$$

1.4　地震剖面的偏移归位

前面讨论的三个角度和三个深度的关系，主要是为了便于理论分析，在生产实际中应该明确其基本概念，而真正空间位置的确定主要是通过对地震资料的偏移处理来实现的。本节简单介绍地震偏移的发展历程及其方法原理。

1.4.1　地震偏移技术的发展概况

1. 调节方向接收方法

1936 年，由勒贝尔(Rieber)提出的 CDR(Control Direction Reception)方法发表在勘探地球物理学家协会(Society of Exploration Geophysicists，SEG)的核心刊物 *Geophysics* 杂志的 1936 年第 1 期上；1937 年，前苏联也提出类似的问题，称为调节方向接收方法。它们都是利用方向选择原理，将检波测线沿地面旋转 0°～180°，对接收记录的各同相轴进行扫描叠加，当测线旋转到与地下地层倾向一致时，叠加值为最大，则该方向有反射波到达。这种思路很好，但由于当时技术上的原因，未能应用于实践。

2. 人工绘制深度剖面

这是 1954 年由赫格朵恩(Hagedoorn)提出的一种人工偏移方法，在计算机和数字地震技术出现以前，即在 1962 年以前(我国还要滞后 10 年左右)使用得相当普遍，早期的(20 世纪 70 年代)教科书中介绍了直射线或曲射线法绘制深度剖面的方法，这对理解偏移归位有一定的帮助。

3. 绕射扫描偏移

这是 20 世纪 60 年代后期在野外多次覆盖技术和数字处理技术发展的基础上提出的偏移方法，实际上是用计算机替代了人工绘制深度剖面的工作。

4. 波动方程偏移技术

这是 1970 年由美国斯坦福大学著名教授克莱鲍特(Claerbout)提出的，旨在利用波动方程直接反演地下界面真实形态和位置的偏移方法。地震波在地下介质中传播遵循波动方程的规律，换言之，波动方程最准确地描述和刻画了空间波场的分布规律。时间剖面相当于地表观测到的波场，波动方程同样适用于每一记录道。把地面每一点记录到的波场向下半空间延拓，使反射波的波前面倒退回反射界面原来的出发点，就得到反射点的真正位置。波动方程偏移技术随地震勘探方法和技术的发展而不断更新、完善。

1.4.2　各种偏移方法的基本原理

偏移在具体实现过程中有多种多样的方法，在此进行简单归类。从所依据的理论来看，可分为射线偏移和波动方程偏移；从波动方程数值解的方式上看，可分为有限差分法、Kichhoff 积分法、F-K（频率-波数）域法和有限元法；从输入资料的性质上看，可分为叠后偏移和叠前偏移；从偏移算法中所用的域来看，可分为时间-空间（τ-p）域和频率-波数（F-K）域；从偏移算法中所用的速度函数来看，可分为时间偏移和深度偏移。

了解了各种偏移的名称后，下面简单介绍各种偏移方法的基本原理。

1. 界面偏移归位的基本原理

首先指出，自激自收得到的反射信息对应的反射点位置可能来自以 $vt/2$ 为半径，以自激自收点 O 为圆心的圆弧上的任一点，如图 1-4-1 所示。所以，如果只有一道自激自收记录而没有其他资料配合，是无法确定反射点在地下的准确位置的。

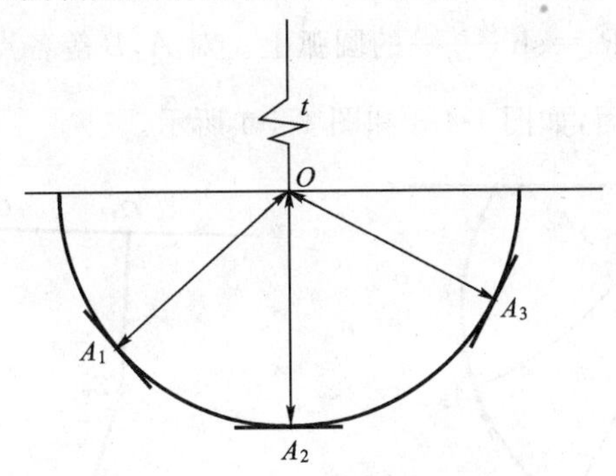

图 1-4-1　自激自收时反射点位置[1]

其次，对反射界面段偏移大小进行估算。如图 1-4-2 所示，假设在二维情况下，OC 为反射界面，真倾角为 φ，在 A，B 两点自激自收时，我们接收到的分别是来自界面上 A''，B''点的反射。但是实际上，我们把接收到的反射波显示在记录点 A，B 的正下方，如果用 t_{OA} 和 t_{OB} 以及速度 v 换算出反射点的深度 h_A 和 h_B，它们在图上相当于$\overline{AA'}$和$\overline{BB'}$，如果连接$\overline{A'B'}$得反射界面段，但并不代表地下界面段的真正位置，界面的倾角也有误差，是 θ 而不是 φ，$\theta<\varphi$，它们的定量关系可以从下面推导得出。

因为$\triangle OBB'$和$\triangle OBB''$都是直角三角形，在$\triangle OBB'$中有 $\tan\theta=\overline{BB'}/\overline{OB}$，在$\triangle OBB''$中有 $\sin\varphi=\overline{BB''}/\overline{OB}$。我们已有$\overline{BB'}=\overline{BB''}$，所以

$$\tan\theta=\sin\varphi \tag{1-4-1}$$

取$\triangle OAA'$与$\triangle OAA''$来分析，也有上述关系。这说明延长 $A'B'$将会与地面交于O 点，延长 $A''B''$也与地面交于O 点。从图 1-4-2 上还可以看出，观测点与界面之间距离越大，则偏移越厉害。

当我们得到来自界面上两点的反射旅行时 t_{OA} 和 t_{OB} 以及波速 v 后，可以 A 为圆心，用

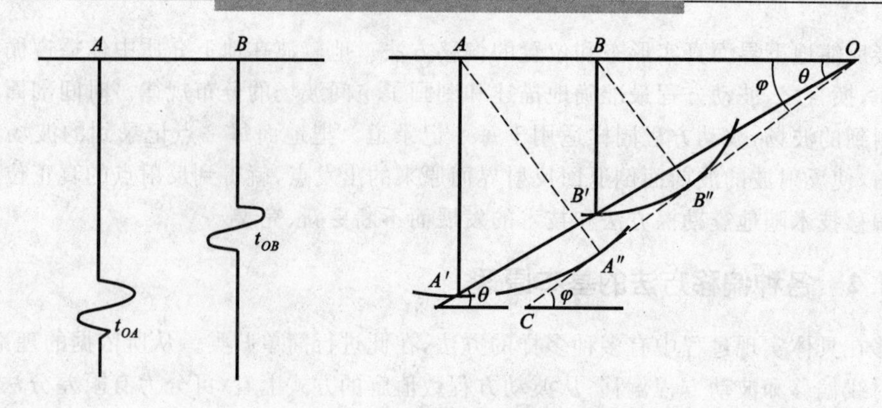

图 1-4-2　反射界面偏移的大小[1]

$r_A=\frac{1}{2}t_{OA}v$ 为半径画一圆弧，再以 B 为圆心，用 $r_B=\frac{1}{2}t_{OB}v$ 为半径画一圆弧，作两个圆弧的公切线就可以得到真正的反射点位置和反射段的位置，即图 1-4-2 上的 $A''B''$。

顺便指出，当反射界面以上的覆盖层中波速不是常数，而是速度随深度线性增加的连续介质时，用人工绘图进行界面偏移的原理是一样的，只不过在这种情况下产生反射波 t_{OA} 的反射点可能不是位于以 A 为圆心、以 $\frac{1}{2}t_{OA}v$ 为半径的圆弧上，而是位于圆心为 $x_0=0,z_0=\frac{1}{\beta}(\text{ch}\,\frac{v_0\beta t_{OA}}{2}-1)$，半径为 $R_0=\text{sh}\,\frac{v_0\beta t_{OA}}{2}$ 的圆弧上。对 A,B 等各点作出一系列这样的圆弧，它们的公切线就是反射界面，如图 1-4-3 和图 1-4-4 所示。

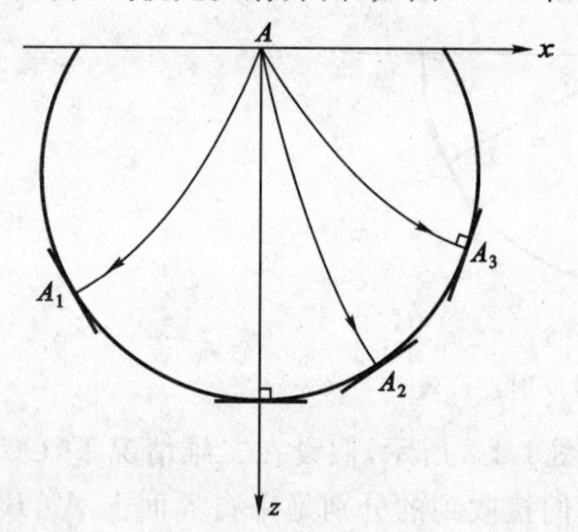

图 1-4-3　曲射线情况下反射点的位置[1]

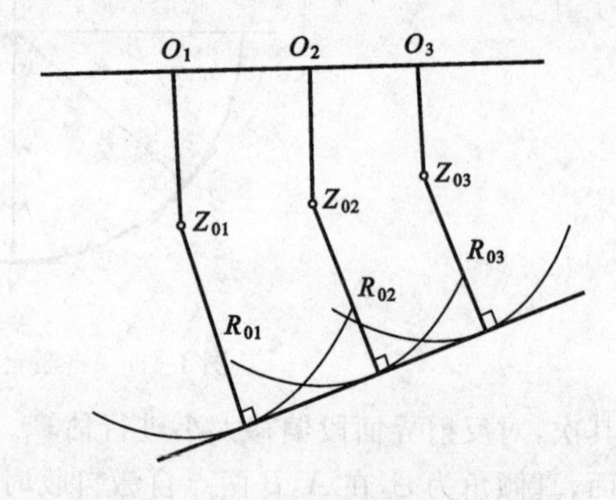

图 1-4-4　用曲射线法绘制反射界面[1]

2. 绕射扫描偏移原理

上面讨论的内容只解决了界面的偏移问题，而没有解决共反射点分散的问题。绕射扫描偏移可以从原始的道集记录出发，实现真正的共反射点叠加和偏移。这种方法又称为偏移叠加。

1）从几何地震学提出的偏移叠加方法

按照现在采用的多次覆盖野外工作方法（即各组激发点与接收点对称于它们的共中心点 M，如图 1-4-5 所示），在倾斜界面情况下，得到并不是一组真正的共反射点道集，它们对应的反射点 $R,R_1,R_2,\cdots,R_n$ 分布在一小段界面上。如果把这些道当作界面水平的情况进行动校正后作叠加，实际上并不是真正共反射点叠加，而是“共中心点”（M 点）叠加。因此，在界面倾斜情况下，如果仍要保证实现真正的共反射点叠加，则激发点与接收点的布置就不

应当以 M 点对称，而应当根据界面倾角、速度等参数设计一套相应的观测系统。为此可以估算一下在界面倾斜情况下。当在 O_1 激发时，为了保证仍然得到来自 R 点的反射，相应的观测点 S_i' 应该在什么位置呢？推导如下：

当激发点位于界面下倾方向时，$\triangle OO^* S \cong \triangle RMS$，根据相似三角形的有关定理，有：

$$\frac{\overline{OO^*}}{\overline{MR}} = \frac{\overline{OS}}{\overline{MS}}$$

由图可知 $\overline{OO^*}=2(h+L\cdot\sin\varphi)$，$\overline{MR}=h$，$\overline{OS}=X=L+\overline{MS}$，代入上式得：

$$\overline{MS_i} = X - L = \frac{hL}{h+2L\sin\varphi} \tag{1-4-2}$$

同理，当激发点位于界面上倾方向时，有：

$$\overline{MS_i} = X - L = \frac{hL}{h-2L\sin\varphi} \tag{1-4-3}$$

利用式(1-4-2)或式(1-4-3)可以解决倾斜界面情况下的共反射点偏移问题。例如根据 φ 和 h，用上式计算出每一炮的不对称的 $\overline{MS_i}$ 的值，按照这个距离来布置接收点。这种想法是有道理的，但因为事先不知道 h 和 φ，所以实际生产中是很难实现的。

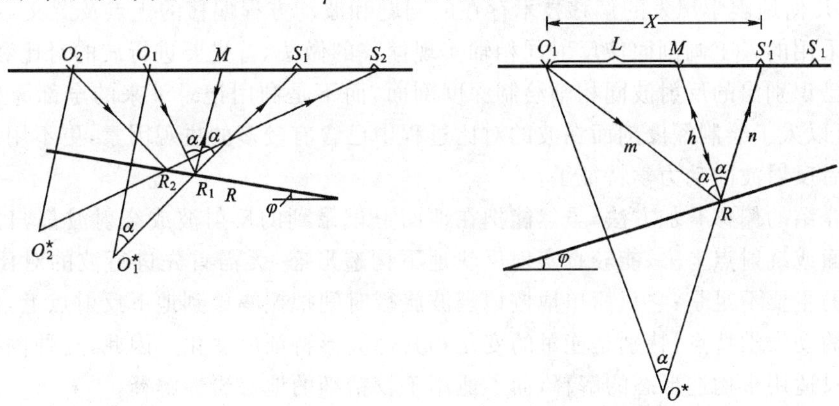

图 1-4-5　界面倾斜时激发点、接收点与反射点的关系[1]

2) 绕射扫描叠加原理

物理地震学认为绕射是最基本的，反射波是绕射叠加的结果。因此，解决反演问题也就实现了地下界面正确位置的成像。顺便指出，有时不用偏移一词，而把在一定地质结构上所得到的地震剖面称为这一地质构造的地震响应，以表示它们两者之间有联系而又不完全一样。把偏移称为成像，其意义可用点绕射的成像过程(图 1-4-6)说明。点绕射源 D 在地面自激自收得出的绕射波到达时间是不相等的，因此按等时间叠加不能聚集成像，而进行动校正就相当于一个聚集透镜的作用。

当波速为常数时，在共炮点记录中，在地面接收到的点绕射时距曲线是双曲线，如图 1-4-7所示。

利用绕射扫描叠加作偏移时，把地下空间划分为网格点。把每个点看成绕射点，根据震源、接收点及绕射点的几何位置和波速，可以画出绕射双曲线，按照绕射双曲线的时距关系，从实际记录上读取对应道的振幅。如果这个点是地下的一个绕射点，则按绕射双曲线规律会从各道取到同相的绕射波振幅，叠加后有较大的振幅值。

这种方法同前面介绍的从反射观点出发的扫描法做法是完全一样的，只是对方法原理

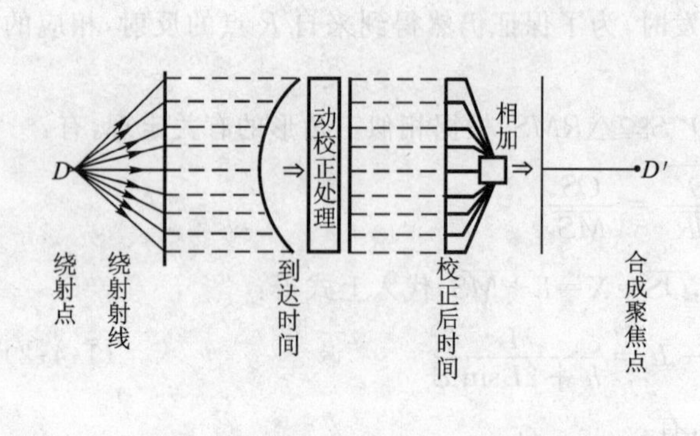

图 1-4-6 绕射波的合成聚焦过程[1]

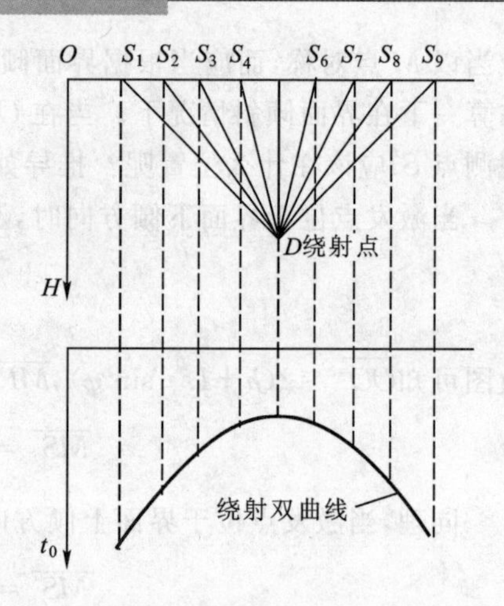

图 1-4-7 点绕射双曲线[1]

进行解释的出发点不同而已。

3. 波动方程偏移原理简介

1) 从几何地震学出发的偏移技术存在的问题和波动方程偏移的优点及意义

最早采用的人工画剖面使反射同相轴实现偏移的做法,首先要进行波的对比和识别,因为只能对已识别出的反射波同相轴绘制深度剖面,而不是利用记录下来的全部原始信息进行偏移,所以人工绘制深度剖面在波的对比过程中已含有较多的主观因素,更不用说绘制出深度剖面后反射波的动力学特征了。

前面介绍的偏移叠加方法,虽然能把在地面上记录到的反射波或绕射波都归位到真正的反射界面或绕射点上去,能较真实地反映地下构造形态,无需首先进行波的对比。但是,这些方法的主要不足是:它只简单地按地震波旅行时间把振幅放到地下反射点上,而没有考虑到波动的动力学特点,特别是能量的变化和其他波形特征的变化。因此,这种偏移方法得出的结果只适用于构造形态的解释,而不适用于较精细的地层岩性解释。

造成这一情况的根本原因在于地震波是一种波动形式,用几何地震学的射线理论来描述波的传播只是一种较粗略的近似。波动方程才是描述波动传播的全部特征(包括时间和能量)的精确的数学工具。因此,如能找到以波动方程为基础的解反问题的方法——偏移方法,就可以使偏移的结果不仅恢复地下界面的真实形态,还可以保留波动的动力学特征。

应当指出,20 世纪 70 年代初期由美国斯坦福大学 Claerbout 教授首先提出的这种真正可以直接用波动方程来解地震勘探反问题的方法,开始了把波动方程直接用于地震资料处理的新阶段。地震数字处理技术为波动方程偏移的产生提供了能完成巨大计算工作量的必要手段,这一方法的优点又使数字处理技术进一步发展,使地震勘探方法技术取得了重大突破。该方法一出现就受到极大重视,并迅速发展,不断完善。

2) 波动方程偏移原理

首先观察观测面离开地质体的深度不同对反射点偏移的影响。设有图 1-4-8 所示的一段倾斜界面段 OC,当在地面 OA 的一点 A 自激自收时,将把接收到的来自界面上点 A'' 的反射显示在 A 点的正下方的 A' 点。A' 点相对于 A'' 的正确位置在深度和水平位置上都有偏移。

如果我们在比 OA 更靠近 A'' 点的 $O'B$ 平面上的 B 点进行观测,这时将把来自 A'' 点的反射显示在 B 点正下方的 B' 点。显然,B' 点相对 A'' 点的偏移要比 A' 点的小得多。在极限情况下,在 A'' 点进行观测就不会产生偏移了。

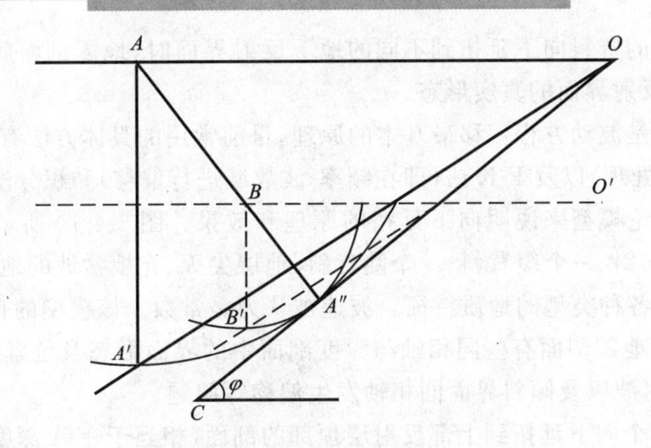

图 1-4-8　观测面与地质体的距离对反射点偏移的影响[1]

我们还可以观察点绕射情况。图 1-4-9a 所示是均匀介质中的三个绕射点，为方便而不失一般性，设它们深度为 z_1，$z_2=2z_1$ 和 $z_3=3z_1$。图 1-4-9b 是在地面上（$z=0$）观测到的地震剖面示意图。我们知道，最浅的绕射点的地震响应是三条绕射双曲线中最窄的一条，如果把观测面降到 $z=z_1$，结果见图 1-4-9c，因为此时观测面相当于绕射点 1 的深度，所以 $t=0$ 时的地震响应正好是绕射点 1 的真实位置，同时也由于记录面的降低，原来在图 1-4-9b 中的双曲线 1 和 2，现在正好对应于绕射点 2 和 3 了，并且到达时间也减少了，在图中用时间坐标的移动来表示。图 1-4-9d 是在 $z=z_2$ 平面观测的结果。由于只记录上行波，此时绕射点 1 的影响已不存在了，同时绕射点 2 的地震响应在 $t=0$ 时已退化为一个点，而绕射点 3 的地震响应则变成同图 1-4-9b 中的绕射点 1 的响应一样。图 1-4-9e 是在 z_3 平面观测到的结果。图 1-4-9f 表示在与三个绕射点的深度对应的观测平面上得到的三个绕射点的波场。图 1-4-9f 上的时间 t_1 相当于 z_1 平面观测的 $t=0$。t_2，t_3 也有类似的关系。

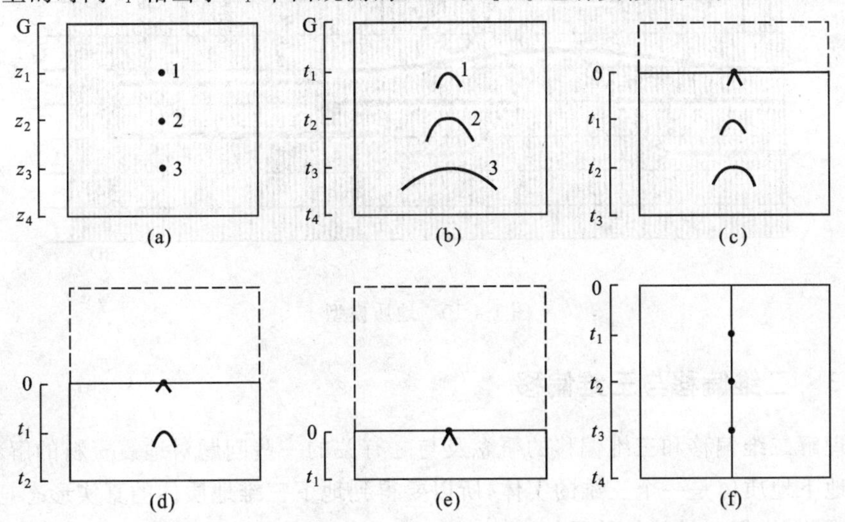

图 1-4-9　用向下延拓地震波场实现偏移的原理示意图[1]

这两个例子表明，通过把观测面一次一次向下靠近地质体，可以得到不同深度上地质体的真实形态，这是实现偏移方法的基本原理。当然，在实际工作中，波场的观测只能在地面进行，因此上述原理在物理上是不可实现的。但是可以找到一套数学上的方法，把波场从一个高度换算到另一个高度，习惯上称之为波场延拓。为了实现偏移，可以对波场进行向下延拓。当把地面得到的资料向下延拓到不同的地下反射界面时，地震剖面就转换成为对应的深度模型，反映出反射界面的真实形态。

上面介绍的只是波动方程偏移最基本的原理，目前常用的具体方法有三种，即有限差分法（在时间-空间域处理）以及 F-K 法（即在频率-波数域进行偏移）和积分法。

下面用一个理论模型来说明向下延拓的原理和效果。图 1-4-10 所示的模型包括一个平缓向斜、一个陡向斜、一个缓背斜、一个陡背斜、地层尖灭、充填盆地的地层、一些孤立的绕射点和一条断层等各种类型的地质特征。波速被认为是常数。该模型的自激自收地震剖面如图 1-4-11 所示。地震剖面有些同相轴与深度剖面中的界面形态及位置是对应相符的，但也存在回转波、绕射波以及倾斜界面同相轴发生偏移等问题。

图 1-4-12 是一个向下延拓到上部反射层顶部的剖面（相当于在 A 深度观测），这样就突出了靠近观测平面处的同相轴，同时也改变了整个剖面。可以看到，平缓向斜的底部变圆了，来自陡向斜翼部的反射波交点向下移动了。然后把观测下移到 B，再下移到 C，得到图 1-4-13 和图 1-4-14，每向下延拓一段就有一条剖面。我们再利用这些没有重叠的剖面部分作出一条新的剖面（图 1-4-15），它几乎与原来的深度剖面一样。

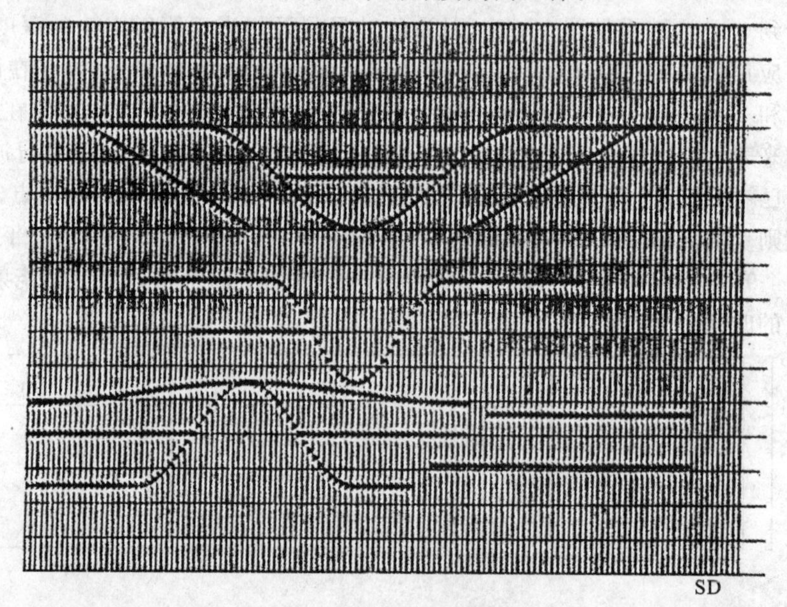

图 1-4-10　地质模型

1.4.3　二维偏移与三维偏移

正确理解二维偏移和三维偏移的概念及与之有关的一些问题对地震资料的解释十分重要。因为地下地质体是一个三维的实体，所以要得到地下三维地质体的真实形态，必须进行三维面积观测，进行三维的偏移叠加。

如果我们对利用一条测线观测得到的原始数据进行偏移处理，这只是一种二维偏移。这种二维偏移，只有在剖面上的全部信息都是来自过此剖面的垂直平面内时，才能取得好的偏移效果，也即只有当地下构造是一个二度体，我们的测线垂直二度体的走向，用这种情况下得到的原始资料进行二维偏移才是正确的。如果地质体是一个三度体，则沿一条测线得到的资料就可能包括了来自几个不同射线平面的信息。在这样的剖面内进行偏移，只能对

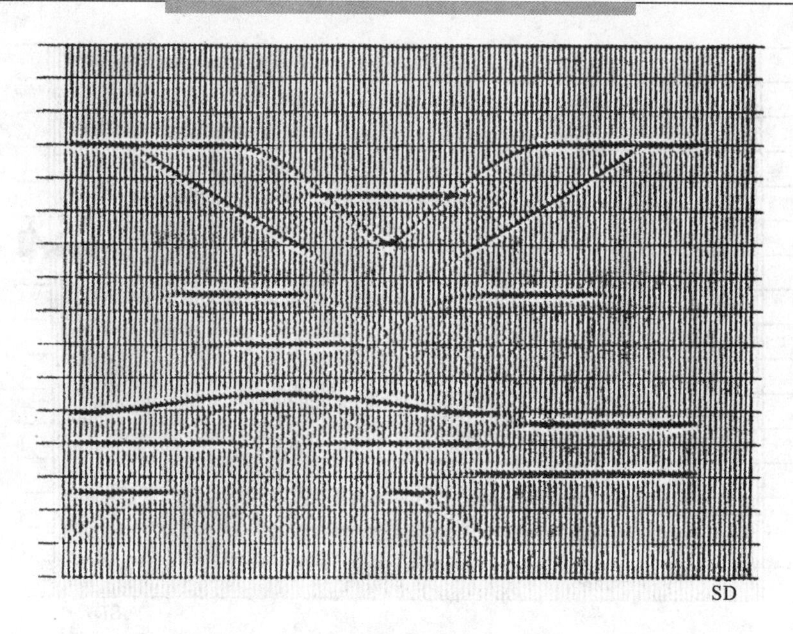

图 1-4-11　地质模型的水平叠加剖面

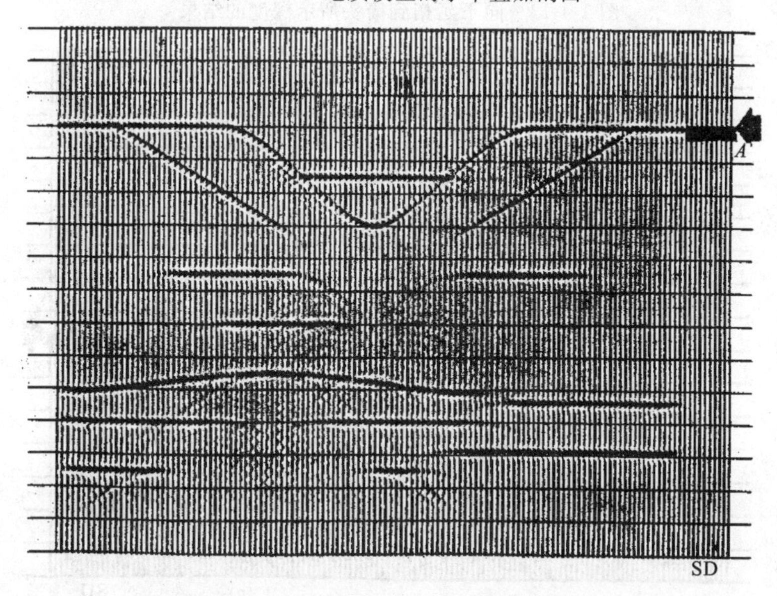

图 1-4-12　向下延拓到箭头所示深度的结果

来自与测线的走向垂直的界面的信息进行偏移，来自其他“侧面”的反射仍无法归位。

图 1-4-16 是一个两层模型的立体图。第一个界面有一个平台被一条断层分成两个断块；第二个界面有一个背斜和一个向斜。图 1-4-17 是三维模型沿 AB 方向的剖面。

图 1-4-18 是 AB 测线的自激自收剖面。由于未作偏移处理，剖面上明显出现绕射波和侧面波，背斜被夸大，断面反射波向下倾方向偏移，向斜反射好像是一个“背斜”的样子。图 1-4-19 是经过二维偏移的结果。剖面的畸变减小了，但断面波未完全归位，背斜的侧面反射未完全收敛，向斜的真正形状也未恢复。

图 1-4-20 是采用三维数据采集并进行了三维偏移处理得到的剖面，基本上真实地反映了测线正下方剖面的形态。背斜的虚影消失，断面波真正归位，绕射波完全收敛，向斜形态

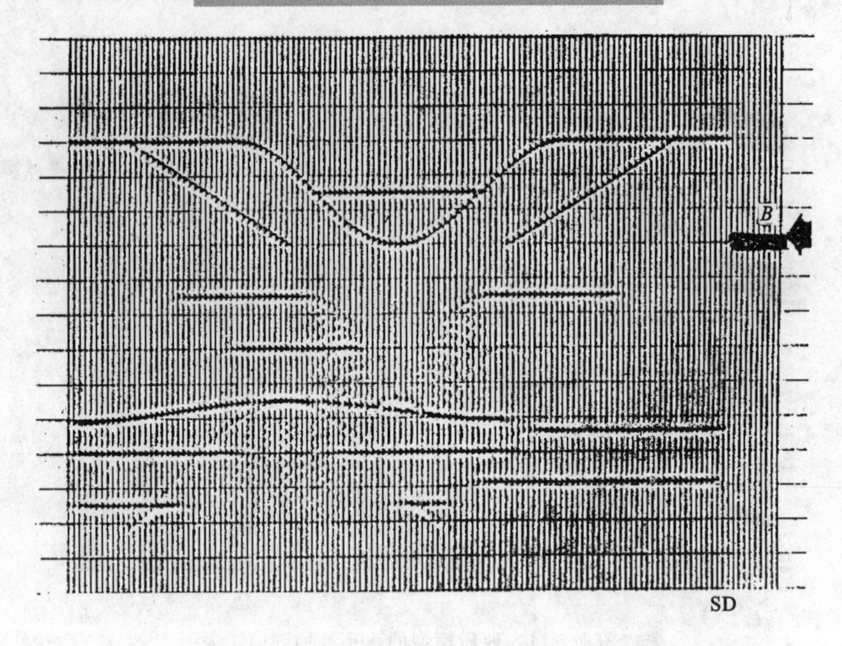

图 1-4-13　向下延拓到箭头所示深度的结果

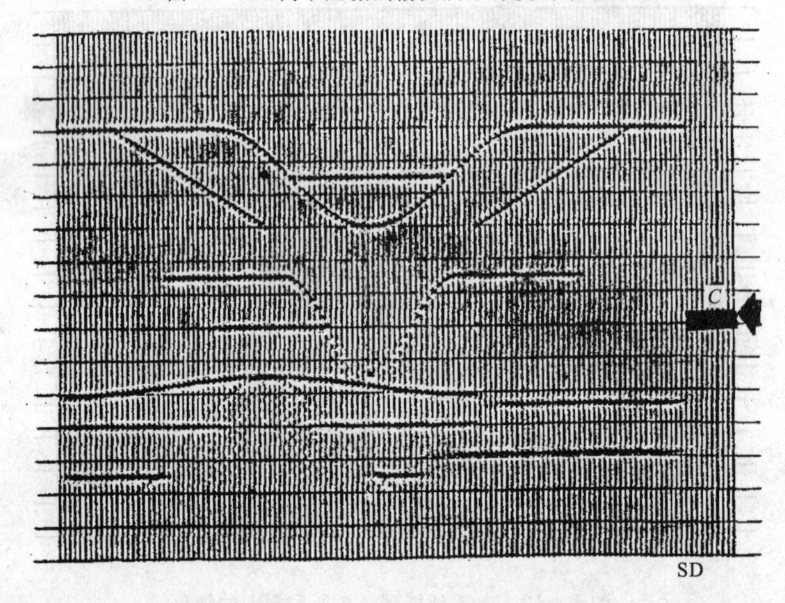

图 1-4-14　向下延拓到箭头所示深度的结果

也得到正确反映，界面形态清晰。用这样的三维偏移剖面进行解释就比较准确方便了。

上述的三维偏移应当是全三维偏移，虽然其工作量大，成本也高，但用全三维偏移解决复杂地质现象的准确成像问题的优越性是十分明显的。随着计算机技术的发展，全三维偏移正逐渐用于生产实际。三维偏移中比较实用的做法是两步法偏移，简介如下：

图 1-4-21 所示为一个点 P 的绕射双曲面。在地面上用从 $-n$ 到 $+n$ 共 $2n+1$ 条测线进行观测。进行全三维偏移时，相当于将绕射双曲面上的能量一次收敛到 P 点上去。

两步法三维偏移的过程是：先进行一个方向的二维偏移，即对每条测线进行二维偏移，把各条绕射双曲线的能量送到 A,B,C,D 等点上去；然后再在垂直于这些测线的方向上抽道，组成一条测线，对这条测线作二维偏移，把 A,B,C,D 的能量集中到 P 点。两次偏移结

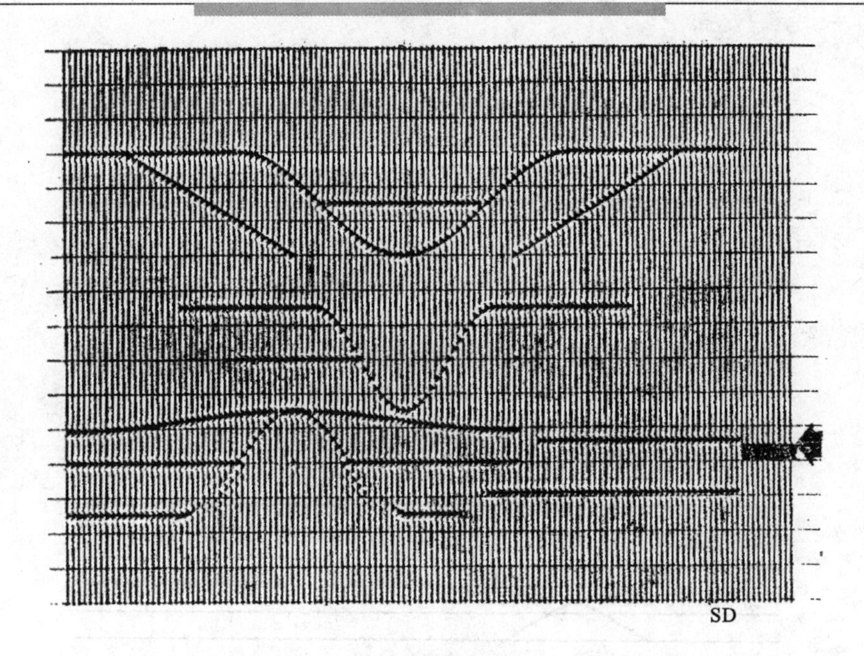

图 1-4-15　最终得到的经过偏移的结果[1]

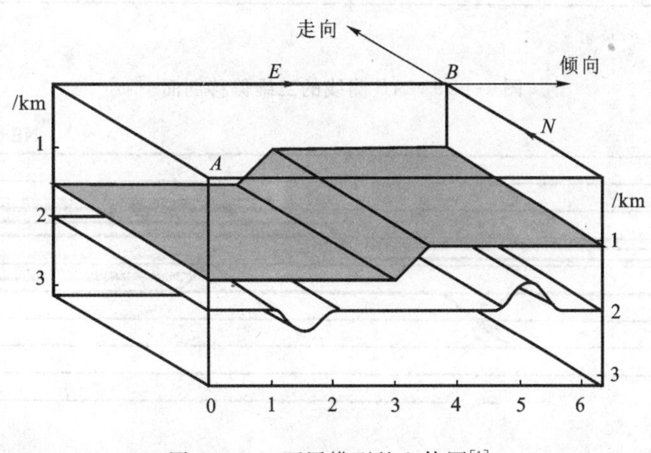

图 1-4-16　两层模型的立体图[1]

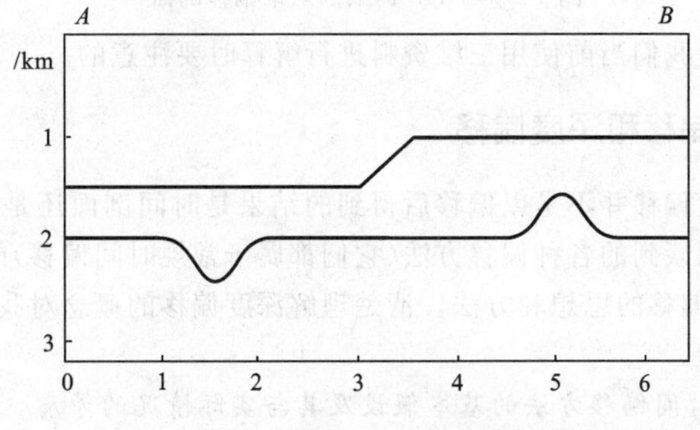

图 1-4-17　沿 AB 方向的地质剖面[1]

果近似等价于三维偏移。

可以证明，在常速介质中两步法三维偏移与全三维偏移效果是一致的，不产生任何误差。但是当介质速度变化时，两步法三维偏移将产生误差，这种误差随着速度变化强烈程度

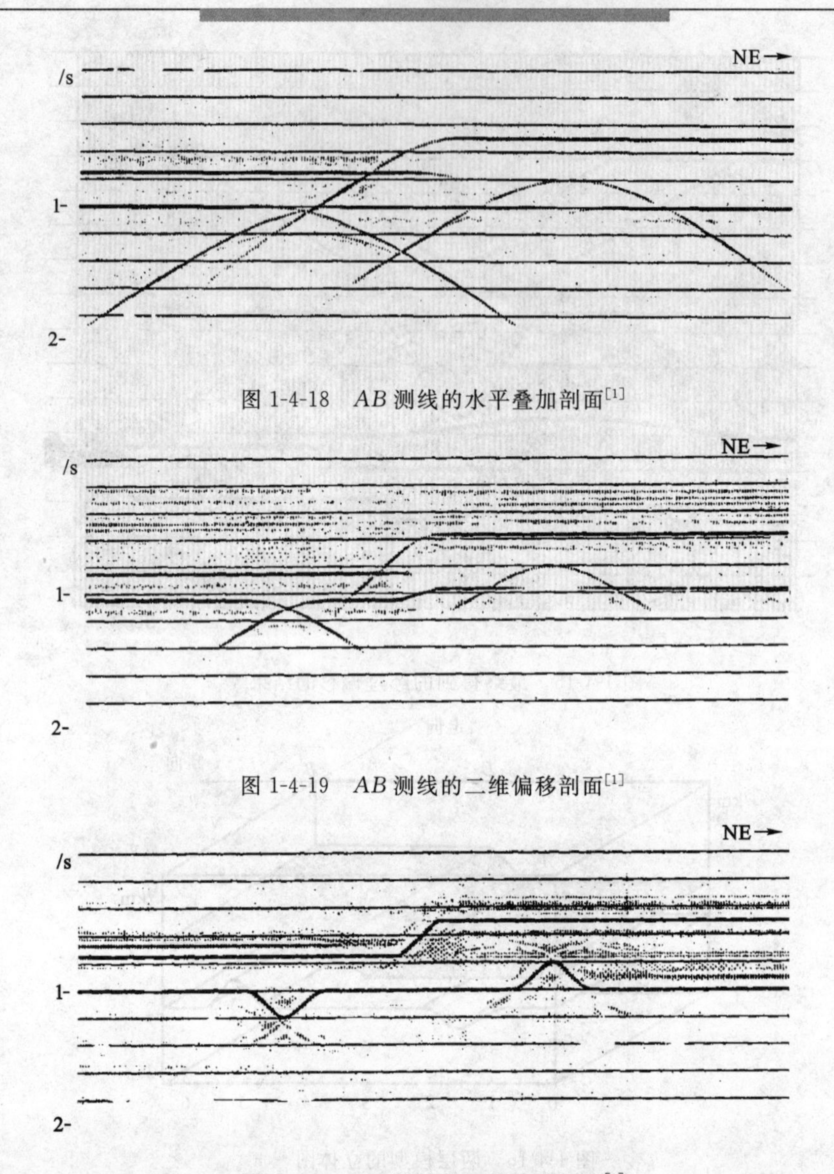

图 1-4-18　*AB* 测线的水平叠加剖面[1]

图 1-4-19　*AB* 测线的二维偏移剖面[1]

图 1-4-20　*AB* 测线的三维偏移剖面[1]

的增大而增大。这是我们当前使用三维资料进行解释时要注意的。

1.4.4　时间偏移和深度偏移

时间偏移和深度偏移并不是以偏移后得到的结果是时间剖面还是深度剖面来区分的。深度偏移是针对前面谈到的各种偏移方法(它们都属于常规时间偏移)的根本缺陷而提出来的,是一种新的关于偏移的思想和方法。清楚理解深度偏移的概念对我们正确、全面地了解地震偏移是很重要的。

1. 目前使用的时间偏移方法的基本假设及其与实际情况的矛盾

目前使用的偏移方法最重要的基本假设是介质均匀或水平层状。在进行偏移时,认为速度函数是已知的,速度结构可以简单地表示为旅行时的函数(沿横向不变),进行偏移的一切信息都可以归结为旅行时 t 的函数,偏移的结果也大多以旅行时为纵坐标输出。大概也正是由于这些特点,所以把这些偏移方法称为时间偏移。

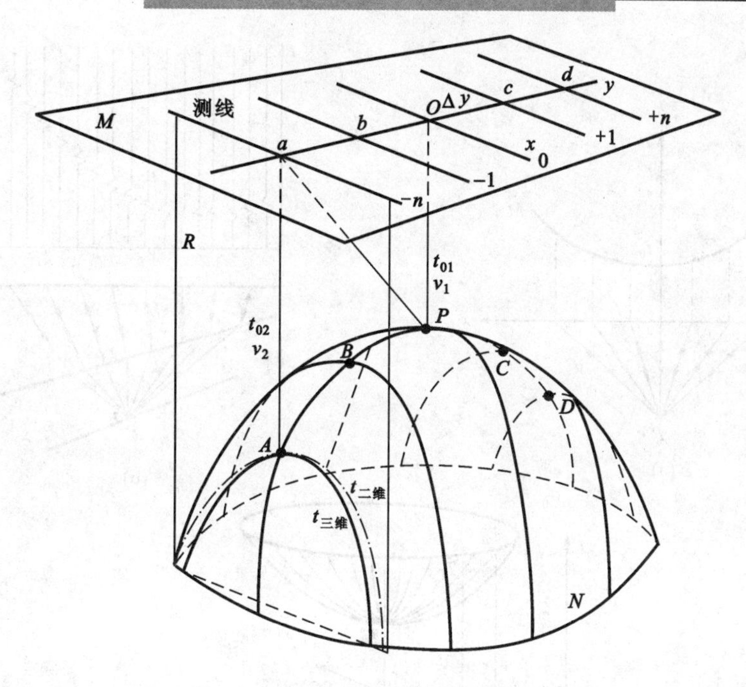

图 1-4-21　两步法三维偏移示意图[1]

基于这样的假设就可以得出下述特点：由地下一个绕射点产生的绕射曲线的极小点必然位于绕射点的正上方。因为由地下绕射点发出的绕射波射线中有一条最短时间路径，它和地面是垂直的，如图 1-4-22a 所示。目前使用的各种偏移方法虽然具体公式不同，做法不同，但从本质上都可看作把位于这条绕射曲线上的能量全部加起来，并放到曲线的顶点上，这样也就实现了绕射点的正确成像了。

如果绕射点的上覆地层中存在倾斜界面，也就是说速度沿横向有变化，这时点绕射的时距曲线具有与前面不同的特点，如图 1-4-22b 和 1-4-22c 所示。

(1) 存在一条最小旅行时射线，它垂直到达地面，称为成像射线。时距曲线的极小点在成像射线出射点 A 的正上方，A 点偏向界面上倾一侧。

(2) 一条特殊的射线是过 P 点并与 P 所在的界面垂直的射线。在 B 点自激自收记录到的就是沿这条射线的反射，我们称之为法向射线。P 点的绕射能量大部分是沿法向射线传播的。

(3) 绕射时距曲线并不是以极小点对称的。在常规时间偏移中，就是把绕射波时距曲线上的能量汇集到它的极小点上。对水平层状介质，成像射线与法向射线是重合的，所以成像的位置是正确的。但在倾斜界面情况下，这两条射线不再重合，绕射曲线的极小点(以及成像射线的出射点)并不在绕射点的正上方，产生了偏移偏差。这种偏差对各种常规时间偏移都是存在的。

还应指出，波的射线在通过界面时发生的偏折，是由界面倾角和界面两边速度的差别两个因素共同决定的。各种时间偏移算法都假设界面是水平面，即使有些算法能考虑射线的偏折(如有限差分法)，但也只是考虑了速度差别引起的那部分偏折，而没有考虑界面倾斜引起的那部分影响。

时间偏移结果与绕射点真正位置之间的这种误差，是所假设的模型(水平层状)与真实地层结构(界面倾斜)之间的本质差别造成的，称为规格误差。只要是倾斜界面，它的结果就

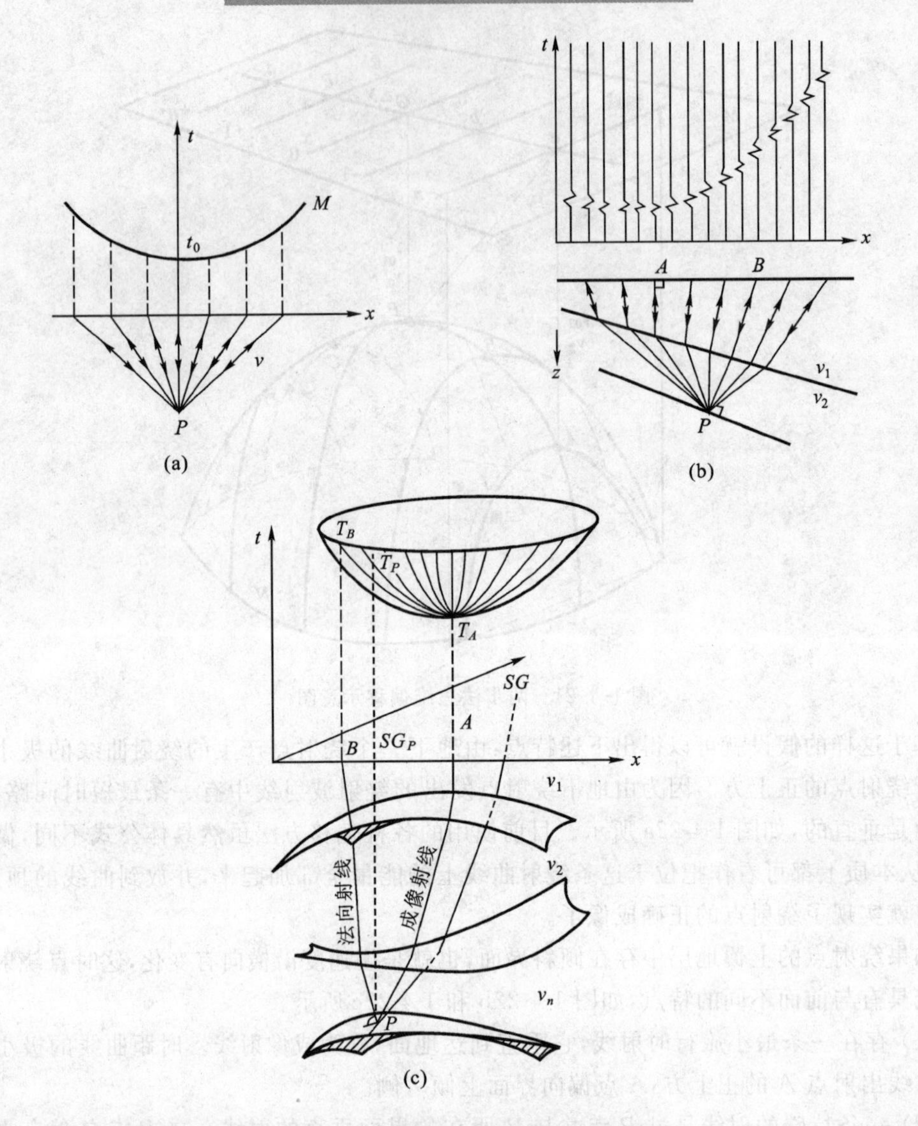

图 1-4-22 成像射线与法向射线的位置关系

(a) 成像射线与法向射线重合；(b) 成像射线与法向射线不重合；

(c) 三维层状模型上 P 点绕射波时距曲面成像射线与法向射线[1]

必然有错。那么，为什么我们用时间偏移常常也能得到较满意的结果呢？鲁宾逊(Robinson)提出了随机反射面倾角假说来解释这种情况。如图 1-4-23 所示，图 1-4-23a 为三个水平界面，即 $\theta_1=\theta_2=\theta_3=0$，此时，成像射线在绕射点正上方出射。图 1-4-23b 为三个具有随机性的倾斜地层，它们的平均倾角接近于 0，向右倾斜的界面把成像射线折向一方，向左倾斜的界面却把它折向另一方。折来折去，总的结果是彼此差不多完全抵消，因而成像射线在地面的出射位置几乎就在绕射点的正上方。这在倾角不大而又具有随机性时，就会取得较好的结果。

时间偏移方法存在的这种矛盾，在解地球物理反演问题中是有代表性的。偏移的目的是为了求得地下地层的真实结构和形态，但为了偏移，又必须事先给出一个速度模型。而如果知道了速度模型也就相当于知道了地下构造了，于是就陷入了一种“理解一个问题，但又

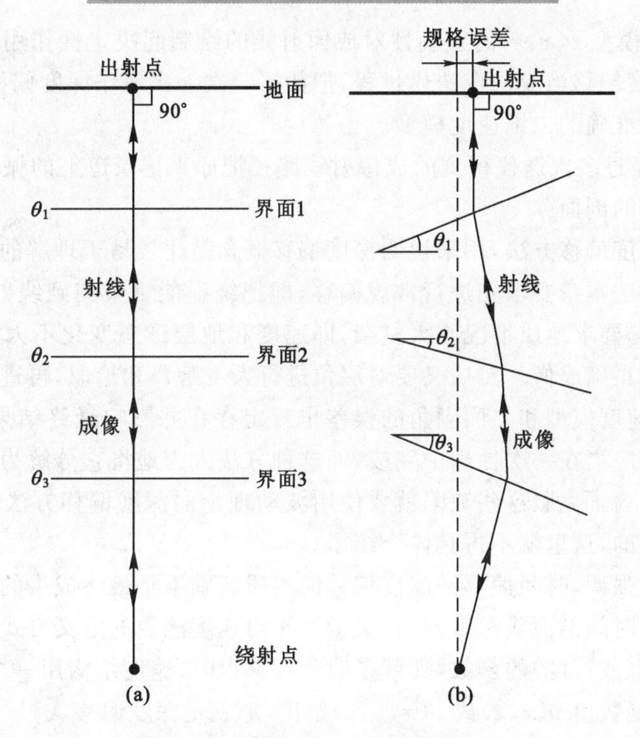

图 1-4-23　随机反射界面倾角假说[1]

(a) 水平界面模型；(b) 具有随机性的倾斜地层

非先有答案不可"的很难解开的"死结"之中。常规时间偏移是无法解开这个"死结"的，它只能利用近似解，求出"错误"的答案。

休布拉尔(Hubral)和拉纳(Larner)首先指出了常规时间偏移方法存在的这种固有缺陷，并得出解决这个问题的新思路和新模型，即所谓的深度偏移。

2. 深度偏移的基本思想和主要步骤

由拉纳提出的射线理论深度偏移的物理概念比较易于理解，我们以这一方法为例说明二维深度偏移的基本思想。

这种方法的依据是：绕射时距曲线的顶点是成像射线在地面的出射点，所以在该点的射线方向是已知的，即垂直出射到地面。经过常规时间偏移后，点绕射的能量已收敛并放在这个位置，如图 1-4-22 中所示的 A 点。如果绕射点 P 的上覆地层存在倾斜界面，则 A 点与 P 的 x 坐标是有偏差的。如果我们知道了速度分布(即地层结构)、射线的方向和该道的旅行时，就可以用反向追踪原理，顺着成像射线向地下逐层追踪，找到它的源，即绕射点的位置。具体步骤可归纳为：

(1) 用普通时间偏移使绕射曲线聚焦，这时只要用从普通速度分析中或测井资料中得到的一维速度函数 $v(z)$ 即可。

(2) 对普通偏移剖面进行层位解释，经时深转换后绘制相应的深度剖面，并定出各层的速度，也即建立一个二维速度模型 $v(x,z)$。这是最重要也是最困难的一步。

(3) 用反向射线追踪方法作出一系列成像射线。即从地面一点垂直向下作一条成像射线，再根据观测到的反射时间和层速度可算出这条射线和第一个界面相交点的深度，又按斯奈尔定律计算射线通过一个界面后的偏折，逐层追踪下去，最后就确定了各界面在完全偏移剖面上的深度。

（4）二维速度模型 $v(x,z)$ 的正确性对成像射线的绘制起决定性作用，但又不易准确确定，因此可以把深度偏移当成一个迭代过程，把数据一次一次地作深度偏移。每次得到的结果都提供了一个更准确的二维速度模型。

（5）最后，按经过多次迭代得到的成像射线路径把原来记录道上的振幅再映射上去，就得到经过深度偏移的剖面。

射线理论的深度偏移方法，用来说明深度偏移概念是比较易于理解的，但这种方法存在一些缺点。首先方法本身要求先进行常规偏移，即把绕射能量聚集到绕射曲线的顶点。要做到这一点，就必须要求地质情况不太复杂，即速度和地层形态变化不太激烈，否则常规时间偏移剖面就不能正确成像。然后又要对层位进行人工解释和拾取，再进行成像射线追踪。在进行这一步时，速度模型和界面倾角的误差也肯定存在并影响最终结果的精度。最重要的是本来成像偏移应当在一次处理中完成，而这种方法人为地将它分解为两个独立步骤，在理论上不够严格。为了克服这些缺陷就要使用波动理论的深度偏移方法，目前的生产软件都是基于波动理论的，这里就不再具体介绍了。

最后我们再次强调，时间偏移和深度偏移的本质区别不是最终成果的输出形式，因为两者都可以输出垂直时间剖面或深度剖面，关键在于对速度函数的定义方式。在偏移算法中，如果速度只是时间（或深度）的函数，那就是时间偏移；如果速度结构用一个复杂的深度剖面来表示，例如速度函数由 $v(x,z)$ 或 $v(x,y,z)$ 给出，那就是深度偏移。

下面通过帕拉代姆（Paradigm）公司提供的一个例子来说明时间偏移和深度偏移的本质区别。图 1-4-24 所示为中东地区一条时间偏移剖面。该剖面上有两个构造高点，位于剖面右边的高点 B 处钻井有油，而左边高点 A 处钻井为一口干井。

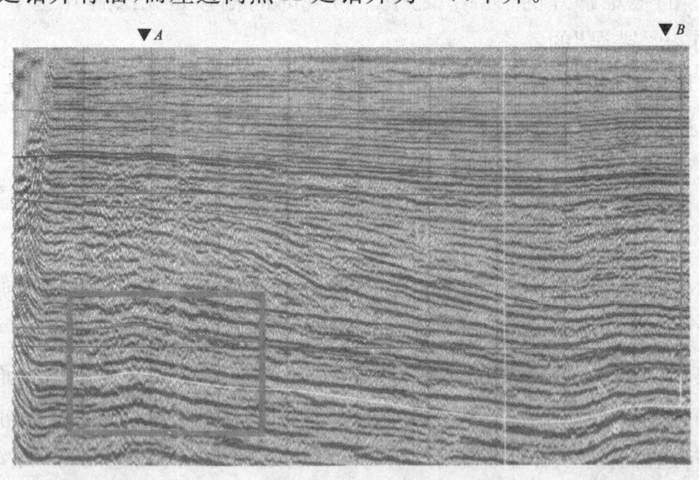

图 1-4-24　中东地区一条时间偏移剖面

这是为什么呢？帕拉代姆公司使用 GeoDepth 叠前深度偏移软件对资料进行了重新处理。结果发现，原来时间偏移使用的剖面左边 A 井的速度所形成的速度模型（图 1-4-25）不适于剖面右边的 B 井，使用 GeoDepth 的 CMP 道集经相干反演技术求出新的速度模型（图 1-4-26），显现速度有横向变化，A 井处的速度高于 B 井。用图 1-4-26 的速度模型进行叠前深度偏移，得到深度偏移剖面如图 1-4-27 所示。在深度偏移剖面上，A 井位处没有构造高点，所以为一口干井。此例说明，由时间偏移剖面到深度偏移剖面，速度模型的建立是关键。

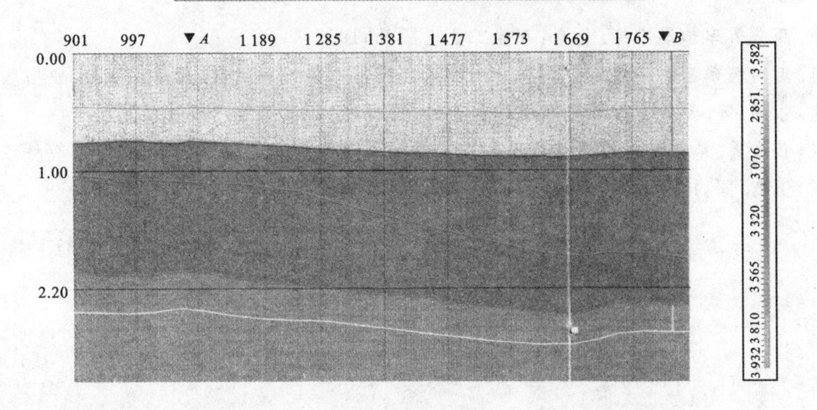

图 1-4-25　使用 A 井的速度建立的速度模型

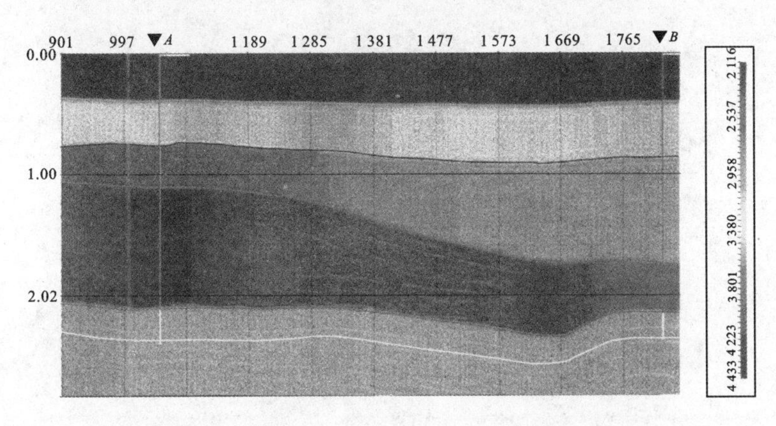

图 1-4-26　使用相干反演技术求出的速度模型

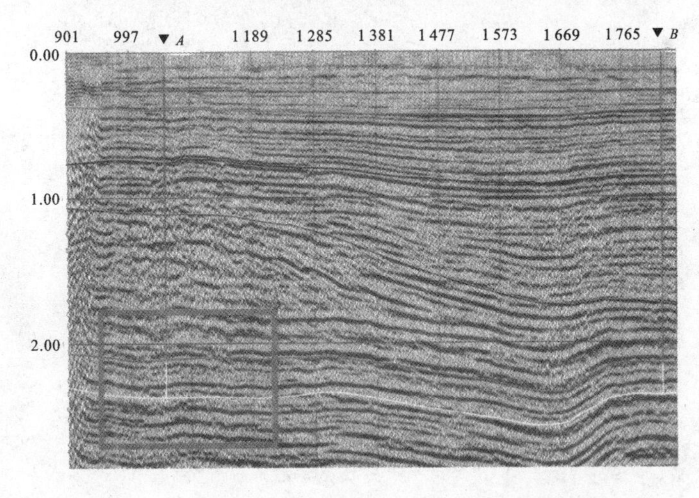

图 1-4-27　用图 1-4-26 速度模型得到的叠前深度偏移剖面

参考文献

[1] 陆基孟.地震勘探原理.东营:石油大学出版社,1993

[2] 俞寿朋.高分辨率地震勘探.北京:石油工业出版社,1993
[3] 李庆忠.走向精确勘探的道路——高分辨率地震勘探系统工程剖析.北京:石油工业出版社,1993
[4] 邹才能,张颖,等.油气勘探开发实用地震新技术.北京:石油工业出版社,2002
[5] 杨国权,孙成禹.地震资料构造解释课程设计指导书及附图.石油大学(华东)胶印教材,2003
[6] 曲寿利,王鑫.国内外物探技术现状与展望.北京:石油工业出版社,2003

第2章 地震资料构造解释与应用

地震资料构造解释分为二维解释与三维解释。简单说来，二维解释是指面向地震测线的解释工作，三维解释是指面向三维数据体的解释工作。构造解释是整个地震资料解释工作中的重点和基础。地层与岩性解释、储层与含油气预测等一般都是在构造解释工作之后进行的。构造解释主要包括时间剖面的对比分析、时间剖面的地质解释、构造图的绘制、含油气远景评价等工作。

2.1 地震资料的二维解释

2.1.1 时间剖面的对比

时间剖面的对比是地震资料解释中一项最重要的基础性工作，对比工作的正确与否将直接影响地质成果的可靠程度。不同的地震勘探方法所利用的地震有效波可能会不同。例如在反射波法地震资料解释中，一次反射波就是有效波。地震勘探的实践表明，有效波总是以干扰波作为背景而被记录下来。因此，解释工作的首要任务就是在地震剖面上识别和追踪有效反射波。

在地震时间剖面上，反射层位表现为同相轴的形式，所以在时间剖面上，反射波的追踪实际上就是同相轴的对比。根据反射波的一些特征来识别和追踪同一反射界面反射波的工作，就叫做波的对比。

1. 反射波的识别标志

来自同一界面的反射波，直接受该界面埋藏深度、岩性、产状及覆盖层等因素的影响。如果上述这些因素在一定的范围内变化不大，即具有相对的稳定性，就会使得同一反射波在相邻地震道上反映出相似的特点。这是我们在地震剖面上识别和追踪同一反射波的基本依据。属于同一界面的反射波，其同相轴一般具有以下四个相似的特点。这四个特点也称为反射波对比的四大标志。

(1) 强振幅。由于在野外采集和室内处理中已采取了许多增强信噪比的措施，所以在地震剖面上，反射有效波的能量一般都大于干扰背景的能量。也就是说，反射波一般都能以较强的振幅出现在干扰背景上。如果更细致地考虑，则反射波振幅的强弱还与界面的反射系数(界面两边岩性、物性的差异)、界面形状等因素有关。如果沿界面无构造或岩性的突变，则波的振幅沿测线也应当是渐变的。

(2) 波形相似性。这是反射波的主要动力学特点之一。由于震源所激发的地震子波基本相同，同一界面反射波传播的路程相近，传播过程中所经受的地层吸收等因素的影响也相近，所以同一反射波在相邻地震道上的波形特征(包括主周期、相位数、振幅包络形状等)是相似的。

(3) 同相性。如果有一个反射波传播到测线上，它的视速度不变，或者只是沿测线有缓慢的变化，而沿测线布置的观测点相距又不远，则同一个反射波的相同相位在相邻地震道上的射线路径或到达时间都是相近的，相邻地震道记录下来的振动图也是相似的，并且会一个一个套起来，形成一条平滑的、有一定延续长度的同相轴。该同相轴应是一条圆滑的曲线或直线(与界面形态有关)，而来自同一界面的反射波，其不同相位的同相轴应彼此平行。这些特点也称为波的相干性。

(4) 时差变化规律。地震记录(共炮点或共中心点道集记录)经过了动校正后，一次反射波同相轴是直线；绕射波和多次波仍是弯曲的；而折射波、直达波等原来在共炮点记录上是直线型的同相轴，动校正后就变成了曲线。这是利用地震记录识别波的类型的重要依据。动校正后再经水平叠加或偏移叠加则形成自激自收的地震剖面。在此类剖面上，对于同一界面的反射波同相轴而言，相邻道之间的时差变化规律应该是相同(水平界面)或规律变化的。

上述四个标志中，(1)和(2)用来识别在地震剖面上是否有一个波出现；(3)和(4)可以帮助我们进一步识别波的类型、特征以及对产生这个波的界面的特点作出推断。以上四个标志的表述如图 2-1-1 所示。

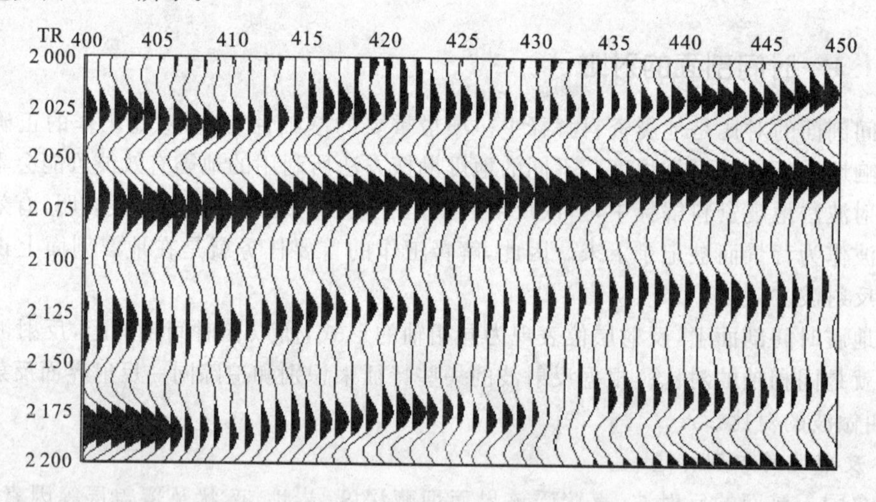

图 2-1-1　示意反射波四个识别标志的地震剖面

2. 地震剖面的对比方法

地震剖面的对比追踪是地震资料二维解释的基础性工作，其对比追踪通常考虑以下原则和方法。

(1) 掌握地质规律、统观全局，做到心中有数。在对比工作开始之前，首先要收集和分析工区内及邻区的地质、测井及其他地球物理资料，研究规律性的地质构造特征，运用地质规律来指导对比解释。同时要了解地震资料采集和处理的方法及相关因素，以便准确识别和判断出由于资料采集和处理不当而造成的剖面假象。如果在工作站上对三维数据体进行人机交互解释(三维数据体若以测线为解释对象的，也属于地震资料的二维解释范畴)，则应利用工作站的三维显示功能，快速浏览三维数据体，以便做到心中有数。

(2) 从主测线开始对比。在一个工区有多条地震剖面，应先从主测线开始对比工作，然后从主测线的反射层延伸到其他测线上去。所谓主测线，是指垂直构造走向、横穿主要构造，并且信噪比高、反射同相轴连续性好的测线。它还应有一定的延伸长度，最好能经过钻探井位。

(3) 重点对比标准层。对某条测线而言，可能有几个反射层应重点对比的目标层(或称为标准层)。所谓标准层，是指具有较强振幅、同相轴连续性较好、可在整个工区内追踪的目标反射层。它往往是主要的地层或岩性的分界面，与生油层或储集层有一定的关系，或本身就为生、储油层。

(4) 相位对比。由于地震记录上记录到的反射波往往是续至波，初至波难以辨认，因此具体工作中采用相位对比。一个反射界面在地震剖面上往往包含有几个强度不等的同相轴，如选其中振幅最强、连续性最好的某同相轴进行追踪，就叫做强相位对比。但应注意，在各个剖面上对比的相位应一致，否则会因为相位对比错误而导致层位深度不一，造成错误的解释。有时反射层无明显的强相位，可以对比反射波的全部或多个相位，这称为多相位对比。目前，生产中广泛采用多相位对比，也就是对比波的两个或两个以上的相位。有时甚至把整个波组的所有相位进行对比，以提高资料解释的正确程度。

(5) 波组和波系对比。波组是指由三四个数目不等的同相轴组合在一起形成的反射波组合，或指比较靠近的若干界面所产生的反射波组合。由两个或两个以上波组所组成的反射波系列称为波系。利用这些组合关系进行波的对比，可以更全面地考虑反射层之间的关系。因为从地质的观点来说，相邻地层界面的厚度间隔、几何形态是有一定联系的。在地震时间剖面上，反射波在时间间隔、波形特征等方面也是有一定规律的。有时在剖面的某段长度内，因某种原因有的同相轴质量较差(振幅弱、连续性差)，我们可以根据反射波在剖面上相互间的总趋势，如等时间间隔、逐渐减小或增大，以好的反射波组来控制不好的反射波组，进行连续追踪。

(6) 沿测线闭合圈对比(剖面的闭合)。在水平叠加时间剖面上，沿测线闭合圈追踪对比同一界面的反射波。在相交测线的交点处，相同界面的反射波时间 t_0 应该相等，称之为剖面的闭合(图 2-1-2)。当闭合圈中有断层时，应把断距考虑在内。一般闭合差不能超过半个相位。如果超过这个规定，就意味着对比追踪的不是反射波的同一相位，需要修改，并重新进行对比解释。剖面的闭合是检查或验证地震资料解释是否准确的有效手段。

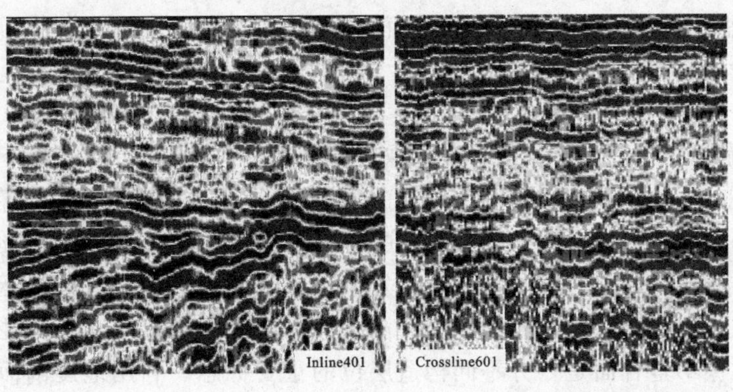

图 2-1-2　新疆轮南 401 主测线与 601 横测线的正交剖面(塔里木油田提供)

剖面不闭合可能是由于各测线施工时间不同、采集和处理因素不一致、测量误差等原因造成的。当闭合差超过允许精度时,应认真检查,找出原因。

(7) 利用偏移剖面进行对比。当地质构造比较复杂时,在水平叠加时间剖面上同相轴形态通常比较复杂,这时可利用偏移剖面来帮助我们进行对比工作。但剖面间的闭合不能用二维偏移剖面,因为对于沿地层倾向的剖面,反射波可以归位,而对于沿地层走向的水平叠加时间剖面,倾角为零,偏移后反射波位置没有变化,这样在测线交点处反射层就不能闭合。解决这类问题的有效方法是全三维地震资料处理与解释。

(8) 研究特殊波。在水平叠加时间剖面上常见的特殊波有三种:当岩石的岩性发生突变时会产生绕射波(常在各反射层断裂处和岩层尖灭处出现);当断层的规模较大时,通常在断层的断面处产生断面反射波;在凹界面(满足曲率半径小于界面埋藏深度这一条件)处还会产生回转波。这些均是我们在研究断层、尖灭及挠曲等地质现象时十分有用的特殊波。

(9) 剖面间的对比。在对时间剖面进行了初步对比后,可以把沿地层倾向或走向的各个剖面按次序排列起来,纵观各反射波的特征及其变化特征,以了解地质构造、断裂在横向上、纵向上的变化,这对地震剖面的对比解释和构造成图等工作非常有利。

在地层起伏大、构造复杂、断层较多的地区,地震剖面特征通常比较复杂,不便于对比解释,此时可以利用地震模型技术进行解释。具体实现过程包括两个途径:一是根据水平叠加剖面或偏移剖面提供的初步解释方案,利用工区内的时深转换关系绘制深度剖面,得到相应的地质模型。这一过程称为地震反演模型技术,即根据实际观测资料推断地质模型的过程。地震资料解释实际上就是最具艺术性的反演过程。二是根据初步的地质模型和相应的地层参数,如速度、密度数值等,按照射线理论或波动理论计算给定模型的地震响应,即合成的水平叠加剖面或偏移剖面,并将合成剖面与实际剖面进行比较,反复修改初始地质模型,直到计算的合成剖面与实际剖面比较相近为止。这一过程称为地震正演模型技术,它也是验证解释成果是否准确的有效方法。

2.1.2 时间剖面的地质解释

在进行地震剖面的地质解释之前,应尽量收集前人的资料,做好对本工区有关情况的调查研究工作,以便进行地质解释时的综合分析研究。这些是必不可少的准备工作。时间剖面地质解释的主要任务是:① 划分构造层;② 确定反射层位的地质属性,了解地层厚度的变化及接触关系;③ 对各种地质构造、断裂系统等作出合理和科学的解释。图 2-1-3 所示为巴西 Campos 盆地经时深转换后的地震剖面的地质解释成果,图中展示了大陆边缘的断裂、变迁、漂移阶段的一些特征。

1. 构造层的划分

地震资料解释的合理性在很大程度上取决于对区域构造概况的了解。区域构造的发展演化及其格局变异,决定了地震剖面上相应的波场特征,而构造发育总是一幕一幕的。在地层沉积过程中,由于受构造运动的影响,往往出现不同时期构造变动在地层剖面上的不同反映。如某时期构造运动剧烈,沉积地层就会发生褶皱或断裂;反之,在构造运动较平静的阶段,沉积岩往往表现出产状变化较小的连续沉积。不同时期构造变动之间往往出现地层的不整合接触,这些不整合面是划分不同构造层位的重要标志。利用地震剖面上反射波组的产状及外形、振幅、视频率、连续性等特征,划分不同类型的地震相;再根据钻井和测井资料所揭示的地质特点来研究地层的宏观特征,包括地层层序与分布、沉积相或沉积体系类型与展布、预测有利的油气聚集带等。此项工作过程称为地震资料的地震地层学解释。这部分

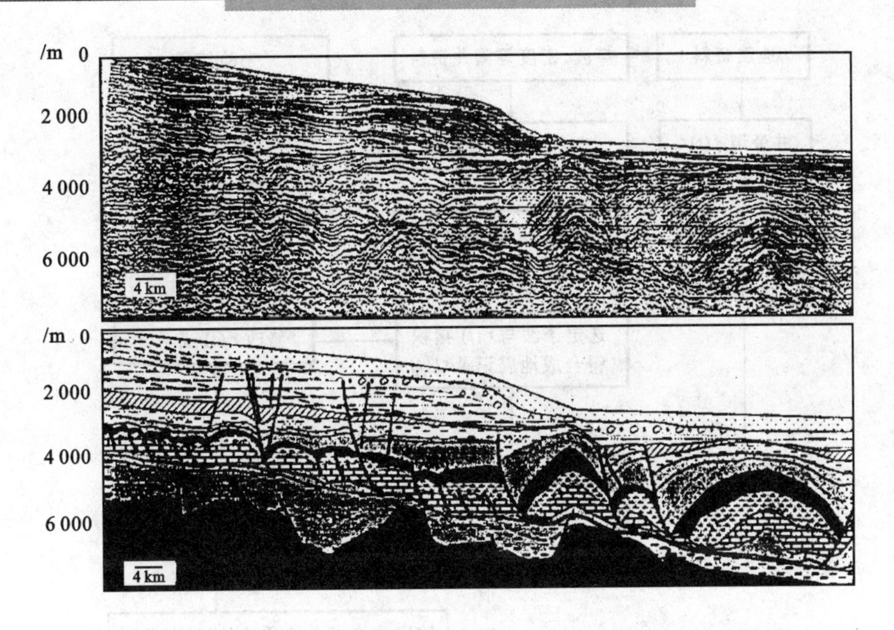

图 2-1-3　巴西 Campos 盆地地震剖面的地质解释结果[2]

内容在此不作介绍，感兴趣的读者可参阅相关书籍。

2. 反射层位的确定(层位标定)

要把地震剖面转换为地质剖面，其中很重要的一项工作就是要对反射波同相轴进行层位标定。从广义来说，标定是指利用测井、钻井资料所揭示的地质含义(如岩性、层厚、含流体性质等)和地震属性参数(如振幅、波形、频谱、速度等)之间的对比关系，判别或预测远离或缺少井控制区域内地震反射信息(如同相轴、地震相、各种属性参数等)的地质含义。层位标定就是把对比解释的反射波同相轴赋予具体而明确的地质意义，如沉积相、岩性、流体性质等，并把这些已知的地质含义向地震剖面或地震数据体延伸的过程。

地质目标层位的标定过程包括几个工作步骤：① 钻井和测井资料(如声波、密度)的整理，深时转换，分层计算其反射系数序列 $r(t)$；② 选定或从地震剖面中提取地震子波 $w(t)$，并与 $r(t)$褶积，得到合成地震记录 $s'(t)$；③ 井旁道 $s(t)$与合成地震记录道 $s'(t)$作比较、分析，并进行地质解释；④ 地质目标层位等地质含义的对比解释，工作区多个井位点上的合成地震记录构成地质目标解释的"种子点集"，再由点到线、到面直至到体的解释。上述工作步骤可理解为地质-地球物理模型的建立过程，如图 2-1-4 所示。

在地震资料解释过程中，实现目标层位标定的方法有 VSPLOG 曲线及合成地震记录两种。VSPLOG 曲线是零井源距垂直地震剖面技术中的实际观测资料经走廊叠加得到的结果。图 2-1-5 是将 VSPLOG 曲线及合成地震记录嵌入过井地震剖面的综合显示。从图中可明显看到 VSPLOG 曲线与井旁地震剖面中同相轴的对应关系，从而可连接测井和钻井资料，确定地震剖面上各同相轴的地质层位。从图中还可看到，VSPLOG 与地震剖面的对比性远好于合成地震记录与地震剖面的对比性。值得注意的是，合成地震记录受井深限制，在 1.75 s 以下无资料，而 VSPLOG 道在 1.75 s 以下仍有清晰的反射，这非常有助于预测待钻地层的地质情况。从原理上说，根据地震记录的褶积模型计算合成地震记录是不困难的，只要知道了地震子波波形和反射系数随时间 t_0 的变化规律就可以了。但要指出的是：

第一，地震子波和反射系数资料并不是随手可得的。

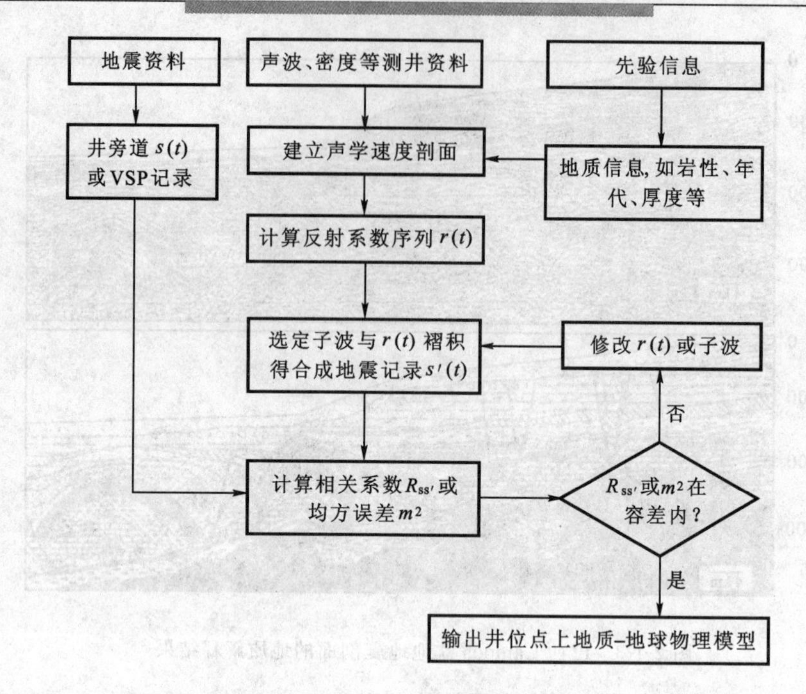

图 2-1-4　建立地质-地球物理模型的框图

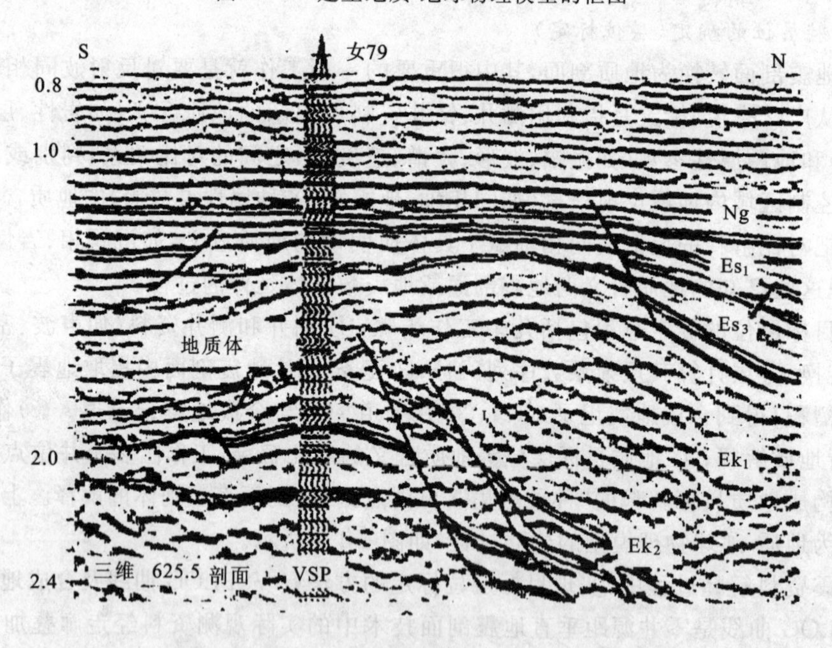

图 2-1-5　VSPLOG 曲线及合成地震记录嵌入过井地震剖面的综合显示[3]

第二,这样的计算已包含了一些简化,如:① 地层在横向上是均匀的,纵向(深度)上是由大量具有不同弹性特点的薄层构成的;② 地震子波以平面波的形式垂直向下入射到界面,所有各薄层的反射子波都与地震子波形状相同,只是振幅和极性不同;③ 所有波的转换(如纵横波之间的转换)以及吸收、绕射等能量的损失都不考虑。

为了制作合成记录,应具备反射系数曲线 $r(t)$。$r(t)$的获取是建立在速度资料和密度资料基础上的,由此便可得出波阻抗曲线,最后计算出反射系数曲线。这一工作通常由测井资料来实现。速度资料可由连续速度测井资料获取,密度资料可从密度测井获得。得不到密度资料时，考虑到密度的变化远远小于地层速度的变化，因此可以近似地假定密度不变，即以速度曲线代替波阻抗曲线来计算反射系数。此时所产生的误差在一般情况下可以忽略。加德纳(Gardner)曾根据大量实际资料得出了一个由纵波速度推算密度的经验公式：

$$\rho = 0.232 v_p^{0.25} \quad (\mathrm{ft/s}) \tag{2-1-1}$$

$$\rho = 0.31 v_p^{0.25} \quad (\mathrm{m/s}) \tag{2-1-2}$$

在没有连续速度测井资料的地区，如果有电阻率测井曲线，则可以把电阻率测井曲线近似地变换成速度曲线，进而得出波阻抗曲线和反射系数曲线。因为岩层速度和岩层电阻率都是随岩层孔隙率增加而变小，二者之间的关系可用佛斯特(Faust)公式表示：

$$v = KH^{1/6}R^{1/6} \tag{2-1-3}$$

式中，v 为速度；H 为深度；R 为电阻率；K 为一个与岩石性质有关的常数。

式(2-1-3)的适用范围是深度大于 200 m，自然电位曲线上没有特殊的峰值，并且地层水的矿化度变化很小的地层。

地震子波的选择是制作合成地震记录的另一个重要问题，而且在反褶积、子波处理等数字处理方法中的应用也十分广泛。这里只把选择地震子波的主要方法列举如下：

(1) 在地震记录上识别出单波，作出单波波形，再用人工合成地震记录的方法或其他方法检查所选用的地震子波是否合理与正确，反复试验，直至找出最佳子波。

(2) 根据已总结出的地震子波的特点，用一些具有特殊数学表达式的波形来表示，如雷克(Ricker)子波等。雷克子波在时间域和频率域的表达式如下：

$$s(t) = [1 - 2(\pi f_p t)^2]\exp[-(\pi f_p t)^2] \tag{2-1-4}$$

$$\left.\begin{aligned} S(f) &= (2/\sqrt{\pi}) \cdot (f^2/f_p^3)\exp[-(f/f_p)^2] \\ \theta(f) &= 0 \end{aligned}\right\} \tag{2-1-5}$$

(3) 采用非炸药震源时直接记录下震源子波的波形。如用蒸汽枪或空气枪作震源时，可把子波波形进行专门记录，这样使用起来比较方便准确。

(4) 利用实际观测到的地震记录，在一定的假设条件下，用数字处理方法求取地震子波。如假设反射系数 $r(t)$ 的变化是随机的和地震子波是最小延迟的，那么就可以用地震道的自相关函数作为地震子波的自相关函数，进而求出地震子波 $w(t)$。

(5) 有井中观测(地震测井或 VSP)的初至波记录时，可考虑用初至波波形作为地震子波波形。

(6) 如果已知声波测井资料并由此换算出反射系数曲线 $r(t)$ 和相应的井旁地震记录，那么，地震子波为 $w(t)$ 可根据下述原理求得。

我们知道，井旁地震记录 $s(t)$ 应当等于 $r(t)$ 与 $w(t)$ 的褶积，根据频谱理论，它们三者的频谱之间有如下关系：

$$S(f) = W(f) \cdot R(f) \tag{2-1-6}$$

根据式(2-1-6)，子波的频谱为：

$$W(f) = S(f)/R(f) \tag{2-1-7}$$

分别计算 $s(t)$ 和 $r(t)$ 的频谱后，由式(2-1-7)可得到地震子波的频谱 $W(f)$，再作反傅里叶变换，就可以得到地震子波 $w(t)$，它不需要有(4)中的假设条件。

比较井旁地震道 $s(t)$ 与合成地震记录 $s'(t)$ 相似程度的定量指标可用归一化相关系数 R_{ss}，其定义为：

$$R_{ss'} = \frac{\int_0^T s(t)s'(t)\mathrm{d}t}{\sqrt{\int_0^T s^2(t)\mathrm{d}t \cdot \int_0^T s'^2(t)\mathrm{d}t}} \tag{2-1-8}$$

利用 $R_{ss'}$ 的大小来判断 T 记录长度内两者的相似程度。均方误差 m^2 定义为：

$$\begin{aligned} m^2 &= \frac{1}{T}\int_0^T [s(t)-s'(t)]^2 \mathrm{d}t \\ &= \frac{1}{T}\int_0^T s^2(t)\mathrm{d}t + \frac{1}{T}\int_0^T s'^2(t)\mathrm{d}t - \frac{2}{T}\int_0^T s(t)s'(t)\mathrm{d}t \\ &= 2\sigma^2 - \frac{2}{T}\int_0^T s(t)s'(t)\mathrm{d}t \\ &= 2\sigma^2\left[1-\frac{\frac{1}{T}\int_0^T s(t)s'(t)\mathrm{d}t}{\sigma^2}\right] \\ &= 2\sigma^2\left[1-\frac{\int_0^T s(t)s'(t)\mathrm{d}t}{T\sqrt{\frac{1}{T}\int_0^T s^2(t)\mathrm{d}t \cdot \frac{1}{T}\int_0^T s'^2(t)\mathrm{d}t}}\right] \end{aligned}$$

即：

$$m^2 = 2\sigma^2[1-R_{ss'}] \tag{2-1-9}$$

式中，$\sigma^2 = \frac{1}{T}\int_0^T s^2(t)\mathrm{d}t = \frac{1}{T}\int_0^T s'(t)^2\mathrm{d}t$ 为方差。

当声学速度剖面产生的地震响应 $s'(t)$ 与实际井旁地震道 $s(t)$ 在两个定量指标容差范围内一致时，合成地震记录是最佳的，输出的声学速度剖面称为地质-地球物理模型，可用于地震资料的地质解释。

在制作合成地震记录的过程中，深时转换是必不可少的。为此，必须建立垂直时距曲线。设在 Δz 小距离上所需旅行时间 $\Delta t = \Delta z / v(z)$，任意深度点 H 的时间 $t(H)$ 应为：

$$t(H) = \int_0^H \Delta t(z)\mathrm{d}z \tag{2-1-10}$$

式中，$\Delta t(z) = 1/v(z)$ 是声波测井曲线上读取的声波时差。

式(2-1-10)就是垂直时距曲线方程，根据 $t(H)$-H 关系，可进一步求出 $v(t)$-t 曲线，即完成了深时转换工作。

具体实现深时转换时可能有较大的难度，原因是：① 井孔与周围空间的条件（如井壁岩性、泥浆矿化度、地温梯度、地层压力、孔隙水与泥浆压力差等）对声波影响大；② 存在介质的各向异性；③ 积分运算存在误差，即累积误差；④ 地表附近下套管段通常无测井数据；⑤ 电缆的拉伸影响电缆深度读数与实际深度间的误差等。

要使测井与地震有良好的吻合，必须作相应的校正，生产实际中有许多具体做法，如利用 VSPLOG 道标定测井资料、调整速度、实现主要标准层的对齐等。

3. 断层的解释

要对断层作出地质解释，首先要在地震剖面上把它识别出来。断层在地震剖面上的标志是：① 反射波同相轴错断，由于断层大小不同，可表现为反射波的波组与波系的错断。若在断层两侧波组关系是相对稳定的、特征是清楚的，这一般是中、小型断层的反映。② 标准反射同相轴发生分叉、合并、扭曲、强相位转换等现象，这一般是小断层的反映。③ 反射同相轴突然增减或消失，波组间隔突然变化，这往往是大断层的反映。对于拉张式构造模式，断层上升盘由于沉积地层少，甚至未接受沉积，因而在地震剖面上反射同相轴减少、埋深变浅甚至缺失。相反，在下降盘由于盆地不断大幅度的下降，往往形成沉降中心，沉积了较厚、较全的地层，因而在地震剖面上反射同相轴数目明显增加，反射层次齐全。这类断层在地质上形成期早、活动时间长、断距大、破碎带宽。它对地层厚度及构造的形成发育往往起着控制作用，如在古潜山的地震剖面上，断裂两侧的反射就具有这个特点。④ 反射同相轴产状突变，反射零乱或出现空白带。这是由于断层错动引起两侧地层产状突变，以及由于断层的屏蔽作用引起断面下反射波射线畸变等原因造成的。⑤ 在水平叠加剖面上，特殊波的出现是识别断层的重要标志，在反射层错断处往往伴随出现断面波、绕射波等。

要对地震剖面上的构造和断裂作出合理可靠的解释，在一定程度上还取决于解释人员对工区有关褶皱、断裂等构造模式的掌握程度。图 2-1-6a 所示是我国东部渤海盆地古近、新近系拉张式构造模式示意图，由于受拉张应力的作用，断裂通常表现为正断层。在我国西部，一般表现为挤压式构造模式，由于构造受挤压作用，断裂通常表现为逆断层，如图 2-1-6b 所示。在地震剖面上，如果单凭断层识别的标志，可以解释为正断层，也可以解释为逆断层。这时必须分析断裂形成的机制，才能作出合乎地质规律的解释。

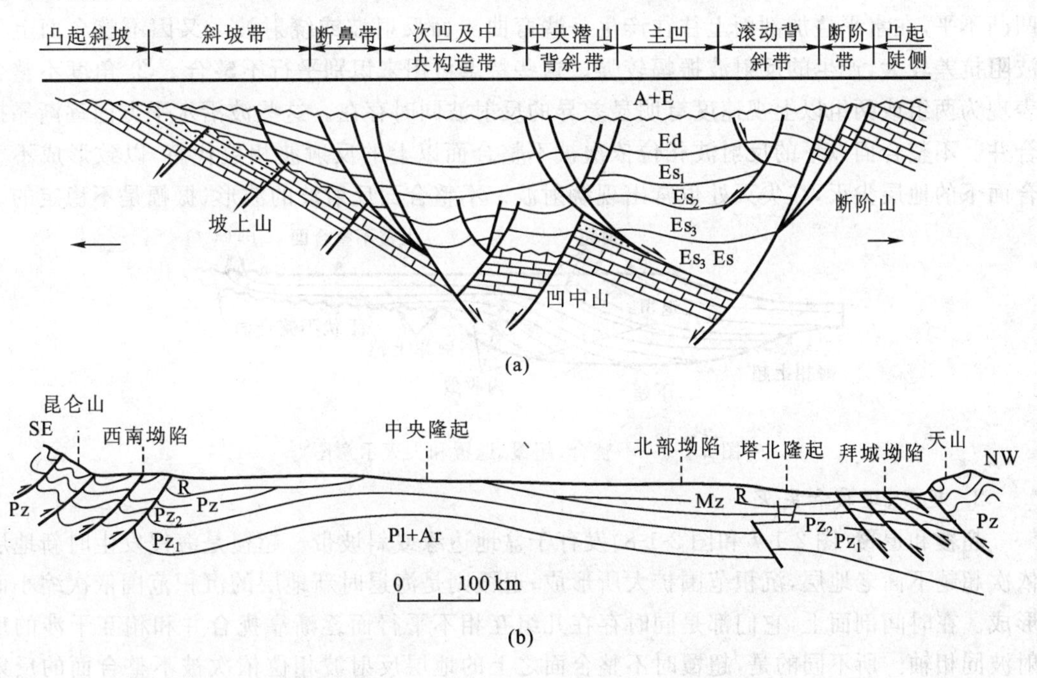

图 2-1-6　拉张式和挤压式构造模式示意图[4]

(a) 中国东部渤海盆地古近、新近系拉张式构造模式示意图；(b) 中国西部挤压式构造模式示意图

在断裂的地质解释中，还必须结合其他物探资料，如基岩断裂在重力布伽异常图上、在电法的等 s(纵向总电导)值上都为等值线的密集带，在磁力异常等值线上也反映为密集带或珠状磁力正异常。

断层解释的另一个工作环节是确定断层要素，包括：

(1) 断层面的确定。断层面的合理确定，最理想的情况是浅、中、深层都有断点控制，这些点的连线就是断面。有时可利用特殊波来确定断面，当浅、中、深层都有绕射波出现时，各层绕射波极小点的连线就是断面。如果有断面波出现，在偏移剖面上它能正确归位，从而反映出断面的准确位置。

(2) 断层升降盘及落差的确定。根据反射层位在断层两盘的升降点来确定升降盘,两盘的垂直深度差就是断层的落差。

(3) 断面倾角的确定。当测线与断层走向垂直时,地震剖面上断层的倾角为真倾角;当测线与断层面斜交时,可得断层面的视倾角。

总之,地震剖面的地质解释一般是在水平叠加时间剖面或偏移剖面上进行的。在地震剖面上把对比解释的反射层代号(如 T_2,T_3,T_g 等)赋予相应的地质年代,并绘制成深度剖面,标明断层、岩性、井位等必要信息。通常把此类剖面叫做地质解释剖面或油藏地质剖面。

2.1.3 特殊地质现象的解释

1. 不整合面

不整合面(图 2-1-7)是地壳升降运动引起的沉积间断。它与油气聚集有着密切关系,如不整合遮挡圈闭就是一种地层圈闭油气藏。此外,查明不整合现象对研究沉积历史具有重要意义。不整合分为平行不整合与角度不整合两种:① 平行不整合的特点是:上、下构造层之间存在侵蚀面,但产状一致。这种不整合不易识别,但是由于不整合面长期受风化剥蚀而凹凸不平,在水平叠加剖面上往往产生一些弯曲界面反射波或绕射波。又因不整合面上下波阻抗差较大,产生的反射波振幅较强。这些特点可用来识别平行不整合。② 角度不整合表现为两组或两组以上视速度有明显差异的反射波同时存在。这些波沿水平方向逐渐靠拢合并。不整合面以下的反射波相位依次被不整合面以上的反射波相位代替,以致形成不整合面下的地层尖灭,在尖灭处也常出现绕射波。不整合面反射波的波形、振幅是不稳定的。

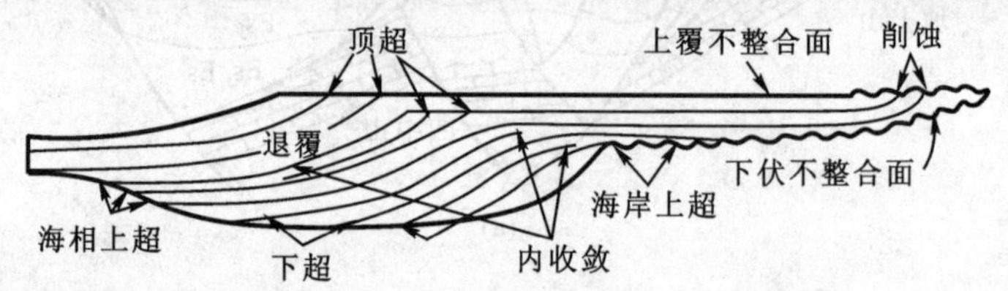

图 2-1-7 不整合、超覆、退覆和尖灭示意图[1]

2. 超覆、退覆和尖灭

超覆和退覆(图 2-1-7 和图 2-1-8)发育于盆地边缘或斜坡带。超覆是海侵发生时新地层依次超越下面老地层,沉积范围扩大所形成;退覆则是海退时新地层的沉积范围依次缩小而形成。在时间剖面上,它们都是同时存在几组互相不平行而逐渐靠拢合并和相互干涉的反射波同相轴。所不同的是,超覆时不整合面之上的地层反射波相位依次被不整合面的反射波相位代替;而退覆则是在不整合面以上的上覆地层内部,较新地层的反射波依次被下伏的较老地层反射波所代替。在时间剖面上,超覆和退覆点附近常有同相轴分叉、合并现象。

尖灭就是岩层的沉积厚度逐渐变薄以至消失。尖灭一般可分为岩性尖灭、超覆尖灭、退覆尖灭、不整合、地层尖灭等。在时间剖面上总的表现形式也是同相轴的合并靠拢、相位减少。

3. 逆牵引现象

产生逆牵引现象可能是下述的地层岩性。例如,适当比例的塑性地层(泥岩、页岩)及刚性地层(砂砾岩、灰质岩等)互层,具有弹性;又如,当砂泥比为 1∶3 时,岩层具有较好的弹性,这些弹性地层受断层影响时最易形成逆牵引。这种逆牵引构造一般发育在古隆起周围

Ⅰ,Ⅱ级断层的下降盘。图 2-1-9 所示是我国一些油田的典型逆牵引地质模型,逆牵引的地震剖面如图 2-1-10 所示。

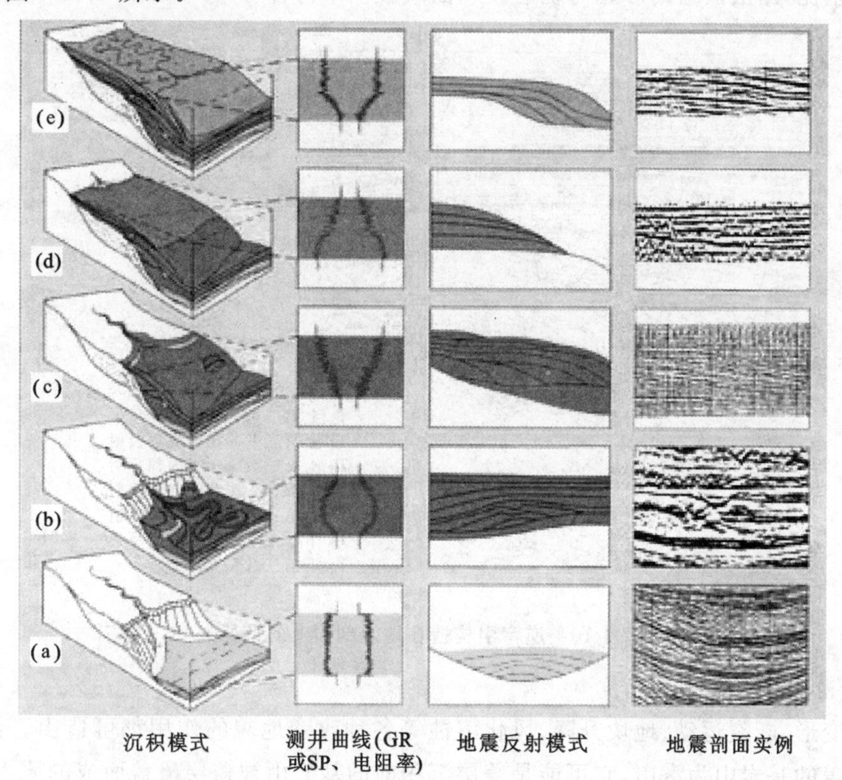

图 2-1-8　不同地质模型的地球物理响应[5]

(a) 上超充填；(b) 三角洲；(c) 扇三角洲；(d) 退覆；(e) 超覆

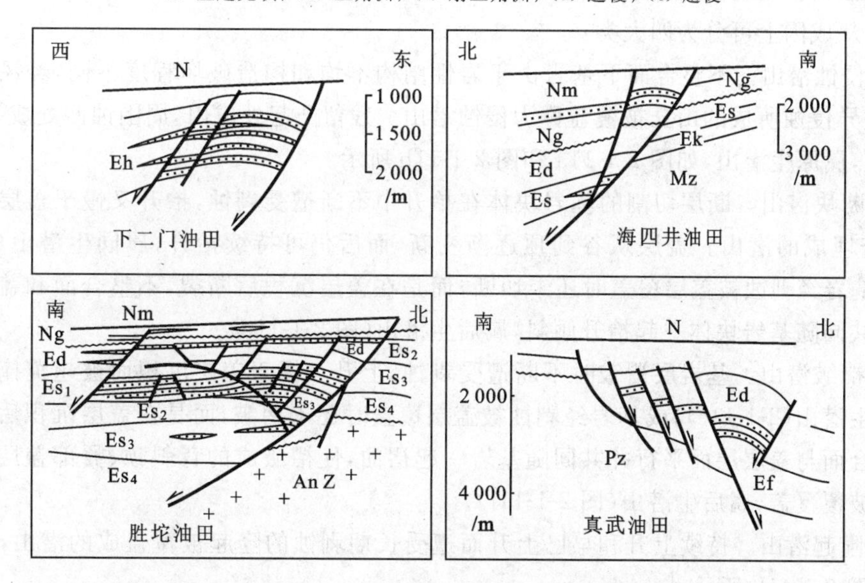

图 2-1-9　我国一些油田的典型逆牵引地质模型[6]

在地震剖面上识别逆牵引构造的主要依据包括:无论在纵向或横向测线上,波组的相似性好;相邻剖面都有逆牵引现象,且比较清楚;断层两盘产状不协调;构造高点深浅层有偏移，而且构造高点的连线与断层线平行；构造幅度表现为深层小、浅层大；断层落差大小与构造幅度成正比；断层两盘的形态与绕射波双曲线规律不符合等。

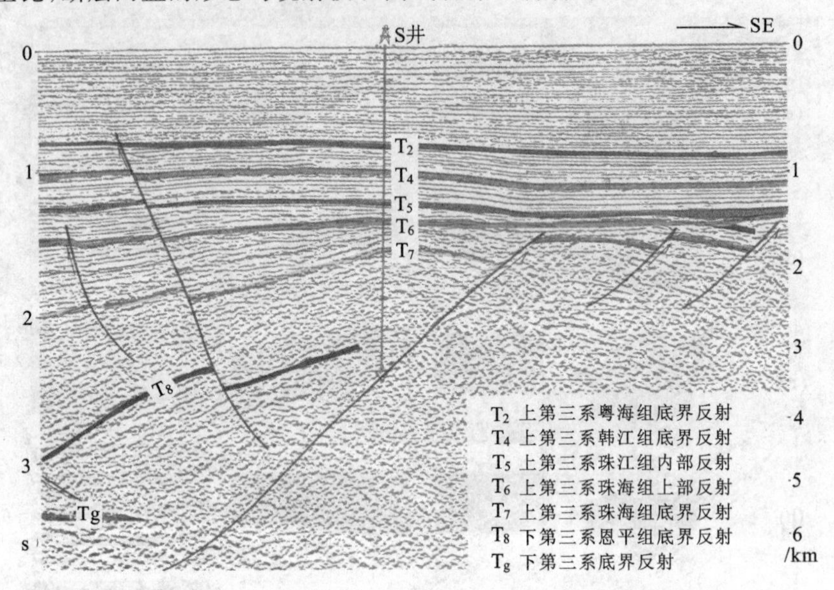

图 2-1-10　逆牵引构造在地震剖面上的特征[7]

4. 古潜山

褶皱变形、断裂运动、地块升降、风化溶蚀等各种改变地貌的作用都可造山。盆地沉积盖层所覆盖的基岩山为潜山，它可能是盖层沉积前的基岩山被盖层覆盖而成的原生潜山，也可能是基岩在盖层沉积时受褶皱断裂作用边抬升边沉积盖层而成的同生潜山，还可能是表面已遭剥蚀的平坦基岩经盖层沉积覆盖后受褶皱断裂作用形成的基岩凸起的后生潜山。

潜山从成因上可分为四大类：

(1) 侵蚀潜山。不整合面下基岩由于岩性结构不均和构造破坏程度不同，经风化溶蚀而出现差异侵蚀所成的山丘被覆盖称为侵蚀潜山。残留凸起处成山，周围蚀凹处成谷，后被盖层超覆，属原生潜山，如图 2-1-11a 和图 2-1-11b 所示。

(2) 断块潜山。断层切割的基岩块体在抬升中不断遭受剥蚀，抬升又慢于盖层沉积而被超覆掩埋成的潜山。盖层从谷到顶逐渐变新，而后仍可持续抬升，属同生潜山（图 2-1-11c）；或基岩经剥蚀被盖层覆盖时还未切断，而是在盖层沉积后断裂，不整合面和盖层层面平行，并共同随基岩块体一起抬升倾斜，属后生潜山（图 2-1-11d）。

(3) 褶皱潜山。基岩层褶皱时不断遭受剥蚀，上升又慢于盖层沉积而被超覆掩埋成潜山，属同生潜山(2-1-11e)；或基岩经剥蚀被盖层覆盖时还未褶皱，而是在盖层沉积后褶皱变形，不整合面与盖层层面平行并共同随基岩一起褶曲，使褶皱成的背斜顶、翼部盖层厚度相近，形成披覆覆盖，属后生潜山（图 2-1-11f）。

(4) 隆起潜山。持续上升和早已上升而遭受长期剥蚀的隆起被覆盖成的潜山，如图 2-1-11g 和图 2-1-11h 所示。

由以上分析可知，古潜山是指不整合面以下的古地形高，它在一定条件下可形成古潜山圈闭油气藏。古潜山顶面通常是不整合的，波阻抗差大，所以反射波能量强，具有不整合面反射波特点；而且频率低，相位较多，相邻道时差大（地层顺角大所致）；在水平叠加剖面上常

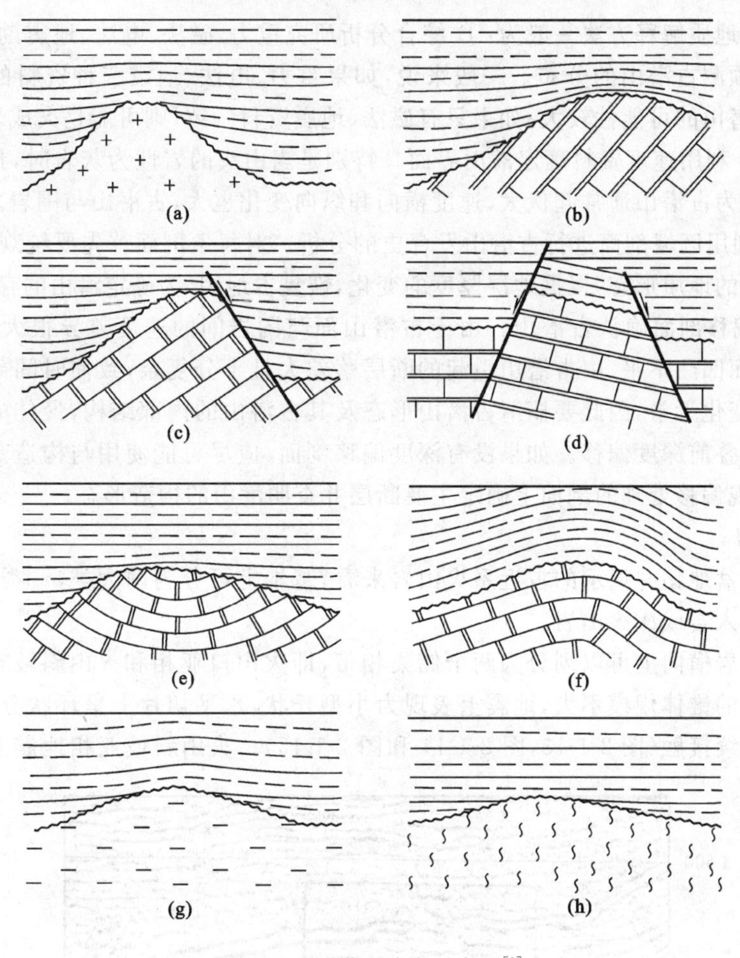

图 2-1-11　潜山分类示意图[8]

伴有大量的绕射波、断面波、回转波、侧面波等特殊波,剖面形态比较复杂。如果古潜山内部地层稳定,分布面积广,其反射波特征也较明显,可有标准层出现,但大部分地区的古潜山内部很难得到较好的反射同相轴(图 2-1-12)。

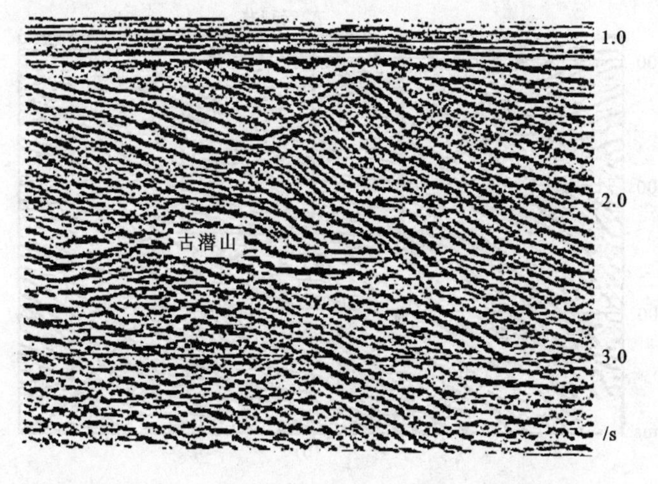

图 2-1-12　古潜山构造在地震剖面上的特征[1]

古潜山的地质解释方法一般为:① 综合分析研究重力、磁法、电法、地震勘探和地质、钻井资料,初步预测古潜山的分布。一般来说,如果重力、电法、地震三种资料的吻合程度较高,则存在古潜山的可能性较大;如果只有磁法、地震资料一致,则可能是火成岩或砾岩产生的强反射。② 利用速度资料确定潜山界面。特别是当山头的岩性为灰岩时,预测的可靠性就高。这是因为古潜山通常起伏大,速度横向和纵向变化也大,古潜山与围岩之间的速度差异较大。③ 利用区域剖面进行古潜山发育史的分析。对每条剖面首先要统观全局,初步判断剖面所反映的地质形态,根据地层厚度的变化,恢复古地貌,为确定潜山的存在提供依据。④ 利用深度偏移剖面确认古潜山。由于古潜山面与围岩间的速度差异很大、地层产状不同、古潜山顶面凹凸不平、由古潜山引起的断层落差大且十分复杂,致使时间剖面上的同相轴形态复杂、变化无常,因此要搞清古潜山形态及其古潜山的内部结构,最佳的方法就是进行深度偏移或叠前深度偏移。如果没有深度偏移剖面,应尽可能使用与构造走向垂直的测线,在经过常规偏移处理的剖面上确定主要断层并查明潜山的构造形态。

5. 火山岩

从渤海湾盆地钻井揭示的古近系火山岩来看,基本上可分为两大类,一类为喷发岩,另一类为浅层侵入岩或次火山岩。

火山喷发岩横向上可以划分为两个储集相带,即火山口亚相和火山斜坡亚相。由于火山喷发所形成的锥体规模不大,地震上表现为小型丘状,水平切片上呈环状分布,与上下左右围岩呈不连续接触(图 2-1-13,图 2-1-14 和图 2-1-15)。火山斜坡亚相地震上以明显的角

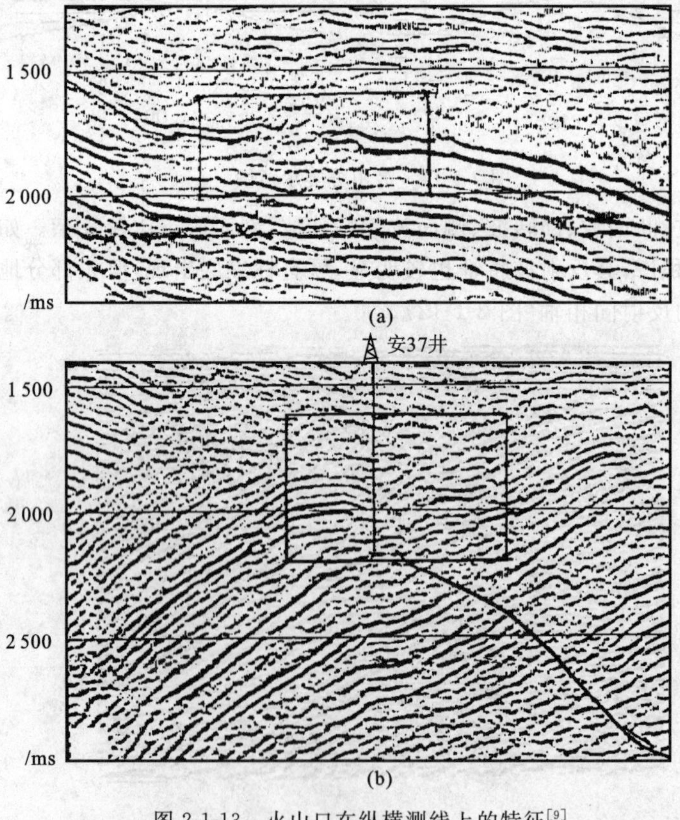

图 2-1-13 火山口在纵横测线上的特征[9]

(a) Crossline; (b) Inline

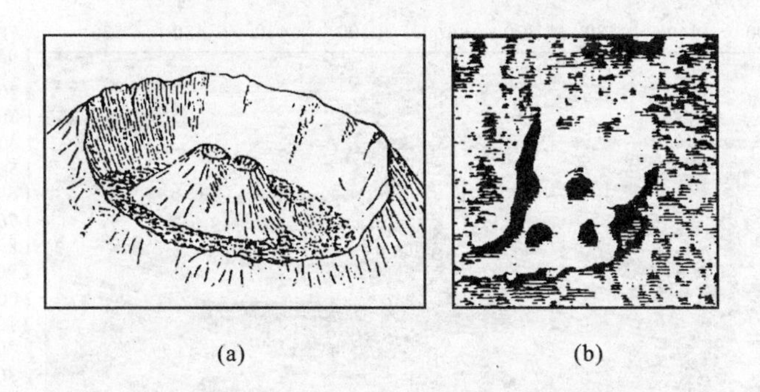

图 2-1-14　火山口的形态图[9]

(a) 复式火山口模式；(b) 火山口的水平切片

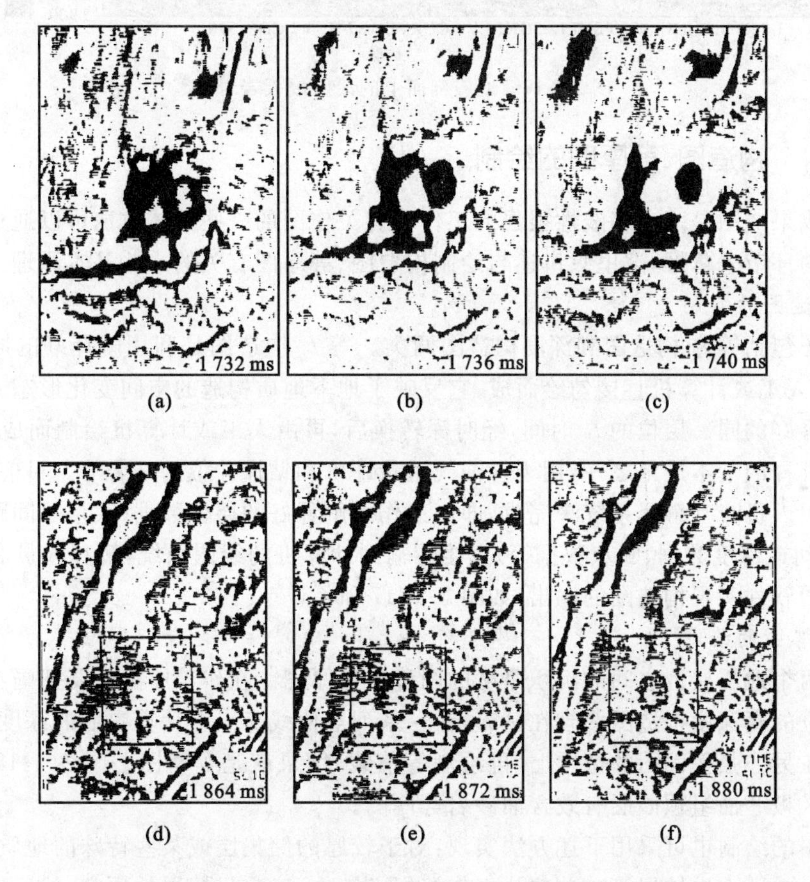

图 2-1-15　火山口在不同等时切片上的特征[9]

度接触，振幅较弱，范围不大。火山喷发溢流亚相地震上呈较好的连续性，振幅强，一般与地层界面平行，形同标准反射层。

浅层侵入岩岩体的储集空间主要有三种：裂缝、溶蚀孔洞和气孔。侵入火成岩大多顺层分布，与上下地层呈整合-不整合接触；浅层火成岩顶底反射品质较好，其内部无明显的反射，一般外形上呈缓丘形板状，如图 2-1-16 所示。

总之，火山岩的地球物理特征是：地震波波速高、密度大、磁化强度大、电阻率高以及对地震波能量吸收强烈等。

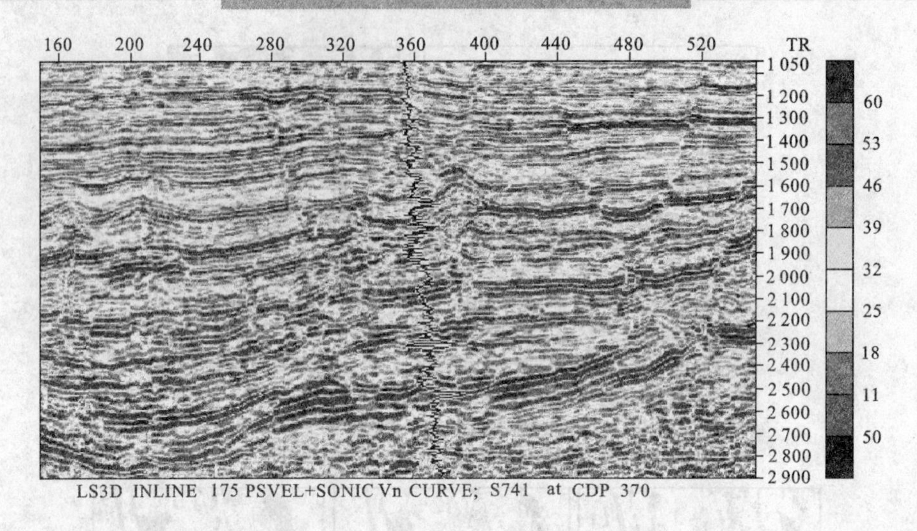

图 2-1-16 地震剖面上的浅层侵入岩岩体

2.1.4 构造图、等厚图的绘制

解释成果成图是一项实践性很强的工作。有关作图的一些具体方法可以通过教学实习等实践性的环节来掌握，这里只讲述与绘制构造图、等厚图有关的一些基本原理。

1. 构造图的绘制

构造图包括等 t_0 构造图和深度构造图两类。等 t_0 构造图是利用解释好的同一层位的 t_0 时间，由人工或计算机直接勾绘而成，它反映了地下地质构造的空间变化形态。深度构造图利用解释好的同一层位的 t_0 时间，经时深转换后，再由人工或计算机绘制而成，它是地震资料构造解释的基本成果之一，用于含油气远景评价和钻探井位的部署等。目前，构造图的绘制都采用人机交互解释系统来完成，即由工作站解释好的层位数据(大量等间距的解释层位的 t_0 时间或深度数据、断点数据等)直接传输到计算机的绘图系统，解释人员利用工作站的专用绘图软件实现构造图的输出，如图 2-1-17 所示。

2. 等厚图的绘制

表示两个地震层位之间的沉积厚度的图称为等厚图。在作等厚图时要把画在透明纸上的两个层位的真深度构造图叠合在一起，在一系列等值线交点上计算它们的深度差值，然后把差值写在另一张平面图的位置上，再绘制等值线，结果就是等厚图。图 2-1-18 所示为大港油田某区板Ⅱ油组顶砂层有效含油砂岩等厚图。

等厚图的绘制也可采用下述方法实现：对于较厚的储集层或某些特殊的地质体(如砂岩体、碳酸岩体、火山岩储层等)，首先认真作好标定工作，确定目标层的顶底；然后根据它们在探区内地震剖面上的特点，在标定结果的基础上，分别解释顶底目标层位；最后输出解释好的顶底目标层的 t_0 时间，利用工区内的速度关系进行时深转换，计算厚度值，再绘图即得到该目标层的等厚图及其空间分布。对于薄储集层(储层厚度小于半波长)，应该使用时间-振幅解释图版的方法来获取储层等厚图。相关内容将在第 3 章中进行介绍。

利用等厚图和其他已知资料，可进行有理有据的地质解释。例如，在等厚图上，如果某个方向或区域存在厚度值明显增大的趋势，则可推断该方向或区域是沉积物来源的方向或为沉积中心；如果发生褶曲的地层厚度一致，则说明该褶曲发生于沉积之后；如果离开背斜顶部地层厚度增大，则可推断该沉积可能与构造发育同时发生，即在沉积期间同时有构造活

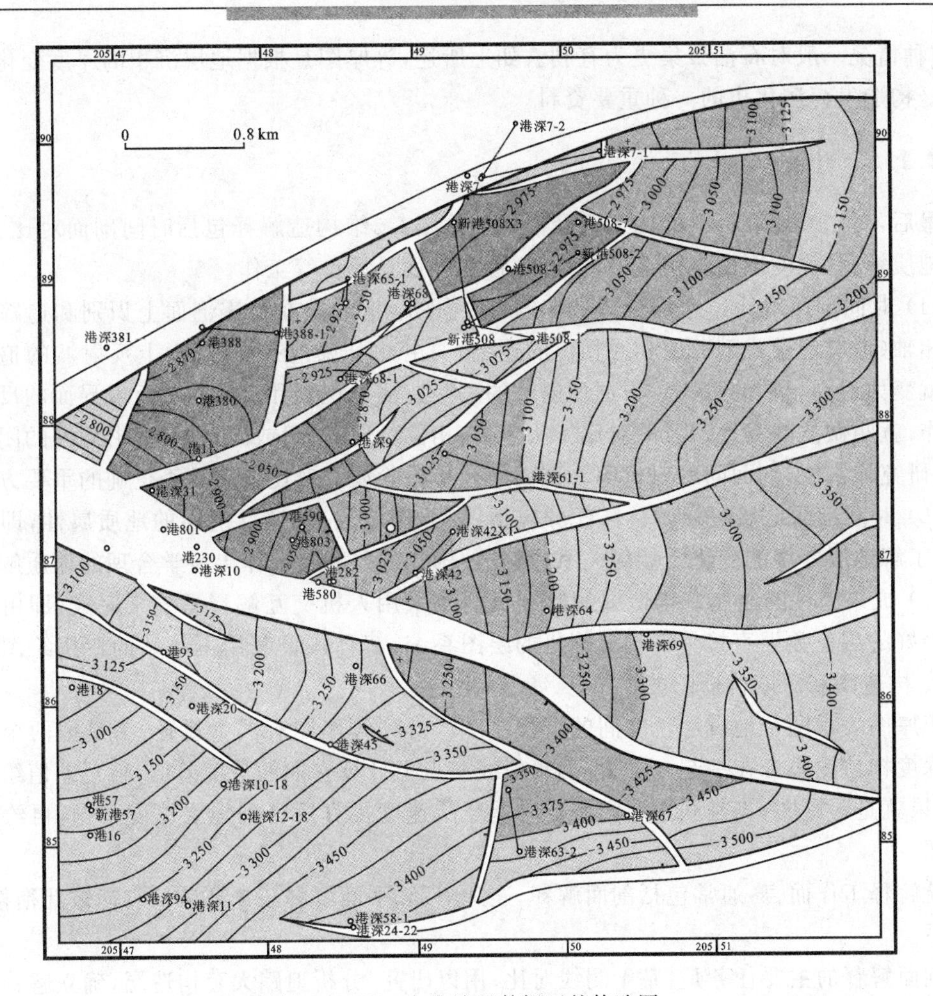

图 2-1-17　大港油田某探区的构造图

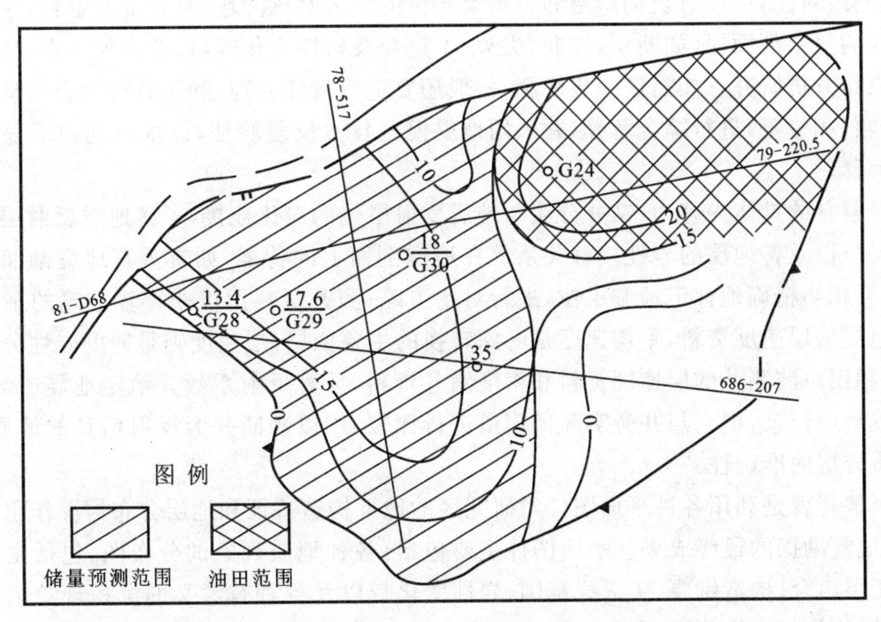

图 2-1-18　大港油田某区板Ⅱ油组顶砂层有效含油砂岩等厚图[3]

动，这种情况一般对石油聚集更为有利。如上所述，等厚图是根据地层沉积的厚度变化来研究工区构造发育演化史的一种重要资料。

2.1.5 小结

最后，对二维地震资料的构造解释作如下总结：二维构造解释包括时间剖面对比、时间剖面地质解释、深度剖面与构造图的绘制、含油气远景评价等工作。

(1) 时间剖面对比。这是解释工作的首要任务，指的是在地震剖面上识别和追踪反射波同相轴（地震记录或剖面上相同相位的连线）。由此可见，在时间剖面上反射波的追踪实际上就变为对同相轴的对比。根据反射波的一些特征来识别和追踪同一反射界面的反射波的工作，就叫做波的对比。波的对比方法包括：相位对比、波组或波系对比、沿测网的闭合圈对比、研究异常波、剖面间的对比等。剖面闭合是检验波的对比追踪是否正确的重要方法。

(2) 时间剖面地质解释。具体任务包括：划分构造层；确定反射层的地质属性，即层位标定；了解地层厚度的变化及接触关系；对各种构造现象和特征作出科学合理的地质解释。

(3) 成果图件的绘制。构造图的绘制目前都采用人机交互解释系统来完成，即由工作站解释好的层位数据直接传输到计算机的绘图系统，解释人员利用工作站的专用绘图软件实现 t_0 构造图和深度构造图的输出。

等厚图表示两个地震层位之间的沉积厚度。得到等厚图有两个途径：一是把两个层位的真深度构造图叠合在一起，在一系列等值线交点上计算它们的深度差值，再对差值绘等值线，结果就是等厚图；二是利用层间旅行时差经层速度换算后得到地层厚度数据，再绘制其等厚图。

就解释工作而言，通常包括剖面解释、连井解释、平面解释三个环节。它们彼此衔接，相互联系。

剖面解释的主要任务是：基干测线对比，用以研究、分析追踪大套构造层，确立解释层位等；区域测线对比，用以解决构造层和各解释层位的全区对比问题；复杂剖面解释，主要针对重点地区的复杂剖面段（如断层、挠曲、尖灭、不整合及岩性变化等）以及诸如平点、亮点等特殊的现象作分析研究。如需进一步解释，一般还要进行特殊处理，利用各种地震信息（速度、频率、振幅、相位等）进行综合解释，并采用地震模型技术反复验证，以求得到地下复杂现象的正确解释。

连井解释的具体内容为：钻井分层与地震反射层位的对比连接，了解地震反射层所相当的地质层位以及各地层的岩性接触关系等在地震剖面上的特征，如有垂直地震剖面（VSP）资料，则可相当精确地标定地震层位，进行对比追踪；测井资料用以获得较准确的平均速度和大套地层的层速度资料，平均速度是时深转换的主要依据，层速度则是速度岩性分析的主要参数；利用声波测井的层速度资料和密度测井资料，计算反射系数并给定地震子波，制作井旁合成地震记录，把它与井旁实际地震道进行比较，用以判断井旁反射信息的地质含义，提高地质分层的准确性。

平面解释就是利用各种平面图件对研究区的地下构造特征和地层分布情况作出合理解释，这是地震勘探的最终成果。平面图件主要包括：各种地质现象的分布图，包括主要目的层位的断层组合、构造纲要、尖灭线范围、岩性变化带以及各种有意义的沉积现象的平面分布等；各层位的等 t_0 构造图；各目标层位的深度构造图，用以了解各目的层位构造起伏情况，为钻探提供井位；各层位的地层等厚图，用以研究沉降沉积及其差异等。平面解释的图件同时又是地震地层学研究和地震岩性解释的基础图件。

(4) 含油气远景评价。利用上述工作所获得的各种图件，在地质规律的指导下，对工区内构造圈闭作出含油气远景评价，提供钻探井位。作为地震资料构造解释的最后环节，还应该包括解释报告的编写与成果答辩或验收。

2.2 地震资料的三维解释

随着三维勘探技术的迅速发展，三维地震勘探的资料解释方法和技术也向着更真实、更准确、更清晰地反映地下地层各种地质信息的方向突飞猛进。三维地震资料解释是指面向三维数据体的各种解释方法与技术。目前，在三维地震勘探中发展最快的是全三维地震资料解释技术。

全三维地震资料解释技术实际上包含两方面的含义：一是对三维地震资料进行三度空间的立体解释，简称"数据体"解释(全三维立体解释)；二是利用全方位的地震技术提取多种地震信息，对地质体的宏观、微观特征进行空间描述，建立地质体立体静态、动态模型，研究储层及流体特征变化的解释(多信息综合分析)。目前，工作站的三维可视化技术、地震资料空间自动追踪技术和相干数据体断层自动解释技术可实现"全三维立体解释"的要求，而"多信息综合分析"包括的主要内容有：① 空间合成记录的制作与标定；② 全部地震资料的应用，包括常规处理资料、地震反演资料和提取的所有地震属性；③ 测井资料的解释与应用；④ 空间三维速度场的应用；⑤ 利用测井物性参数与地震属性的关系进行三维储层预测和油藏描述；⑥ 利用三维模拟技术建立地质体静态、动态立体模型，研究地质体和流体性质及其空间特征的变化规律。

在对三维地震数据体的综合分析与解释中，主要涉及的内容包括：水平切片的解释、相干数据体的解释、三维数据体的全三维解释、可视化解释与显示技术等。

2.2.1 水平切片的解释

利用三维地震数据体的时间-振幅水平切片进行构造解释并绘制相应的构造图，是三维地震资料解释的工作内容之一。

1. 水平切片的基本概念

经过偏移处理后的三维地震数据体(图 2-2-1)，其中每个结点的数据可以用 $A(x_i, y_j, t_k)$来表示。对于这个数据体的数据，可以用各种方式显示。例如，$A(x_i, y_j, t)$表示三维数据体内某一道的信息；$A(x_i, y, t)$表示过 $x=x_i$ 点沿 y 方向的一个垂直剖面内各道的信息；$A(x, y_j, t)$表示过 $y=y_j$ 点沿 x 方向的一个垂直剖面内各道的信息；$A(x, y, t_k)$表示 $t=t_k$ 时刻水平面上各点的信息。它们组成了一个时间-振幅水平切片。

垂直剖面与现在大量采用的二维地震剖面相类似，由于经过三维偏移处理，它能更加正确地反映地下构造形态。从三维数据体上，除了可以得到沿野外设计的测线的垂直剖面外，还可以沿任意方向切出垂直剖面，如专门为了反映某些地质体的特征而切出的垂直于该地质体走向的剖面，或通过几口井的连井剖面等。人机交互解释工作站技术的发展(如全三维解释技术、三维可视化技术的出现)，为解释人员从事地震资料的地质解释提供并创造了优

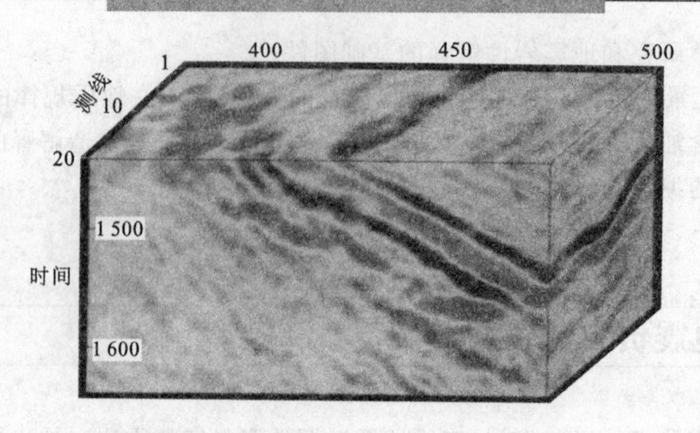

图 2-2-1　经过偏移处理后的三维地震数据体[10]

越的技术条件。

用彩色显示的等时切片更加清楚，同时也便于解释。通常，在彩色等时切片上，红色、白色、黑色分别表示正振幅、过渡带和负振幅，如图 2-2-2 所示。另外，水平切片也可以采用双极性变面积显示方式，如黑色代表波峰、白色代表波谷。

在时间-振幅水平切片上，振幅的大小反映了反射波的强弱。同相轴的宽窄一方面与反射波的频率有关(当地层倾角不变时，水平切片上同相轴宽度随反射波频率变低而变宽)，另一方面也与界面倾角有关(当反射波频率一定时，水平切片上同相轴宽度随地层倾角变小而变宽)。图 2-2-3 展示了随着倾角增大或频率增高，在水平切片上同相轴变窄的示意图。

我们知道，垂直剖面包含下列地质信息：① 各反射界面的反射时间(深度)；② 地层厚度；③ 铅垂面内断层的垂直落差；④ 铅垂面内反射层的视倾角。

与此对比，在水平切片上包含的地质信息有：① 反射层的走向(水平切片上同相轴的延伸方向)；② 反射界面的厚度；③ 反射界面的倾角；④ 断层和其他地质界线的交线。

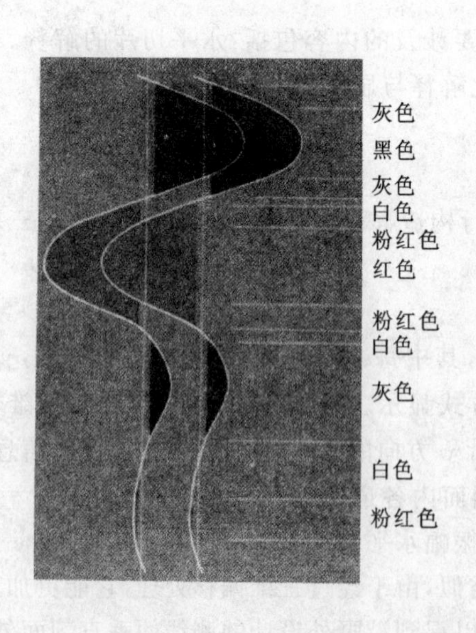

图 2-2-2　水平切片上振幅与色彩关系[10]

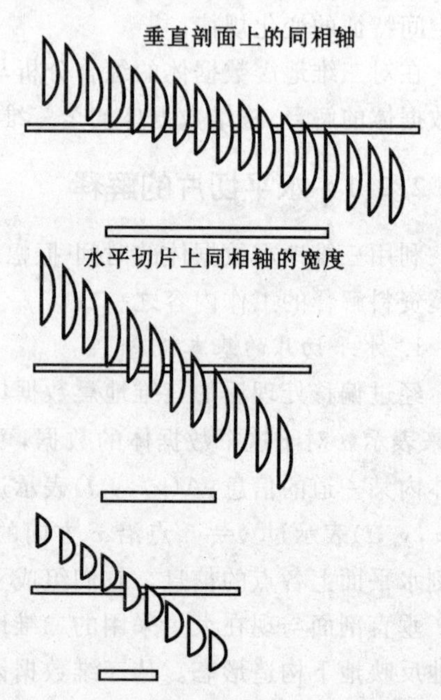

图 2-2-3　同相轴宽窄与倾角或频率的关系[1]

2. 利用水平切片绘制构造图

水平切片是从三维数据体得到的一种很有用的资料，对了解地下构造形态和查明某些特殊地质现象有独特优点，通过对一系列水平切片的解释来绘制等 t_0 构造图尤为方便。等时的水平切片也称地震露头图，因为它反映了不同地层在同一时间的出露情况。地震构造图是用等 t_0 线来表示某一地震界面的起伏情况的，所以地震构造图与等时切片的关系是：t_k 时刻的等时切片上某个地层的同相轴，对应于该地层的等 t_0 构造图上 $t_0=t_k$ 的那条等时线。也就是说，t_k 时刻的等时切片图上同时显示出许多地层的 t_k 时刻的这一条等时线，而地震构造图上显示了某一个地层的全部等 t_0 线。图 2-2-4 所示为水平切片和根据水平切片作出初步解释的等值线图（等 t_0 构造图）。

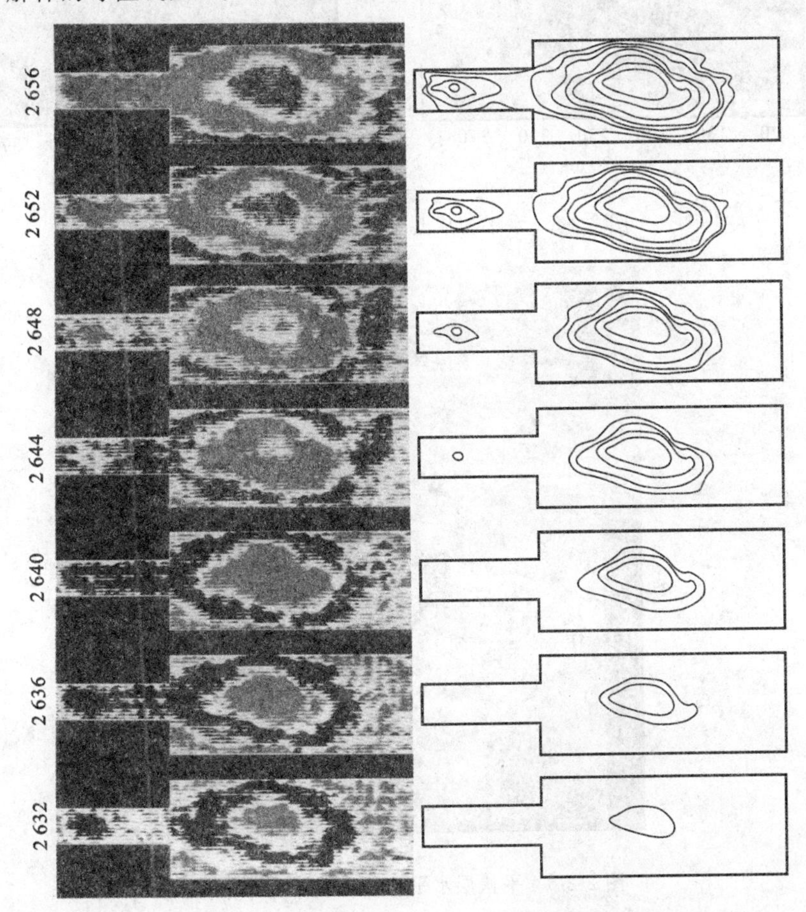

图 2-2-4　水平切片和根据水平切片作出初步解释的等值线图[10]

如果反射层是一个背斜，那么在水平切片上它的同相轴就是一个圆。连续几张 t_0 逐渐增大的水平切片上，这个背斜的圆形同相轴将会逐渐扩大（图 2-2-4）。如果反射层是一个单斜地层，那么在连续几张水平切片上，这个反射层的同相轴将会有规律地向一个方向移动。

图 2-2-5 所示为澳大利亚东南部近海 Gippsland 盆地内 Mackere 油田 $t_0=820$ ms 和 $t_0=868$ ms的水平切片。图中许多直径为 200～500 m 的小圆形特征非常明显，它们在垂直剖面上显示为非常微小的凹陷地段，被解释为中新统岩溶地貌的溶坑，其空间展布方向是由左上方向右下方倾斜的。

此外，在水平切片上还可以清晰地展示古河道等特殊的地质现象，图 2-2-6 所示为泰国湾地区通过平伏层的水平切片观察到的曲流河道系统的一部分。

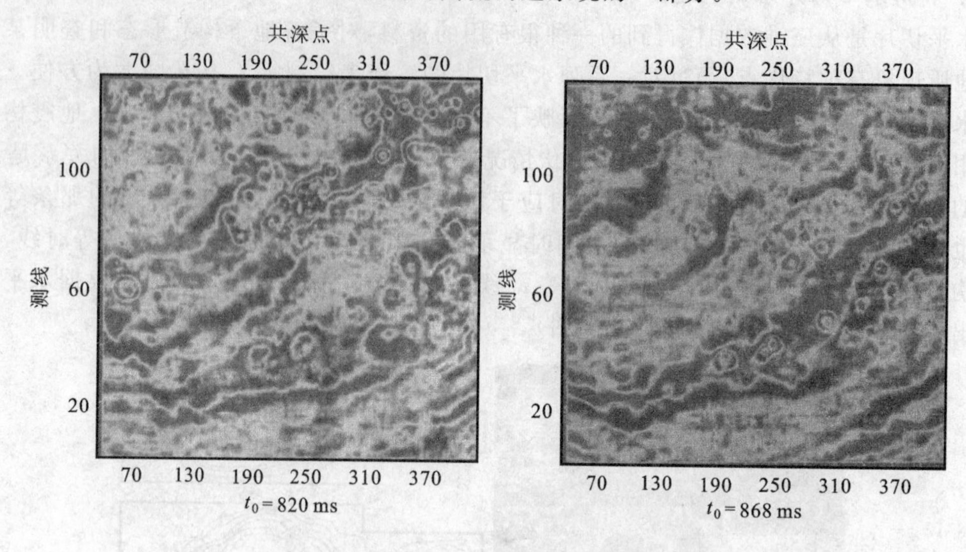

图 2-2-5　水平切片上反映岩溶地形的溶坑[10]

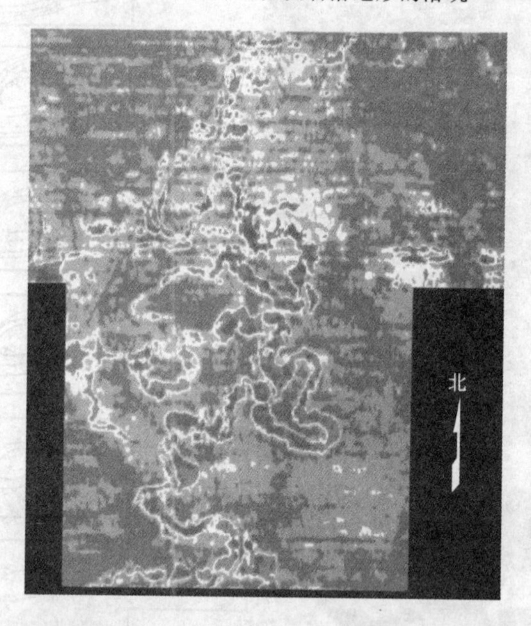

图 2-2-6　平伏层水平切片上的河道砂体[10]

3. *断层在水平切片上的显示*

在水平切片上进行断层解释与垂直剖面的解释类似，即要在水平切片上进行波的对比和断层解释。波的对比包括在一张等时切片上识别和追踪出各反射层的同相轴（也称能量带），以及在一系列等时切片上追踪同一反射层的同相轴。

为了在水平切片上识别某个层位的同相轴，可以把垂直剖面与水平切片结合起来，因为在垂直剖面与等时切片的交点处，同一反射层的同相轴在时间上应当是闭合的（图 2-2-7）。

在水平切片上识别断层是利用水平切片绘制构造图的一项重要工作。断层在水平切片上的反映主要表现在：① 同相轴中断、错开是断层最明显的标志（图 2-2-8）；② 同相轴错开，但不是明显中断（图 2-2-9）；③ 振幅发生突变，即在水平切片上同相轴的宽度发生突变（图

2-2-10)；④ 同相轴突然拐弯(图 2-2-11)；⑤ 相邻两组同相轴走向不一致(图 2-2-12)。

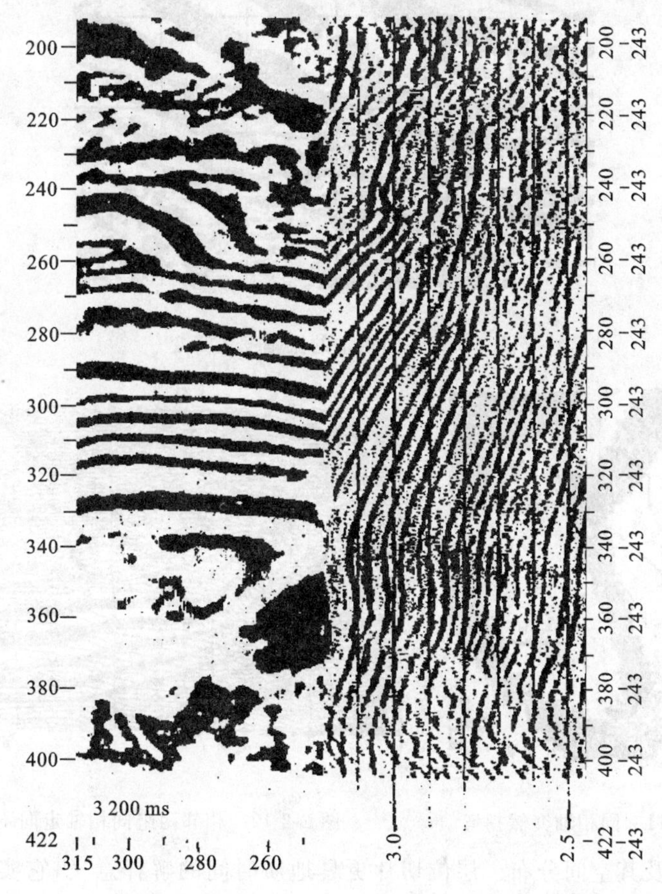

图 2-2-7　水平切片与垂直剖面反射波同相轴的关系[1]

图 2-2-8　同相轴中断、错开[1]

图 2-2-9　同相轴错开[1]

在断层的识别和对比中，不能只利用一张等时切片进行解释，应当分析在一系列等时切片上断层位置变化的特点，以便证实断层的存在并进一步确定断层位置。如果是直立断层，则在一系列等时切片上同一条断层的位置应重合；如果是倾斜的断层，则断层线应有规律地向一侧移动，断层线不重合。同时，断层的识别、断层线的追踪也必须综合利用垂直剖面和水平切片，互相对比验证才能减少差错。

4. *沿层切片上的地质现象*

如果根据解释层位切取水平切片，则称之为沿层或层位切片。图 2-2-13 所示为根据三维构造解释层位切取的沿层水平切片。图中清楚地展示了墨西哥湾探区呈北东方向、强振

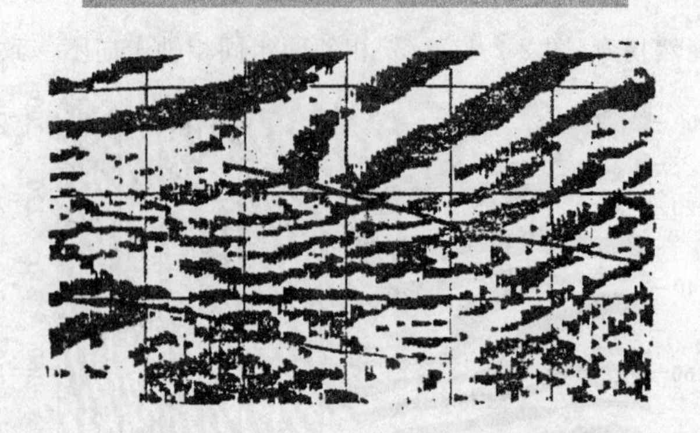

图 2-2-10　同相轴的振幅发生突变[1]

图 2-2-11　同相轴突然拐弯[1]

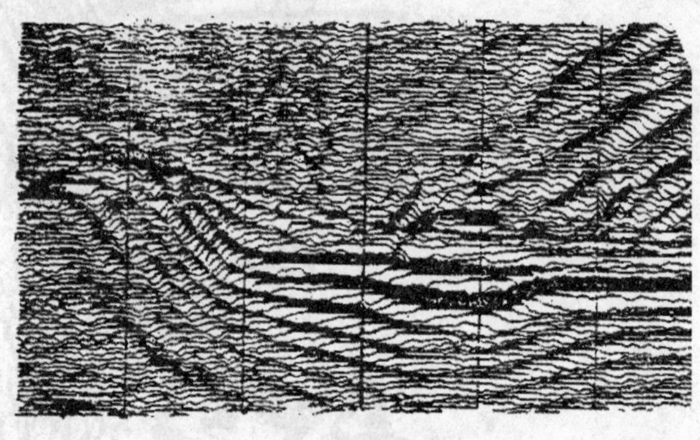

图 2-2-12　相邻两组同相轴走向不一致[1]

幅反射的古河道及其空间分布。层位切片更具地质时间的解释意义,它实际上是沉积面重建的过程。现今交互解释系统的自动层位追踪很容易得到选择的层位切片。我们在追踪一个层位时,它的极值振幅和时间被储存在专用数据库内。取所有的时间值作图得到等 t_0 构造图,取所有的振幅值作图就得到层位切片图。

图 2-2-14 是我国典型的河道砂体沿层切片显示,展示了胜利油田某探区的"人字形"河道砂的空间分布。这是从常规时间-振幅数据体中沿 NG4 解释层位上延 12 ms 得到的沿层切片。

2.2.2　相干数据体的解释

三维地震数据体包含有丰富的地层、岩性等信息,然而,使用常规三维地震资料的解释方法工作量很大,而且很难得到隐藏在三维地震数据体中关于断层和特殊岩性体的清晰且准确的直观图像。相干数据体通过道间相似性等属性的计算,实现三维振幅数据体向三维相似系数等属性体的转换。

相干体技术由相干技术公司(CTC)和 Amoco 公司发明,1997 年获美国专利。该技术被认为是近几十年来三维地震解释方面最重要的突破。与原来揭示地下异常体的方法相比,相干体技术更能清楚地识别断层和地层特征。相干体技术的特有算法是通过三维数据体来比较局部地震波形的相似性。相干值较低的点与地质不连续性(如断层和地层、特殊岩性体边界)密切相关。对相干数据体作水平切片图,可揭示断层、岩性体边缘、不整合等地质现象,从而为油藏描述提供识别油藏特征的有利依据。

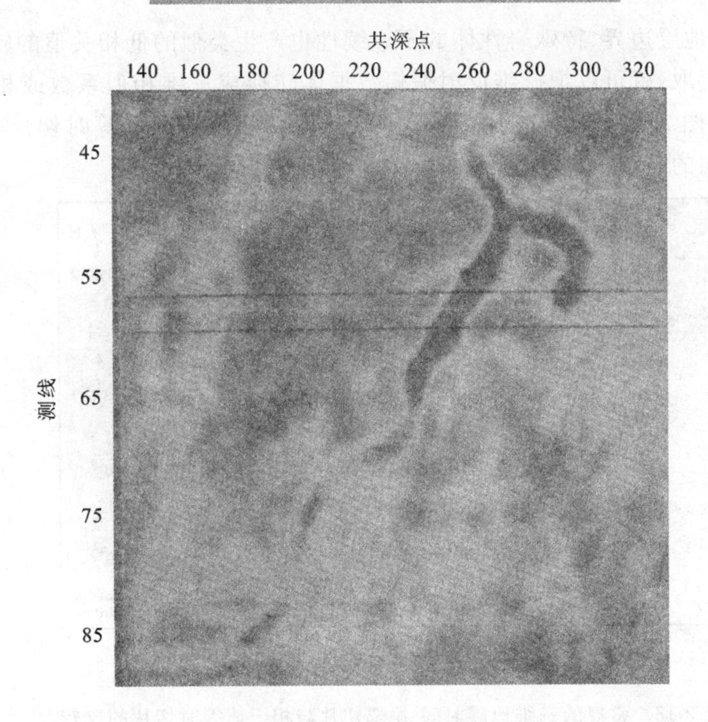

图 2-2-13　沿层时间-振幅切片[10]

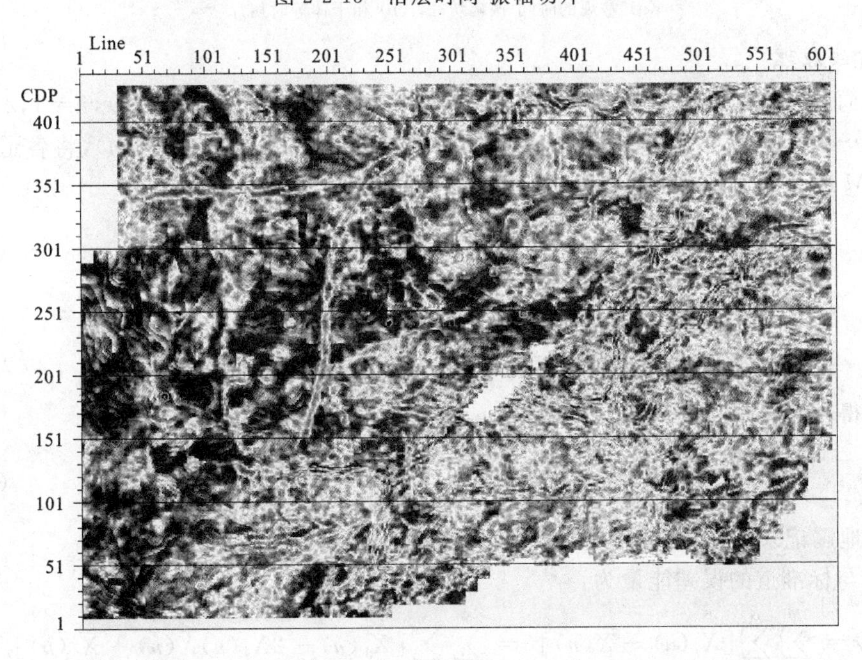

图 2-2-14　胜利油田某探区沿层切片上的“人字形”河道砂体

1. 相干体的概念

计算地震相干数据体的目的主要是对地震数据进行求同存异，以突出那些不相干的数据。通过计算纵向和横向上局部的波形相似性，可以得到三维地震相关性的估计值。在出现断层、地层岩性突变、特殊地质体的小范围内，地震道之间的波形特征发生变化，进而导致局部的道与道之间相关性的突变。沿某一张时间切片计算各个网格点上的相关值，就能得到沿着断层的低相关值的轮廓。对一系列时间切片重复这一过程，这些低相关值的轮廓就成为断面。同理，地层边界、特殊岩性体的不连续性也产生类似的低相关值的轮廓。通过三维相关属性体的提取，就可以把三维反射振幅数据体转换成三维相似系数或相关值的数据体。图 2-2-15a 和图 2-2-15b 为常规的三维时间-振幅切片与相干体等时切片的比较，时间切片上平行于走向的断层很难发现，而相干切片上各种断层清晰可辨。

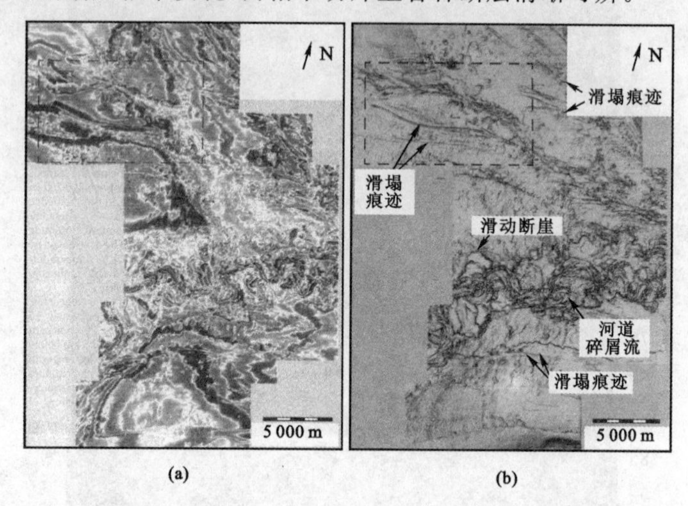

图 2-2-15　常规的三维地震时间-振幅切片与相干体等时切片的比较[11]

(a) 常规的时间-振幅切片；(b) 相干体等时切片

2. *方法原理*

在此简单介绍计算波形相似性的方法原理。设多道地震记录为 $X_j(n), j=1,2,\cdots,M, n=1,2,\cdots,N$。为考察此 M 道地震记录的相似性，假设有一标准道 $\overline{X}(n)$，将各道与其比较，使这 M 道与标准道的误差能量达到最小。

$$Q=\sum_{j=1}^{M}\sum_{n=1}^{N}[X_j(n)-\overline{X}(n)]^2 \tag{2-2-1}$$

令

$$\frac{\partial Q}{\partial X(l)}=0 \qquad (l=1,2,\cdots,N) \tag{2-2-2}$$

推导整理得：

$$\overline{X}(l)=\frac{1}{M}\sum_{j=1}^{M}X_j(l) \qquad (l=1,2,\cdots,N) \tag{2-2-3}$$

即标准道地震记录 $\overline{X}(n)$ 为原始 M 道地震记录的算术平均。

M 道与标准道的误差能量为：

$$\begin{aligned}Q&=\sum_{j=1}^{M}\sum_{n=1}^{N}[X_j(n)-\overline{X}(n)]^2=\sum_{j=1}^{M}\sum_{n=1}^{N}[X_j^2(n)-2X_j(n)\overline{X}(n)+\overline{X}^2(n)]\\&=\sum_{j=1}^{M}\sum_{n=1}^{N}X_j^2(n)-M\sum_{n=1}^{N}\overline{X}^2(n)\end{aligned} \tag{2-2-4}$$

此误差能量 Q 与 M 道地震记录总能量之比为：

$$\frac{Q}{\sum_{j=1}^{M}\sum_{n=1}^{N}X_j^2(n)}=\frac{\sum_{j=1}^{M}\sum_{n=1}^{N}X_j^2(n)-M\sum_{n=1}^{N}\overline{X}^2(n)}{\sum_{j=1}^{M}\sum_{n=1}^{N}X_j^2(n)}=1-\frac{M\sum_{n=1}^{N}\overline{X}^2(n)}{\sum_{j=1}^{M}\sum_{n=1}^{N}X_j^2(n)} \tag{2-2-5}$$

我们称之为 M 道地震记录的相对误差能量。

下面由式(2-2-4)和式(2-2-5)给出几种多道地震记录相似性标准。

1) 能量比标准 E

$$E=\frac{M\sum_{n=1}^{N}\overline{X}^2(n)}{\sum_{j=1}^{M}\sum_{n=1}^{N}X_j^2(n)} \tag{2-2-6}$$

当 E 较大时,相对误差能量便小,则 M 道地震记录之间相似性好;反过来,当 E 较小时,相对误差能量较大,则 M 道地震记录之间相似性不好。

由式(2-2-6)知 $E\geqslant 0$,由式(2-2-5)知 $1-E\geqslant 0$,故 $E\leqslant 1$,所以 E 的范围为 $0\leqslant E\leqslant 1$。

2) 叠加标准 D

假设 M 道地震记录中每一地震记录的能量为常量,即地震道的能量是均衡的,则式(2-2-6)完全由分子决定,于是有:

$$D=M\sum_{n=1}^{N}\overline{X}^2(n)=\frac{1}{M}\sum_{n=1}^{N}\left[\sum_{j=1}^{M}X_j(n)\right]^2 \tag{2-2-7}$$

当 D 较大时,相对误差能量便小,则 M 道地震记录之间相似性好;否则,当 D 较小时,相对误差能量较大,则 M 道地震记录之间相似性不好。

3) 未标准化相关系数 S

将 M 道地震记录每两道之间的相似系数之和 S 称为 M 道地震记录的未标准化相关系数,即:

$$S=\sum_{i=1}^{M}\sum_{\substack{j=1\\ i\neq j}}^{M}\rho_{xi}\rho_{xj}=\sum_{i=1}^{M}\sum_{\substack{j=1\\ i\neq j}}^{M}\left[\sum_{n=1}^{N}X_i(n)X_j(n)\right] \tag{2-2-8}$$

由于每一对地震记录之间的相似程度可以由相似系数来衡量,所以未标准化相关系数也可以给出 M 道地震记录之间相似性的度量。

4) 标准化相关系数 R

由式(2-2-4)出发,考察未标准化相关系数与标准道能量的相互关系且记:

$$R=\frac{S}{(M-1)\sum_{j=1}^{M}\sum_{n=1}^{N}X_j^2(n)} \tag{2-2-9}$$

则相对误差能量为:

$$\frac{Q}{\sum_{j=1}^{M}\sum_{n=1}^{N}X_j^2(n)}=\frac{M-1}{M}(1-R) \tag{2-2-10}$$

由式(2-2-10)知,相对误差能量只与 R 有关。R 大,相对误差能量小,说明 M 道地震记录相似性好;R 小,相对误差能量大,说明 M 道地震记录相似性差。

$$R=\frac{S}{(M-1)\sum_{j=1}^{M}\sum_{n=1}^{N}X_j^2(n)}=\frac{\sum_{n=1}^{N}\left[\sum_{j=1}^{M}X_j(n)\right]^2-\sum_{j=1}^{M}\sum_{n=1}^{N}X_j^2(n)}{(M-1)\sum_{j=1}^{M}\sum_{n=1}^{N}X_j^2(n)} \tag{2-2-11}$$

实际计算时,为了消除倾斜但连续的地层的影响,需要进行倾角扫描。以 R 的计算为例,有:

$$R(\tau,d_x,d_y)$$
$$=\frac{\sum_{n=1}^{N}\left[\sum_{j=1}^{M}u(t+n\Delta\tau-d_xx_j-d_yy_j,x_j,y_j)\right]^2-\sum_{n=1}^{N}\sum_{j=1}^{M}u^2(t+n\Delta\tau-d_xx_j-d_yy_j,x_j,y_j)}{(M-1)\sum_{j=1}^{M}\sum_{n=1}^{N}u^2(t+n\Delta\tau-d_xx_j-d_yy_j)} \tag{2-2-12}$$

式中，$u(t,x,y)$为多道记录；d_x，d_y 分别为纵、横测线方向的视倾角；$\Delta\tau$ 为采样率。

3. 三维相干体的提取

(1) 传统的提取方法。通过在纵、横测线方向上分别计算地震道的相似性可以测量二维相关性，组合这些二维测量值可以得到三维相关性的量度，如图 2-2-16 所示。选用图 2-2-17 中某种地震道的空间组合模式，先固定某一方向 x，时窗沿 y 轴滑动，然后沿 x 方向增加一个步长 Δx，这样，沿此时间切片即可计算每个网格点的相关值。对一系列时间切片重复此过程，就可得到三维相关属性数据体。

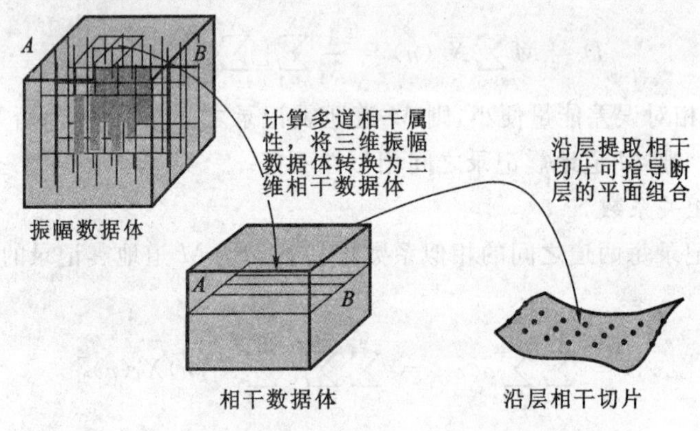

图 2-2-16　相干属性体的提取示意图

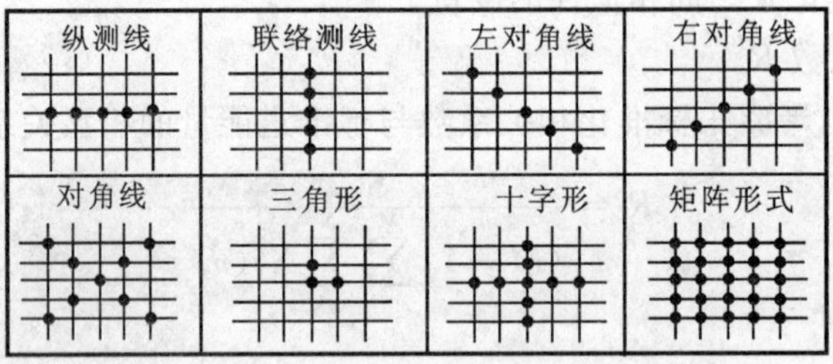

图 2-2-17　地震道的空间组合模式示意图

(2) 改进的算法。如图 2-2-18 所示，改变计算的循环顺序，先进行时间方向的循环，再按纵横测线方向计算。设第 1 个时窗样点 n 的值从 $i\sim N$，则滑动 1 个点后 n 的值从 $i+1\sim N+1$，将式(2-2-11)表示成：

$$R=\frac{\text{Ⅰ}-\text{Ⅱ}}{(M-1)\text{Ⅱ}} \tag{2-2-13}$$

Ⅰ和Ⅱ可分别递推计算。其中，i 为滑动窗序号，初始值为 1。

$$\left.\begin{aligned}\text{Ⅰ}&=\text{Ⅰ}+\left[\sum_j X_j(N+i)\right]^2-\left[\sum_j X_j(i)\right]^2\\ \text{Ⅱ}&=\text{Ⅱ}+\sum_j\left[X_j^2(N+i)-X_j^2(i)\right]\end{aligned}\right\} \tag{2-2-14}$$

由式(2-2-14)可知，计算下一个窗的相关属性，只需计算两个窗重叠部分以外两个端点的能量变化，而窗内 N 个点的能量均不用计算，计算量按几何级数减少。

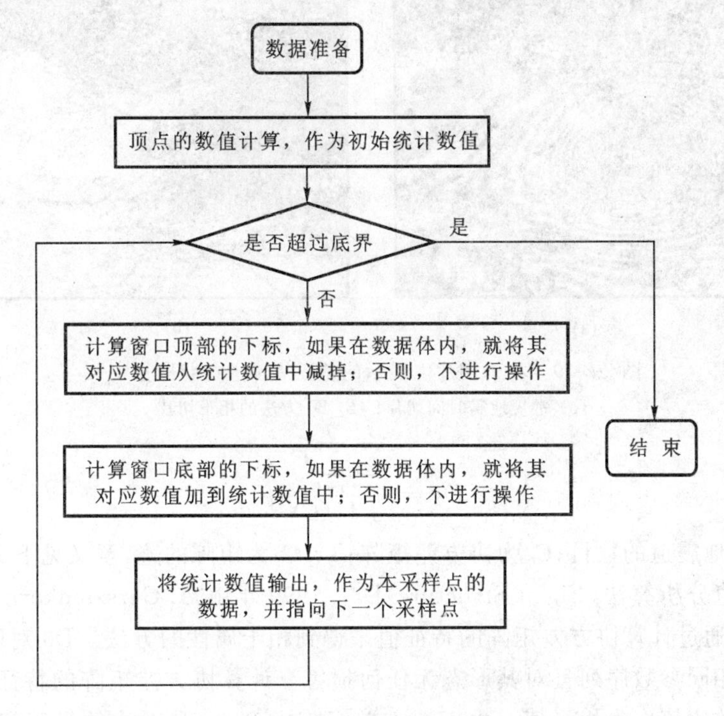

图 2-2-18　相干体递推算法流程图

4. 三维相干体的主要算法

相干体的算法主要有下列几种：

(1) 互相关分析算法(Initial Algorithm)D1。1995 年由 M. S. Bahorich 和 S. L. Farmer 提出，它是基于互相关的相干体算法，将纵、横测线的各道数据与中心道进行简单的互相关，得到相关系数 C。计算公式见式(2-2-15)。图 2-2-19 展示了盐丘周围的放射状断层以及峡谷，用相干体的等时切片展示其形态十分有利。

$$D_1=\sqrt{\frac{C_{12}}{(C_{11}C_{22})^{1/2}}\cdot\frac{C_{13}}{(C_{11}C_{33})^{1/2}}}\tag{2-2-15}$$

(2) 相似性分析算法(Semblance)D2。1998 年由 K. J. Marfurt，R. L. Kirlin 和 S. L. Farmer 提出，主要利用地震道的相似性来得到相干属性。D2 大大改善了信噪比和稳定性。通过构建协方差矩阵来计算多道数据的相似系数，计算过程采用求和运算。给定 J 道地震数据，定义协方差矩阵 $\boldsymbol{C}$ 为：

$$\boldsymbol{C}(p,q)=\sum_{m=n-N/2}^{n+N/2}\begin{bmatrix}u_{1m}u_{1m} & u_{1m}u_{2m} & \cdots & u_{1m}u_{Jm}\\ u_{2m}u_{1m} & u_{2m}u_{2m} & \cdots & u_{2m}u_{Jm}\\ \vdots & \vdots & & \vdots\\ u_{Jm}u_{1m} & u_{Jm}u_{2m} & \cdots & u_{Jm}u_{Jm}\end{bmatrix}\tag{2-2-16}$$

式中，$u_{jm}=u_j(m\Delta t-px_j-qy_j)$为对应的地震数据；$p$ 和 q 为视倾角。

D_2 的计算公式如下：

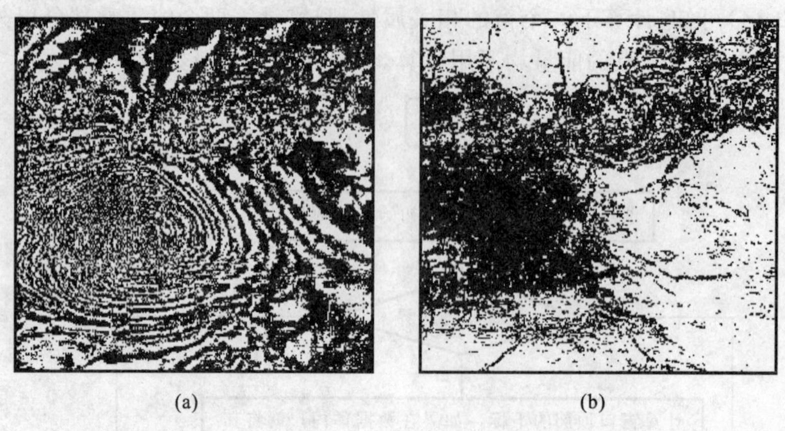

(a) (b)

图 2-2-19 相干切片上展示的盐丘周围放射状断层[12]

(a) 常规地震时间切片；(b) D1 方法的相干切片

$$D_2 = \frac{\sum_{i=1}^{J}\sum_{j=1}^{J}\boldsymbol{C}_{ij}}{J\,\mathrm{Tr}(\boldsymbol{C})} \tag{2-2-17}$$

式中，J 为给定地震道的数目；$\boldsymbol{C}_{ij}$ 为协方差矩阵；$\mathrm{Tr}(\boldsymbol{C})$为矩阵的迹，意义见下文的说明。

（3）特征值分析算法（Eigen Structure）D3。1999 年由 A. Gersztenkorn 和 K. J. Marfurt 提出，这是通过计算协方差矩阵的特征值来得到相干属性的方法。D3 对断层和地层特征的成像可用相同参数序列且对其形态无任何损害。计算协方差矩阵的特征值，将其中最大值与矩阵迹的比值作为相干值。由于协方差矩阵（2-2-16）是对称的半正定矩阵，当原始数据矩阵的元素不全为零时，可以计算出它们的 J 个非负的特征值。定义下式为 D3 相干体的相干值：

$$D_3 = \frac{\lambda_1}{\sum_{j=1}^{J}\lambda_j} = \frac{\lambda_1}{\mathrm{Tr}(\boldsymbol{C})} \tag{2-2-18}$$

式中，分母 $\mathrm{Tr}(\boldsymbol{C})$是矩阵的迹，代表了协方差矩阵的能量；分子 λ_1 是最大特征值，代表了占优的能量。矩阵的迹计算可用 $\mathrm{Tr}(\boldsymbol{C}) = \sum_{i=0}^{J}\sum_{j=0}^{J}\boldsymbol{C}_{ij}$，$\boldsymbol{C}_{ij} = \sum_{m=n-N/2}^{n+N/2} u_{im}u_{jm}$ 来表示。

图 2-2-20 所示为根据 D2 和 D3 方法计算的相干体切片，使用的数据同图 2-2-19。图 2-2-21 所示为多种相干算法的相干体切片比较。使用相同数据体计算时，所用的瞬时分析时窗长度为 15 个样点，相邻道取为 2×2 的矩形。图 2-2-21a 为 t＝2 000 ms 原始数据体切片；图 2-2-21b 是 D1 算法的相干体切片；图 2-2-21c 是 D2 算法的相干体切片；图 2-2-21d 是 D3 算法的相干体切片；图 2-2-21e 是 LSE 算法的相干体切片；图 2-2-21f 是 ST-HOSC 算法的相干体切片。

在此再简单介绍两种新的相干体计算方法。一是 LSE（Local Structural Entropy），即局部结构熵相干算法，这是 2002 年由 Cohen 和 Coifman 首先提出的[16]。该方法把由地震数据估计的局部结构熵作为相干测定。先构造一个分析数据体，并将它分为 4 个子数据体，再利用 4 个子数据体的互相关形成 4×4 的相关矩阵，将该矩阵的归一化道作为局部熵估计。该方法从计算上讲是有效的，因为它避免了协方差矩阵中大量本征值的计算，不足之处是没有考虑地下构造的倾角对 LSE 估计的影响。二是 2005 年由 Lu Wenkai 和 Li Yandong 等[14]提出的基于高阶统计学的相干估计方法（Higher-Order Statistics-based Coher-

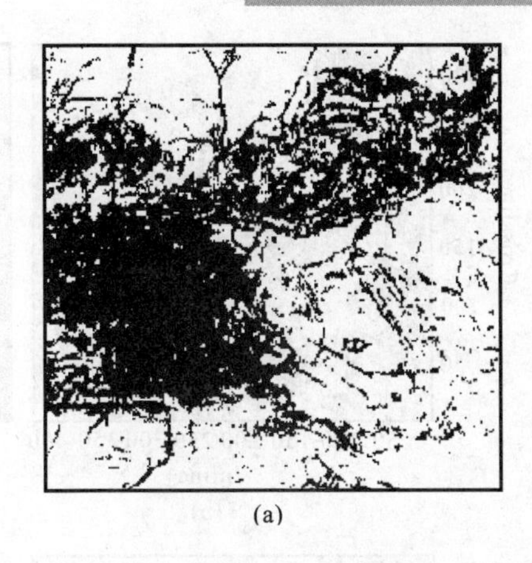

(a)

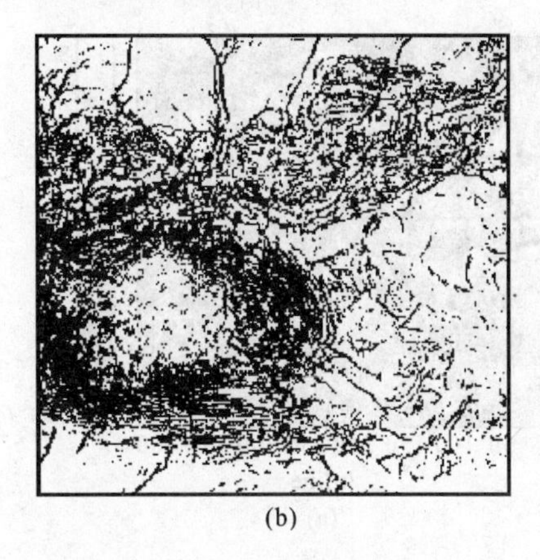

(b)

图 2-2-20　根据 D2 和 D3 方法计算的相干体切片[13]
(a) D2 方法计算的相干体切片；(b) D3 方法计算的相干体切片

ence-estimation method，HOSC)。高阶统计法(HOS)成功用于信号处理，而相干分析的基本问题就是延迟估计，这正是 HOS 方法的特点。HOSC 方法同时利用 3 个地震道来计算拥有零延迟相关的归一化 4 阶矩的二维切片，二维切片上最大相关点就作为相干估计。为了引入更多的地震道参与相干估计，提出了超级地震道(Super Trace，ST)概念。先定义一个分析时窗，它包含分析点周围的许多地震道，然后重新排列多道为超道，最后在整个三维数据体中移动分析时窗，从而把原始地震数据体转换为超级地震道数据体。ST 数据体保持了原始数据体中所拥有的地层倾角信息，故在 ST 数据体中利用倾角扫描很容易获取最佳倾角估计。把 ST 与 HOSC 算法组合起来得到 ST-HOSC 有效的相干估计算法。实际应用表明，该方法所揭示的构造不连续性方面的信息比 D1 算法更为细致，如图 2-2-21 所示。

5. 相干数据体的解释步骤

相干数据体的解释通常包括三大步骤：① 首先在相干数据体上进行浏览，作小断层以及特殊岩性体的调查，了解其空间分布。这项工作不需要进行地震反射层位的解释就可实现。一般来说，高连续性数据对应连续的地层；中等宽连续性数据对应层序特征，如海侵/海退序列；窄条带低连续性对应断层、岩性的变化或特殊岩性体的边界；宽条带低连续性对应数据质量不好或无反射层位。② 然后对相干数据体切片进行解释。这种解释与常规解释思路不同，不需要先观察垂直剖面，只需在相干数据体切片上对不相干数据带进行解释。③ 最后，要进行地质分析，搞清地层关系，分析工区内影响地震反射波连续性的因素，并结合地震纵测线、地质、测井资料对相干体数据进行综合解释。

总之，相干数据体的理论依据非常充分，其物理意义十分明确，它压制一致性数据，突出不连续数据，从而为利用地震信息进行断层或特殊岩性体解释与检测开辟了新的途径。相干数据体的水平切片对断层和特殊岩性体的分辨能力大大高于常规振幅-时间切片，这一事实具有促进广泛使用时间切片的潜力。另外，由于相关属性体也是三维数据体，因此该数据体同样具有显示方面的灵活性，与三维振幅数据体配合使用，该方法可以作为常规三维地震解释的补充和验证。由于相干数据体由计算机自动形成，可以预期，随着该技术的推广和应用，它既可大量减轻劳动强度，又可缩短三维地震资料的解释周期，还可显著提高地质解释精度及可靠性。

6. 三维相干体的应用

三维相干体技术在地震资料处理和解释方面的应用可以概括为以下几个方面：

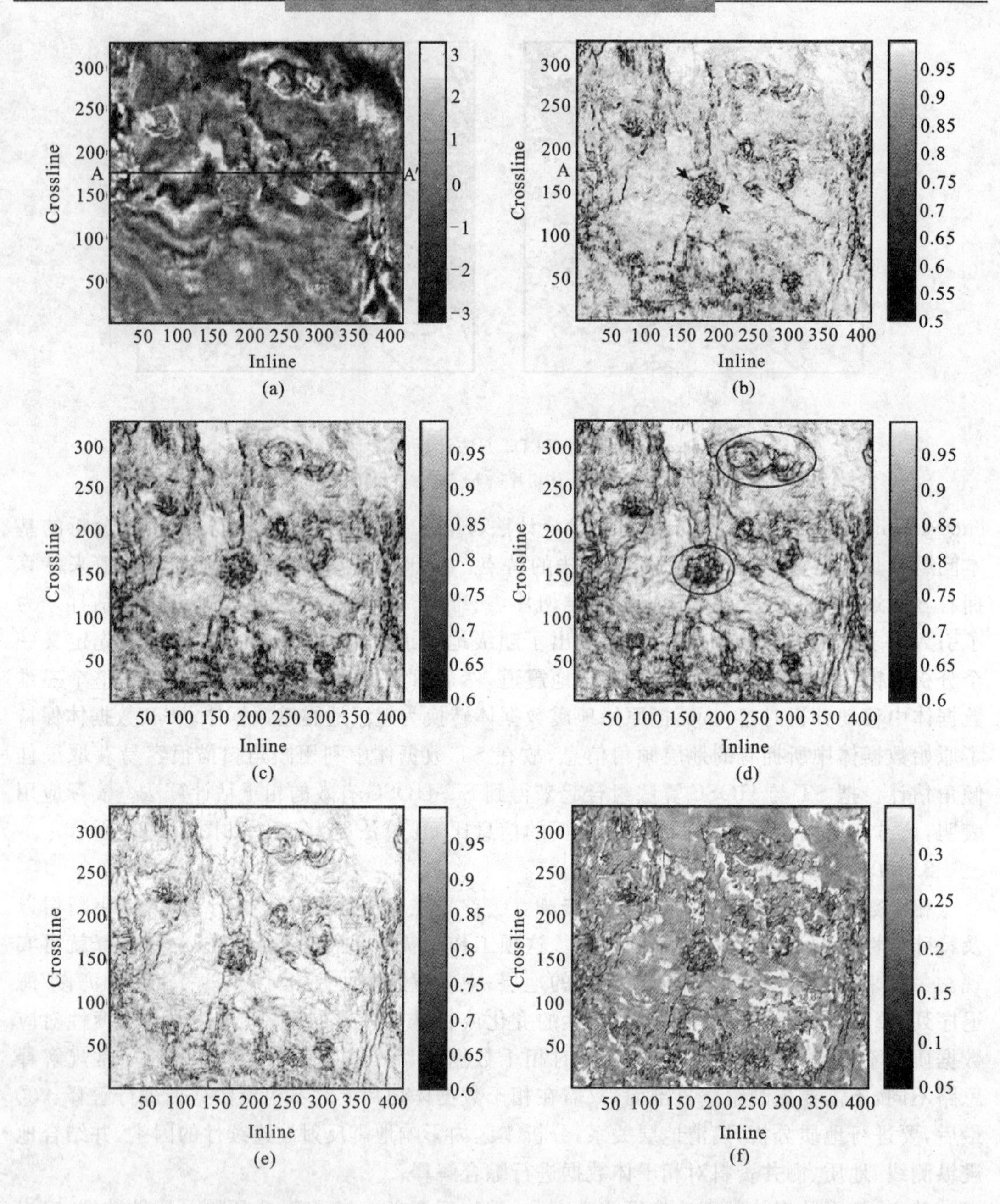

图 2-2-21　多种相干算法的相干体切片（t=2 000 ms）比较[14]

(a) 原始数据体切片；(b) D1 算法的相干体切片；(c) D2 算法的相干体切片

(d) D3 算法的相干体切片；(e) LSE 算法的相干体切片；(f) ST-HOSC 算法的相干体切片

(1) 展示断层。常规三维数据体与三维相干体的融合显示可以清晰展示复杂的断层及其空间展布。图 2-2-22 是在两种数据体上计算的相干切片的对比显示。图 2-2-22a 是在常规地震数据体上计算的相干切片；图 2-2-22b 是波阻抗体的时间切片；图 2-2-22c 是由波阻抗数据体计算的相干切片。显然，在展示断层方面，图 2-2-22c 要比图 2-2-22a 清楚得多，因为波阻抗数据反映的是层内信息。

图 2-2-23 是墨西哥湾某探区常规地震数据体与三维相干体的融合显示，它清晰地展示

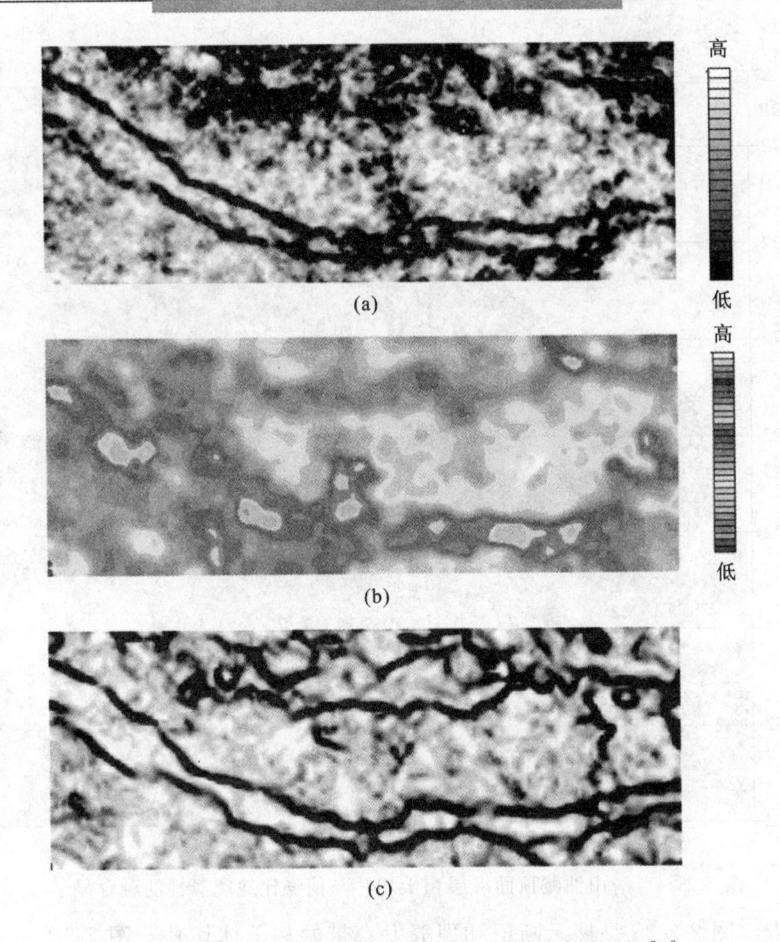

图 2-2-22　展示断层的常规数据与波阻抗数据的对比[15]

(a) 常规地震数据体的相干切片；(b) 波阻抗体的时间切片；(c) 由波阻抗数据体计算的相干切片

了多个断层及其空间展布。图 2-2-24 是胜利油田 FT 地区潜山油藏顶面沿层相干切片与信噪比地震属性的融合显示。该图中清晰可见潜山顶面的断裂系统及其空间展布特点。

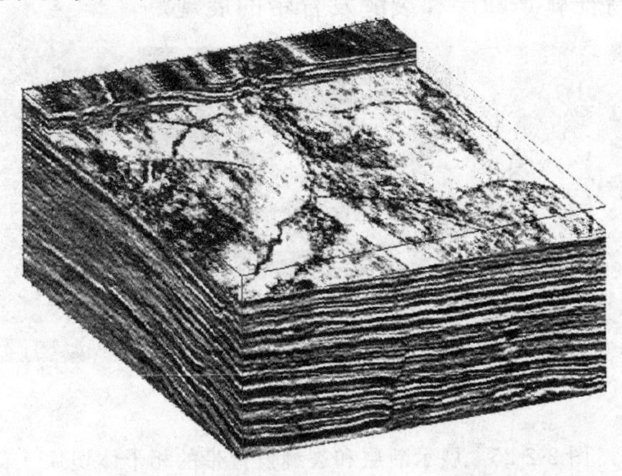

图 2-2-23　常规地震数据体与三维相干体的融合显示[16]

(2) 检测裂缝发育带。断层和裂缝发育方向会引起地震特性的方位变化，因此可以利用全方位三维地震信息来确定。利用不同方位角的道集数据进行相干体特征分析，可以检

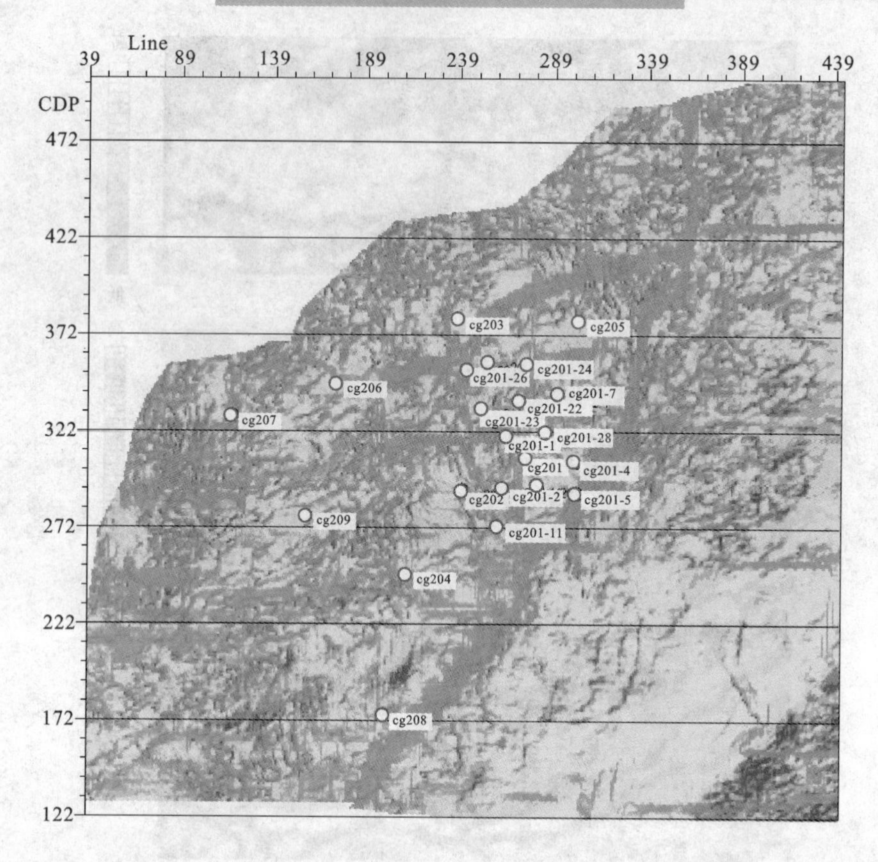

图 2-2-24　潜山油藏顶面沿层相干切片与信噪比地震属性的融合显示

测裂缝发育带。图 2-2-25 是展示断层和裂缝发育带的相干体切片。图 2-2-25a 是地面地震时间-振幅切片；图 2-2-25b 是相干体切片；图 2-2-25c 是地面地震＋相干切片。图 2-2-26 是根据两种不同方位角数据体计算的相干体的等时切片。裂缝发育带可根据不同方位角的相干体显示特征得以解释，这是因为利用不同方位角数据体计算的相干体包含了明显的不连续性，而这些不连续特征就是断层和裂缝发育带的展现。

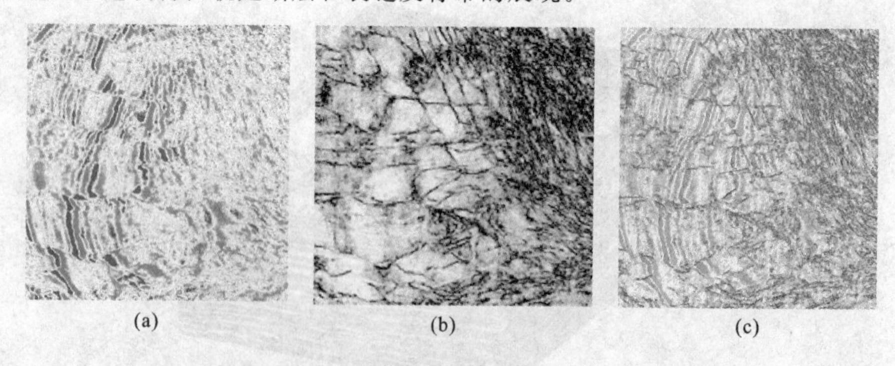

图 2-2-25　展示断层和裂缝发育带的相干体切片[15]

(a) 地面地震时间-振幅切片；(b) 相干体切片；(c) 地面地震＋相干切片

图 2-2-26 是全方位和不同方位角(见图中方位标注)的相干体等时切片(t=1 312 ms)，可以看到裂缝发育带的空间展布特征和发育方向。在常规的全方位相干切片上可以看到 NE-SW 方向的断裂带，但不很明显；在不同方位的相干切片上，一些交叉断裂带展示得比较

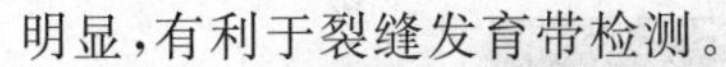

明显，有利于裂缝发育带检测。

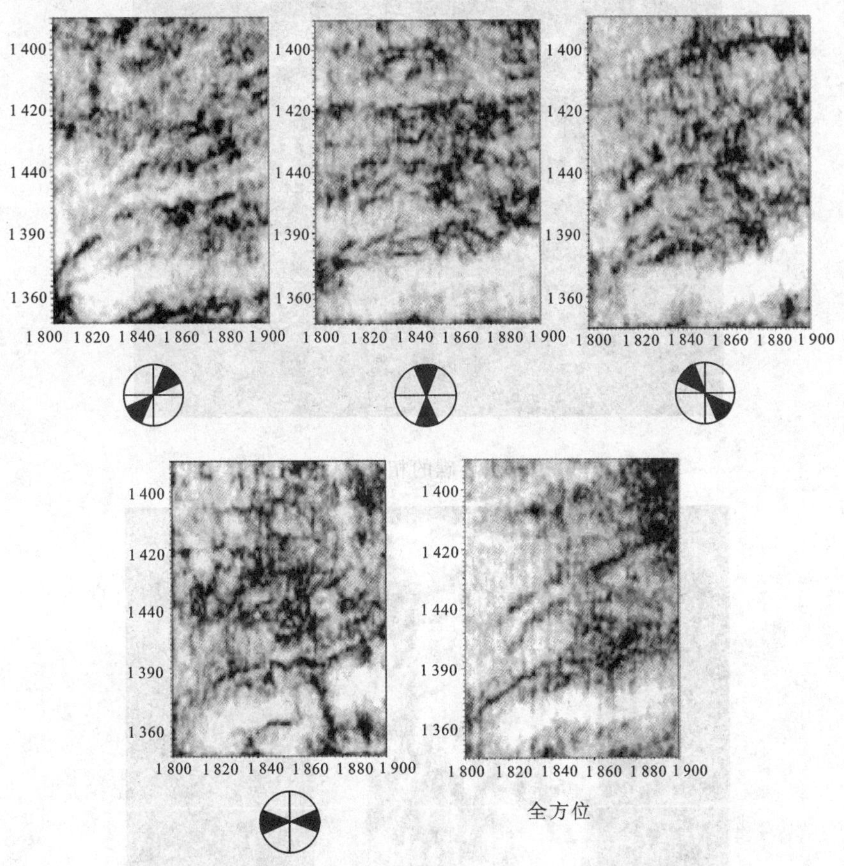

图 2-2-26　全方位和不同方位角的相干体切片[17]

(3) 礁体和含气砂岩解释。由于礁体与围岩之间存在明显的波阻抗差异，因此可以利用相干体技术来分析研究礁体的空间形态及其结构特征。图 2-2-27 是横切礁体的常规地震剖面，基本上能够看清礁体的反射特征。为了进一步研究该礁体的空间展布和内部结构，计算了三维相干体。图 2-2-28 展示了环礁的相干体时间切片，图中浅色为低相关特性，深色为高相关特性，礁体的空间形态展布得非常清楚。图 2-2-29 展示了礁体的相干体剖分图，很好地显示了该礁体的空间和垂向结构。

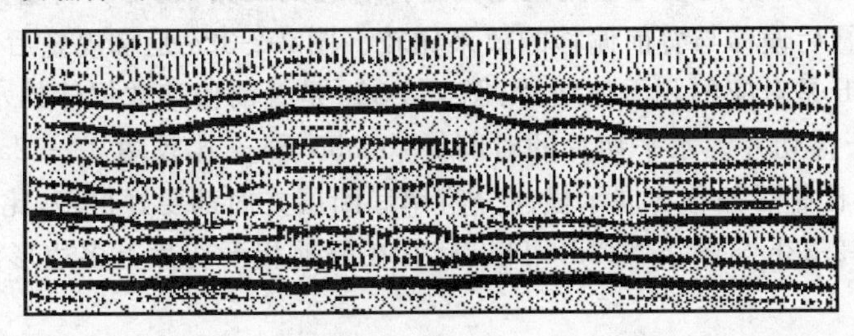

图 2-2-27　横切礁体的常规地震剖面[18]

同样，三维相干体也能够展示特殊岩性体的空间形态。图 2-2-30 的相干体展示了可能的含气砂岩位置。

(4) 地震资料处理中的应用。相干体技术可以作为地面三维地震、井间地震、3D VSP

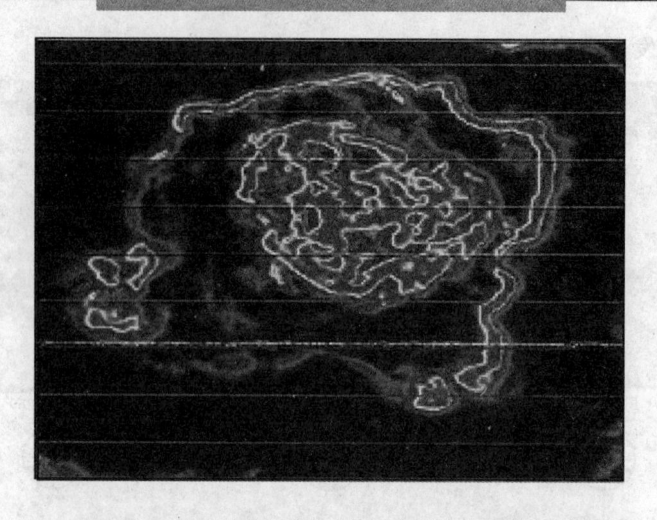

图 2-2-28 展示环礁的相干体时间切片[18]

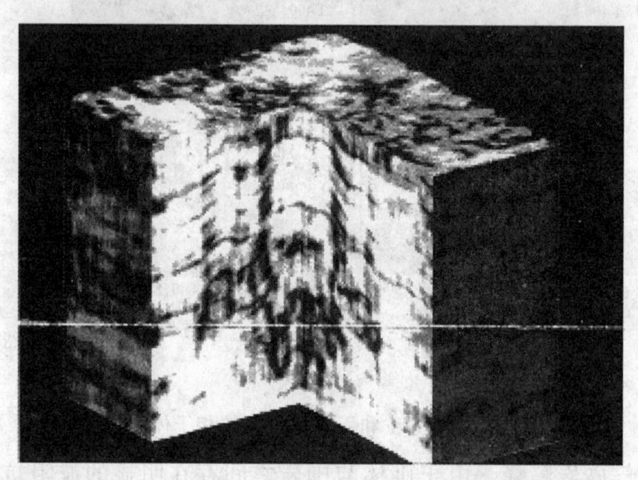

图 2-2-29 展示礁体的相干体剖分图[18]

资料处理质量监控的有效工具。图 2-2-31 是经过不同处理过程的相干体时间切片的比较。图 2-2-31a 是粗叠加的情况；图 2-2-31b 是经剩余静校正后的情况；图 2-2-31c 是经最终偏移处理后的情况。比较可知，经过偏移处理后，三维相干体切片上展示的 N-S 向河道砂最清楚。

相干体技术也可作为比较处理流程是否选择合理的工具，还可以衡量偏移效果的好坏。图 2-2-32 给出了叠后偏移与叠前偏移的效果比较。图 2-2-32a 是常规叠后偏移数据体的水平切片；图 2-2-32b 是对应的相干体切片；图 2-2-32c 是叠前偏移数据体的水平切片；图 2-2-32d 为对应的相干体切片。水平切片的时间 $t=1\ 350$ ms。比较图 2-2-32a 与图 2-2-32c 可以看到，叠前偏移比叠后偏移在展示横向分辨率和断层方面都要好得多；比较相应的两个相干体切片图(图 2-2-32b 与图 2-2-32d)可以看到，在叠前相干切片上多边形河道特征十分明显。

相干体技术还可作为建立偏移速度场的工具。图 2-2-33 给出了使用不同偏移速度(从左到右分别取叠加速度的 90%，100%和 110%)的常规时间-振幅切片与相干体时间切片的比较，分析比较期间的差别可以确定合适的偏移速度场。从相干体时间切片的显示结果看，取叠加速度的 110%作为偏移速度的处理效果比较好。

(5) 地质灾害检测。深水沉积类型的解释需要高分辨率地震资料，利用特殊处理和解

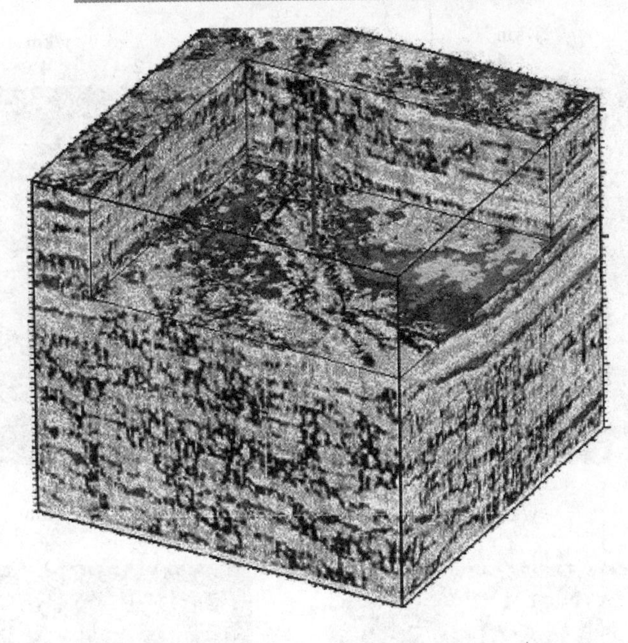

图 2-2-30　展示可能含气砂岩位置的相干体[16]

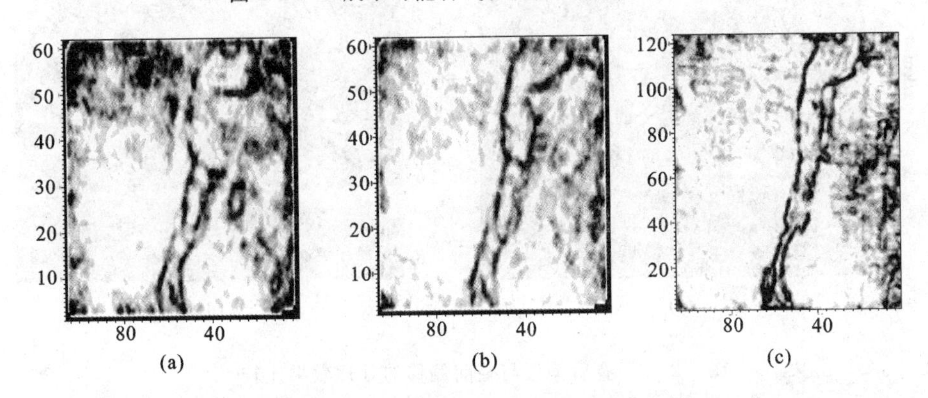

图 2-2-31　经过不同处理过程的常规数据体时间-振幅切片与相干体时间切片的比较[19]

(a) 粗叠加处理；(b) 剩余静校正；(c) 偏移处理

释方法可以大大提高数据体用于勘探与开发阶段的浅层钻井灾害检测的有效性。相干体处理为地下断层和地层学特征的正确成像提供了全新和精确的方法，在传统方法不适用或高费用的深水区，使用相干技术可以实现此类区域的浅层灾害检测。浅层钻井灾害(如浅层气藏、气囱特征，由回流引起的海底坑、近地表断层、浅水流动沙等)经常出现。需要特别说明的是：浅水流动沙检测起来最难，深水环境下的危害最大。研究表明：墨西哥湾 80％的深水井都钻遇浅水流动沙。

钻井灾害还影响钻井平台的定位、油田开发、处理设备和管线铺设。对常规三维地震数据体进行特殊处理的目的就是合理地使地质灾害风险接近最小。实践表明相干体处理用于近地表沉积模式识别最有效，而沉积模式是否正确识别关系到井位的布置。

图 2-2-34 上部展示的稳定波形对应着沉积间歇、上覆或缓流沉积的高相关值，下部展示的剧变波形对应着快速沉积的剧变相关值。图 2-2-35 所示为等时相干切片，展示了剧变波形、低相关值(黑色)的树枝状河道体系。

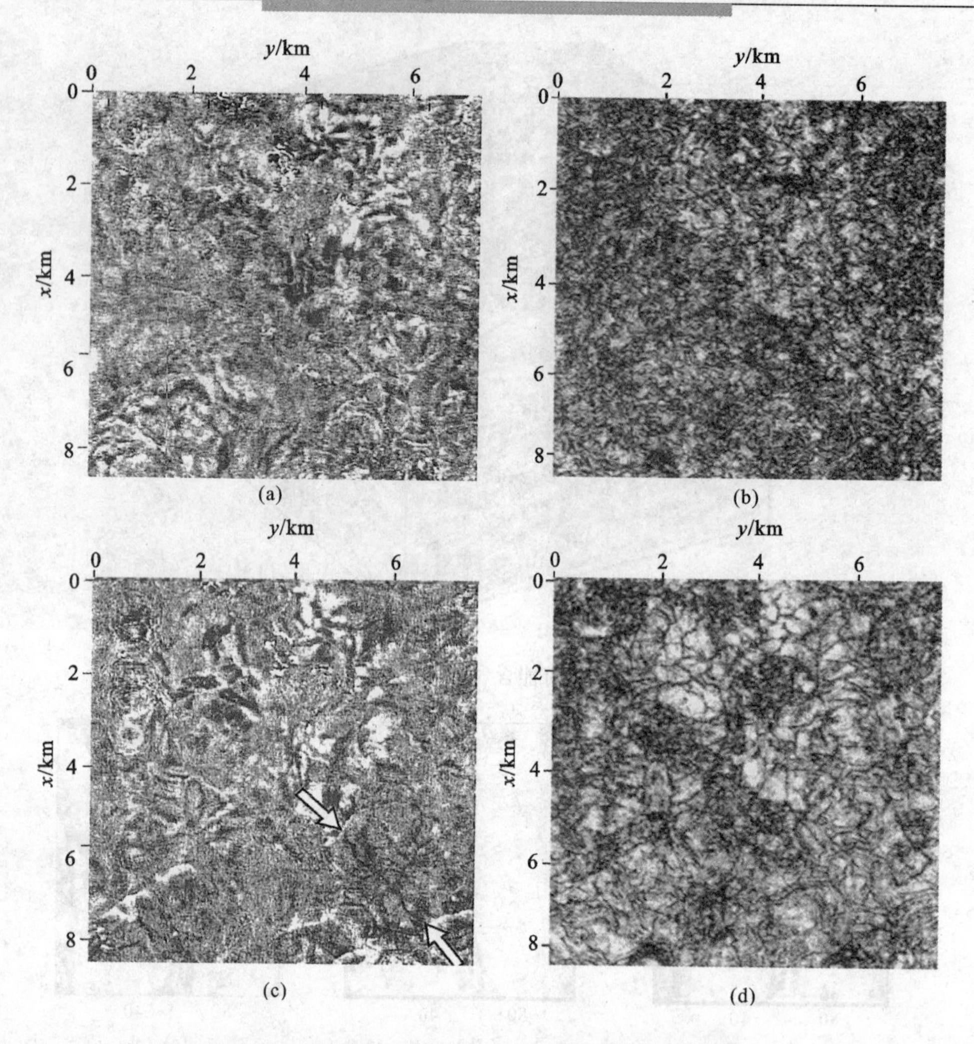

图 2-2-32　叠后偏移与叠前偏移的处理效果比较[20]

(a) 叠后偏移数据体的水平切片(t=1 350 ms)；(b) 对应(a)的相干体切片

(c) 叠前偏移数据体的水平切片(t=1 350 ms)；(d) 对应(c)的相干体切片

图 2-2-36 所示为多个等时相干切片。图中明显地展示了浅层河道沉积特征(黑色的低相关值边缘)，识别这些河道沉积特征是钻井灾害分析的首要步骤。

等时相干切片可以清楚地展示海底断裂系统，黑色的轮廓线即为断层位置，因为在这些部位，从断层的一边变化到另一边，地震道波形产生快速变化。这些断层为钻井或深水作业指明了不稳定性和潜在地质灾害的区域，如图 2-2-37 所示。图 2-2-38 所示中部的冲刷特征可能表明浅水流动沙的存在，直线状的河道是高速沉积事件的产物。

图 2-2-39 所示的河道区域表明了坍塌特征(图中箭头所指处为具有冲刷痕迹的坍塌特征)，断层或冲刷的断崖发源于盐丘以及北部的后续切割坍塌。图 2-2-37 至图 2-2-39 的相干切片相对水底反射界面作了层拉平，而且消除了浅层的倾角影响。

关于地质灾害检测的几个例子表明，相干数据体能够更好地分辨河道沉积、杂乱区和断层，能够与振幅值一同指出相干带内由于浅层气引起的亮点区域，还可以帮助人们精细调整最终钻井位置。

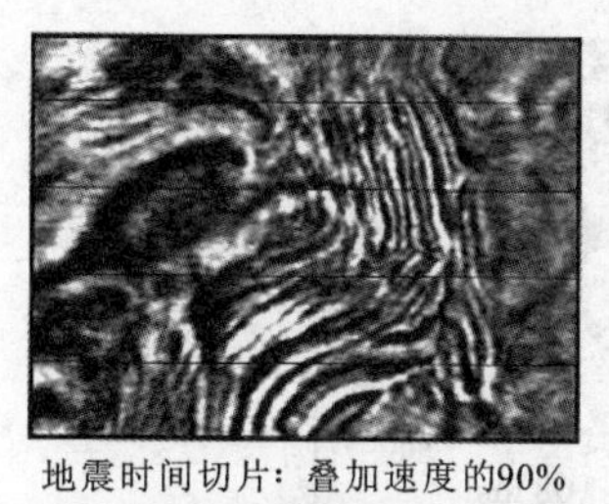
地震时间切片：叠加速度的90%

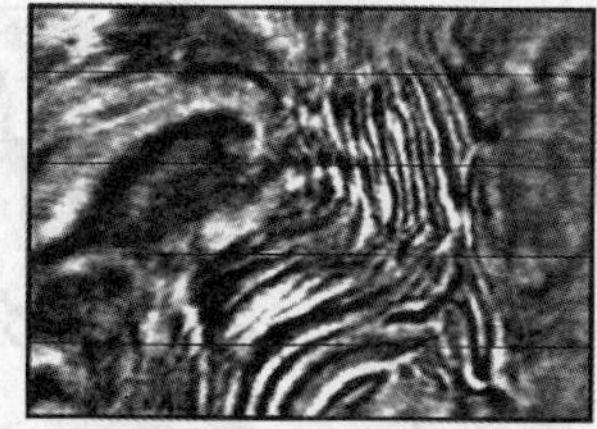
地震时间切片：叠加速度的100%

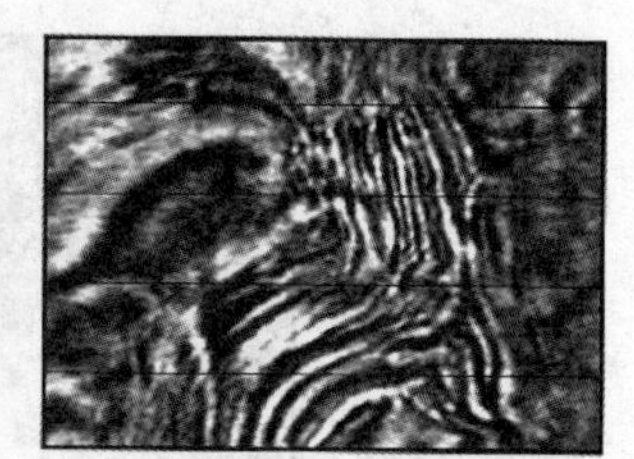
地震时间切片：叠加速度的110%

相干时间切片：叠加速度的90%

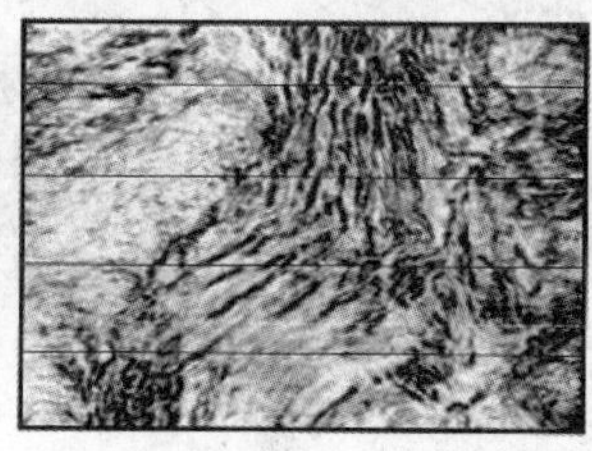
相干时间切片：叠加速度的100%

相干时间切片：叠加速度的110%

图 2-2-33　使用不同偏移速度的常规时间-振幅切片与相干体时间切片的比较[21]

图 2-2-34　稳定波形与剧变波形的剖面段[22]

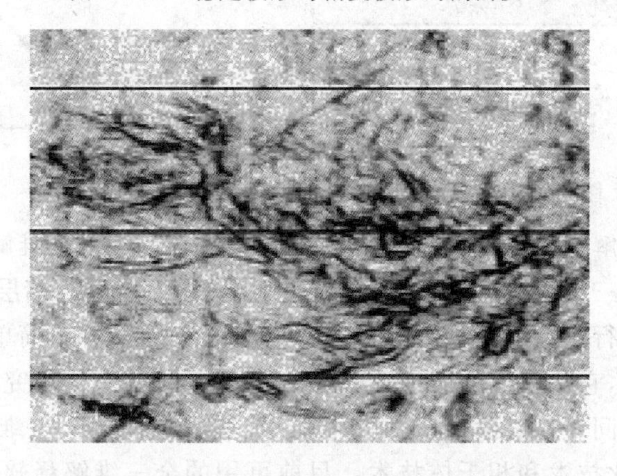

图 2-2-35　展示树枝状河道体系的等时相干切片[22]

2.2.3　三维数据体全三维解释的基本思路

所谓全三维解释，是指使用自动拾取、体元追踪、层面切片等分析和解释手段，并以垂直剖面和水平切片的解释为辅助方法，再与三维相干体等不连续性分析相结合，结果用三维可

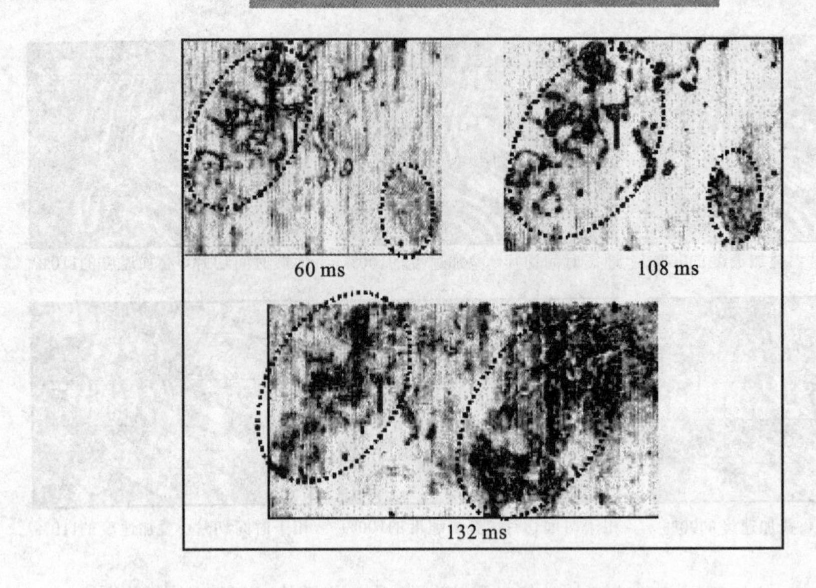

图 2-2-36　多个等时相干切片[22]

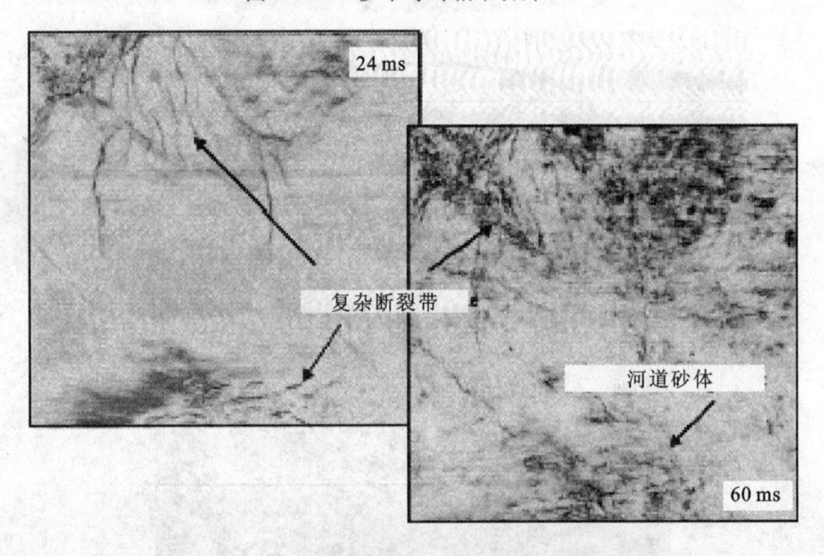

图 2-2-37　展示复杂断裂系统的多个等时相干切片[22]

视化显示等的一整套解释流程，也有人称之为地震数据体的“真”三维解释。严格来讲，当直接利用可视化工具对三维数据体进行地层标定、断层、岩性、沉积、储层分析，以及油气识别和油藏参数表征等进行交互解释时，才是真正意义上的三维解释。简单来讲，全三维解释是针对“数据体的解释”，它从三维可视化显示出发，以地质体或三维研究区块为单元，采用点、线、面、体相结合的空间可视化解释。由此可见，地震数据体的全三维解释（主要指构造解释）离不开三维可视化技术和相干体技术。目前可用的全三维解释软件有 Landmark 公司的 3DVI（三维体解释）和 Voxcube（三维数据体动画）、GeoQuest 公司的 GeoViz（交互三维解释）、Paradigm 公司的 VoxelGeo（全三维地震解释系统）等。

三维可视化技术就是利用大量处理后的三维数据体，检查资料的连续性，辨认资料的真伪，提取有用的异常信息，为进一步快速分析、理解及解释提供有利的工具。也就是说，三维可视化是一种能以直观的方式显示数据及提高人们对数据的理解和解释能力的工具。

图 2-2-38　指明浅水流动沙和直线状河道特征的相干切片(408 ms)[22]

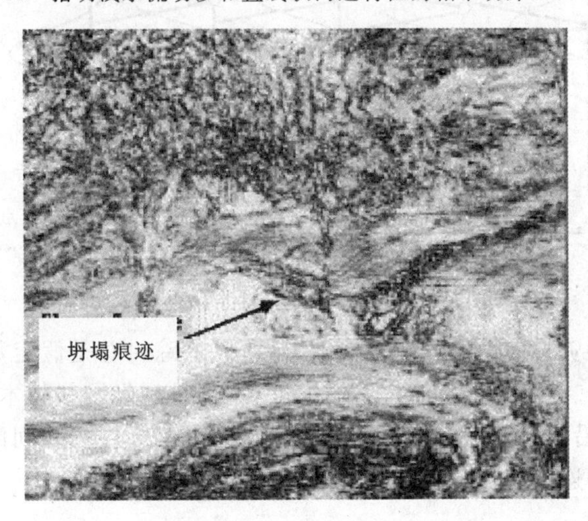

图 2-2-39　表明坍塌特征的相干切片(725 ms)

相干体技术作为三维解释和可视化的重要内容，在构造解释领域起着重要的作用，尤其是在断裂系统、特殊岩性体、特殊油藏的分析和解释方面已取得了良好的地质效果。所谓的三维相干体技术，就是利用相邻道数据间的相似程度，实际上就是利用相邻的道间不连续性来判断、分辨断层及油气藏的一种方法。借助于三维可视化技术和相干体技术就能实现三维地震资料的全三维解释。

全三维解释的基础是实现对层位和断层面的自动追踪。层位解释的主要方法包括自动拾取、层面切片和体元(Voxel)追踪，简介如下。

1. 自动拾取(也称自动追踪)技术

自动拾取技术在 20 世纪 80 年代初的解释系统中就已出现。所谓的自动拾取，就是解释人员把“种子点”或称“控制点”放在三维工区的纵、横测线上，这些点所起的作用是控制自动拾取的计算，依据计算在相邻的地震道上寻找相似的特征点。如果在规定的条件下找到了特征点就取出来，再计算下一道。规定的条件主要包括追踪的特征、振幅范围大小、自动搜索的控制时窗等。如果在追踪过程中没有找到满足上述条件的特征点，自动追踪就在当前道停止。

目前,有两类较好的自动追踪拾取准则:一种是特征追踪,另一种是相关追踪。特征追踪是寻求倾斜时窗内样点相似结构形态,而在道间不作任何相关计算和比较,逐道地追踪定义的波峰、波谷和零交叉点等。基于相关的自动追踪是以“种子点”为中心截取一段地震道,使用一组定义在倾斜时窗内的时间延迟作为约束条件,对该段地震道作相关。如果在某一时间延迟内找到可接受的相关质量因子,则在该道上的拾取就固定下来,然后拾取下一道。很显然,这种方法的计算量比特征追踪的计算量要大得多,但其结果的可靠性则要高一些。自动拾取的过程如图 2-2-40 所示。

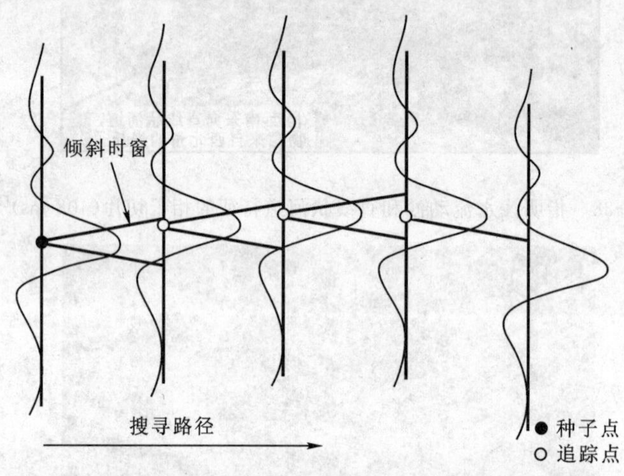

图 2-2-40　自动拾取过程的示意图[23]

自动追踪方法对资料信噪比的变化很敏感,所以追踪时总是假定数据在局部范围内是连续、平滑且一致的。随着人工智能技术的发展,特别是神经网络技术的发展,自动追踪分析也开始多样化,如沿一个解释层位的时窗数据或两个解释层位之间的数据,追踪振幅、反射结构、频率、同相轴连续性、顶底接触关系、层速度、相关性等。

2. 体元追踪技术

对于三维可视化技术来说,体元追踪技术已被实践证明是迄今为止最好的追踪技术。每一个地震采样点经过转化后就是一个体元,一个地震道相当于一个体元柱。对于一个三维数据体而言,它是由上亿个体元组成的。每个体元的维数依赖于主测线、联络测线的线距及采样率。

体元追踪与自动追踪在利用数据来追踪“同相轴”或者特征上说是相似的,但体元追踪是沿着真正的三维路径追踪数据体的。从“种子体元”开始,体元追踪寻求满足解释人员规定的搜索准则连接体元,这种搜索是在纵、横测线及时间方向上同时进行的。

图 2-2-41 给出了体元追踪的两种搜索准则:一是 6 面连接准则,即考虑了立方体的 6 个面;二是 26 种连接准则,即考虑了立方体的 6 个面、12 个棱和 8 个角。

体元追踪算法在计算上比常规的自动追踪更简单,所以体元追踪比自动追踪更快捷。对低信噪比资料而言,大部分体元追踪算法比相关自动拾取更为敏感。由此可见,对于高信噪比地震资料,体元追踪是效率最高的层位拾取方法。当然,与自动拾取一样,体元追踪也假定数据是局部连续一致的,或是平滑渐变的。在地震资料的对比解释过程中,体元追踪和自动追踪技术都假定解释的相位是一致的。

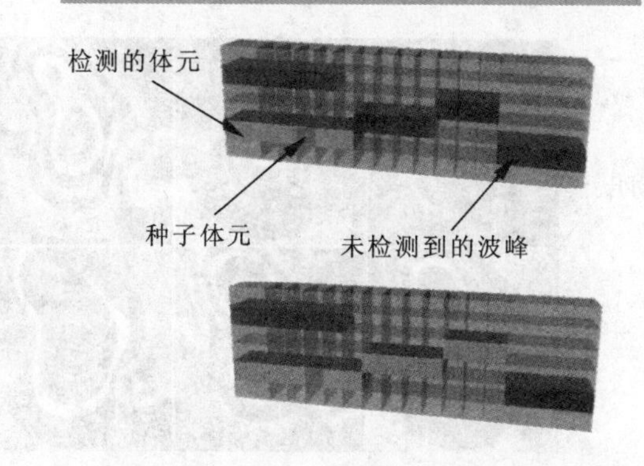

图 2-2-41　体元追踪的两种搜索准则[23]

3. *层面切片技术*

这是一种用于解释地震层位的新技术，该技术主要是对数据时间切片上的部分地层进行解释和可视化。层位切片上的"同相轴"宽度受倾角和频率的影响。缓倾斜的"同相轴"较宽，陡倾斜的"同相轴"较窄。增大倾角和提高频率时，层面切片上显示的同相轴会变窄。通常，当地层倾角小于 45°时，层面切片上的同相轴一般比垂直剖面上的同相轴宽。熟悉了这种方法，并且选定了控制算法的各种参数之后，就可以对整个区域上的层位进行拾取，从而得到某一层位在某一区块上的时间或深度等值线平面图。图 2-2-42 所示为成图层位的透视图与剖分的构造。

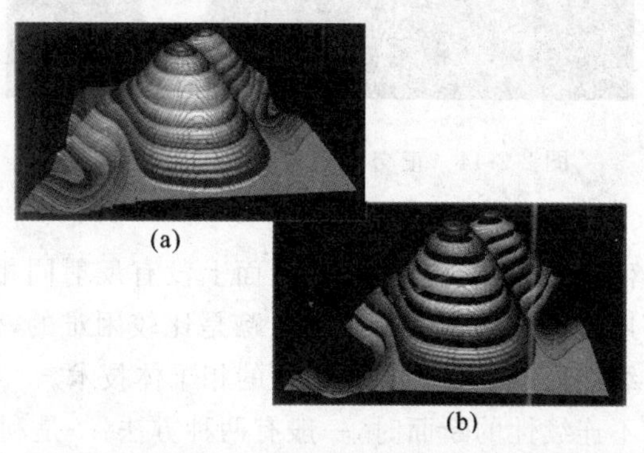

图 2-2-42　成图层位的透视图与剖分的构造[23]

(a) 成图层位的透视图；(b) 剖分的构造

图 2-2-43 给出了图 2-2-42 构造每隔 12 ms 切出的 6 个时间切片。每个切片上只显示波峰，拾取的层面(较亮者)就是图 2-2-42 的层位。

与其他技术一样，层面切片技术也假定数据体是局部连续的，并且相位是一致的。与体元追踪和自动追踪相比，该技术对连续性较差和信噪比较低的资料不太敏感，原因是它不是真正意义上的自动追踪技术，故解释人员可以随时对它调整、控制。

显然，任何一种解释都可能是以上几种层位解释技术的某种组合。比较而言，最好的方法是体元追踪，其次是层面切片。在某些情况和特定地区，需要使用自动拾取。但是，所有的这些技术一般都会在层位上留下一些"空洞"或未拾取的道，还需要靠内插甚至手工来完成。某个层位追踪对比完成后，可以借助于三维可视化技术将解释层位显示出来，如图 2-2-44 所示。

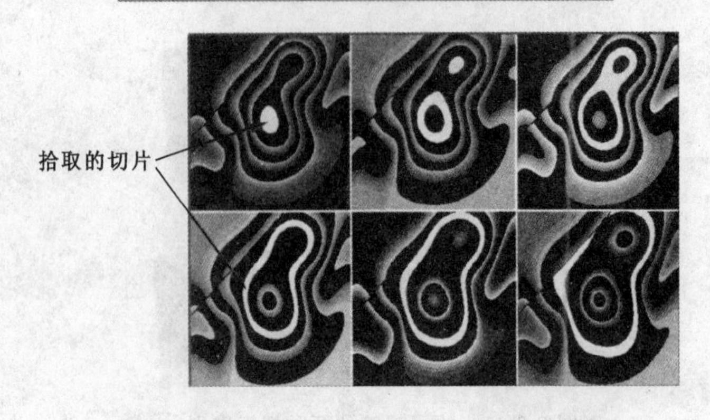

图 2-2-43 图 2-2-42 构造的 6 个时间切片[23]

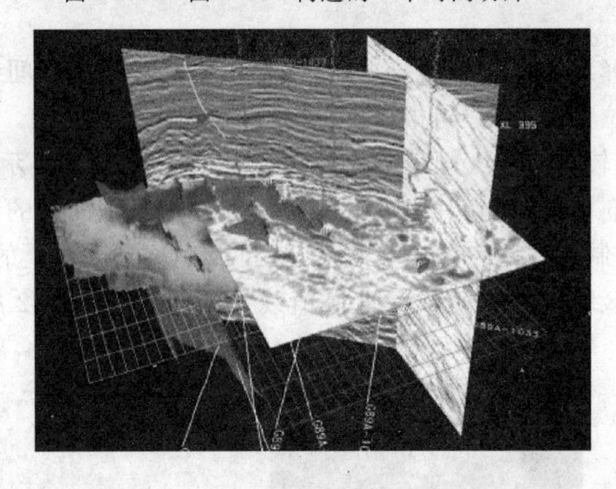

图 2-2-44 正交剖面与沿层切片显示[24]

4. 断面的自动拾取

很显然，小规模或落差较小的断层，通常其断面上没有反射同相轴，而是以不连续或无资料区为特征。这些不连续性或无资料的区域追踪是比较困难的，但也正是因为数据体断层的存在而产生的不连续性形成了追踪不连续性的相干体技术。

相干体技术在追踪不连续性的断面时，一般有两种方法：一是利用初始解释结果作为被追踪断面的种子拾取点的方法；二是利用预先处理来创建突出不连续性的数据体，如面反射体压缩方法、差异法、微商法和多属性分析法等，以实现对不连续性进行追踪形成断面。后者中的差异法主要是利用振幅、三瞬（瞬时振幅、瞬时频率和瞬时相位）、波阻抗等数据体来进行连续性的比较，具有很高的分辨能力和边界检测能力。对瞬时相位的检测，分辨水平能达到一个样点。微商法实际上是对差异法的补充，如对瞬时相位作空间微商计算，即可寻找相位横向上的突变点，而这些突变点常常与断层、地层边界和同相轴的转折有关联。

图 2-2-45 所示为利用模型数据体计算的三维相干体。图中可以见到多个断层在剖面和平面上的显示。沿着某个断面进行追踪对比，可以实现断面的自动解释，如图 2-2-46 所示。

5. 现阶段全三维解释的流程框图

迄今为止，全三维解释的工作流程如图 2-2-47 所示，工作流程中所包括的主要研究内容见表 2-2-1。

图 2-2-45　三维相干体的静态显示(模型数据)[25]

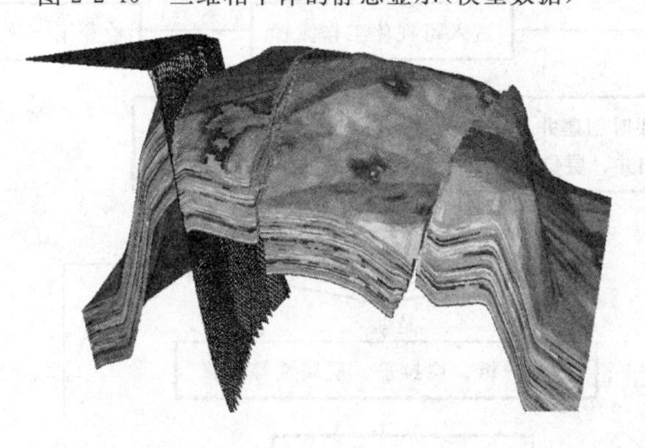

图 2-2-46　断块的静态立体显示[24]

表 2-2-1　现阶段全三维解释的研究内容[26]

工作内容	应用的主要技术手段
数据加载	地质、测井、钻井资料及地震数据体,强调各类地震属性数据体的应用
数据体评价	各角度、方向利用三维可视化技术进行动画、切片及全数据体浏览,相干体的初步应用
层位自动追踪	利用自动追踪、体元追踪、层面切片等技术实现层位的空间自动追踪,内插“空洞”,完成各目标层位的解释
断面数据体创建	可用面反射体压缩方法、差异法、微商法和多属性分析法等计算断面数据体,结合切片、垂直剖面进行检查
断层解释	把上述断面数据体加载到地震数据体中,结合地质认识和规律修改解释结果,以达到最合理状态
目标解释	对上述结果进行选择,切割出地质上有意义的数据体作进一步的精细分析、解释、修改
构造模型建立	对构造地质模型或地层岩性模型进行三维可视化,用不同透明度突出有效地层及其与上下层的接触关系
数据存档	各个阶段成果图归类,动画及多媒体可视化显示,光盘存档

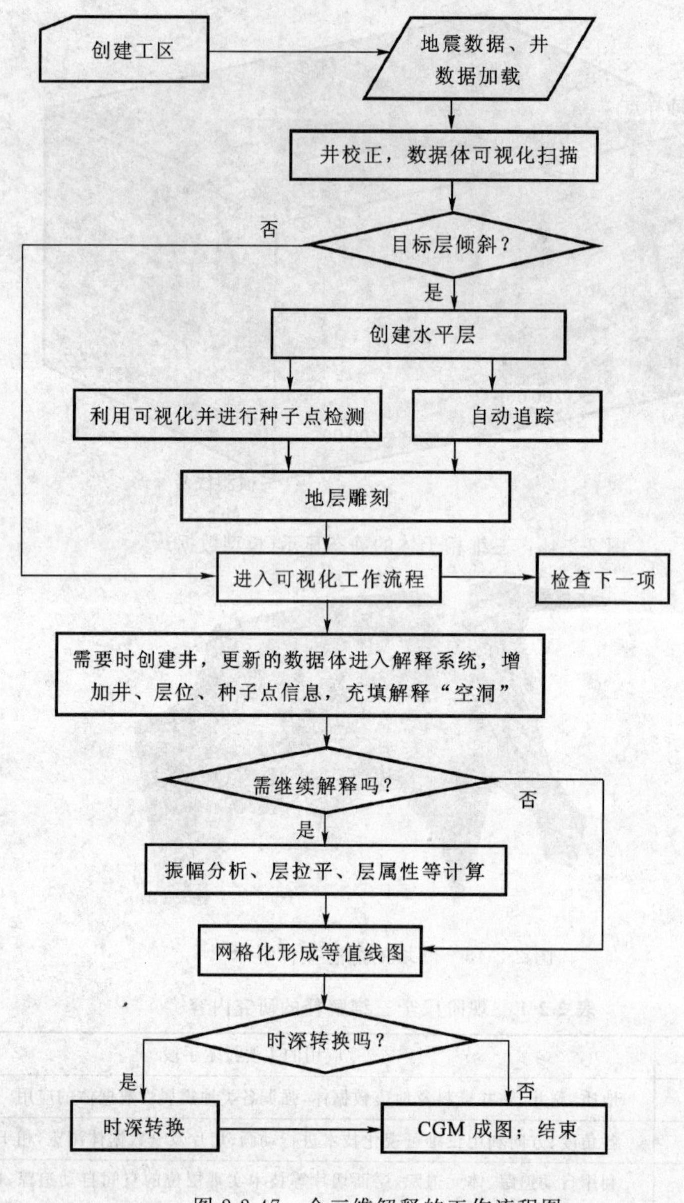

图 2-2-47　全三维解释的工作流程图

2.3　三维地震资料的应用实例

三维地震资料的应用主要分两方面讨论：一是油田勘探阶段的应用，二是油田开发阶段的应用。

2.3.1　三维地震资料在勘探阶段的应用实例

在油田勘探阶段，三维地震资料的优势应用领域是寻找“三小”油气藏，即小砂体、小幅度构造和小断块油气藏。

由于三维地震勘探的各种优越性，使得三维地震资料在油田勘探过程中得到了广泛应用,特别是在寻找各种复杂和隐蔽油气藏方面发挥着重要的作用,例如砂砾岩体油气藏、火成岩发育地区的油气藏、潜山油气藏、裂缝性油气藏等的勘探。

随着地震地层学和层序地层学的发展以及油藏描述技术的兴起,三维地震资料的应用也逐渐引入到地震地层学、层序地层学和油藏描述等领域,取得了很多的理论和实践成果。

1. 小砂体(河道砂)油气藏

胜利油田 LHK 地区馆陶组河道砂体为隐蔽油藏类型,其馆陶组馆上段是河流相沉积,曲流河河道发育,由于地层平坦,构造运动较弱,废弃河道沉积保存完整,形成了以河道砂岩为储层的岩性油藏。下面以胜利油田 LHK 地区为例,总结河道砂体空间形态描述的方法和技术。

(1) 在比较平缓的区域,水平时间切片能够反映河道砂体的沉积特征和大概空间分布。切片(水平或等时、沿层)技术是展示特殊地质现象的有利工具。等时切片将地震数据体以时间为单位(可不同间隔)切成许许多多的平面数据。

(2) 沿层切片是根据解释的层位时间从三维数据体中抽取相应的数值而组成的切片。利用层位切片技术,可以很容易而又清晰地识别出河道的准确位置。层位切片能够根据标准层恢复古沉积环境,更加有效地揭示储层特征。通过把切片和各种连井测线进行复合显示,可更好地认识河道砂体的沉积特征,如图 2-3-1 所示。

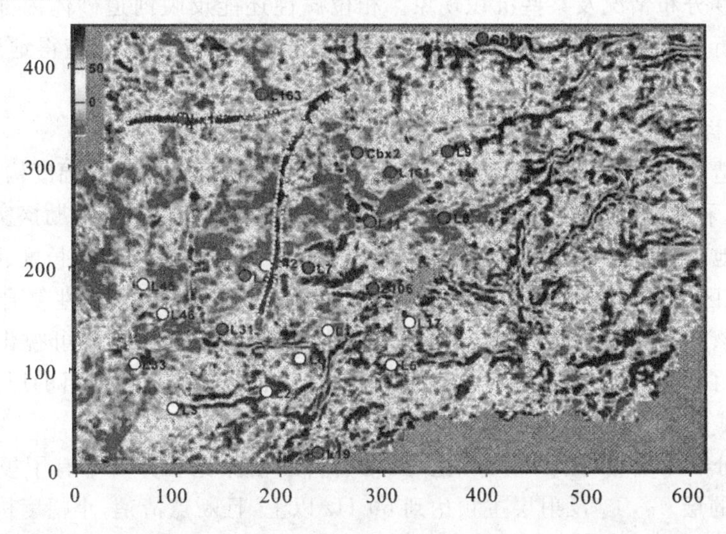

图 2-3-1　胜利油田 LHK 探区馆上段河道砂沿层切片(NG4 上延 12 ms)

(3) 相干体技术通过相邻道的波形来获得道间相似性,从而可以有效地突出河道砂体的边界,并能够突出河道砂体的内部相似性,为确定河道砂体的主河道和河道边界提供了依据。

(4) 谱分解技术充分利用了地层厚度与频谱的陷频特征之间的关系,即某个频率能够对相应厚度的地层产生比较敏感的反应,所以能够较好地用于河道砂体的预测,而且沿层谱分解比直接作单频谱分解的效果要好,如图 2-3-2 所示。

(5) 小波变换具有多尺度特征,能够对不同厚度的地层产生敏感的响应,在地震资料频谱分析中有独特的作用。用它进行谱分解能够把频谱分解得比较连续,并且连续小波变换做出来的谱分解切片完全可以与傅里叶谱分解的效果媲美,且在地层比较平坦的情况下不用沿层位进行分解就能够取得较好的地质效果。这一点是傅里叶谱分解所不能及的。

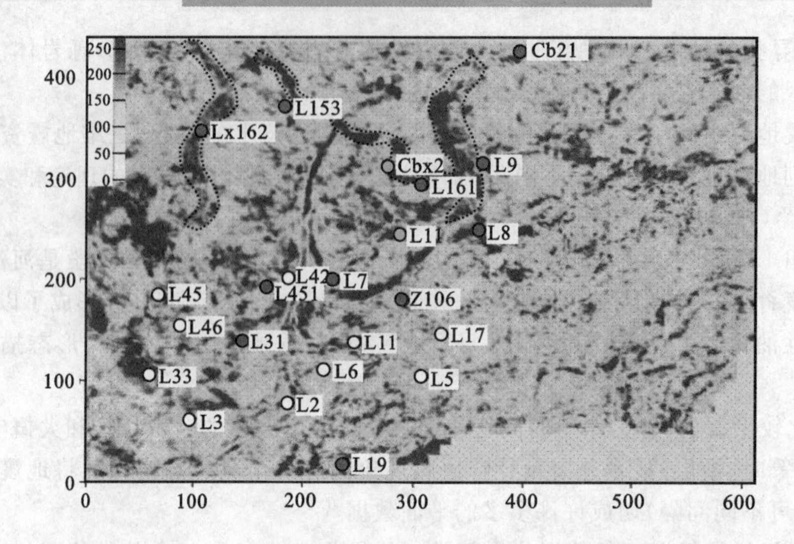

图 2-3-2 胜利油田 LHK 探区馆上段河道砂沿 NG4 上延 24 ms 的沿层谱分解(36 Hz)切片

(6) 三种基本地震属性(振幅、频率和相位)体切片都能够有效反映河道砂体的形态特征,可以有效识别河道砂体与围岩之间的边界特征,并且频率属性还能够在一定程度上反映河道砂体的厚度分布情况及某些沉积现象。相位属性还能反映河道砂体内部岩性的差异,在此基础上进行复合属性分析能够在一定程度上消除某些干扰因素,使得地质体的特征更为突出。

2. 小幅度构造油气藏

小幅度构造油气藏是三维地震勘探的又一主要勘探目标。在对小幅度构造油气藏的勘探过程中,涉及采集、处理和解释各个方面,下面对吉林油田英台地区的勘探实例进行剖析。

英台地区地层物性条件好、产能高,油气成藏受断层断距、断层延伸长度、砂体厚度影响明显,油气富集区主要位于小幅度构造圈闭内,油气藏主要以构造-岩性复合油气藏为主。研究人员根据该区的石油地质特点,充分利用三维地震资料,应用三维可视化解释技术、相干体和地层倾角检测技术、多属性模型约束反演储层预测技术,对主要目的层进行了解释和圈闭评价。实践表明,应用上述技术解释小幅度构造实用、有效。

与二维高分辨率资料(图 2-3-3)相比,三维资料的信噪比和分辨率有了极大的提高(图 2-3-4),主要目的层 T_1,T_2 反射层主频达到 60 Hz 以上,且断点清楚,小幅度构造清晰可见,从而为该区的构造精细解释及储层预测工作奠定了基础。

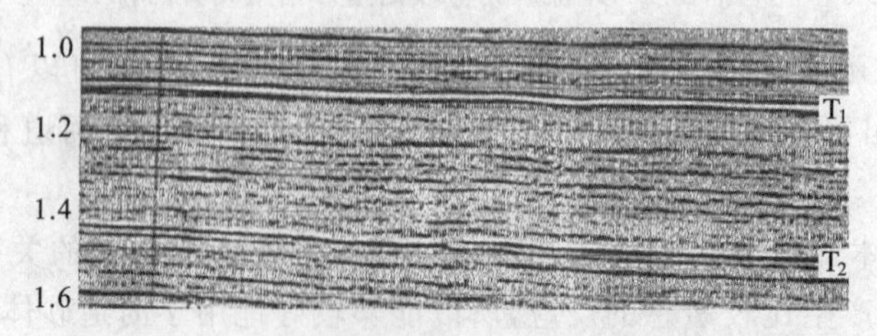

图 2-3-3 英台地区二维高分辨率地震剖面[27]

图 2-3-5 所示为英台地区 T_2 反射层构造图(二维),图 2-3-6 所示为利用三维资料编制的英台地区 T_2 反射层构造图。与二维资料相比,它的圈闭类型、幅度、面积、高点位置、圈闭形态及圈闭数量均有很大变化,尤其是二维构造图中西北部完整的穹窿构造在三维构造

图上已变为多个断鼻构造。

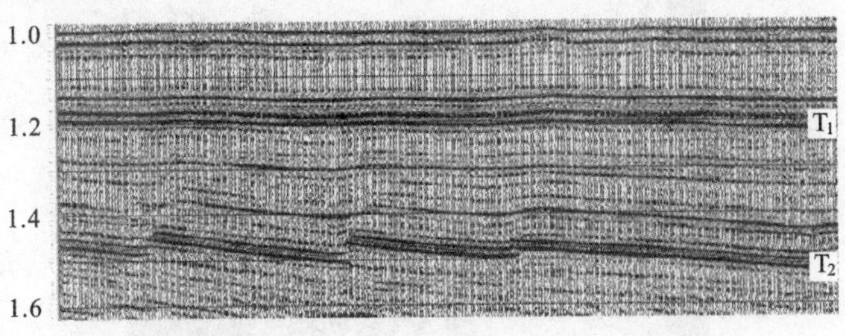

图 2-3-4　英台地区三维高分辨率地震剖面[27]

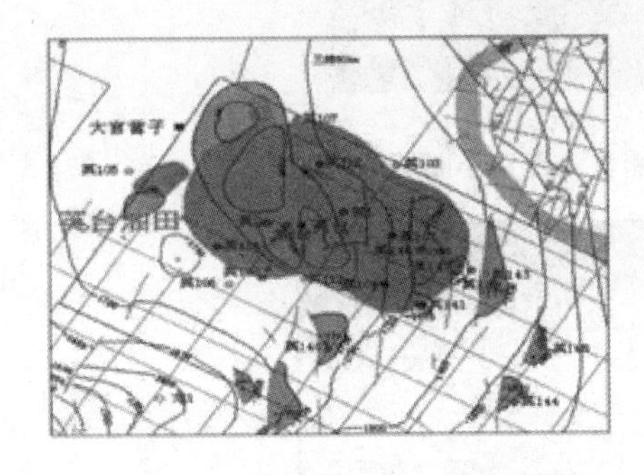

图 2-3-5　英台地区二维 T_2 层构造图[27]

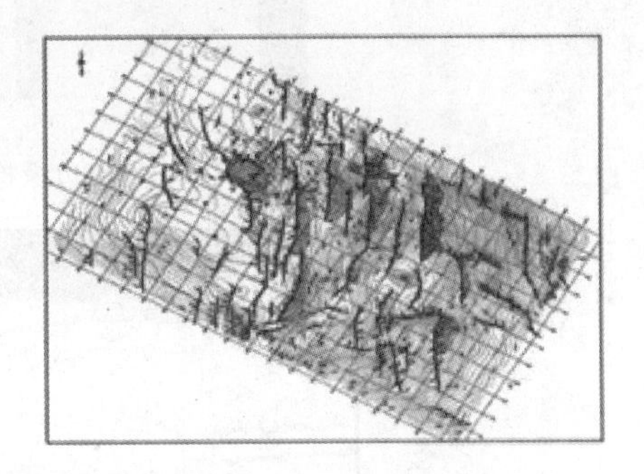

图 2-3-6　英台地区三维 T_2 层构造图[27]

3. 小断块油气藏

断层的发育程度、延伸方向和油气聚积有很大的关系，解释的正确与否决定了断块勘探的成败。随着勘探的深入，新技术、新方法的出现，断层发育、地质条件复杂的油藏已逐渐成为油田增储上产的重要目标。断层解释一般是在地震反射层位解释的基础上，利用波组对比、时间切片，根据解释人员的经验进行断层识别和组合，最终成果与解释人员的经验及对研究区的认识程度有关。对于小断层的解释通常采用的解释方法是：将断层与层位解释分开，充分利用相干体技术、可视化技术、任意线、时间切片等手段，先宏观后微观，由立体到平面、再由平面到立体的原则，搭好构造骨架，然后利用层面自动追踪技术解释层位，最终使层位与断层达到全面闭合。

识别微小断层的方法很多，如利用相干数据分析技术、边缘检测技术、层面分析技术和高分辨率波阻抗反演剖面等。先确定小断层存在的大致范围，再针对研究对象定义相干数据体空间边界，利用三维可视化软件，精细调整透视参数，压制无关信息，保留并突出与断层相关的信息，则可清晰显示出断层的空间形态和发育规律，在此基础上可以真实客观地解释断层。图 2-3-7 展示了利用边缘检测技术检测小断层的应用实例，图 2-3-8 是相干数据体展示小断层的应用实例。

二维地震资料可以落实局部构造的基本形态，但对于复杂断块则显得无能为力。由于三维地震资料密度大，而且在解释过程中充分利用三维解释的众多先进技术，提高了对断层的识别能力。同一部位发现的断层数量通常是二维资料的 3～5 倍。图 2-3-9 是东濮凹陷某区二维与三维资料构造解释成果对比图。通过三维资料的精细解释，理顺了断层关系，落实了一系列断块圈闭，明确了构造格局，提高了评价井的钻探成功率。

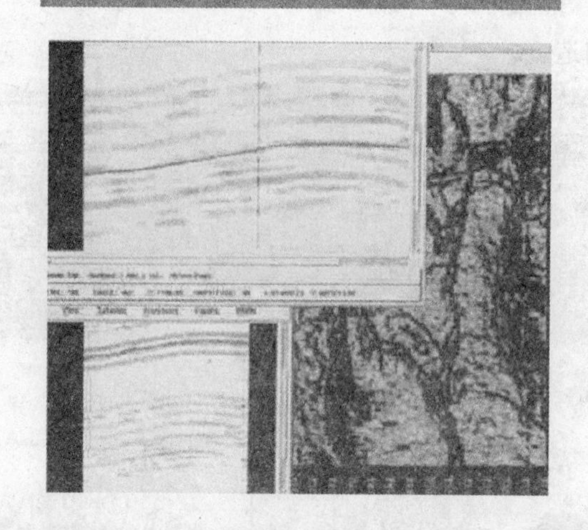

图 2-3-7 利用边缘检测技术识别小断层[28]

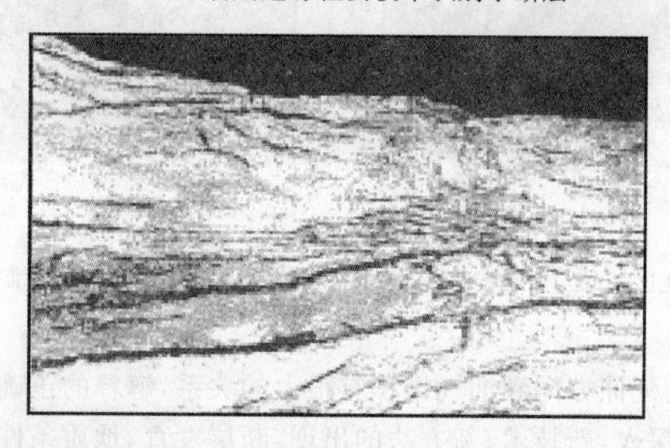

图 2-3-8 南阳凹陷某区沿层相干切片上展现的断裂系统[29]

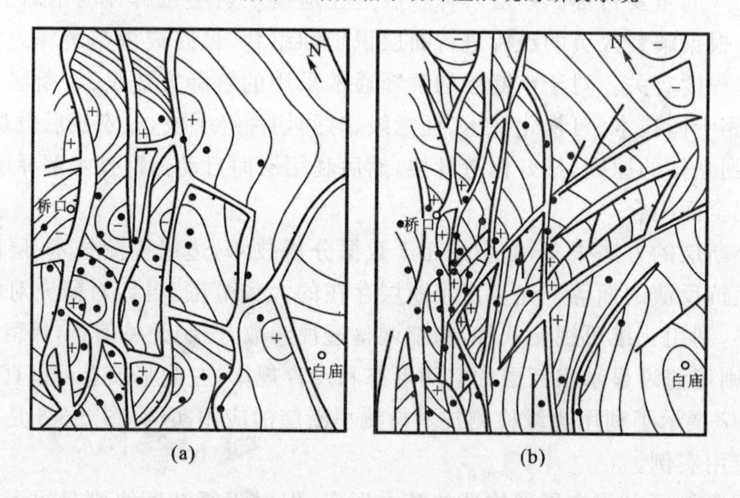

图 2-3-9 东濮凹陷某区二维与三维解释成果对比图[30]

(a) 二维解释成果对比；(b) 三维解释成果对比

2.3.2 三维地震资料在开发阶段的应用实例

油田开发阶段的主要任务是要了解在油田开发过程中地下油气藏发生的各种变化的信息情况。为此，有目的地开展时移三维地震，可以实现油田的动态监测，通过时移信息的对比来了解油田在开发过程中的变化情况，进而有效地进行油藏管理，使油田开发过程更为优化。在提高采收率方面,三维地震是保证这一策略成功的基础性工作。此外,利用三维地震资料可以有效地设计出各种水平井的钻探轨迹。

1. 油藏动态监测

实现油藏动态监测的有效方法之一是时移地震,它的作用可以概括为:① 对新油田:在注采以前,应用该技术监视采油过程,可以及时调整开发方案,合理部署开发井位,获取最佳的经济效益;② 对中期油田:在注采以后,若明确知道流体进入到储层的准确部位,则有利于及时调整注采方案,避免不必要的浪费;③ 对晚期油田:可以帮助决定该井是否要封,其中的剩余油还有无工业开采价值等。

时间推移地震(Time Lapse Seismic,TLS,简称时移地震)是不同时间段对油气田进行地震观测、监测油气开采状态、探明剩余油气的分布、调整注采方案、提高油气采收率的一整套技术。时移地震观测时通常以三维地震为基础,又简称为四维地震。时移地震需要利用岩石物理学把地震与油藏工程连接在一起。由于时移地震的应用难度还很大,做好技术风险评价工作是十分必要的。此外,由于时移地震是利用不同时间段观测的地震图像来监测油藏的流体变化和进行油藏管理的,一定要对不同时间段采集的地震资料进行严格的互均化处理,消除因采集和处理造成的资料不一致,保留油藏的变化特征。时移地震正在发展中,它必将成为未来开发地震的重要工作方式。

时移地震项目的成功实现需要依靠多种技术和多个部门的密切配合。这种跨学科的决策和分析要求该项目必须是综合性的,资料分析的性质也决定了项目组的组成必须是综合的。实际上,在这样的一种处理和分析过程中,要求地质学家、地球物理学家、油藏工程师和油气物理学家密切配合。同时,由于它面对的是一个动态问题,因而资料的快速分析和显示也成为必须首先解决的问题。

时移地震的野外采集技术实际上是一种反映差异信息的地震技术,采集的资料应考虑下列基本准则:

(1) 随机噪声的期望值。信号与不可重复噪声之比($SNRNR$)至少大于10。

(2) 信号的重复性。在任何条件(采集、处理参数)都不变的情况下,相邻两次观测间最后处理的地震振幅,其相对均方根误差小于5%。

(3) 导航与测量的精度。

(4) 垂向分辨率与检测限度。垂向分辨率可用Rayleigh准则的公式 $\Delta t \geqslant T/2$ 估计,式中 Δt 为层间旅行时差,T 为反射子波的周期;或采用公式 $\Delta h \geqslant \frac{\lambda}{4} = \frac{v}{4f_m}$ 来估计,式中 v 为储层以上的平均速度,f_m 为主频。

时移地震野外采集使用的技术方法目前主要有:① 地面高分辨率三维地震技术。这是目前国内外采集时移地震资料最实用和有效的监测技术,通常具有小面积、小道距、小药量、小采样率和实时快速等特点。地面地震采用的观测系统和采集方法应根据油田的不同特点来确定,没有固定的模式,但应遵循勘探费用最少和反映油藏差异的地震信息可靠、稳定且满足精度要求等原则。② 井中地震技术。井中地震相对于地面地震具有两个明显的优点:一是增加可利用的波场信息;二是避开了地表附近的干扰和低速带对高频分量的吸收衰减,而且接近目标层观测,距之越近,观之越细,因此它可以记录到高分辨率、高信噪比、高清晰度的地震资料。③ 多分量地震技术。不管是地面还是井中观测,使用多分量检波器接收,可得到更丰富的地震信息。

据美国西方地球物理公司报导,开展时移勘探,从野外施工设计、计算机模拟、重复数据采集到分析处理以及输出结果用于油藏模拟等全套技术都是最先进的。对于经济有效的目标勘探采集，西方地球物理公司推出工业化用途的、具有四分量测量能力的洋底电缆(Ocean-Bottom-Cable，OBC)的勘测船，配有能源、电缆、记录设备，这一多功能装备使4D/4C(四维或四分量)目标勘探更加快速、有效。4D/4C地震技术有助于展示小构造和地层圈闭、预测裂缝走向，还可在开发前或开发过程中了解流体的运移规律等。

另据Schlumberger的Geco-Prakla介绍，该公司具有配套技术，包括方案设计、永久或可回收接收系统的应用和制造以及时移地震数据采集与分析处理、分类解释。

时移或四维地震资料处理的特殊性在于互均化及求差等处理上，简介如下。

1) 互均化技术(Cross-equalization)

时移地震中的基础勘探和监测勘探由于受各自野外采集、室内处理因素的影响，很难做到很好的重复。这时时移勘探所要研究的油气藏变化可能就会淹没在时移地震资料的误差中。如何使两种资料达到基本一致是时移地震资料处理的重要内容，也是时移地震资料解释的基础。互均化技术是获取资料一致性的有效处理手段。

互均化是一个集成用词，指地震监测中所需的匹配滤波、振幅均衡及静校正等。本质上说，它是通过一个子波算子或算子序列使不同时间观测的地震反射数据匹配。它可以消除除油藏流体状态发生变化以外的其他因素对反射数据的影响。理论上讲，经过互均化处理后的两次探测资料，除储层性质变化的地方外，其他均为零。所有静态或非储层因素均可减少或抵消，只剩下反映油藏的动态因素(如孔隙流体置换等)。

互均化技术要求输入的数据为CMP道集数据、AVO属性数据或偏移数据。

互均化技术要求三维资料处理应尽可能采用相同的处理流程。标定、反褶积、去噪等应使用相同的参数；倾角时差(DMO)处理中应使用同样的算子；偏移处理时使用同样的偏移速度等。若条件允许，对原始的基础勘探资料，最好采用与监测勘探完全相同的处理流程进行重新处理。

互均化技术包含四大校正因素，即时间校正、均方根(RMS)能量校正、带宽归一化和相位匹配。可用如下数学模型来描述它们之间的关系：

$$t_{XEQ} = t * f(s_{corr}, rms_{corr}, m_{corr}, p_{corr})$$

式中，t_{XEQ}为互均化处理的输出；t表示输入的地震道；$*$表示褶积，f代表脉冲响应，影响因素有s_{corr}，rms_{corr}，m_{corr}，p_{corr}，分别代表时间校正、RMS能量校正、带宽归一化和相位匹配项。

互均化处理的例子如图2-3-10和图2-3-11所示。图2-3-10所示为北海油田的时移地震资料，图2-3-10a为基础勘探资料，图2-3-10b为监测勘探资料。静态强反射层的范围在2 150～2 500 ms，输出滤波门相同(3，8，35，55 Hz)。图2-3-11所示为经过互均化处理后的差值剖面。其中，图2-3-11a为图2-3-10a减图2-3-10b；图2-3-11b为图2-3-10a减去仅作振幅谱互均化处理的监测勘探；图2-3-11 c为图2-3-10a减去仅作相位谱互均化处理的监测勘探；图2-3-11d为图2-3-10a减去作所有互均化处理后的监测勘探。可以看出，从图2-3-11a到图2-3-11d，差值越来越小，基础勘探和监测勘探的重复性越来越好。

2) 时移地震资料的求差技术

三维资料处理的最终目的是得到偏移数据体，而时移地震资料处理的最终成果是得到差值数据体。时移地震资料求差处理的流程如图2-3-12所示。在求差过程的具体实现时，从横向上来看，它既可以从基础勘探和作了互均化处理后的监测勘探直接相减得到，也可以是两种勘探资料继续作特殊处理后再计算差值，如图2-3-13所示；从纵向上来看，差值勘探结果还可以继续处理(如计算属性、反演等)，如图2-3-12和图2-3-13b所示。

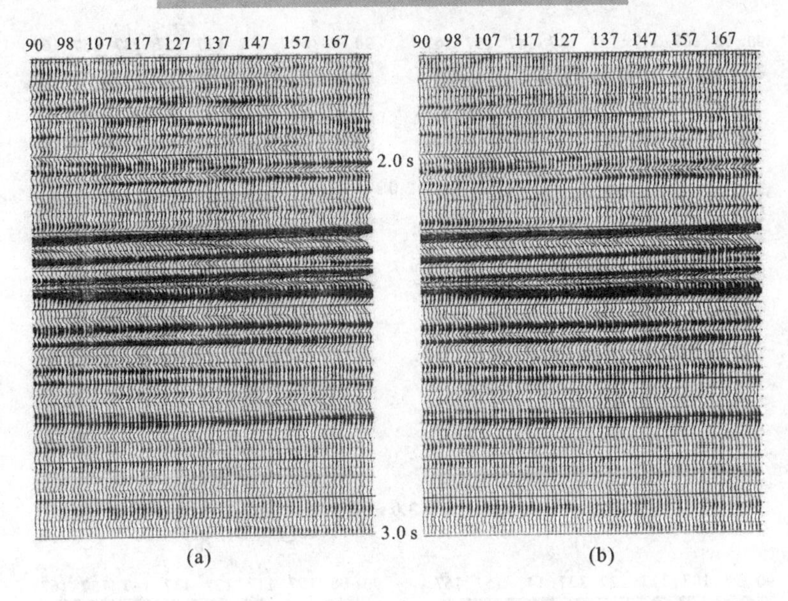

图 2-3-10　北海油田的时移地震资料[31]

(a) 基础勘探资料；(b) 监测勘探资料

时移地震资料解释的步骤包括：利用基础勘探资料和监测数据体及经特殊处理后的数据体作层位标定、追踪；差值数据体的地质解释；地震属性分析及解释；研究地震属性及储层参数的相关关系，实现储层参数转换；解释成果的可视化显示；利用上述解释成果建立油藏模型。

下面以北海中部的 Fulmar 油田为例，说明时移地震资料在监测油藏内流体移动和压力变化方面的潜能。选择 Fulmar 油田作为时移地震分析实例有以下主要原因：该油田有两块三维地震数据体，一块是在油田开发前采集的，另一块是在油田开发了 10 年后采集的；储层是含有轻质油的厚砂岩（约 304 m），明显的波阻抗差在地震剖面上有良好的反射；原始的油-水接触面在 1977 年和 1992 年的资料上都是明显的，但后者的振幅在减弱；原始的油-水接触面和开发中的气-油与油-水接触面在两块数据体上有比较明显的差别；该油田正处在高含水（90%），而且油田渐趋枯竭，研究的重点集中在注采期间确定剩余油的区域；具备了全波场动态油藏模型，可作油-水接触面与后来的气-油接触面进行移动比较。

研究中采用了两种时移分析方法：一是根据直接烃类指标以及地震信息的变化识别、检测和成图方法；二是提取反演波阻抗数据体的差异以及实际地震数据体的差异，还生成了合成地震数据体及其差异。合成数据体是建立在全波场、历史匹配的流体模型基础上的，目标是改进地震解释或油藏模型。

开发前的 1977 年，地震勘探采用 48 道模拟电缆，道间距为 25 m，测线间距是 75 m，震源是 32 880 cm^3 的空气枪组合。采集的数据在 1987 年使用改进的偏移流程进行了重处理，面元插成 25 m×25 m。第 2 次采集是在 1992 年进行的，使用 57 046.8 cm^3 空气枪组合，3 条 3 000 m 拖缆，30 次覆盖，12.5 m×12.5 m 的面元。图 2-3-14 所示为两次勘探资料的比较，具有明显的直接烃类标志，表现为振幅增强，储层的流体分界面上出现平点反射。起初油-水接触面（OWC）在 3 064 ms 处，但在 1992 年的资料上可以看到油-水接触面上移了 152 m。

图 2-3-15 所示为两次勘探资料的等时切片比较，油-水接触面（图中箭头所示）随着时间推移变暗，范围缩小，箭头所指为油藏内流体分界面的平点反射。

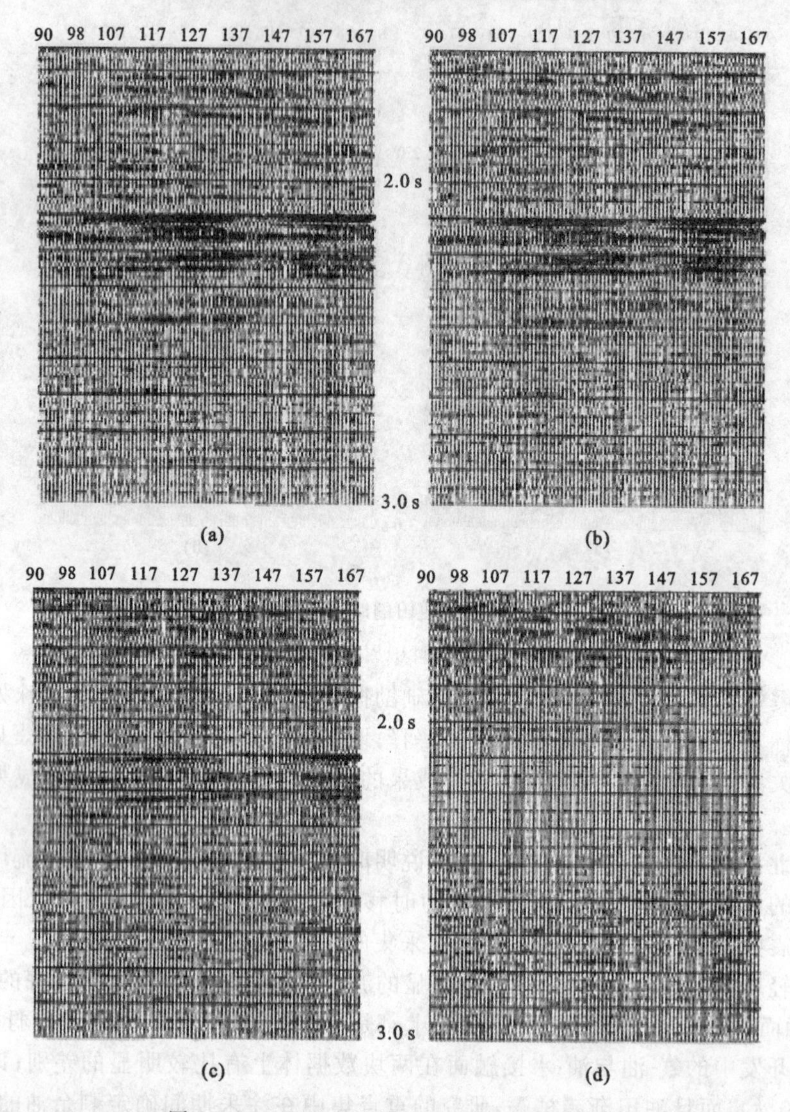

图 2-3-11 经过互均化处理后的差值剖面[31]

图 2-3-16 所示为沿目标层计算的平均波阻抗差值分布图。由图可见，1977 年和 1992 年两次勘探资料的波阻抗差异主要出现在该区的西部和南部，而在构造高部位波阻抗没有变化甚至在减小。这些地震变化的合理解释要借助于动态油藏特征(如流体饱和度和压力变化)，同时还要知道油藏的岩石物性和油田生产历史，并与油藏流动模型相结合。

下面再以印度尼西亚 Duri 油田的时移地震为例，说明油藏动态监测的应用效果。Duri 油田试验区如图 2-3-17 所示，6 口开发井组成六角形，注汽井位于中间，在 AA'线上有 2 口观察井，直接观测温度的变化。在该试验区(355 m×350 m)经地震模型和综合性野外试验后，建立了能获取最佳信噪比、最高分辨率和最稳定可重复性采集参数，如表 2-3-1 所示。采集资料使用的观测方式如图 2-3-18 所示，研究区的地质目标以及测井曲线如图 2-3-19 所示。

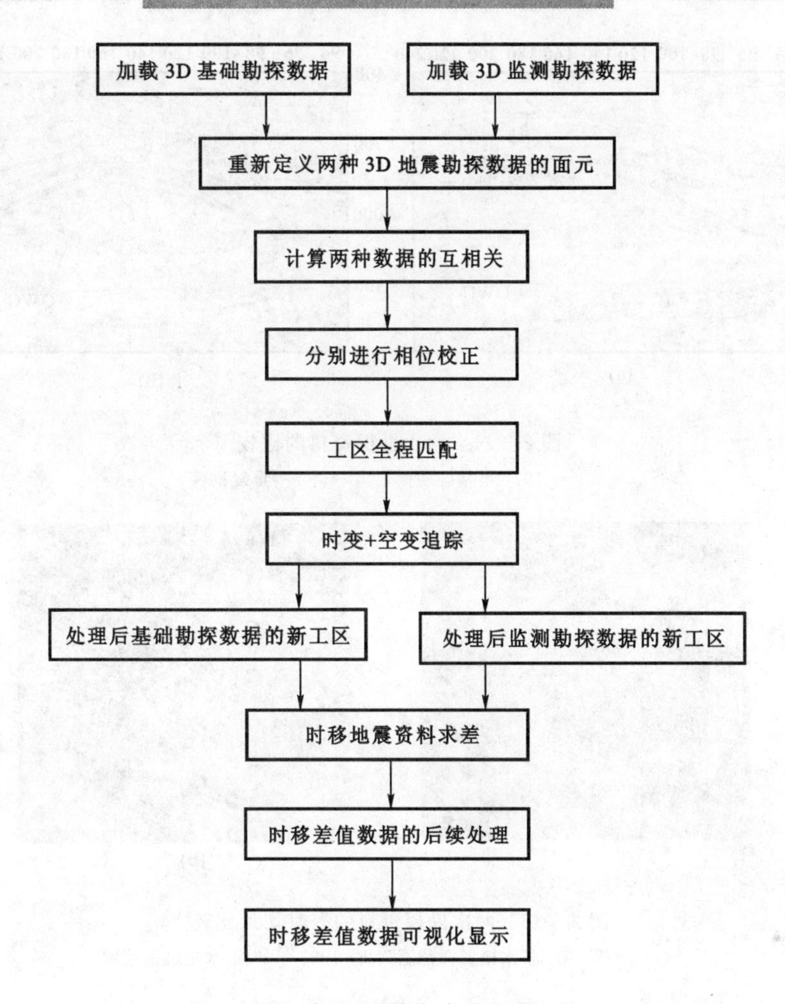

图 2-3-12　时移地震资料求差处理流程

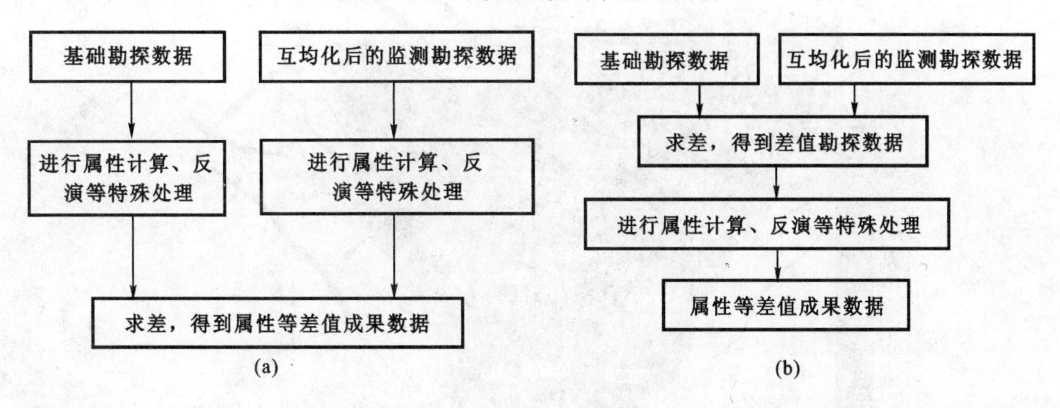

图 2-3-13　差值勘探的两种求差方法

(a) 处理后求差；(b) 求差后处理

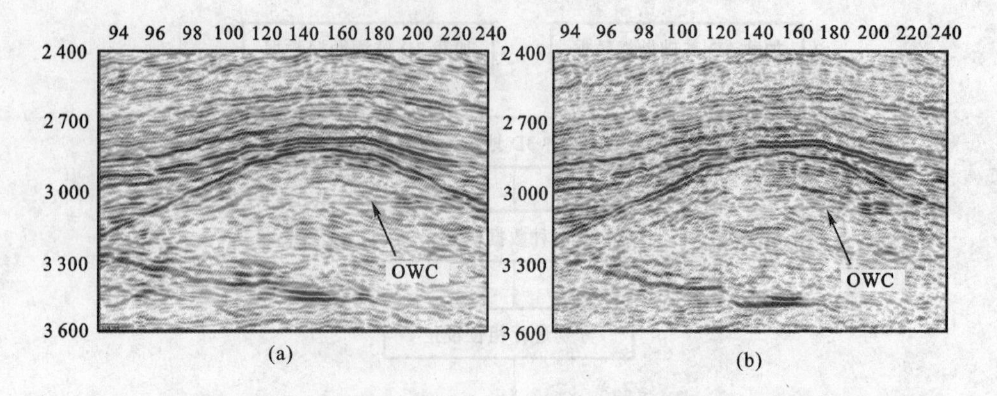

图 2-3-14　两次勘探资料的比较[32]

(a) 1977 年基础勘探；(b) 1992 年重复勘探

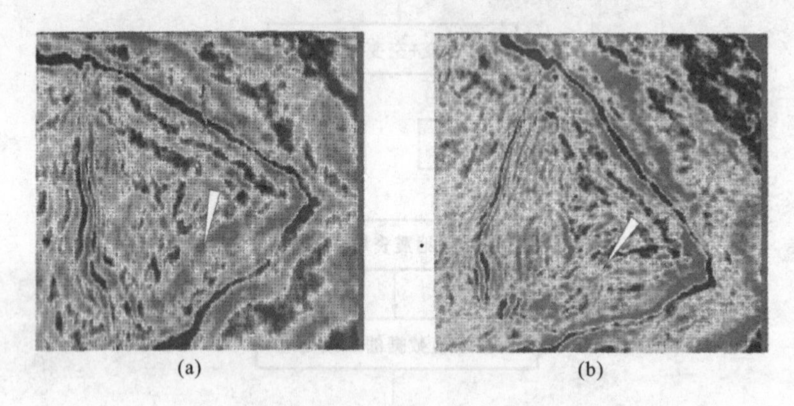

图 2-3-15　两次勘探资料的等时切片比较[32]

(a) 1977 年的油-水接触面范围；(b) 1992 年的油-水接触面范围

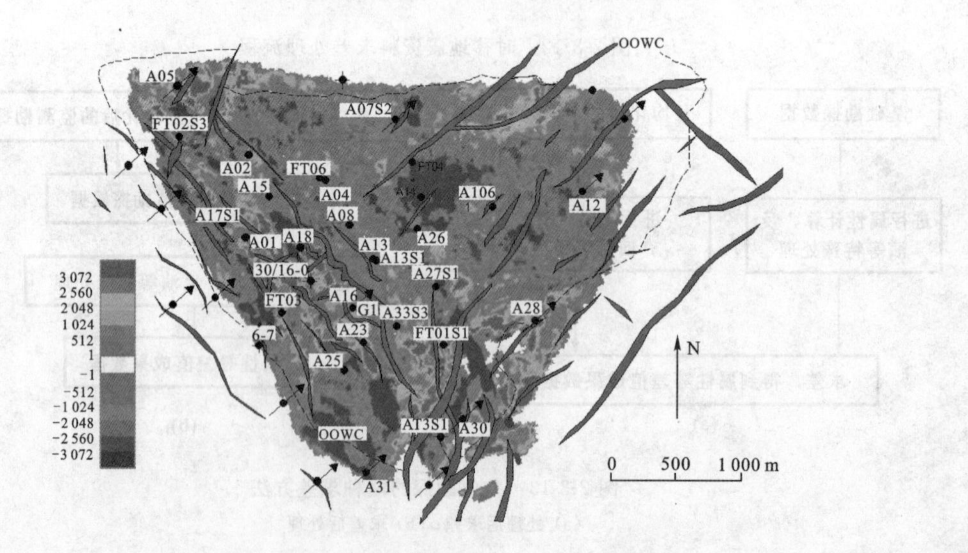

图 2-3-16　沿目标层计算的平均波阻抗差值分布[32]

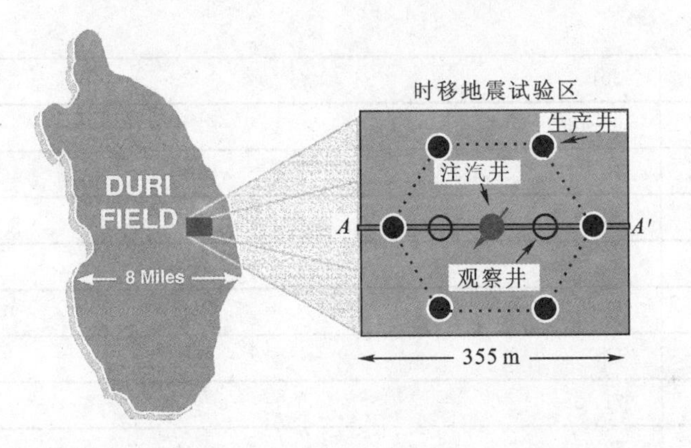

图 2-3-17　印度尼西亚 Duri 油田时移地震试验区[33,34]

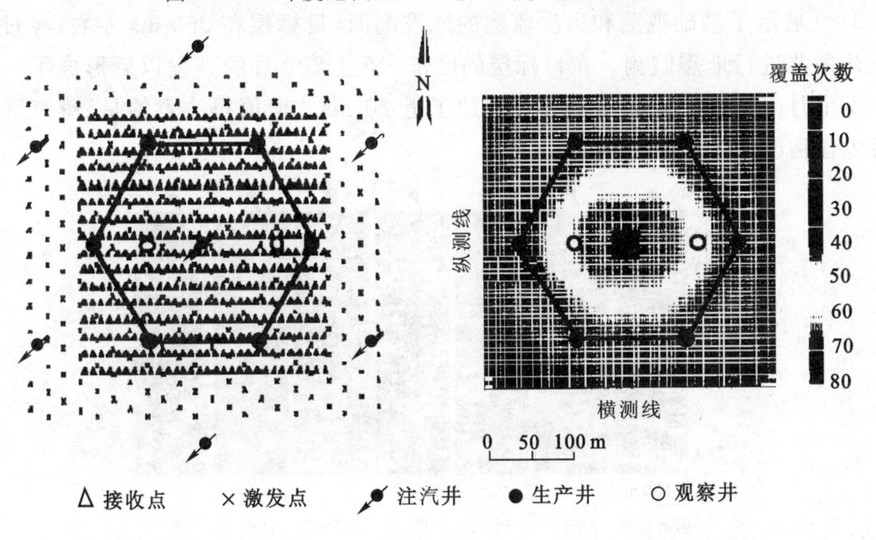

图 2-3-18　Duri 油田时移地震监测的观测方式[33,34]

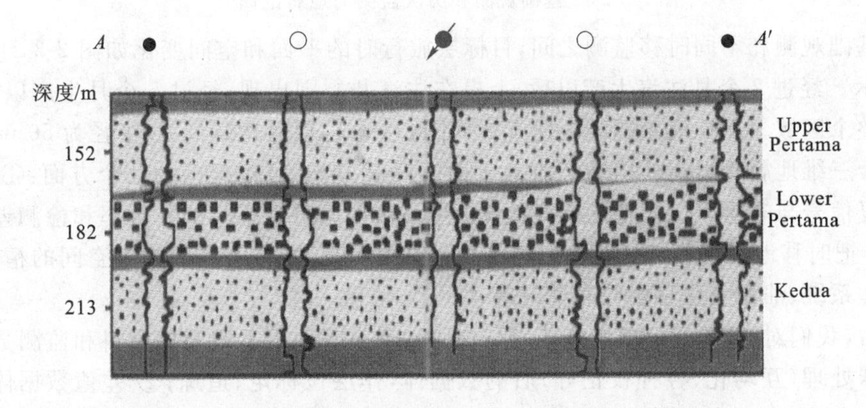

图 2-3-19　试验区的注汽井、观测井和生产井的测井曲线横剖面图[33,34]

表 2-3-1　Duri 油田试验区野外采集参数

炸药量	50 g，套管井为 12 m 深激发，其他 13.7 m
检波器类型	水听器，埋深 3 m
道　数	480 道，无排列滚动

续表 2-3-1

炮点数	301
记录偏移距/m	0～480
道间距/m	10
线　距/m	20
CMP 面元大小/m	5
CMP 覆盖次数	可变，最大为 80 次
采样率/ms	1
纵测线（东西方向）/条	71
联络测线/条	72

图 2-3-20 展示了基础观测和历次监测的地震剖面，目标层在 250 ms 左右，经过不同时延的注汽开采并进行地震监测。在目标层的底部，经过 2 个月的开发以后形成了一个向斜形状，在 31 个月内目标层顶部反射时差增加了近 20 ms。但值得注意的是，蒸汽区上部的数据没发生任何改变。

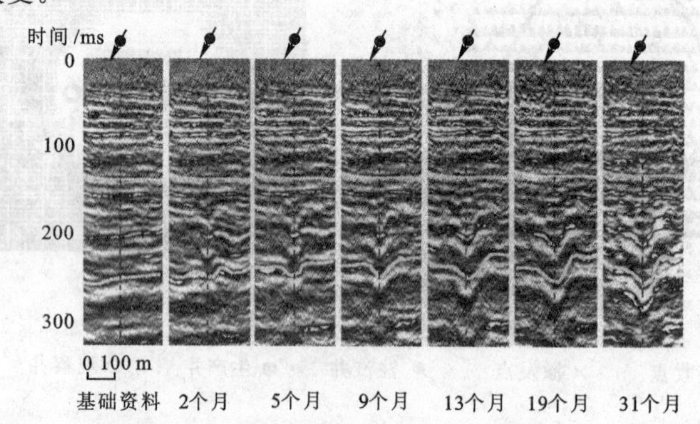

图 2-3-20　基础观测和历次监测的地震剖面[33,34]

在基础观测和不同时移监测之间，目标层旅行时的平面和空间变化如图 2-3-21 和图 2-3-22 所示。经过 2 个月注汽生产以后，上提在注汽井周围出现；经过 5 个月生产以后，上提延伸至整个区域。下拉现象围绕在注汽井周围，31 个月以后达到最大，半径为 50 m。

关于三维地震资料在油田动态监测方面的发展方向，可以概括为几个方面：① 进一步提高重复信号与非重复性噪音的信噪比；② 进一步提高野外采集的分辨率和检测差异性的能力；③ 把时移地震资料与井控制资料结合起来进行反演，并解释出油气空间的精确位置，得到流体系统、油源及运移的分布情况等。

最后，我们对 TLS 资料的解释步骤作如下总结：① 利用基础勘探资料和监测数据体以及经特殊处理（互均化、各种校正等）后的数据体，作层位标定、追踪；② 差值数据体的地质解释；③ 地震属性分析及解释；④ 研究地震属性及储层参数的相互关系，进行储层参数转换；⑤ 解释成果的可视化显示；⑥ 利用上述解释成果建立油藏模型。

2. *油藏管理*

油藏管理的定义是，通过优化油气开采，使油藏的经济价值达到最大，同时基本投资和作业费用达到最小。首先要注意的是，这个定义既不是地球物理的定义，也不是地质的定义，甚至也不是工程定义。油藏管理过程的模型是：发现→评价→开发-生产→报废。这是

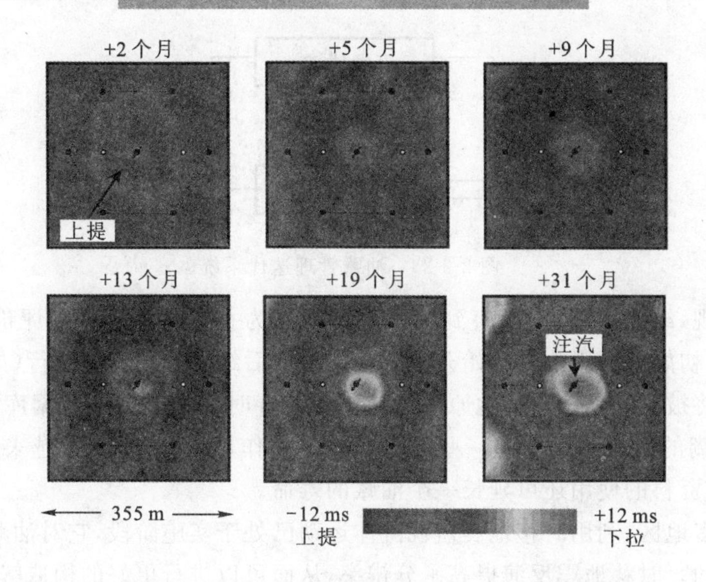

图 2-3-21　基础观测和不同时延监测间目标层旅行时的平面变化[33,34]

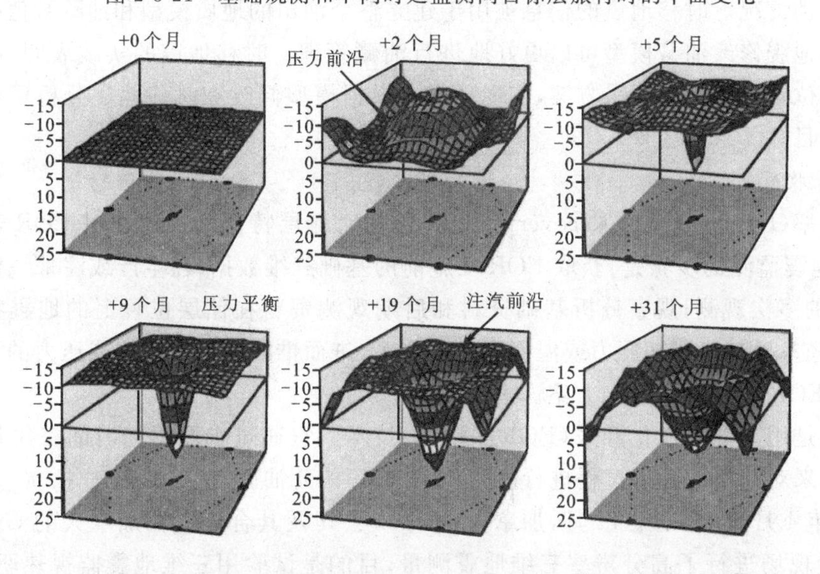

图 2-3-22　基础观测和不同时延监测间目标层旅行时的空间变化[33,34]

一个线性系统。此种模型的流程是：发现油藏，对发现油藏的评价，执行开发方案，油藏产油，最后当油藏不再有经济价值时就报废。在这个模型中，时移地震测量是在评价阶段进行的，用来帮助设计开发方案。开发方案作好后，就可以开始开发和生产了。我们认为这种线性模型不是油藏管理中真正要用的模型，除非油田处在特别简单的情况(油田发现后钻一两口探井就可全面开发)。现在，世界上真正使用的流程如图 2-3-23 所示，它是一个迭代系统。这种模型也是从发现开始，然后进入一个循环过程。在此过程中反复对多种资料进行评价，把评价结果作为开发和生产决策的依据(例如，确定生产井和注水井，确定和设计钻井平台，确定流量，管理压力，要做的工作量，计划注水和第三次开采策略等)。

在执行过程中，开发和生产活动反过来又产生新信息(如测井、岩心、钻杆测试、压力测试等)，用它们去修改、完善图件和构造，然后修改油藏地层模型等。油藏管理中的多数时间实际上都花费在循环中。偶尔，当遇到一个较深的油藏或测试范围很大时，会停止评价，获

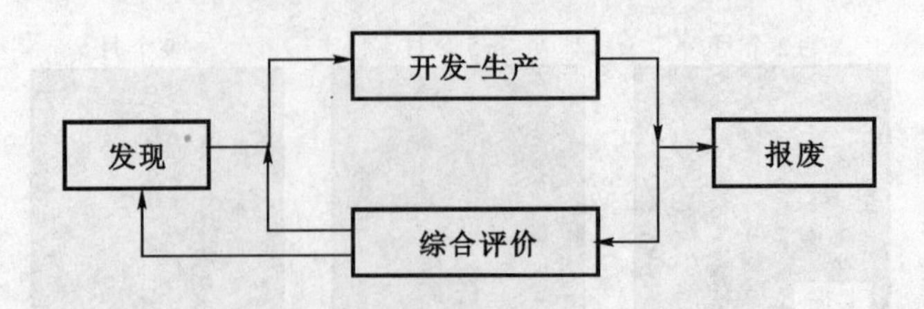

图 2-3-23 油藏管理迭代系统

得一个新的发现，继而重新循环，直到油田最后报废为止。时移地震是评价油田的工具之一，测量结果的初始解释影响到原始开发方案。随着后续工作的不断进行(如钻开发井后)，新增加的信息将被用来修改和优化原来的解释。随着时间的推移和数据库的建立，常常可使一开始较模糊的某次测量中的一些要素开始发挥作用，解释也变得越来越详细和正确。另外，时移地震资料的使用还可延长一个油藏的寿命。

目前在许多地区，利用时移地震监视流体运动已处于实施阶段，它对油藏管理的潜在的影响是非常大的。时移地震反演提高了分辨率，从而可以进行更好的构造解释，追踪开采引起的水前缘移动情况。时移地震的信息被用于建立整个油田的地质模型和油藏数值模拟。

通过时移地震修改油藏模型可以更好地进行油藏管理。时移地震的实践表明，准确识别注采前缘的位置可以优化注采方案，实现稳产。根据模型修改和时移地震分析可以确定加密井的钻探目标。

3. 提高采收率

提高采收率(Enhanced Oil Recovery，EOR)包括对储层特征的描述和对 EOR 过程的监测。EOR 地震监测的步骤是：获取 EOR 实施前的基础三维数据；在生产或注采一定时间后再作 EOR 的多次观测；观察分析基础资料和后期观测资料在储层位置上的地震特性差异，并阐明这些差异与流体随压力或温度变化的关系，进而推断储层内流体或压力的流动范围，及时调整 EOR 的设计和实施方案。

时移地震是用于油藏强化开采(EOR)的一项技术。它通过求取不同时间三维地震测量之间的差异来对油田的开采过程进行监测，划分油田的死油区，指导加密钻井。

从 1985 年 4 月至 1987 年 11 月，加拿大 Amoco 公司及其合作者在加拿大的 Gregoire 湖蒸汽驱试验现场进行了高分辨率三维地震测量，目的是试验用三维地震监视热驱过程。高分辨率小三维地震测量的面积为 169 m×228 m，观测面元为 4 m×4 m，炸药量 18 kg，井深 13 m。检波器埋入地面以下 13 m，用水泥固结，采样率 1 ms。

试验区的第一口井钻遇了一个含水砂岩层，厚约 4 m，位于不整合面之上，如图 2-3-24 所示。三维地震基础数据揭示该含水砂岩层并非覆盖在整个试验区的不整合面上，而仅仅分布在穿过试验区的一条古河道上(图 2-3-25)。据此对蒸汽驱采油计划作了重大修改，从而避免了 EOR 的失败。

对蒸汽注入期间的三次地震测量，每次都作了精细处理，包括 Q 补偿、地表一致性反褶积、宽带频率滤波、二步法叠后三维偏移等，分别获得了各次测量的三维速度数据体。图 2-3-26 是监测前后地震剖面的对比，正如预测的那样，受热后反射振幅明显增强，泥盆系顶面反射出现"时间下拉"现象。

以墨西哥湾近尤金群岛 330 油田为一个研究史例(图 2-3-27)。1985 年，1992 年和 1994 年在断块 *A*(FBA)的 LF 砂岩范围内进行了三次不同的三维资料采集。FBA 为一个大约

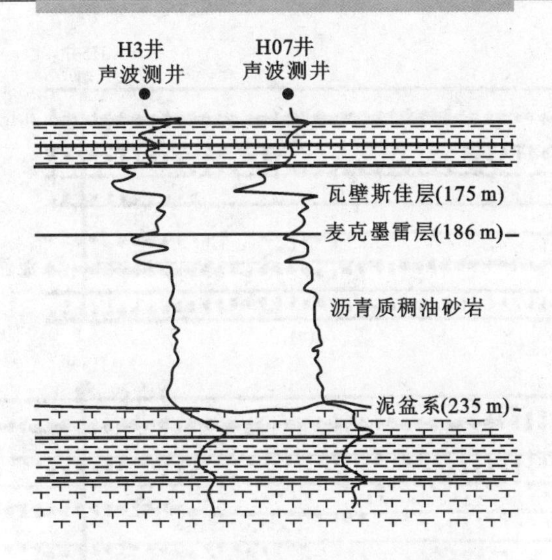

图 2-3-24　稠油热采试验区的地质剖面[35]

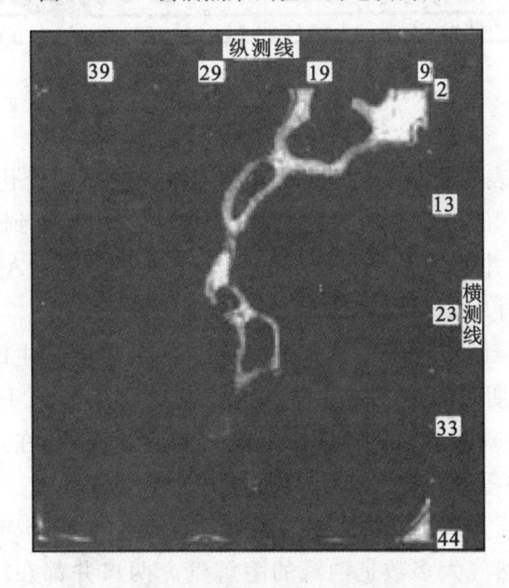

图 2-3-25　穿过试验区的一条古河道[35]

36 m 厚的更新统砂岩体，该砂岩体逐渐向西倾斜而远离与典型的岸区发育断层相邻接的滚动背斜。

油气排泄始于 1972 年，到第一次三维地震勘探时，大约有一半的断块已被排空，剩余油气在 1985 年的勘探中以明显的相干“亮点”显露出来。1985 年所作的振幅异常图上表明，存在一些不规则的地震振幅衰减区，这由油水界面区有些不规则的向上倾斜偏移所致。1992 年对 FBA 重新勘测并于 1994 年再一次进行了勘测。在这个时间间隔内，油藏的体积缩小了，但油水界面没有再次沿构造向上平缓地移动。

在将求差方法应用到数据体以便识别出变化区域之前，每次测量的地震波形必须首先归一化，以便使全部三次测量尽可能地密切匹配。把井中射孔附近的地震变化同生产史进行对比，以确保这种地震变化能用观测到的流体变化来标定。然后，就能够分析远离井控制处所记录的地震变化。在尤金群岛 330 油田史例研究中，水侵图是依据地震暗点绘制的，含气地层引起“亮点”随时间变化不定，而剩余油区一直保持强振幅。

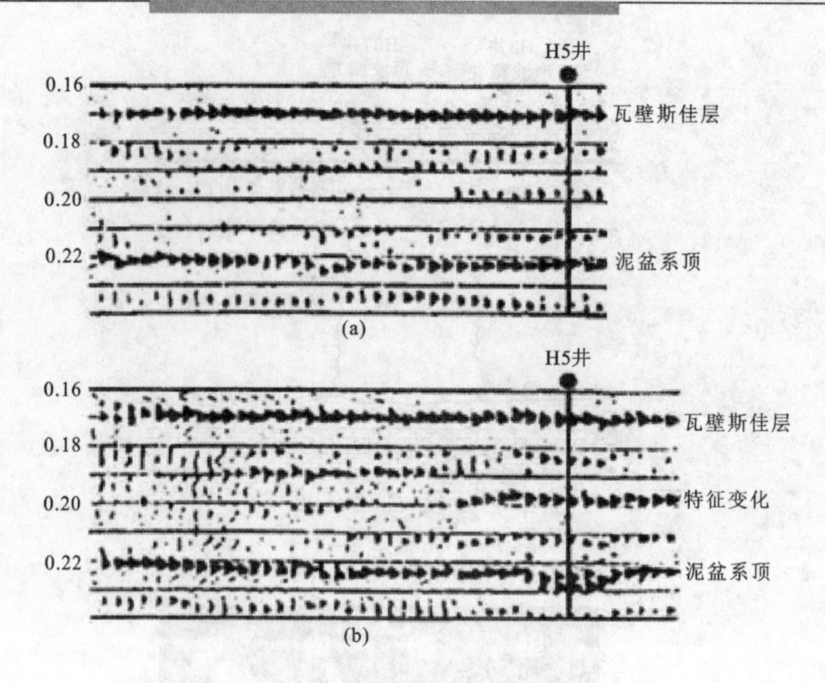

图 2-3-26　监测前后地震剖面的对比[35]

1992 年的勘探结果表明了自 1985 年以来地震振幅的显著变化。图上显示沿下倾远端北部断层边界振幅增强，而在南部地界附近振幅减弱。1985 年到 1992 年，原油主要产自 331 块的 A-11 井和 A-6 井，330 块的 B-7 井以及 338 块的 A-12、A-13 和 A-15 井。在 1985 年到 1994 年间，从这些井中生产出大约 160 万桶油。

第二次时间推移地震图像反映了从 1992 年到 1994 年所发生的变化，这大大加深了根据 FBA 中 LF 砂岩排泄期间的声波测井曲线上变化的理解。从 1985 年到 1992 年振幅增强的下倾地带在 1994 年减弱了。下倾地带生产井的验证说明：在这期间，最远的下倾地带的 A-11 井产气规模比中等倾角的 A-6 井增加了一个数量级。

很可能由于下倾区压力的下降而使 A-11 井周围地区在 1985 年到 1992 年间变得更亮，在这一位置上产出的天然气大多数是油藏的溶解气。两口井都在竭力地产出油气，因而下倾方向的气被采出，而不能向上倾区形成次级气顶。截止到 1992 年勘探时，两口井都已衰竭并关井。在 1992 年，该地区的地震振幅确实被减弱。

1992 年和 1994 年的三维地震勘探期间，FBA 仅有 3 口井在产油，它们是 1992 年在 330 块新钻的两口井 B-5ST 和 B-6ST 以及在 338 块上的 A-12 井。在这一段时间内，从这 3 口井中生产出大约 100 万桶油。期间，在下倾方向形成另一个亮点段，这一次由南部断块边界指向没有生产井的西南部。到 1994 年勘探时，这个亮点也消失了。

协调了自 1985 年至 1994 年的地震和生产变化之后，作出了 FBA 总体油气运移模式图(图 2-3-28)。图中极高振幅区仍沿着 1994 年的上倾油藏边缘，表明沿着 330/338 块的地界仍存在剩余油层。

从以上的例子可知，EOR 过程中储层物性会发生一系列变化，这些变化又引起地震响应的变化。有些变化很明显，足以用现代地震勘探方法探测到，这是时移地震用于 EOR 的理论和实践基础。总之，如果在原有三维地震测量保持一致性的技术上取得突破，就可以大幅度降低开采成本。

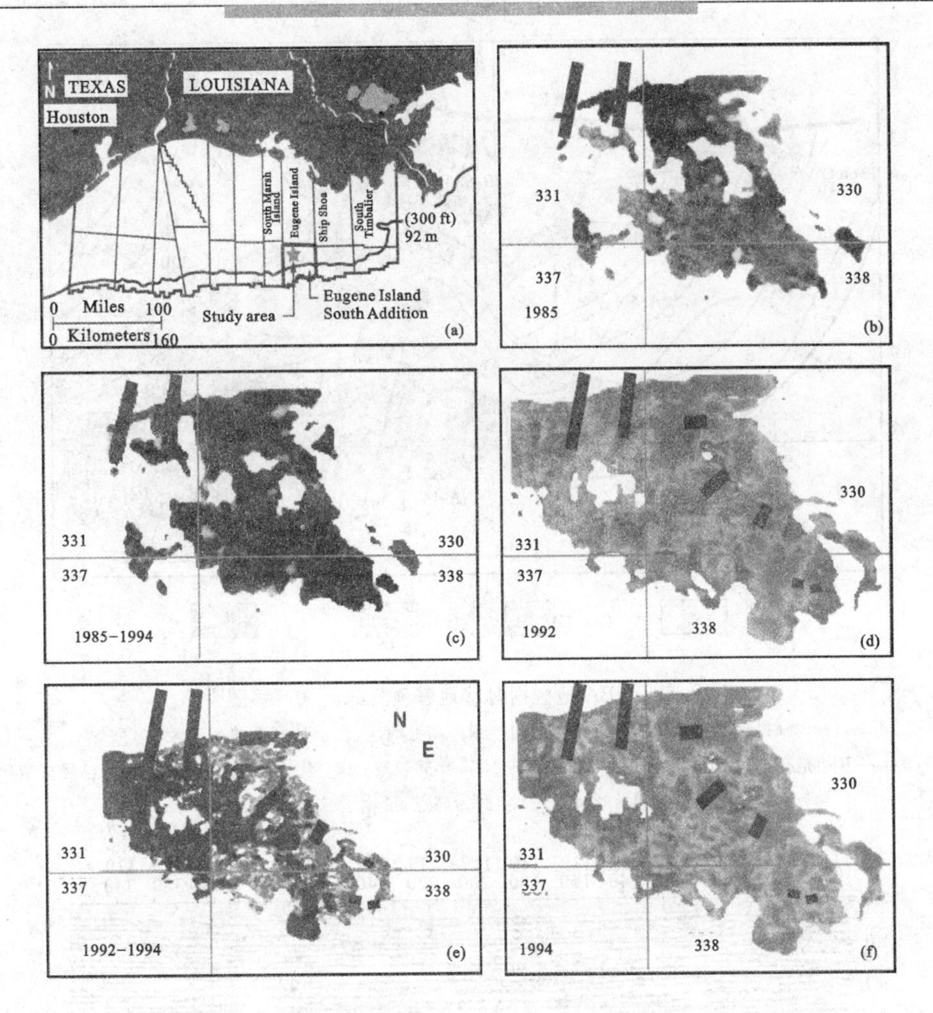

图 2-3-27　墨西哥湾近尤金群岛 330 油田的研究史例[36]

(a) 尤金群岛 330 油田位置图；1985 年(b)、1992 年(d)、1994 年(f)在断块 A(FBA)的 LF 砂岩进行的三维测量；(c) 1985 年至 1994 年间振幅的变化；(e) 1992 年至 1994 年间的振幅变化

4. 水平井钻井轨迹设计

应用三维地震资料沿地层倾向设计水平井的轨迹，其关键是用人工合成记录进行层位标定、深度标定和油层标定。沿地层倾向设计水平井的目的是将水平段的轨迹放在不整合面之下各套油层的高部位，这样才能保证沿地层倾向穿越多套油层。下面介绍一个胜利油田的应用实例。

工作步骤：用人工合成记录标定不整合面及油层组顶面的地震反射波，作解释并绘制相应的等时图；作精细的地层速度研究，绘制平均速度等值线图，据 $H=0.5v_{av}t_0$ 计算水平井段各点的垂直深度；编制高精度的主要目的层及主要油层组顶面构造图；综上资料计算水平井的轨迹。

图 2-3-29 所示为胜利油田呈子口凸起东北坡 LHK 地区，过呈科 1 井的 119 测线的偏移剖面；图 2-3-30 是根据 LHK 地区三维地震剖面解释所得的，过垂直井 C110～C112 的油藏剖面图；图 2-3-31 所示为呈科 1 井水平段轨迹设计图，提供了钻井时钻头钻进的方位和深度。

有时还需要设计巷道水平井。对于呈条带分布的不整合油藏，在油层内设计巷道井进

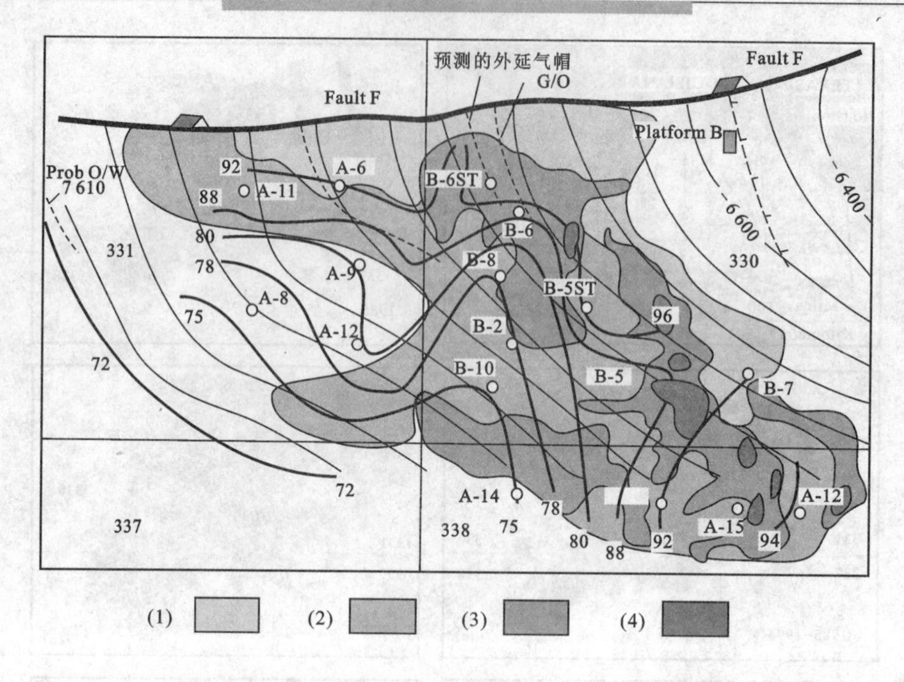

图 2-3-28 FBA 地区据时移地震预测的油气运移图[36]

(1) 在 1985—1994 年研究期间持续为高振幅区，表示是剩余的死油区；

(2) 表示一开始是亮点，在 1985—1992 年和 1992—1995 年间较暗；(3) 代表在 1985—1994 年间已经排泄出；

(4) 代表从 1985—1994 年间为亮点，指示了二次气帽信息

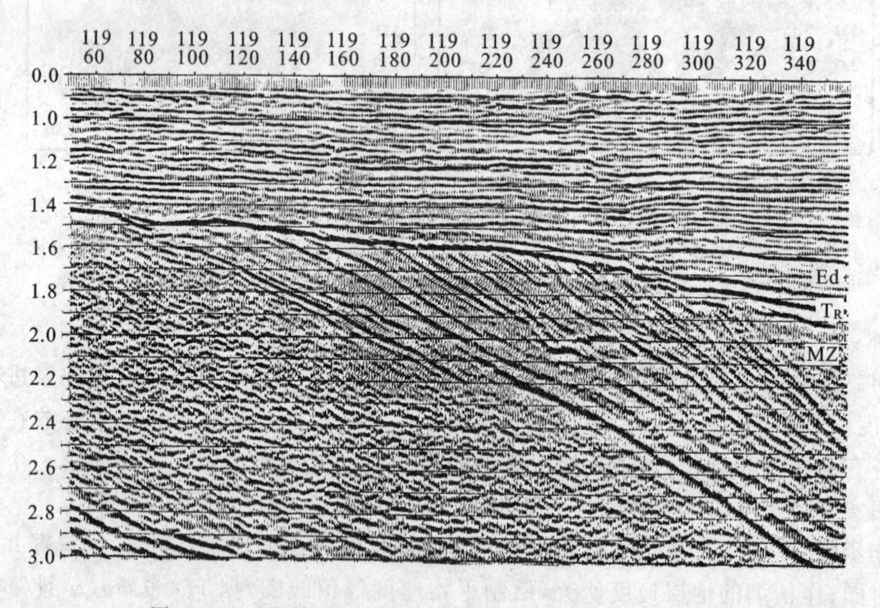

图 2-3-29 胜利油田过呈科 1 井的 119 测线的偏移剖面[37]

行开发，钻遇油层段长度最长，单井产量最高。在油层内设计水平井的技术关键是水平井层位及油层的标定、油层的走向计算、水平段的时深转换精度。水平井层位和油层的标定过程中，在地震剖面上只能标定砂层的反射波。可以利用两种方式进行标定：一是用水平井人工合成记录标定层位；二是制作反射波地震模型标定层位。

以三维地震资料为基础，用人机联作解释系统绘制高精度图件，设计水平井的轨迹，这

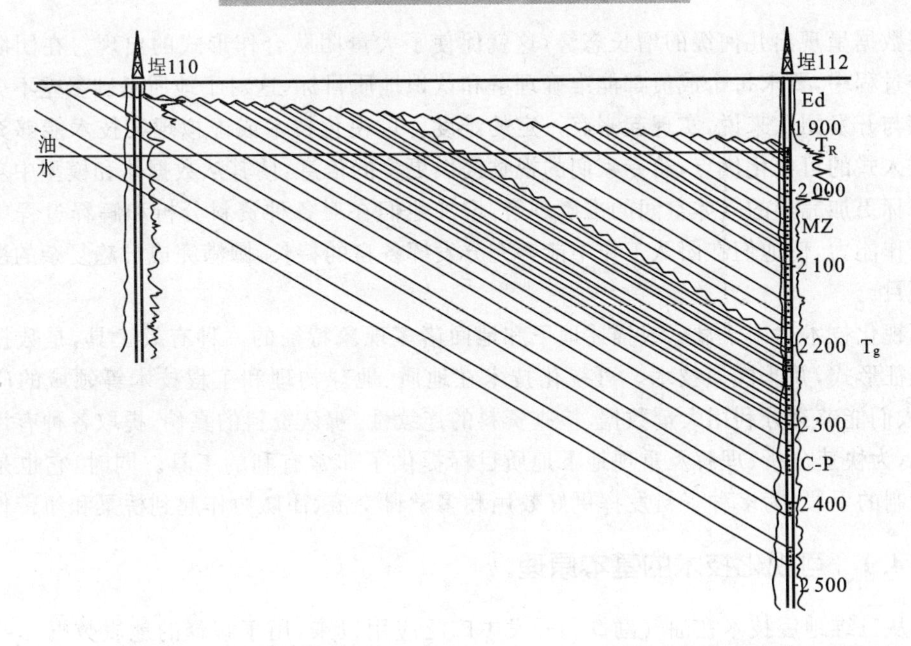

图 2-3-30　根据解释所得的过垂直井 C110～C112 的油藏剖面图[37]

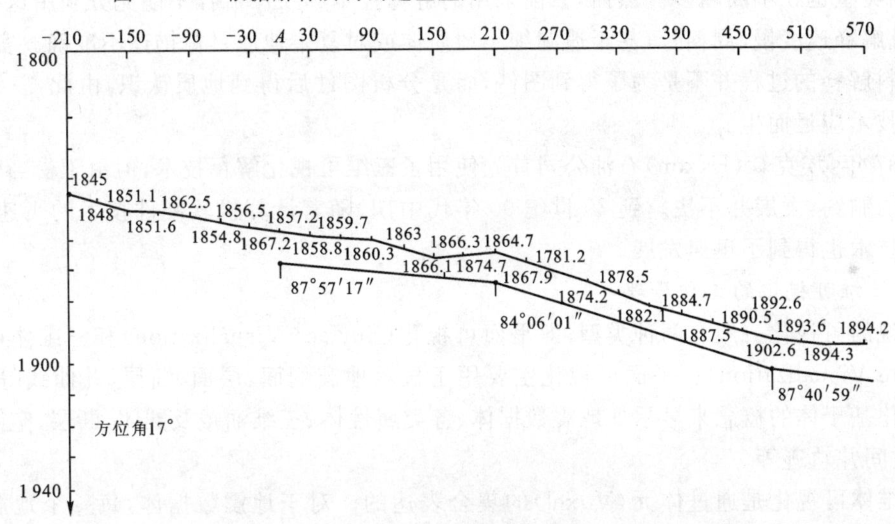

图 2-3-31　呈科 1 井水平段轨迹设计图[37]

是一种先进、实用、经济、可靠的方法。

关于三维地震资料在油田勘探和开发阶段的应用，国内外有大量成功的例子，在此只是略举了几例，以说明三维地震资料解决复杂地质问题的有效性。随着三维可视化技术和虚拟现实技术的问世，三维地震资料在油田勘探和开发阶段的应用成果必将更加“丰富多彩、辉煌灿烂”。

2.4　地震资料解释中的可视化技术

随着油气勘探与开发难度的增大，人们对地下地质目标了解的要求越来越高，再加上三维地震数据呈现出几何级的增长态势，这就促使了大量团队合作形式的出现。在团队的广泛合作过程中，要求每个成员都能准确理解和认识地质目标，这对于地质基础参差不齐的各种勘探与开发团队来说，实现起来有一定的难度。可视化技术或虚拟现实技术能够充分利用其浸入式的可视化优点，给专家们的视觉提供更多的信息，使其从数据体和模型中获取对地质目标更加完善的立体空间的准确理解，增加他们在对各种资料分析和解释过程中的严谨与合作能力，使他们在团队工作中能够充分发挥各自的特长，圆满完成日趋复杂的勘探与开发项目。

可视化技术是用于显示或描述地下和地面诸多现象特征的一种有效工具，是数据体的一种表征形式，并非模拟技术。可视化技术在地质、地球物理和工程技术等领域的广泛应用，使人们能够充分利用大量数据，检查资料的连续性，辨认资料的真伪，提取各种有用的异常信息，为快速分析、理解及重现地下地质目标提供了非常有利的工具。同时，它也是一种质量控制的手段，为多种资料发挥更好效用和多学科交流、团队协作起到桥梁和纽带作用。

2.4.1 可视化技术的基本原理

自从三维地震技术在油气勘探和开发中广泛应用以来，用于解释的地震数据体明显增大，数据类型也在不断增多。然而，目前采用的解释技术和工作流程不能充分利用这些数据体，而且解释速度慢、周期长，甚至遗漏细小地质体或对复杂地质目标描述不准确。实际上，地震资料解释的过程并不是为了得到图件，而是分析图件后得到地质认识，由此，三维可视化解释技术应运而生。

1987 年，埃克森(Exxon)石油公司首先使用了三维可视化解释技术，但由于受当时计算机技术的制约，发展并不快。到 20 世纪 90 年代中期，随着计算机软硬件技术的飞速发展，可视化技术也得到了迅速发展。

1. 三维可视化的工作原理

常说的可视化一般有两种类型，即平面可视化(Surface Visualization)和三维体可视化(Volume Visualization)。平面可视化主要用于显示地震剖面、层面、断层、井曲线等；三维体可视化基于体的概念来显示如地震数据体、各类属性体、三维油藏及圈闭、断层、空间接触关系、空间井轨迹等。

三维体可视化是通过体元(Voxel)的集合表达的。对于地震数据体，每一个地震采样点经过转化后就成为一个体元，如图 2-4-1 所示。图 2-4-1a 为地震样点与体元的关系，图 2-4-1b 为分区系统的遮光度编译器及其与地震道的关系。三维体可视化流程如图 2-4-2 所示。

(1) 体元(Voxel)。每一个地震采样点经过转化后就是一个体元，一个地震道相当于一个体元柱(图 2-4-1)。对于一个三维数据体而言，它是由上亿个体元所组成的。每个体元的维数依赖于主测线、联络线的线距及采样率。对于一个具体的体元，它被赋予一个特定的属性值(如振幅、相干性、速度等)和一个 α 值(透明或不透明级别值)。

(2) 相对属性值的配色。8 位数字属性范围为－128～127，共 256 个面元。每个面元被定义为一种颜色，最小的数值－128 代表黑色，对应的面元序号为 0；面元 255 定义为深红色，代表最大数值 127。每个面元代表一个属性范围。

(3) 不透明/透明功能。每个体元都载有能控制体元透明度的 α 值。值 1.0 表示体元是完全黑色的，反之，值 0.0 表示体元是彻底透明的。从 0.0 到 1.0 之间的变化值使我们能

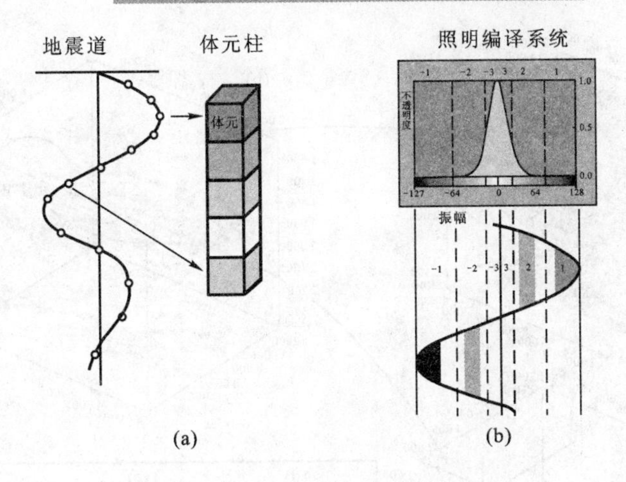

图 2-4-1　地震道与体元道以及分区系统[38]

(a) 地震采样点与体元关系；(b) 遮光度编译器及其与地震道关系

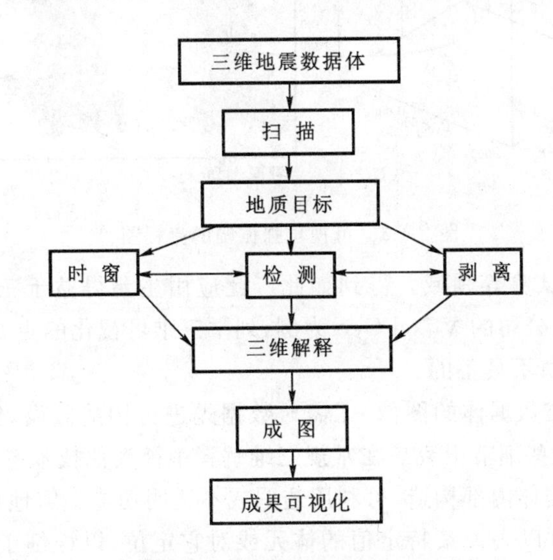

图 2-4-2　三维体可视化流程图

够在一些特定地质体不可见的同时突出一些可见的地质体特征。

(4) 数据体的可视化。数据体的可视化是一种简单的、一般性的处理。数据体可以是地球物理的，也可以是科学和工程数据。数据体的可视化结合了图像处理的概念，用计算机三维图形去表达和分析充满三维空间数据的现象。数据体的可视化功能强大，概念则相对简单。感兴趣的目标或现象被分解成数百万个简单的立方单元块(Cubic Blacks)，称之为体元。这种处理的优点是有规则的数据体样点能被合成产生一个复杂的图像，这个图像能同时显示外部界面和内部结构，即能够同时显示测量属性的低值和高值。可视化的最大优点是解释人员不必用预先假想的模型来对比数据体，而是用原始数据进行直接观察、推测。

在图 2-4-3 中，为了以三维体可视化方式检测强振幅的区域，经历的工作步骤有：① 扫描并识别地质目标；② 应用遮光度分析；③ 分离要确定的目标体；④ 振幅外延与构造凸现；⑤ 内部振幅变化；⑥ 沉积标志。

2. 三维可视化的优点

可视化技术已在很多领域应用，包括石油和天然气的勘探开发、分子生物学、核科学、医

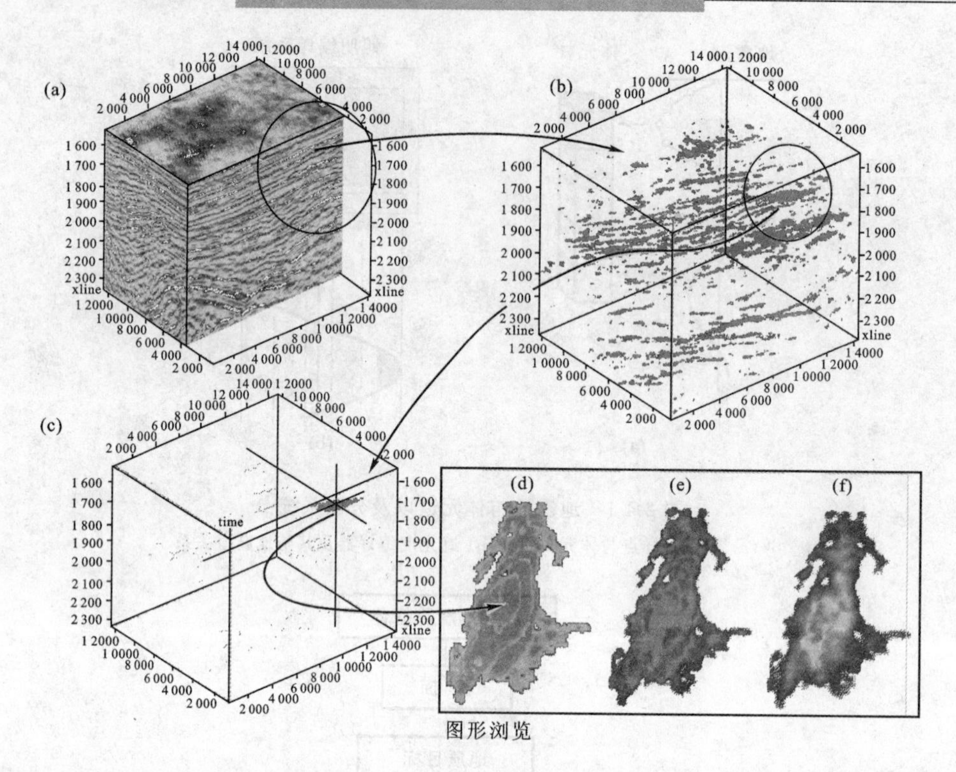

图 2-4-3　可视化强振幅的流程图[38]

学诊断图像以及无损试验等领域。得到如此广泛应用主要得益于三维可视化的诸多优越性。下面以 Paradigm 公司的 Voxel Geo 为例，列举三维可视化的主要优点。这些优点是其他方法处理地震数据所不具备的。

(1) 展现整个三维数据体的图像，无需对数据先进行构造假设，保留了数据体的细节，特别是内部细节，而这些细节很容易在常规三维解释中被其他技术忽略或丢失。

(2) 能够观察数据体内部构造，可利用透明或不透明功能了解地质目标的外部形态，并观察其内部结构，也可以去掉某特定值的体元或对它定位，以详细了解保留体元的地质含义。

(3) 具有快速的可视速度。在普通工作站上，一般的数据处理软件并没有强大的图像处理能力，生成一个图像可能要花费大量的时间，而可视化软件却可以很快地完成这一过程，不必花费很多时间。

(4) 可视化作为一种工具，在地震解释工作站上可以大大提高解释工作的效率和准确性，从而缩短了解释周期，降低了生产成本。具体表现在：① 快速演示。使解释人员能够很快地浏览数据体，并对复杂的地质构造和地层接触关系建立概念模型。② 快速三维分析。地震体元的透明交互控制可以对振幅异常进行定位，实现振幅亮点的三维分析。③ 局部小体积元的细查。可以根据种子点特征，在一定振幅时窗和样点范围内自动追踪振幅，并且在局部体积单元内对比解释层位或用作数字化初始点。④ 标示数字化井位、断层和层位。它们可以单独显示，也可以嵌在数据体中。对地震数据解释（断层、层位及井孔）结果的显示能力，使我们能够检查解释的正确性，检查是否与地质结果一致，也能够确定钻井轨迹。⑤ 解释管理功能。可以加载工作目标的井、断层和层位，对不同特定地质目标用不同颜色和透明度加以区别，对不同目标打光增亮，进行方向和局部强调、突出。⑥ 三维导航功能。对断层、层位等感兴趣目标进行放大、交互放置以利于视觉观察，理解和突出两个解释方案之间的复杂对比关系。⑦ 动画功能。调整可视化参数，选择三维动画控制，进行交互旋转，能获得最好的数据透视效果，突出层位变化，也能检查不同年份或不同地震队采集的三维数据体之间的关系。

2.4.2　数据体可视化方法

在对三维数据体进行可视化解释时，通常使用以下五种方法。

1. 体内层位自动追踪

地震层位的追踪对比仍是常规过程，即利用已知井的地质信息制作合成地震记录，或利用零偏移距 VSPLOG 记录进行层位对比，目的是在数据体内定义用于追踪的种子点。根据种子体元属性值大小和定义的透明值，在数据体内按相关准则进行层位自动追踪。体元追踪是沿着真正的三维路径追踪数据体的，追踪出来的是数据体，而不是解释的层位数据。

体元自动追踪的控制参数有两个：属性值变化范围和体元追踪方式。如果选择 6 元（体元的 6 个面）追踪方式，也就限定了一个体元只对最邻近的（面接触）体元进行追踪；如果选择 26 元追踪方式，则允许体元追踪沿着两个邻近的面到面（6 个）、边到边（12 条）和角到角（8 个）的体元方向追踪。不管使用哪种追踪方式，实现层位对比时，就是利用已有的层位数据或者层位数据进行定量时移作为约束条件，将目的层段的数据从整个数据体中提取出来，然后针对层段内部数据体调整颜色、透明度和光照参数，可以更有效地圈定地质体的分布范围，更准确地判断断层的延伸方向和断层之间的切割关系。

2. 目的层面可视化

在目的层位断层可视化解释中，颜色、光照条件和观察角度是影响可视化效果的重要因素。在地质体的解释中，透明度和颜色是重要参数。

目的层位可视化经常使用层拉平可视化技术，层拉平实际上是沿层将数据体拉平。层拉平后不仅可以研究构造发育特征，而且可以使用锁定时窗可视化方向更方便和更快捷地对大倾角地层进行可视化分析。

3. 等时体可视化

在地层比较平缓的情况下，可以使用等时体可视化技术快速浏览地质体，了解断层和沉积体的空间分布。其优点是：可以加快资料的显示速度，从而加快解释速度；提高透视效果（数据体时间范围太大，会使透视效果变差）；可以限定拾取的地质体数据范围，提高解释精度。

4. 层面与监控剖面可视化

在复杂层位的自动追踪过程中，经常遇到追踪中断，即使多加种子点也难以达到目的，甚至会产生错误的结果。这时就要在显示已有追踪目的层的情况下，在复杂层段加入地震纵、横剖面，用于帮助解释人员按解释规律或目的进行干预，有时要几条甚至几十条剖面动态浏览，有时要几条剖面叠合突出强振幅，提高视觉分辨率和信噪比，以帮助作出正确判断。

5. 多属性数据体叠合可视化

多种数据体综合可视化解释有助于减少地震解释的多解性，这也是可视化解释优于传统解释方法的重要方面。在多属性数据体可视化解释中，可以同时使用多个数据体，如波阻抗、AVO 属性体、相干体、瞬时频率数据体等。对每个单独的数据体都可以调整或改变颜色、透明度等参数，在同一窗口中，一次可以完成体元追踪、锁定时窗或锁定层位等可视化解释工作，从而最大限度地发挥多个数据体多种信息综合解释的优势。

2.4.3　三维可视化解释

地震资料解释就是把处理后的成果数据转化成地质语言的过程。解释方法和技术以及计算机科学的飞速发展，要求解释人员及时掌握和应用新的地质和油藏理论，新的解释方法和技术，同时，应该具备丰富的地质想象能力和逻辑思维能力，以使解决的地质问题更接近于客观实际。

三维可视化技术为地震资料的全三维解释提供了有效途径，如 Paradigm 公司的 Voxel Geo 可以在三维可视化数据上作解释、修改等，并能利用不同的透明度对数据体进行不同目的的显示。全三维解释就是针对"数据体的解释"，它是从三维可视化显示出发，以地质体或三维研究区块为单元，采用点、线、面相结合的空间可视化解释。

1. 三维数据体的客观评价

在三维可视化解释之前，应该对三维数据体作出客观评价，这一工作不但对数据体本身的处理质量有一个客观评价，而且对资料解释也大有帮助。在对三维数据体评价的过程中，应该给出整体构造概貌和地层变化及其接触关系，对数据体变化得出解释的相对难易程度的结论，识别出待解释的一组地层，决定地层的特征，按这些特征确定解释方案。对同一地区相干数据体的评价更加重要，它可以使断层等构造信息在解释人员头脑中形成整体概念，以便减少资料解释过程中的失误。

三维数据体的评价可以应用三维可视化技术，它为我们提供了客观高效、准确的评价工具。例如，沿任意方向切割数据体，从不同视觉角度用不同显示手段达到最佳的评价效果；利用动画、切片或对数据体的透明/不透明调整，了解数据体的质量；利用相干体了解数据体的不连续性或断裂系统发育情况；如果在应该连续性好的区域其相干程度很差，则应该检查数据体的处理质量。

2. 自动追踪技术

全三维解释的基础工作就是对层位和断层面的自动追踪，使用的主要方法包括自动拾取、层面切片和体元追踪。三种方法中，对于透视图和三维可视化来说，体元追踪技术是最好的。这种技术是随着三维可视化的实现而产生的。实现时从"种子体元"(Seed Voxel)开始，寻求满足解释人员规定的搜索准则连接体元。这种搜索是在纵横测线及时间方向同时进行的。

总之，层位和断层面自动追踪的最好方法是体元追踪，其次是层面切片，在某些情况和地区，需要使用自动拾取。但所有这些技术一般都会在层位上留下一些"空洞"或未拾取的道，这些工作要靠内插甚至手工来完成。

断面自动拾取算法是以某种方式试图对数据体中的不连续性进行追踪，如相干体技术，有的需要以初始解释结果作为被追踪断面的种子拾取点，有的需要预先处理来创建突出不连续性的数据体，如面反射体压缩方法、差异法、微商法和多属性分析法等，以对不连续性进行追踪，形成断面。

3. 可视化流程和作用

全三维解释过程如图 2-4-4 所示。从图中可以看出，三维可视化贯穿三维数据体解释的全过程。

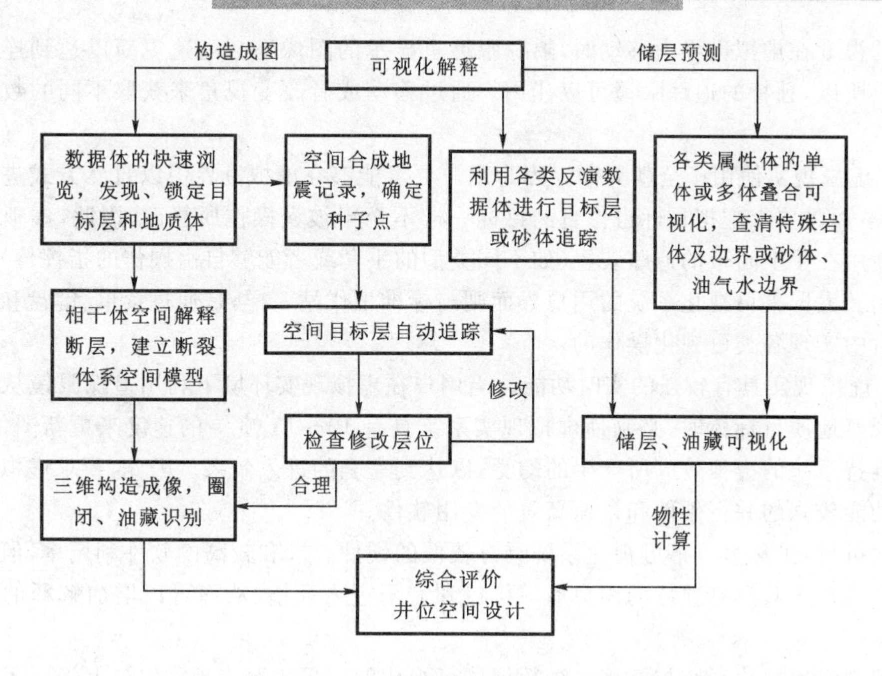

图2-4-4　三维可视化解释的工作流程图

2.4.4　浸入式可视化技术

浸入式可视化(Immersive Visualization)，或称虚拟现实(Virtual Reality)系统是三维可视化最新的、质变的一次飞跃发展，它把观测者、操作者和决策者都沉浸于数字化信息的多维图像里，用透视的、确切空间坐标的和全方位的人机交互方式来提高信息分析和理解。

1. 虚拟现实的特点

虚拟现实就是由计算机产生的一种使用者可以进入其中，并且以直觉和自然方式来驾驭或影响其中目标的人工世界。相对于当今石油工业中广泛使用的大屏幕可视化系统来说，它具有的独特优点有：

(1) 虚拟现实具有高度的可进入性。在取得高度进入性效果方面，大屏幕可以通过占用使用者更多的视野来产生更高程度的进入效果，同理，曲面或者球面屏幕也将比平坦的屏幕产生更强的进入性效果。因此，大屏幕可视化系统就是靠改变显示屏幕的尺寸和形状的方法来提高其进入性。对于虚拟现实来说，虽然在使用者与屏幕足够近的情况下也可以通过改变显示区域的大小和形状来提高进入性效果，但虚拟现实系统还要求尽可能地缩小显示区域的体积，以达到所产生的虚拟世界能够完全集中观察者的注意力的目的。因此，虚拟现实系统普遍采用空穴体(Computer Aided Visualization Environment，CAVE，计算机辅助下的可视化环境)来达到完全进入的最佳显示环境。

(2) 虚拟现实对深度具有较高的感悟性。相对于大屏幕可视化系统来说，虚拟现实系统要求能够在其中进行较为复杂的活动，如在深度域进行各种操作，以达到更高程度的进入性。

(3) 虚拟现实具有独特的追踪眼镜。用户期望在虚拟现实系统中能够直观感受地质目标，为此，虚拟现实增加了独特的追踪眼镜来提高用户在虚拟世界中的进入性。这样，用户在虚拟世界中可以通过站在不同的位置、采用不同的视线方向来实现不同的显示结果，而且当用户的视觉在虚拟世界中移动时，追踪眼镜里显示的图像还会高速更新以达到连续观察的效果。所以，独特的追踪眼镜可以让用户通过移动或者改变视角来获取不同的数据图像和模型。

（4）虚拟现实使用了全新界面。因为用户要求能够在虚拟世界中以自然方式进行各种数据交换，而且要求虚拟目标也像自然目标一样不至于被误操作所篡改，因此，虚拟现实系统通常使用在手上附带的追踪装置（如不同类型的手套或者能够自由操作的指挥棒）来实现交互作用。大屏幕可视化系统的用户界面则与标准工作站一样，是通过菜单、键盘和鼠标来在控制台中实现各类可视化操作的。

（5）虚拟现实具有较强的实时功能。当用户在虚拟现实环境下利用追踪眼镜从各个方向连续观察地质目标体时，必须使虚拟现实系统具有10～15帧/s的速度来更新图像，这样才能够维持系统的虚拟效应所产生的幻觉，以达到完全的进入效果。因此，要求虚拟现实系统具有功能较强的并行硬件和快速高效的专用软件。

由此可见，虽然大屏幕可视化系统具有较低的硬件要求和较高的软件利用率，但虚拟现实的特点就在于其具有独特的用户追踪接口和完全进入环境，从而可以增加解释的可靠性和准确度。

虚拟现实可视化系统与常规三维数据体可视化的差异主要表现在：① 由于用了更多信息，立体感增强后的数据分布可使人们获取更多直觉感应下的理解与分析推理，由此得出的结论往往是三维数据体可视化条件下所不及的。② 在虚拟现实环境中，实现交互操作给使用者带来了设身处地的参与感，与常规三维可视化中通过鼠标点击菜单或图形的交互操作相比，这是一个飞跃。③ 常规三维可视化往往局限于二维的计算机显示器屏幕，属于单人操作行为，而虚拟现实系统往往以相当于或超出人体高度的大尺寸屏幕及投影空间来实现，这可满足许多需要团队合作的行业（如油田勘探开发决策等）的要求。

总之，虚拟现实可视化技术归纳起来有四大优势：① 虚拟现实利用各种浸入系统（如全浸入的空穴体CAVE，新的用户界面，视觉和手的跟踪装置等），用户通过人体的自然移动（如行进、指点和抓取）操纵数据，并与之互动。运行时，可以不需要控制台输入。用户与虚拟世界的连接紧密，建立起非常生动的工作环境，用户在其中可完全专注于执行的任务。② 强大的三维可视化和高度浸入环境，可增加对复杂的三维数据和模型的理解。③ 显示区域规模使得整个团队可以在数据空间里合作。④ 新的追踪用户界面可以提高工作效率，缩短工作进程时间及周期。

2. 虚拟现实的硬件系统

按照硬件分类的浸入式可视化系统主要取决于网络传输方式和可视化程度，以下五种可视化系统都可通过局域网、广域网和因特网分布式服务器实现信息多媒体交互。

（1）宽屏立体影像化便携式/工作站浸入式可视化系统。这是成本低、易移动、个人或小团队式的系统。

（2）上投射浸入式/工作台浸入式可视化系统。这是成本较低、可移动、通常用于仿真设计和模拟的个人或小团队式系统。

（3）前投射浸入式/固定弧形幕浸入式可视化系统。这种系统特别适用于数十人到数百人的虚拟现实环境下的功能演示。

（4）后投射浸入式固定/活动式弧形幕浸入式可视化系统。当参与者经常要在浸入式数字化信息图像中分析、交互和团队工作时，这种后投射系统能避免前投射系统中参与者在幕前的影像干涉。

(5) 多投射浸入式/多维屏幕浸入式可视化系统。当项目需要形成悬挂在空中的虚拟现实三维影像时,可以采用这种不同角度投射的可视化系统。

目前,在虚拟现实系统中最受人们关注的就是空穴体,或称封闭型全浸入式工作环境。1997 年,Norsk Hydro 公司安装了第一个空穴体,并且与 Christian Michelsen Research 合作开发了第一套专用软件。1996 年底,Arco 公司建成了该公司的第一代浸入式可视化环境(Immersive Visualization Environment,IVE)。1998 年 12 月,Arco 公司和 MechDyne 合作设计了可以重建的浸入式可视化系统(即第二代空穴体),并于 1999 年 7 月 1 日收回了第一代空穴体系统。Arco 在 Plano 校园安装了世界上第一套可重建的快速浸入式显示系统,成为第一个商业化的、大规模有效的、可重建的虚拟现实环境。

空穴体是一间由三面墙和一层地板联合充当显示屏幕的房间(大约 3 m×3 m×3 m)。它由高精度投影仪投影到屏幕上形成立体成像,采用由电磁追踪的立体眼镜(即追踪眼镜)和追踪棒来为用户定位,同时还装备声系统作为用户界面的一部分。这样,通过全视野的立体扫描和视觉追踪,可以让用户体会到数据空间的感觉。

下面介绍 Arco 公司于 1999 年推出并完善的空穴体的硬件组成,如图 2-4-5 所示。

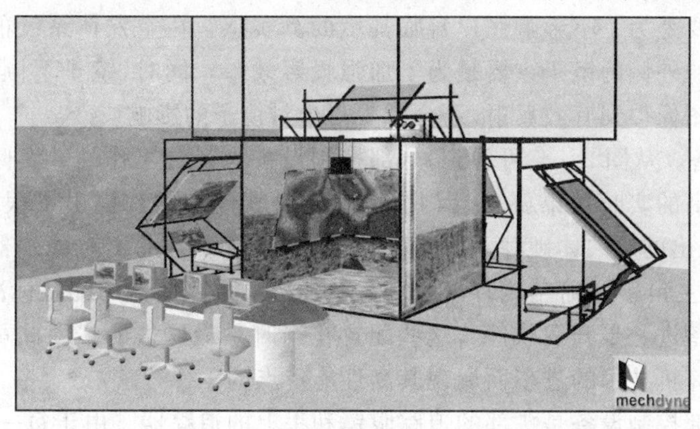

图 2-4-5　浸入式可视化系统的硬件环境示意图[39]

(1) 显示屏幕。空穴体的显示屏幕采用的是一个能更好匹配典型视频输出纵横比(1 280×1 024 和 1 024×768 两种)的几何形状,选用的屏幕尺寸主要有 3.6 m×3.6 m×2.7 m,3.6 m×3.6 m×3 m,4 m×4 m×4 m 三种。这几种纵横比和尺寸的组合都比较适合于建造各类空穴体。Arco 公司选用了 3.6 m×3.6 m×3 m 的屏幕。

空穴体的显示屏幕是由一块地板加上三面屏幕墙组成的投影显示系统。由于弯曲屏幕会带来严重的图像变形,而且所有的图像系统都有一个最佳观看位置,当用户离最佳观看位置越远时,图像的几何变形就会越严重。由于图像变形的大小和方式取决于投影系统的几何性质,对于一个由多块平整屏幕组成的系统来说,直线穿过一个屏幕到下一个屏幕时就会显示出“打结”或“弯曲”现象,而该系统正好是由三块平整屏幕连接组成的系统,因而也存在着由于投影系统本身所带来的图像变形现象。在适当的系统控制下,这种变形也可以进行矫正,而在一个弯曲屏幕环境下,变形分布在整个屏幕上,并且通常无法知道变形的类型和程度,因此 Arco 公司采用的是由三个大的全平屏幕构成的投影系统。

由于空穴体系统中的每面墙都是一个独立的 3.6 m×3 m 的屏幕,并且屏幕、镜子和投影仪都严格置于由细铝条建成的框架里面,为了使三块屏幕之间更加协调,Arco 公司把空穴体的左墙屏幕和右墙屏幕都固定在后墙屏幕角落，而且还能够进行60°的旋转。这种新系统不会在投影生成的图像之间产生两个像素间的缺口，增强了空穴体的浸入性。

显示屏幕中还有一个重要的组成部分——地板。Arco公司采用了分格化的地板，其目的主要是为墙面屏幕匹配的颜色提供一个优越的投影平面，同时这个颜色要比大多数其他的系统中刷在地板上的颜色要更加坚硬，而且更容易维护，这样才更有利于推广和使用。

(2) 投影仪。在Arco公司建造第二代空穴体系统时，所有的商业化运作的屏幕显示系统都是前部投影的。为了避免用户在投影系统中移动并靠近屏幕时留下阴影，该系统采用从上部往地板上投影的方式，而且专门设计地板影像来保证阴影投在用户背后。

此套空穴体系统还采用了易弯曲的立体图像放映机，采用弯曲的立体红外线发射装置，其目的是当需要提供最佳红外线覆盖时，能够比较容易地改换投影仪的位置，同时可以避免因投影仪在屏幕上投射的红色太亮导致发热而损坏屏幕。

(3) 镜子。空穴体内设置的向下倾斜的镜子主要是为了组成控制屏幕，以便于更好地组成完整有效的成像系统，但同时又要求镜子与原来的屏幕框架相分离以组成镜子/投影仪系统。镜子的位置也会影响浸入感，在空穴体上方的投影仪位置应该高于后墙，并置于空穴体的后上方。镜子的位置则要求最高点超过后墙，最低点应尽可能对准并靠近地板中部。如此放置镜子主要是为了不影响用户身临其境的真实感。在空穴体系统的左墙屏幕、右墙屏幕和后墙屏幕的外侧的镜子主要是为了加强投影效果。同时，镜子下倾放置不但有利于投影仪所产生的图像得到有效反射，还会减少落尘对镜子的影响。

(4) 控制设备。从图2-4-5可看到，外部控制设备为4台工作站。实际上，由于用户对空穴体提出了较高的实时效果要求，因此，空穴体对软件和硬件提出了很高的要求。Arco公司在1998年推出的空穴体硬件主要是：配有4个显像设备的实时处理器，而且处理器达到了8 250 MHz主频、5 G字节内存容量和4个随机海量存储器的配置标准，同时还预留了两个显像装置以备进一步开发软件。这些配置在当时是最先进的。由此可见，空穴体的控制设备是随着计算机技术的进步而展现其高性能特点的。

空穴体的内部控制设备是头部的追踪眼镜和手上的追踪器。由于每一个图像系统都存在最佳观测位置，为了使观测者看到的图像变形最小，Arco公司的空穴体把每一次观测的最佳位置近似地固定在专门为用户设计的追踪眼镜处。这一切都是采用以投影仪为基础的变形矫正来进行的，再用软件实施进一步矫正，这样每次移动就不会产生由于系统操作所带来的变形了。

(5) 框架。对于具有很强浸入感的空穴体系统来说，框架的第一个目的是用来固定空穴体环境，第二个目的是让空穴体系统更加易于重建，因为左墙屏幕和右墙屏幕都是悬挂在后墙屏幕上的，而必要时还需要展开来进行“可视化剧场”演示，因此要使框架具有足够的灵活性，以便满足空穴体在不同场合应用于不同目的的能力。

综上所述，从广义来说，适用于油气勘探开发的可视化系统主要由7个部分组成：① 高性能并行计算机；② 大屏幕特殊显示设备；③ 网络化和集成的地质、地球物理和油藏工程数据库；④ 地震解释分析软件系统；⑤ 油藏建模和开发评估风险决策软件系统；⑥ 虚拟现实显示及交互软、硬件系统；⑦ 对电源动力、网络传输、灯光照明、房间高度、通风设备及静电磁场都有特殊要求的系统操作和演示大厅。

就可视化硬件系统而言，除了上面介绍的Arco公司和Norsk Hyaro公司外，还有Texaco公司开发建立的虚拟现实可视厅；Alternate Realities股份有限公司开发建立的可视穹

(Vision Dome)；美国SGI公司建立的可视化演示厅；IBM公司开发建立的四维地震油藏模拟的虚拟现实系统；斯伦贝谢GeoQuest公司开发的虚拟现实系统等。

3. 虚拟现实的软件系统

对于空穴体的软件部分来说，主要包括以下三个层次：

(1) 数据传输层。数据传输层用于处理二维、三维地震数据的输入输出，它将从指定的应用数据库中输入解释层、井、井径以及油藏模型数据，必要时还可对输入数据作削减处理工作。同样，运用结果的输出也由传输层来处理。

(2) 虚拟现实工具层。用户在虚拟现实环境下接触最多的就是虚拟现实工具组，在该环境下，每一个或几个操作的执行都对应着明确的操作类型。例如，一个切片工具能从任意方向切割三维地震数据体，而一个数据体窗口也可以执行相似的操作，但数据体窗口使用的是三维切割体而不是二维切割平面。也就是说，可以通过在数据体中移动三维盒状体实现对较大数据体的实时可视化，并且在虚拟现实环境下有20多种工具可以有效地用于地震解释和对油藏模型的可视化以及对结果的可视化。

(3) 核心层。核心层的作用是管理所有的工具并处理用户界面。在进行用户界面操作管理时，关键特征是在系统运行时不需要从控制台输入数据。该系统完全由使用者手中的追踪器实现操作，用户可以把追踪器指向系统中一个包含菜单、滑动杆和按钮的三维界面，并在系统作出相应的回复后即可选择各种工具并进行参数设定。通过核心层的这种管理方式就可以实现连续、自然的操作，而且允许操作者四处移动来观察地质目标体。

地震资料解释分析软件是虚拟现实系统应用的基础之一。目前，虚拟现实环境中所看到的基本资料实例大都是这些软件的处理和解释结果。国际上公认的、现阶段比较先进的油藏地震解释和分析软件有Landmark，Geoquest，Paradigm等公司的产品，见表2-4-1。

表2-4-1　三维可视化解释软件[44]

公司名称	软件产品名称
Landmark	3DVI(三维体解释)，Voxcube(三维数据体动画)
Geoquest	GeoViz(交互三维解释)
Paradigm	VoxelGeo(三维地震解释系统)
DGI	Earth Vision(基于三维空间地质建模)
Photo	3Dviz(三维体可视化)
IEN	PetroMVT(石油虚拟现实)
东方地球物理公司	GRIstation

4. 数据体可视化技术的应用

数据可视化的应用十分广泛，可以应用于自然科学、工程技术、金融、通信和商业等各种领域。下面举例说明数据体可视化成功应用的几个领域。

1) 医学领域

医学数据的可视化已成为数据可视化领域中最为活跃的研究领域之一。由于近代非浸入诊断技术如计算机层析成像(Computerized Tomography，CT)和正电子放射层析成像(Positive Electron Tomography，PET)的发展，医生已经可以较易获得病人有关部位的一组二维层析图像。CT打破传统的胶片感光成像模式，通过计算机重构人体器官或组织的图像，使医学图像从二维走向三维，使人们从人体外部可以看到内部。PET把核技术与计算机技术结合起来，经核素标记的示踪剂注入人体后，核素衰变过程中产生的正电子湮灭通过电子检测和计算机重构成像，使我们可以得到人体代谢或功能图像。在此基础上，利用可视化软件，对上述多种模态的图像进行图像融合，可以准确地确定病变体的空间位置、大小、几何形状以及它与周围生物组织之间的空间关系，从而及时高效地诊断疾病。美国加利福尼亚州的 ADAC 实验室、约翰霍普金斯大学、Focus 图形公司、集成医学图像处理系统公司以及德国柏林大学等，都采用可视化软件系统将获得的二维层析图像重构为有关器官和组织的三维图像。他们开发出的软件已在许多医院得到应用。另外，美国华盛顿大学利用可视化软件系统和心脏超声诊断技术获得心脏的三维图像，并用于监控心脏的形状、大小和运动，为综合诊断提供依据。

电子束计算机层析成像（Electron Beam Computerized Tomography，EBCT）由电子束扫描替代了 X 射线管与检测器的机械扫描，扫描速度提高近百倍。它可用于检查运动的器官（如心脏大血管），能得到清晰的图像，实现了电影 CT，是 CT 技术的一次革命。中国协和医科大学阜外心血管病医院已将 EBCT 三维图像重建用于主动脉病变的临床诊断和冠状动脉搭桥术后的血管显示。

由于 EBCT 血管造影图像时间分辨率高，消除了呼吸及运动伪影，可以明确诊断各种主动脉病变和显示冠状动脉搭桥血管解剖结构。三维重建图像利于整体直观地显示病变，帮助明确诊断并指导手术，从而在主动脉病变的诊断和冠状动脉搭桥术后的血管显示方面，可望取代有创的常规血管造影。

在可视化技术的基础上可以进一步实现放射治疗、矫形手术等计算机模拟及手术规划。例如，在做脑部肿瘤放射治疗时，需要在颅骨上穿孔，然后将放射性同位素准确地安放在脑中病灶部位，既要使治疗效果最好，又要保证整个手术过程及同位素射线不伤及正常组织。由于人脑内部结构十分复杂，而且在不开颅的情况下，医生无法观察到手术实际进行情况，因而要达到上述要求是十分困难的。利用可视化技术就可以在重构出的人脑内部结构三维图像的基础上，对颅骨穿孔位置、同位素置入通道、安放位置及等剂量线等进行计算机模拟，并选择最佳方案。同时还可以在屏幕上监视手术进行的情况，从而大大提高手术的成功率。又如某儿童的髋关节发育不正常，当实施矫形手术时，需要对髋关节进行切割、移位、固定等操作。利用可视化技术可以首先在计算机上构造出髋关节的三维图像，然后在计算机上对切割部位、切割形状、移位多少及固定方式等的多种方案进行模拟，从而大大提高矫形手术的质量。

2）气象预报

气象预报关系到亿万人民的生活、国民经济的持续发展和国家安全。对灾害性天气的预报和预防将会大大减少人民生命财产的损失。气象预报的准确性依赖于对大量数据的计算和对计算结果的分析。一方面，科学计算可视化可将大量的数据转换为图像，在屏幕上显示出某一时刻的等压面、等温面、旋涡、云层的位置及运动、暴雨区的位置及其强度、风力的大小及方向等，使预报人员能对未来的天气作出准确的分析和预测。另一方面，根据全球的气象监测数据和计算结果，可将不同时期全球的气温分布、气压分布、雨量分布及风力风向等以图像形式表示出来，从而对全球的气象情况及其变化趋势进行研究和预测。

美国国家海洋和大气局的预报系统实验室开发了气象预报办公系统（Weather Forecast Office，WFO）的高级版（WFO Advanced），其关键部分是显示天气数据的三维图像。为此，该实验室开发了三维可视化软件系统 Display 3D（D3D）。利用这个系统可以将从气球、地面站、雷达、飞机和卫星等收集来的大量数据进行显示和处理，并在此基础上及时跟踪和评估当地的重要气象情况，从而及时准确地作出天气预报。通常情况下，气象工作者将二维的层状数据人为叠加来进行分析，而运用三维可视化，可让气象工作者从大量二维图像计算中解脱出来，让他们的精力集中于预报所需的实际数值。利用 WFO Advanced 和 D3D，气象工作者可以建立在 4 h 内做出未来 12～18 h 的中尺度(20～200 km)或区域预报模式。该软件中的动画模块可以生成图像序列，显示出动态图像。这一软件的最大特点在于生成的云雾十分逼真。

我国军事气象部门最近开发的“军用数值天气预报系统”，能高速处理数千个气象台站的气象观测数据，自动滚动制作 10 d 以内逐日军用天气预报、军事气象要素预报和三维可视化信息。

3）工程领域

计算机辅助工程(Computer Aided Engineering，CAE)包括计算机辅助设计(Computer Aided Design，CAD)、计算机辅助制造(Computer Aided Manufacturing，CAM)和计算机辅助运行等多项内容。可视化技术有助于整个工程过程一体化和流线化，并能使工程的领导和技术人员看到和了解过程中参数变化对整体的动态影响，从而达到缩短研制周期、节省工程全寿命费用的目的。可视化技术可将多种来源的各种数据(包括表格数据、离散采样数据、放样坐标数据、多重半结构网格数据和非结构网格数据等)融合成三维的图形图像。

在工程设计中常采用计算力学的手段，计算力学更离不开可视化技术。有限元分析(Finite Element Analysis，FEA)是 20 世纪 50 年代提出的适用于计算机处理的一种结构分析的数值计算方法。有限元分析在飞机设计、水坝建造、机械产品设计、建筑结构应力分析等领域都得到了广泛应用。从数学的观点来看，有限元分析将研究对象划分为若干个子单元，并在此基础上求出偏微分方程的近似解。在有限元分析中，应用可视化技术可实现形体的网格划分及有限元分析结果数据的图形显示，即所谓有限元分析的前后处理，并根据分析结果实现网格划分的优化，使计算结果更加可靠和精确。

在飞机、汽车、船舶等设计时，都必须考虑在气体、液体高速运动的环境中获得优良性能和正常工作。过去的做法是：将所设计的飞机模型放在大型风洞或水洞里做流体动力学的物理模拟实验，然后根据实验结果修改设计。这种做法既耗费资金，又延长了设计周期。目前已实现了在计算机上进行流体动力学的模拟计算，这就是计算流体动力学(Computational Fluid Dynamics，CFD)，其核心是求解表示流体流动的偏微分方程。

为了理解和分析流体流动的模拟计算结果，必须利用可视化技术在屏幕上将数据动态地显示出来。例如，用多种不同方法表示出每一点的速度、压力、温度和组分等，并显示出涡流、冲击波、剪切层、尾流及湍流等。在流场的可视化中，既要提高显示速度，又要逼真地显示流场的细微结构和各种参数的等值面。当然，计算流体动力学和有限元分析一样，计算的速度和准确度受网格划分的影响很大。针对不同对象，通过可视化技术可以找到最适合的网格划分方法。

美国航空航天局阿姆斯(AMES)研究中心的航空航天数字模拟设备，不仅将可视化技术用于 CFD 计算，同时也用于从风洞试验获得的二维图像重构三维流场，并进行计算结果与试验结果的比较分析。特别是他们利用基于高度三维交互特性的虚拟现实技术，构筑了“虚拟风洞”，为分析各种非定常流动中的复杂结构提供直观的研究环境。

4）油气勘探领域

油气勘探的主要方式是通过天然地震波或人工爆炸产生的地震波在地质构造中的传播来重构大范围内的地质构造，并通过测井数据了解局部区域的地层结构，探明油藏或气藏位置及其分布，估计蕴藏量及其勘探价值。利用可视化技术可以从大量的地震勘探数据、测井数据中构造出感兴趣地质目标的等值面、等值线，显示其范围及走向，并用不同颜色显示出多种参数及其相互关系，从而使专业人员能对原始数据作出正确解释，得到矿藏是否存在、矿藏位置及储量大小等重要地质信息。

英国的 PGS Tigress 有限公司开发了数据的可视化软件，已在全世界许多油田和天然气开发中得到广泛应用。利用这种软件可以进行地震数据处理、测井多井评估、模拟油气的储存和生产过程，不仅能确定油气储存的位置，而且可以跟踪油气的运动，便于确定开采油气的最优路径。

5. *油气勘探开发浸入式可视化系统的应用*

可视化技术在三维地震资料解释中得到了广泛应用，地学领域的可视化已经从三维地震数据的可视化发展到多学科多领域三维数据体的可视化，可视化环境也由桌面式可视化向浸入式可视化发展。

当今，从创新技术和信息化的国际发展的角度看，重点之一是从大型计算中心迅速转型到互联网分布式浸入式可视化系统中心。在这样一个集计算、网络和虚拟现实的系统里，传统的数据处理与解释分析分隔，传统的单人工作站式解释分析将转型为多学科团队的浸入到地下各种数据体和地质油藏模型中的可视、可交互的三维图像(图 2-4-6)。专家们可沉浸其中用声控或各种感应交互直接调动和分析数据、寻找圈闭油藏、透视储层空间分布、计算储量和误差、比较各种风险开发模型、设计井位和钻井轨迹、无缝集成油井生产数据和油藏数模结果、发现剩余油藏和隐蔽油藏，从而极大地降低开发成本。同样重要的是，在这样一个浸入式可视化系统中心里，技术专家和管理决策者不再限于传统方式的审查报告图集和听取多媒体汇报来综合决策，他们和专业人员一起，通过声控或其他交互形式浸入到工作区的圈闭和油藏周围，甚至沿着要布的井迹，触摸那些储层，亲临其境地检查成果(图 2-4-7)，审视不同思路的建模和模拟结果，从而达到降低风险、优化决策的目标。

图 2-4-6 浸入式可视化团队研究环境[41]

正是上述优点使浸入式可视化自 20 世纪 90 年代中期在石油天然气行业应用以来，受到广泛重视并得到迅速发展。目前，全球各大石油公司及主要服务公司已建可视化中心 80 多个。

图 2-4-7　使用自然移动装置考查解释的三维体[40]

从二维图示、三维可视化到虚拟现实的建模透视化在自然科学和工程科学中已经产生或者正在产生前所未有的巨大促进作用。使用者或用户在浸入式的虚拟环境里交互、建模、体验，包括景象飞行式、多维浸入式和目标追踪式等。

相比二维图示，三维数据体可视化是一大进步，但仍然是用二维屏幕表达三维显示的信息，所提供的信息量和人机交互手段远远不够。国际上有专家进行过分析，用一维或二维显示表达只能使人们在某一时刻得到实际信息量的 5%～10%，而若采用大尺度虚拟现实系统则可使观测者大脑能获得实际信息量的 80%。正是由于信息量的巨大差距，虚拟现实可视化技术本身在若干行业中早已实现，只是随着近几年来计算机图形、图像处理功能的迅速提高和计算机价格的急剧下降，人们对这一技术的实际感受才渐渐从虚拟走向现实了。浸入式可视化或虚拟现实系统在油气勘探和开发工程中的具体应用可概括为以下方面。

1）智能化建模(Intelligent Modeling)

建模的目的主要在于应用，特别是在构造、油藏类型、储层预测、油藏开发和油藏管理等方面的应用。智能化建模包括三方面：① 建模过程中的图像信息智能提取和优化，例如空间几何与属性分布的离散光滑插值；② 建模流程的智能化更新和随数据变化的自动建模；③ 实现模型中的智能化预测。

2）可视化系统油气综合预测

油气综合预测是数十年来石油勘探的技术集成。三维地震技术和近年发展起来的时移地震技术产生巨量的数字化地震数据，而如何从这些数据里提取、识别有用信息，则是从地震处理解释到分析模拟的关键技术。在我国，当前油气综合预测的重点包括几个方面：① 薄互层油藏叠前叠后地震属性分析；② 碳酸岩油藏岩性和流体反演及属性分析；③ 小尺度断层、断裂的地震检测和空间模型；④ 多属性和复合属性的智能分类、模式识别；⑤ 岩石物理模拟、地震正演模拟和地震岩石物理模拟等。

3）浸入式可视化系统的油藏滚动勘探开发建模

勘探开发一体化的成果就是针对油藏的滚动勘探开发建模，即建模过程是在三维可视化甚至浸入式透视化交互的环境里(图 2-4-8)，随着油藏数据变化而部分或全部自动地更新。典型的油藏滚动勘探开发建模应该具有的技术特征是：① 软件属于开发兼用户版，用户可按需要开发数据接口和应用算法模块；② 能够与当地和远程的各种勘探开发软件的数

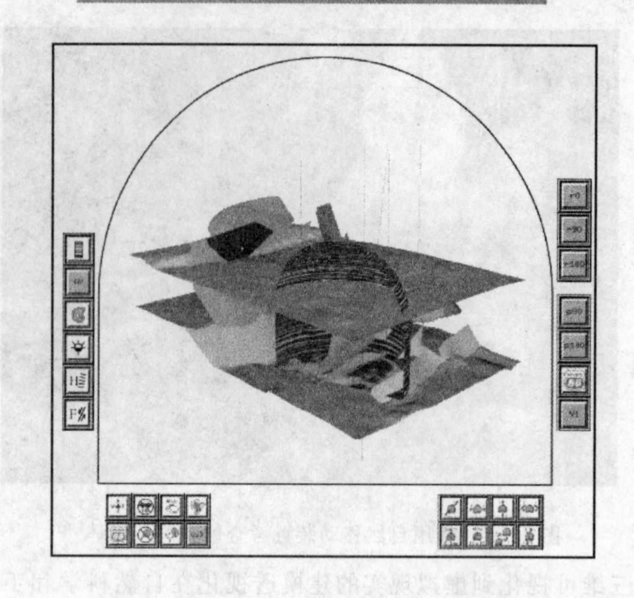

图 2-4-8 Phillips 石油公司应用浸入式可视化系统进行油藏滚动勘探开发建模[43]

据库实现动态集成和共享;③ 用户能够开发、存储和修改构造建模、层序建模、属性建模和风险建模等流程;④ 用户可把常规或特定工作流程装配成各种自动化建模系统;⑤ 用户可在虚拟环境中利用透视化多媒体交互进行勘探开发滚动建模。

显而易见,这样的油藏滚动建模可广泛用于:① 基于叠前和叠后地震解释、反演和属性分析的油气综合预测;② 油藏精细描述和孔渗饱等油藏参数转换及空间分布模拟;③ 布井风险模拟和优化决策;④ 结合开采数据、油藏数模数据以及开发地震数据等的开发决策。

举例来说,使用滚动建模软件可以分别对项目流程的每一步进行建模。建模过程中调用的任何一个功能及其参数选择,软件本身都会自动记录下来并组成可以重复执行、修改和连接的流程模块。如果软件有更新或者用户二次开发出新功能,则可以随时更新这些流程模块。一旦完成一个项目,软件记录下来的流程模块便可按用户需要进行组合,应用于各式各样的项目中。如果它与勘探开发数据是无缝集成的,那么任何数据的改变,如从一个小项目到一个大区块的孔渗饱储层参数,甚至布井的最佳位置,都可以半自动或自动化地完成(图 2-4-9)。

4) 浸入式可视化系统的油田管理决策

浸入式可视化系统的油田管理决策具有的独特优势是:① 每个油田都有具有几十年油田工作经验的专家,他们在自己的脑海里对整个油田了如指掌,就像钻进油田内部建立了只有他们自己说得清楚的油藏动态和预测。通过上述的油田勘探开发滚动建模和浸入式可视化系统,完全可以把他们脑海中积累和建立的油田油藏滚动建模定量地实现或者开发为各种专家子系统,从而使通常需要几年或几十年才真正认识理解的油田客观规律开发出来,为更多的技术和决策人员所发展和应用,创造更好的效益。② 转变管理决策者从观众式或听众式为实际操作者。以前由于各种因素的限制,管理者特别是高级管理者一般是观众式或听众式的技术和管理者,他们对某一具体地区、甚至一口井的资料不可能完全了解和掌握。浸入式可视化系统从根本上改变了这种落后的管理和决策过程。从地表到地下任何有二维和三维数据之处,浸入式可视化系统能让管理者亲临其境,直接操作,优化决策。③ 石油公司的油田管理。通过公司内部的局域网,整个勘探开发方案可以动态地在不同地点共同开

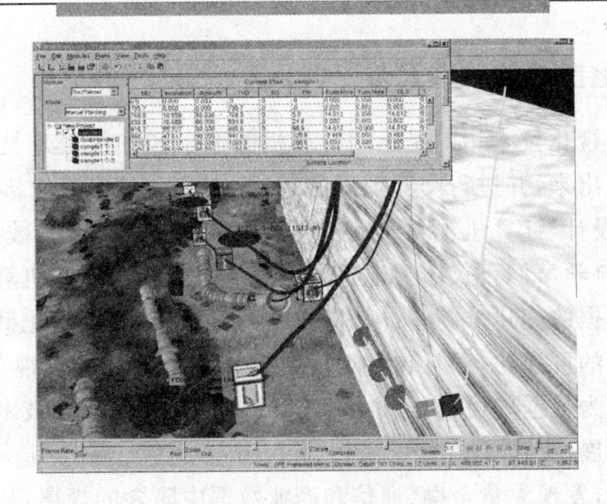

图 2-4-9　应用浸入式可视化系统进行井位设计[42]

会论证，如同远程医疗专家会诊。对于日益增多的国际项目，可以在中东、非洲、南美洲、中亚等地区把勘探开发方案送到公司总部实时操作。

5）浸入式可视化系统的勘探开发数据银行

长期以来，各油田一直致力于油田勘探开发数据的数据库集成和共享。国际上数十个石油公司和技术服务公司早在 20 世纪 90 年代初期就开始 POSC（Petrotechnical Open Standards Consortium，石油技术开放标准协会）开放式数据库的共同研究开发，试图整合石油行业种类各异、难以兼容的海量数据。经过几年努力，POSC 勘探开发数据模型虽然推出了，但由于行业商业化竞争等原因，并没有使整个石油行业普遍接受和广泛集成到 POSC 上来。目前的状况倾向于把 POSC 数据模型作为许多数据库或数据银行的某种数据模型。

近年来，由于互联网和内联网技术的迅速发展，数据银行的发展成为新的热点。国际上已有若干家公司推出勘探开发数据银行的服务。国内也致力于大型数据库的建立与研发。

从浸入式可视化系统要求的数据集成和共享来看，油藏滚动勘探开发建模要求的无缝数据集成和共享是当务之急。对于一个具体项目，如果勘探开发数据存放在不同的地震和测井数据库中，甚至远隔千里，有无可能在做项目的时候能够做到动态数据集成，并且将应用实施之后的结果随意存放到异地异构的数据库或数据仓中呢？这个问题在国际上是典型的行业挑战。由十几家公司发起的 OPENSPIRIT 联合体几年来一直致力于该问题的解决。OPENSPIRIT 软件作为跨系统数据无缝集成和共享的工具，在 2001 年 SEG（Society of Exploration Geophysicists）年会上的演示得到了普遍好评。

6）浸入式可视化系统的开发、集成、使用和扩展

浸入式可视化系统是集计算机、网络系统、拟境系统、数据集成共享、滚动和智能化建模，以及各种勘探开发应用软件为一体的油田信息化和决策系统。一个典型的浸入式可视化系统包括 9 个主要部分：主机和辅助机；虚拟现实投影和浸入交互用户界面；网络系统，包括局域网、广域网和宽频带互联网；虚拟现实系统软件，用于软硬件耦合调试和人机交互；虚拟现实系统的开发兼应用集成平台；虚拟现实应用软件包，从处理解释到油藏滚动勘探开发建模等；跨系统异构数据仓共享；通用的软件开发工具库；通用的应用算法和模块库，如信号处理、统计分析和离散建模等。

2.4.5 可视化技术的软件开发

现代的数据体可视化技术指的是运用计算机图形学和图像处理技术，将数据换为图形或图像在屏幕上显示出来，并进行交互处理的理论、方法和技术。它涉及计算机图形学、图像处理、计算机辅助设计、计算机视觉及人机交互技术等多个领域。数据可视化概念首先来自科学计算可视化，科学家们不仅需要通过图形图像来分析由计算机算出的数据，而且需要了解在计算过程中数据的变化。随着计算机技术的发展，数据可视化概念已大大扩展，它不仅包括科学计算数据的可视化，而且包括工程数据和测量数据的可视化。学术界常把这种空间数据的可视化称为数据体可视化(Data Volume Visualization)技术。近年来，随着网络技术和电子商务的发展，提出了信息可视化(Information Visualization)的要求。人们可以通过数据可视化技术，发现大量金融、通信和商业数据中隐含的规律，从而为决策提供依据。

数据体可视化技术的主要特点是：① 交互性。用户可以方便地以交互的方式管理和开发数据。② 多维性。可以看到表示对象或事件的数据的多个属性或变量，而数据可以按其每一维的值将其分类、排序、组合和显示。③ 可视性。数据可以用图像、曲线、二维图形、三维体和动画来显示，并可对其模式和相互关系进行可视化分析。

1. 数据体可视化的编程思路

OpenGL 是一个底层硬件抽象型的小型软件接口，提供了高质量的三维图形，独立于操作系统和硬件平台，已成为公认的三维图形工业标准。Unix 环境和 X-Window 系统都支持 OpenGL，也支持 Motif，这样就可以用 C 语言结合 Motif，OpenGL 编写三维可视化软件。

1) 立体显示

三维数据透视变换(一点透视)变换公式为：

$$A' = A \cdot T_t \tag{2-4-1}$$

式中，A 为三维空间点集；A'为透视投影后的点集；T_t 为投影变换矩阵，

$$T_t = \begin{bmatrix} 1 & 0 & 0 & 0 \\ 0 & 0 & 0 & q \\ 0 & 0 & 1 & 0 \\ 1 & 0 & n & mq+1 \end{bmatrix}$$

矩阵 T_t 中，$1, m, n$ 为坐标平移量；q 为投影缩放因子($q<0$)。

这样，就可以通过式(2-4-1)将三维空间点集投影到二维平面上，再在每个投影点上赋予原始地震振幅，即可完成数据体的三维显示。

2) 立体旋转

三维旋转即将三维数据体绕坐标轴旋转，转角的正负按右手规则确定。旋转变换包括以下三种基本形式：

(1) 绕 x 轴旋转 α 角：

$$T_x = \begin{bmatrix} 1 & 0 & 0 & 0 \\ 0 & \cos\alpha & \sin\alpha & q \\ 0 & -\sin\alpha & \cos\alpha & 0 \\ 0 & 0 & 0 & 1 \end{bmatrix}$$

(2) 绕 y 轴旋转 β 角：

$$
\boldsymbol{T}_y = \begin{bmatrix} \cos\beta & 0 & -\sin\beta & 0 \\ 0 & 1 & 0 & 0 \\ \sin\beta & 0 & \cos\beta & 0 \\ 0 & 0 & 0 & 1 \end{bmatrix}
$$

(3) 绕 z 轴旋转 γ 角：

$$
\boldsymbol{T}_z = \begin{bmatrix} \cos\gamma & \sin\gamma & 0 & 0 \\ -\sin\gamma & \cos\gamma & 0 & 0 \\ 0 & 0 & 1 & 0 \\ 0 & 0 & 0 & 1 \end{bmatrix}
$$

假定要显示旋转(α,β,γ)角后的数据体，则变换公式为：

$$
\boldsymbol{A}' = \boldsymbol{A} \cdot \boldsymbol{T}_x \cdot \boldsymbol{T}_y \cdot \boldsymbol{T}_z \cdot \boldsymbol{T}_t \tag{2-4-2}
$$

这样就完成了立体旋转显示功能。

3) 光源处理

为了表示层位起伏情况以及加强图形显示的立体感，需要对层位显示结果进行加光源处理。具体可先给定光源点位置，对层位上每一点计算法线方向后计算与光源线的夹角，用色彩明暗度表示夹角范围。当夹角为 90°时色彩最亮，夹角为 0°时色彩最暗。这样就可通过光线的明暗处理来表征层位的起伏。图 2-4-10 所示为一个层位加光源显示的结果。

图 2-4-10 层位加光源显示的结果[45]

4) 立体剪辑

用任意剪切平面(标准型为 $ax+by+cz+d=0$)来切割数据体，可得到切割面之上或之下的两部分数据体。根据用户需要可将切割后数据体立体显示出来，通过多种切割后组合显示，可显示箱状、窗口状、椅状(图 2-4-11)、米字型(图 2-4-12)以及任意不规则数据体。

5) 平面显示及层位剥离

平面显示就是直接或叠合显示各个方向切割数据体的结果，如纵测线方向、横测线方向、时间切片、层位切片、断层切片等。这些切割结果叠合起来可构成一个三维工区的基本格架，如图 2-4-13 所示。

针对层位可视化显示，可任意向显示内容添加和删除层位，可以更直观地显示层位发育史。

2. 浸入式可视化的软件开发工具

在实现浸入式可视化的软件开发中，美国 AVS(Advanced Visual Systems)公司是享誉世界的可视化软件供应商。它的核心产品就是 AVS/Express 开发版，该软件从 1988 年起就一直处于可视化技术市场的前沿。AVS/Express 是一个面向对象的、可视的开发工具，

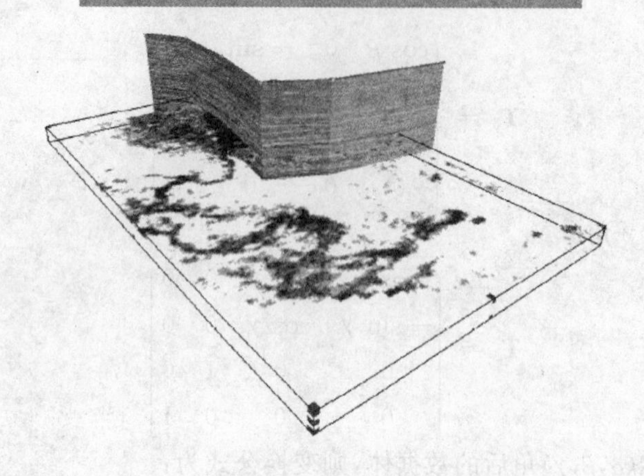

图 2-4-11　折线剖面与门槛振幅显示[41]

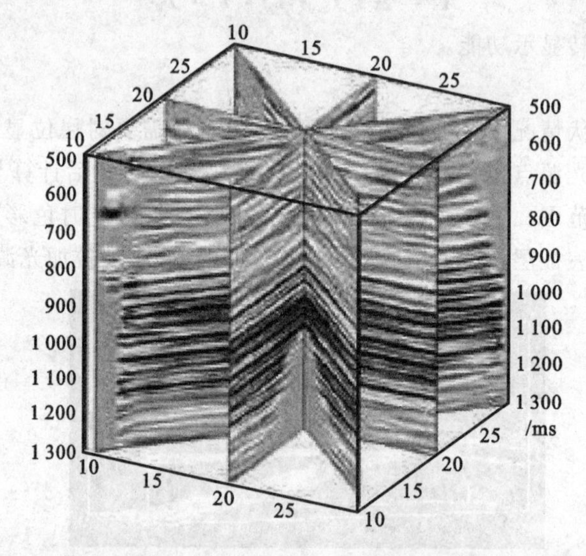

图 2-4-12　3D VSP 数据体的米字型显示[46]

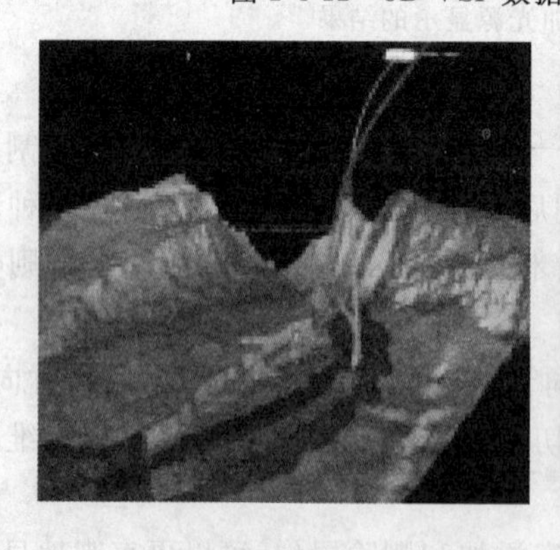

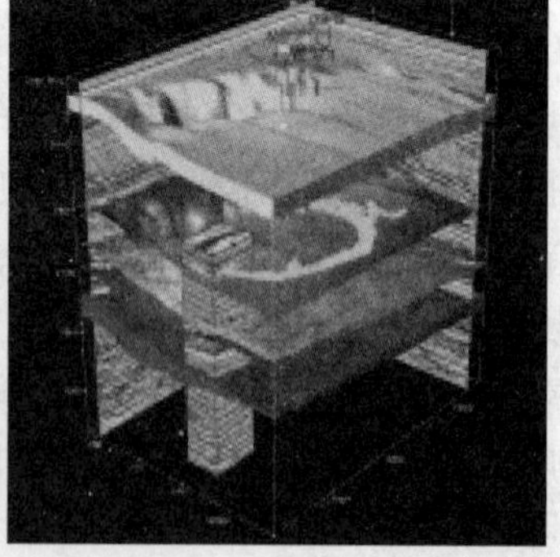

图 2-4-13　平面显示及层位剥离[46]

能够为用户建立可重复使用的对象、应用程序组件和复杂的数据可视化应用程序。它具有以下特点：

(1) 面向对象。AVS/Express 的开发方法是面向对象的，它支持数据和方法的封装、类继承、模板和实例、对象分层结构以及多态性。在 AVS/Express 中，从最底层到最高层，所有的应用程序组件都是对象。

(2) 可视的开发。Network 编辑器是 AVS/Express 的主要接口。它是一个可视的开发环境,通过鼠标驱动操作来连接、定义、装配和管理对象。

(3) 可视化应用程序。AVS/Express 提供了几百个预定义的应用程序组件(或对象)来处理、显示和管理数据。用户可以在 Network 编辑器中通过连接和装配的对象与应用程序组件来控制数据的处理和显示。根据用户需求,还可以对那些对象进行编译和打包,甚至添加一个用户接口以创建一个完整的应用程序。该应用程序可以作为一个独立存在的组件供用户使用。

AVS/Express 提供了几种方式来使用对象:① 将对象嵌入到 AVS/Express 应用程序中;② 使其运行在服务器模式下,从外部 C 或 C++例程执行和控制其中对象;③ 创建代表独立存在的应用程序的组件。

AVS/Express 也对集成 C,Fortran 和 C++代码提供完全的支持。组件可以通过调用 C,Fortran 和 C++程序执行它们的处理过程,也可以使用代码模板产生器输入用户书写的代码和数据,而不需要修改。类似地,C++类产生器也能让用户使用 C++的强大编程能力来存取 AVS/Express 组件。

关于 AVS/Express 软件包的具体功能,简介如下:

(1) 数据可视化软件包。数据可视化对象使用户能够阅读、管理、改变和分析多维、多变量数据。除了它的许多模块以外,数据可视化工具箱还包括创建新的可视化对象的应用程序接口(API)。大多数数据可视化对象有前缀“dv”。

(2) 图像处理软件包。图像处理对象使用户能够阅读多频段图像数据,有 40 多个图像处理函数(如 blend,edge,dilate 和 fft)。大多数图像处理对象有前缀“ip”。

(3) 图形显示软件包。图形显示对象使用户能够建立交互的 2D 和 3D 图形显示应用程序。图形显示工具箱提供预建的数据显示器,用户可以修改使用或进行定制。大多数图形显示对象有前缀“gd”。

(4) 标注和图形化对象软件包。标注和图形化对象使用户能够建立多维数据的复杂图形。标注和图形化对象包括标题、箭头、圆、图表(如条图、饼状图、阶梯图)、图例和数轴。大多数的标注和图形化对象有前缀“ag”。

(5) 数据库软件包。数据库对象使用户能够从 AVS/Express 应用程序中存取和修改本地或远程关系数据库中的数据。大多数的数据库对象有前缀“db”。

(6) 用户界面接口软件包。用户接口对象使编程员能够建立独立于平台的图形用户接口。用户接口对象可以灵活方便地定义窗口、对话框、构件、交互器和视图显示区。AVS/Express的设计编辑器使编程员可以用鼠标交互修改用户接口。大多数的用户接口对象有前缀“ui”。

(7) AVS 5 兼容软件包。AVS 5 兼容软件包的对象使以前的 AVS 5 用户可以使用现有的 AVS 5 模块。

从 20 世纪 80 年代末开始,地震勘探三维可视化技术得到了快速发展。经过 20 多年的研究开发,出现了一批可视化应用软件。国外比较著名的有 Landmark 公司的 Earth Cube 和 Open Vision、GeoQuest 公司的 GeoViz、DGI 公司的 Earth Vision 以及 Paradigm 公司的 Visionarium 等。它们基本上代表了当今地震勘探三维可视化应用的最高水平。这些软件包可将二维地震、三维地震、测井曲线、地质分层、井轨迹、网络化层面、断层面等进行完整的三维立体显示，用户可以用鼠标控制旋转角度来观察地质目标，直观便捷。

3. 国内的可视化进程

国内的石油公司、地球物理公司、计算中心等单位普遍使用的地震软件大都是从国外引进的，并以 Landmark 公司和 GeoQuest 公司的解释系统居多。这些解释系统都具有较好的数据体可视化功能。

据中油网消息，2003 年 12 月下旬，东方地球物理公司研究院引进了虚拟现实中心，这是国内首家引进虚拟现实中心的单位。研究院运用该中心进行海拉尔盆地贝尔凹陷和大民屯凹陷等多个区块的三维地震解释可视化工作，取得了很好的地质效果。

此后，中国石油化工集团公司的石油勘探开发研究院在承担鄂尔多斯盆地北部“塔巴庙区块大 16 井区三维地震资料特殊处理和综合解释”项目中，首次运用虚拟现实技术，在反演数据体的基础上，应用了以虚拟现实技术为核心的砂体全三维立体解释技术，提高了该区砂体预测的精度和效率。

我国科学计算可视化技术的研究开始于 20 世纪 80 年代。由于数据可视化所处理的数据量十分庞大，生成图像的算法又比较复杂，过去常常需要使用巨型计算机和高档图形工作站等。因此，数据可视化开始时都在国家级研究中心、高水平的大学、大公司的研究开发中心进行研究和应用。近年来，随着微机功能的提高、各种图形显卡以及可视化软件的发展，可视化技术已扩展到科学研究、工程、军事、医学、经济等各个领域。伴随着 Internet 的兴起，信息可视化技术方兴未艾。至今，我国无论是在算法方面，还是在油气勘探、气象、计算力学、医学等领域的应用方面，都已取得了一大批可喜的成果。但从总体上来说，与国外先进水平还有一定的差距，特别是在商业软件方面。

下面介绍我国利用 AVS/Expresss 软件包开发的可视化产品。

1) 东方地球物理公司的 GeoEast V1.0

2003 年 4 月 17 日，GeoEast V1.0 数据处理解释一体化系统开发项目在东方地球物理公司正式启动。2004 年 12 月 31 日，经过 200 余名科技人员近 19 个月艰苦的努力，GeoEast V1.0 项目如期完成，改写了我国石油勘探行业没有一流地震数据处理解释一体化软件的历史。

研究开发期间，GeoEast V1.0 项目组先后攻克了系统总控与数据管理和三维可视化等方面的诸多技术难题，在系统交互控制框架、数据流与工作流管理、地震与地质及地理信息共享、一体化运行模式、三维可视化、三维地质与速度模型构建、网络运行环境与并行处理方面取得了多项创新与突破；软件平台具有可扩充能力，为进一步的升级奠定了坚实的基础；在高分辨率处理、复杂地表与低信噪比地区地震数据处理方面具有显著优势；地震数据处理与解释应用功能配套、特色突出，能够满足地震数据处理与地震构造解释的生产需求；形成了“三维空间多维地质体建模”、“简谐波拟合法波场外推”等数十项技术创新成果，并申请 20 项发明专利。

经全面系统的测试，GeoEast V1.0 总体功能达到预期目标。GeoEast V1.0 地震数据处理解释一体化系统涵盖了地震数据处理与解释的主要功能，增加了叠前偏移成像、海上地震数据处理、叠前属性提取及应用等方面的功能，是中国石油物探技术行业第一套拥有自主知识产权的地震数据处理与解释一体化大型软件。

2) 中国科学院与胜利石油管理局联合开发的复杂地质体深度成像软件 CGOD V1.0

在中国科学院与胜利石油管理局联合资助的国家自然基金委“九五”重点项目“复杂地

质体描述理论与方法研究”的基础上，实现了市场化的软件包装，推出复杂地质体深度成像软件 CGOD V1.0。在软件系统的开发过程中，主要借助先进的图形工作站，以 C，FORTRAN 等语言作为编程工具，并以 AVS/Expresss 可视化系统为开发平台，研究、开发和发展了地震勘探三维可视化技术。在没有专用解释系统的情况下，同样能够实现三维地震数据体、地震层位（包括断层面）以及复杂地质模型等的三维可视化，实现对三维数据体进行切片、抽取等显示，以及各种综合立体显示，形成了应用灵活方便的可视化软件系统。

此外，医学上的 VHP（Visible Human Project）数据体开拓了虚拟人体建造的新时代，它将对 21 世纪的医学教育、临床研究产生不可估量的影响。研究者利用 AVS/Expresss 完成了体积重构、体表展示、人体矢状面和冠状面的重构图谱集，以及体表重构动画等可视化功能。

国家气象中心选择 AVS/Express 作为开发平台，开发气象模式三维可视化系统，其目的在于将三维可视化技术应用于气象模式数据，实现气象模式数据的三维可视化显示，为国家气象中心乃至气象领域的气象预报工作者提供一个直观的模式数据可视化分析环境，即运用图形、色彩和动画来表示数值预报的结果（气象产品数据）。

参考文献

[1] 陆基孟．地震勘探原理．东营：石油大学出版社，1993

[2] Cainelli C，Mohriak W U. General evolution of the eastern Brazilian continental margin. The Leading Edge，1999，18(7)：800-804

[3] 大港油田科技丛书编委会．地震勘探资料处理和解释技术．北京：石油工业出版社，1999

[4] 李德生．李德生石油地质论文集．北京：石油工业出版社，1992

[5] http://strata.geol.sc.edu

[6] 冯石，张恺，等．构造地质学（石油地质勘探技术培训教材）．北京：石油工业部勘探培训中心，1982

[7] 陆邦干．中国典型地震剖面图集．北京：石油工业出版社，1989

[8] 刘建中，张建英，安欧，等．潜山油藏．北京：石油工业出版社，1999

[9] 郭玲瑄．一个古火山口的发现．石油地球物理勘探．1995，30(增刊 1)：121-124

[10] 布朗 A R．三维地震资料解释．北京：石油工业出版社，1996

[11] Bahorich M，Farmer S. 3-D seismic discontinuity for faults and stratigraphic features：The coherence cube. The Leading Edge，1995，14(10)：1053-1058

[12] Marfurt K J，Kirlin R L，Farmer S L. 3-D seismic attributes using a semblance-based coherency algorithm. Geophysics，1998，63(4)：1150-1165

[13] Gersztenkorn A，Marfurt K J. Eigenstructure based coherence computations as an aid to 3D structural and stratigraphic mapping. Geophysics，1999，64(5)：1468-1479

[14] Lu Wenkai，Li Yandong，Zhang Shanwen. Higher-order-statistics and supertrace-based coherence-estimation algorithm. Geophysics，2005，70(3)：13-18

[15] Chopra S，Pickford S. Integrating coherence cube imaging and seismic inversion. The Leading Edge，2001，20(4)：354-362

[16] http://www.scdm.com

[17] Sudhakar V，Chopra S，Larsen G. New methodology for detection of faults and fractures. SEG 70th

Annual Meeting Expanded Abstracts,2000

[18] Steven J Maione, Scott Pickford. Discovery of ring faults associatied with salt withdrawal basins, Early Cretaceous age, in the East Texas Basin. The Leading Edge, 2001, 20(8):818-829

[19] Chopra S,Alexeev V. Processing/integration of simultaneously acquired 3D surface seismic and 3D VSP data. The Leading Edge, 2004, 23(5):422-430

[20] Rietveld W E,Kommedal J H,Marfurt K J. The effect of 3-D prestack seismic migration on seismic coherence and amplitude variability. Geophysics, 1999 64(5): 1553-1561

[21] http://www. t. surf. com

[22] Rader B, Medvin E. Shallow hazard detection in the near surface, a coherence cube processing application. The Leading Edge, 2002, 21(7):672-674

[23] Geoffrey A D. Modern 3-D seismic interpretation. The Leading Edge, 1998, 17(9):1262-1272

[24] http://www. lgc. com

[25] M Al-Mazroey. Identifying production zones using time-lapse coherency. SEG 72nd Annual Meeting, Salt Lake City, Utah,2002

[26] 邹才能,张颖,等.油气勘探开发实用地震新技术.北京:石油工业出版社,2002

[27] 孙岩,李明,赵一民,等.英台地区构造——岩性复合油气藏解释技术的应用与效果.石油地球物理勘探,2003,38(2):185-189

[28] 刘宪斌,万晓樵,林金逞,等.松辽盆地新肇地区 G634-63 井区三维地震精细构造解释.矿物岩石,2003,23(3):109-113

[29] 王巍,朱丕跃,罗家群,等.南阳凹陷复杂断块的解释方法及应用.河南石油,2002,16(1):17-19

[30] 刘秋生,贾艳君,竺知新,等.东濮凹陷地震勘探技术应用效果分析.石油地球物理勘探,1998,33(增刊):155-163

[31] Ross C P,et al. Inside the cross-equalization black box. The Leading Edge, 1996,15(11):1223-1240

[32] Johnston D H, Mckenny R S. Time-lapse seismic analysis of Fulmar Field. The Leading Edge, 1998,17(10):1420-1428

[33] Jenkins S D,Waite M W,Bee M F. Time-lapse monitoring of the Duri steamflood: A pilot and case study. The Leading Edge, 1997, 16(9):1267-1273

[34] Waite M W,Sigit R. Seismic monitoring of the Duri steamflood:Application to reservoir management. The Leading Edge, 1997,16(9):1275-1278

[35] 严建文.四维地震技术与油藏强化开采.石油地球物理勘探,1998,33(增刊1):112-121

[36] He Wei, Anderson R N, Boulonger A. 4D seismic: The fourth dimension in reservoir management, Part 4: Inversion of 4D seismic changes to find bypassed pay. World Oil,1997,218(7):109-115

[37] 刘福贵,刘传虎.应用三维地震资料设计水平井轨迹.地球物理学报,1994,37(增刊1):455-460

[38] Kidd G D. Fundamentals of 3-D seismic volume visualization. The Leading Edge, 1999, 18(6):702-712

[39] Stark T J,Dorn G A,Cole M J. Arco and immersive environments, Part 1: The first two generations. The Leading Edge, 2000, 19(5):526-532

[40] Stark T J,Dorn G A,Cole M J. Arco and immersive environments, Part 2: Oil industry experience with immersive environments. The Leading Edge, 2000, 19(5):884-890

[41] Sheffield T M, Meyer D, Lees J. Geovolume visualization interpretation: A lexicon of basic techniques. The Leading Edge, 2000, 19(5):518-522

[42] Dorn G A,Touysinhthiphonexay K,Bradley J. Immersive 3-D visualization applied to drilling planning. The Leading Edge, 2001, 20(12):1389-1392

[43] Neef D,Singleton J Y,Grismore J. Seismic interpretation using true 3-D visualization. The Leading

Edge，2000，19(5)：523-525

[44] 曲寿利，王鑫．国内外物探技术现状与展望．北京：石油工业出版社，2003

[45] 陈世军，孟祥宾．地震勘探三维可视化技术的研究和应用．http://www.visualskt.com

[46] http://www.visu.uwlax.edu

[47] http://www.avs.com

第3章 储层岩性与物性预测方法

储层岩性与物性预测方法是地震资料综合分析研究的重要内容。从利用地震资料解决地质问题的目标来看，本章主要讨论综合利用地震、测井、地质和钻井等资料进行储层岩性和物性预测的具体方法，而不讨论地震资料的地层、岩相解释的相关内容。

3.1 储层岩性预测方法

地震资料最早直接用于岩性解释的参数有两个：一个是地震波的速度，另一个是地震波的振幅。本节主要介绍利用这两个参数进行储层岩性解释的基本原理和相应方法。

3.1.1 波场信息及地质含义

地震资料中蕴藏着丰富的地质信息，主要有两大类：一类是运动学信息，另一类是动力学信息。运动学信息主要是指地震反射波旅行时（t_0 时间及层间旅行时差）和速度（平均速度、层速度）等。利用这些信息可以把地震时间剖面变为深度剖面，绘制地质构造图，进行构造解释，搞清岩层之间的界面、断层和褶皱的位置及展布方向等。动力学信息主要是指地震反射特征，如反射波的振幅、频率、吸收衰减、极化特点、连续性，反射波的内部结构、外部几何形态等。从这些地震信息中可以提取非常有用的地层、岩性信息，借此确立地震层序、分析地震相、恢复盆地的古沉积环境、预测生储油相带的分布、寻找地层或岩性圈闭油气藏。除此之外，借助于地震波的振幅、频率、极性等动力学信息并结合层速度以及钻井、测井资料，提取岩性和储层参数，如流体性质、储层厚度、泥质含量、孔隙度等，进行地震资料的岩性分析及烃类检测。

地震剖面上的信息是十分丰富的，除了波形特征（振幅、频率、相位）外，我们可以计算自相关函数、傅里叶谱、功率谱，利用自回归分析、数理统计分析以及各种数学变换等方法，可以提取出各种各样的反射特征参数，即地震属性。在地层、岩性解释和烃类检测过程中，众多的地震参数都应有其相应的地质含义（表 3-1-1）。尽管这些相互关系不是一一对应的，但它对我们进行定量分析以及确保这些参数的真实性、在资料解释过程中更好地利用这些波场信息等，有着十分重要的指导意义。

表 3-1-1　地震参数及地质参数的对应关系

序　号	地震参数	地质参数
1	地震波运动学特点	反射界面的几何形态、倾角及埋藏深度

续表 3-1-1

序号	地震参数	地质参数
2	反射波的波系、结构、形状，地震相分析的外形和内部结构	沉积过程、地层层理特征、古代剥蚀面、古构造特征
3	反射波的连续性	沉积过程及其连续性、沉积盆地的大小
4	反射波的振幅和强度	地层厚度、岩石成分及含饱和液成分等
5	反射波的频谱特征	地层厚度、岩性、含流体成分
6	反射波的极性	沉积顺序、岩石成分变化
7	反射波的相关性	沉积条件的稳定性、地层分界面的光滑度
8	反射波的波形特征	声阻抗变化规律
9	非弹性吸收性质：品质因子	地层岩性、地层年代、含流体成分
10	层速度	地层年代、岩性、地层压力、孔隙度、流体成分

3.1.2　地震波速度信息用于岩性解释的基础

1. 速度的影响因素及利用速度信息研究岩性的基本思路

速度的影响因素很多，如地层岩石的岩性、弹性常数、密度，构造历史和地质年代，埋藏深度和孔隙度，孔隙中流体的性质、温度、压力等。这诸多的因素决定了地震波在地下岩层中的传播速度。也就是说，地震波在地下岩层中传播时的速度是由上述因素综合影响而成的。

一般而言，不同的岩性具有不同的地震波传播速度及变化范围。岩性相同的岩石由于其内部的孔隙性及孔隙中流体性质等的变化而具有一定的速度范围。岩性、孔隙度、孔隙中流体的性质是影响地震波传播速度的主要因素。虽然速度随岩石密度增加而增大，但岩石密度变化的范围较小；同时从岩石的物性角度考虑，岩石的孔隙度与密度有着内在的联系，影响岩石孔隙度的因素也影响岩石的密度。岩石的埋藏深度对速度也有一定影响，具体来说，同一种岩性的地层埋藏越深，速度相对越大，但其速度变化的梯度则因为埋藏深度的增加而降低。构造历史和地质年代对速度也有一定的影响，这两个因素直接影响岩石的孔隙度。实际资料表明：当岩石的埋深相同、岩性相近时，岩石的年代越老，则速度越大。在构造力的作用下，岩石受构造运动的次数越多，其波速变化也越大。

综合上述众多影响速度的因素，可以得到两个明确的认识：一是地震波速度信息确实与岩性有着密切的联系；二是影响地震波速度的因素远不止岩性一个，还有很多其他的因素，而且关系也很复杂。因此，利用从地震观测中得到的速度资料来解释岩性既有可能，但又存在一定的局限性和难度。如果我们能够尽可能地把除岩性以外的其他影响速度的因素（如地质年代、埋藏深度等）消除掉，使实际测得的速度数据主要反映岩性特点，并且认真总结各地区岩性的速度特征及速度与岩性之间的关系特征，则用速度资料解释岩性，实现速度、岩性之间半定量、定量解释也是可能的。这就是速度资料用于岩性解释的基本思路。

2. 几种与油藏关系密切的岩层的速度特征

1）页岩

页岩的一个主要特征是沉积后易于压缩，所以其速度、密度与深度有显著的依赖关系。但实际上密度主要与孔隙度有关，而速度主要与孔隙中的流体性质有关。页岩的密度、速度的具体数值变化范围很大。例如,在沉积时细粒粘土物质的含水量可达60%或更多,密度约为1.7 g/cm³,速度约为1 600 m/s;在埋藏深度增加且水被挤出以后,含水孔隙度可能只有百分之几,密度可达2.6 g/cm³,速度增加到3 700 m/s。

2) 砂岩

成因不同的两类砂岩具有明显不同的速度特征。分选良好的海滨砂层,颗粒光滑滚圆、质硬,埋深造成的压力既不能使颗粒重新排列而压实,也不会因为水分被挤出而变得高度致密,所以速度、密度对深度只有微弱的依赖关系。河道砂层则不同,由于搬运距离短、沉积快、分选差,当埋深增加时易于被重新排列、压实而导致速度发生明显变化。另外,颗粒的胶结程度也会对速度产生很大的影响。总的来说,埋藏深度对硬质砂岩的影响不像页岩那么明显,而沉积环境的变化对速度的影响较大。实验表明:当深度从0变化到4 000 m时,砂岩的孔隙度大约从30%减小到百分之几,速度大约从2 500 m/s增加到4 500 m/s。

3) 碳酸盐岩

碳酸盐岩速度的变化主要与孔隙度和埋藏史有关。在没有孔隙时,碳酸盐岩的速度比较稳定,随深度变化较小,速度在4 500～6 500 m/s的范围内,比砂岩大。渤海湾内的下古生代寒武、奥陶系碳酸盐岩地层,其顶界埋深在3 000～6 000 m不等,它们的速度变化范围为5 500～6 500 m/s,平均为6 000 m/s左右。总的来说,碳酸盐岩的速度变化受埋深的影响较小。

4) 火成岩和变质岩

大多数火成岩和变质岩的孔隙度都非常小,因此,地震波的速度主要取决于构成这些岩石的矿物本身的性质。一般来说,火成岩地震波速度的变化范围较变质岩和沉积岩小,其速度的平均值较其他类型的岩石要高;而变质岩的地震波速度变化范围一般较大。

3.1.3 利用速度信息划分岩性

1. 速度资料划分岩性的可能性及其存在的问题

从上述的分析中我们知道,各种岩性具有不同的速度值(图3-1-1),这为我们利用速度来划分岩性提供了可能性。只要计算出各种岩性的层速度,再根据层速度来解释岩性就能实现速度的岩性解释(图3-1-2)。但另一方面,同一岩性的地层有一个速度变化范围,不同岩性的地层的速度范围有时互相重叠(图3-1-3),并且又受埋深、地质年代等一系列因素的影响。因此,用速度资料来划分岩性的可靠性是有条件的。此外,由于地震勘探垂向分辨率的限制,导致利用常规速度谱解释层速度的精度和地层的分层厚度受到限制。

这就要求我们在利用速度信息进行岩性解释时,应充分考虑研究区的速度分布规律,综合地震、地质、测井等各种资料,尽量选择岩性相对单一、特征较为明显的地区。

2. 用速度信息划分岩性的主要步骤

利用速度资料划分岩性在很大程度上是定性的,或最多只能达到半定量的程度,如3.1.4节中将要讨论的砂泥岩百分比的估计。尽管如此,还是有必要把目前生产实际中常用的方法和具体做法进行简单介绍。

1) 制作工区的岩性-速度图版

这是钻井地质资料和测井资料综合应用的过程。先在地质综合录井图上找出具有代表性的、相对较纯的岩性段,得出其相应的埋藏深度 H;然后利用该井的声波测井资料读出对应岩性段的层速度 v,从而得出一组包含岩性、深度、层速度的数据。同一地区众多的井可

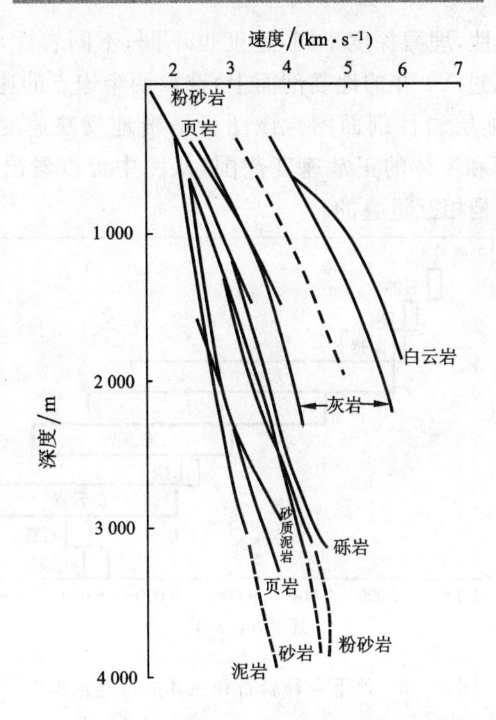

图 3-1-1 不同岩性的速度特征[1]

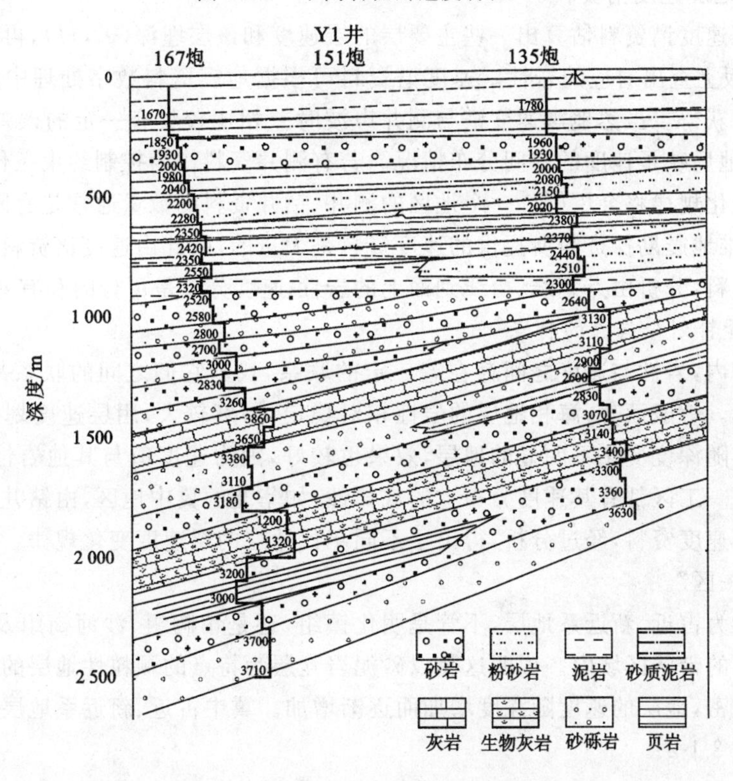

图 3-1-2 由层速度解释的岩性剖面[1]

以得出大量的岩性、深度、层速度数据组。把各种岩性的深度、层速度数值画在同一张图上，经过统计分析就可以作出该地区的岩性-速度图版，用以反映该地区不同岩性的地层速度随深度的变化规律，如图 3-1-1 所示。该图为某海区的岩性-速度图版。由图可知：该海区沉积的岩性类型较多;相同岩性,埋藏深度不同,速度也不同;不同岩性,速度随深度变化的规律也不一样。图 3-1-2 是从过 Y1 井的地震剖面上,选取两个炮点的速度谱资料进行解释并利用了井的信息所获得的地层岩性剖面图。该图可清晰地反映速度-岩性的横向剖面特征。图 3-1-3 所示为各种岩石和流体的正常速度范围,从图中可以看出不同岩性或流体的传播速度,且其分布范围有时是相互重叠的。

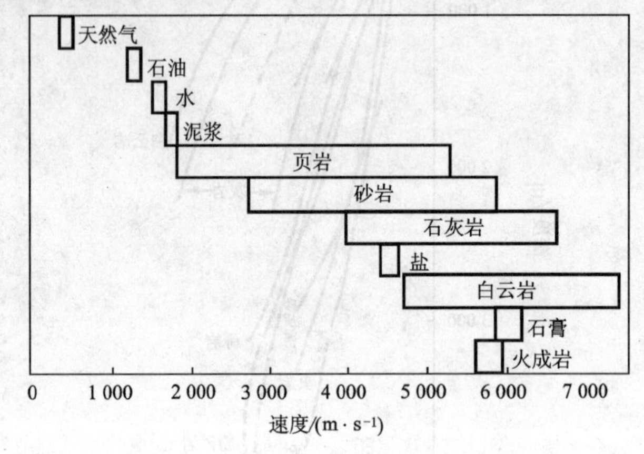

图 3-1-3　地下各种岩石和流体的波速范围[1]

2）利用地震速度谱资料

利用地震速度谱资料估算出一些主要层的层速度和该层埋深(v_n,H),再用这个数据在岩性-速度图版上查出对应的岩性。速度谱资料可根据地震资料数字处理中的叠加速度谱或相关速度谱获得。虽然地震速度谱与测井声波时差相比较具有一定的误差,但它由浅到深、从点到面地反映了速度的空间分布情况。若有测井资料作为控制约束条件,那么所反映的速度空间变化规律将会更好。一个地区的测井、钻井资料的数量通常是有限的,而地震资料,尤其是三维地震勘探资料所提供的速度资料是大量的,因此由速度谱资料结合测井资料及钻井岩性资料,分析由点到线、由线到面上的岩性-速度分布是可行的和有效的。

3. 速度资料划分岩性的特点

每一工区内,岩性与速度之间存在着一定的联系,找到它们之间的联系是进行岩性-速度分析的前提。一般而言,海相地层的岩性相对稳定,厚度较大,用层速度划分岩性的效果较好。对速度随深度变化不明显的地层,效果也较好,因为速度值与其他岩性交叉重合少,多解性少。每一工区都有其速度分布上的规律性,如华北的冀中地区,由钻井、测井、地震等得到了大量的速度资料,经过分析,得出了不同年代地层的层速度变化规律。这种规律总的特点是“两带一区”。

第一个带为古近、新近系地层,不管是明化镇组,还是馆陶组、沙河街组及孔店组,都分布在一条倾斜的带状区域内。说明这套以砂泥岩互层为特点的颗粒性地层的密度随埋深的增大而变得致密,地层的速度随深度增加而逐渐增加。冀中古近、新近系地层速度随深度的变化关系见表 3-1-2。

表 3-1-2　华北冀中地区速度、深度关系简表

埋藏深度/m	500	1 000	1 500	2 000	2 500	3 000	3 500
层速度范围/(m·s⁻¹)	1 930～2 450	2 250～2 850	2 500～3 200	2 850～3 600	3 100～3 950	3 400～4 250	3 600～4 600
平均/(m·s⁻¹)	2 150	2 500	2 850	3 200	3 500	3 750	4 000

第二个带由古生界(包括震旦系)灰岩地层组成,其速度在 5 500～6 500 m/s 范围内。由于是结晶的灰岩地层,所以层速度基本上与埋藏深度无关,表现为一个垂直分布带,平均速度为 6 000 m/s。

这两个带之间有一个过渡区(层速度在 4 000～5 000 m/s 之间),大多数属于中生界及石炭-二叠系地层。这些地层沉积年代较老,压实程度较上覆地层高,其层速度也较高,但与它下面的灰岩地层相比还是有明显差别的。层速度的这种"两带一区"的分布特点在济阳坳陷及东濮坳陷中也可以看到。

有了上述规律,对冀中地区来说,埋深在 3 500 m 以上的地层就可以用层速度来区分古生界灰岩地层,而在 4 000 m 以下,各种地层之间层速度的差别减小,不易区分。

4. 利用纵横波速度比划分岩性

我们通常利用地震纵波进行地下地层岩性的研究,但地震横波资料也是提供地层岩性信息的一个主要来源。由于地震横波响应在某些方面独立于地震纵波响应,因此若能综合应用纵波和横波信息,将可能获取更多的信息,从而减少岩性解释中的多解性。然而,这方面的工作由于受横波地震勘探技术发展的制约,一些方法还不太成熟。在此介绍利用纵横波速度比来划分岩性和检测气藏的原理。

1) 用 v_p/v_s 划分岩性的基本原理

纵波速度 v_p 和横波速度 v_s 相对于介质的弹性参数有如下关系:

$$v_p = \sqrt{\frac{\lambda + 2G}{\rho}} = \sqrt{\frac{E(1-\mu)}{\rho(1+\mu)(1-2\mu)}} \tag{3-1-1}$$

$$v_s = \sqrt{\frac{G}{\rho}} = \sqrt{\frac{E}{2\rho(1+\mu)}} \tag{3-1-2}$$

于是可得 v_p/v_s 的表达式为:

$$\gamma = \frac{v_p}{v_s} = \sqrt{\frac{\lambda + 2G}{G}} = \sqrt{\frac{2(1-\mu)}{1-2\mu}} \tag{3-1-3}$$

式中,λ 为拉梅常数;G 为切变模量;ρ 为介质密度;E 为杨氏模量;μ 为泊松比;γ 为纵横波速度比。

另外,K 为体变模量,由 $K=\lambda+2/3G$ 可得:

$$\gamma = \frac{v_p}{v_s} = \sqrt{\frac{K}{G} + \frac{4}{3}} \tag{3-1-4}$$

用纵横波速度比表示的弹性常数的关系式分别为:

$$K = v_s^2 \rho \left(\frac{1}{\gamma^2} - \frac{4}{3}\right) \tag{3-1-5}$$

$$G = \rho v_p^2 \frac{1}{\gamma^2} \tag{3-1-6}$$

$$E = \rho v_s^2 \frac{4-3\gamma^2}{1-\gamma^2} \tag{3-1-7}$$

$$\mu = \frac{2-\gamma^2}{2(1-\gamma^2)} \tag{3-1-8}$$

上述公式表明,通过计算纵横波速度比有可能得到岩石的弹性参数。岩石的弹性参数能够比较准确地反映岩石的特征,这是我们借助于地震纵横波速度比来划分岩性的基本原理。

图 3-1-4 为利用 v_p/v_s-μ 和 v_p/v_s-K/G 两个关系绘制的曲线图。

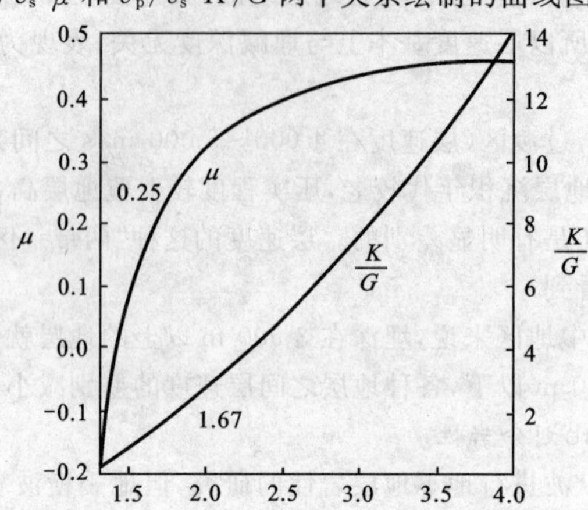

图 3-1-4　v_p/v_s 与弹性参数的相互关系[1]

2）用 v_p/v_s 划分岩性的步骤

用 v_p/v_s 划分岩性的步骤如下：

(1) 作出 v_p/v_s-v_p 岩性分区图。图 3-1-5 是利用在实验室对某区井下岩心进行分析后所得的数据绘制的岩性分区图。图上各种岩性点的分布表现出较好的规律，各种岩性占有一定的区域，相互重叠较少，这就为我们利用钻井资料作出某一地区的 v_p/v_s-v_p 岩性图版，并继而对地震资料换算出的 v_p/v_s-v_p 数据进行岩性解释提供了可能。

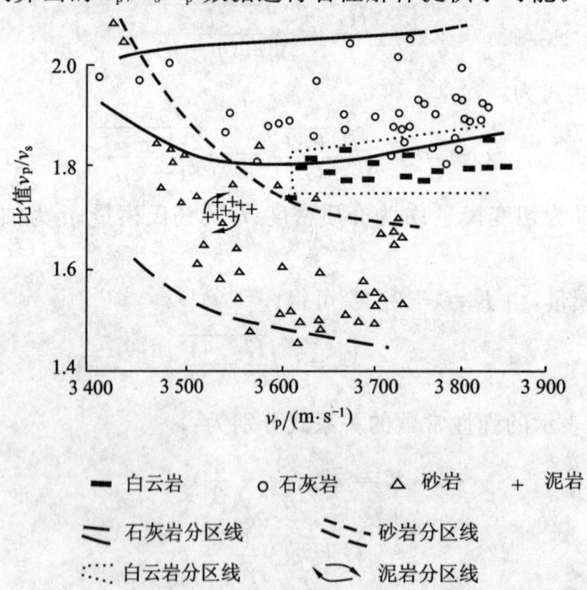

图 3-1-5　v_p/v_s-v_p 岩性分区图（3.4×10^7 Pa 压力下对盐水饱和岩样的测量结果）[1]

(2) 用 v_p/v_s 估算出 μ（泊松比），用 μ 推断岩性。如前所述，弹性参数是影响速度的因素之一，这表明速度确实与弹性参数有关。实验室的大量实验研究表明：μ 是对区分岩性有特殊作用的参数，它与岩性和岩石孔隙中的流体的性质有密切的关系。

1976 年，汉密尔顿(Harmerdon)给出了非固结海相沉积砂岩和页岩的 $\mu=0.45\sim0.5$；同年，格里哥里(A. R. Gregory)给出了盐水饱和及气饱和固结沉积砂岩的 μ 分别为 0.2～

0.3 和 0.02～0.14，采用的岩样包括砂岩、石灰岩、石膏等，孔隙度为 4%～40%。同样是在 1976 年，多米尼克(S. N. Domenico)利用孔隙度为 38%的未固结样品，用气代替盐水，测量结果表明 μ 从 0.4 下降到了 0.1。

对于同一种介质而言，我们已得到式(3-1-3)中的对应关系。此式表明：如果能够测量出某套地层或某种岩石的 v_p/v_s 值，就可以借助该关系得出这套地层或岩石的泊松比，并可进一步根据测井资料推算出纯岩石及孔隙岩石或孔隙中充填流体的岩石的泊松比。根据实验，固结岩石的 v_p/v_s 小于 0.2，泊松比小于 0.333。当岩石孔隙中充水时，v_p/v_s 值可以从 1.4 变到 2.0；当岩石孔隙中充气时，v_p/v_s 值可以从 1.3 变到 1.7。水饱和非固结地层的 v_p/v_s 大于 2.0。v_p/v_s 值与 μ 值的关系以及 v_p/v_s 随岩石特性的变化如图 3-1-4 所示。泊松比的值大于 0.5 或为负值，可能表示存在各向异性，但这种情形在实验室的岩样测试中不常见。

测量得出的泊松比有如下几点结论：① 未固结的浅层盐水饱和沉积岩往往具有非常高的泊松比(0.4 以上)；② 泊松比往往随孔隙度的减小及沉积物的固结而减小；③ 高孔隙度的盐水饱和砂岩往往具有较高的泊松比(0.3～0.4)；④ 气饱和高孔隙砂岩往往具有低泊松比(≤0.1)。

3.1.4　利用速度资料估算砂泥岩百分比的方法

在砂泥岩沉积地带，通常其速度的变化是有一定规律的，如速度上的成层性、递增性，横向上的分区性等。对于面积较大且有一定厚度、岩性相对稳定或岩性相对均匀的海相、湖相地层，用速度资料来估计砂泥岩百分比通常能取得良好的地质效果。下面讨论该方法的基本原理。

1. *砂泥岩体积物理模型的建立*

建立砂泥岩体积物理模型的目的是为了找出岩性的整体速度与其中的砂、泥成分之间的关系。

沿地震波传播的方向截取一块边长为 z 的立方体砂泥岩块，其间的砂泥岩以互层的形式分布，如图 3-1-6a 所示。可以这样设想：若将岩块中的砂岩与泥岩分别集中，即可用图 3-1-6b 的等效体积来表示，其中砂岩厚度为 z_s，泥岩厚度为 z_m，并且有 $z=z_s+z_m$ 成立。因此，地震波若以速度 v 通过岩块，则可以认为地震波通过 z 段的时间 t 等于通过等效砂岩段 z_s 的时间 t_s 加上经过等效泥岩段 z_m 的时间 t_m，即 $t=t_s+t_m$。若纯砂岩和纯泥岩的速度分别为 v_s 和 v_m，则上式可以等价为：

$$\frac{z}{v}=\frac{z_s}{v_s}+\frac{z_m}{v_m} \tag{3-1-9}$$

令 $z_s/z=P_s$ 为砂岩的百分比，则有：

$$\frac{1}{v}=\frac{P_s}{v_s}+\frac{1-P_s}{v_m} \tag{3-1-10}$$

若该岩块为纯砂岩，则 $z_s/z=P_s=1$，有 $v=v_s$；若该岩块为纯泥岩，则 $z_s=P_s=0$，有 $v=v_m$；若该岩块为砂、泥岩各占一半，即 $z_s/z=P_s=0.5$，则有：

$$\frac{1}{v}=\frac{1}{2v_s}+\frac{1}{2v_m}=\frac{1}{2}(\frac{1}{v_s}+\frac{1}{v_m}) \tag{3-1-11}$$

上述讨论表明：对砂泥岩互层结构的沉积地层，其波速与砂泥岩所占的比例有密切关系。

知道了砂泥岩百分比估计的基本原理后，我们再来讨论其具体实现过程，如图 3-1-7 所示。

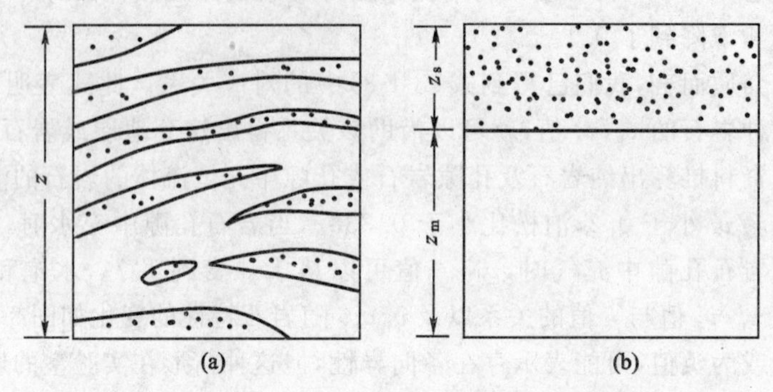

图 3-1-6　砂泥岩体积物理模型示意图[1]

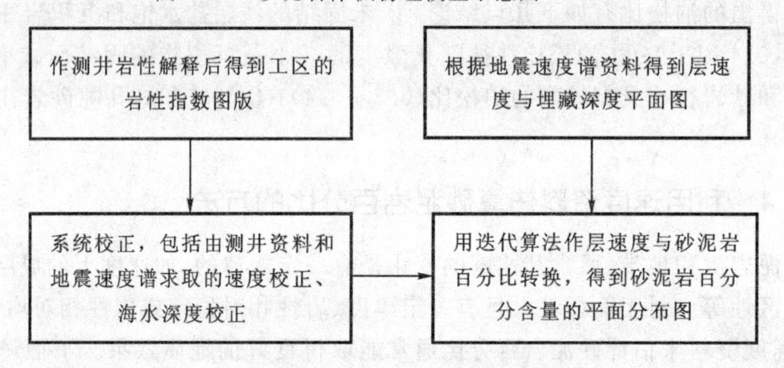

图 3-1-7　砂泥岩百分比估算的实现步骤

2. *砂泥岩压实曲线的制作*

实际的砂泥岩地层中，地震波的传播速度不仅与其中的砂泥岩含量有关，还与其埋深有关，所以在利用层速度信息作砂泥岩的岩性解释时，必须进行埋深（或压实）的校正。砂泥岩压实曲线（或称岩性指数图版）就是用于这种校正的。

1）制作砂泥岩压实曲线的资料来源

制作砂泥岩压实曲线的资料主要从两方面获得：其一是精度比较高的钻井、测井资料，通常用这些资料进行岩性解释的标定；其二为地震资料数字处理过程中所获得的大面积的速度谱资料。一般的做法是利用钻井、录井资料和声波测井资料来解释纯砂岩和纯泥岩的深度和速度值；在测井资料较少的地区，则可以利用从速度谱解释得到的层速度和对应层的深度资料结合井资料来制作压实曲线。

2）测井或录井资料解释中需注意的问题

实际的地层中，要分出纯砂岩、纯泥岩及其对应的速度值比较困难，也不能真正地、综合地反映井的岩性变化。因此，实际过程中砂泥岩剖面一般可以分为两大类：砂岩包括砾质砂岩、砂岩、粉砂岩、细砂岩和泥质砂岩；泥岩包括粉砂质泥岩、泥岩和页岩，并选用层厚大于 5 m且岩性较纯、特征明显的地层。

岩性识别主要依靠声波时差曲线和钻井岩性剖面，同时应考虑自然电位、自然伽马、井径、感应、视电阻率、微电极等其他测井资料。主要判断依据见表 3-1-3。

表 3-1-3　不同岩性的速度特征

	资料类型	砂　岩	泥　岩
砂泥岩的判断依据	声波时差	相对低值	相对高值
	岩屑录井	砂	泥
	自然电位	负异常、渗透性差时平直	平　直
	井　径	≤钻头直径	>钻头直径
	感　应	中值和较低值	高　值
	视电阻率	高　值	低　值
	微电极	$R_{电位}>R_{梯度}$，明显幅度差	平稳低值、重合
	自然伽马	低　值	高　值

3）压实曲线的具体做法

在利用解释出的 v_n-H 原始数据制作压实曲线时，有几种不同的方法。

(1) 数学统计法（幂函数拟合 v_n-H 数据）。通过大量数据的分析，可以得出工区内层速度 v_n 随深度的变化规律符合如下幂函数：

$$v_n = az^n \tag{3-1-12}$$

式中，z 为某岩层中心点的埋深；a，n 为常数。

a，n 可根据层速度和地层的中心埋深来确定，值得注意的是，不同的地区可用变化的 a，n 值来代替。

图 3-1-8 所示为东南亚地区根据大量钻井资料所得到的岩性指数图版（即压实曲线）。该区的 $n=0.37$，a 分别为 145，176，191，208，251，分别对应纯泥岩，含泥 70％的泥岩，含泥 50％的泥岩，含泥 30％的泥岩，纯砂岩 5 个等级的岩性指数。灰岩、火成岩、白云岩的 v_n-H 值大多数在纯砂岩曲线的右边，而纯泥岩曲线的左边主要是极低速的软泥岩。

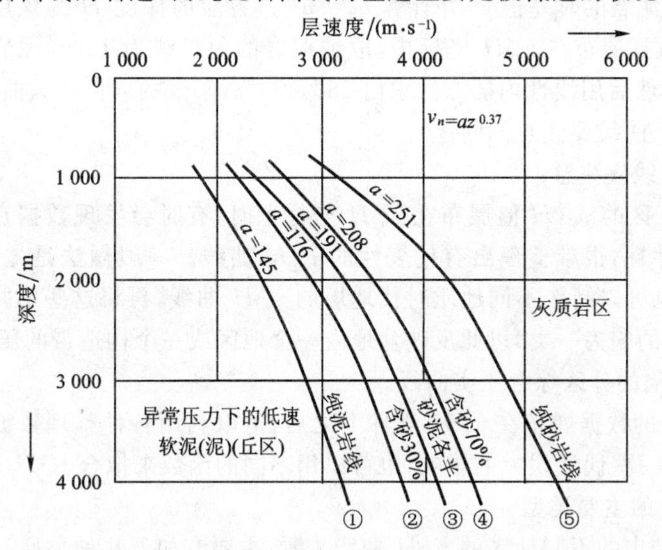

图 3-1-8　校正埋深影响的岩性指数图版[1]

在研究区域内，只要知道了层速度和地层的中心埋深，就可以利用该图版内插出其他岩性指数，进而可求出砂泥岩的百分比。

(2) 散点法。这是在测井资料较少的地区采用地震速度谱资料求得层速度，进而制作岩性指数图版的方法。具体做法是：对划分出的层序计算其层速度，按各层中心点深度把所计算的层速度值展布在 v_n-H 坐标中，作数据点分区的包络线，下限为100%泥岩或页岩，上限为100%砂岩(图3-1-9)，再用研究区域内的井资料进行检验。这种情况得出的图版精度相对较差。

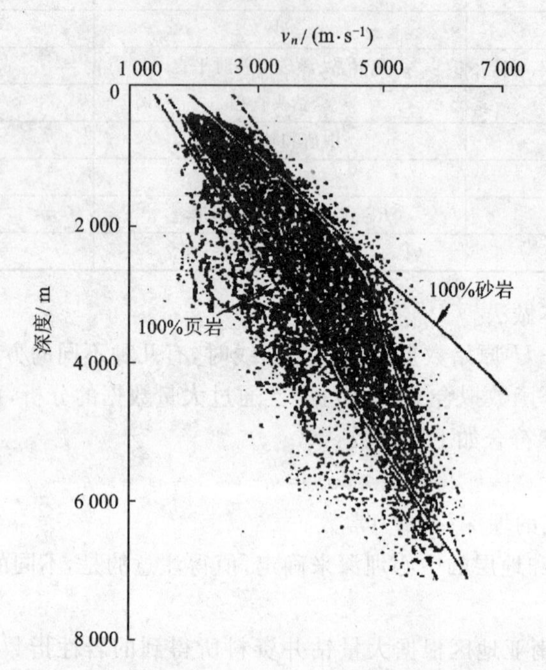

图3-1-9　某海区古近、新近系层速度分布图[1]

(3) 对应取值法。这是目前应用较多的方法。根据声波测井资料和录井岩性资料，读取各层纯砂岩、纯泥岩的时差值 τ_n 并计算 $v_n=v/\tau_n$，各层的深度 H 为该层中心点的深度。把得出的 v_n，H 数据展布在 v_n-H 坐标内，取纯泥岩的包络线为100%泥岩，纯砂岩的包络线为100%砂岩，然后用线性内插方法求出25%，50%，75%的岩性指数曲线。

4) 制作 v_n-H 曲线要注意的问题

制作 v_n-H 曲线应注意：

(1) 当把全工区的 v_n，H 值展布在 v_n-H 坐标上时，有时会发现数据点分布很散乱，没有形成明显的规律性，很难整理出有代表性的 v_n-H 曲线。一般做法是先分别制作单井的 v_n-H 曲线，有时也可以制作不同地质时代地层的 v_n-H 曲线，再将这些单井的 v_n-H 曲线分区进行比较，相似的归为一类，以此反映盆地内一个地区或一个构造带的压实规律。图3-1-10所示为廊固凹陷的分区综合压实曲线。

(2) 把 v_n，H 的数据展布在 v_n-H 坐标上之后，可以利用各种整理数据的统计方法(如加权平均等)消除一些偶然误差的影响，也可以用不同的函数来拟合 v_n-H 曲线。

5) v_n-H 曲线的主要类型

从目前已总结出的不同地区的 v_n-H 曲线来看，主要有如下几种类型：

(1) 速度随深度按幂函数规律变化，即 $v_n=az^n$，如图3-1-8所示，主要特点是上窄下宽。

(2) 速度随深度变化规律为 $v_n=v_0(1+\beta\cdot z)^{1/2}$。我国珠江口盆地的岩性指数图版属于此类型。可求出泥岩的 $v_0=1\ 500$ m/s，$\beta=0.001\ 05$ m^{-1}；砂岩的 $v_0=1\ 930$ m/s，$\beta=0.001\ 3$ m^{-1}，如图3-1-11所示。

(3) 上大下小形态的曲线类型。浅层砂岩与泥岩速度相差大，愈往深处相差愈小。图

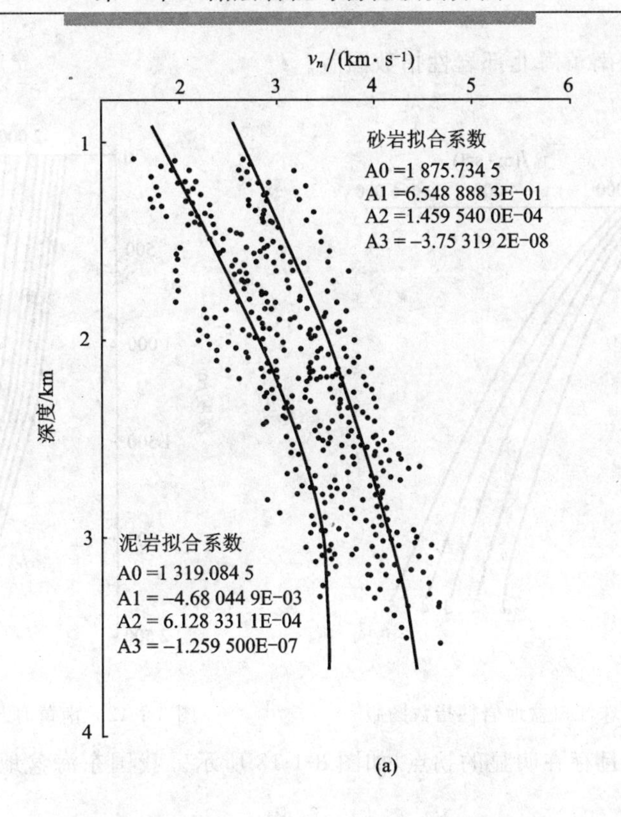

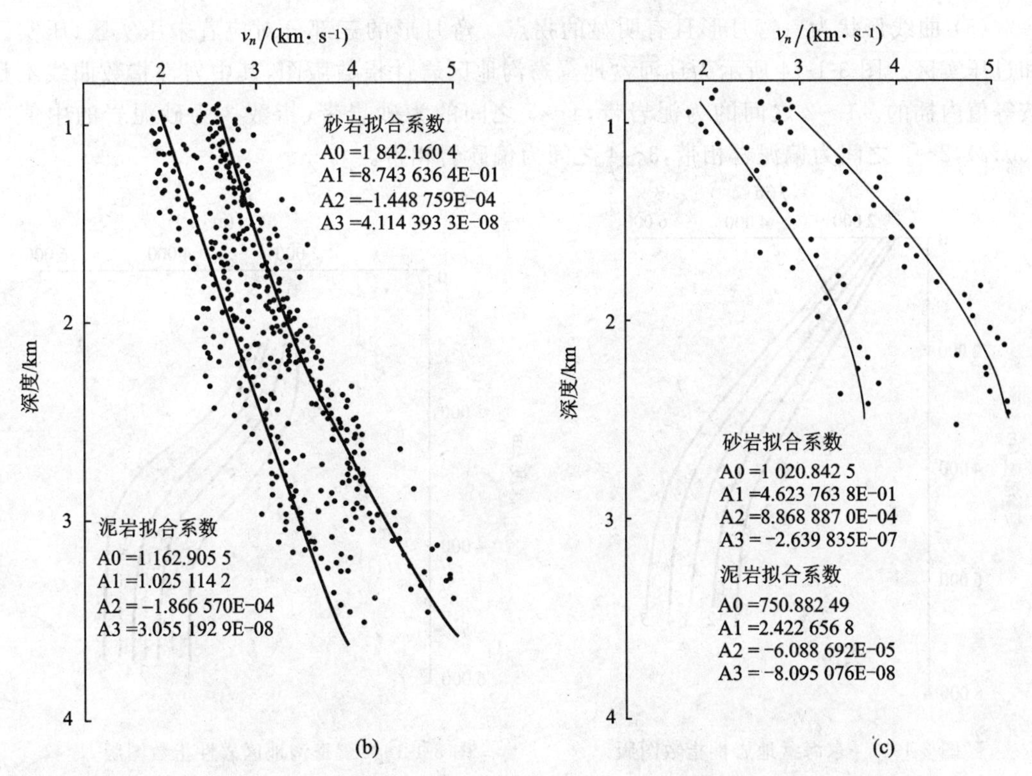

图 3-1-10　廊固凹陷分区综合压实曲线

(a) 王居-廊东地区(9 口井综合)；(b) 固安地区(6 口井综合)；(c) 柳河营地区(1 口井)

3-1-12 所示为我国南黄海北部岩性指数图版。

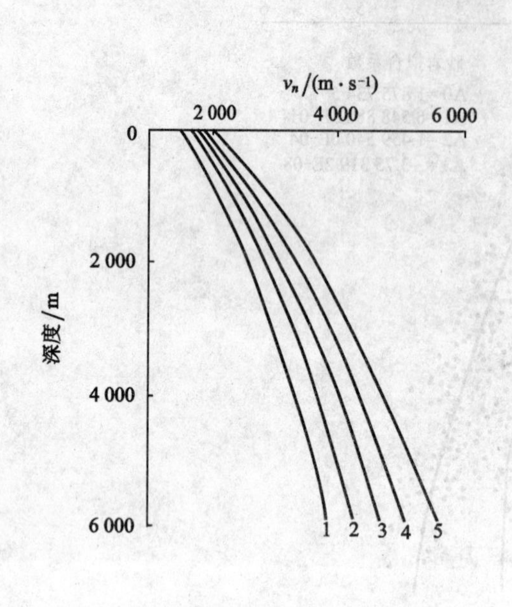

图 3-1-11 珠江口盆地岩性指数图版[1]

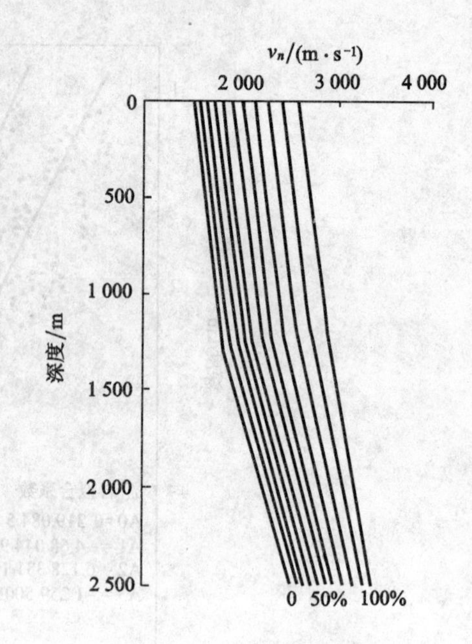

图 3-1-12 南黄海北部岩性指数图版[1]

(4) 上窄下宽且存在明显的拐点，如图 3-1-13 所示。我国东海盆地的岩性指数图版属此类型。

(5) 曲线形状为一弯月形且有明显的拐点。弯月形的三部分对应着未压实区、压实区和过压实区。图 3-1-14 所示为辽河盆地鸳鸯沟地区岩性指数版图，其中岩性指数曲线不是按等值内插的。1～2 之间的为泥岩带，4～5 之间的为砂岩带，指数 3 为砂泥岩的中值线(50%)，2～3 之间为偏泥岩相带，3～4 之间为偏砂岩相带。

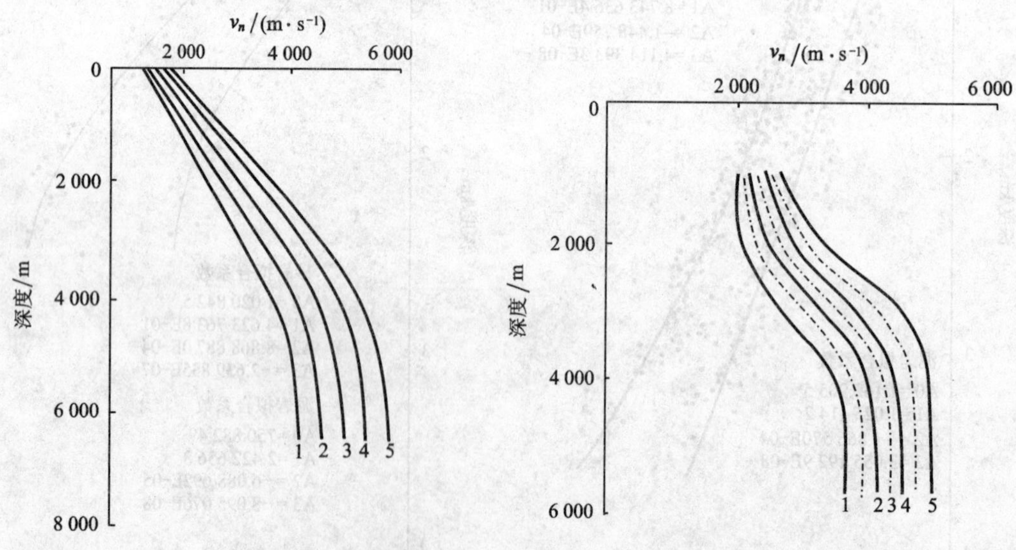

图 3-1-13 东海盆地岩性指数图版[1]

图 3-1-14 鸳鸯沟地区岩性指数图版[1]

(6) 曲线呈扫帚状形态，如图 3-1-15 所示。北部湾南部地区的岩性指数图版属此类型。

总之，岩性压实曲线的形状特点与盆地的地质条件、成岩作用、沉积特点等有关。根据上述给出的 v_n-H 曲线类型，很容易分析各自的地质条件、成岩作用、速度变化规律。

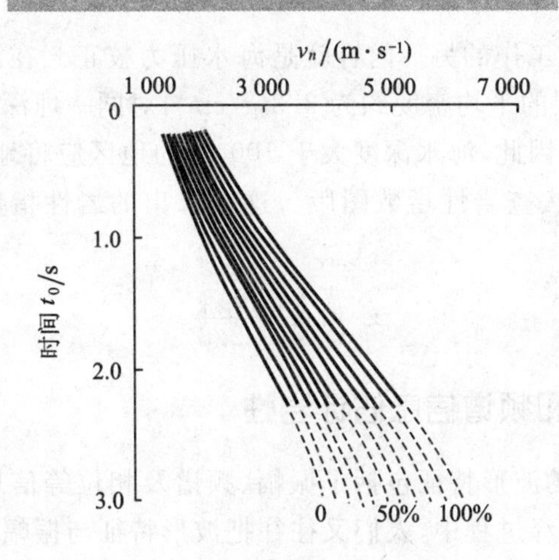

图 3-1-15　北部湾南部地区岩性指数图版[1]

3. *速度谱的解释和层速度平面图的绘制*

这是砂泥岩百分含量估算的关键一步，包括以下几个步骤：

(1) 解释速度谱。根据地震剖面上对比解释出来的主要目标层次，选出速度谱上对应的能量团，得出速度曲线，剔除高速异常（绕射）和低速异常（多次波）。解释速度谱时应注意的是：相邻速度谱比较时，速度规律是渐变的；先从地质条件简单、反射标准层质量好、能量团强的剖面入手，等等。

(2) 计算层速度。对大量的由速度谱解释得到的速度曲线使用 Dix 公式计算相应的层速度，即：

$$v_n = \sqrt{\frac{v_{R,n}^2 \cdot t_{0,n} - v_{R,n-1}^2 \cdot t_{0,n-1}}{t_{0,n} - t_{0,n-1}}} \tag{3-1-13}$$

在利用由速度谱解释出的均方根速度计算层速度时，应注意倾斜层的倾角校正，这是因为 Dix 公式只适用于水平层状介质。一般来说，速度随深度增大而增大，但也有较厚的低速层或多次波。判断低速异常是低速层还是多次波，可利用 Dix 公式来实现，即从 Dix 公式的物理意义和地质意义来说，应满足以下关系：

$$Q = v_{R,n}^2 \cdot t_{0,n} - v_{R,n-1}^2 \cdot t_{0,n-1} > 0 \tag{3-1-14}$$

(3) 计算层的深度。换算深度要用到平均速度曲线 $v_{av}(t_0)$，t_0 时间应是研究目标层的顶底两个能量团之间的中点所对应的 t_0 时间。

(4) 层速度平面数据的平滑。把计算出的属于同一目标层的层速度值统标在平面图上，其分布可能比较紊乱，故必须对这些原始数据加以平滑，以便看出其平面变化的总趋势和规律。平面数据的平滑方法有很多，如 5 点加权平滑法、网格平均法等。平滑时网格范围的选取应根据构造单元、古地形的变化来确定。

4. *层速度-砂泥岩百分比的转换*

有了岩性指数图版，又作出了同一层位的速度-深度（v_n-H）平面图，就可以把层速度-深度（v_n-H）平面图转换为砂泥岩百分比分布图，进一步可划分出不同砂泥岩百分比的相带。

在完成这一工作前，通常要做一些比较细致的校正工作，如 v_n-H 曲线校正。因为由测井方法所得到的层速度曲线与由地震速度谱计算的同一井位处的层速度曲线往往存在较大的系统误差，大多是速度谱计算的速度值大于声波测井的速度值，校正时可以平移声波测井资料算出的速度曲线，使之与地震速度谱算出的速度曲线重合。更细致的办法，可以对不同作图层位分别校正。校正工作的另一内容就是海水压力校正。在海水覆盖区，由于海水的密度仅为 1 g/cm^3，而岩层的平均密度约为 2.3 g/cm^3，对同一埋深的地层，在深海区与浅海区的压实作用是不同的。因此，海水深度大于 100 m 的地区应将地层实际深度 z 换算成校正深度 z'，用 z' 作为埋深去查岩性指数图版。这样求出的岩性指数才比较合理。显然，计算 z' 的公式应为：

$$z' = z - \frac{z_{海水}}{2.3} \tag{3-1-15}$$

3.1.5 利用波形和频谱信息估计岩性

从广义上讲，地震波的波形特征包括了振幅、频谱及相位等信息，也就是地震波振动图的特征。但在地震资料解释过程中，人们又往往把波形特征与振幅、频谱等并列。从这个意义上讲，波形特征指的是定性地反映反射波形的相位数、各相位幅度的相对大小、包络形状、极性等特点的特征。

地震波的频谱与其波形的关系是互为正、反傅里叶变换的关系，其数学表达式为：

$$\left.\begin{aligned} F(\omega) &= \int_{-\infty}^{+\infty} f(t)\exp(-\mathrm{j}\omega t)\mathrm{d}t \\ f(t) &= \frac{1}{2\pi}\int_{-\infty}^{+\infty} F(\omega)\exp(\mathrm{j}\omega t)\mathrm{d}\omega \end{aligned}\right\} \tag{3-1-16}$$

地震波的波形与其频谱是同一物理现象的两种不同表达形式。波形特征沿纵横方向上的变化反映了地层介质在纵横方向上的差异；地震波频谱上的差异则反映了岩性和流体成分的不同以及地层厚度的变化等。

波形、频谱及振幅是地震波动力学特征的三个主要参数。利用波形、频谱信息与振幅信息的差异在于后者能进行定量解释，应用方法有比较明确的原则与步骤，而波形、频谱信息主要是定性的，在很大程度上是凭经验，如在构造解释中提到的波的对比等。但需明确一点，那就是波形特征横向上的变化反映了反射界面的性质、岩性、厚度等的变化，因此利用波形特征及其中的频谱信息来研究岩性、预测含油气性的设想是可行的，至少可以作为一种有效的研究岩性的辅助手段。

1. 波形特征与岩性、岩相的关系

我们知道，反射振幅的强弱主要取决于反射系数的大小，而横向上能否形成反射同相轴则主要取决于沉积组合沿水平方向的稳定性。地震地层学解释的实践和大量的资料表明：反射标准层的品质主要取决于地层的沉积岩相条件。海相灰质岩在地震剖面上所对应的地震响应最佳；深水湖相的薄层灰质岩地层组合也对应了较好的反射标准层；浅水湖相的以暗色泥质岩为主、夹有灰岩的沉积剖面以及沼泽相的煤系地层的地震响应也具有一定的稳定性；河流三角洲相的砂泥岩互层组合，沉积稳定性差，表现在地震剖面上为波形不稳定、变化大；氧化条件下以红色砂岩为主的河流相沉积地层，其地震反射特征表现为短反射、断续的性质。另外，沉积区内总有不同于其他岩性的特殊岩性体存在，表现在地震剖面上最明显的特征就是波形上的差异。同一特殊地质体上也有可能产生不同的波形特征，它们都有助于我们分析、区别特殊地质体上的沉积亚相带。

2. 实例分析

图 3-1-16a 是一产状水平但岩性有变化的声速模型。横向上从左到右岩性逐渐变粗，砂层厚度变厚，右方最厚砂层为 30 m，模型总的时间厚度为 280 ms，约 460 m。用主频为 40

Hz 的雷克子波与图 3-1-16a 模型褶积所得的合成地震剖面如图 3-1-16b 所示。从该图上看，同相轴的总趋势是水平的，但仔细观察有如下特征：E 波向右微微下倾，G，H 波向右上倾，A 处存在波形的分叉，B，C，D 处发生波形的变化。

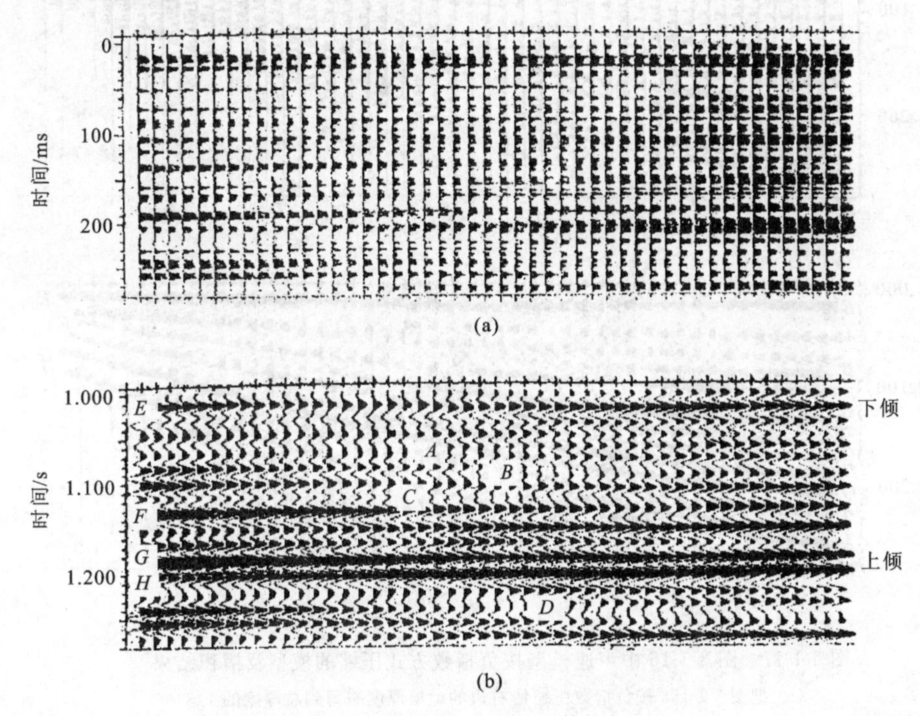

图 3-1-16　水平层模型及褶积结果[2]

(a) 岩性有变化，总厚度不变的水平层模型；(b) 用 40 Hz 雷克子波与图 3-1-16a 褶积的结果

图 3-1-17a 是把图 3-1-16 的声速模型按负指数方式压缩的结果，从而使右边地层逐渐变薄到总厚度的 1/3。用 40 Hz 雷克子波与之褶积，结果如图 3-1-17b 所示。图中可见到 7 个假上超点，左上方 A 波与 B 波的三个相位在中部好像中断了，且伴有波形的变化。超覆于 H 层之上的 X，Y，Z 三个波确实都中断了。

图 3-1-18a 为反映河流砂层横向推移沉积的 91 条声波曲线模型。图中砂岩体的产状呈水平状，单个砂层最厚处为 20 m，最薄处为 1～2 m，采样率为 0.5 ms，模型的总厚度为 75 m，用 20 Hz 雷克子波与之褶积，并采用波峰、波谷同时涂黑的显示方式得到了图 3-1-18b。从该图我们可以看到，对应于模型中的砂体，有一波峰向下凹的同相轴，左边的 A 波追踪到中间处发生中断，然后强相位转到了上面的 B 波。在建立这个模型时，第 1 道与第 91 道是完全相同的(目的是使之成为一个闭合圈)，然而褶积结果表明，原来追踪的 B 波变成了 A 波，从而发生了强相位的转换，造成了不闭合。这种现象正是岩性横向变化的特殊反映。

图 3-1-19 是砂岩透镜体模型和使用对称子波计算出的地震响应。由于透镜体顶底界面的反射系数符号相反，在地震响应上对应了波谷和波峰，波谷和波峰的形态与透镜体的外形对应，透镜体端点处的地震响应呈单波状或波形产生明显的变化，具体表现为振幅明显变弱。

3. 波形特征与垂向地震界面结构的关系

我们知道，若要在地下某个地质界面上产生较强的反射，则该界面上下必然存在波阻抗差，也即界面两侧地层的速度和密度的乘积存在较大的差异。图 3-1-20 绘出了处在钙质页

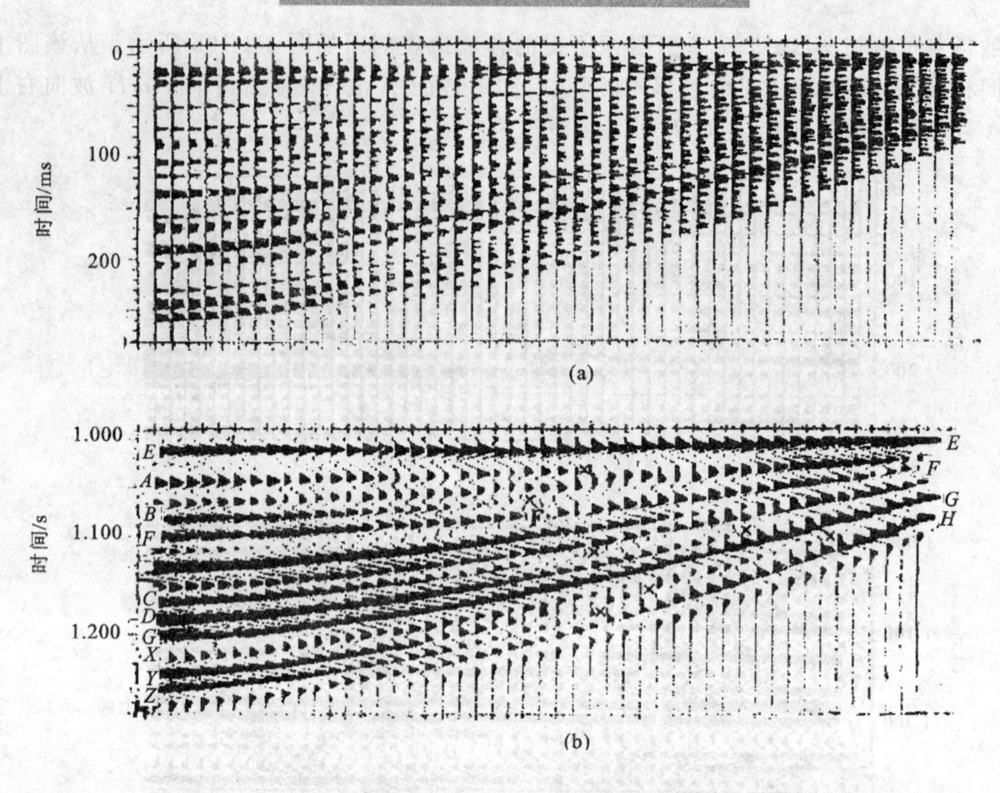

图 3-1-17 图 3-1-16 中声速模型按负指数方式压缩的模型及褶积结果[2]

(a) 把图 3-1-16a 按负指数压缩使右边的地层厚度减薄到总厚度的 1/3；

(b) 用 40 Hz 雷克子波与图 3-1-17a 褶积的结果

岩中具有代表性的、厚度为 15.2 m 的碳酸盐岩(包括页岩、孔隙灰岩、致密灰岩、孔隙白云岩、无水石膏和盐等)的地震响应。从图中我们可以看出横向上岩性的变化所产生的地震反射特征具有明显的差异，对油气勘探有意义的孔隙灰岩和孔隙白云岩界面只能产生弱反射，而非储集层的页岩则表现为强振幅。如果碳酸盐岩顶底的钙质页岩换成 $v=4\ 500$ m/s(或 14 764 ft/s)、密度为 2.68 g/cm^3 的页岩，其地震响应的振幅、极性的改变请读者自行分析。

这个例子表明：岩性横向变化导致反射特征的显著不同，而反射特征的差异主要体现在波阻抗的差异上。所以，从这个意义上讲，我们所指的纵向地震界面结构实际上就是波阻抗界面的垂向变化。

图 3-1-21 绘出了垂向不同性质界面的地震响应。对于无限厚层和厚层，其顶底的地震响应为单波，即波形特征相同于单个子波的波形，并可看到顶底界面明显的极性反转；当层厚 Δh 减小到子波波长的 1/4 时，其地震响应的极值将大于厚层时顶底的峰值，此时的厚度就是调谐厚度，所得到的脉冲称为调谐脉冲；当地层厚度继续变薄时，其反射波形是薄层顶底反射的复合；在波阻抗渐变段，地震响应表现为复杂的叠合脉冲。

图 3-1-22 所示为薄的波阻抗过渡接触带上的地震响应。薄层厚度为 15.2 m，顶底的波阻抗是变化的，从得到的地震响应来看，其波形基本上不变，但其振幅的变化比较明显。这也是把波形特征作为岩性解释的辅助手段而不是主要手段的原因。

图 3-1-23 所示为厚的波阻抗过渡接触边界的地震响应。对该图的解释是：随着底面过渡接触边界的增加(由 18.2 m 增加到 45.6 m)，反射波形的振动延续时间增加，振幅相应减小，视周期变大，反映出高频成分的损失，波谷连线对应着过渡带的顶面。波阻抗渐变主要

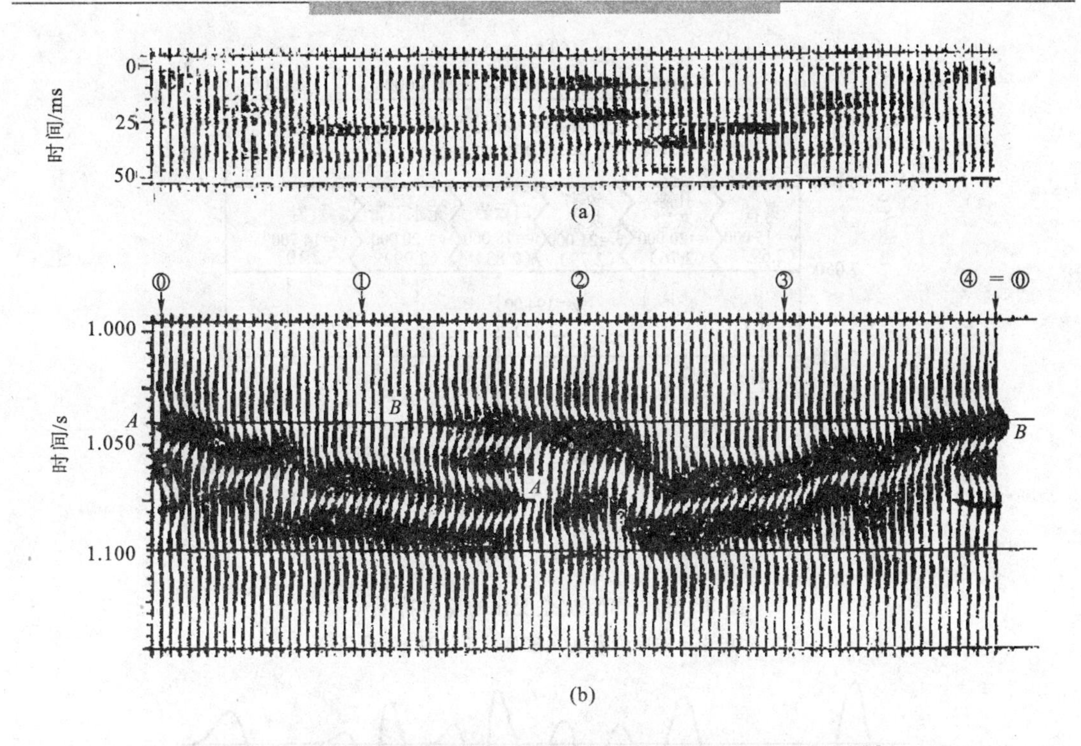

图 3-1-18　反映河流砂层横向推移沉积的声速模型及其地震响应[2]

(a) 反映河流砂层横向推移沉积的声波曲线模型；(b) 用 20 Hz 雷克子波与图 3-1-18a 褶积的地震响应

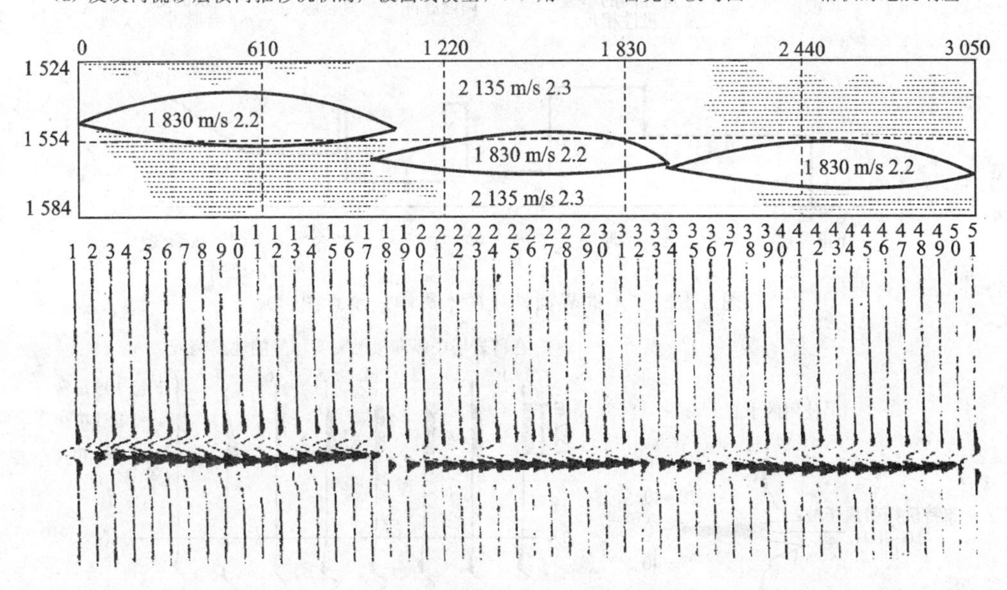

图 3-1-19　砂岩透镜体模型和使用对称子波计算出的地震响应[1]

是由沉积物在沉积期间的物性渐变所致(如砂岩中岩性纵向上粗细变化)。不同的颗粒和孔隙度导致不同的物性,而岩石的孔隙度与含油气性则有着密切的联系,因此,研究纵向上不同波阻抗类型对应的地震响应,对研究岩性、油藏性质等具有一定的指导意义。

图 3-1-24 所示为纵向边界突变或渐变时零相位子波的地震响应。图中 1 和 2 为明显的波阻抗界面,其对应正负反极性的地震响应。图中 3 和 4 是怀德斯薄层(层厚 $\lambda/8$,相当于 5～20 m)的情况及其对应的微分波形(图中 3 在实际地层中可以是致密的流体饱和砂岩嵌

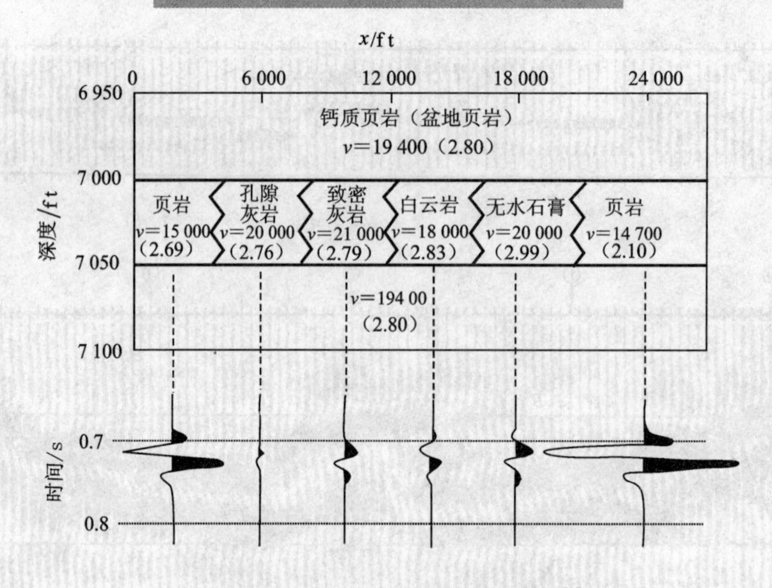

图 3-1-20　声阻抗差变化的反射特征[1]

图中 v 的单位为 ft/s；密度的单位为 g/cm³

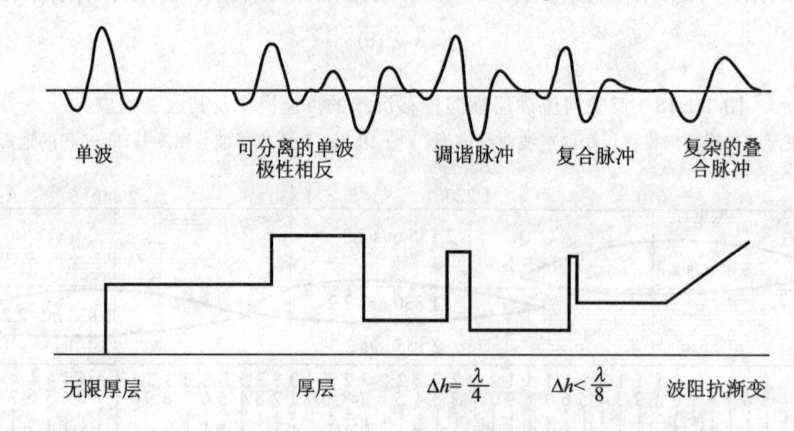

图 3-1-21　不同界面性质的地震响应示意图[1]

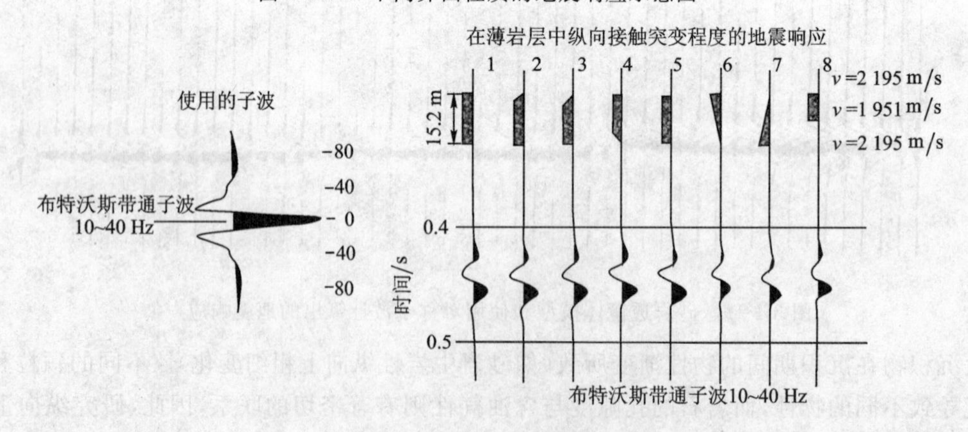

图 3-1-22　薄的过渡接触的地震响应(布特沃斯带通子波 10～40 Hz)[1]

在页岩中的情形，图中 4 则可看成是浅层页岩中的多孔隙饱和砂岩)。图中 5 代表页岩上覆在厚层流体饱和砂岩上的情形，砂岩的孔隙度顶部高，向下逐渐降低，波阻抗逐渐增加的渐

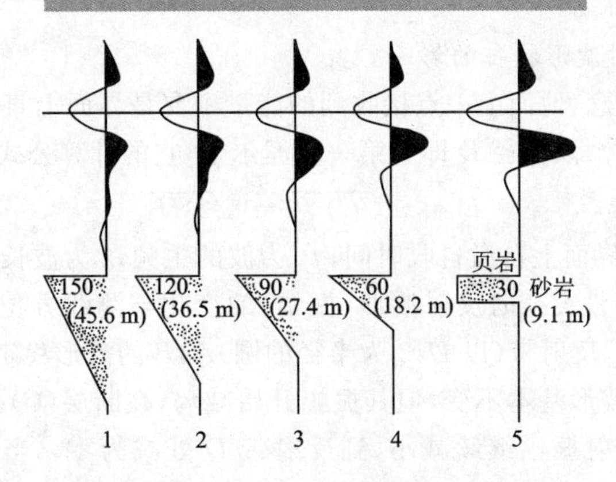

图 3-1-23　厚的过渡接触的地震响应(布特沃斯带通子波 10～40 Hz)[1]

变过渡带,它们对应的是弱振幅、低频率、斜对称的波形。图中 6 表示某种介质中夹有一厚层液体饱和砂岩,该砂岩顶部孔隙性好,向底部孔隙性逐渐变差的情形,砂层顶底的波阻抗数值相同,极性相反,其地震响应为顶底两个极性相反的波形的叠加。

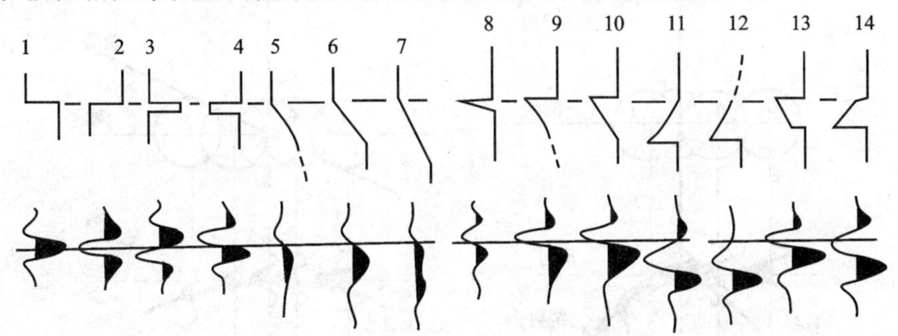

图 3-1-24　不同波阻抗界面零相位子波的地震响应[1]

比较 1 和 6 的反射波形可以看到,当某种介质夹有过渡型波阻抗时,会产生一个低频或拉长的波形。如果波阻抗渐变的夹层厚度增大,则得到两个极性相反的分开的波形,如图中 7 所示。图中 8 与 4 具有等价的性质,4 为气饱和疏松薄砂层,而 8 则为岩性向上逐渐变粗的过渡带薄砂岩,其反射与 4 的基本相同,只有振幅明显减弱。图中 9 为顶底均为页岩,中间为向上逐渐过渡到含气砂岩的情形,其地震响应与 2 类似,但在尾部出现幅度明显增加的低频成分。图中 10 为 8 中砂层厚度加大的情形,也有尾部低频的反射波形出现。图中 11 为向下变粗的厚层砂岩,其反射波形与 10 相比在时间上倒转、极性上反转。图中 12 与 9 上下颠倒后得到完全一样的介质结构,但其反射波形除了时间上的上下颠倒外,还存在着极性的反转。图中 13 和 14 分别表示在一种中等厚度的砂岩中砂粒向上变粗和向上变细的情形下,其相应的反射波形,13 为由高频向低频、14 为由低频向高频的变化。

总结上面的分析讨论,可以得到如下认识和结论:阶梯、薄层、过渡层的地层模型,其相应的反射波形分别为单波、微分波形、积分波形,这是我们认识不同介质结构所对应的基本地震反射波形;垂向上过渡型波阻抗产生低频反射波,过渡型的饱和砂岩具有低频的尾部或首部;嵌在页岩中具有良好孔隙度的气饱和砂岩对应负极性的强反射,正极性或负极性的弱反射对应弱孔隙性的气饱和砂岩或对应着具有良好孔隙性的液体饱和砂岩;垂向上具有各种不同过渡带的含气砂岩所对应的反射波形有两个明显的极值振幅,利用波形的周期数可进一步确定是气饱和还是液体饱和的砂岩。

4. 岩性横向变化对波形特征的影响

按照菲涅尔带的概念,地面上一点接收到的能量主要是界面上直径为 D 的圆内所有绕射能量对该点的“贡献”。该直径 D 即为第一菲涅尔带,它的计算公式为:

$$D = v\sqrt{t_0/f_c} = \sqrt{2\lambda H} \tag{3-1-17}$$

式中,v 为波速;t_0 为该界面上自激自收时间;f_c 为波的主频;λ 为波长;H 为该界面的埋深。

图 3-1-25 所示为岩性突变时反射波形(振幅)的变化与测线方位间的关系示意图。当测线与断层走向正交时,反射带(以 $D/2$ 为半径的圆)A,B 的波形稳定、振幅相同;当反射带碰到断层时,反射波的波形基本不变,但其振幅开始减弱,在断层(C)处,反射振幅减小到一半,并产生绕射,随后反射振幅继续减小,到反射带 D 处减为零。当测线与断层走向斜交时,反射带 A 的反射波形稳定,随后反射波的振幅逐渐减小,到达 C 时,振幅减至一半并观测到绕射波。

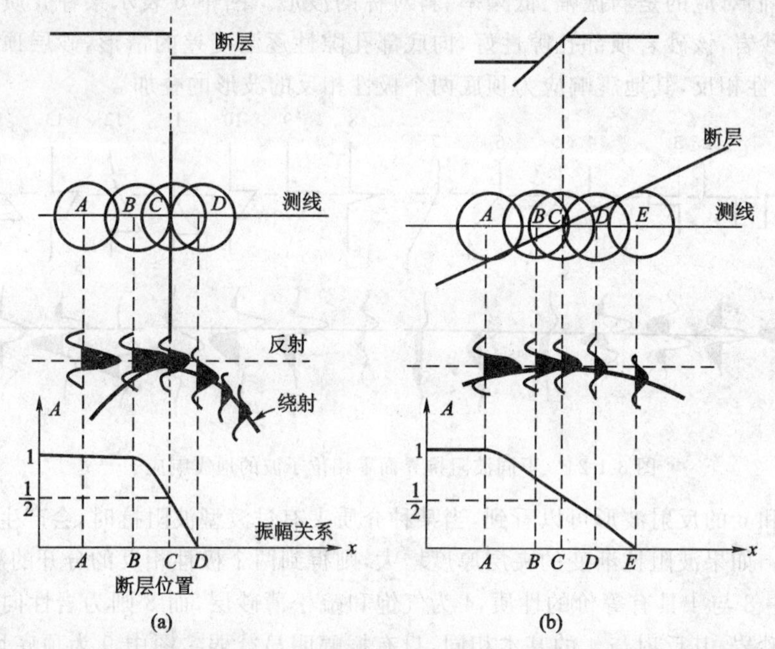

图 3-1-25 不同测线方位断层的反射特征[1]

从这个实例来看,横向上若遇到岩性突变时,反射的波形基本不变,而变化的主要是振幅。实际上,地震资料对比解释中横向上地震反射波的一个主要特征就是波形相似性。如果在菲涅尔带内波阻抗差不大,则反射波形是稳定的,不会受带内波阻抗差的微弱变化的影响,而其振幅与波阻抗差成正比;如果菲涅尔带内岩性是逐渐变化的,则反射波形和振幅是该带内平均效应的结果;如果在菲涅尔带内岩性发生突变,则反射波形基本不变或低频增强,而其振幅将发生明显的变化并产生绕射波。

综合来看,波形特征的变化主要由纵向沉积序列所控制。也就是说,纵向上岩性及厚度的变化是导致波形变化的主要原因,但波形特征的变化较振幅而言不很直观,因而也就只能定性地、凭经验地来分析和研究。

5. 地震波频谱与岩性的关系

在岩性和油气检测中,地震波的频谱特点也是一个重要的参数。虽然影响地震波频谱特征的因素有许多,但归结起来我们认为解释频谱变化主要应从衰减理论、薄层效应、频散理论方面来综合考虑。频率的变化主要是上述三种因素综合作用的结果。在不同的环境下,这三种因素所起的作用大小是有差别的。一般而言,频率随深度的总体变化趋势应主要用衰减作用来解释;频率纵向上“先低后高”等的局部变化则可用薄层和频散作用来说明。另外,通过大量的模拟计算表明:砂泥岩组成的剖面中,地震波频谱特点主要取决于地层中砂泥岩组合情况、子波的波形、地层的含油气性三个因素。由此可见,影响频谱的因素是比较复杂的,有些问题还需要进一步的探讨。

1）地震波频谱的影响因素及其相互关系

(1) 大地滤波作用对频率的影响。大地滤波作用使地震脉冲的高频成分受到损失,而保留相对的低频成分,利用介质对高频成分有吸收作用的理论来解释频率随深度的总体变化趋势是可行的。含气砂层对高频成分有一定的吸收作用,但这不是影响频谱的主要因素(图 3-1-26)。

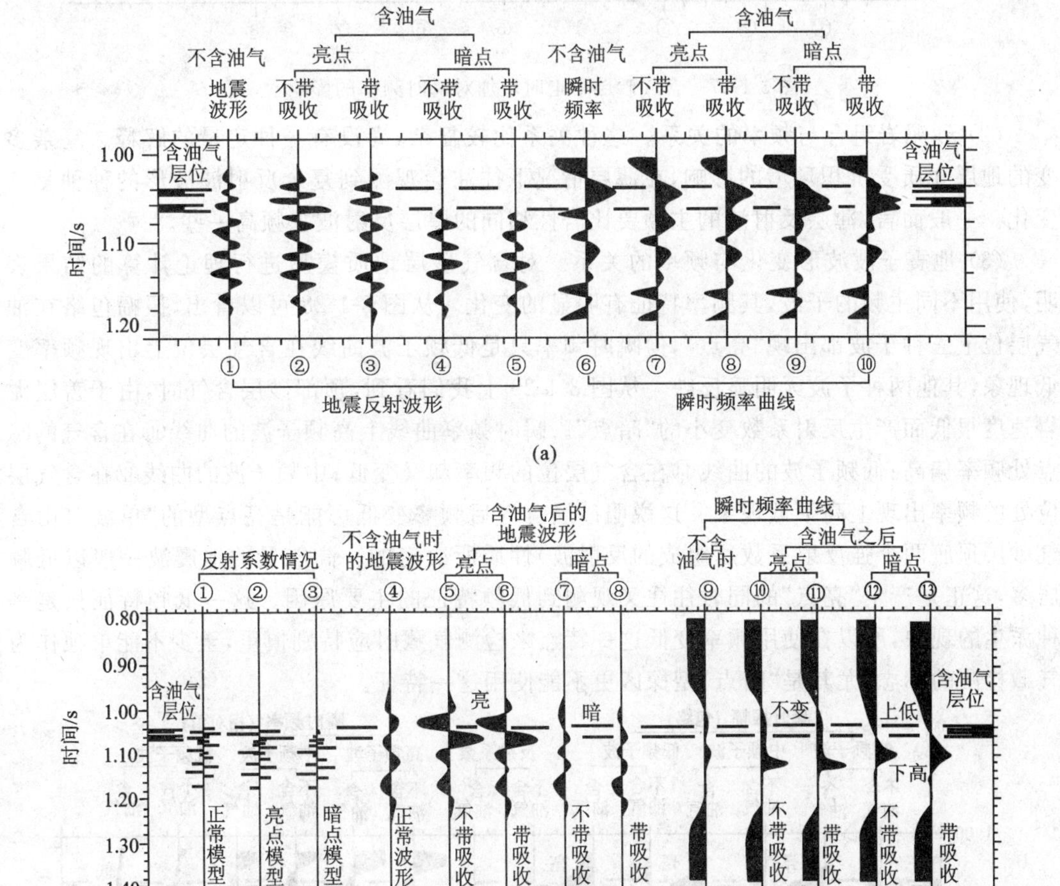

图 3-1-26　考虑吸收作用与不考虑吸收作用的比较[2]

(a) 低频子波；(b) 高频子波

图 3-1-26 所示为用甚低频(主频为 10 Hz)子波和高频(主频为 40 Hz)子波对含气地层模型在考虑吸收和不考虑吸收作用时计算的合成地震剖面。对比图中亮点和暗点情况的带吸收与不带吸收的地震波波形及瞬时频率,可以看出带吸收与不带吸收的瞬时频率曲线几

乎没有多大差别。

另外，含气砂层速度会降低从而导致旅行时间增加，视周期偏大，瞬时频率降低。但这同样也不是影响频率变化的主要因素(图 3-1-27)。由上分析可知，对频谱的影响起主导作用的是反射系数。含气地层的波阻抗变化引起反射系数的变化，继而导致频谱的变化。

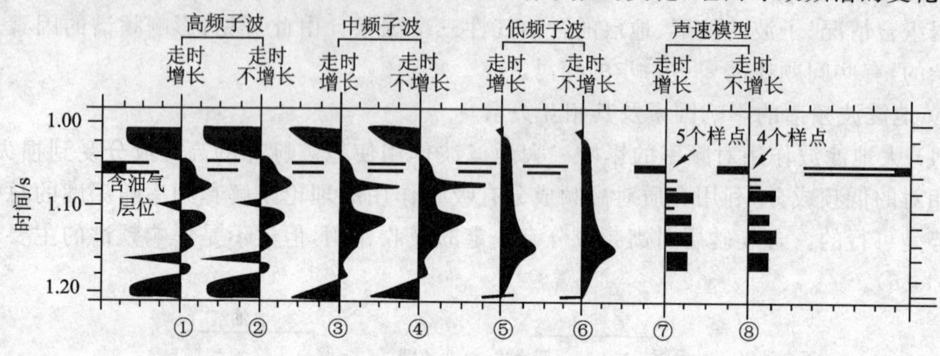

图 3-1-27　含气砂层中走时增加对瞬时频率的影响[2]

(2) 砂泥岩组合与频率的关系。这种关系比较复杂，尚没有一种定量的解释。复杂多变的地层介质受沉积环境的影响，在薄层情况下往往会观测到复合反射波波形的种种复杂变化。一般而言，薄层反射波的主频要比岩性相同的厚层反射波主频高一些。

(3) 地震子波波形变化与频率的关系。对含气砂层地质模型进行理论计算的结果表明，使用不同主频的子波，其频率特征有明显的变化。从图 3-1-28 可以看出，振幅包络在油气层位上三种子波都出现“亮点”，但瞬时频率只是低频子波曲线在含气层位上出现频率变低现象，其他两种子波无明显反映。从图 3-1-29 上我们看到，顶部砂层含气时，由于盖层泥岩速度很低而产生反射系数变小的“暗点”。瞬时频率曲线上高频子波的曲线⑩在含气的暗点处频率偏高；低频子波的曲线⑭在含气层位的频率却又变低；中频子波的曲线⑫在含气层位处的频率出现上高下低现象。这说明砂层含气后频率变低可能是亮点型的“单波”(由含气砂层顶底两个强反射系数所组成的反射波)性质所决定的。高能量的地震波一般以低频居多，这正是产生“亮点”的同时往往又观测到低频特征的主要原因。这一低频特征只是一种派生的现象，所以在使用频率变低这一特点来检测气藏时应特别慎重，至少不能单独作为气藏检测的标志，尤其是“暗点”型探区更不能使用这一特征。

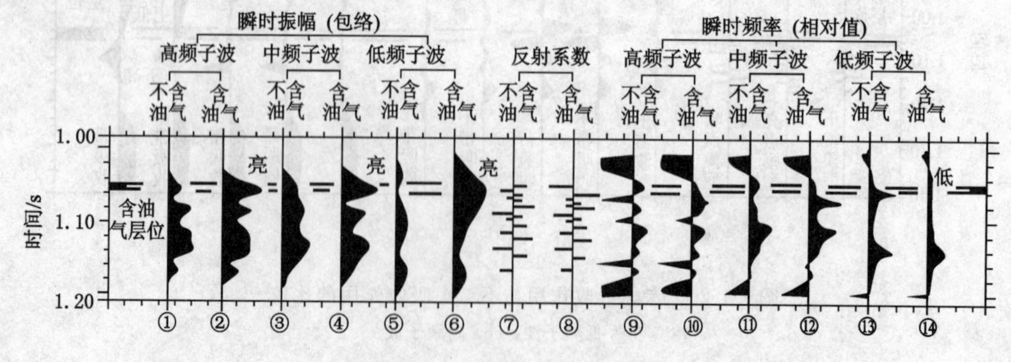

图 3-1-28　三种不同子波所产生的亮点的瞬时频率特征[2]

(4) 地层含气与频率的关系。与正常地层相比，地层含气后其频谱将会发生变化。一般来说，当砂层含气后，“亮点”型频谱分析结果表现为低频成分增加，“暗点”型则与不含气

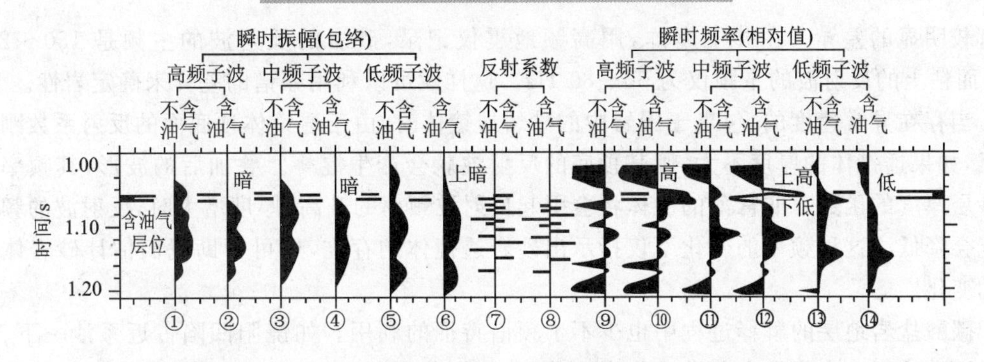

图 3-1-29　三种不同子波产生的暗点的瞬时振幅及瞬时频率特征[2]

的正常地层的频谱没有太大的区别，如图 3-1-30 所示。图 3-1-30a 是采用中频子波在亮点、暗点及正常不含气地层三种情况下的振幅谱比较，图 3-1-30b 是各频率分量的累计百分比曲线的比较。实际上，我们在前面分析大地滤波作用、砂泥岩组合及地震子波波形时均提到了地层含气引起的频率变化。相对于振幅的变化而言，频谱的变化没有明显的结论。因此，在利用频谱特征进行地层岩性或含油气性解释时应特别慎重，并应充分利用其他资料、信息和参数进行综合分析，只有这样才能作出比较合理和科学的解释。

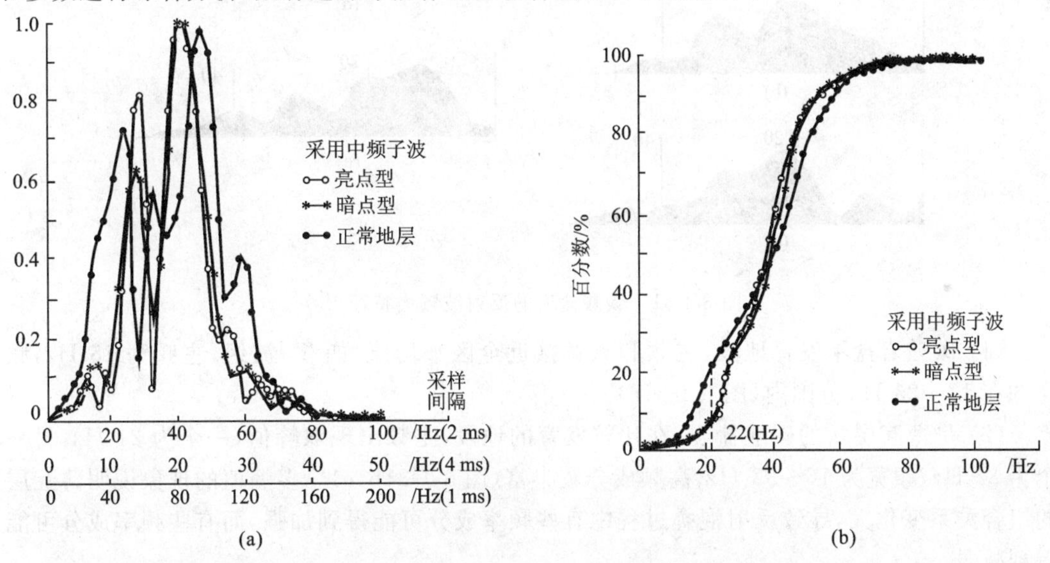

图 3-1-30　砂层含气情况的振幅谱比较和各频率分量累计百分比曲线比较[2]

2）地震波频谱特征的应用

频谱本身包含了振幅谱、相位谱。从前面的分析中可知，含气以后的岩层的振幅变化是比较明显的。另外，大量实际资料和物理模型、数学模型的演算结果表明：地震波的频谱特征包含了地下地层的岩性及构造特点的信息。这为我们利用地震波的频谱特征进行地层岩性解释提供了依据。

物理测试结果还表明：在相同的激发、接收条件下，不同岩石的透过波波形和频谱有较明显的差异。也就是说，透过波的主频是不同的。此外，同一岩性，其激发的频率不同所得到的主频也有变化；不同岩性分界面上的反射波形有着明显的差异。

我们知道，岩性不同的地层可能会具有相同的速度。如含水砂岩的速度范围为 1 500～1 800 m/s（深度为 300 m），而粘土的速度也差不多是这个数量级，虽然差别不大，但其频谱却有较明显的差异。在井中爆炸，用高频地震仪记录，砂岩的反射波的主频是 150～200 Hz，而粘土的反射波的主频仅为 50～80 Hz。这样就可以利用频谱的差异来确定岩性。

当存在异常速度的、包裹于围岩中的砂岩透镜体时，由于透镜体顶底面的反射系数刚好相反，如果透镜体的厚度不大，则其顶底的反射波就会产生混叠。叠加后的波形，其频率将是砂层厚度的函数。非常薄的砂体将会引起反射波频率的升高；厚度增大时，反射波的频率可能会降低。这种频率的变化不仅指示出砂岩透镜体的存在，还可帮助我们估计砂岩体厚度的变化。

碳酸盐岩地层的解释过程中也少不了频谱特征的利用。如饶阳凹陷古近系沙一下、沙三上两套地层中广泛发育着碳酸盐岩，在圈定其分布范围的过程中，除了根据一般的反射特征外，还可利用经特殊处理后所得的地震信息。经过大量资料的分析研究后，根据碳酸盐岩发育情况，归纳出如下几类的频谱特征（图 3-1-31）：

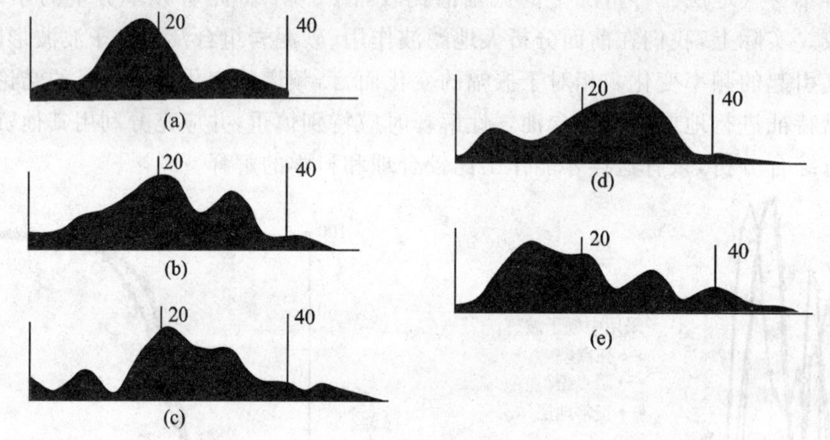

图 3-1-31　碳酸盐岩的反射波频谱特征[1]

（1）碳酸岩盐不发育地段，主频和频宽接近全区平均值，如 T_4 波组，主频为 18 Hz，频宽约在 12～23 Hz 范围内（图 3-1-31a）。

（2）呈薄互层状的碳酸盐岩，在比较发育的地段，主频出现双峰值，一个为 21 Hz，另一个为 31 Hz，频宽为 16～33 Hz，高频成分较丰富（图 3-1-31b，c）。多峰值的现象说明薄互层的组合关系变化大，导致反射混叠过程中有些频率成分可能得到加强，而有些频率成分可能得到减弱。

（3）碳酸盐岩相当发育或为厚单层时，主频为 28 Hz，频宽为 21～32 Hz，峰值及频率均向高频端移动（图 3-1-31d）。

（4）厚层碳酸盐岩含油时，主频偏低，为 13～14 Hz，比平均值低 4～5 Hz，主频宽度向低频一侧移动，在 8～22 Hz 范围内低频成分较为丰富（图 3-1-31e）。

通过对廊固凹陷深水扇体频率特征的研究表明：扇根部位的频率稍偏低，频带范围较宽，为 8～30 Hz；扇中部位的频带范围较窄，为 15～20 Hz；扇端部位的频率略偏高，其频带范围也较宽，为 15～40 Hz。

对于火成岩，在地震剖面上多表现为强反射，其频率特征较为复杂，频率范围有窄有宽，主频亦不稳定。这与火成岩的结构、成分等有关。

图 3-1-32 所示为濮城油田 331 测线的连续频谱分析图及常规叠偏剖面。图 3-1-32a 所示为沿目的层作的频谱分析。由图示看出文 35 井至濮 3 井含气砂岩反射波的主频均小于

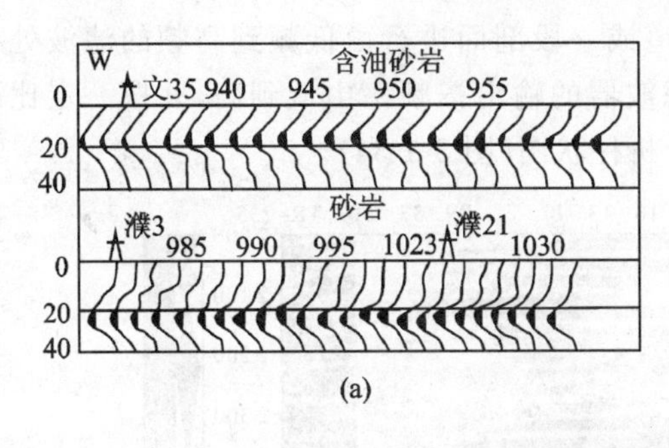

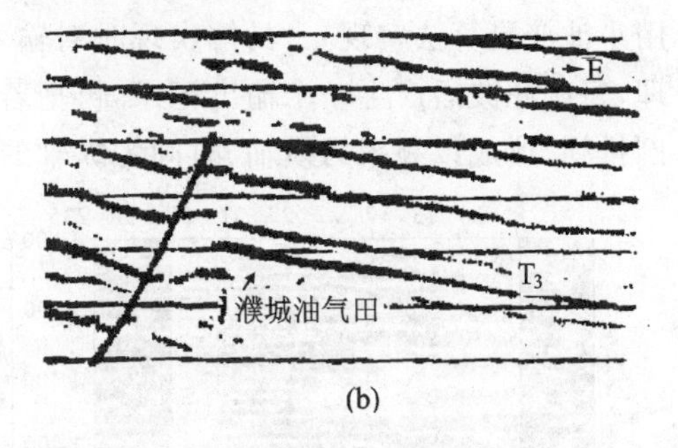

图 3-1-32　331 测线连续频谱分析和常规叠偏剖面[1]

(a) 311 测线连续频谱分析；(b) 311 测线常规叠偏剖面

20 Hz，濮 3 井至濮 21 井不含气砂岩反射波的主频均高于 20 Hz。这一结果与图 3-1-32b 所示富含油气地区的 T_3 反射波自东向西振幅增强的情形相吻合。

此外，同一特殊体的不同亚相带上，其反射特征有明显的变化，反映在频率特性横向上亦有一定的变化。通过对我国东部地区某些凹陷中深水扇体的频率特征的分析与研究可以看到：扇根部位的频率稍偏低，频带范围较宽，为 8～30 Hz；扇中部位的频带范围较窄，为 15～20 Hz；扇缘部位的频率略偏高，其频带范围也较宽，为 15～40 Hz。图 3-1-33 是辽河油田清水地区过杜 3 井的 L737 地震剖面，图中展示的扇体不同部位的频率特征与上述情况基本吻合。

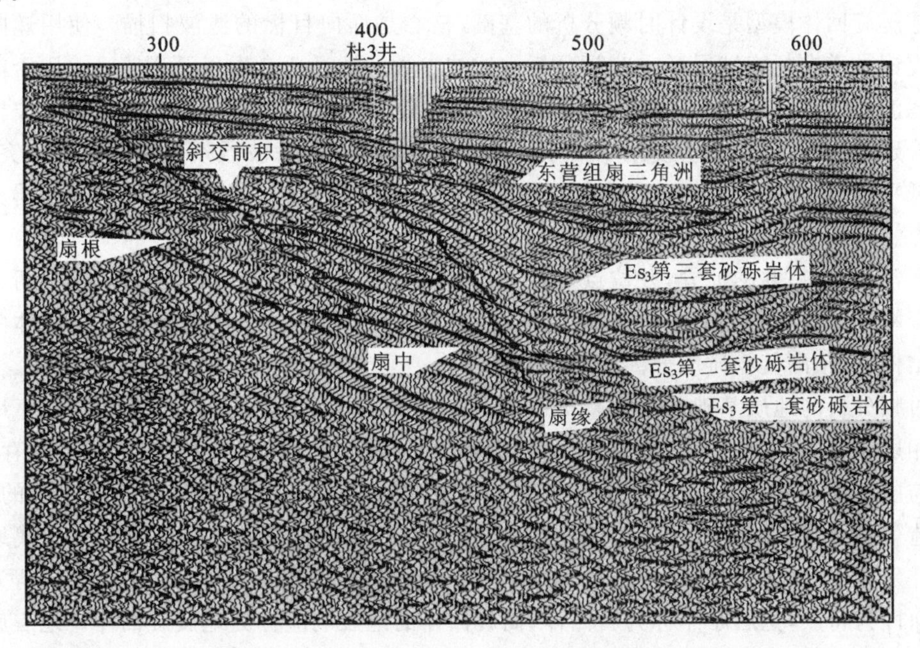

图 3-1-33　辽河油田清水地区过杜 3 井的 L737 地震剖面(据辽河油田资料)

3.1.6　时频分析方法的利用

1. 时频分析方法的基本原理

时间-频率分析方法是目前利用地震信息进行沉积旋回或层序分析最有效的方法之一，其实质就是多频段滤波扫描。它采用了零相位三角形滤波器和递归滤波的算法(也可以采用小波变换算法实现)。具体实现时对输入地震道或一段剖面进行由低频到高频的滤波处理,每次滤波后产生一个输出记录,再把若干个滤波器的输出按频率由低到高,并按一定比例排列,形成以频率为横轴、时间为纵轴的时频分析柱状图(图 3-1-34)。

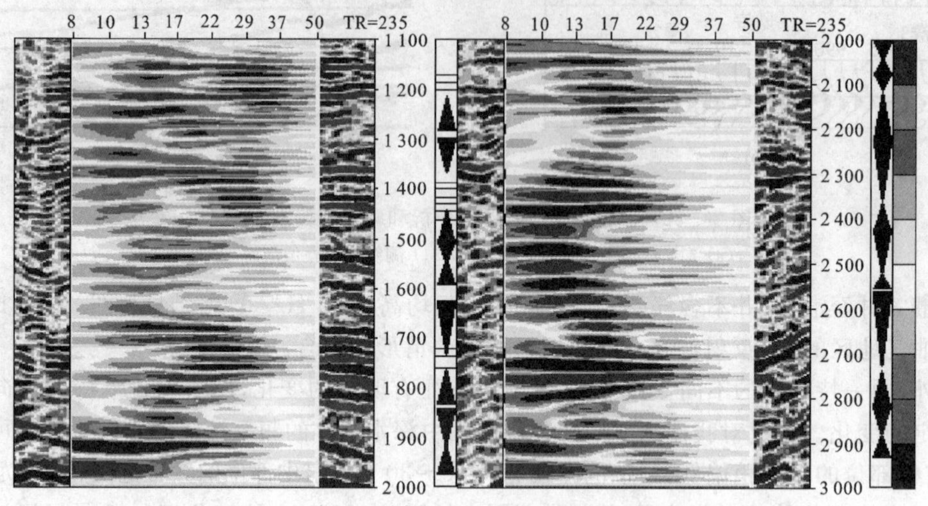

图 3-1-34 大港探区 INL477 测线的时频分析和沉积旋回划分图

地震旋回体模型是设计时频分析的基础,核心是面向目标的滤波扫描。使用递归滤波使地震记录道在频率域展开。时频分析中滤波参数的选择要考虑以下因素:① 用于滤波扫描的滤波器响应基本相似,这要求滤波器的高截频和低截频对数陡度固定;② 滤波器的输出信号延续时间不长,要求使用双倍频程宽频带滤波器;③ 滤波器频率响应极大值突出,旁极值低平,可以采用三角形滤波器;④ 滤波器时间响应时移量应为零,零相位滤波器具有这个特点。

通常,在有钻井的地方,井位点是必选的时频分析点,以便于地震资料、时频分析结果与钻井资料的对比。时频分析是构造-层序解释的重要工具,用来阐明各级地震层序体的内部精细结构,并预测其物质成分。

时频分析的地质基础需从地震构造-层序模型说起。地震构造-层序模型与层序地层学定义相适应,其基本特征是:等级分类、目标镶嵌、层理结构的旋回性及沉积间歇的存在,其等级与层序体对应。地震构造-层序模型的上述特点决定了它与传统的地震模型的区别。在构造-层序解释中研究的是层序体,其特征必然反映在所使用的有效模型上。现代地质学研究并建立了沉积过程的周期循环模型,以其主要性质(粒度、岩石成分、孔隙度等)变化的方向性为特点,把层序体称为旋回体,而旋回体的地震响应称为地震旋回体。地震旋回体的主要特点是形成层序体的地层层理厚度与它们的岩性和粒度成分有明显的相关性。沉积物颗粒由粗到细的变化(如砂岩—粉砂岩—泥质板岩—泥岩),其所对应的地层层理厚度逐渐由大到小、由厚变薄;相反,沉积物颗粒由细到粗的变化,其相应的地层层理厚度的变化趋势是由薄变厚,厚度逐渐加大。层理结构中的尺度变化及变化的方向性决定了它们的地震响应频率成分的不同。根据旋回性质可以分为正向旋回(图 3-1-35a)、反向旋回(图 3-1-35b)和混合型旋回,对应着水进型旋回、水退型旋回和水进—水退或水退—水进型旋回。水进型地震旋回体反射波频率面向旋回体顶面逐渐增加;水退型地震旋回体反射波频率面向旋回体顶面逐渐降低；而水进—水退型或水退—水进型地震旋回体具有相应的混合频率特征，即由下往上反射频率先由低到高、后由高到低的变化或先由高到低、后由低到高的变化。

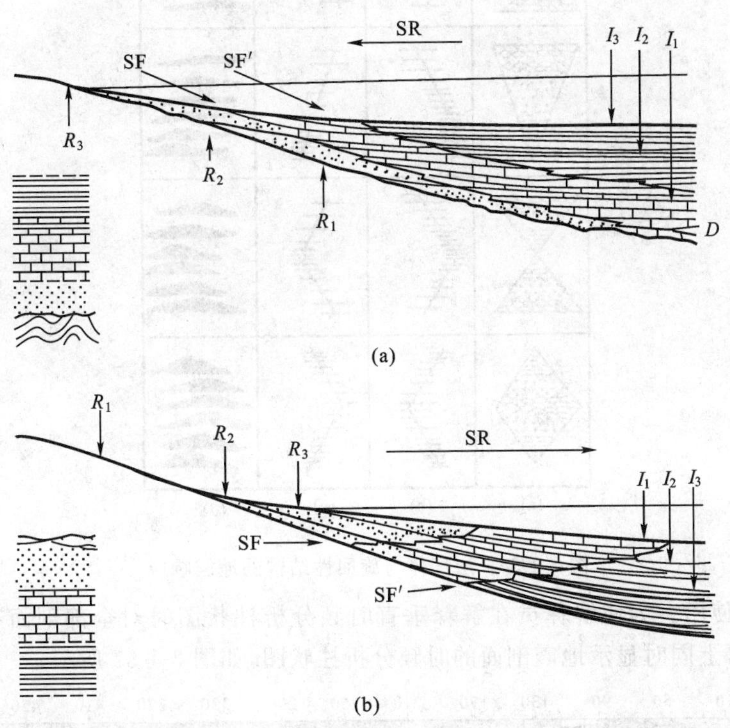

图 3-1-35　沉积旋回的两种基本类型[3]

(a) 水进型或高水位期：钻井岩性柱表现为上细下粗，为正旋回；

(b) 水退型或低水位期：钻井岩性柱表现为上粗下细，为反旋回

层序体及其旋回性结构的地震响应如图 3-1-36 所示。图 3-1-36a 为地质模型的层理结构；图 3-1-36b 为速度与方差；图 3-1-36c 为频率与方差；图 3-1-36d 为能量谱。

2. 时频分析结果的应用

根据时频分析结果，可以获得有关层序体沉积旋回性，水进、水退沉积相，有关储层、盖层分布以及沉积间歇面等补充地质信息，并用于地质预测阶段。使用时频分析方法，可以较容易地实现各种地球物理资料(如地震和测井)在同一级别的研究目标上的综合解释；可以较容易地实现经过断层或反射空白时两侧反射层位对比；可以较容易地实现纵、横波和转换波对比。

运行时频分析专用软件，可获得时频分析柱状图(图 3-1-34)。时频分析柱状图由滤波扫描输出道组成。相邻滤波器极大值频率由滤波扫描频率范围和滤波器个数来确定。最低的频率间隔应满足频率域离散采样定理要求，以保证地震旋回体响应的频率方向性改变有清晰的反映。

对时频分析柱状图作旋回解释时，首先根据反射波在不同频率上的特点，划分沉积间歇面(由低频到高频分布的反射能量)和剥蚀面(低频反射能量，高频急剧衰减)，再根据反射波频率方向性的改变划分地震旋回体，得到以正或倒三角形表示的旋回柱子。应该注意的是，不要混淆级别进行旋回体解释。解释成果和分析记录道的 CDP 点号同时存盘，留作层序体

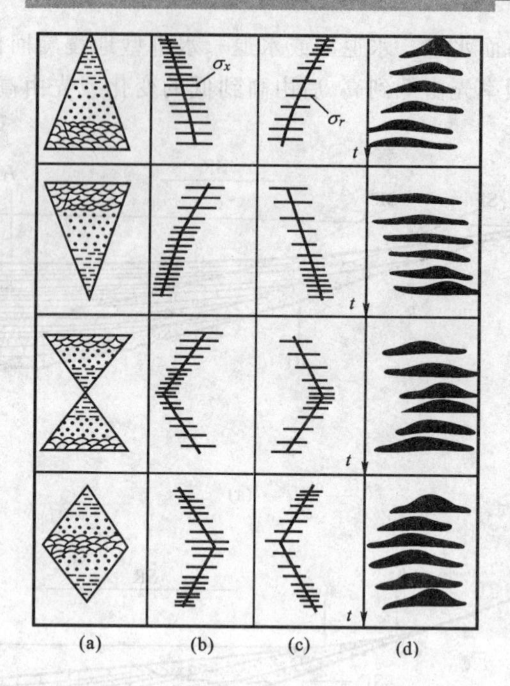

图 3-1-36　层序体与旋回性结构的地震响应

横向对比追踪使用。为使解释员在解释垂直时频分析柱状图时对全部剖面有一个整体认识,可以在屏幕上同时显示地震剖面的时频分析柱状图,如图 3-1-37 所示。

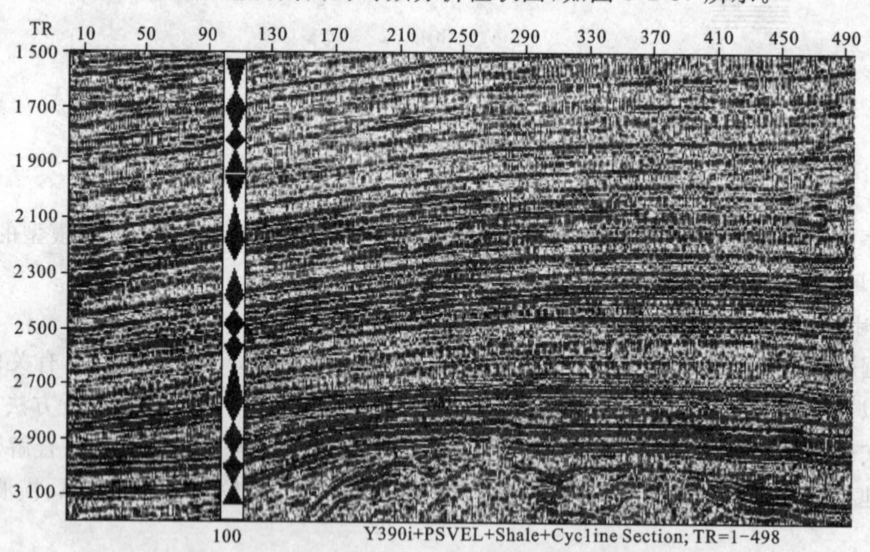

图 3-1-37　插入旋回柱子的地震剖面

3.2 振幅信息分析与应用

在地震资料的岩性和物性解释中,地震振幅信息的应用是十分广泛的。本节首先强调振幅信息的重要性,然后讨论影响振幅的各种因素,再讨论利用叠前地震资料中的振幅信息进行岩性预测的有关方法和技术，最后讨论薄层振幅信息的应用问题。

3.2.1　振幅信息在岩性解释和油气检测中的重要性

地震剖面上最常用、最直观也最主要的参数就是地震波的旅行时间 t_0 和反射振幅 A，利用时间信息可以进行构造解释和地震地层学的层序解释，利用振幅信息可以进行储层岩性等方面的解释与研究。

1. 地震波振幅信息的利用

在地震资料解释过程中，振幅信息的利用主要体现在以下几方面：

(1) 进行波的对比。利用波的振幅特点来识别有效波，从而进行波的对比。

(2) 利用薄层反射振幅来估算薄层厚度。其中包括利用地震模型技术和砂泥岩薄互层的反射波振幅来估算其中的砂泥岩百分比。

(3) 利用反射振幅在纵横向上的差异变化进行储层预测及烃类检测。如20世纪70年代出现的亮点技术，这种方法把振幅异常与气藏检测联系起来。

(4) AVO(Amplitude Versus Offset)技术。利用振幅随入射角或偏移距的变化来估算界面两侧介质的泊松比，近而推断介质的岩性。这一方法是把波动方程直接用于岩性解释的新发展。

2. 利用振幅信息进行岩性解释的方法

利用振幅信息进行岩性解释的方法有：

(1) 根据反射波振幅的平面变化确立岩性的分布。采用相对振幅剖面，用测井、钻井资料进行约束，结合沉积模式，确定某套岩性(或含油、气层)在纵横向上的展布及分布规律。具体的做法是：根据相对振幅的大小把剖面目的层上各点分成若干等级，用不同颜色或符号显示出来并推广到该层的平面分布上。从统计的观点看，振幅在平面上的变化会反映岩性的变化规律，结合沉积规律可以从振幅的平面变化来判断某些特殊的岩性体或地层圈闭。

(2) 利用反射波振幅求出界面上的反射系数，再换算出波阻抗用于岩性解释。振幅主要受反射系数的制约，而反射系数和界面的波阻抗差有关，实际上也就是与界面上下的波速和密度的乘积有关。因而，振幅和地震波的速度并不是两个独立的参数，而是相互联系的。由振幅出发最后得出合成速度测井曲线(即波阻抗反演技术)就是这种联系的结果。

根据某一工区的测井资料，计算出该工区的泥岩、砂岩以及油层、气层的速度、密度随深度变化的关系，得出该工区烃类指示的反射系数图版，然后根据该图版分析地震剖面上的亮点、暗点、平点和极性反转现象，并对振幅异常作出比较合理的解释，这就是该方法的主要内容。随着地震勘探技术的不断发展，利用振幅信息进行岩性解释的方法已发展为自成体系、功能完善的工作站解释软件。

3.2.2　影响振幅的各种因素

要利用反射波振幅信息就必须充分了解影响反射波振幅的各种因素，以便从观测资料中消除各种干扰因素，使反射振幅主要反映要了解的地质因素。影响反射波振幅的因素很多，图3-2-1给出了各种影响因素的示意关系。这些影响因素归纳起来主要有如下几类：

(1) 激发和接收条件的影响。包括激发形式、激发介质、激发药量及检波器类型、组合方式、记录仪器的频率特性等，这些因素对于某一道或一张地震记录来说，总的影响可以用一个常数因子来表示。

(2) 处理对反射波振幅的影响。包括动校正拉伸(浅层最明显)及共深度点叠加等均能

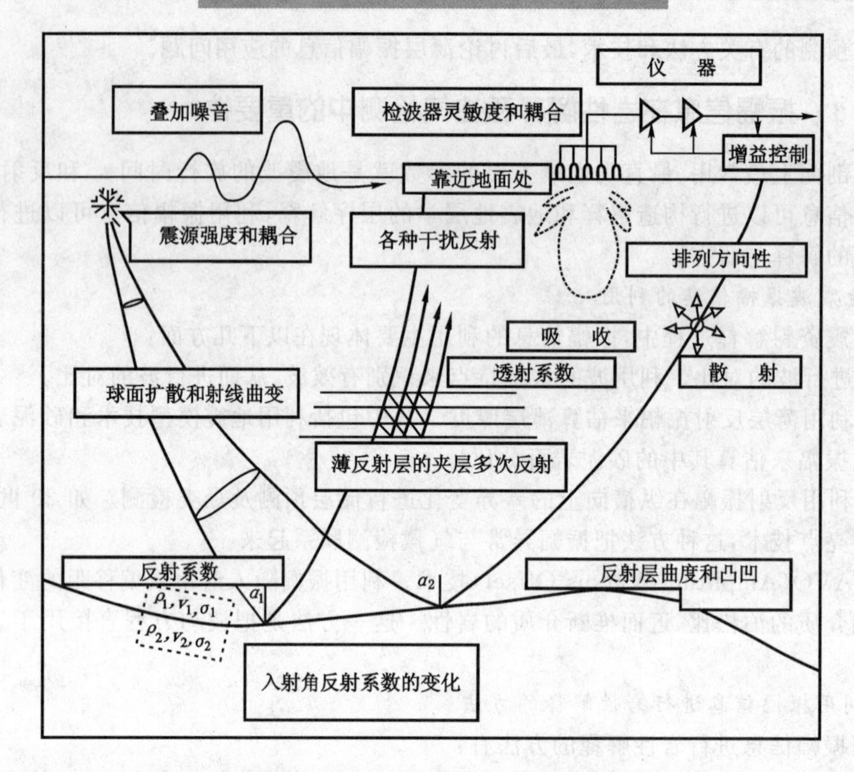

图 3-2-1 地震波振幅的影响因素[1]

使处理后的振幅和波形复杂化。在处理过程中,可以作适当的加工和补偿以消除或降低它的影响。

(3) 薄层的振幅效应。当地震波通过薄层组时,地震波在各薄层界面之间会产生多次反射的现象,即微屈多次反射及层间干扰。

(4) 各种噪声的干扰。对反射波振幅的影响是多种多样的,但这些干扰因素(如面波、声波、微震等)可以通过滤波、叠加、组合等办法来消除。

(5) 传播机制对振幅的影响。包括波前扩散、吸收衰减及中间界面的透过损失。这三者对振幅的影响是明显的,但其影响均有一定的规律。如波前扩散的结果使振幅与反射时间成反比;吸收衰减使振幅随距离的增加呈指数规律衰减等。既然有一定的规律,就可以通过适当的补偿来消除其影响。

(6) 地质因素对振幅的影响。主要包括反射界面的形态、界面的反射系数、岩相的变化、波的干涉、炮检距的变化等。这些因素是影响振幅的主要地质因素,因为它们与地下地质因素有关,因此,各种利用振幅信息研究岩性及进行烃类检测的方法就是利用这些关系中的一个或几个方面。也就是说,利用这些影响振幅的地质因素才得以建立起用振幅研究岩性及烃类检测的理论基础和基本思路。如利用反射系数和界面上下波阻抗差的关系和特点为理论依据的亮点技术;利用振幅随炮检距的变化来估算介质的泊松比进而推断介质岩性的 AVO 技术;利用反射系数在横向上的变化来估算岩性,计算砂泥岩百分比及振幅纵横向的变化来推断岩性的厚度等。

3.2.3 叠前振幅信息的利用——AVO 技术

AVO 技术是继亮点技术(将在第 4.2.1 节介绍)之后又一项利用振幅信息研究岩性、检测油气的地震勘探技术。经过 20 多年的发展和实践，该技术在寻找非背斜油气藏方面取得了良好的成效。在 AVO 分析中，AVO 是振幅随偏移距变化（Amplitude Variation with Offset）或振幅与偏移距关系（Amplitude Versus Offset）的英文缩写，而 AVA 是振幅随入射角变化（Amplitude Variation with Incident Angle）的英文缩写。在地震勘探中，共中心点道集记录内的偏移距可以等价地用入射角表示，故 AVO 与 AVA 是等价的概念。

1. AVO 技术的内容和特点

所谓 AVO 技术，就是利用共中心点（CMP）道集资料，分析反射波振幅随偏移距（即入射角 α）的变化规律，估算界面两侧的弹性参数泊松比，进一步推断地层的岩性和含油气性。

AVO 技术的主要特点体现在：

(1) AVO 技术直接利用 CMP 道集资料进行分析，即充分利用多次覆盖得到的丰富原始信息。

(2) AVO 技术对岩性的解释比亮点技术更可靠，这是由 AVO 技术的方法所决定的。亮点技术的理论基础是平面波垂直入射情况下得出的有关反射系数的结论，即只利用了入射角 $\alpha=0$ 这一特殊情况下曲线的一个数值，而 AVO 技术是利用 $R(\alpha)$ 整条曲线的特点。这也是亮点技术与 AVO 技术的本质区别，所以其效果必然更佳，甚至亮点剖面中某些假象也可以用 AVO 技术加以鉴别。

(3) 严格来说，AVO 技术虽然还不能算是一种利用波动方程进行岩性反演的方法，但它的思路、理论基础已经能对波动方程得到的结果进行比较精确的直接利用。从这方面来说，AVO 技术的出现和取得的成功在反演参数、预测岩性方面还是有很大意义的。

(4) AVO 技术是一种比较细致的、利用地震波振幅信息研究岩性的方法，需要有地质、钻井、测井资料的配合，在油田开发阶段使用比较适合。它是在地质构造形态比较清楚的基础上，再进一步研究地层的含油气情况。

AVO 技术的地质基础就是岩石的泊松比影响了地层速度，也即影响了界面的反射系数，进而影响反射波的振幅。

2. AVO 技术的方法原理

根据地震波动力学理论中反射和透射的相关理论，反射系数（或振幅）随入射角的变化与分界面两侧介质的地质参数有关。这一事实包含两层意思：一是不同的岩性参数组合，反射系数（或振幅）随入射角变化的特性不同，称为 AVO 正演方法；二是反射系数（或振幅）随入射角变化本身隐含了岩性参数的信息，利用 AVO 关系可以反演岩石的密度 ρ、纵波速度 v_p 和横波速度 v_s，定量地进行地震油藏描述，称为 AVO 反演方法。

AVO 技术的理论基础就是佐普里兹（Zoeppritz）方程及其简化的思路。由地震波动力学理论的讨论可知，用位移振幅表示的反射、透射系数方程，即佐普里兹方程的矩阵表示形式为：

$$\begin{bmatrix} \sin\alpha & \cos\beta & -\sin\alpha' & \cos\beta' \\ \cos\alpha & -\sin\beta & \cos\alpha' & \sin\beta' \\ \sin 2\alpha & \dfrac{v_{p1}}{v_{s1}}\cos 2\beta & \dfrac{v_{p1}v_{s2}^2}{v_{p2}v_{s1}^2}\dfrac{\rho_2}{\rho_1}\sin 2\alpha' & -\dfrac{\rho_2}{\rho_1}\dfrac{v_{p1}}{v_{s2}}\cos 2\beta' \\ -\cos 2\beta & \dfrac{v_{s1}}{v_{p1}}\sin 2\beta & \dfrac{\rho_2}{\rho_1}\dfrac{v_{p2}}{v_{p1}}\cos 2\beta' & \dfrac{\rho_2}{\rho_1}\dfrac{v_{s2}}{v_{p1}}\sin 2\beta \end{bmatrix} \begin{bmatrix} R_{pp} \\ R_{ps} \\ T_{pp} \\ T_{ps} \end{bmatrix} = \begin{bmatrix} -\sin\alpha \\ \cos\alpha \\ \sin 2\alpha \\ \cos 2\beta \end{bmatrix} \tag{3-2-1}$$

式中，R_{pp}，R_{ps}，T_{pp}，T_{ps} 分别为以位移振幅表示的反射 P 波、反射 SV 波的反射系数和透射 P

波、透射SV波的透射系数。

佐普里兹方程中各参数如图3-2-2所示。

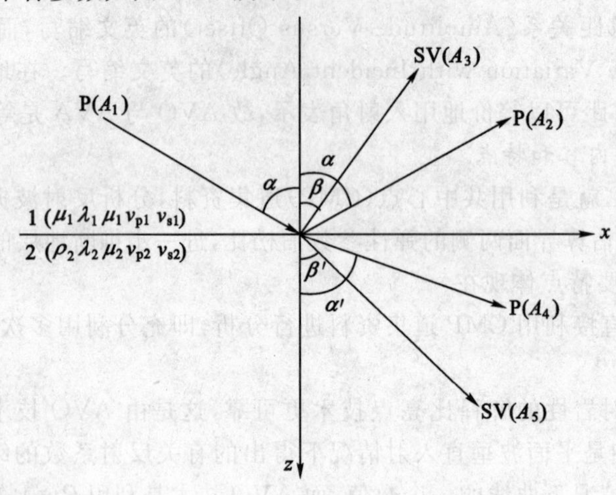

图3-2-2 P波在介质分界面上的反射和透射[1]

反射系数定义为：

$$R_{\mathrm{pp}} = A_{\mathrm{pp}}/A_{\mathrm{p}} = f(\alpha, \rho_1, \rho_2, v_{\mathrm{p1}}, v_{\mathrm{p2}}, v_{\mathrm{s1}}, v_{\mathrm{s2}}) \tag{3-2-2}$$

式(3-2-2)表明反射系数R_{pp}与多个变量有关。AVO的实质就是得到与入射角α的简明关系式，为此必须设法减少变量个数。使用速度比$v_{\mathrm{p1}}/v_{\mathrm{p2}}$，密度比$\rho_1/\rho_2$可减少两个变量，利用关系式：

$$\frac{v_{\mathrm{p}}}{v_{\mathrm{s}}} = \sqrt{\frac{2(1-\mu)}{1-2\mu}} \tag{3-2-3}$$

又可以减少一个变量，此时有：

$$R_{\mathrm{pp}} = f(\alpha, \rho_1/\rho_2, v_{\mathrm{p1}}/v_{\mathrm{p2}}, \mu)$$

求解R_{pp}-α关系，只要给出界面两侧的速度v，密度ρ，泊松比μ即可。由R_{pp}-α的关系可知：

(1) R_{pp}的数值大小取决于波阻抗差Δz的大小，通常$\Delta\rho$的变化不大，主要取决于Δv。影响速度的因素很多，这说明要减少AVO研究的多解性，不仅要研究振幅与速度的关系，还要研究振幅和弹性参数的关系。

(2) 泊松比μ是个独立的参数，而μ的变化对区分岩性、预测油气大有益处。

(3) 对沉积岩的泊松比测试可知：未固结浅层盐水饱和沉积岩的$\mu>0.4$；固结的高孔隙盐水饱和砂岩的μ在0.3～0.4之间；气饱和高孔隙砂岩的$\mu=0.1$。μ随孔隙度的减小或固结程度的增加而减小。

3. AVO的属性剖面

佐普里兹方程的简化公式很多，目前使用较为广泛的是Shuey简化式：

$$R(\alpha) = R_0 + \left[A_0 R_0 + \frac{\Delta\mu}{(1-\mu)^2}\right]\sin^2\alpha + \frac{1}{2}\frac{\Delta v_{\mathrm{p}}}{v_{\mathrm{p}}}(\tan^2\alpha - \sin^2\alpha) \tag{3-2-4}$$

式中引入了下列符号：

$$\Delta\mu = \mu_2 - \mu_1, \mu = (\mu_2 + \mu_1)/2$$

$$v_{\mathrm{s}}^2 = v_{\mathrm{p}}^2 \frac{1-2\mu}{2(1-\mu)} \tag{3-2-5}$$

$$A_0 = B - 2(1+B)\frac{1-2\mu}{1-\mu} \tag{3-2-6}$$

$$B = \frac{\Delta v_p / v_p}{\Delta v_p / v_p + \Delta\rho/\rho} \tag{3-2-7}$$

$$A = A_0 + \frac{1}{(1-\mu)^2} \cdot \frac{\Delta\mu}{R_0} \tag{3-2-8}$$

分析式(3-2-4)可知，垂直入射时的反射振幅为：

$$R(\alpha) = R_0 = \frac{1}{2}(\frac{\Delta v_p}{v_p} + \frac{\Delta\rho}{\rho}) \tag{3-2-9}$$

当中等入射角时，即 $0 < \alpha < 30°$，近似有 $\sin\alpha = \tan\alpha$，此时式(3-2-4)变为：

$$R(\alpha) = R_0\{1 + [A_0 + \frac{\Delta\mu}{(1-\mu)^2 R_0}]\sin^2\alpha\} \tag{3-2-10}$$

或

$$R(\alpha) = R_0(1 + A\sin^2\alpha) = P + G\sin^2\alpha \tag{3-2-11}$$

式中，P 为截距，反映垂直入射时的反射振幅；G 为梯度，反映振幅随偏移距的变化率。

利用 P 和 G 的线性组合可以表示 AVO 的属性 W，即：

$$W = aP + bG \tag{3-2-12}$$

式中，a，b 取不同的值赋予 W 不同的物理意义(表 3-2-1)。

比较 AVO 属性 P，G 和岩石背景趋势的差异有助于提高烃类识别能力。

表 3-2-1　AVO 属性及物理意义

a	b	W	意义
1	0	P	R_{p0}，垂直入射的 P 波反射系数——截距
0	1	G	反射振幅随偏移距的变化率——梯度
1/2	1/2	$(P+G)/2$	$R_{p0}-R_{s0}$，纵横波差异，泊松比剖面
1/2	−1/2	$(P-G)/2$	R_{s0}，横波垂直入射的反射系数
G	0	$P \cdot G$	烃类指示，振幅随偏移距增加而增加

图 3-2-3 为 AVO 的属性剖面，图中井 A、井 B 揭示：气层位于一套厚达 200 m 的砂泥岩互层的顶部。图 3-2-3a 为纵波叠加剖面，气层呈很强的“亮点”；图 3-2-3b 为横波叠加剖面，气层的亮点现象消失，仅呈弱平反射；图 3-2-3c 和图 3-2-3d 分别为纵波和横波的零偏移距剖面，比较两图可知零偏移距剖面的分辨率高于一般的叠加剖面，而且振幅变化更为真实可靠，细节更为丰富，“亮点”特征在纵波剖面上更为明显，这种纵波亮、横波不亮的现象是气层的典型特征；图 3-2-3e 为 $P \cdot G$ 剖面，表明气层的振幅随偏移距增加而增加的区域。

获取 P，G 剖面的方法：对动校正后的共中心点道集来说，道集内各道同序号 j 样点的振幅值 $R_j(\alpha)$ 和 $\sin^2\alpha$ 的分布可用一条直线来拟合。该直线的截距 P_j 就是零炮检距($\alpha=0$)的反射振幅。所有 P_j 组成的剖面称为 P 波剖面。该剖面更接近于真正的零炮检距剖面。由拟合直线给出的 G_j 组成的剖面称为梯度剖面，它反映了反射振幅随入射角的变化率以及变化趋势。

有了 P，G 剖面就可以定义其他属性剖面，例如，$4(P+G)/3$ 称为泊松比差值剖面，$(P-G)/2$称为横波剖面，$P \cdot G$ 称为烃类指示剖面。因为在大多数情况下，砂泥岩沉积序列中天然气的存在经常伴随反射振幅和梯度幅度的增大，故 $P \cdot G$ 可以使亮点特征从背景

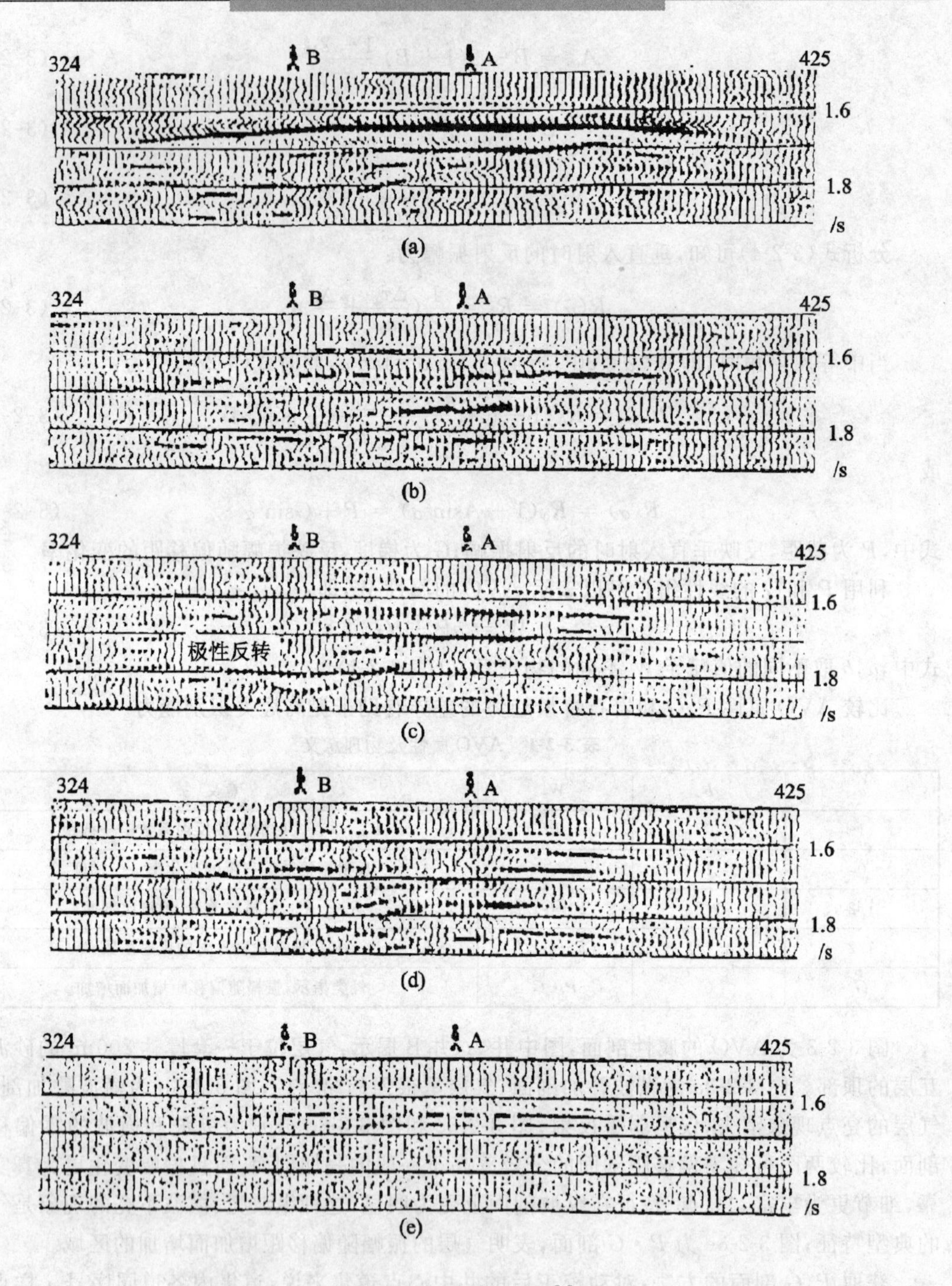

图 3-2-3　AVO 属性剖面[4]

(a) 纵波(P-P)叠加剖面；(b) 横波(P-SV)叠加剖面；(c) 纵波(P-P)零偏移距叠加剖面 R_{p0}；(d) 横波(SV-SV)零偏移距叠加剖面 R_{s0}；(e) AVO 异常剖面($P \cdot G$)

中进一步凸现出来。

当广角(即 α＞临界角)入射时，$R(\alpha)$主要与速度变化有关，即：

$$R(\alpha)=\frac{1}{2}\frac{\Delta v_p}{v_p}(\tan^2\alpha-\sin^2\alpha) \tag{3-2-13}$$

上述分析与理论试算表明：在 α＜30°情况下，入射角对反射系数的影响不是很大。这正是CMP叠加的理论基础。

4. AVO技术的应用

AVO技术的应用主要是：

(1) 识别真假亮点。利用纵横波资料进行联合解释，利用 v_p/v_s 的数值来识别真假亮点。分析CMP道集上AVO的变化规律，含气砂岩使反射系数随入射角的增大而增大，如图3-2-4所示。换一种方式说，含油或含气砂岩使反射振幅随炮检距的增大而增强，含气砂岩的AVO异常明显大于含油砂岩的AVO，如图3-2-5所示。图中含气砂岩的泊松比 $\mu=0.1\sim0.15$，含油和含水砂岩的泊松比 $\mu=0.3\sim0.4$。用佐普里兹方程计算相应模型参数的AVO特性，由于选用的参数有一定的变化范围，所以得出的AVO特性是三个条带。

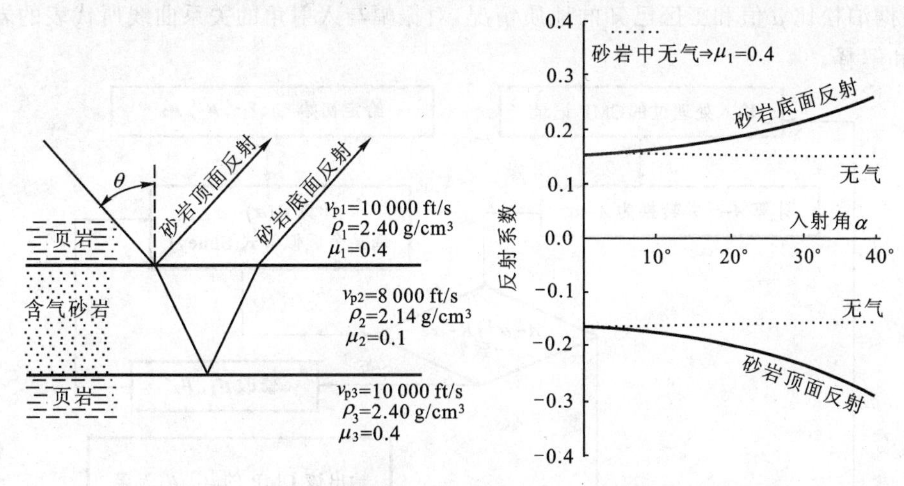

图3-2-4 含气砂岩模型和反射系数随入射角变化的关系[1]

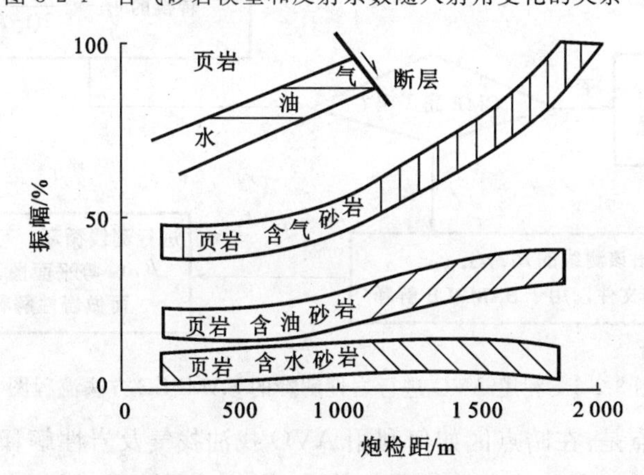

图3-2-5 砂岩储层振幅与炮检距的关系[1]

(2) 油气水边界检测。先计算理论的AVO关系曲线，即综合研究区域内所有测井、钻井资料以及油气水的分布情况，给定适当的泊松比 μ，设计多层地质模型，利用某种近似式计算反射系数随入射角的变化曲线，再拟合出实际CMP记录的AVO关系曲线，最后沿CMP和测线循环，并用理论AVO规律对研究区作出油气水边界的空间分布图。

(3) 解释岩性。目前常用SAMPLE (Seismic Amplitude Measurement for Primary Lithology Estimation)方法，如图3-2-6所示。具体实现步骤包括：先对CMP道集记录进行必要的处理，如保持振幅处理、消除非岩性引起的振幅变化的因素处理、提高记录信噪比的处理等；然后计算实测的振幅随入射角变化曲线，估计有关的物性参数，如速度参数可从速度谱求取或由工区内的声波测井资料求得，密度资料可由密度测井资料得到，也可用 Gardner 公式换算；再选用近似的反射系数计算公式，采用迭代方法，根据每层的振幅与入射角的关系曲线求取该层对应的泊松比 μ 与横波速度 v_s。给定 μ_1 和 μ_2，以入射角为变量计算振幅与入射角的关系曲线，比较理论的与实测的振幅与入射角的关系曲线。吻合得较好者所对应的 μ_1 和 μ_2 就是该层上下介质的泊松比，否则改变初始泊松比 μ 值继续迭代。由泊松比 μ 换算横波速度 v_s 的公式为：

$$v_s^2 = v_p^2 \frac{1-2\mu}{2(1-\mu)} \tag{3-2-14}$$

最后，根据泊松比 μ 值和工区已知的地质情况，对振幅与入射角的关系曲线所代表的岩性进行推断和解释。

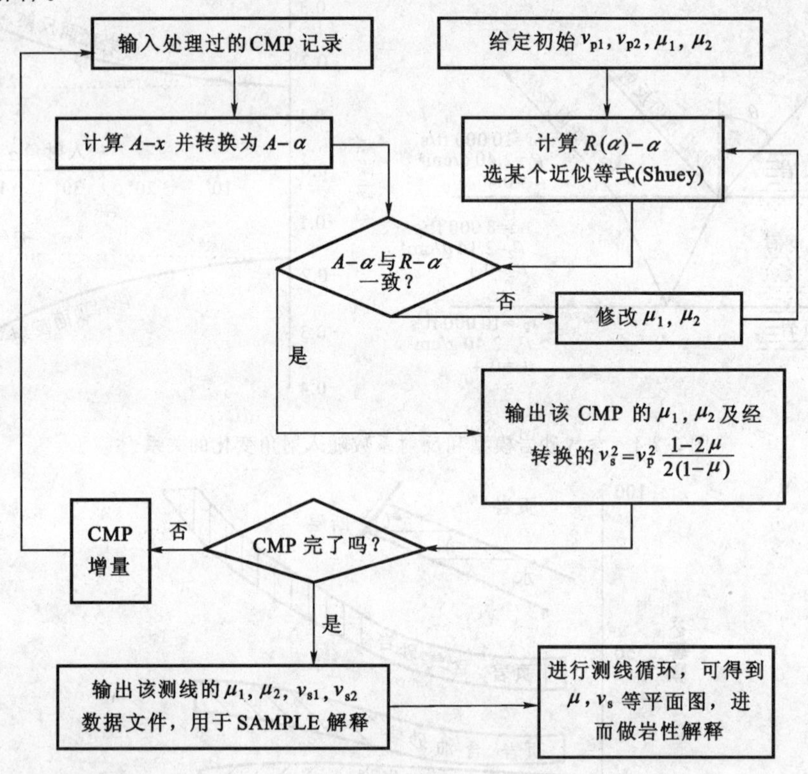

图 3-2-6　利用 AVO 进行岩性解释的 SAMPLE 方法流程图

AVO 技术的难点是：在暗点区如何利用 AVO 找油找气及岩性解释；对薄互层的 AVO 特征的研究较为难度。AVO 技术的发展趋势是：方位 AVO（即 AVOA）分析技术，这对剩余油、裂缝发育方向、介质的非均质性研究很有利；多波多分量 AVO 分析以及广角 AVO 分析等。AVO 技术用于油气检测的相关问题将在 4.2.2 节中介绍。

3.2.4　薄层反射振幅信息的利用

1．*薄层的定义、研究意义和方法*

1）薄层的定义

从概念上讲，地震勘探中的薄层是指某种岩性沉积厚度较小，在地震图件上无法区分该沉积地层的顶底反射信息时所对应的地层厚度。这种意义下的薄层不仅要考虑地层本身绝对厚度的大小，还要考虑地震波波长 λ 或频率 f 与波速 v 的大小。从定量关系上讲，一般把地层厚度 $\Delta h>\lambda$ 的称为厚层，把 $\Delta h\leqslant\lambda$ 的称为薄层。随着地震勘探技术的发展，薄层厚度的具体描述也是有一个过程的。早在 1956 年，前苏联的地球物理学家顾尔维奇就考虑了薄层内多次反射，导出了薄层的频率特性公式，揭示了薄层反射波波形复杂变化的原因，但他没有把薄层反射振幅与 Δh 定量化。1973 年，Widess 用楔形模型理论地震响应研究薄层反射与 Δh 的关系[5]，将 $\Delta h<\frac{\lambda}{8}$ 定义为薄层，但没有说明调谐厚度。1975—1977 年，Lindsey，Nath，Meckel，Neidell 等不约而同地先后引入了调谐厚度的概念，并提出了估算薄层厚度的方法，定义 $\Delta h\leqslant\frac{\lambda}{4}$ 为薄层。1982 年，Kallweit 利用可控震源的地震信息研究了薄层响应的频谱后，提出地震分辨率的实际极限可用地震波的双程旅行时表示为 $\Delta t=1/(1.4f_u)$，其中 f_u 为子波谱的上限频率。综上所述，薄层厚度的分辨率极限 $\Delta h_{\min}$ 与频率 f、波长 λ 及子波周期 T 间的关系为 $\Delta h_{\min}=\Delta t_{\min}v/2=vT/4=v/(4f)=\lambda/4$。

2）研究薄层的意义

在沉积岩地区，地层剖面大多呈薄互层组合。剖面对比过程中，对薄层的对比主要采用“波组”、“波系”的对比方法。相对地层而言，波组、波系是地震波在某一套薄互层之间相互干涉叠加的总体结果，而不是特定的某一单个薄层。

从理论上讲，地层的厚度只要在横向上存在一定的变化，其地震响应也必然会有所变化，问题的关键是如何掌握这种变化的特点和规律。也就是说，在勘探与薄层砂体有关的油气藏时，如何识别和解释是最重要的。作为用地震资料解释地层岩性的一项重要内容，薄层反射的研究得到了广泛的重视。

由此可见，研究薄层是地震勘探深入发展的需要，也是利用地震资料进行地层岩性解释的重要内容。了解并掌握薄层的运动学、动力学特征，会更有利于实际资料的地层岩性解释。

3）薄层反射特点的研究方法

研究薄层反射特点的方法可以用求解波动方程的方法。这是真正的动力学方法，但考虑到地震勘探的实际情况并为使讨论的问题简单明了，通常采用简便而实用的方法，即从波动的叠加和干涉原理出发，通过分析薄层顶底界面的反射波叠加后的特点来说明薄层的存在对反射波的影响。当然，这种方法并不是真正讨论波动问题的动力学方法，但是利用这种方法讨论仍能得出关于薄层反射波的一些主要动力学特点（如振幅、频谱、波形特征等）的结论，并可以由此总结出一些反演问题的实用原则和方法，所以该方法被广泛采用。下面首先讨论薄层的类型及主要特征。

2. 薄层的类型及主要特征

为了明确得出薄层反射的振幅、频率特性与薄层参数（如薄层厚度 Δh，波速 v 等）以及地震子波的特征参数主频 f_0 的关系，我们作如下的定量讨论。

设有图 3-2-7 所示的一个薄层，其上下界面为 R_1，R_2；三种介质的波阻抗分别为 z_1，z_2，z_3；速度分别是 v_1，v_2，v_3；薄层的厚度为 Δh。

当 P_1 波入射到 R_1 界面时，产生 R_1 界面的反射波 P_{11} 和透射波 P_{12}；P_{12} 波又在 R_2 界面上产生反射波 P_{122} 和透射波 P_{123}；P_{122} 波又在 R_1 界面上产生反射波 P_{1222} 和透射波 P_{1221}，等

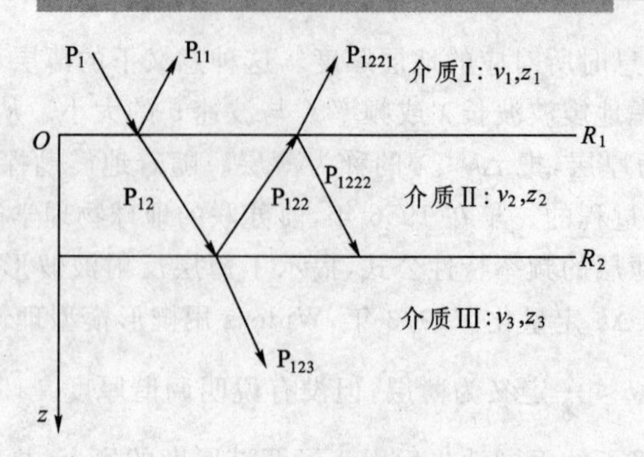

图 3-2-7　薄层反射示意图

等。在垂直入射的情况下,P_{11},P_{1221} 等波会发生叠加。下面讨论叠加后的波动与介质结构(即 $v_1, v_2, v_3, z_1, z_2, z_3$ 和 Δh 等参数)之间的关系。

按图 3-2-7 建立坐标系,入射波为简谐波:

$$U_{P_1}(z) = A_{P_1} e^{j2\pi f(t-z/v_1)} \quad (z \leqslant 0) \tag{3-2-15}$$

式中,$U_{P_1}(z)$为入射波引起的、沿 z 轴的质点位移;A_{P_1} 为入射波的振幅;f 为入射波的频率;t 为旅行时。

当 P_1 波入射到 R_1 界面后,产生的 R_1 界面的反射波 P_{11}和透射波 P_{12}可表示为:

$$U_{P_{11}}(z) = A_{P_{11}} e^{j2\pi f(t+z/v_1)} \quad (z \leqslant 0) \tag{3-2-16}$$

$$U_{P_{12}}(z) = A_{P_{12}} e^{j2\pi f(t-z/v_2)} \quad (h \geqslant z \geqslant 0) \tag{3-2-17}$$

当 P_{12}波入射到 R_2 界面后,又产生 R_2 界面的反射波 P_{122} 和透射波 P_{123},反射波 P_{122} 可表示为:

$$U_{P_{122}}(z) = A_{P_{122}} e^{j[2\pi f(t+z/v_2)+\varphi]} \quad (h \geqslant z \geqslant 0) \tag{3-2-18}$$

式中,φ 为反射波 P_{122}的初相位。

为了确定 φ,可以比较 R_2 界面上 P_{12} 与 P_{122} 的相位,因为在 R_2 界面上,即当 $z=h$ 时,两者的相位应当相等。由式(3-2-17)和式(3-2-18)可知:$\varphi=-4\pi fh/v_2$。

P_{122} 波透过 R_1 界面进入介质Ⅰ,产生透射波 P_{1221},可表示为:

$$U_{P_{1221}}(z) = A_{P_{1221}} e^{j2\pi f(t+z/v_1-2h/v_2)} \quad (z \leqslant 0) \tag{3-2-19}$$

根据动力学理论中垂直入射、反射情况下入射波、反射波和透射波之间的振幅关系,有:

$$\left.\begin{aligned} \frac{A_{P_{11}}}{A_{P_1}} &= \frac{z_2 - z_1}{z_2 + z_1} \\ \frac{A_{P_{12}}}{A_{P_1}} &= \frac{2z_1}{z_2 + z_1} \\ \frac{A_{P_{122}}}{A_{P_{12}}} &= \frac{z_3 - z_2}{z_3 + z_2} \\ \frac{A_{P_{1221}}}{A_{P_{122}}} &= \frac{2z_2}{z_3 + z_2} \end{aligned}\right\} \tag{3-2-20}$$

式中,$z_i=\rho_i V_i$ 是各层的波阻抗。

由式(3-2-20)可进一步导出:

$$\delta = \frac{A_{P_{1221}}}{A_{P_{11}}} = \frac{2z_2}{z_2+z_1} \cdot A_{P_{122}} \cdot \frac{z_2+z_1}{(z_2-z_1)A_{P_1}} = \frac{4z_1 z_2(z_3-z_2)}{(z_2-z_1)(z_1+z_2)(z_2+z_3)} \tag{3-2-21}$$

在不考虑多次波的情况下，介质Ⅰ接收到的反射波 P'_{11} 是 P_{11} 和 P_{1221} 之和，即：

$$U_{P'_{11}} = U_{P_{11}} + U_{P_{1221}} = A_{P_{11}} e^{j2\pi f(t+z/v_1)} + A_{P_{1221}} e^{j2\pi f(t+z/v_1-2h/v_2)}$$

利用式(3-2-21)的关系，并令 $\tau=2h/V_2$，上式可简写为：

$$U_{P'_{11}} = A_{P_{11}} e^{j2\pi f(t+z/v_1)}(1+\delta e^{-j2\pi f\tau}) \tag{3-2-22}$$

比较式(3-2-22)与式(3-2-16)可知，薄层的频率特性 $Q(f)$ 和相位特性 $\varphi(f)$ 分别可表示为：

$$Q(f) = \sqrt{1+2\delta\cos(2\pi f\tau)+\delta^2} \tag{3-2-23}$$

$$\varphi(f) = \arctan\frac{-\delta\sin(2\pi f\tau)}{1+\delta\cos(2\pi f\tau)} \tag{3-2-24}$$

当薄层顶底的反射系数相同(即 $\delta=1$)时，式(3-2-23)和式(3-2-24)可简化为：

$$Q(f) = 2\cos(\pi f\tau) \tag{3-2-25}$$

$$\varphi(f) = \frac{\pi}{2} - \pi f\tau \tag{3-2-26}$$

通过上面的讨论可知，在介质Ⅰ中接收到的薄层反射波的振幅与相位都是频率 f 的函数。在讨论厚层垂直入射、反射时，其反射系数只与界面两侧介质的波阻抗差有关，而与入射波的频率无关。然而，当波垂直入射到薄层界面时，反射系数不仅与界面两侧介质的波阻抗有关，而且还与入射波的频率有关。由此可见，薄层可视为一个滤波器。入射波在薄层界面上产生反射时，好像通过一个滤波器，经受了某种频率滤波作用。薄层的频率滤波特性与薄层的厚度和速度有关，也与薄层及其上下地层的波阻抗有关。

利用上述关系可以计算各类薄层的滤波特性。从地质特点分析，薄层的类型可分为韵律性薄层、递变性薄层以及多个韵律性薄层的组合(即薄互层)三大类。下面简单介绍各类薄层的滤波特性。

1) 韵律性薄层

设薄层顶底界面的反射系数分别为 k_1 和 k_2 并令 $\delta=k_1/k_2$，当薄层波阻抗 z_2 高于或低于上下介质的波阻抗(即 $\delta<0$)时，皆属韵律性薄层。韵律性薄层的特点归纳如下：

(1) 当薄层厚度 $\Delta h=\lambda/4$ 时，出现调谐性波形幅度增大，薄层的频率特性 $Q(f)$ 有极大值，相位为零，反射波 t_0 值不偏移。

(2) 反射波强度随 Δh 的减小而衰减的速度很缓慢。当 $\Delta h=\lambda/40$ 时，振幅还有单层界面上反射振幅的 30%，无振幅趋于零的趋势，波形的相位具有超前特性。

(3) 频率特性相当于一个带通滤波器。该滤波器的主频 f_0 随 Δh 而变化。薄层顶底反射波的旅行时差 $\tau=2\Delta h/v_n$ 愈小，f_0 愈高，其相互关系为 $f_0=1/(2\tau)$。

(4) 薄层的频率特性 $Q(f)$-$f\tau$ 具有周期性，以 $f\tau=1$ 为周期。当 $f\tau=N$ 时，输出极小；当 $f\tau=N+1/2$ 时，输出极大，如图 3-2-8 所示。

图 3-2-8 是利用式(3-2-23)计算得到的。由图可知，薄层反射叠加的结果是对低频及高频成分有压制作用，接收到的薄层反射波的中频成分得到相对加强。

为了进一步说明薄层的频率特性，下面给出几个实际算例。设 $\Delta h=10$ m，$v_2=4\ 000$ m/s，$v_1=v_3=2\ 000$ m/s，$\rho_1=\rho_2=\rho_3=2.3$ g/cm^3，据此得到 $\delta=0.88$，$\tau=5$ ms。由这些参数计算的薄层频率特性如图 3-2-9a 所示。

如果取 $v_2=3\ 000$ m/s，当 0.01 s$<\tau<0.03$ s 时，相当的薄层厚度为 15 m$<\Delta h<$45 m，算得的薄层频率特性如图 3-2-9b 所示。由图可知，不同 τ 对应的极小点位置不同，说明薄

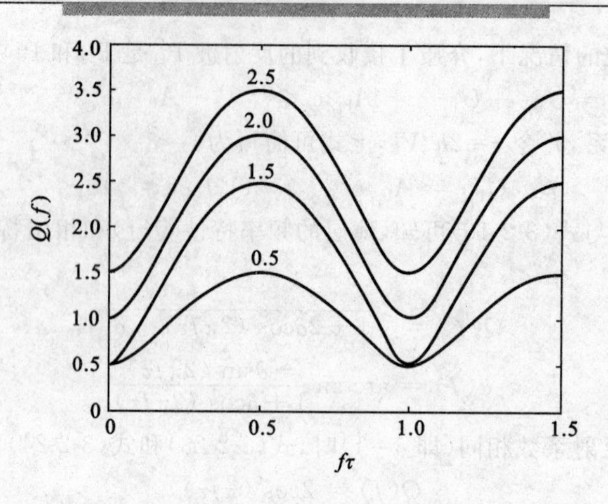

图 3-2-8　韵律性薄层的频率特性

层反射波压制了中频地震勘探工作频带的某些频率成分。如果采用不同的滤波挡，可能得到不同厚度的薄层反射波。此外，薄层厚度变化时，其频率特性有着明显的变化，这必然导致薄层反射波的波形变化。如果薄层厚度存在横向变化，其相应反射波的波形也会发生横向上的明显变化，这为我们利用薄层反射波的动力学特点来研究薄层提供了基本依据。

当薄层厚度进一步减小(即薄层厚度为 7.5 m$<\Delta h<$15 m)时，$Q(f)$曲线的变化相对于图 3-2-9b 中的情况要缓慢些，韵律性薄层的带通滤波挡(或通频带)变宽，如图 3-2-9c 所示。$\Delta h<$7.5 m 的 $Q(f)$曲线如图 3-2-9d 所示。由此可见，随着薄层厚度的减小，薄层的频率特性的通频带明显变宽，其顶底反射波的频谱可能会向高频方向移动。

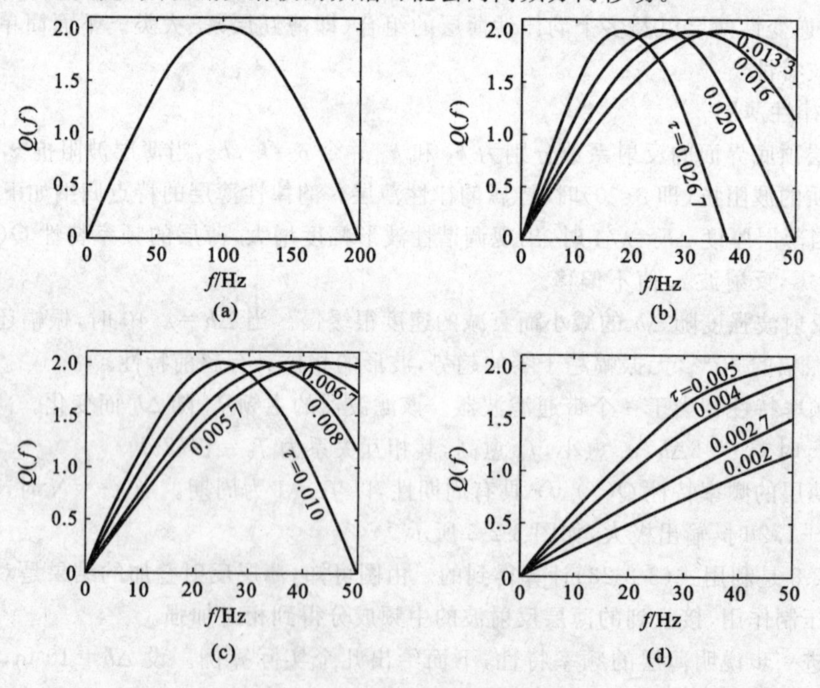

图 3-2-9　薄层的频率特性

(a) 夹在均匀层中的薄层的频率特性；(b) 厚度不同的薄层的频率特性；
(c) 厚度在 7.5～15 m 间的薄层的频率特性；(d) 厚度小于 7.5 m 薄层的频率特性

2）递变性薄层

薄层的波阻抗介于上下介质的波阻抗之间，即$\delta>0$，如水进时期沉积或水退时期沉积，其主要特点有：

(1) 当薄层厚度$\Delta h=\lambda/4$时，反射波振幅为极小，此类薄层的频率特性$Q(f)$有极小值，相位特性有突变，反射波极性发生转换。

(2) 当薄层厚度$\Delta h<\lambda/4$时，$Q(f)$值增大，逐渐过渡到薄层的上下界面合并的单界面状态，相位特性由滞后恢复到零。

(3) 在$0<f\tau<0.5$范围内，滤波特性相当于一个低通滤波器，随Δh的增加，主频f_0朝低频方向移动。

(4) $Q(f)$-$f\tau$曲线也以$f\tau=1$为周期。当$f\tau=N$时，出现极大；当$f\tau=N+1/2$时，出现极小，如图3-2-10所示。

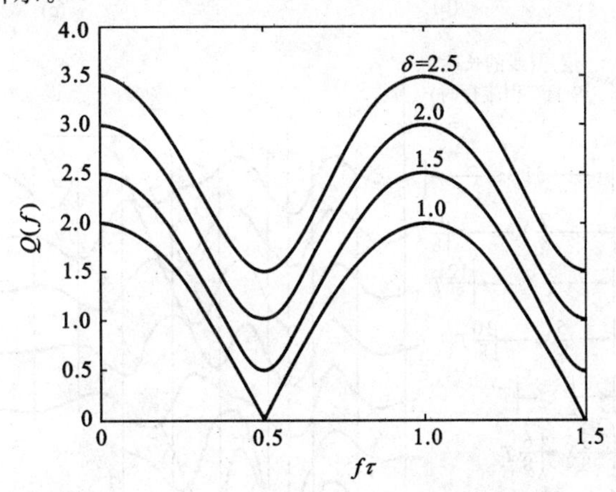

图3-2-10 递变性薄层的频率特性

3）多个韵律性薄层的组合

砂泥岩薄互层是典型的多个韵律性薄层的组合。把薄互层作为一个整体来研究，有关结论和主要特点为：

(1) 单层厚度达1 m以上的多个薄互层也可形成较强的反射波。

(2) 当反射系数$|k|\leqslant0.1$时，反射波振幅谱为多个峰值谱。这是薄互层的一个显著特点，借此可鉴别薄互层。

(3) 薄互层组内的物性差异、层数及反射系数数值的变化对反射波特性有明显的影响。反射系数或物性差异决定了反射波的幅度大小，层数的增加使$Q(f)$主极值区变窄、次极值个数增多。

(4) 薄层间距d与薄层厚度τ之比值L对$Q(f)$的峰值点数及频谱周期$f\tau$都有明显的影响。只有L为整数时，$Q(f)$的周期才有$f\tau=1$的现象。

(5) 薄互层组的顶底界面（指组界面，不是其内部界面）是决定该薄互层组反射特征的主要因素。

需要说明的是，以上的理论讨论是以简谐波为基本假设的，而且没有考虑薄层内的多次反射。不过，这样处理所得的有关结论或认识，对实际工作还是有一定的指导意义的。

3. 利用薄层反射振幅估算薄层厚度

1）振幅与地层厚度的关系

在研究薄层反射的振幅特征方面，Widess 进行了很有意义的工作，如图 3-2-11 所示。假设有一个薄层夹于均匀层中，并认为薄层顶底的反射波形相同、振幅一样，只存在时差。用一个零相位子波制作自激自收剖面，对应的薄层厚度从 λ 到 $\lambda/40$，也即相当于薄层顶底反射波的时差从 $2T$ 到 $T/20$。λ 和 T 分别为子波的波长和视周期。

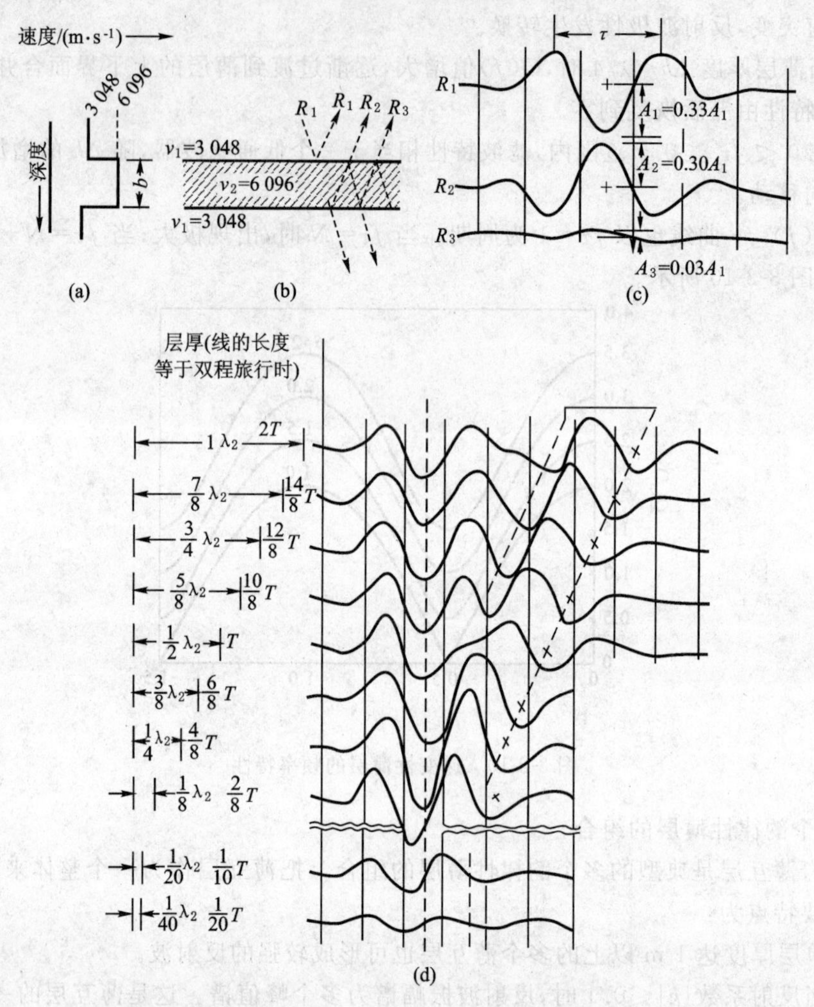

图 3-2-11　Widess 模型及其地震响应[5]

根据上面的假设，为了简便起见，把子波简化为周期 T、振幅 A 的简谐波，以便找出叠加振动的振幅与各个参数的简明关系。设薄层顶面反射波为：

$$R_1 = A\cos\left[(t+b/v)\frac{2\pi}{T}\right]$$

薄层底面反射波为：

$$R_2 = -A\cos\left[(t-b/v)\frac{2\pi}{T}\right]$$

式中，b 为薄层厚度；v 为薄层的波速。

注意：薄层顶底反射波的时差是 $2b/v$。由于以上两式中将两个波动的时间因子分别写成 b/v 和 $-b/v$，所以两者之差正好是 $2b/v$。

合成的薄层反射 $R_d = R_1 + R_2$，即：

$$R_d = A\cos\left[(t+b/v)\frac{2\pi}{T}\right] - A\cos\left[(t-b/v)\frac{2\pi}{T}\right]$$

利用三角函数关系，有：

$$R_d = -2A\sin\frac{2\pi t}{T}\sin\frac{2\pi b}{vT} \tag{3-2-27}$$

所以薄层反射振幅 A_d 的绝对值为：

$$A_d = 2A\sin\frac{2\pi b}{vT} \tag{3-2-28}$$

当$\frac{2\pi b}{vT}$很小时，可近似认为 $\sin\frac{2\pi b}{vT}=\frac{2\pi b}{vT}$，于是有：

$$A_d = \frac{4\pi bA}{vT} = \frac{4\pi bA}{\lambda} \tag{3-2-29}$$

式(3-2-29)给出了在一定的简化条件下，薄层反射振幅 A_d 与薄层厚度 b、顶底单个反射振幅 A 以及波长 λ 之间的简明关系。

通过分析研究得到如下几点认识：

(1) 当地层厚度相当于一个波长或更大时，层内双程时差等于或大于 $2T$(约等于子波的延续时间)，这时地层的顶底反射可以分开，但极性相反。这是韵律性地层，属于厚层反射的范畴。

(2) 当地层厚度进一步减小时，两个反射波开始重叠形成一个复合波。每个反射独立的信息越来越少，顶、底反射波合成的信息越来越多。当层厚为 $\lambda/4$(即双程时差为 $T/2$)时，合成振幅达到最大，此时的地层厚度就是所谓的调谐厚度。由式(3-2-28)可知，要使薄层顶底反射波的合成振幅达到最大，应有$\frac{2\pi b}{vT}=\frac{\pi}{2}$的关系，由此可得到薄层厚度 $b=\lambda/4$。

(3) 当地层厚度小于 $\lambda/8$ 时，只存在顶、底反射波的合成信息，而没有单独特点的信息了。此时合成振幅减小，周期变短。

上述三点中除调谐厚度外，其余均为 Widess 研究得到的。“调谐厚度”的概念是奈德尔等人在1975年提出的。奈德尔还注意到当地层厚度等于 $\lambda/4$ 时，振幅出现最大；小于 $\lambda/4$ 时，复合波形的形状没有变化，而振幅随厚度的减薄继续变小。也就是说，当地层厚度小于 $\lambda/4$ 以后，在合成振幅信息中依然包含着地层厚度的信息。

2) 估算薄层厚度的研究方法

我们结合地质模型对薄层厚度进行估算。

(1) 均匀地层中夹有一个尖灭薄砂层的地质模型。图3-2-12a为砂层尖灭体模型，图3-2-12b为该地质模型的地震响应，图3-2-12c为时间-振幅解释图版。很显然，薄层砂体的顶底反射系数大小相等、符号相反。薄层反射是两个等振幅、反极性的地震子波的不同时差叠加的结果。当地层厚度大于调谐厚度时，视时差 $\Delta t'_0$(最大波峰与最大波谷之间的时差)随地层厚度的增加呈线性变化，此时视时差可以代替真时差 Δt_0(薄层顶底反射波的双程旅行时差)，相对振幅 ΔA(最大波峰与最大波谷的幅度差)逐渐趋于一个稳定值；当地层厚度小于调谐厚度时，视时差基本为一常数，而相对振幅则随地层厚度的变薄近似呈线性方式减小；当地层厚度等于调谐厚度时，相对振幅达到最大，且该点的视时差厚度与砂层的真实厚度相同。

(2) 薄层顶底反射系数符号相反、数值不等的地质模型。图3-2-13a所示为薄层顶底反

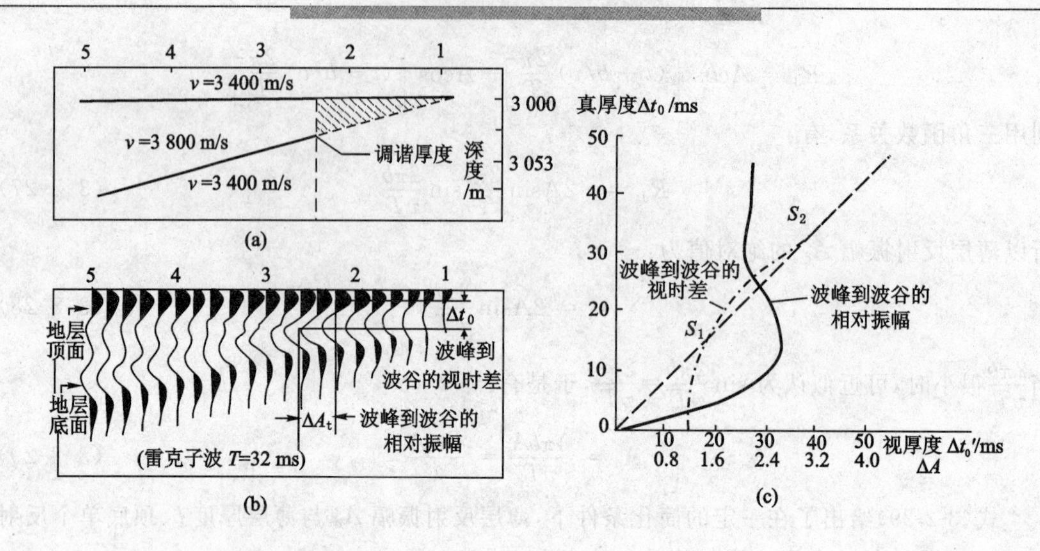

图 3-2-12　砂岩尖灭体振幅与时差关系图[1]

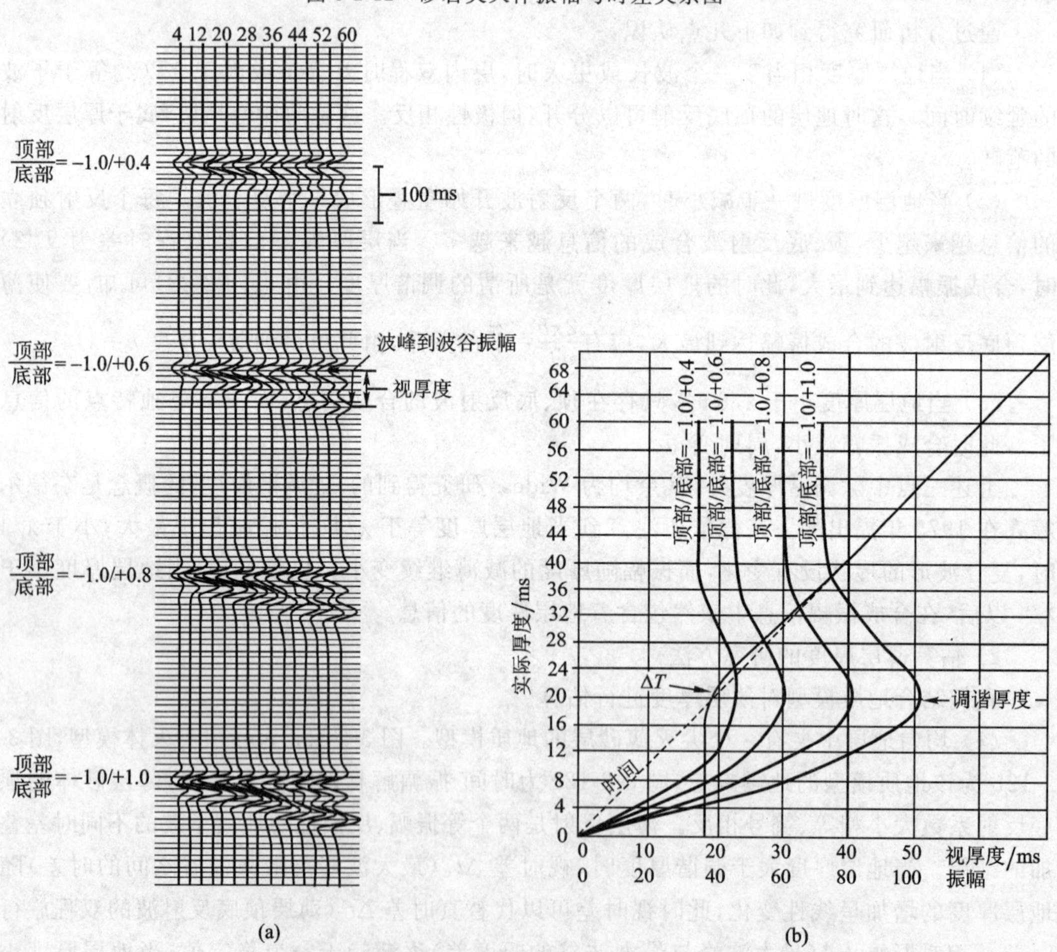

图 3-2-13　薄层顶底反射系数变化时的分辨率模型[1]

射系数比值不同时所得的合成记录，其时间-振幅曲线如图 3-2-13b 所示。与前例模型的时间-振幅曲线对照来看，顶底反射系数比值改变的主要影响是使相对振幅值减小，但相对振幅曲线的形态不变。因此，也可以得出(1)中的结论。除此以外还可看出：薄层顶底反射系数之比的绝对值越大，在调谐厚度处的相对振幅数值越小。

(3) 薄层顶底反射系数符号相同的地质模型。图 3-2-14a 为薄层上覆地层、薄层本身、薄层下伏地层三者的波阻抗顺序增大或顺序减小情况下的合成记录，其相对振幅曲线如图 3-2-14b 所示。从图上可看出：顶底两个反射波波峰之间的时差变化规律与前两种模型一样；振幅的变化是从层厚较大时对应的单个子波的振幅值先减小到极小(此时对应于调谐厚度，可从两个同极性子波相差半周期的合成波形看出)，然后又逐渐增大，并在零厚度时达到某个最大值。

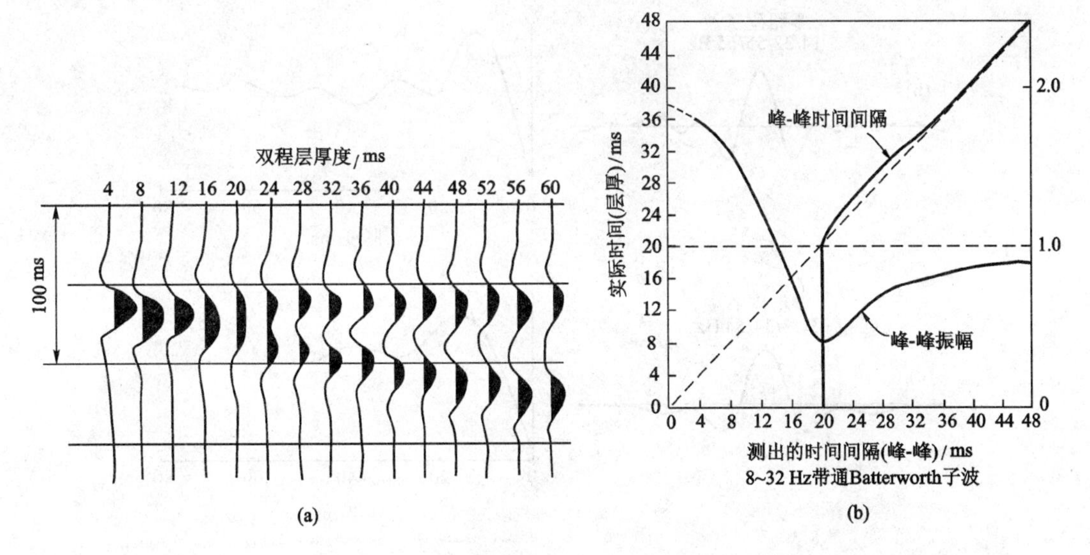

图 3-2-14　薄层合成记录及时间-振幅解释图版

(a) 薄层顶底反射系数符号相同的地震响应[1]；(b) 等强度、等极性的时间-振幅解释图版

通过上面的讨论我们还需明确的是：子波的旁瓣对时间-振幅曲线会有一定的影响。图 3-2-15 就很好地说明了这一影响因素。图 3-2-15a 是主频为 35 Hz 的雷克子波，其旁瓣很小，所得到的相对振幅-地层厚度曲线比较平滑；图 3-2-15b 和图 3-2-15c 是不同通频带的零相位带通子波所得到的相对振幅-地层厚度曲线，该曲线具有“振荡”现象；图 3-2-15d 是从实际资料中提取的子波所得到的相对振幅-地层厚度曲线，该曲线也有“振荡”现象。

比较四条曲线可以看到：采用的子波延续时间越短、旁瓣越小，相对振幅-地层厚度曲线越平滑，分辨薄层厚度的能力越强。

3) 薄层定量解释的主要工作步骤

模型计算及其讨论所得到的认识和结论为我们提供了直接根据地震振幅估算薄层厚度的途径，但其估算精度与许多因素有关。长期的生产实践积累了一定的工作经验，概括如下：

(1) 利用已知的地质、钻井、测井资料，选用合适的零相位子波，制作高精度的合成地震记录，定性地确认地震剖面上用于定量解释的目标薄层的地震响应。这是薄层厚度定量估算的基础工作。

(2) 进行一些必要的处理，使薄层反射在地震剖面上有较好的显示，如提高信噪比和分辨率及子波整形处理等。这是薄层厚度定量估算不可缺少且非常重要的工作。

野外实际激发的子波一般为非零相位子波，而零相位子波因其旁瓣小、分辨率高，对薄层的解释和显示比较有利。同时，实际地质剖面中的薄层不一定正好等于地震波波长的

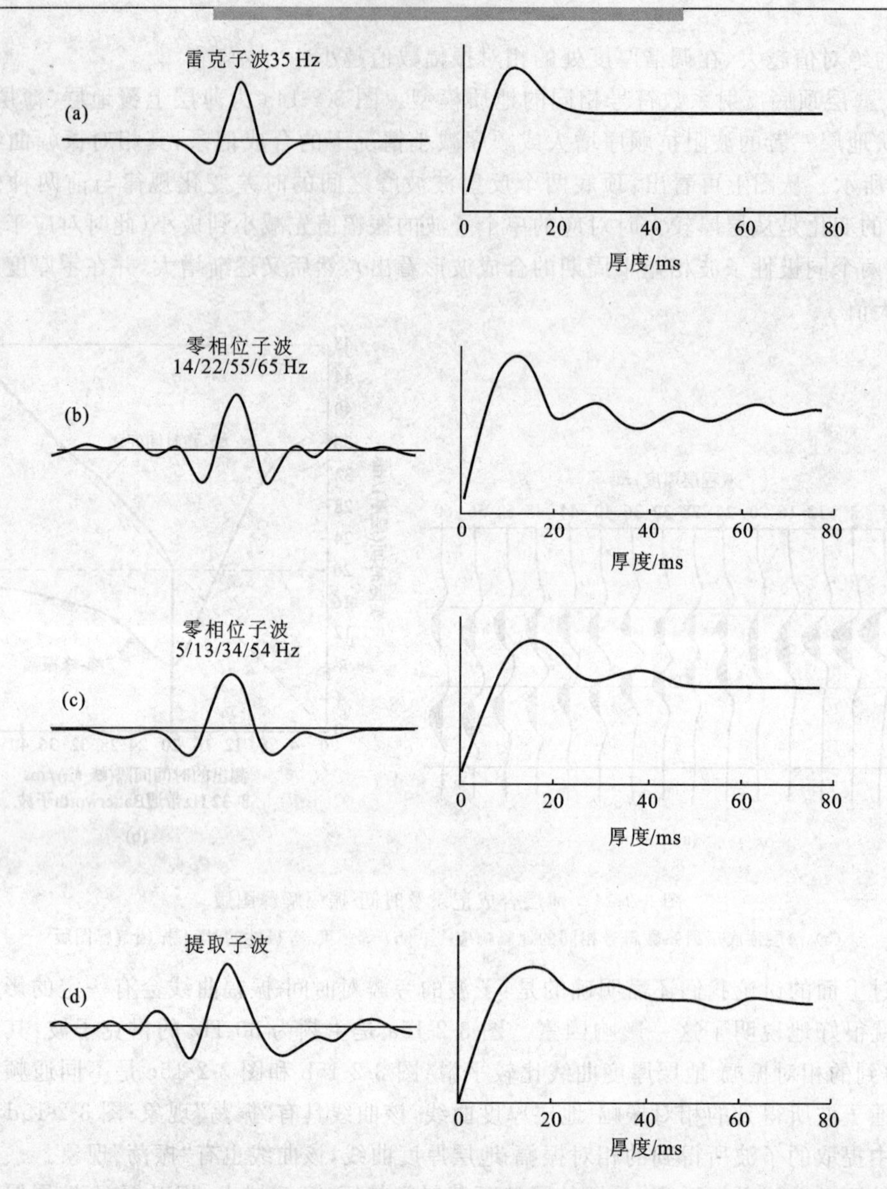

图 3-2-15　多种子波及其相应的调谐曲线[6]

1/4，在地震剖面上薄层反射振幅就不会太强。通过子波处理，有意识地改变子波的主频，就有可能使某种子波的波长的 1/4 与层厚匹配，从而得到明显的调谐振幅。子波处理有两个目的：一是使薄层反射易于识别；二是借助于调整子波主频的过程，帮助我们确立与薄层的调谐厚度对应的 λ 值，进一步估算薄层的实际厚度。

（3）利用选好的子波以及地质、钻井、测井资料中估算的薄层顶底的反射系数，制作薄层模型的合成地震剖面，再制作本工区的时间-振幅解释图版。图版中振幅值的比例尺，应当考虑用井旁地震道的实际振幅值与合成地震剖面上对应道的振幅值的比值作为标定因子，对图版上的振幅值进行标定。这样进行的振幅-层厚度的定量解释才有较高的精度。

（4）从实际地震剖面上检测出要解释的薄层反射的时差值和相对振幅值，利用时间-振幅解释图版换算出薄层厚度。最后，利用沿测线网得出的砂岩体的厚度值进行适当的解释和整理，就可以作出砂岩体平面分布的等厚图。上述工作过程可用图 3-2-16 来表示。

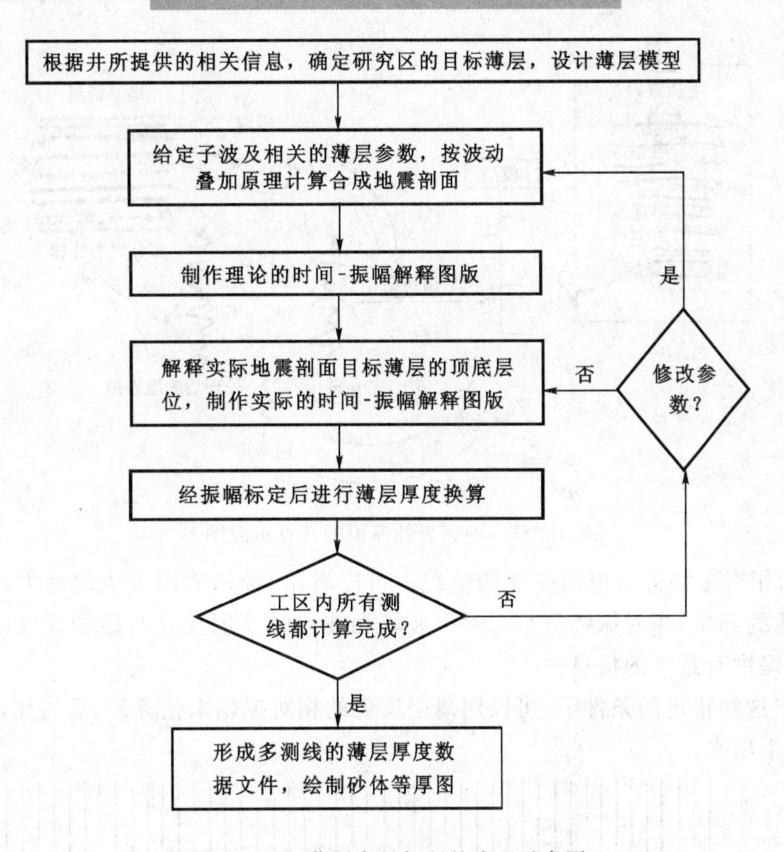

图 3-2-16　薄层定量解释的流程示意图

4. 利用地震岩性模拟技术估算地层岩性的变化

地震岩性模拟(Seismic Lithologic Modeling,SLIM)是定量解释砂岩储集层的一种有效工具。

1）地震岩性模拟的基本思路

如图 3-2-17 所示，根据得到的实际地震剖面及其他地质、测井、钻井资料，对地震剖面进行初步解释，设计出一个地震模型(包括目的层的数目，每层厚度、速度、密度等)；然后按此模型设计出相应的地震剖面及其他资料；再把计算结果与实际观测所得到的地震剖面进行对比，按一定的方法求出两者的差异，并根据这种差异修改模型的参数；继续这样的参数修改，直到用模型设计出的合成地震剖面与实际的地震剖面在一定误差范围内基本相符为止；最后的地质模型就是地震剖面的解释结果了。

除此之外，还有一种地震岩性模拟技术的基本思路与此相似，但具体做法稍有不同。这种基本思路是依据调谐厚度及振幅与层厚的关系，总结某一工区反射波振幅与地质因素之间的特殊对应关系，用以指导对本工区一些特殊地质现象的解释。

2）实例分析

下面给出几个实例分析：

(1) 均匀地层中夹有某种不规则形态的岩体。图 3-2-18 所示为 15.2 m 厚度的均匀砂体夹有一厚度稳定但埋深沿横向变化的页岩条带。图的上部为该模型的地震响应，从左到右反射波同相轴的波形基本一致，但振幅有变化，且振幅的变化与页岩的净厚度(或模型中砂岩的总厚度)之间有一定的联系。图的下部为由计算机检测出的各道波峰-波谷的时差、

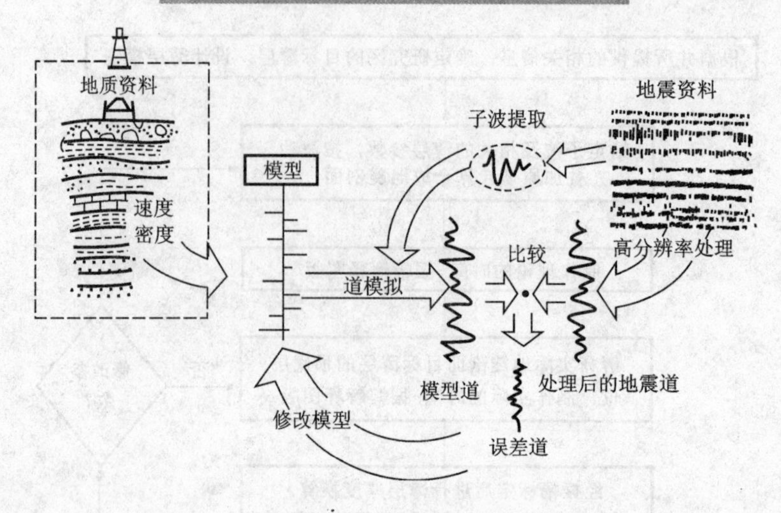

图 3-2-17　地震岩性模拟的计算示意图[1]

波峰-波谷的相对振幅值沿横向变化的情况。可以看出:纯砂岩厚度大的地方,相对振幅值大;砂岩较薄的部位,相对振幅值小。对于波峰和波谷时差的变化与砂岩厚度的对应关系,图中并不能提供有意义的信息。

结论:在这种特定的条件下,可以用薄层反射的相对振幅来估算砂、页岩比,但页岩的具体位置反映不出来。

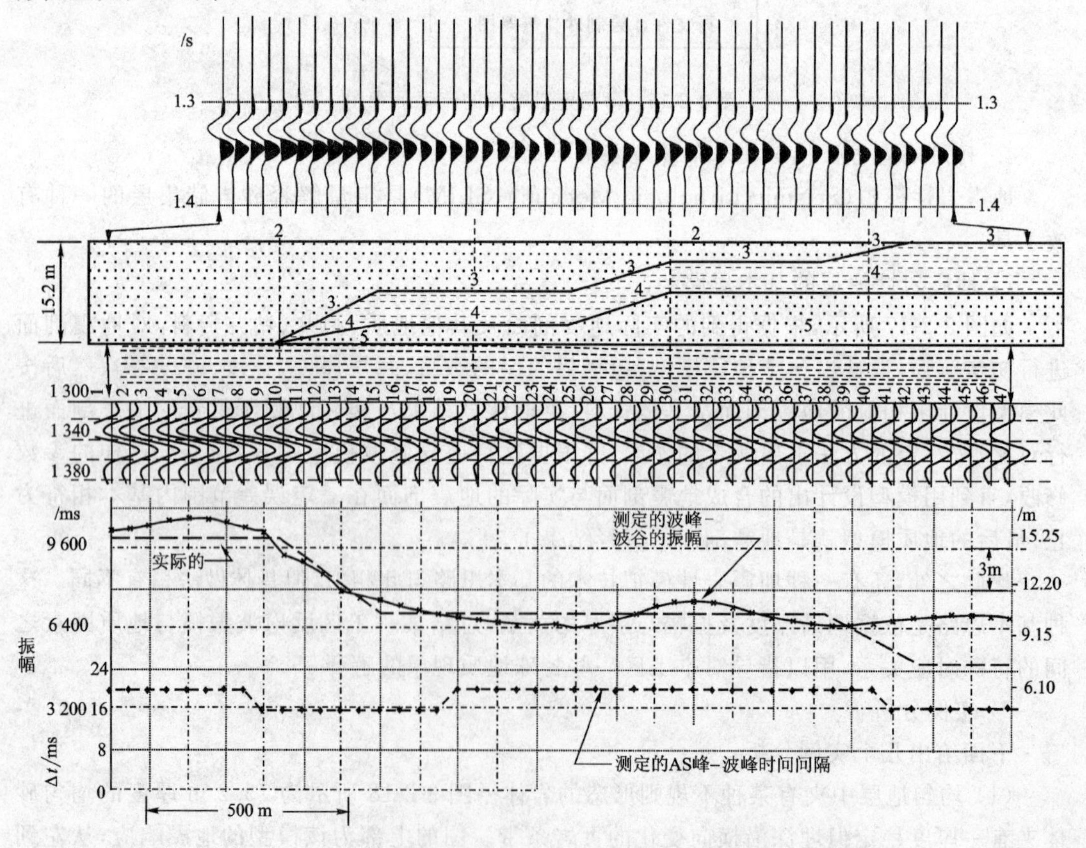

图 3-2-18　砂岩中的薄页岩对测定波峰到波谷的时间间隔及振幅的影响[1]

（2）薄砂层内页岩厚度和埋深都变化的地震响应。图 3-2-19 所示为砂、页岩总厚度为 15.2 m，但页岩在纵向上的厚度、横向上的深度均有变化的地质模型。地震响应得出的结论与上例相吻合，即相对振幅与纯砂岩的厚度对应，但反射波的峰-谷时差反映不了纯砂岩的厚度变化。如果对振幅作适当的标定，则有可能根据地震响应测定的振幅值测量出纯砂岩的厚度。

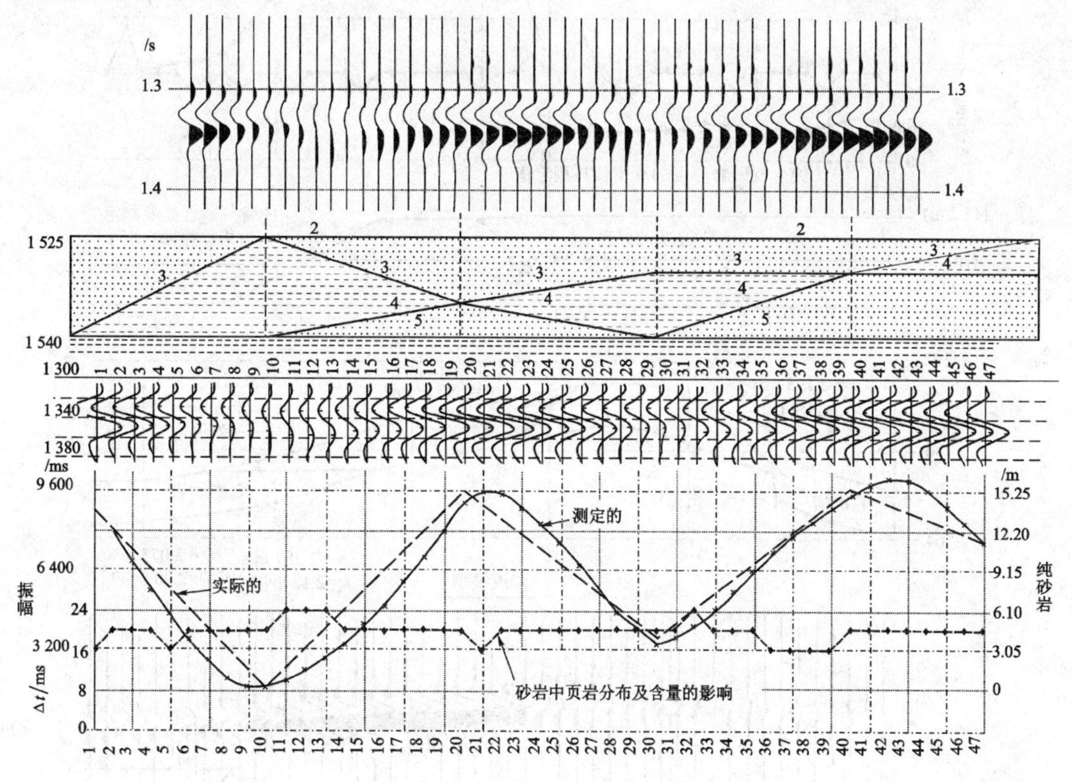

图 3-2-19　含有厚度可变页岩层的砂岩储集层地震模型[1]

（3）气藏模型的地震响应。图 3-2-20 所示为 15.2 m 厚的含气砂岩，位于一个平缓隆起构造的翼部。岩石的孔隙度及渗透率由构造的翼部向顶部急剧下降。从振幅曲线和时差曲线来看，振幅的增大与含气范围相对应，时差曲线则因为砂层薄而未能显示有意义的信息。合成剖面上显示含气部位为明显的强振幅异常。过含气带的下倾方向，振幅明显减小，指示了水、气接触面，又因砂岩太薄未能出现“平点”反射特征。上倾方向振幅的变化主要反映孔隙度和渗透率的减小，从而指示构造翼部上倾方向砂岩的尖灭。如果把测网上每条剖面的目的层振幅值都检测出来，就可以绘出含气砂岩体或储集体厚度等值线图，从而估算储集层的体积或储量。

5. *薄互层反射波的振幅特征*

实际的沉积岩盆地中，其岩性剖面上大多数是以薄层组合的形式出现的，因此进一步研究薄互层反射波的运动学和动力学特征有着重大的现实意义。

1）等厚薄互层的反射特征

图 3-2-21a 所示为砂、页岩两种介质等间隔互层组构成的地质模型，组内单层厚度从左到右依次增大，地层厚度以双程垂直旅行时 Δt 表示，整个薄互层总厚度为 128 ms；图 3-2-21b 为合成地震记录。模型参数为砂岩速度 3 200 m/s，泥岩速度 2 800 m/s，采用零相位子

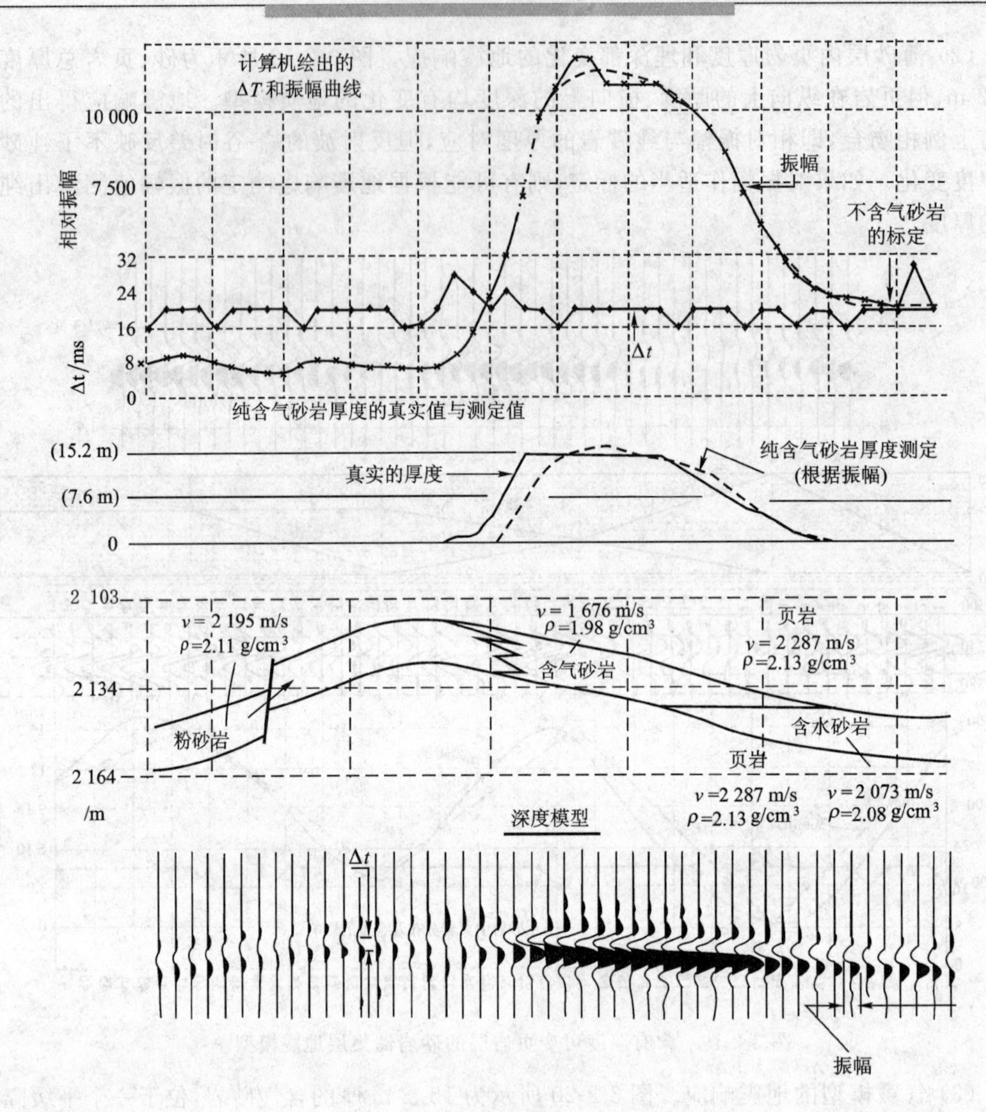

图 3-2-20　气藏模型的地震响应[1]

波，函数形式为：

$$W(t)=[1-2(\pi ft)^2]\cdot e^{-(\pi ft)^2} \quad (3\text{-}2\text{-}30)$$

式中，$f=60$ Hz，子波长度为 64 ms。

由图 3-2-21b 可以看到，同一地质模型表现出的反射波特征为波形相似、振幅相近的重复振动；不同单层厚度的模型之间，其反射特征差别较大；随着组内单层厚度的增加，合成记录的波形逐渐接近子波波形。

通过近年来的勘探实践，对薄互层的认识和研究积累了大量的经验。就薄互层反射特征而言，大致可归纳为三种情况：

(1) 较均匀介质中的薄互层可以产生具有一定能量、近似于厚层反射波（称为单波）波形的复合反射波，单层厚度的时间不可分辨，而相对振幅可分辨。

(2) 较均匀介质中单层厚度很薄，物性差异较小，组厚度较薄的互层组可产生不等周期，不等振幅、逐渐衰减的复合连续振动。组厚度的时间不可分辨，振幅能量可分辨。

(3) 单层厚度很薄，层数很多，物性差异很大的薄层组产生波形稳定、振幅能量强，近似于单波的复波，单层厚度不易分辨。

概括上述三种情况可知：薄互层的单层厚度不可分辨或不易分辨，但相对振幅或振幅能量是可分辨的。也就是说，通过相对振幅及振幅能量的分析，是能够识别出薄层并进行解释的。

图 3-2-21c 为薄互层内反射振幅与 $\Delta t/T$ 的关系图，反映了互层内反射波的复合振幅随互层组内单层厚度的变化而变化的规律。由图可见：当 $\Delta t/T=0.25$ 时，互层组的复合振幅值较小；当 $\Delta t/T=0.5$ 时，互层组的复合振幅值最大，此时相当于调谐厚度所对应的调谐振幅；当 $\Delta t/T>0.5$ 时，互层组的复合振幅值又随 $\Delta t/T$ 的增大而减小，在最大振幅值的 0.25～0.5之间变化。

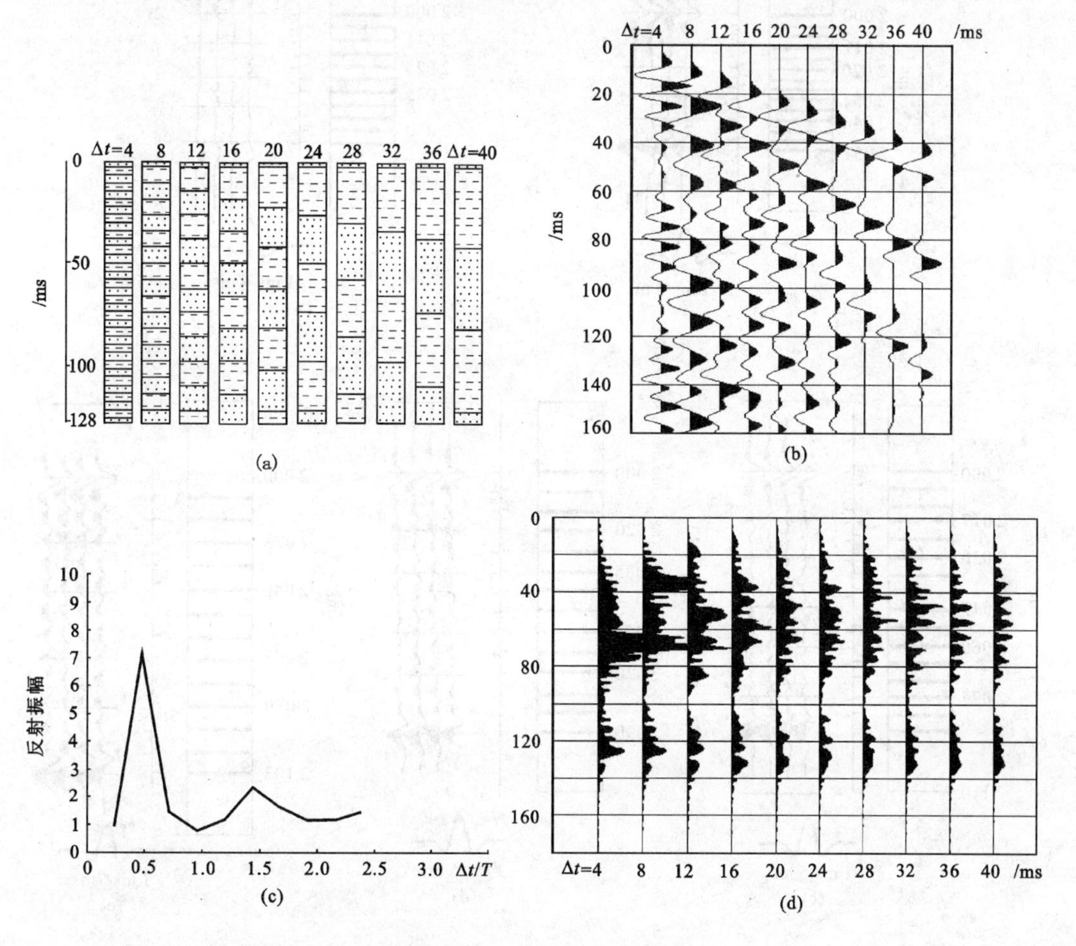

图 3-2-21　等厚薄互层的反射特征

(a) 等间隔互层的地质模型[1]；(b) 等间隔互层的地震响应；

(c) 反射振幅值与 $\Delta t/T$ 关系图；(d) 等间隔互层的合成地震记录的振幅谱

通过上面的讨论我们可知：薄互层组内厚度从厚层过渡到薄层，直至尖灭，其反射振幅经历了相对稳定，逐渐减小，再增大至调谐振幅，然后又呈线性关系减小(但没有复合振幅趋于零的现象)几个阶段。总之，通过模型计算得到的主要认识是：互层组内反射振幅的变化特点类似于单个楔形体的情况，薄互层反射振幅的强弱主要取决于互层组内两种地层的物性差异。此外，我们在模型计算时没有考虑薄层内的多次反射波，应该说互层组反射振幅与多次波关系很大，还有待进一步分析与研究。

从图 3-2-21d 可以看出：层厚为 4～40 ms，随着薄层的变厚，振幅谱最大值对应的主频有向低频方向移动的趋势，这与前面讨论的楔形体模型的振幅谱变化相似。分析所用的子波主频为 60 Hz，所以在图 3-2-21d 中振幅谱包络的最大幅值对应的频率也在 60 Hz 附近。

2）不等厚度薄互层组的反射特征

图 3-2-22 所示为单层不等厚度的薄砂泥岩互层组模型及合成记录，图 3-2-23 所示为单层厚度为随机的薄砂泥岩互层组模型及合成记录。通过分析得到如下结论：

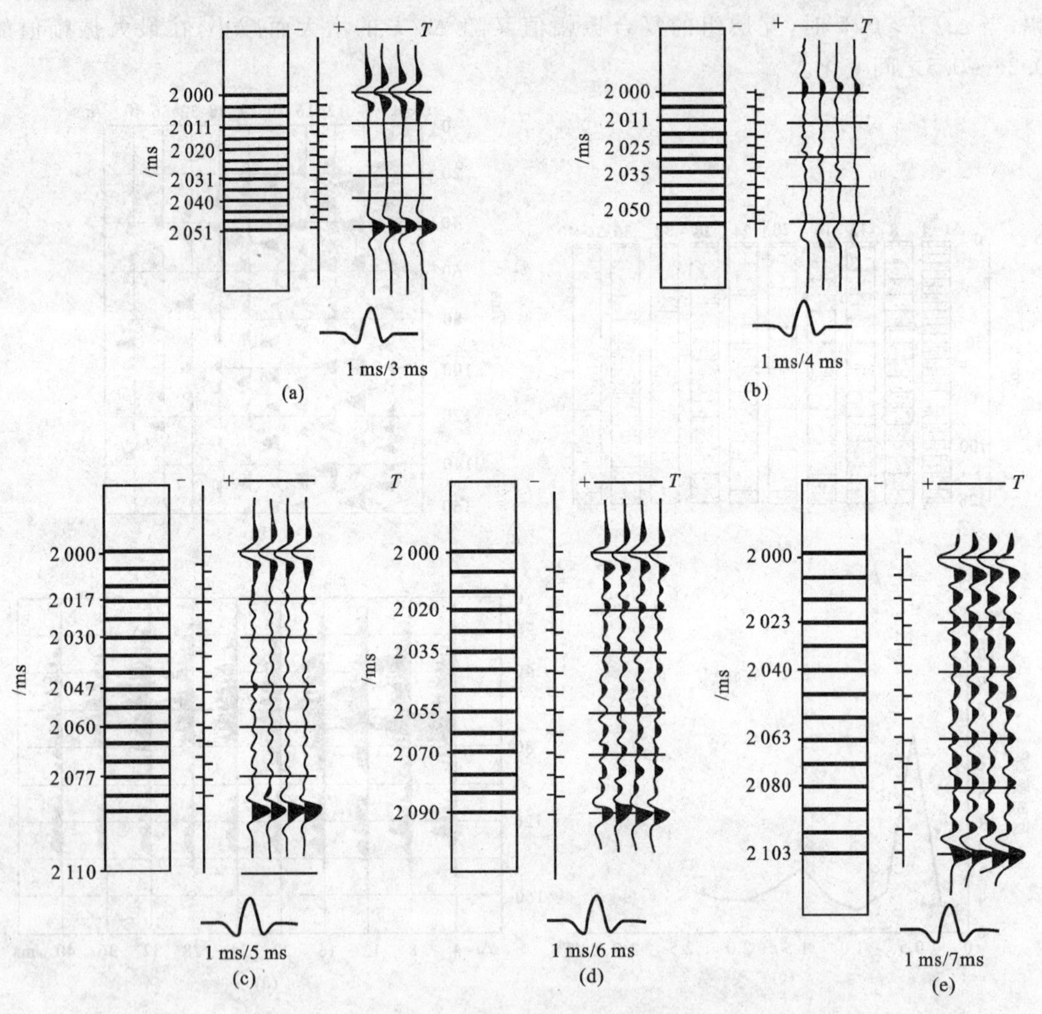

图 3-2-22　砂、泥岩不等厚度的互层模型及合成记录[1]

（1）在薄层砂体中，当薄层厚度不超过 $\lambda/8$ 时，无论分布如何、总厚度大或小，都可视为均质体。在砂层组的顶、底出现反射，并且基本上以单波形式出现时，层组内部只出现微小的抖动。

（2）当薄泥岩夹层视厚度大于 $\lambda/8$ 且砂层较厚时才出现强反射，此时可用振幅的强弱来约束预测单层砂体的厚度。如果砂层很薄且夹层泥岩厚度也很薄时，则不能用反射波的振幅来预测单层砂体的厚度。

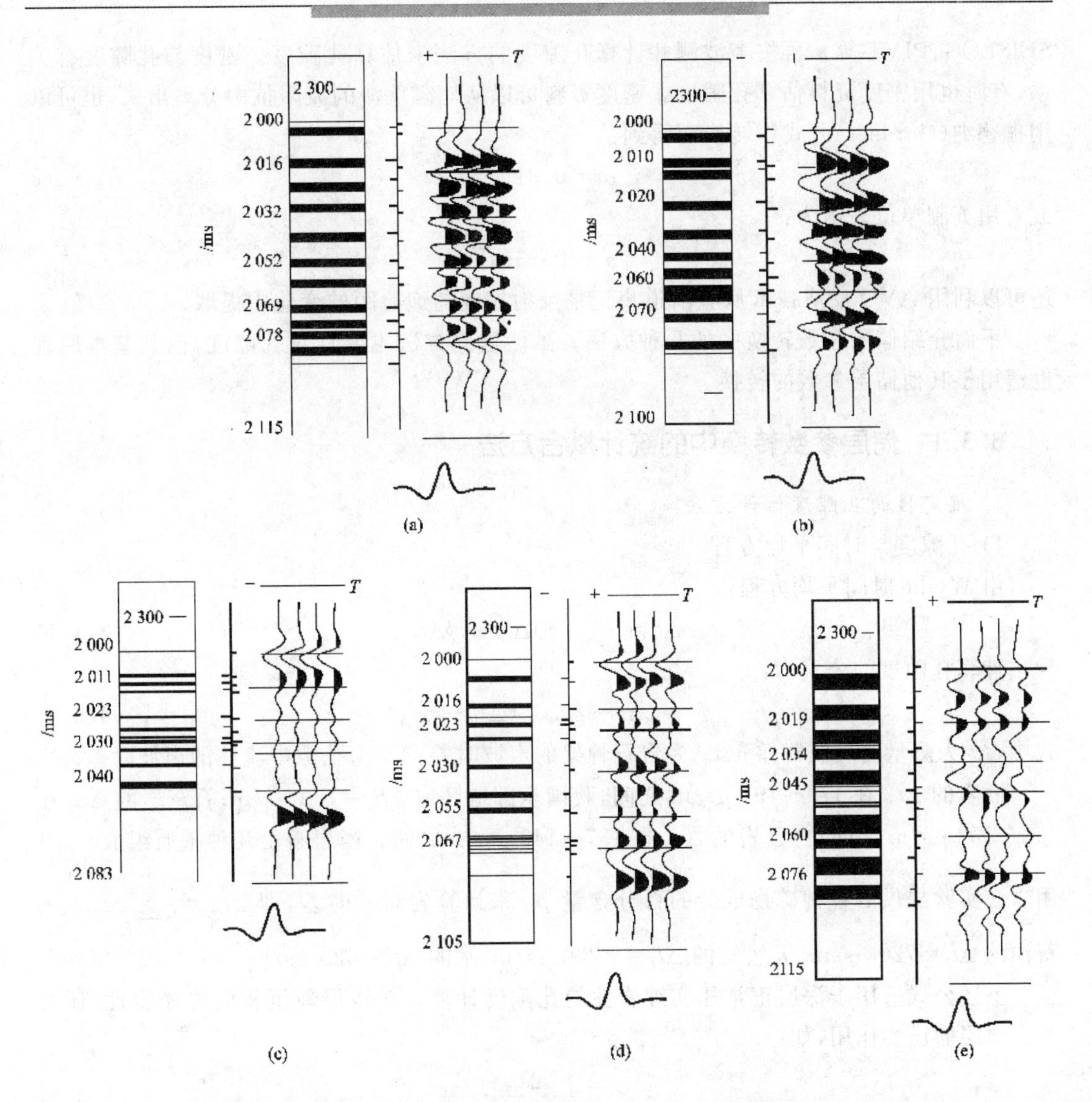

图 3-2-23　砂、泥岩随机厚度互层模型及合成记录[1]

3.3　储层参数预测方法

油藏详细特征的描述主要是确定油藏参数，如孔隙度、渗透率、含油气饱和度等。通常的地面地球物理方法不能直接测定这些参数。利用测井曲线定量解释后得到油藏参数存在一定的局限性，如井孔分布稀疏、测量的穿透系数小、所研究的储层体积占总体积的比例很小，这些都不利于油藏参数向空间的扩展。

很多学者研究过储层参数(孔、渗、饱等)变化对速度、密度及反射系数的影响，以寻求利用地震参数估计储层参数的方法。实践证明：利用地震信息估算储层参数时，泥质含量、孔隙度参数的“含金量”相对较高，对生产实际有一定的参考价值。因此本节主要讨论孔隙度参数的预测方法。利用地震资料估算孔隙度，通常利用合成声波测井资料(即 GLOG，

SEISLOG,PIVT 等),再按声波测井计算孔隙度的方法来估算孔隙度。密度与孔隙度有关系,有时也用密度资料估算孔隙度。密度资料可以从地震反演的波阻抗中分离出来,也可以用伽德纳(Gardner)公式作转换而得到:

$$\rho = 0.31 v_p^{0.25}$$

或者用英制单位表示为:

$$\rho = 0.23 v_p^{0.25}$$

还可以利用 AVO 反演技术从叠前道集记录反射振幅随炮检距的变化中提取。

下面介绍储层参数转换中的几种方法。虽然这些方法主要针对孔隙度,但其基本原理也适用于其他储层参数的转换。

3.3.1 储层参数转换中的统计拟合方法

1. 确定性的孔隙度估计方法

1) 孔隙度与时间平均方程

由 Wyllie 时间平均方程:

$$\Delta t = (1-\phi)\Delta t_m + \phi \Delta t_f \tag{3-3-1}$$

导出计算孔隙度的公式为:

$$\phi = (\Delta t - \Delta t_m)/(\Delta t_f - \Delta t_m) \tag{3-3-2}$$

式中,Δt 为测量的声波时差;Δt_m 为岩石骨架的声波时差;Δt_f 为孔隙中流体的声波时差。

砂岩的 Δt_m 在 179~191 μs/m 之间,我国东部地区取 $\Delta t_m = 189$ μs/m;石灰岩的 Δt_m 在 143~152 μs/m 之间;白云岩的 Δt_m 在 137~143 μs/m 之间。当岩石由几种基质组成时,可用岩心实验提供的各种矿物成分的百分含量 p_m 来计算岩石的时差,即 $\Delta t_m = \sum_{i=1}^{n} \Delta t_{mi} p_{mi}$。石油的 $\Delta t_f = 720$ μs/m,天然气的 $\Delta t_f = 2\ 200$ μs/m,水的 $\Delta t_f = 620$ μs/m。

上述公式适用于深层正常压实纯岩性的孔隙度计算。对浅层新沉积的疏松岩性,还要考虑地层的压实作用,如:

$$\phi = \frac{\Delta t - \Delta t_m}{\Delta t_f - \Delta t_m} \cdot \frac{1}{C_p} \tag{3-3-3}$$

式中,C_p 为压实校正系数。

$C_p = A - BH$。其中 H 为埋深,A 和 B 由实验统计给定。通常取 $C_p = 0.85$。

对于多物源快速沉积的小型陆相湖盆(砂泥岩混杂)的情况,计算孔隙度的公式相应修改为:

$$\phi = \frac{\Delta t - \Delta t_m}{\Delta t_f - \Delta t_m} - M\frac{\Delta t_{sh} - \Delta t_m}{\Delta t_f - \Delta t_m} \tag{3-3-4}$$

式中,M 为泥岩百分含量;Δt_{sh} 为泥岩声波时差,取 $\Delta t_{sh} = 279$ μs/m。

2) 孔隙度与密度的时间平均方程

适用于含气层的孔隙度估计最好用密度曲线,利用 ϕ 与 ρ 的时间平均方程计算孔隙度的公式为:

$$\phi = (\rho - \rho_m)/(\rho_f - \rho_m) \tag{3-3-5}$$

式中,ρ 为观测或导出的密度值;ρ_m 为岩石基质密度;ρ_f 为流体的密度。

砂岩的 $\rho_m = 2.65$ g/cm³,灰岩的 $\rho_m = 2.71$ g/cm³,白云岩的 $\rho_m = 2.87$ g/cm³;水的 $\rho_f =$

1.07 g/cm^3，油的 $\rho_f=0.85$ g/cm^3，气的 $\rho_f=0.000\ 72$ g/cm^3。

3）孔隙度与波阻抗方程

由地震反演得到波阻抗较为容易，因此用波阻抗估计孔隙度比单独用时差或密度更为精确。计算公式为：

$$\phi=[(1-M)(\rho_m-z\Delta t_m)+M(\rho_{sh}-z\Delta t_{sh})]/[z(\Delta t_f-\Delta t_s)-(\rho_f-\rho_s)] \tag{3-3-6}$$

式中，M 为泥岩百分含量；z 为波阻抗；ρ 为密度；Δt 为声波时差。

公式中下标 s 为砂岩，m 为岩石骨架，sh 为泥岩，f 为流体。

对于研究区某个目标层的密度、声波时差、泥质含量等参数从测井资料中给定，利用反演的波阻抗数值按式(3-3-6)可估算孔隙度。

2. 统计拟合方法

假设地质参数为 H，地球物理参数及其集合为 $F_i(i=1,2,\cdots,N)$，要建立 H 与 F_i 之间的关系。$H=A(F_i)$，求取算子 A 则可实现参数转换。为此，应对研究区块的钻井、地质、测井及地震资料进行综合分析和研究。在井位上，地质参数 H 是已知的，研究区块通常进行过地震工作，地球物理参数 F_i 也是可以求取的。于是，现在的问题是已知 F_i 和 H 如何求取算子 A？

解决这一问题常用的方法是最小二乘法。根据研究区块内若干口井，统计整理出这若干口井位处的地质参数 H 和地球物理参数 F_i，组成(H,F_i)数据集合，并绘制在 H-F_i 坐标中；再用最小二乘法在均方误差最小的意义下，即 $\varepsilon^2=\sum_p[H_p-A(F_p)]^2\Rightarrow\min$ 拟合成直线(图 3-3-1a)或非线性方程(图 3-3-1b)，获取算子 A；最后对预测空间进行参数转换，即根据已知的地球物理参数 F_i 预测相应的地质参数 H。

上述的统计拟合法使用了预测空间与已知的标准数据空间的相似原则。预测数据与实测值往往存在误差，其原因可能是测量误差和地质-地球物理模型的多解性。测量误差是不可避免的，在此无需多解释。模型的多解性可以这样来理解：$H=A(F_i)$是个一元函数关系，而实际上两者的关系是非常复杂的。比如声波时差 $\Delta t=f(\phi,L,S,\cdots)$表示它与孔隙度、岩性、饱和液成分等有关，而在孔隙度转换时只考虑了孔隙度而没有考虑其他影响因素。如果把岩性和饱和液成分视为常数，当取不同常数值时，可能拟合成不同的曲线，这就是模型多解性造成的漂移。为了提高参数转换的精度和可靠性，可采用其他参数转换方法。

3. 多元逐步回归方法

1）逐步回归分析的基本概念

在地质研究工作中，依据经验或在某种地质理论指导下，拟定了 m 个认为与变量 y 有着密切联系的变量 $x_i(i=1,2,\cdots,m)$。是否真是这样呢？也许 x_i 中有部分变量被认为对预测 y 起着重要的作用，但从它们的观测值分析却不一定符合人们的经验认识。变量 $x_i(i=1,2,\cdots,m)$对 y 所起作用的大小，可以通过对回归系数进行的假设检验来鉴别。如果变量 x_i 的回归系数 $b_i=0$(简记为 $H_0:b_i=0$)时这个假设被接受，则说明变量 x_i 对 y 的作用不重要。这时就从回归方程中把它去掉，重新建立回归方程。这样可使不包含变量 x_i 的回归方程更合理地反映 y 与 $x_i(i=1,2,\cdots,i-1,i+1,\cdots,m)$的相关性。由此可见，多元线性回归分析是一种“逐步剔除”变量、循序渐进地寻找变量间相关关系的回归分析方法。它的基本过程是：

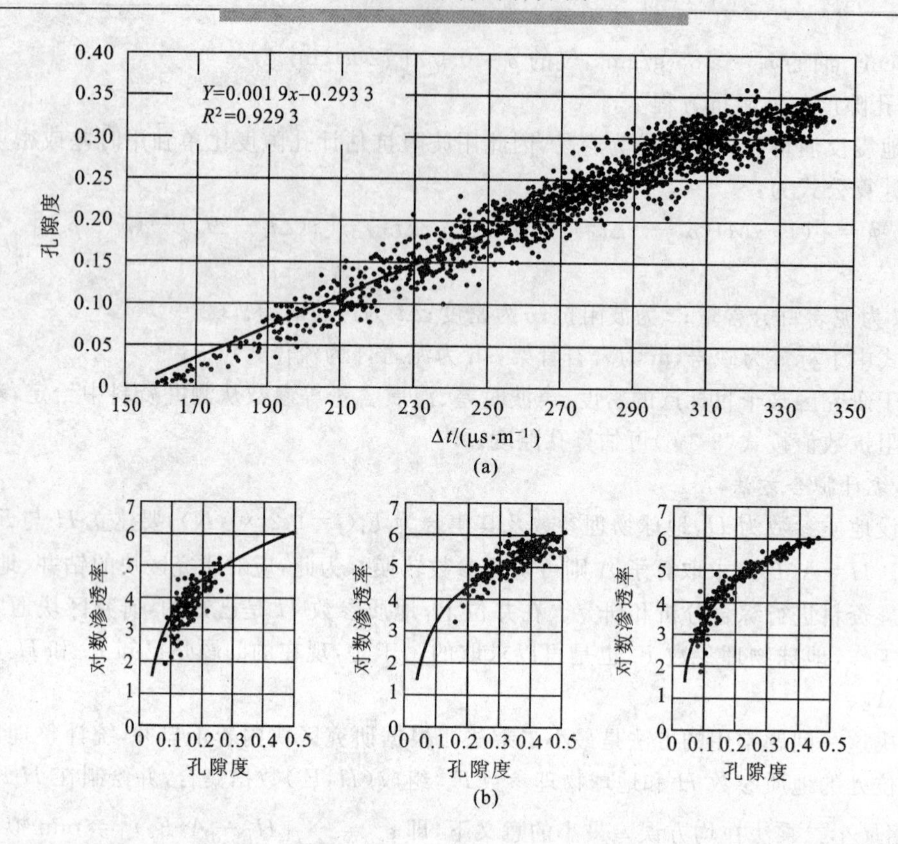

图 3-3-1　统计拟合方法

(a) 线性关系[7]；(b) 非线性关系[19]

(1) 先建立变量 $x_i(i=1,2,\cdots,m)$ 对 y 的回归方程，然后对回归系数 $b_i(i=1,2,\cdots,m)$ 逐个进行检验，剔除 $x_i(i=1,2,\cdots,m)$ 中使假设 $H_0:b_i=0$ 被接受的变量。设保留下来的是 $x_i(i=1,2,\cdots,m)$ 中的前 $p(p<m)$ 个变量。

(2) 重新建立保留下来的变量 $x_i(i=1,2,\cdots,p)$ 对 y 的回归方程，并逐个检验回归数 $b_i(i=1,2,\cdots,p)$，确定是否仍有使假设 $H_0:b_i=0$ 被接受的变量。如果有就从变量 $x_i(i=1,2,\cdots,p)$ 中剔除相应的变量。重复上述过程，总会出现使假设 $H_0:b_i=0$ 全部被拒绝的一步，于是就获得最终的回归方程。

上述"逐步剔除"变量建立回归方程的方法有一个明显的缺点，就是需要把每一步保留下来的变量全部引入回归方程，再逐个检验是否要剔除，计算工作量很大。实际上有些不重要的变量不必引入。基于这种考虑，提出了"逐步引入"的回归分析方法。该方法的基本过程如下：

第 1 步：先分别建立 $x_i(i=1,2,\cdots,m)$ 对应的回归方程，记为：

$$\hat{y}_i = b_{0i} + b_{1i}x_i \qquad (i=1,2,\cdots,m) \tag{3-3-7a}$$

然后逐个检验 $\hat{y}$ 的显著性，从中选出一个最显著的回归方程 $\hat{y}_r$，并且把与 $\hat{y}_r$ 相对应的变量 x_r 引入回归方程。不妨设 x_r 是 x_1。

第 2 步：逐个比较包含 $(x_1,x_2),(x_1,x_3),\cdots,(x_1,x_m)$ 的回归方程，检验方程中增加变量 $x_i(i\neq 1)$ 之后，x_i 的回归系数是否显著地不为 0。再在显著不为 0 的回归方程中选出一个最显著的方程 $\hat{y}'_r$，并把与 $\hat{y}'_r$ 相应的变量 x_r 再引入回归方程。不妨设第 2 步引入的 x_r 为 x_2。

第 3 步：在回归方程中已引入 x_1, x_2 的基础上，再逐个添加变量 $x_i(i=3,4,\cdots,m)$，并检验引入新变量后的回归方程中是否存在比包含变量 x_1, x_2 的回归方程更有显著改进的回归方程，如果有就再引入新的变量。

如此重复进行，直到没有可被引入的变量为止，这时就建立了最终的回归方程。

这种“逐步引入”变量的回归分析方法，没有考虑到 $x_i(i=1,2,\cdots,m)$ 间的相关性。也就是说，在逐步引入的过程中，后引入的变量有可能使先引入的变量由对 y 作用重要而变为不显著。当出现这种情况时，就应及时从回归方程中去掉作用不重要的变量。然而，“逐步引入”回归法却不能实现这一要求。

综合上述两种多元线性回归方法的优点，派生出了边“引入”边“剔除”变量的逐步回归分析。它的基本思想是：在回归分析的过程中，根据变量 $x_i(i=1,2,\cdots,m)$ 对 y 作用的大小，依次引入到回归方程中，同时还要对引入回归方程中的变量逐个检验，及时剔除其中对 y 作用不显著的变量。照此进行下去，直到没有对 y 作用显著的变量可引入回归方程，同时方程中也没有对 y 作用不显著的变量被剔除为止。这时的回归方程中仅包含了对 y 作用显著的变量。

由以上分析可知，逐步回归分析的优点是能够从数量较多的变量中筛选出对 y 作用重要的变量引入回归方程，从而克服了“逐步剔除”和“逐步引入”回归分析方法存在的不足。

2）“引入”和“剔除”变量的原则

讨论“引入”变量的原则时，我们假设回归方程中已引入了 l 个变量 $x_{k_1}, x_{k_2}, \cdots, x_{k_l}$，对应的回归方程为：

$$\hat{y} = b_0 + b_{k_1} x_{k_1} + \cdots + b_{k_l} x_{k_l} \tag{3-3-7b}$$

它的总偏差平方和 Q 的分解式为：

$$Q = Q_1(x_{k_1}, x_{k_2}, \cdots, x_{k_l}) + Q_2(x_{k_1}, x_{k_2}, \cdots, x_{k_l})$$

在回归方程中再增加一个变量 $x_{k_i}(k_i \notin k_1, k_2, \cdots, k_l)$后，就得到含有$(l+1)$个变量的回归方程：

$$\hat{y} = b_0 + b_{k_1} x_{k_1} + \cdots + b_{k_l} x_{k_l} + b_{k_i} x_{k_i} \tag{3-3-7c}$$

相应的总偏差平方和 Q 的分解式为：

$$Q = Q_1(x_{k_1}, x_{k_2}, \cdots, x_{k_l}, x_{k_i}) + Q_2(x_{k_1}, x_{k_2}, \cdots, x_{k_l}, x_{k_i})$$

比较回归方程中有 l 和$(l+1)$个变量时的总偏差平方和 Q 的分解式，有：

$$\begin{aligned} & Q_2(x_{k_1}, x_{k_2}, \cdots, x_{k_l}, x_{k_i}) - Q_2(x_{k_1}, x_{k_2}, \cdots, x_{k_l}) \\ = & Q_1(x_{k_1}, x_{k_2}, \cdots, x_{k_l}) - Q_1(x_{k_1}, x_{k_2}, \cdots, x_{k_l}, x_{k_i}) \end{aligned}$$

记 $V_{k_i}(x_{k_1}, x_{k_2}, \cdots, x_{k_l}) = Q_2(x_{k_1}, x_{k_2}, \cdots, x_{k_l}, x_{k_i}) - Q_2(x_{k_1}, x_{k_2}, \cdots, x_{k_l})$，或 $V_{k_i}(x_{k_1}, x_{k_2}, \cdots, x_{k_l}) = Q_1(x_{k_1}, x_{k_2}, \cdots, x_{k_l}) - Q_1(x_{k_i}, x_{k_2}, \cdots, x_{k_l}, x_{k_i})$。$V_{k_i}(x_{k_1}, x_{k_2}, \cdots, x_{k_l})$是变量 x_{k_i} 引入后对 y 引起的波动，它既是回归平方和的增加量，又是剩余平方和的减少量，称 $V_{k_i}(x_{k_1}, x_{k_2}, \cdots, x_{k_l})$是变量 x_{k_i} 对 y 的方差贡献。当 x_{k_i} 与 y 的相关程度较低时，方差贡献 $V_{k_i}(x_{k_1}, x_{k_2}, \cdots, x_{k_l})$就比较小，而剩余平方和 $Q_1(x_{k_1}, x_{k_2}, \cdots, x_{k_l}, x_{k_i})$就比较大。那么，计算出一切不在回归方程内的 $m-1$ 个变量的方差贡献，选出其中最大者，记为 V_{k_a}，即：

$$V_{k_a} = \max_{\substack{1 \leqslant k_i \leqslant m \\ k_i \neq k_1, k_2, \cdots, k_l}} V_{k_i}(x_{k_1}, x_{k_2}, \cdots, x_{k_i})$$

与 V_{k_a} 对应的变量是 x_{k_a}。根据上述讨论，可以提出如下假设 H_0。

假设 H_0:变量 x_{k_a} 与 y“无”线性相关关系。统计量 $F_{k_a}=\dfrac{V_{k_a}(x_{k_1},x_{k_2},\cdots,x_{k_l})/l}{Q_1(x_{k_1},x_{k_2},\cdots,x_{k_l},x_{k_a})/(n-l-2)}$ 遵从 $F(1,n-l-2)$ 分布。式中,n 为样本容量(数据组数),l 为已“引入”的变量数。

适当地选取引入变量的临界值 F_1。当 $F_{k_a}>F_1$ 时,否定原假设 H_0,即变量 x_{k_a} 对 y 的影响大,应该把变量 x_{k_a} 引入回归方程。当 $F_{k_a}\leqslant F_1$ 时,接受原假设 H_0,即变量 x_{k_a} 与 y 无线性相关关系,则变量 x_{k_a} 不能引入回归方程,引入变量结束(因为方差贡献最大的变量 x_{k_a} 都没有资格进入回归方程,其余方差贡献小的变量就更不够条件了)。

在讨论“剔除”变量的原则时,我们假定回归方程中已引入了 $x_{k_1},x_{k_2},\cdots,x_{k_l}$ 共 l 个变量,这时的回归方程为:

$$\hat{y}=b_0+b_{k_1}x_{k_1}+\cdots+b_{k_l}x_{k_l} \tag{3-3-7d}$$

该回归方程的总偏差平方和 Q 的分解式为:

$$Q=Q_1(x_{k_1},x_{k_2},\cdots,x_{k_l})+Q_2(x_{k_1},x_{k_2},\cdots,x_{k_l})$$

现在逐个检查已进入回归方程的 l 个变量 $x_{k_1},x_{k_2},\cdots,x_{k_l}$,把对 y 作用变得不显著的变量从回归方程中剔除出去。

设变量 $x_{k_i}(k_i\in k_1,k_2,\cdots,k_l)$ 被剔除。剔除变量 x_{k_i} 后,回归方程的总偏差平方和 Q 的分解式为:

$$Q=Q_1(x_{k_1},x_{k_2},\cdots,x_{k_{i-1}},x_{k_{i+1}}\cdots,x_{k_l})+Q_2(x_{k_1},x_{k_2},\cdots,x_{k_{i-1}},x_{k_{i+1}}\cdots,x_{k_l})$$

比较回归方程中有 l 和 $l-1$ 个变量时的总偏差平方和 Q 的分解式,有:

$$\begin{aligned}&Q_2(x_{k_1},x_{k_2},\cdots,x_{k_l})-Q_2(x_{k_1},x_{k_2},\cdots,x_{k_{i-1}},x_{k_{i+1}},\cdots,x_{k_l})\\=\;&Q_1(x_{k_1},x_{k_2},\cdots,x_{k_{i-1}},x_{k_{i+1}},\cdots,x_{k_l})-Q_1(x_{k_1},x_{k_2},\cdots,x_{k_l})\end{aligned}$$

记 $V_{k_i}(x_{k_1},x_{k_2},\cdots,x_{k_l})=Q_1(x_{k_1},x_{k_2}\cdots,x_{k_{i-1}},x_{k_{i+1}},\cdots,x_{k_l})-Q_1(x_{k_1},x_{k_2},\cdots,x_{k_l})$。$V_{k_i}(x_{k_1},x_{k_2},\cdots,x_{k_l})$ 既是变量 x_{k_i} 被剔除后回归平方和的减少量,又是剩余平方和的增加量。由此可知,$V_{k_i}(x_{k_1},x_{k_2},\cdots,x_{k_l})$ 是变量 x_{k_i} 的方差贡献。算出回归方程中 l 个变量 $x_{k_1},x_{k_2},\cdots,x_{k_l}$ 对 y 的方差贡献,从中选出最小的,记为 V_{k_a},即:

$$V_{k_a}=\min_{i=1,2,\cdots,l}V_{k_i}(x_{k_1},x_{k_2},\cdots,x_{k_l})$$

与引入变量一样,提出如下假设。

假设 H_0:变量 x_{k_a} 对 y“作用不显著”。统计量 $F'_{k_a}=\dfrac{V_{k_a}(x_{k_1},x_{k_2},\cdots,x_{k_l})/l}{Q_1(x_{k_1},x_{k_2},\cdots,x_{k_l})/(n-l-1)}$ 遵从 $F(1,n-l-1)$ 分布。

F'_{k_a} 愈小,变量 x_{k_a} 在回归方程中起的作用就愈不显著。适当选取剔除变量的临界值 F_2。$F'_{k_a}\leqslant F_2$ 时,首先从回归方程中剔除变量,然后考虑回归方程中是否还有要剔除的变量 x_{k_a},直到回归方程中没有对 y 影响不显著的变量需要剔除时,就可转入是否还有新变量引入的问题。当 $F'_{k_a}>F_2$ 时,变量 x_{k_a} 应保留在回归方程中,即回归方程中无任何不显著的变量可剔除(因为方差贡献最小的变量都不能被剔除,于是方差贡献大的就不用考虑了)。

在 $F(1,n-l-2)$ 和 $F(1,n-l-1)$ 中,$n\gg l$,所以有:

$$F_1\approx F_2$$

故可取 $F_1=F_2=F^*$。据经验,取 $F^*=1,2,3,4$ 即可。

3) 逐步回归的计算步骤

首先根据给定的数据 $x_{1k},x_{2k},\cdots,x_{mk},x_{m+1k}(k=1,2,\cdots,n)$,按公式

$$r_{ij}=\frac{\sum_{k=1}^{n}(x_{ik}-\bar{x}_i)(x_{jk}-\bar{x}_j)}{\sqrt{\sum_{k=1}^{n}(x_{ik}-\bar{x}_i)^2\sum_{k=1}^{n}(x_{jk}-\bar{x}_j)^2}}\quad (i,j=1,2,\cdots,m+1)\qquad(3\text{-}3\text{-}8)$$

计算相关系数增广矩阵。

第1步:选择第一个变量进入回归方程。对 $i=1,2,\cdots,m$ 计算 x_i' 的方差贡献:

$$V_i^{(0)}=r_{m+1i}^{(0)}r_{im+1}^{(0)}/r_{ii}^{(0)}$$

选出其中最大的一个记为 $V_{k_1}^{(0)}$,即 $V_{k_1}^{(0)}=\max\limits_{1\leqslant i\leqslant m}V_i^{(0)}$。

作 F 检验,有两种情况:

(1) 若 $F_{k_1}=\dfrac{(n-2)V_{k_1}^{(0)}}{r_{m+1m+1}-V_{k_1}^{(0)}}>F^*$,则变量 x_{k_1} 对 y 的变化起重要作用,在回归方程引入变量 x_{k_1}。

(2) 若 $F_{k_1}=\dfrac{(n-2)V_{k_1}^{(0)}}{r_{m+1m+1}-V_{k_1}^{(0)}}\leqslant F^*$,则变量 x_{k_1}' 不能引入回归方程,回归就此结束,结果是回归方程中没有引入任何变量。

第2步:对第1步中的情况(1),需要继续下一步回归运算。

(1) 检验进入回归方程的变量是否有要剔除的。由于回归方程中仅有一个变量 x_{k_1}',并且是刚刚引入的,因此不可能立即被剔除,这步检验可省略。

(2) 检验是否要引入新变量。计算不在回归方程中的变量的方差贡献 $V_i^{(1)}$:

$$V_i^{(1)}=r_{m+1i}^{(1)}r_{im+1}^{(1)}/r_{ii}^{(1)}\qquad(1\leqslant i\leqslant m,i\neq k_1)$$

选出其中最大的一个记为 $V_{k_2}^{(1)}$,即 $V_{k_2}^{(1)}=\max\limits_{\substack{1\leqslant i\leqslant m\\ i\neq k_1}}V_i^{(1)}$。

如果 $F_{k_2}=\dfrac{(n-3)V_{k_2}^{(1)}}{r_{m+1m+1}^{(1)}-V_{k_2}^{(1)}}>F^*$,则将变量 x_{k_2}' 再引入回归方程;如果 $F_{k_2}=\dfrac{(n-3)V_{k_2}^{(1)}}{r_{m+1m+1}^{(1)}-V_{k_1}^{(1)}}\leqslant F^*$,则逐步回归结束。

第3步:对第2步中的情况(2),要作下一步回归运算。

(1) 检验已进入回归方程的变量是否有要剔除的。因为 x_{k_2}' 是上一步刚引入的,不可能马上又被剔除,因此只检验 x_{k_1}'。计算方差贡献:

$$V_{k_1}^{(2)}=r_{m+1k_1}^{(2)}r_{k_1m+1}^{(2)}/r_{k_1k_1}^{(2)}$$

如果 $F_{k_1}'=\dfrac{(n-3)|V_{k_1}^{(2)}|}{r_{m+1m+1}^{(2)}}\leqslant F^*$,则从回归方程中剔除 x_{k_1}'。

(2) 如果 $F_{k_1}'=\dfrac{(n-3)|V_{k_1}^{(2)}|}{r_{m+1m+1}^{(2)}}>F^*$,则变量 x_{k_1}' 保留在回归方程中。再考虑是否还要引入变量,对不在回归方程中的变量计算方差贡献:

$$V_i^{(2)}=r_{m+1i}^{(2)}r_{im+1}^{(2)}/r_{ii}^{(2)}\qquad(1\leqslant i\leqslant m;i\neq k_1,k_2)$$

选出其中最大的一个记为 $V_{k_3}^{(2)}$,即 $V_{k_3}^{(2)}=\max\limits_{\substack{1\leqslant i\leqslant m\\ i\neq k_1,k_2}}V_i^{(2)}$。

如果 $F_{k_3}=\dfrac{(n-4)V_{k_3}^{(2)}}{r_{m+1m+1}^{(2)}-V_{k_3}^{(2)}}>F^*$,则引入变量 x_{k_3}'。

(3) 如果 $F'_{k_1}=\frac{(n-3)V_{k_1}^{(2)}}{r_{m+1m+1}^{(2)}}>F^*$，同时 $F_{k_3}=\frac{(n-4)V_{k_3}^{(2)}}{r_{m+1m+1}^{(2)}-V_{k_3}^{(2)}}\leqslant F^*$，那么回归方程中既没有可剔除的变量，又没有可引入回归方程的变量，逐步回归到此结束。

假定回归已进行了 N 步，引入 $x'_{k_1},x'_{k_2},\cdots,x'_{k_l}$ 共 l 个变量，回归还未结束，则需要在第 N 步的基础上再进行第 $N+1$ 步回归运算。

第 $N+1$ 步运算：

(1) 检验进入回归方程的变量是否要剔除。

对 $i=1,2,\cdots,l$，计算 x'_{k_i} 的方差贡献：

$$V_{k_i}^{(N)}=r_{m+1k_i}^{(N)}r_{k_im+1}^{(N)}/r_{k_ik_i}^{(N)}$$

设 $V_{k_a}^{(N)}$ 是 $V_{k_i}^{(N)}$ 中最小的一个，即：

$$V_{k_a}^{(N)}=\min_{1,2,\cdots,l}V_{k_i}^{(N)}$$

如果 $F'_{k_a}=\frac{(n-l-1)|V_{k_a}^{(N)}|}{r_{m+1m+1}^{(N)}}\leqslant F^*$，从回归方程中剔除变量 x'_{k_a}。x'_{k_a} 剔除后，看是否还有要剔除的，若有则重复(1)。

(2) 如果 $F'_{k_a}=\frac{(n-l-1)|V_{k_a}^{(N)}|}{r_{m+1m+1}^{(N)}}>F^*$，则回归方程中的 l 个变量无一可被剔除，此时考虑继续引入新变量。对不在回归方程中的变量计算方差贡献：

$$V_i^{(N)}=r_{m+1i}^{(N)}r_{im+1}^{(N)}/r_{ii}^{(N)}\qquad(i\neq k_1,k_2,\cdots,k_l)$$

取其中最大的一个记为 $V_{k_l+1}^{(N)}$，即：

$$V_{k_l+1}^{(N)}=\max_{\substack{1\leqslant i\leqslant n\\ i\neq k_1,k_2,\cdots,k_l}}V_i^{(N)}$$

如果 $F_{k_l+1}=\frac{(n-l-2)V_{k_l+1}^{(N)}}{r_{m+1m+1}^{(N)}-V_{k_l+1}^{(N)}}>F^*$，则把变量 x'_{k_l+1} 引入回归方程。

(3) 如果 $F_{k_l+1}=\frac{(n-l-2)V_{k_l+1}^{(N)}}{r_{m+1m+1}^{(N)}-V_{k_l+1}^{(N)}}\leqslant F^*$ 且 $F'_{k_a}=\frac{(n-l-1)|V_{k_a}^{(N)}|}{r_{m+1m+1}^{(N)}}>F^*$，则第 N 步回归方程中无变量可剔除，而第 $N+1$ 步又无新变量引入，于是回归停止。最后的回归结果为：

标准回归系数：

$$b'^{(N)}_{k_i}=r_{k_im+1}^{(N)}\qquad(i=1,2,\cdots,l)\tag{3-3-9}$$

回归方程：

$$\hat{y}'=r_{k_1m+1}^{(N)}x'_{k_1}+r_{k_2m+1}^{(N)}x'_{k_2}+\cdots r_{k_lm+1}^{(N)}x'_{k_l}\tag{3-3-10}$$

剩余平方和：

$$Q_1^{(N)}=r_{m+1m+1}^{(N)}$$

$$f_{Q_1}^{(N)}=n-l-1$$

回归平方和：

$$Q_2^{(N)}=1-r_{m+1m+1}^{(N)}$$

$$f_{Q_2}^{(N)}=l$$

对于第 $N+1$ 步中的(1)和(2)，要继续进行 $N+2$ 步回归运算。照上述方法进行下去，直到回归方程中既没有对 y 作用不显著的变量要剔除，又没有对 y 作用显著的变量引入回归方程时，回归结束。

3.2.2　储层参数转换中的克里金方法

1. 克里金方法与地质统计学

地质统计学是20世纪60和70年代发展起来的一门新兴的数学地质学科的分支，是随着采矿业的发展而兴起的一门交叉学科。它主要是为解决矿床从普查勘探、矿山设计到矿山开采整个过程中各种储量计算和误差估计问题而发展起来的。20世纪50年代，当发现传统的统计学方法不再适用于评价、识别矿藏时，为了精确估计矿块的品位、样品的尺寸以及矿块的具体位置，南非的采矿工程师克里格(D. J. Krige)和统计学家西舍尔(H. S. Sichel)开发了一种新的评价方法。法国著名学者马特隆(Georges. M)教授将克里格的经验和方法上升为理论，他首先对分析样品的采样点位置不同而变化的关系作了定量的分析，并提出了一整套估计误差的理论。他在1965年出版的理论专著中总结了其近10年的研究成果，形成了区域化变量的理论体系。随后又开展了进一步的研究，使理论体系得到了完善，从而创立了地质统计学。为了纪念这项技术基础体系的奠基人，马特隆教授将这门技术命名为"克里金技术"。根据地质统计学理论，地质特征可以用区域化变量的空间分布特征来表征。研究区域化变量的空间分布特征的主要数学工具是变差函数(Variogram)。到20世纪70代中后期，马特隆的学生儒耳奈而(Jourenl)等在研究其他地质变量的基础上，认为某些地质变量并不是一成不变的，而是有一定波动的，这样使用克里金方法就不能很好地再现地质变量的分布特征。他们采用模拟的手段，将克里金估计的离散方差的波动性模拟出来，从而产生了随机模拟法。因此从20世纪80年代以来，地质统计学分为了两个方向：一个以法国的马特隆教授等人为主，仍致力于克里金估计的研究；一个以美国的儒耳奈而等人为主，主要致力于随机模拟方法的研究。

2. 地质统计学在石油工业中的应用

在20世纪70年代初期，克里金方法被证实在采矿业中非常有用。在70年代后期，随着地质统计学的第一个商用软件包BLUEPACK的出现，地质统计学被引入到石油行业。随着快速计算机的出现，这项技术又发展到其他地球科学领域。但是直到80年代中期，地质统计学才被广泛应用到石油行业的各个领域。近年来，克里金技术在石油勘探开发中的应用日益深入，效果也越来越明显。这些应用的主要内容包括：估计地层的埋深、层厚、孔隙度、渗透率和含油饱和度等地质和地球物理参数的空间分布；绘制各种地质图件。除此以外，最使石油地质学家和油藏工程师们感兴趣的是油藏的随机模拟。利用这种方法可以划分沉积相带、研究油藏的非均质性、估计残余油饱和度的空间分布，与油藏数值模拟相结合，还可预测油藏的动态特征，从而为制定和调整开发方案并提高采收率提供依据。

3. 区域化变量

由上述的介绍可知，克里金方法是建立在地质统计学理论基础上的，旨在研究区域变量的规律、特征等。区域化变量在数学上的定义是：以空间点x的三个直角坐标为自变量的随机场，记为$P(x_i)$。当对它进行了一次观测后，就得到了它的一次现实$P(x)$，它是一个普通的三元实值函数或空间点函数。马特隆教授将区域化变量定义为：一种在空间上具有数值的实函数，它在空间的每一个点取一个确定的值；当由一点移到另一点时，函数值是变化的。

区域化变量具有两重性，即区域化变量同时反映地质变量的结构性和随机性。当空间点x固定后，地质变量的取值是不确定的，可以看作一个随机变量，这体现了区域化变量的随机性；另一方面，空间两个不同点之间的地质变量又具有某种自相关性，且一般而言，两点距离越小，相关性越好，这反映了地质变量的连续性和关联性，体现了区域化变量的结构性。正因为区域化变量具有这种特性，才使得地质统计学具有强大的生命力。

从地质学的观点来看，区域化变量可以反映地质变量的以下特征：

(1) 局部性。区域化变量只限于一定的范围内，称之为区域化的几何域。区域化变量一般是按几何承载定义的。承载变了就会得到不同的区域化变量。

(2) 连续性。不同的区域化变量具有不同的连续性，可用变差函数描述。

(3) 导向性。当区域化变量在各个方向上相同时，称各向同性，否则称各向异性。

(4) 相关性。区域化变量在一定范围内具一定程度的空间相关性。当超出这个范围时，相关性很弱甚至消失。这种性质用一般统计方法很难识别。

(5) 叠合性。对任意区域化变量而言，特殊的变差性可叠加在一般规律之上。

上述这些特征用经典概率统计方法很难处理，而如果应用地质统计学中的基本工具——变差函数，则能较好地研究这些特殊性质。

描述区域化变量 $P(x_i)$ 的统计特性通常用三个统计量表示：均值、方差和相关函数。区域化变量 $P(x_i)$ 的均值为零，其方差用下式表示：

$$K(0)=\frac{1}{N}\sum_{i=1}^{N}P^2(x_i)=\delta_p^2 \tag{3-3-11}$$

相关函数用区域化变量的协方差表示，即：

$$K(jh)=\frac{1}{N}\sum_{i=1}^{N}P(x_i)P(x_{i+j}) \tag{3-3-12}$$

式中，jh 为两个区域化变量间的离散化距离。

4. 变差函数

经典地质统计学通常采用均值、方差、相关函数等参数来表征地质参数的变化特征，但这些量只能概括地质体某一特征的全貌，无法反映局部变化特征及特定方向的变化特征。由于这些特征对地质研究往往极为重要，为此在地质统计学中引入了一个全新的工具——变差函数(也称变异函数)。变差函数能够反映地质变量的空间变化特征，即相关性和随机性，从而弥补经典地质统计学的不足。特别是它能透过随机性反映区域化变量的结构性，因此也被称为结构函数。

一维变差函数的定义：假设空间点 x 只在一维 x 轴上变化，把区域化变量 $P(x)$ 在 x 和 $x+h$ 两点处数值之差的方差的一半定义为区域化变量 $P(x)$ 在 x 方向上的变差函数，记为：

$$\begin{aligned}\gamma(x,h)&=\frac{1}{2}\mathrm{Var}[P(x)-P(x+h)]\\&=\frac{1}{2}E[P(x)-P(x+h)]^2-\frac{1}{2}\{E[P(x)]-E[P(x+h)]\}^2\end{aligned} \tag{3-3-13}$$

式中，Var 表示方差；$E[P(x)]$ 表示数学期望。

在二阶平稳假设条件下，有：

$$E[P(x+h)]=E[P(x)] \qquad (\forall h) \tag{3-3-14}$$

因此，式(3-3-13)可以改写为：

$$\gamma(x,h)=\frac{1}{2}E[P(x)-P(x+h)]^2 \tag{3-3-15}$$

也就是说，变差函数依赖于 x 和 h 两个自变量。

在本征假设条件下，变差函数仅依赖于分割它们的距离 $|h|$ 和方向 α，而与所考虑的点 x 在待估域内的位置无关。因此，变差函数更明确的定义为：变差函数是在任一方向 α、相距 h 的两个区域化变量 $P(x)$ 和 $P(x+h)$ 间增量的方差的一半。它是 h 及 α 的函数，即：

$$2\gamma(h,\alpha) = \mathrm{Var}[P(x) - P(x+h)] = E[P(x) - P(x+h)]^2 \qquad (3\text{-}3\text{-}16)$$

应当指出：有时把 $2\gamma(h,\alpha)$ 定义为变差函数，$\gamma(h,\alpha)$ 则称为半变差函数。把 $\gamma(h,\alpha)$ 直接定义为变差函数时，也不会影响它的性质。

当不考虑变差函数的方向时，式(3-3-15)可写为：

$$\gamma(h) = \frac{1}{2}\mathrm{Var}[P(x) - P(x+h)] = \frac{1}{2}E[P(x) - P(x+h)]^2 \qquad (3\text{-}3\text{-}17)$$

变差函数的特点：变差函数是一个距离的函数，描述不同位置变量的相似性。γ 值越大，相关性越差。通常情况下，γ 值随着距离 h 的增大而增大，直到 h 达到一定值时，γ 达到极大值，而后这个常数值保持不变。

变差函数的一个基本的参数是变程，其定义为：使变差函数达到一定稳定值时的空间距离。变程用来度量空间相关性的最大距离。一般来讲，随样品点间距增大，变差值趋于增大。当空间距离较变程大时，变差函数仍保持其平稳值。变差函数在变程处达到的平稳值叫做总基台值。当 $h=0$ 时，变差值应为0。然而，由于诸多因素的影响，如抽样和实验误差以及小尺度的变异，上述结论不一定正确。例如，在短距离内的大变异会引起间隔非常近的样品有十分不相近的值，这就导致变差函数在原点的不连续性。在原点 $h=0$ 附近，非零的变差函数值称为块金值(nugget)。这种大变异性对原点附近变差函数的影响称为块金效应(nugget effect)，通常用块金值与基台值的比表示。相对块金值效应常用百分比的形式表示。总基台值与块金值之差称为基台值。图3-3-2给出了一个实验变差函数的例子，图中对总基台值、块金值、变程三个参数也进行了说明。

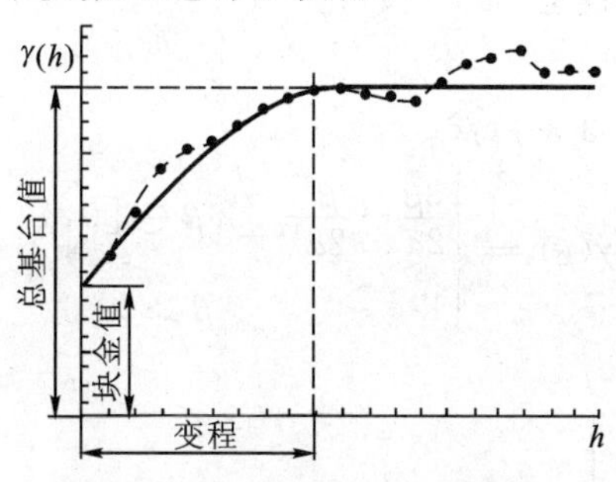

图3-3-2 实验变差函数示意图[8]

从上面的讨论可知，变差函数与距离 h 和方向 α 有关，而与点 x 在域中的位置无关。下面以各向同性介质为例讨论区域化变量 $P(x_i)$ 的方差、协方差与变差函数的相互关系(图3-3-3)。

由概率统计学的计算公式可知区域化变量 P 的变差函数为：

$$\mathrm{Var}[P] = \frac{1}{N}\sum_{j=1}^{N} P^2(x_j) - [\frac{1}{N}\sum_{j=1}^{N} P(x_j)]^2 \qquad (3\text{-}3\text{-}18)$$

由于区域化变量 $P(x_i)$ 的均值为零，即式(3-3-18)第2项为零，于是半变差函数可表示为：

$$\gamma(jh) = \frac{1}{2}\mathrm{Var}\left[P(x_{i+j}) - P(x_i)\right]$$

$$= \frac{1}{2}\left\{\frac{1}{N}\sum_{i=1}^{N}[P(x_{i+j}) - P(x_i)]^2\right\}$$

$$= \frac{1}{2}\left[\frac{1}{N}\sum_{i=1}^{N}P^2(x_{i+j}) + \frac{1}{N}\sum_{i=1}^{N}P^2(x_i)\right] - \frac{1}{N}\sum P(x_i)P(x_{i+j}) \quad (3\text{-}3\text{-}19)$$

最后的半变差函数为：

$$\gamma(jh) = K(0) - K(jh) \quad (3\text{-}3\text{-}20)$$

由式(3-3-20)和图 3-3-3 可知：当 $j\to\infty$ 时，$\gamma(jh)\to K(0)$；随着 j 的增大，协方差 $K(jh)$ 减小，表明随着距离的增大，两点间的物性参数的相关性减小。取一个量值 δ，当 $K(jh)\geqslant\delta$ 时，可认为物性参数是相关的。$K(jh)=\delta$ 被确定为区域变量的相关半径 R_d。

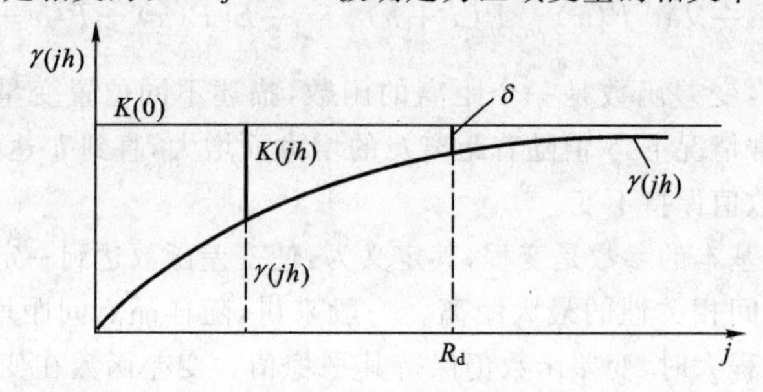

图 3-3-3　方差、协方差和变差函数的相互关系

在实际工作中，求取半变差函数曲线的工作过程是：

(1) 求出若干口井中任意两口井间的最大距离，并把这一距离等间隔均分。

(2) 给一个容差 t_1，将满足关系式 $R_d - t_1 < |x_{i+j} - x_i| < R_d + t_1$ 的任意两点的孔隙度值相减，即 $P(x_i) - P(x_{i+j})$，求其平方和，再求均值得到式(3-3-19)。

(3) 将一系列 $\gamma(jh)$ 数据对绘制在 $\gamma(jh)$-jh 坐标中，再拟合出理论的半变差函数。

5. 拟合变差函数的理论模型

1) 球状模型

球状模型的定义如下(图 3-3-4)：

$$\gamma(\beta) = \begin{cases} \frac{3\beta}{2a} - \frac{\beta^3}{2a^3} & \beta\in[0,a] \\ 1 & \beta > a \end{cases} \quad (3\text{-}3\text{-}21)$$

式中，a 为模型半径。

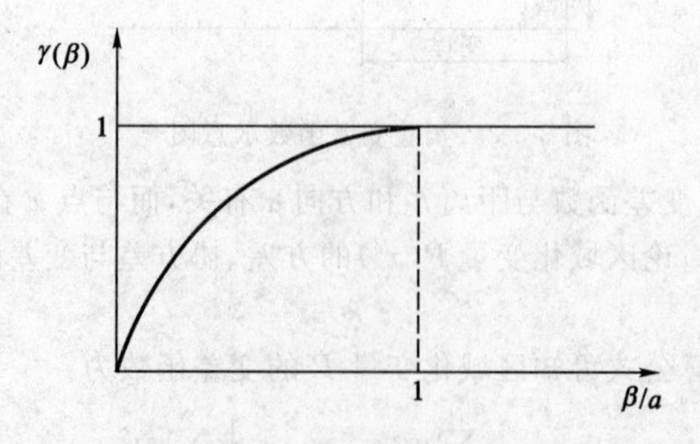

图 3-3-4　球状模型示意图

2) 指数模型

指数模型的定义如下(图 3-3-5)：

$$\gamma(\beta)=\begin{cases}1-e^{-\beta/a} & \beta\in[0,a]\\ 1 & \beta>a\end{cases} \tag{3-3-22}$$

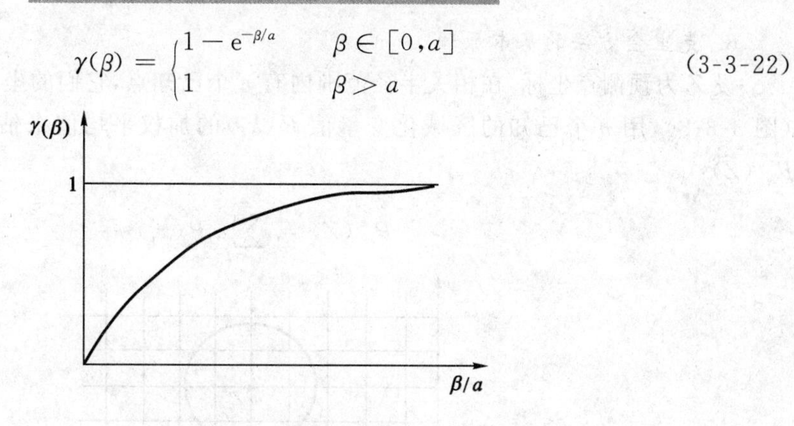

图 3-3-5　指数模型示意图

3）高斯模型

高斯模型的定义如下(图 3-3-6)：

$$\gamma(\beta)=\begin{cases}1-e^{-\beta^2/a^2} & \beta\in[0,a]\\ 1 & \beta>a\end{cases} \tag{3-3-23}$$

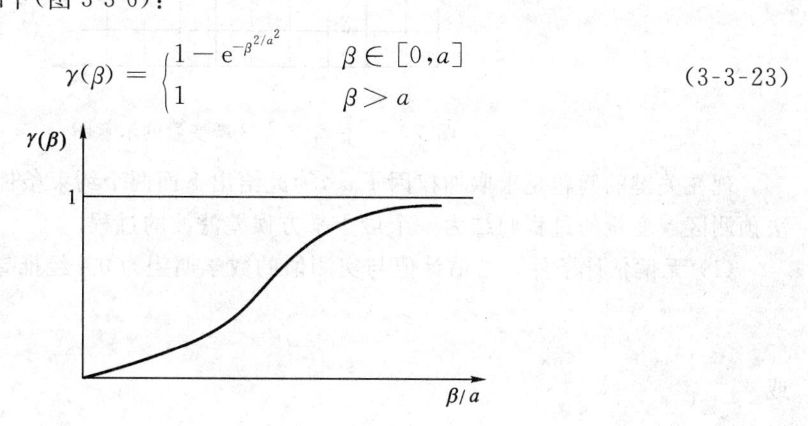

图 3-3-6　高斯模型示意图

4）幂函数模型

幂函数模型的定义如下(图 3-3-7)：

$$\gamma(\beta)=\begin{cases}\beta^{\theta} & \beta\in[0,a]\\ 1 & \beta>a\end{cases} \tag{3-3-24}$$

式中，$0<\theta<2$，一般取 $\theta<1$。

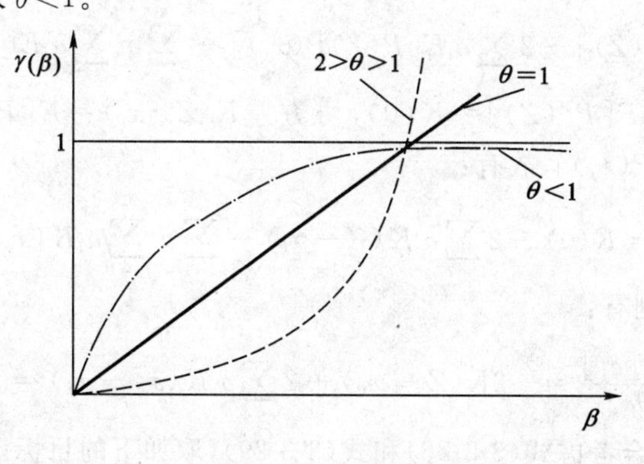

图 3-3-7　幂函数模型示意图

6. 克里金方法的基本原理

设 Z 为预测点坐标，在相关半径范围内有 n 个已知点，它们的坐标分别为 $x_1, x_2, \cdots, x_n$（图 3-3-8），用 n 个已知的区域化变量值 $P(x_i)$ 的加权平均值来估算 Z 点的区域化变量 $P^*(Z)$：

$$P^*(Z) = \sum_{i=1}^{n} a_i P(x_i) \tag{3-3-25}$$

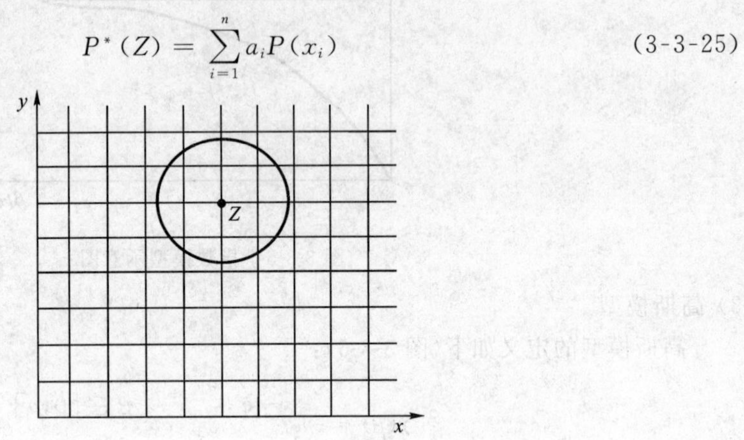

图 3-3-8　估算 Z 点区域变量的示意图

现在关键的问题是求取加权因子 a_i，为此给出下面两个约束条件，其目的是把克里金方法预测区域变量的过程归结为一个最小平方误差滤波的过程。

(1) 无偏估计条件。指估计值与实测值的数学期望为 0。经推导得：

$$\sum_{i=1}^{n} a_i = 1$$

或

$$\sum_{i=1}^{n} a_i - 1 = 0 \tag{3-3-26}$$

(2) 均方误差为最小条件。设 $P(Z)$ 为 Z 点处实测值，它与估计值的误差为 $e = P^*(Z) - P(Z)$。按均方误差为极小的条件，则有：

$$E[e^2] = E\left\{[P^*(Z) - P(Z)]^2\right\} \Rightarrow \min \tag{3-3-27}$$

展开得：

$$E[e^2] = E[P^2(Z)] - 2\sum_{i=1}^{n} a_i E[P(Z)P(x_i)] + \sum_{i=1}^{n} a_i \sum_{j=1}^{n} a_j E[P(x_i)P(x_j)]$$

上式中，由于方差 $\delta_p = E[P^2(Z)] = K(0)$，协方差 $K(Z-x_i) = E[P(Z)P(x_i)]$，协方差 $K(x_i - x_j) = E[P(x_i)P(x_j)]$，故有：

$$E[e^2] = K(0) - 2\sum_{i=1}^{n} a_i K(Z - x_i) + \sum_{i=1}^{n} a_i \sum_{j=1}^{n} a_j K(x_i - x_j) \tag{3-3-28}$$

取式(3-3-28)的极值，则有：

$$\frac{\partial E[e^2]}{\partial a_k} = -2K(Z - x_k) + 2\sum_{j=1}^{n} a_j K(x_k - x_j) = 0 \tag{3-3-29}$$

为求取权系数 a_i，应综合考虑式(3-3-26)和式(3-3-29)，取如下的目标函数：

$$F(a) = E[e^2] - 2\mu\left(\sum_{i=1}^{n} a_i - 1\right) \Rightarrow \min \tag{3-3-30}$$

式(3-3-30)称为拉格朗日极值条件，μ 为待定的拉格朗日常数。

根据极值求取方法，令$\frac{\partial F}{\partial a_k}=0$ 和$\frac{\partial F}{\partial \mu}=0$，得：

$$\sum_{j=1}^{n} a_j K(x_k - x_j) - \mu = K(Z - x_k) \tag{3-3-31}$$

用 $K(jh)=K(0)-\gamma(jh)$代入式(3-3-31)并考虑无偏估计条件，得：

$$\sum_{j=1}^{n} a_j \gamma(x_k - x_j) + \mu = \gamma(Z - x_k) \quad (1 \leqslant k \leqslant n) \tag{3-3-32}$$

式(3-3-32)表示 $n+1$ 个未知数，n 个方程。为了求解 $n+1$ 个未知数，必须补充一个方程，即联立公式(3-3-26)和(3-3-32)，得：

$$\begin{bmatrix} \gamma(x_k - x_j) & 1 \\ 1 & 0 \end{bmatrix} \begin{bmatrix} a_k \\ \mu \end{bmatrix} = \begin{bmatrix} \gamma(Z - x_k) \\ 1 \end{bmatrix} \tag{3-3-33}$$

利用式(3-3-33)可解出加权因子 a_i 和拉格朗日常数μ，代入式(3-3-25)就可解出 Z 处的孔隙度。

孔隙度平面分布预测的步骤为：

(1) 把研究区域内某一层位的孔隙度数据按(x,y,p)格式存放，并计算相关半径 R_d；

(2) 等间隔均分研究区域，求解式(3-3-33)得 a_i，利用式(3-3-25)得到 $P^*(Z)$；

(3) 沿 x，y 方向循环计算各点的孔隙度预测值，记成(x,y,P^*)，绘制平面图即可。

7. *误差分析*

利用上述推导可得到：

$$E[e^2] = \sum_{i=1}^{n} a_i \gamma(Z - x_i) + \mu \tag{3-3-34}$$

$E[e^2]$称为孔隙度平面分布预测的误差能量，其具体实现步骤是：

(1) 按式(3-3-33)求解权系数 a_i 和拉格朗日常数μ；

(2) 从半变差函数曲线得到 $\gamma(Z-x_i)$；

(3) 按式(3-3-34)计算误差能量，绘制平面图即可。

3.3.3 储层参数转换中的相关滤波方法

1. *方法原理*

储层参数作为储层物理性质的定量特征，与地震参数有一定的关系，它们是相关的。设地震参数 $x(n)$和储层参数 $y(n)$为两个随机过程，由地震参数预测储层参数可归结为一个随机过程的线性滤波问题。随机过程 $x(n)$为滤波器的输入，通过滤波器 a_n 得到输出$\hat{y}(n)$，为储层参数$y(n)$的估计值。选择滤波因子 a，使在最小平方意义上储层参数估计值与参数真值误差最小。作为滤波器的输出，储层参数估计值可以写为：

$$\hat{y}(n) = \sum_{i=0}^{N-1} a_i x(n-i) \tag{3-3-35}$$

均方误差 $E[e^2]$为：

$$E[e^2] = \frac{1}{N_0} \sum_{n=0}^{N_0-1} [y(n) - \hat{y}(n)]^2 \tag{3-3-36}$$

式中，N 为因子长度；N_0 为数据长度，$N_0>N$。

参数模型系统建立了地震参数与储层参数间的关系，由地震参数计算储层参数 $y(n)$；

参数转换滤波器对输入的地震参数产生输出,作为希望的储层参数估计值,实现了由地震参数到储层参数的直接转换。为设计这样的滤波器,寻找因子 a_j 使估计值与真值均方误差最小。为此,对式(3-3-36)按 a_j 求导,并令其等于0,则获得滤波线性方程组:

$$\begin{aligned}\frac{\partial E[e^2]}{\partial a_j} &= \frac{1}{N_0}\sum_{n=0}^{N_0-1}\left\{2[y(n)-\sum_{i=0}^{N-1}a_i x(n-i)][-x(n-j)]\right\}\\ &= -\frac{2}{N_0}\sum_{n=0}^{N_0-1}\left\{x(n-j)[y(n)-\sum_{i=0}^{N-1}a_i x(n-i)]\right\}\\ &= -\frac{2}{N_0}\left\{\sum_{n=0}^{N_0-1}x(n-j)y(n)-\sum_{n=0}^{N_0-1}\sum_{i=0}^{N-1}a_i x(n-i)x(n-j)\right\}=0\end{aligned} \tag{3-3-37}$$

令

$$\sum_{n=0}^{N_0-1}x(n-i)x(n-j)=R_{xx}(i-j) \tag{3-3-38}$$

$$\sum_{n=0}^{N_0-1}x(n-j)y(n)=R_{xy}(j) \tag{3-3-39}$$

分别为参数 $x(n)$ 的自相关函数及参数 $x(n)$ 与 $y(n)$ 的互相关函数。将式(3-3-38)和(3-3-39)代入式(3-3-37),可以得到:

$$\sum_{i=0}^{N-1}a_i R_{xx}(i-j)=R_{xy}(j) \qquad (0\leqslant j\leqslant N-1) \tag{3-3-40}$$

式(3-3-40)称为 Wiener-Hopf 方程。求解该线性方程组,可以获得最小平方误差滤波因子,实现由地震参数到储层参数的转换。这个滤波器称为维纳-哥尔莫廓洛夫滤波器,是一个随机过程相关滤波器。

为了使用矩阵形式表示方程组(3-3-40),定义参数数据矩阵为:

$$\boldsymbol{X}=\begin{bmatrix} x(0) & x(1) & x(2) & \cdots & x(N_0-1)\\ x(-1) & x(0) & x(1) & \cdots & x(N_0-2)\\ x(-2) & x(-1) & x(0) & \cdots & x(N_0-3)\\ \vdots & \vdots & \vdots & & \vdots\\ x(1-N) & x(2-N) & x(3-N) & \cdots & x(N_0-N)\end{bmatrix} \tag{3-3-41}$$

$\boldsymbol{X}$ 为一个 $N\times N_0$ 阶矩阵。定义参数列向量 $\boldsymbol{y}$ 为:

$$\boldsymbol{y}=[y(0),y(1),y(2),\cdots,y(N_0-1)]^{\mathrm{T}} \tag{3-3-42}$$

$\boldsymbol{y}$ 的长度为 N_0 个元素。将滤波因子 $\boldsymbol{a}$ 写成列向量形式:

$$\boldsymbol{a}=[a_0,a_1,a_2,\cdots,a_{N-1}]^{\mathrm{T}} \tag{3-3-43}$$

$\boldsymbol{a}$ 的长度为 N 个元素。这样,地震参数自相关矩阵 $\boldsymbol{R}_{xx}$ 可以写为参数数据矩阵 $\boldsymbol{X}$ 与其转置矩阵 $\boldsymbol{X}^{\mathrm{T}}$ 的乘积:

$$\boldsymbol{R}_{xx}=\boldsymbol{X}\boldsymbol{X}^{\mathrm{T}} \tag{3-3-44}$$

这是一个 $N\times N$ 阶方阵,矩阵元素可以表示为:

$$R_{xx}(i-j)=\sum_{n=0}^{N_0-1}x(n-i)x(n-j) \qquad (0\leqslant i;j\leqslant N-1) \tag{3-3-45}$$

地震参数与储层参数互相关列向量可以表示为:

$$\boldsymbol{r}_{xy}=\boldsymbol{X}\boldsymbol{y} \tag{3-3-46}$$

其长度为 N 个元素，向量元素为：

$$R_{xy}(j)=\sum_{n=0}^{N_0-1}x(n-j)y(n) \tag{3-3-47}$$

于是，方程组(3-3-40)可以写为：

$$\boldsymbol{XX}^{\mathrm{T}}\boldsymbol{a}=\boldsymbol{Xy} \tag{3-3-48}$$

自相关矩阵 $\boldsymbol{R}_{xx}$ 为一方阵，可有逆矩阵 $\boldsymbol{R}_{xx}^{-1}$。对式(3-3-48)乘以逆矩阵 $\boldsymbol{R}_{xx}^{-1}$，有：

$$\boldsymbol{a}=\boldsymbol{R}_{xx}^{-1}\boldsymbol{Xy}=(\boldsymbol{XX}^{\mathrm{T}})^{-1}\boldsymbol{Xy} \tag{3-3-49}$$

将信号能量 $R_{xx}(0)$ 记为 σ_x^2，则归一化自相关矩阵 $\boldsymbol{r}_{xx}$ 为：

$$\boldsymbol{r}_{xx}=\begin{bmatrix}1 & r_1 & r_2 & \cdots & r_{N-1}\\ r_1 & 1 & r_1 & \cdots & r_{N-2}\\ \cdots & \cdots & \cdots & \cdots & \cdots\\ r_{N-1} & \cdots & \cdots & \cdots & 1\end{bmatrix} \tag{3-3-50}$$

其中的矩阵元素为：

$$r_{xx}(i-j)=\frac{R_{xx}(i-j)}{\sigma_x^2} \tag{3-3-51}$$

当地震参数 $x(n)$ 为一个离散的白噪序列时，矩阵中交叉项为0，自相关矩阵为一单位矩阵，其逆矩阵为：

$$\boldsymbol{R}_{xx}^{-1}=\frac{1}{\sigma_x^2}\boldsymbol{I} \tag{3-3-52}$$

这样，参数转换滤波器的滤波因子可简化为：

$$\boldsymbol{a}=\frac{1}{\sigma_x^2}\boldsymbol{I}\boldsymbol{r}_{xy} \tag{3-3-53}$$

滤波器输出的参数估计值可以写为：

$$\hat{y}(n)=\sum_{i=0}^{N-1}a_i x(n-i)=\frac{1}{\sigma_x^2}\sum_{i=0}^{N-1}R_{xy}(i)x(n-i) \tag{3-3-54}$$

或

$$\hat{y}(n)=\frac{1}{\sigma_x^2}\sum_{i=0}^{N-1}x(i)R_{xy}(n-i) \tag{3-3-55}$$

2. *滤波器的频率响应*

为说明参数转换滤波器的性能，可讨论它的频率响应特性。Wiener-Hopf 方程(3-3-40)表示的是一个褶积关系，即地震参数与储层参数的互相关函数 $R_{xy}(j)$ 是地震参数自相关函数 $R_{xx}(i-j)$ 与滤波因子 a_i 的褶积，这是一个滤波过程。设输入数据 $x(n)$ 中包含有效信号 $y(n)$ 和干扰 $v(n)$，$v(n)$ 为与 $y(n)$ 不相关的干扰。我们设计的滤波器将从输入数据中提取有效信号 $y(n)$，利用的就是地震参数 $x(n)$ 与储层参数 $y(n)$ 的相关性。对输入数据 $x(n)$，我们有：

$$x(n)=y(n)+v(n) \tag{3-3-56}$$

考虑到 $y(n)$ 与 $v(n)$ 不相关，有 $R_{xy}(i)=R_{yy}(i)$，则：

$$R_{xx}(i)=R_{yy}(i)+R_{vv}(i) \tag{3-3-57}$$

从而可以得到滤波器的频率特性为：

$$a(\mathrm{e}^{\mathrm{j}\omega})=\frac{R_{xx}(\mathrm{e}^{\mathrm{j}\omega})}{R_{yy}(\mathrm{e}^{\mathrm{j}\omega})+R_{vv}(\mathrm{e}^{\mathrm{j}\omega})} \tag{3-3-58}$$

可见，当干扰很小时，地震参数与储层参数具有简单的线性关系，$R_{vv}(e^{j\omega})$可以忽略不计，滤波器的频率特性接近于1，能实现由地震参数到储层参数的直接转换；当干扰较大时，即地震参数中除储层参数影响外还包含其他因素畸变时，滤波器频率特性小于1，滤波器将利用地震参数与储层参数的相关性，对输入参数 $x(n)$经滤波后压制干扰，获得待测参数 $y(n)$的估计值，改进估计精度。这个过程称为储层参数转换的相关滤波。

3. 误差分析

为了评价储层参数转换的精度，下面来计算预测参数 $\hat{y}(n)$的误差。使用数学期望符号 $E[\cdot]$，将式(3-3-36)改写为：

$$\begin{aligned} E[e^2] &= E\{[y(n)-\hat{y}(n)]^2\} = E\{[y(n)-\sum_{i=0}^{N-1}a_i x(n-i)]^2\} \\ &= E[y^2(n)] - 2E[\sum_{i=0}^{N-1}a_i x(n-i)y(n)] + E\{[\sum_{i=0}^{N-1}a_i x(n-i)]^2\} \end{aligned} \tag{3-3-59}$$

式中，$E[y^2(n)]=R_{yy}(0)$为储层参数方差，可用 σ_y^2 表示。

在式(3-3-59)中右端第2项中，交换求和及求数学期望的顺序，可得：

$$-2E[\sum_{i=0}^{N-1}a_i x(n-i)y(n)] = -2\sum_{i=0}^{N-1}a_i E[y(n)x(n-i)] = -2\sum_{i=0}^{N-1}a_i R_{xy}(i) \tag{3-3-60}$$

式(3-3-59)中右端第3项整理后可得：

$$\begin{aligned} E\{[\sum_{i=0}^{N-1}a_i x(n-i)]^2\} &= E\{[\sum_{i=0}^{N-1}a_i x(n-i)][\sum_{j=0}^{N-1}a_j x(n-j)]\} \\ &= \sum_{i=0}^{N-1}a_i\sum_{j=0}^{N-1}a_j E[x(n-i)x(n-j)] = \sum_{i=0}^{N-1}a_i\sum_{j=0}^{N-1}a_j R_{xx}(i-j) \end{aligned} \tag{3-3-61}$$

将以上关系代入式(3-3-59)，得到储层参数估计值误差为：

$$E[e^2] = \sigma_y^2 - 2\sum_{i=0}^{N-1}a_i R_{xy}(i) + \sum_{i=0}^{N-1}a_i\sum_{j=0}^{N-1}a_j R_{xx}(i-j) \tag{3-3-62}$$

显然，由于利用了地震参数与储层参数的互相关函数，参数转换滤波器明显地减少了储层参数的方差 σ_y^2，并且互相关函数 R_{xy} 越大，这种精度的提高越多。为了更明显地看到这一点，我们讨论输入参数 $x(n)$为白噪时的估计值误差。此时，$R_{xx}=\sigma_x^2 I$，代入式(3-3-62)可得：

$$E[e^2] = \sigma_y^2 - 2\sum_{i=0}^{N-1}a_i R_{xy}(i) + \sigma_x^2\sum_{i=0}^{N-1}a_i^2 \tag{3-3-63}$$

对上式右端各加、减一个$\frac{1}{\sigma_x^2}\sum_{i=0}^{N-1}R_{xy}^2(i)$项，整理得到：

$$\begin{aligned} E[e^2] &= \sigma_y^2 + \sum_{i=0}^{N-1}[\sigma_x^2 a_i^2 - 2a_i R_{xy}(i) + \frac{1}{\sigma_x^2}R_{xy}^2(i)] - \frac{1}{\sigma_x^2}\sum_{i=0}^{N-1}R_{xy}^2(i) \\ &= \sigma_y^2 + \sum_{i=0}^{N-1}[\sigma_x a_i - \frac{1}{\sigma_x}R_{xy}(i)]^2 - \frac{1}{\sigma_x^2}\sum_{i=0}^{N-1}R_{xy}^2(i) \end{aligned} \tag{3-3-64}$$

考虑关系式(3-3-53)，则有：

$$a_i = \frac{1}{\sigma_x^2}R_{xy}(i) \tag{3-3-65}$$

此时均方误差 $E[e^2]$为最小值，且等于：

$$E[e^2]=\sigma_y^2-\frac{1}{\sigma_x^2}\sum_{i=0}^{N-1}R_{xy}^2(i) \tag{3-3-66}$$

式(3-3-66)中右端第2项为非负项，因此$R_{xy}(i)$越大，$E[e^2]$越小，储层参数估计值方差相对原有参数$y(n)$方差σ_y^2越小，精度改进越多。

最后，我们总结一下利用相关滤波法估算储层参数孔隙度的实现步骤：

(1) 提取地震属性参数，组成参数矩阵$\mathbf{X}$，可用的地震参数（如层间旅行时差、反射系数、波阻抗、层速度等）均匀分布在规则网格上。

(2) 据测井资料解释得到储层参数。如孔隙度$\phi=(\Delta\tau-\Delta\tau_{sl})/(\Delta\tau_{\phi}-\Delta\tau_{sl})$，式中$\Delta\tau$为声波时差，下标sl为岩石骨架，下标$\phi$表示孔隙流体。

(3) 计算相关函数R_{xx}和R_{xy}，确定相关半径R_d。若工区内无已知的孔隙度，可利用下列关系：

$$R_{yy}(n)\delta_y^2=R_{xx}(n)/\delta_x^2=R_{xy}(n)/R_{xy}(0)=R(n) \tag{3-3-67}$$

(4) 按式(3-3-53)求解滤波器的滤波因子，再按式(3-3-54)或式(3-3-55)实现储层参数转换，即进行互相关滤波。

(5) 进行网格循环，计算一系列孔隙度预测值，形成网格数据，绘制储层参数平面图。

通过上面的分析我们看到：利用地震参数预测储层参数的可靠性取决于两参数之间的互相关函数$R_{xy}(i)$的已知程度。后者通常是根据预测地区少量不规则分布的，且由测井资料解释得到的储层参数与地震参数对比、拟合而得到。在储层参数预测过程中综合使用不同来源的数据（如地震、测井、试采数据等）对改进预测结果的可靠性是十分重要的。下面介绍的协克里金技术提供了综合地震、测井资料的可能性。

3.3.4 储层参数转换中的协克里金方法

1. 方法原理

储层参数定量估计是油藏描述中的一项基本工作，为储层计算和开发方案设计提供依据。在大多数情况下，仅仅根据工区稀疏分布的少量井孔中的测井资料是不可能准确估计储层参数空间分布规律的。综合使用地震数据和少量井中测量结果，可以改进储层参数空间描述。与井中测量不同，根据地震观测数据可以在规则、密集的网格结点上确定地震参数，它们与储层参数有关。例如，单位厚度储层段地震垂直旅行时参数、慢度或声阻抗等与储层孔隙度参数分布有关。当然这种关系具有多解性，原因主要来自两方面：一是用来换算地震参数的地震资料本身是带通的，频带有限，并混有观测噪音；二是即使地震参数可以完全准确求取，它们与储层参数的关系也不是单解的。地震参数（如储层旅行时）包含不同地质因素的影响，除地层岩石孔隙度之外，还有诸如岩性、孔隙中饱和液成分、孔隙压力、地温等影响因素存在，它是包含待测储层参数在内的多元函数。建立在地质统计学理论基础上的协克里金方法，就是综合少量不规则分布的井点数据和规则密集网格分布的地震参数来重建储层参数空间分布的参数预测方法。换句话说，协克里金方法是以少量稀疏不规则分布的井中测量结果为约束条件，把地震参数换算为储层参数的反演方法。

协克里金方法假定储层参数空间分布函数$f(x,y)$和地震参数$t(x,y)$是相关的，为一双变量位置坐标的函数。为处理一些不规则空间分布的数据，必须根据每一个位置点上的数据结构调整数据网格。为了简化计算，假定储层参数和地震参数的平均值m_f和m_t是已知的，用零均值中心随机变量$f_0=f-m_f$和$t_0=t-m_t$代替参数f和t，并仍称之为储层参数和地震参数。使用在相关半径范围内的相邻几口井中测定的储层参数 $f_0(x_i), i=1,2,3,\cdots,N$ 和 M 个相邻网格结点上的地震参数 $t_0(x_j), j=1,2,3,\cdots,M$ 来预测观测点 z 上储层参数估计值 $\hat{f}_0$。取参数 f_0 和 t_0 的线性组合：

$$\hat{f}_0(z)=\sum_{i=1}^{N}W_i f_0(x_i)+\sum_{j=1}^{M}W_{N+j}t_0(x_{N+j}) \tag{3-3-68}$$

已知储层参数和地震参数各点位置坐标按统一顺序排列。定义数据列向量，其向量元素由已知储层参数和地震参数构成，共 $N+M$ 个元素，即：

$$\boldsymbol{y}(x)=[f_0(x_1),f_0(x_2),\cdots,f_0(x_N),t_0(x_{N+1}),t_0(x_{N+2}),\cdots,t_0(x_{N+M})]^{\mathrm{T}}$$

令 $\boldsymbol{w}$ 为权系数列向量，它有 $N+M$ 个元素：

$$\boldsymbol{w}=(W_1,W_2,\cdots,W_N,W_{N+1},W_{N+2},\cdots,W_{N+M})^{\mathrm{T}}$$

储层参数估计值用矩阵形式表示为：

$$\hat{f}_0(z)=\boldsymbol{w}^{\mathrm{T}}\boldsymbol{y}(x) \tag{3-3-69}$$

预测误差 e 可以写为：

$$e=f_0(z)-\hat{f}_0(z)=f_0(z)-\boldsymbol{w}^{\mathrm{T}}\boldsymbol{y}$$

$f_0(z)$ 为预测点 z 上的储层参数真值。我们选择权系数 $\boldsymbol{w}$ 使预测误差某一指定量度值为最小。协克里金方法使用的是最小平方误差量度，它是一个最小平方误差滤波器，即：

$$\begin{aligned}E\{e^2\}&=E\{[f_0(z)-\boldsymbol{w}^{\mathrm{T}}\boldsymbol{y}]^2\}\\&=E\{f_0^2(z)-2f_0(z)\boldsymbol{w}^{\mathrm{T}}\boldsymbol{y}+\boldsymbol{w}^{\mathrm{T}}\boldsymbol{y}\boldsymbol{y}^{\mathrm{T}}\boldsymbol{w}\}\\&=E\{f_0^2(z)\}-2E\{f_0(z)\boldsymbol{y}^{\mathrm{T}}\}\boldsymbol{w}+\boldsymbol{w}^{\mathrm{T}}E\{\boldsymbol{y}\boldsymbol{y}^{\mathrm{T}}\}\boldsymbol{w}\\&=\sigma_f^2-2E\{f_0(z)\boldsymbol{y}^{\mathrm{T}}\}\boldsymbol{w}+\boldsymbol{w}^{\mathrm{T}}E\{\boldsymbol{y}\boldsymbol{y}^{\mathrm{T}}\}\boldsymbol{w}\end{aligned} \tag{3-3-70}$$

用 $\boldsymbol{S}(x)$ 表示输入数据与希望输出的互相关系数矩阵，考虑到克里金方法对所处理的随机过程的稳定性的假定，它包含着储层参数自相关函数 K_{ff} 和储层参数与地震参数互相关函数 K_{ft} 两部分。该矩阵的转置形式可以写为：

$$\begin{aligned}\boldsymbol{S}^{\mathrm{T}}(x)=E[f_0\boldsymbol{y}^{\mathrm{T}}]=[&K_{\mathrm{ff}}(z-x_1),K_{\mathrm{ff}}(z-x_2),\cdots,K_{\mathrm{ff}}(z-x_N),\\&K_{\mathrm{ft}}(z-x_{N+1}),K_{\mathrm{ft}}(z-x_{N+2}),\cdots,K_{ft}(z-x_{N+M})]\end{aligned} \tag{3-3-71}$$

用 $\widetilde{\boldsymbol{R}}(x)$ 表示输入数据的自相关系数矩阵，它包含着储层参数自相关、储层参数与地震参数互相关、地震参数与储层参数的互相关及地震参数的自相关函数四部分，分别以 $K_{\mathrm{ff}}, K_{\mathrm{ft}}, K_{\mathrm{tf}}, K_{\mathrm{tt}}$ 表示：

$$\widetilde{\boldsymbol{R}}(x)=E[\boldsymbol{y}\boldsymbol{y}^{\mathrm{T}}]=\begin{bmatrix}K_{\mathrm{ff}}(x_i-x_j) & K_{\mathrm{ft}}(x_i-x_{N+j})\\K_{\mathrm{tf}}(x_{N+1}-x_i) & K_{\mathrm{tt}}(x_{N+i}-x_{N+j})\end{bmatrix} \tag{3-3-72}$$

将式(3-3-71)和(3-3-72)代入式(3-3-70)，则有：

$$E[e^2]=\sigma_{\mathrm{f}}^2-2\boldsymbol{S}^{\mathrm{T}}(x)\boldsymbol{w}+\boldsymbol{w}^{\mathrm{T}}\widetilde{\boldsymbol{R}}(x)\boldsymbol{w} \tag{3-3-73}$$

根据均方误差最小准则，对 $E[e^2]$ 均方误差按 $\boldsymbol{w}$ 各元素求导，并令其等于0，得到求解权系数 $\boldsymbol{w}$ 的线性方程组。直接用矩阵形式表示，可以得到：

$$\frac{\partial}{\partial W_{\mathrm{P}}}E[e^2]=-2K(z-x_{\mathrm{P}})+2\sum_{i=1}^{N+M}W_iK(x_i-x_{\mathrm{P}})=0$$

$$-2\boldsymbol{S}(x)^{\mathrm{T}}+2\widetilde{\boldsymbol{R}}(x)\boldsymbol{w}=0$$

最后可得：

$$\widetilde{\boldsymbol{R}}(x)\boldsymbol{w} = \boldsymbol{S}(x) \tag{3-3-74}$$

自相关矩阵 $\widetilde{\boldsymbol{R}}(x)$ 是一个 $(N+M)\times(N+M)$ 阶对称矩阵，可以求逆，最优化权向量可以表示为：

$$\boldsymbol{w}^* = \widetilde{\boldsymbol{R}}^{-1}(x)\boldsymbol{S}(x) \tag{3-3-75}$$

2. 误差分析

用最小平方误差法估计，把求得的权系数代入式(3-3-73)，可以得到最小均方误差：

$$\begin{aligned} E[e^2] &= \sigma_f^2 - 2\boldsymbol{S}^{\mathrm{T}}(x)\boldsymbol{w}^* + (\boldsymbol{w}^*)^{\mathrm{T}}\widetilde{\boldsymbol{R}}(x)\boldsymbol{w}^* \\ &= \sigma_{\mathrm{f}}^2 - 2\boldsymbol{S}^{\mathrm{T}}(x)\boldsymbol{w}^* + (\boldsymbol{w}^*)^{\mathrm{T}}\widetilde{\boldsymbol{R}}(x)\widetilde{\boldsymbol{R}}^{-1}(x)\boldsymbol{S}(x) \end{aligned}$$

考虑到 $\widetilde{\boldsymbol{R}}(x)\widetilde{\boldsymbol{R}}^{-1}(x)=\widetilde{\boldsymbol{R}}^{-1}(x)\widetilde{\boldsymbol{R}}(x)=\boldsymbol{I}$，且 $(\boldsymbol{w}^*)^{\mathrm{T}}\boldsymbol{S}(x)=\boldsymbol{S}^{\mathrm{T}}(x)\boldsymbol{w}^*$，所以有：

$$E[e^2] = \sigma_{\mathrm{f}}^2 - \boldsymbol{S}^{\mathrm{T}}(x)\boldsymbol{w}^* \tag{3-3-76}$$

这是储层参数预测的估计值均方误差，取其平方根可得均方根误差(RMSE)，是储层参数估计值的相对精度的量度。与储层参数方差 σ_{f}^2 相比，估计值均方误差 $E[e^2]$ 得到了改进。由于使用了地震数据，利用了地震参数与储层参数的相关性，式中 $\boldsymbol{S}^{\mathrm{T}}(x)\boldsymbol{w}^*$ 为非负项，使储层参数方差减小，因而提高了储层参数估计值的精度。

3. 计算步骤

根据上述协克里金方法预测储层参数分布的原理，对测井、地震资料综合算法归纳如下：

(1) 对地震数据进行储层解释，提取预测储层参数所需的地震参数；

(2) 对工区范围内的测井资料进行参数解释，提取已知井位上的储层参数；

(3) 计算两项数据的平均值，求取它们的相对变化量 f_0 和 t_0；

(4) 计算已知地震参数和储层参数的自相关函数和互相关函数，选定相关半径，确定用于储层参数预测的数据长度 N 和 M；

(5) 形成自相关矩阵 $\widetilde{\boldsymbol{R}}(x)$ 和互相关列向量 $\boldsymbol{S}(x)$，求解权系数 w；

(6) 计算储层参数估计值，绘制等值线图，供地质研究、油藏描述使用。

由于使用了附加数据，从而改进了储层参数估计精度。改进程度与数据间的相关性有关，而与数值本身无关。

4. 拟合相关函数的理论模型

在此给出四种理论模型及其相应的图形，如图 3-3-9 至图 3-3-12 所示。利用实际资料计算的相关曲线及其理论模型的拟合结果如图 3-3-13 所示。

1) 球状模型

$$R_{\mathrm{tt}}(n) = \begin{cases} 1 - \dfrac{3n}{2a} + \dfrac{n^3}{2a^3} & n \leqslant a \\ 0 & n > a \end{cases}$$

式中，a 为模型半径。

2) 指数模型

$$R_{\mathrm{tt}}(n) = \begin{cases} \mathrm{e}^{-3n/a} & n \leqslant a \\ 0 & n > a \end{cases}$$

3) 高斯模型

$$R_{tt}(n)=\begin{cases}e^{-3n^2/a^2} & n\leqslant a\\ 0 & n>a\end{cases}$$

4）幂函数模型

$$R_{tt}(n)=\begin{cases}1-n^Q & n\leqslant a\\ 0 & n>a\end{cases}$$

式中，$Q\in[0,1]$。

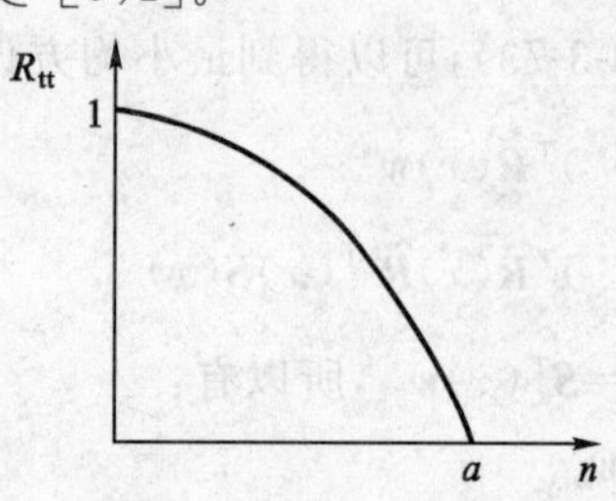

图 3-3-9 球状模型示意图

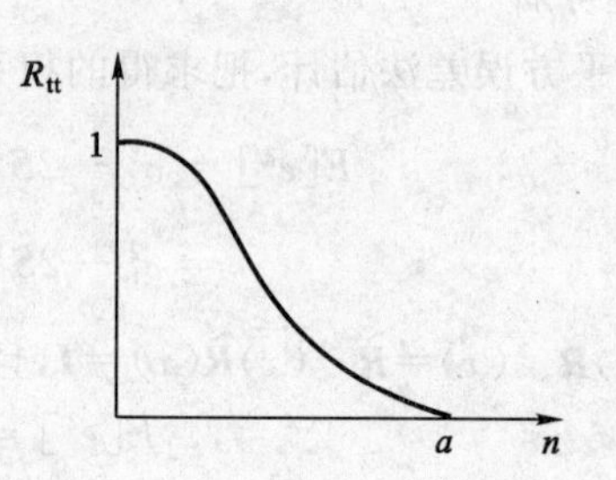

图 3-3-10 指数模型示意图

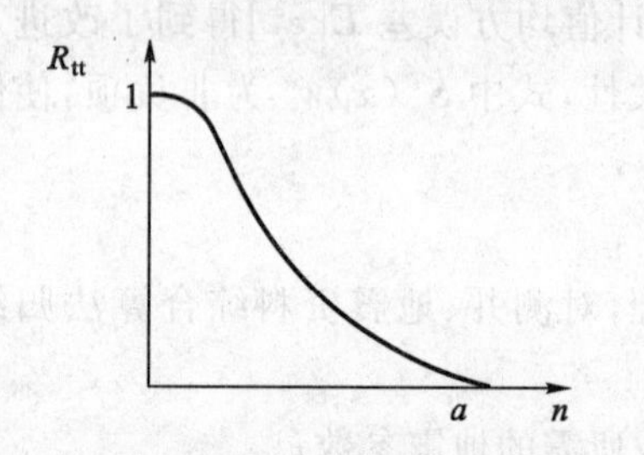

图 3-3-11 高斯模型示意图

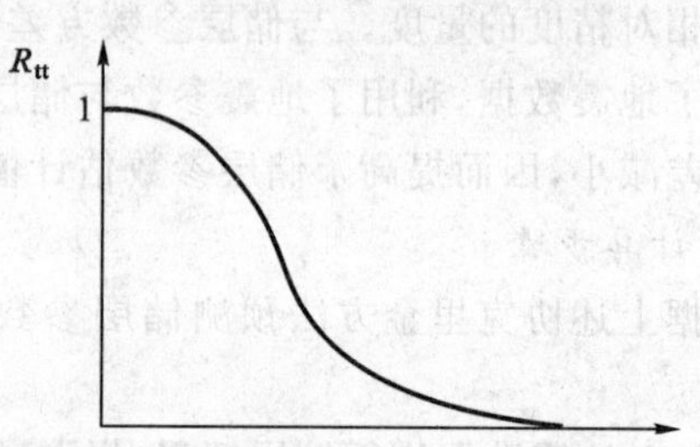

图 3-3-12 幂函数模型示意图

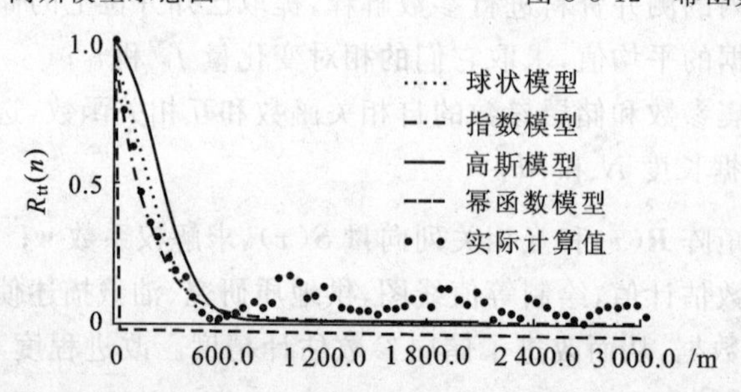

图 3-3-13 协克里金方法——主因子分量的自相关曲线

3.3.5 储层参数转换中的神经网络方法

1. 人工神经网络的基本知识

人工神经网络是对人的大脑功能的模拟。现代神经科学指出，人的大脑皮层分布着高度有序、数量巨大的神经细胞(也称神经元)，它们相互连接交织成神经网络。神经元可感受外界的刺激，加工信息并输出信号。网络根据神经元之间的连接强度对信息进行编码，实现信息的传递与存储。

人工神经网络是由大量的神经元(处理单元)广泛互连而形成的网络。它模拟了生物细胞的结构和功能，源自人们对神经系统的研究，特别是对人脑的研究。人们发现人脑由大约 10^{11} 个简单的神经元组成。这些相对简单的神经细胞组合在一起所能完成的功能却令人惊叹不已。人脑处理信息活动具有如下特点：

（1）巨大的并行性和实时性。人脑对外界的反应可以由众多的细胞同时作出反应，提供信息，作出判断，并且这些处理是实时的，几乎是接受刺激的同时就作出反应。

（2）信息处理和存贮记忆合二为一。人脑中的细胞具有信号处理和记忆双重功能。大脑记忆是一种联想记忆，不存在先寻找贮存地址再调出所存内容的问题。即使只有部分信息，大脑也能恢复它的全部。

（3）具有自组织、自学习的功能。神经网络在处理信息的过程中，能够根据被处理信息的内容自行改造其自身的结构及其运算规则。这就是网络能不断地积累知识、经验及适应新环境的原因。

2．神经元的数理模型

为了研究和模拟神经系统如何感受各种刺激信号，引起不同的感觉并产生和传递相应的神经冲动及完成各种功能活动，必须深入研究神经元的特性并建立相应的数理模型。

目前的神经元模型都是多输入、单输出的元件，根据输出值与神经元内部状态的关系，有以下几种模型。

1）阈值元件模型

这是 1943 年由 Mc Culloch 和 Pitts 首先提出的最早和最简单的神经元模型，如图3-3-14所示。这种模型首先有一个基本假设，即认为跟我们研究有关的神经系统的所有功能都是通过神经元细胞之间的电脉冲通道传输的。每个神经元有它的兴奋期和抑制期，一个神经元要发生兴奋就必须满足在潜伏期内接收到的脉冲的所有突触权重之和大于阈值。这个简单的线性和的关系是一个十分粗略和简化的模型。阈值是一个随时间变化的参数，不过在许多的神经网络模拟中很少考虑它随时间的变化性。一个脉冲沿轴突传过去以后，出现了一个抑制期。在这段时间内，轴突不能传递任何脉冲。由抑制期到兴奋期之间有一个短暂的过渡期，可以用间断的或连续渐变的方法来模拟。这取决于神经元激励函数。根据输出值的形式，又可分为如下四种。

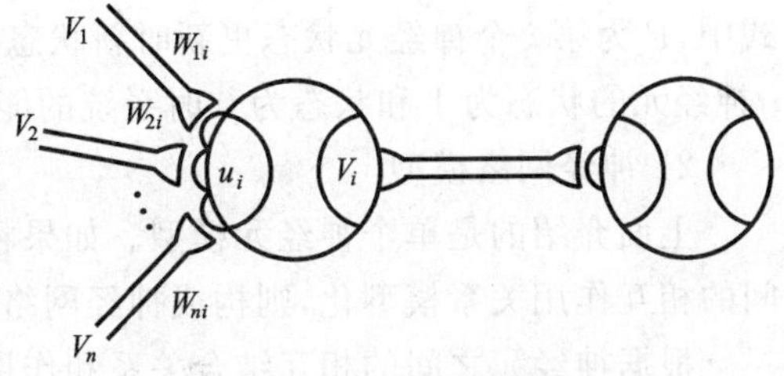

图 3-3-14 神经元模型

（1）离散输出模型。每一神经元都从数十甚至数百个其他神经元接收信息，产生神经兴奋和冲动，并符合一个称为“全或无定律”的特征。即在其他条件不变的情况下，不论何种刺激，只要达到阈值以上就能产生一个动作电位，并以最快速度作非衰减的等幅传递，但如果输入总和低于阈值，则不能引起任何可见的反应。在图 3-3-14 中，i 神经元输入的总和为：

$$u_i = \sum_{j=1}^{n} W_{ji} V_j - \theta_i \tag{3-3-77}$$

式中，i 神经元的输出为 $V_i = f(u_i)$；W_{ji} 表示 i 神经元和 j 神经元的结合权值；V_j 表示 j 神经元的输出（也是 i 神经元的输入）；θ_i 表示 i 神经元的阈值。

$f(x)$ 为激励函数：

$$f(x) = \begin{cases} 1 & x \geqslant 0 \\ 0 & x < 0 \end{cases}$$

（2）连续输出模型。这种模型采用 S 形函数来表征神经元的非线性输入、输出特性，如图 3-3-15 所示。

$$V_i = f(u_i) = \frac{1}{1 + \mathrm{e}^{-u_i}} \tag{3-3-78}$$

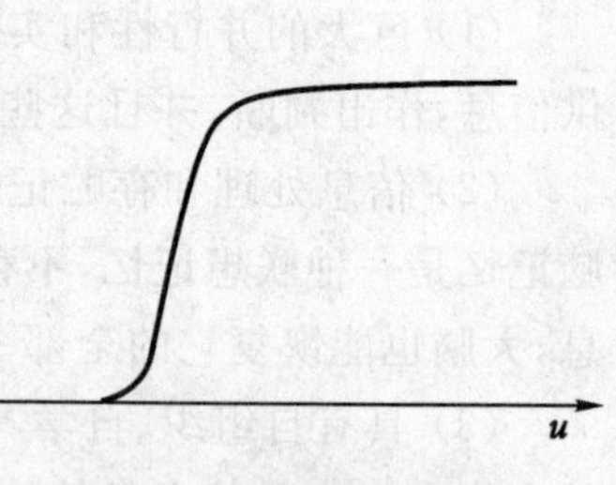

图 3-3-15 S形非线性函数

这种模型性能好，便于计算，一般都选用该模型作为神经元输出模型。

(3) 微分/差分方程模型。这种模型将神经元状态随时间变化的特性用微分/差分方程式表示，所采用的方程式各种各样，具有代表性的有：

$$\left.\begin{aligned} \frac{\mathrm{d}v}{\mathrm{d}t} &= -\frac{1}{\tau}v + u \\ V &= f(v) \end{aligned}\right\} \tag{3-3-79}$$

式中，v 为神经元内部状态值；V 为输出值；u 为神经元输入的总和；f 为上述 S 形函数。

(4) 概率模型。这种模型借助于统计物理学的概念和方法，神经元的动作采用了概率的状态变化规律。例如，被称为玻耳兹曼机的神经网络模型采用的就是这种方法。这时有：

$$P(V_i = 1) = \frac{1}{1 + \mathrm{e}^{-\Delta E_i / T}} \tag{3-3-80}$$

式中，P 为第 i 个神经元状态更新时新状态为 1 的概率；T 为网络的“温度”，取正数；ΔE_i 为 i 神经元的状态为 1 和状态为 0 时系统的能量差。

2) 神经网络模型

上面介绍的是单个神经元模型。如果将很多个神经元组合成一个网络，并将神经元之间的相互作用关系模型化，则构成神经网络模型。

根据神经元之间的相互结合关系和作用方式，神经网络可有如下几种典型的结合形式。

(1) 分层网络模型。这种模型将众多神经元分成若干层顺序连接，在第 1 层(输入层)加入输入样本，通过中部各层进行变换，到达最终层(输出层)后完成一次动作。

(2) 互连网络模型。这是一种在任意两个神经元之间都有相互连接的网络模型。网络的动作采用动态分析方法，即由某一初始状态出发，根据网络的结构和神经元的特性进行网络的能量最小化计算，最后达到稳定状态。

3. 反向传播学习算法(BP 算法)

1986 年，Rumelhart 提出了反向传播(Back Propagation，BP)学习算法。这个算法除考虑最后一层外，还考虑网络中其他各层权值参数的改变，从而使算法适用于多层网络。该算法是目前广泛应用的神经网络学习算法之一。

1) 多层网络的 BP 算法

多层网络如图 3-3-16 所示，它在输入与输出层之间增加若干层(一层或多层)神经元。这种神经元称为隐单元，与外界没有直接联系，但其状态的改变能影响输入与输出之间的关系。

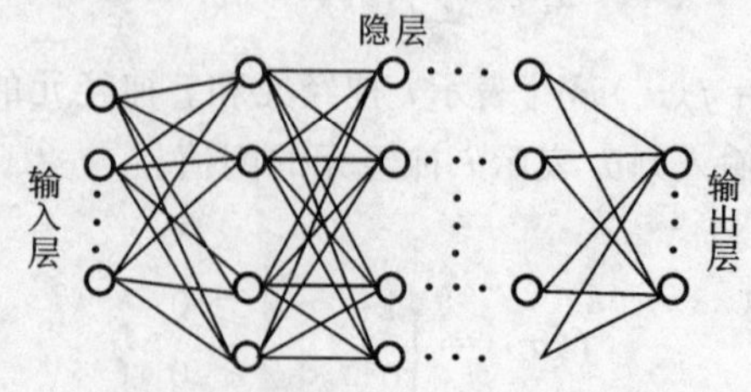

图 3-3-16 多层网络示意图

设有 m 层神经网络，如果在输入层加上输入模式 P，并设第 k 层 j 单元输入的总和为 u_j^k，输出为 V_j^k，由 $k-1$ 层的第 i 个神经元到 k 层的第 j 个神经元的结合权值为 W_{ij}^{k-1}，各个神经元的输入与输出关系函数是 f，则各变量之间的关系为：

$$V_j^k = f(u_j^k) \tag{3-3-81}$$

$$u_j^k = \sum_i W_{ij}^{k-1} V_i^{k-1} \tag{3-3-82}$$

这个算法的学习过程由正向传播和反向传播组成。正向传播过程中，输入模式从输入层经隐单元层逐层处理，并传向输出层，每一层神经元的状态只影响下一层神经元的状态。如果在输出层不能得到期望的输出，则转入反向传播，将误差信号沿原来的连接通路返回，通过修改各神经元的权值，使误差信号最小。

首先，定义误差函数 r 为期望输出与实际输出之差的平方和：

$$r = \frac{1}{2}\sum_j (V_j^m - y_j)^2 \tag{3-3-83}$$

式中，y_j 是输出层第 j 单元的期望输出，在这里作为教师信号，因此这种算法是一种有教师的学习算法；V_j^m 是实际的输出，它是输入模式 P 和权值 W 的函数。

这种学习算法实际上是求误差函数的极小值。可利用非线性规划中的最快下降法使权值沿着误差函数的负梯度方向改变。权值 W_{ij}^{k-1} 的更新量 ΔW_{ij}^{k-1} 可由下式表示：

$$\Delta W_{ij}^{k-1} \propto \frac{-\partial r}{\partial W_{ij}^{k-1}}$$

或写为：

$$\Delta W_{ij}^{k-1} \propto -\varepsilon \frac{\partial r}{\partial W_{ij}^{k-1}}$$

式中，ε 为学习步长，取正参数。

下面求 $\frac{\partial r}{\partial W_{ij}^{k-1}}$：

$$\frac{\partial r}{\partial W_{ij}^{k-1}} = \frac{\partial r}{\partial V_j^k}\frac{\partial V_j^k}{\partial u_j^k}\frac{\partial u_j^k}{\partial W_{ij}^{k-1}}$$

其中：

$$\frac{\partial r}{\partial V_j^k} = \begin{cases} V_j^m - y_j & k = m \\ \sum_l \frac{\partial r}{\partial u_l^{k+1}}\frac{\partial u_l^{k+1}}{\partial V_j^k} = \sum_l W_{jl}^k \frac{\partial r}{\partial u_l^{k+1}} & k < m \end{cases}$$

$$\frac{\partial V_j^k}{\partial u_j^k} = f'(u_j^k) = 2f(u_j^k)[1 - f(u_j^k)] = 2V_j^k(1 - V_j^k)$$

$$\frac{\partial u_j^k}{\partial W_{ij}^{k-1}} = V_i^{k-1}$$

综上所述，多层网络的训练方法是将某一样本加到输入层。按前传法则，这时它将逐个影响下一层的状态，最终得到一个输出 V_j^m。如果这个输出与期望值不符，就产生误差信号，然后通过如下公式改变权值：

$$\Delta W_{ij}^{k-1} = -\varepsilon \frac{\partial r}{\partial W_{ij}^{k-1}} = -\varepsilon \cdot d_j^k V_i^{k-1} \tag{3-3-84}$$

其中：

$$d_j^m = 2V_j^m(1 - V_j^m)(V_j^m - y_j) \qquad k = m$$

$$d_j^k = 2V_j^k(1 - V_j^k)\sum_l W_{jl}^k \frac{\partial r}{\partial u_l^{k+1}} \qquad k < m$$

上式说明求本层的误差信号需要用到上一层的误差信号,因此,误差函数的求取是一个始于输出层的反向传播的过程。通过多个样本的反复训练并朝减少偏差的方向修改权值,最后达到满意的结果,故称为反向传播学习算法。

反向传播学习算法是解决多层网络的有效算法,但如果网络的层次较多,则计算量很大,收敛较慢,原则上也存在局部最小问题。

为改善收敛特性,可采用权值更新量 ΔW_{ij}^{k-1} 的修正公式:

$$\Delta W_{ij}^{k-1}(t+1) = -\varepsilon d_j^k V_i^{k-1} + \alpha W_{ij}^{k-1}(t)$$

即后一次的权值更新适当考虑到上一次的权值更新值,最后得到:

$$W_{ij}^{k-1}(t+1) = W_{ij}^{k-1}(t) + \Delta W_{ij}^{k-1}(t+1) \tag{3-3-85}$$

式中,α 为调整变化量的参数。

2) 改进的 BP 算法

由上面的讨论可知,多层网络 BP 算法常常产生局部收敛现象。它的收敛速度也比较慢,通常要迭代几千步甚至更多步才能达到基本收敛。为了克服这些缺点,出现了许多改进的 BP 算法,简单介绍如下。

(1) 克服局部收敛的改进方法。一种方法是利用全局收敛性比较好的方法(如同伦法)替代梯度法,另一种方法是将全局收敛性比较好的方法(如遗传算法或模拟退火法)与梯度法联合使用而形成混合算法。

(2) 克服收敛速度慢的改进方法。一种方法是改变学习周期或改变样本的学习顺序。所谓学习周期,就是每次修改权系数所输入的样本个数 N。实验表明:训练神经网络时,训练初期周期短(即样本数 N 小)、训练后期周期长(即样本数 N 大),训练效率将会提高。值得注意的是,所有样本按一定的先后顺序排成一圈,虽然样本总数是固定的,但每次迭代取的样本数(即周期)是可变的,而且迭代任意多次都是可以的。所谓改变学习样本的顺序,就是每次训练不必顺序抽取样本。例如,采用随机抽取方式;采用跳读的方式(即输出误差小的样本不必输入);采用分级训练的方式(即将所有的样本分成若干个子集,一个子集的训练误差达到基本要求后再换另一个子集)。另一种方法是改变学习步长。步长本应该通过一维搜索产生,但由于前向网络计算目标函数费时,故采用给出定值的方法。

4. 结构优化的径向基神经网络

径向基(Radial Basis Function,RBF)神经网络是一种良好的前向网络,它具有全局逼近的性质,同时还具有训练方法快速、易行的特点。然而在使用径向基网络时,常遇到前向网络中普遍存在的如何确定隐层神经元个数的问题。隐层神经元太少,不准确;太多,不仅计算时间增加,而且会使网络的泛化(推广)能力下降。一般认为,删除网络中冗余项和无关项可以提高网络的泛化能力。然而,如何确定隐层神经元个数的问题尚无完善的理论指导,所以在大多数情况下采用试凑法选择(即多试几种情况,然后选择其中最好的),但这样操作的计算量大、效率低。较为合理的是使用“构造法”:先从一个较小结构的网络开始,然后根据需要逐渐添加神经元;或者使用“修剪法”:按一定规则删除或合并作用雷同的神经元,以达到网络结构优化的目的。

1) 径向基神经网络

径向基神经网络结构如图 3-3-17 所示，它包含输入层、隐层、输出层。输入层神经元个数(n)与输入矢量维数($x \in R^n$)一致，输出层神经元个数(m)与输出矢量维数 ($y \in R^m$) 一致。输入层神经元与隐层神经元、隐层神经元与输出层神经元(除偏置单元外)都采用全连接。隐层神经元对输入具有局部响应的特征：

$$R_i(x_P) = \begin{cases} \phi(\| x_P - c_i \|) & i = 1,2,\cdots,N_h \\ 1 & i = 0 \end{cases} \tag{3-3-86}$$

这里的范数 $\| \cdot \|$ 定义为欧氏范数；$c_i \in R^n$ 是输入矢量的原型，也即径向基函数 $\phi(\cdot)$ 的中心。$\phi(\cdot)$常采用高斯函数：

$$\phi(v) = \exp(-v^2/2\sigma^2) \tag{3-3-87}$$

式中，σ 为高斯函数的宽度参数，控制高斯函数衰减的快慢，也就是控制隐层神经元对输入响应的范围。

隐层的作用是完成对输入量的非线性变换，输出层神经元则对隐层输出进行线性组合，最终得到网络的输出为：

$$\hat{y}_k(x_P) = \sum_{i=0}^{N_k} w_{ki} R_i(x_P) \qquad (k = 1,2,\cdots,m) \tag{3-3-88}$$

$\hat{y}_k$ 为网络的实际输出，$w = \{w_{ki} \mid k=1,2,\cdots,m, i=0,1,\cdots,N_h\}$为隐层到输出层的权值。其中 w_{k0} 为输出层神经元的阈值，一般将它作为特殊的权值与其他权值同时调整。样本集为输入、输出对 $\{(x_P, y_P) \in R^n \times R^m \mid P = 1,2,\cdots,S\}$。构造和训练一个径向基神经网络就是要使它通过学习，确定每个隐层神经元基函数的中心 c_i、宽度 σ_i 以及隐层到输出层的权值 w，从而获得需要的输入到输出的映射。

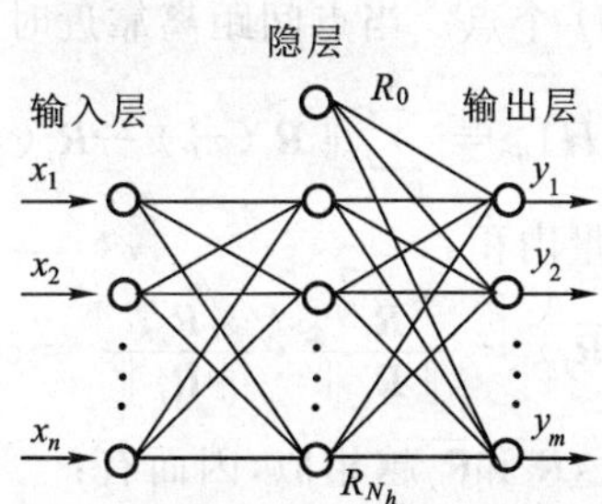

图 3-3-17　径向基神经网络结构图[17]

2）结构自适应的径向基神经网络学习算法

(1) 网络的初始结构。首先建立一个隐层含有较多神经元的初始径向基神经网络，采用模糊 C 均值聚类算法确定隐层基函数的中心 c_i。隐层基函数使用高斯函数。高斯函数的中心即为聚类算法得到的类别中心。由模糊 C 均值算法还可以得到每个数据属于每个中心的隶属度 $U = \{\mu_{ij} \in [0,1] \mid i=1,2,\cdots,N_h, j=1,2,\cdots,S\}$。径向基神经网络隐层基函数的宽度为：

$$\sigma_i = \frac{\sum_{j=1}^{S} \mu_{ij} \| x_j - c_i \|}{\sum_{j=1}^{S} \mu_{ij}} \qquad (i = 1,2,\cdots,N_h) \tag{3-3-89}$$

当径向基神经网络隐层基函数的中心及宽度确定后，对每个输入样品 x_P 都可以根据式(3-3-86)和(3-3-87)求出相应的隐层输出$\{R_i(x_P) \mid i=1,2,\cdots,N_h\}$和网络最终的实际输出

$\{\hat{y}_k(x_P)\,|\,k=1,2,\cdots,m\}$。权值 w 应满足误差 E 最小，即：

$$\min E = \sum_{P=1}^{S} E_P = \frac{1}{2}\sum_{P=1}^{S}\sum_{k=1}^{m}[\hat{y}(x_P) - y_k(x_P)]^2 \tag{3-3-90}$$

采用梯度下降法求解，权值 w 的每步调整量为：

$$\Delta w_{ki} = -\eta\frac{\partial E}{\partial w_{ki}} = -\eta\sum_{P=1}^{S}\frac{\partial E_P}{\partial w_{ki}} = -\eta\sum_{P=1}^{S}\left[\frac{\partial E_p}{\partial \hat{y}_k(x_P)}\cdot\frac{\partial \hat{y}_k(x_p)}{\partial w_{ki}}\right]$$

式中，η 为学习效率因子。

由式(3-3-89)及(3-3-87)得：

$$\Delta w_{ki} = -\eta\sum_{P=1}^{S}[\hat{y}(x_P) - y_k(x_P)]R_i(x_P) \tag{3-3-91}$$

权值 w 的修正公式为：

$$w_{ki}(t+1) = w_{ki}(t) + \Delta w_{ki} \qquad (k=1,2,\cdots,m;i=1,2,\cdots,N_h) \tag{3-3-92}$$

(2) 结构自适应的学习算法。径向基神经网络中用径向基函数作隐层神经元的“基”，构成隐空间。这样，当基函数的中心及宽度参数确定之后，隐层执行的是一种固定不变的非线性变换。每个基函数对于全部输入矢量$\{\boldsymbol{X}_P\,|\,P=1,2,\cdots,S\}$的非线性变换作用，可以根据矢量$\{\boldsymbol{R}_i=[R_i(x_1),R_i(x_2),\cdots,R_i(x_S)]\,|\,i=1,2,\cdots,N_h\}$反映出来。因而可以通过比较 $\boldsymbol{R}_i$ 与 $\boldsymbol{R}_j$ 两矢量来判断第 i 个隐层神经元与第 j 个隐层神经元对输入矢量的非线性变换作用的相似性。若两者的作用相似，则可以删除其中一个或者将两个合并为一个，以达到精简隐层神经元的目的。

判断隐层神经元对输入矢量的非线性变换作用是否相似时，可将 N_h 个矢量$\{\boldsymbol{R}_i\,|\,i=1,2,\cdots,N_h\}$看成是 R^S 空间里的 N_h 个点。当点间距离靠近时，两矢量的差异小，因而有：

规则 1 $\quad H1_{i^*j^*} = \min\limits_{i\neq j}\{H1_{ij} = \sum\limits_{P=1}^{S}\|\boldsymbol{R}_i(x_P) - \boldsymbol{R}_j(x_P)\|^2\}$

此外，也可通过归一化的矢量内积：

$$\langle\overline{\boldsymbol{R}_i},\overline{\boldsymbol{R}_j}\rangle = \frac{\boldsymbol{R}_i}{\|\boldsymbol{R}_i\|}\cdot\frac{\boldsymbol{R}_j}{\|\boldsymbol{R}_j\|} = \cos\theta$$

进行判断。显然，$\langle\overline{\boldsymbol{R}_i},\overline{\boldsymbol{R}_j}\rangle$值越大，$\overline{\boldsymbol{R}_i}$和$\overline{\boldsymbol{R}_j}$越相似，因而有：

规则 2 $\quad H2_{i^*j^*} = \max\limits_{i\neq j}\{H2_{ij} = \langle\overline{\boldsymbol{R}_i},\overline{\boldsymbol{R}_j}\rangle\}$

对于初始网络，按照上述规则 1 或规则 2 找到 N_h 个隐层神经元中作用最相似的第 i^* 个神经元和第 j^* 个神经元后，将它们合并成一个，使网络规模变小。

结构自适应的径向基神经网络的学习算法分为两个阶段：

第 1 阶段：建立初始网络，包括以下各步骤：

① 初始化，设置隐层神经元个数 $N_h(0)$和最大允许误差 ε；

② 采用模糊 C 均值聚类算法对输入样本聚类，得到基函数的中心$\{c_i(0)\,|\,i=1,2,\cdots,N_h(0)\}$和每个输入样品 x_j 属于每个中心的隶属度 $\mu_{ij}(i=1,2,\cdots,N_h(0);j=1,2,\cdots,S)$；

③ 按式(3-3-88)计算基函数的宽度$\{\sigma_i(0)\,|\,i=1,2,\cdots,N_h(0)\}$；

④ 按式(3-3-90)和(3-3-91)调整权值 $w(0)$，直至误差 $E<\varepsilon$ 结束。

第 2 阶段：优化网络结构，包括以下各步骤：

① $t:=0$，设置最大迭代次数 T；

② 记录$\{c_i(t),\sigma_i(t)\}$和 $w(t)$；

③ 按规则 1 或规则 2 寻找作用最相似的两个神经元，并合并，$t:=t+1$。

$$N_h(t)=N_h(t-1)-1$$

$$c_i(t)=[c_i(t-1)+c_j(t-1)]/2$$

$$\sigma_i(t)=[\sigma_i(t-1)+\sigma_j(t-1)]/2$$

$$w_{ki}(t)=[w_{ki}(t-1)+w_{kj}(t-1)]/2 \qquad (k=1,2,\cdots,m)$$

④ 计算网络输出 $\hat{y}_k(x_P)(k=1,2,\cdots,m;P=1,2,\cdots,S)$；

⑤ 若误差 $E<\varepsilon$，则转至第②步，否则按式(3-3-90)和(3-3-91)调整权值 w。若在设定的迭代次数 T 内误差 $E<\varepsilon$，则转至第②步，否则结束。

在第 2 阶段中，隐层神经元的中心参数改变后，可以采用模糊 C 均值算法中计算隶属度 U 的公式：

$$\mu_{ij}=\frac{1}{\sum\limits_{l=1}^{N_h}\left(\dfrac{\|x_j-c_i\|}{\|x_j-c_l\|}\right)^{\frac{2}{m-1}}} \qquad (i=1,2,\cdots,N_h;j=1,2,\cdots,S)$$

重新计算每个数据属于每个中心的隶属度，然后再按式(3-3-88)计算中心参数改变后隐层基函数的宽度。这样做可使宽度参数更为恰当，同时也增加了运算量。在要求不是很高时，可由算法中给出的求两个基函数宽度参数均值的方法进行操作，从而较快地得到结构精简的网络。

使用上述各种储层参数转换方法对同一输入数据(单位厚度上的旅行时差，即利用解释系统得到储层顶底旅行时差等值图，再根据研究区所有井资料计算出来的同一储层的等厚度图，计算对应网格点上的比值)经孔隙度参数转换后的输出如图 3-3-18 至图 3-3-23 所示。图 3-3-18 是测井解释的孔隙度数值的插值结果；图 3-3-19 是线性回归法的预测结果；图 3-3-20 是神经网络法的预测结果；图 3-3-21 是相关滤波法的预测结果；图 3-3-22 是协克里金法的预测结果；图 3-3-23 是非参数回归法的预测结果。

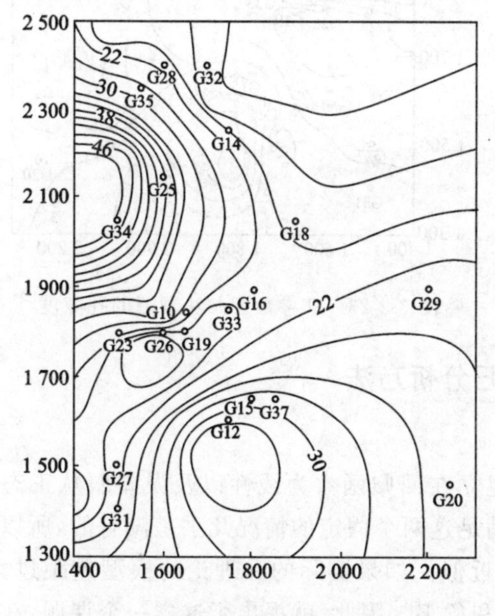

图 3-3-18　测井解释结果绘制的孔隙度

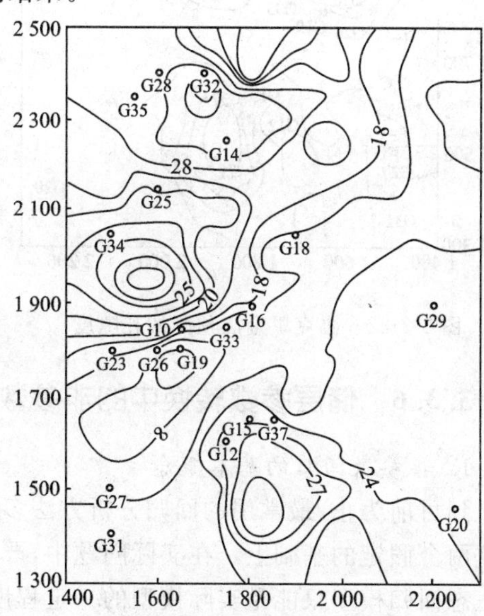

图 3-3-19　线性回归法预测的孔隙度

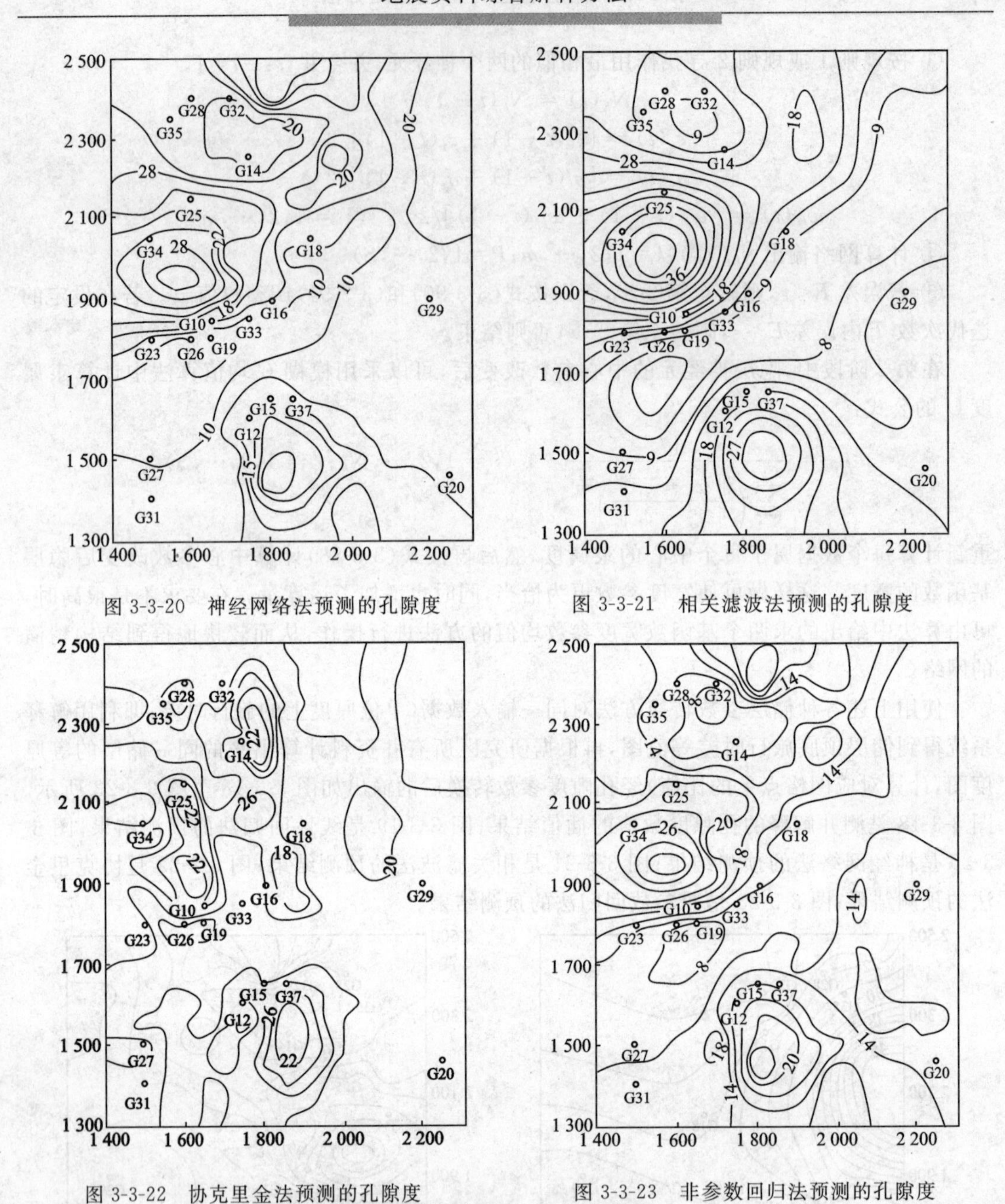

图 3-3-20 神经网络法预测的孔隙度

图 3-3-21 相关滤波法预测的孔隙度

图 3-3-22 协克里金法预测的孔隙度

图 3-3-23 非参数回归法预测的孔隙度

3.3.6 储层参数转换中的非参数回归分析方法

1. 非参数回归的基本概念

到目前为止,最常用的回归分析方法多数建立在回归函数为线性以及误差服从正态分布这两个假定的基础上。在实际问题中,严格满足这两个假定的情况几乎是没有的,所以线性正态回归模型只能是实际模型的一定程度的近似。如果实际的和理论的模型差距过大,则分析的结果将丧失其实用价值甚至带来损失和危害。因此,就提出了这样一个课题:在更广的,即限制性更小的假定的基础上,发展一套在理论上健全的、在实用上有效的(有一定的精度、方便可行等)回归分析方法。近十多年来,不少学者朝着这个方向努力,进行了许多研究工作。这些工作的成果构成了回归分析的新分支——非参数回归。

"非参数"(Nonparametric)统计是相对于参数统计而言的,它们构成统计问题的一种分类,其间并无截然的界线,因此也不易给出一个无所不包的定义。大体上来说,一个统计问题,如果其数学模型能用有限个实参数加以描述,或者更具体一些,如果样本分布的一般数学形式已知,但包含了若干个未知的参数,则这种模型或这种统计问题就称为参数性的。针对一种特定的参数模型而制定的统计方法,或更普遍一些,只有在一定的参数模型中才能使用的统计方法,称为参数统计方法。凡不属于上述情况的统计模型、问题和方法就称为非参数的。

一个参数模型,往往当我们将模型中的特定假设(这种特定假设使模型具有参数性)取消而代之以更广泛的条件时,就得到相应的非参数模型,问题性质即由参数性的转化为非参数性的。由此就不难明白"非参数回归"的意义。正态线性回归模型是一种性质很特殊的参数模型。如果我们担心在所讨论的情况下模型的假定不能满足,则我们可放宽模型中的假定。比如说,可以对回归函数只作一般性要求而不假定其有任何特殊的数学形式,可以只对误差分布作一些性质很一般的要求,这样就得到非参数回归模型。

可见,与参数模型和方法相比,非参数统计模型和针对此种模型而制定的非参数统计方法的优点在于模型包罗广泛、方法适用面宽,因而可以避免由于模型假设与实际情况的重大偏差而带来的错误。如果在一个问题中我们正确地认清了模型,它有参数性(如正态模型),则使用针对这个特定的参数而制定的方法的效率高于一般的非参数方法。所以,当我们有一个实际问题而要决定是用参数模型还是非参数模型去处理它时,主要的依据要看理论和经验是否给我们提供了采用某种现成的参数模型的足够理由,以及在所讨论的问题中模型的错误是否会超出所能容许的限度。对于利用地震属性参数预测储层参数的实际问题,由于关系十分复杂,事先无法给出合适的、具体的参数模型,故使用参数模型就有可能产生较大误差。

2. 权函数估计法

设 X 和 Y 分别是 d 维和一维随机变量,假定 $E[Y]<\infty$,则 $m(x)=E[Y|X=x]$存在,$m(x)$称为 Y 对 X 的回归函数。回归分析的基本问题在于通过从(X,Y)抽出的样本$(X_i, Y_i)(i=1,2,\cdots,n)$去估计回归函数 $m(x)$。

在传统回归分析中,往往假定 $m(x)$有某种特定的数学形式,如线性型 $u_i=\sum_{j=1}^{n}W_{ji}V_j-\theta_i$,并假定误差 $Y-m(x)$的分布为正态。这时用最小二乘法对回归系数进行估计即可得到 $m(x)$的估计。众所周知,在上述条件下这种估计有许多优良性质,但在实际问题中不一定可以假定上述条件(回归为线性、误差为正态)成立,此时基于最小二乘法作出的估计就不一定好。

现在考虑 $m(x)$的估计问题:若在样本$(X_i,Y_i)(i=1,2,\cdots,n)$中有许多个 X_i 恰好等于指定的 x,把这些都挑出来,记为 $X_{i_1},X_{i_2},\cdots,X_{i_k}$,这时一个自然的估计是相应的 $Y_{i_1},Y_{i_2},\cdots,Y_{i_k}$ 的算术平均值 $\frac{1}{k}\sum_{j=1}^{k}Y_{i_j}$。

但一般不会有这么多的 X_i 恰好等于指定的 x(甚至一个也没有),从而只能退而求其次:寻找一个充分小的 $h_n>0$,考虑 $X_1,\cdots,X_n$ 中落在区间$[x-h_n,\ x+h_n]$内的,比如说是

$X_{i_1}, X_{i_2}, \cdots, X_{i_k}$，则以相应的 $Y_{i_1}, Y_{i_2}, \cdots, Y_{i_k}$ 的算术平均值去估计 $m(x)$。这个估计可以形式地写为 $m_n(x) = \sum_{i=1}^{n} W_{ni} Y_i$ 的形式。

注意到 W_{ni} 与 x 及 $X_1, \cdots, X_n$ 有关，W_{ni} 可称为 X_i 的"权"(Weight)。更确切地说，W_{ni} 是在整个样本中相对于 x 点的权，它反映了在估计 $m(x)$ 时样本 (X_i, Y_i) 的作用的大小。$m_n(x)$ 称为回归函数 $m(x)$ 的权函数估计，$\{W_{ni}\}$ 称为权函数。

在实际问题中，权函数都满足自然的条件：

$$W_{ni}(x: X_1, X_2, \cdots, X_n) \geqslant 0$$

$$\sum_{i=1}^{n} W_{ni}(x: X_1, X_2, \cdots, X_n) = 1$$

满足这些条件的权函数称为"概率权函数"。

从应用的观点看：最重要的问题是如何选择适当的权函数以用于特定的问题。这个问题可以从大样本理论的观点中提出某些一般性的指导原则(类似于在核估计中要求 h_n 以 $n^{-1/5}$ 的速度趋于 0 的原则)，但对有限的 n，这种原则的实用意义不大。目前在文献中考虑较多的定义权函数的方法有两种：

1）核函数法

选定 R^d(注意 X 是 d 维的)上的函数 K，一般是概率密度及窗宽 $h_n>0$，然后令：

$$W_{ni}(x: X_1, X_2, \cdots, X_n) = \frac{K(\frac{x - X_i}{h_n})}{\sum_{j=1}^{n} K(\frac{x - X_j}{h_n})} \tag{3-3-93}$$

这种权函数的优点在于有明确的表达式且便于计算，但因分母包含有随机的成分，故在理论问题中较难于处理。

2）近邻法

近邻法的要旨是首先引进一个衡量 R^d 中两点 $(u_1, \cdots, u_d) = u$ 和 $(v_1, \cdots, v_d) = v$ 的距离的函数 $\| u-v \|$。欧氏距离以及 $\max_{1 \leqslant i \leqslant d} c_i |u_i - v_i|$ 都是可以考虑的。一般地，考虑到 X 的各分量的重要性及其在单位大小上的差距，需要引进一个反映这一点的权因子，例如：

$$\| u - v \|_1^2 = c_1(u_1 - v_1)^2 + \cdots + c_d(u_d - v_d)^2 \quad (c_i > 0)$$

$$\| u - v \|_2 = \max_{1 \leqslant i \leqslant d} c_i \mid u_i - v_i \mid \quad (c_i > 0)$$

再选定 n 个常数 $(c_{n1}, c_{n2}, \cdots, c_{nn})$ 满足条件：

$$c_{n1} \geqslant c_{n2} \geqslant \cdots \geqslant c_{nn}$$

$$\sum_{i=1}^{n} c_{ni} = 1$$

现设有了样本 $(X_i, Y_i)(i=1,2,\cdots,n)$，并指定了 R^d 中的一点 x[要估计回归函数在该点的值 $m(x)$]，将 $X_1, \cdots, X_n$ 按在距离 $\| \cdot \|$ 的意义下与 X 接近的程度排序：

$$\| X_{R_1} - x \| < \| X_{R_2} - x \| < \cdots < \| X_{R_n} - x \|$$

X_{R_1} 与 x 距离最近，赋以权 c_{n1}，其次一个 X_{R_2} 赋以权 c_{n2}，…，即令：

$$W_{nR_i}(x: X_1, X_2, \cdots, X_n) = c_{ni} \quad (i = 1, 2, \cdots, n)$$

若在 $\{\| X_i - x \|, i=1,2,\cdots,n\}$ 中有相等的，则将 $X_1, \cdots, X_n$ 分成 k 群，依次包含 $l_1, \cdots, l_k$

个样本，每个群内的点与 x 等距离，而不同群内的点则不相等。这时，第1群内的 X_{R_1}，X_{R_2}，$\cdots$，$X_{R_{l_1}}$ 应占有权 c_{n1}，c_{n2}，$\cdots$，c_{nl_1}。每一个赋予其平均数，即：

$$W_{ni}(x:X_1,X_2,\cdots,X_n)=\frac{1}{l_1}\sum_{j=1}^{l_1}c_{nj}\qquad(i=R_1,R_2,\cdots,R_{l_1})$$

同样，当 $i=R_{l_1+1},\cdots,R_{l_1+l_2}$ 时，$W_{ni}(x:X_1,X_2,\cdots,X_n)=\frac{1}{l_2}\sum_{j=l_1+1}^{l_2}c_{nj}$，等等。在任何情况下，所定义的权 W_{ni} 总是一个概率权。

近邻权是具有优良大样本性质的权，在实际计算中比较复杂，因为对每个 x 要排出次序。一个常用的近邻权是：选定一个介于1和 n 之间的自然数 k_n，排出顺序后，令：

$$W_{nR_i}(x:X_1,X_2,\cdots,X_n)=\frac{1}{k_n}\qquad(i=1,2,\cdots,k_n)\tag{3-3-94}$$

在近邻权的定义中，距离 $\|\cdot\|$ 与 c_{ni} 都有很大的选择余地。必须承认，适当选择的问题在很大程度上是一个与应用经验有关的问题。当然，理论知识（如大样本性质）以至用计算机进行大量的试算比较，有助于作出较好的选择，但是仅靠这些并不能完全解决问题。这也不是本方法特有的问题。事实上，不少统计方法只提供了解决问题的一种原则步骤，其具体实现需要灵活性。在这里，经验和有关的专业知识起很大的作用，这往往正是使用统计方法时真正困难之所在。理解这些问题，有助于对统计方法的作用有正确的估价：既不否定它的作用，也不对它提出不切实际的要求。

3. 权函数方法与最小二乘法的结合使用

回归函数的线性假定加上最小二乘法的估计方法，从历史上直到现今都在应用上占有主导地位。这是由于这一套方法有良好的表现且有固定的算法。当然，如前所述，在有些情况下，这套方法的表现也有不尽如人意的，因而在一切问题中都机械地套用这种方法是不可取的。

但是应当看到，对于实际问题中的多数情况，我们虽然有理由怀疑线性回归及最小二乘法可能不完全适用，但是并不能确切知道它“在何种程度上”不适用。比如说，回归函数 $m(x)$ 与线性函数究竟有多大偏差，这并不能明确地知道。基于此，Stone设计了一种结合非参数方法与最小二乘法的做法，以期发挥各自的优点。

Stone的考虑包含两个方面：一是在权的选择上，通过最小二乘法进行一定的调整；二是使新老方法“各司其职”，即把 $m(x)$ 分解为线性和非线性两部分，用最小二乘法估计前者，而用权函数方法估计后者。分别阐述如下：

设给定了权 $U_{ni}=U_{ni}(x:X_1,\cdots,X_n)$，它反映样本 (X_i,Y_i) 的重要性。以此作为权进行加权最小二乘估计：令 $\beta=(\beta_1,\cdots,\beta_d)^{\mathrm{T}}$，作表达式 $\sum_{i=1}^{n}U_{ni}(Y_i-\beta_0-\beta'X_i)^2$（$X_i$ 视为 d 维列向量）。

寻找 β_0 与 β' 的值，使上式达到最小，以此得到想象的线性回归函数 $\beta_0+\beta'x$ 的加权最小二乘估计。若以 $\hat{\beta}_0$ 与 $\hat{\beta}'$ 记 β_0 和 β' 的加权最小二乘估计，有 $\hat{\beta}_0+\hat{\beta}'x=\sum_{i=1}^{n}V_{ni}Y_i$。$V_{ni}$ 与 x，X_1，$\cdots$，X_n 有关，其中：

$$\left.\begin{aligned} V_{ni} &= U_{ni}[1+(x-X^*)^{\mathrm{T}}C^{-1}(x-X^*)] \\ X^* &= \sum_{i=1}^{n} U_{ni}X_i \\ C &= \sum_{i=1}^{n} U_{ni}(X_i-X^*)(X_i-X^*)^{\mathrm{T}} \end{aligned}\right\} \tag{3-3-95}$$

从上式不难看出,可以把 V_{ni} 看成权函数,它是由原来的权 U_{ni}(根据一定的考虑引进的)修正而得到的。若 $\sum_{i=1}^{n} U_{ni}=1$,则 $\sum_{i=1}^{n} V_{ni}=1$,但 V_{ni} 不必大于 0,故可用以下方法再进行一次修正:选择常数 A 和 B,使 $A<1<B$,令:

$$W_{ni}=\begin{cases} hAU_{ni} & V_{ni}<AU_{ni} \\ hBU_{ni} & V_{ni}>BU_{ni} \\ hV_{ni} & AU_{ni}\leqslant V_{ni}\leqslant BU_{ni} \end{cases}$$

式中的常数 h 选定,使 $\sum_{i=1}^{n} W_{ni}=1$。

后一个修正的意义在于:不要使 W_{ni} 与 U_{ni} 相关过大,W_{ni} 总是介于 AU_{ni}/B 与 BU_{ni}/A 之间。调整幅度的大小可以通过选择 A 和 B 来控制。例如,取 $A=1/2$,$B=2$,则整个过程可解释为:由最初的权$\{U_{ni}\}$出发,通过最小二乘法修正一次得到$\{V_{ni}\}$;然后,若 V_{ni} 不超出原来的权 U_{ni} 的 1 倍也不小于其 1/2,则保持不变,否则向端点 $U_{ni}/2$ 或 $2U_{ni}$ 收缩,最后乘以公共常数 h,以使最终所得权的和为 1。这一过程体现了权的折衷规定的思想:既考虑了非参数方法的作用,又考虑了最小二乘法和线性回归的作用。

下面讨论新老方法"各司其职"的内容:把回归函数 $m(x)$的线性趋势部分 $\beta_0+\beta' x$ 分离出来:

$$m(x)=\beta_0+\beta' x+m_1(x) \tag{3-3-96}$$

线性部分 $\beta_0+\beta' x$ 用最小二乘法估计,寻找 b_0 和 b' 使

$$\sum_{i=1}^{n}(Y_i-b_0-b'X_i)^2=\min\sum_{i=1}^{n}(Y_i-\beta_0-\beta' X_i)^2 \tag{3-3-97}$$

以 $\delta_i=Y_i-b_0-b'X_i(i=1,2,\cdots,n)$表示由线性拟合所得的残差。在线性回归中,由于假定了回归函数 $m(x)$本身就是线性的,$\delta_1,\cdots,\delta_n$ 对估计回归函数已不能再起什么作用(可用于估计误差方差),但可用于估计 $m_1(x)$。选定权 $W_{ni}=W_{ni}(x:X_1,\cdots,X_n)$,作

$$m_{1n}(x)=\sum_{i=1}^{n} W_{ni}\delta_i$$

用上式估计 $m_1(x)$。将两者结合起来得到 $m(x)$的估计为:

$$\hat{m}_n(x)=b_0+b_1' x+m_{1n}(x) \tag{3-3-98}$$

利用估计公式(3-3-98),就可由已知样本$(X_i,Y_i)(i=1,2,\cdots,n)$求出任意点 x 上变量 $Y(x)$ 的估计值 $\hat{m}_n(x)$。

图 3-3-24 是大港油田某探区利用非参数回归分析方法对目标层 Ed3 预测的孔隙度平面图。

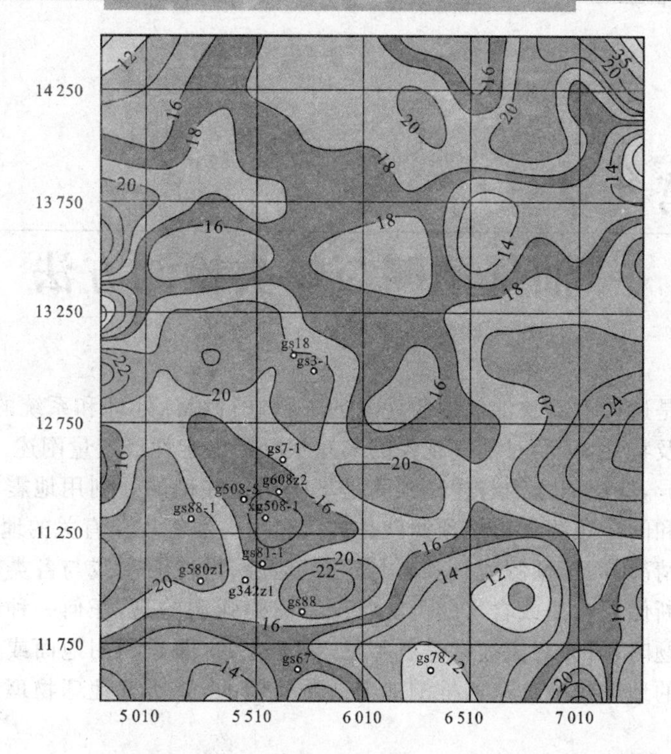

图 3-3-24　利用非参数回归分析方法预测的目标层 Ed3 孔隙度平面图

参考文献

[1] 陆基孟.地震勘探原理.东营:石油大学出版社,1993

[2] 李庆忠.走向精确勘探的道路——高分辨率地震勘探系统工程剖析.北京:石油工业出版社,1993

[3] 张光前,李继英.定量岩石地层学.武汉:中国地质大学出版社,1991

[4] 中国石油学会物探专业委员会.开发地震.北京:石油勘探开发研究院,1999

[5] Widess M B. How thin is a thin bed. Geophysics, 1973, 38(6):1176-1180

[6] 布朗 A R.三维地震资料解释.北京:石油工业出版社,1996

[7] 孙建孟,王永刚.地球物理资料综合应用.东营:石油大学出版社,2001

[8] 何琰,殷军,吴念胜.储层非均质性描述的地质统计学方法.西南石油学院学报,2001,23(3):13-15

[9] 王捷.油藏描述技术——勘探阶段.北京:石油工业出版社,1996

[10] 裘怿楠,陈子琪.油藏描述——中国油藏描述管理技术手册.北京:石油工业出版社,1996

[11] 刘文霖.油气田开发地震技术.北京:石油工业出版社,1996

[12] 罗伯逊 J D,等.地震勘探在油气田开发中的应用.北京:石油工业出版社,1992

[13] 王家华,高海余,周叶.克里金地质绘图技术——计算机的模型和算法.北京:石油工业出版社,1999

[14] 潘仁芳,徐怀大,陈波,等.油藏描述中的信息处理技术.北京:石油工业出版社,1996

[15] 牛毓荃.石油物探新技术系列调研成果.北京:石油工业出版社,1996

[16] 徐怀大,王世凤,陈开远.地震地层学解释基础.武汉:中国地质大学出版社,1990

[17] Doyen M. Porosity from seismic data: a geostatistical approach. Geophysics, 1988, 53(5):1263-1275

[18] 庄镇泉,王熙法,王东生.神经网络与神经计算机.北京:科学出版社,1990

[19] Kameda A,Dvorkin J. To see rock in a grain of sand. The Leading Edge, 2004, 23(8): 790-792

第4章 油气预测与烃类检测方法

油气预测就是通过对反映油气地质现象的资料进行统计处理和系统的综合分析，找出油气固有的规律及特性，从而对油气现象的未知状况给出定性或定量阐述。严格来讲，由于物理机制上的差异，储层的含油与含气预测是不能相提并论的。利用地震资料进行油气预测包括直接预测和间接预测。直接预测就是直接利用与油气现象有关的地震信息来判断储层的含油或含气情况；间接预测就是利用与构造、地层、岩性圈闭或与各类储集层有关的地震信息来综合判断储层含油或含气的可能状况。需要强调的是，任何一种地球物理方法在研究地下地质问题时，研究对象通常是看不见、摸不着的，即是利用地面或井孔内的相应仪器设备所观测到的地球物理信息来推测地下地质问题的，故所有地球物理方法都属于间接方法。

油气预测与储层参数预测有很大的差异。油气预测必须在地质规律的基础上，对各种相关数据进行严格的全面分析，对地区的油气聚集规律进行总结，科学合理地综合分析地质、地球物理和油藏工程等各领域的多种信息后才能对含油性或含气性作出评价。本章首先讨论油气预测的地质、地球物理基础，包括主要储层类型和特点、油气预测的地质与地球物理条件分析、地震资料品质的量化分析方法等；然后具体介绍几种利用地震信息进行烃类检测的常用方法，如早期的亮点技术、利用 v_p/v_s 和地震属性检测油气藏的方法、因子分析法、聚类分析法、Kohonen 网络方法等；最后讨论以河道砂体为例的复杂油储的含油性预测方法，包括 RS 理论及其决策分析方法、模糊神经网络储层油气预测技术、支持向量机储层油气预测技术、含油性预测的综合分析方法等。

4.1 油气预测的基本问题

凡是能够储存和渗滤流体的岩体统称为储集体。储集油气的储集体具备两个基本特征，即孔隙性和渗透性。孔隙性的好坏直接决定了油气的储量，渗透性的优劣则控制了储集体内所含油气的产能。

研究储集层是油气勘探及开发工作中的主要内容，储层的储集性质和变化规律以及储集层的分布规律是储层研究的首要任务。

4.1.1 主要储层类型与特点

从储集体的定义上来看，只要具备孔隙性和渗透性就可以作为储层。通过长期的油气勘探与开发实践，目前所知分布最广、最重要的储集体是各类砂岩和灰岩，此外还有少量的火山岩、变质岩和泥岩等。由此可见，储集体基本上可以分为三大类，即碎屑岩储集层、碳酸盐岩储集层和其他类储集层。

1. *碎屑岩储集层*

碎屑岩储集层主要包括各种砂岩、砾岩、砂砾岩等碎屑沉积岩。它们是世界油气田的主要储集层的类型之一，也是我国目前主要的储集类型。我国的大庆、胜利、大港、克拉玛依，科威特的布尔干，荷兰的格罗宁根，美国的普罗德霍湾以及前苏联的萨莫特洛尔等著名的油气田的生产层皆属碎屑岩储集层。

据 1999 年的资料统计，我国已投入开发的油田绝大多数存在于陆相沉积盆地，其主要的充填沉积物为陆源碎屑岩，控制了绝对优势的石油储量。我国已投入开发的油田中各类储层所占百分比如图 4-1-1 所示。

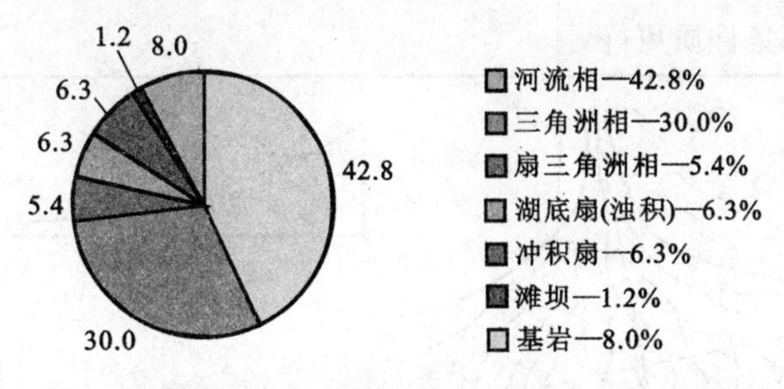

图 4-1-1　我国已投入开发的油田中各类储层所占百分比[1]

为此，我们对碎屑岩储层的形成条件、储集性质及分布特征作如下简介。

1）碎屑岩储层的孔隙成因及储集性质的影响因素

碎屑岩储层是由成分复杂的矿物碎屑、岩石碎屑和一定数量的胶结物组成的。它的储集空间主要是碎屑颗粒间的粒间孔隙。这些孔隙是在沉积和成岩过程中逐渐形成的，属于原生孔隙。碎屑岩成岩后，由于受后期构造运动的作用，还会形成一些裂缝、节理等次生孔隙。相对而言，碎屑岩的粒间孔隙是主要的储集空间，其储集性质主要取决于下列因素：

(1) 碎屑颗粒的矿物成分。一般而言，性质坚硬，遇水不溶解、不膨胀，遇油不吸附的碎屑颗粒组成的砂岩，储油物性好，反之则差。碎屑岩颗粒最常见的矿物有石英、长石及云母重矿物。我国许多中、新生代的陆相碎屑沉积岩多为长石或石英砂岩，储集性质相当好。

(2) 碎屑颗粒的粒度和分选程度。一般情况下，颗粒的大小、分选程度与母岩的性质、搬运距离有关。分选程度越好，孔隙性和渗透率就越高。

(3) 碎屑颗粒的排列方式和圆球度。岩石碎屑的排列方式主要取决于沉积条件，同时也与沉积物在成岩作用结束前所承受的上覆地层压力的大小有关。一般而言，组成岩石碎屑的颗粒形状极不规则，排列方式因沉积条件而异。颗粒的圆球度越好，其孔隙、渗透率越大。快速堆积及成岩过程中所受压力较小时，棱角状颗粒未能相互镶嵌而彼此支架起来，会使岩石的储集性质变好。

(4) 胶结物的性质与含量。我国油田碎屑岩储集层的胶结成分主要以泥质为主，钙质较少，而硅质、铁质、沸石、石膏则更少。比较起来，泥质胶结砂岩较为疏松，渗透性较好。胶结物含量对储集性质也有明显的影响。胶结物含量高，粒间孔隙被充填，导致孔隙体积、连通性变差，即储集性质变差。

2）碎屑岩储层的形成条件及分布特征

碎屑岩储层的形成条件和分布严格受古沉积条件及古构造条件的控制。世界各地的碎屑岩储层大多以砂岩为主，其次为砾岩。它们都属于河流三角洲、滨海砂洲、滨浅湖及浅海相。另外，浊流沉积和风成砂丘也可形成良好的碎屑岩储集层。多年的勘探实践总结了陆相断陷盆地的多种沉积体系，如近岸水下扇—浊积扇体系、冲积扇—扇三角洲体系等，同样可以形成良好的碎屑岩储层。

陆源碎屑沉积物从母岩风化区到堆积区的搬运过程是按沉积分异作用逐渐进行的。在湖盆边缘河流的入口区，河水呈散流状态，流速骤减，造成碎屑物质大量快速堆积，形成巨大的砂岩储集体，平面上呈扇状向湖盆中心撒开，剖面上呈楔状向河口收敛，如图 4-1-2 所示。砂岩碎屑颗粒分选中等，胶结物以钙质泥质为主。在滨湖区，湖水进退交替使得沉积的砂体颗粒的圆球度及分选均较好，胶结物也多为泥质。总的来看，滨湖相砂岩的储集性质较好。浅湖区因距母岩剥蚀区较远，碎屑颗粒经过比较机械的分异和磨蚀作用，一般分选好，圆球度佳，沉积水体的流动性小，颗粒排列均匀，储层的孔隙性较好。相比较而言，浅湖相的砂体比滨湖相的砂体的储集性质更好。

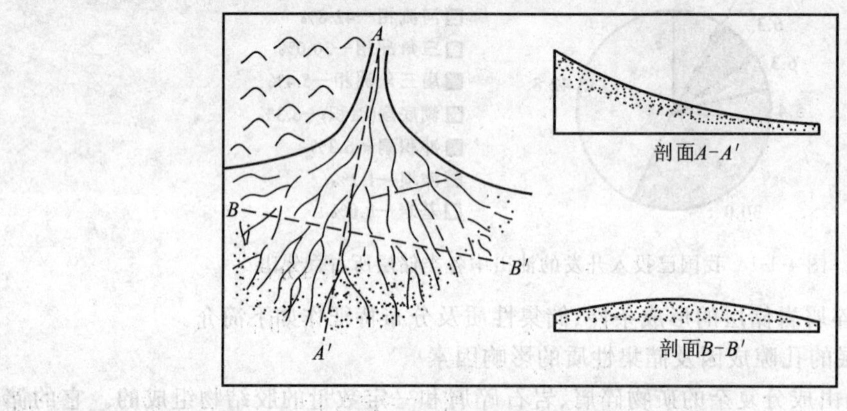

图 4-1-2 扇体的外形及剖面特征示意图[1]

我国中、新生代陆相沉积盆地往往被群山环抱，碎屑物质多数来自盆地周围的古老山脉，形成滨湖—浅湖相带上的碎屑岩储层，呈环状分布在盆地周缘(图 4-1-3)，向盆地中心进一步延伸的大小能反映上游(或母岩区)水系能量的强弱。较大型的环盆地边缘及向盆地中

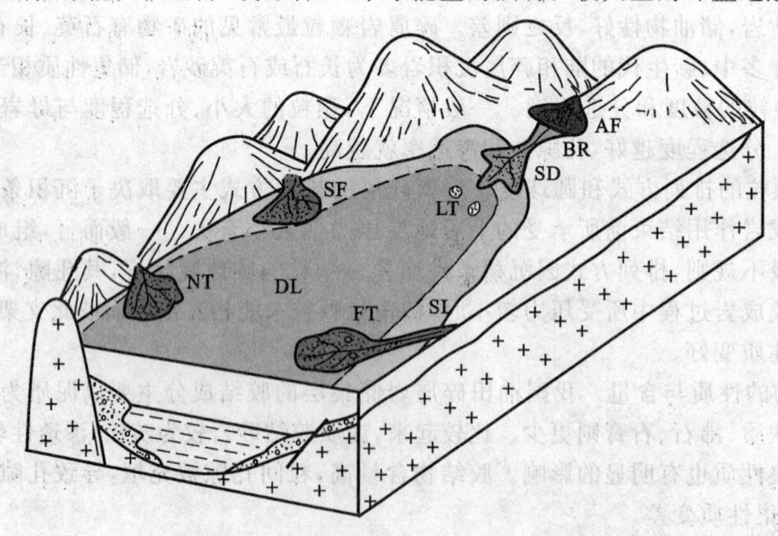

AF—冲积扇；BR—辫状河；SD—短河流三角洲；SF—水下冲积扇；
NT—近岸浊积扇；FT—远岸浊积扇；LT—浊积透镜体；SL—浅湖区；DL—深湖区

图 4-1-3 断陷湖盆深陷扩张期砂岩类型和空间展布示意图[2]

心推移的粗相带特殊地质体，钻井、测井资料会有明显的特征，地震剖面上亦有与之相对应的地震响应。对沉积盆地来说，往往有一些长期稳定的物源供给区，从而产生定向分布的储集体；也往往存在间歇性的物源供给区，造成储集体的横向分布范围的变化及纵向上的叠置。横向上沉积水体能量及沉积环境的变化，导致特殊地质体横向上沉积岩性、岩相的变化。纵向上储层的发育则受沉积旋回的控制。

沉积时的古构造条件对碎屑岩储集层的形成和分布也有很大的影响。在盆地的斜坡带，碎屑颗粒一般比较均匀，圆球度较好且胶结物含量少，泥质含量低，储集岩性较佳。水下大型古构造隆起的顶部和翼部，由于湖水冲击的冲洗作用，碎屑物质分选好，泥质大多被水冲洗带走，也能形成物性良好的碎屑岩储集层。

2. *碳酸盐岩储集层*

据资料显示，碳酸盐岩储集层中发现的油气储量已接近世界油气总储量的一半，产量已达 60%以上。碳酸盐岩储集层的物性主要受孔隙、洞穴及裂缝的控制。孔隙和洞穴是储集油气的良好空间，而裂缝的发育又可将孔隙、洞穴互相沟通起来，成为统一的孔缝洞系统。它们既可存储丰富的油气，又可形成便于油气流动的高渗透带。因此，碳酸盐岩储层构成的油气田常常储量大、产量高，容易形成大型油气田。

我国碳酸盐岩分布极为广泛，厚度大、时代多，已见有大量的油气显示，并已找到了工业性油气藏。

1）碳酸盐岩的储集性质

碳酸盐岩具有储集空间类型多、次生变化大、孔隙成因复杂等特点，从而使储集层具有更大的差异性、复杂性和多样化（表 4-1-1）。

表 4-1-1　砂岩与碳酸盐岩储集性质的比较[3]

特征＼岩石类型	砂　岩	碳酸盐岩
沉积物中原始孔隙度	一般 25%～40%	一般 40%～70%
岩石中的最终孔隙度	一般为原始孔隙度的一半或一半以上，储集层中普遍为 15%～30%	一般是原始孔隙度的很小一部分或近于 0，储集层中普遍为 5%～15%
原始孔隙类型	几乎全为粒间孔隙	一般粒间孔隙较多，但也有粒内孔隙和其他类型孔隙
最终孔隙类型	几乎全为粒间孔隙	由于沉积以后的改造，溶洞、裂缝发育，变化很大
孔隙大小	与颗粒直径和分选作用有密切关系	与颗粒直径和分选作用关系较少，受次生作用影响大
孔隙形状	主要取决于颗粒形状	变化很大
孔隙大小、形状和分布的一致性	在均匀的砂岩体内一般有很好的一致性	即使在单一类型岩体内变化也很大，从具有良好一致性到非常不均一
成岩作用的影响	由于压实作用和胶结作用，原始孔隙有所减小	影响很大，能够形成、消失或完全改变孔隙；胶结和溶解作用很重要
裂隙的影响	一般对储集层性质的影响不重要	对储集层性质的影响很大
孔隙性与渗透性的目估情况	一般比较容易半定量目估	从可半定量目估到不能目估，孔隙度、渗透率和毛细管压力很多情况下需要仪器测量

续表 4-1-1

特征 \ 岩石类型	砂岩	碳酸盐岩
岩心分析对评价储集层的作用	适于进行岩心分析	对大孔隙而言,最大直径岩心也无法评价储集层
孔隙性与渗透性之间的关系	两者关系比较一致,一般取决于颗粒大小和分选情况	两者关系变化很大,一般与颗粒大小、分选情况无关

2）碳酸盐岩储集空间的类型、特点及分布规律

碳酸盐岩的储集空间通常可分为孔隙、溶洞和裂缝三大类,或分为孔隙和裂缝两大类。孔隙是指岩石结构组分粒内或粒间孔隙,与碎屑岩储集层中的孔隙类似。溶洞是因溶解作用而扩大了的孔隙,因此有时也把溶洞归入孔隙。裂缝是伸长状储集空间,主要是起良好的通道作用,同时也可储存一定量的油气。

根据孔隙的形成时期与成岩作用之间的关系,可将孔隙划分为原生孔隙和次生孔隙两类。前者是受岩石的结构和沉积构造控制的孔隙,后者是由于碳酸盐岩矿物或伴生的其他易溶矿物被地下水、地表水等溶解后形成的孔隙。

岩性是受沉积环境控制的。在碳酸盐岩发育区,储集层的分布在垂向地层剖面上有一定的层位,在平面分布上也有一定的部位。孔隙发育的岩石大多为粗结构的石灰岩,如粗粒屑石灰岩、粗晶石灰岩、生物灰岩等。在沉积相带上都属滨海、浅海大陆架的浅滩,堤岛环境,还有凹陷边缘斜坡和局部隆起等。海相的碳酸盐岩颗粒磨圆度、分选均较好,沉积构造以槽型交错层理、潮汐往复形成的鱼骨状交错层理、板状交错层理、冲洗层理、底冲刷构造等为主,原地生物比较少见。湖相的碳酸盐岩主要分布于台地边缘及岛的斜坡、岛坪等部位,岩性主要为生物灰岩、鲕状灰岩、生物碎屑灰岩等。

我国东部中、新生代的碳酸盐岩构造多为生物礁和生物丘,主要由生物灰岩组成,在地貌上有相对的隆起地形。同时,与相邻的砂泥岩相比,生物灰岩具有较高的速度,故在地震剖面上表现为能量较强的丘形反射。图 4-1-4 为黄骅凹陷歧北地区生物礁的丘形反射,图 4-1-5 为济阳坳陷的沾化凹陷生物礁显示的低频强振丘形反射。

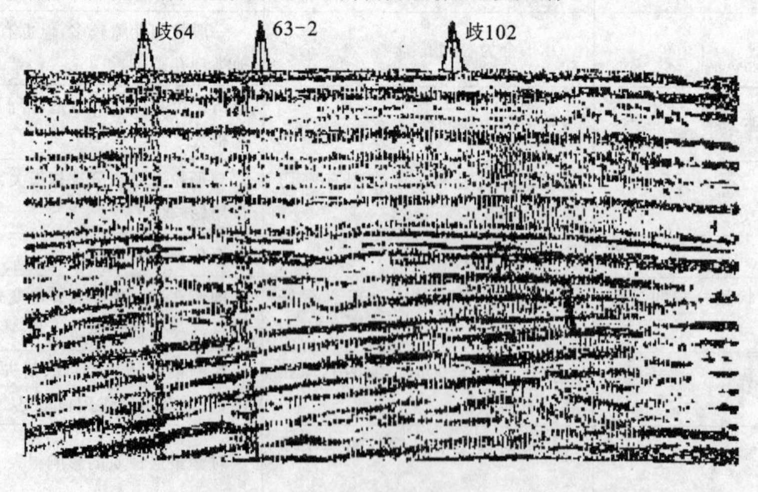

图 4-1-4　黄骅凹陷歧北地区生物礁的丘形反射[3]

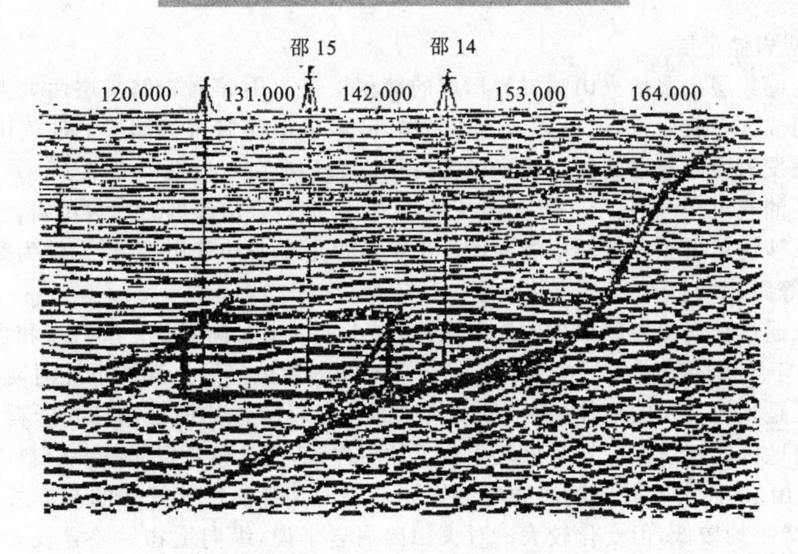

图 4-1-5　济阳坳陷的沾化凹陷生物礁显示的低频强振丘形反射[3]

裂缝是碳酸岩盐中储集空间的一种重要类型。我国西南及西北地区一些碳酸岩盐油气田的形成往往与裂缝有关。伊朗著名的阿斯宇利石灰岩油气储集层就是裂缝型的，从中钻成了三口万吨井。

裂缝一般可分为五大类，分别是由构造应力作用而产生的构造裂缝、成岩阶段由于上覆岩层的压力和自身的失水收缩干裂或重结晶作用而产生的成岩裂缝、在层理和成岩裂缝的基础上再经过构造力形成的沉积—构造裂缝、由于成分不均的石灰岩受地下水的作用而形成的压溶裂缝、地下水沿原有裂缝的溶蚀作用而产生的溶蚀裂缝。五大类裂缝中，构造裂缝和沉积—构造裂缝为数众多。

一般而言，控制裂缝的构造因素主要是作用力的强弱、性质、受力次数、变形环境和变形阶段等。受力强、张力大、受力次数多的构造部位裂缝发育好，反之则差；同一碳酸盐岩中，常温常压应力环境下裂缝发育好，高温高压环境下裂缝发育较差；在一次受力变形的后期阶段，裂缝的密度大、组系多，前期阶段则相应地减小或减少。

裂缝的分布视褶皱的类型而异。狭长型长轴背斜构造上，裂缝沿长轴成带分布，在高点处最发育；短轴背斜上，裂缝沿轴部分布，在高点处最发育。裂缝的组系和发育程度与褶皱强度有关，平缓的低丘状以一对共轭斜裂缝为主，发育较差，高丘状者的裂缝发育程度也较高；箱状背斜的肩部裂缝最发育，其次为顶部；穹隆状背斜上，裂缝发育区集中在顶部。另外，扭曲部位也是裂缝较为发育的地区；背斜上部属扭性裂缝发育，而下部则属压扭性裂缝发育，向斜构造刚好相反，即向斜地带储集层下部裂缝较发育。

从广义上说，断层也是裂缝的一种类型，只不过其两侧地层有明显的位移。断层带上裂缝的发育和分布有如下规律：低角度断层引起的裂缝比高角度更为发育；断层组引起的裂缝比单一断层引起的更发育；断层牵引褶皱的拱曲部位裂缝最发育；断层消失部位，由于应力释放而引起的裂缝也较发育。

3. 其他岩类储集层

其他岩类储集层是指除碎屑岩和碳酸盐岩外的各种岩类储集层，如火山岩、结晶岩、泥质岩等。尽管这类储层的岩石类型很多，但其在世界油气总储量中只占很小的比例，故以往不被重视。随着油气勘探的进一步深入，无论是国内还是国外，均在这类储层中获得了一定产量的油气，从而为储层研究提供了更广阔的领域。

1）火成岩储集层

火成岩储集层主要指火山喷发岩形成的储集层及火山碎屑岩储集层两大类，其为地下火山喷发而成。一般而言，无论是国内还是国外，以火山碎屑岩为储层的油气田比较常见，而以火山喷发岩为储集层的油气田则较为少见。如日本在新近系中发现了一系列与火山岩有关的小型油气田，其储集层主要是凝灰质砂岩，其次为火山碎屑岩和火山岩。我国渤海湾盆地古近系沙河街组三段地层中的火山岩里也获得了工业油气田，产层岩性为凝灰岩、粗面岩、辉绿岩等。

近年来通过对火山岩储集层的勘探实践，得出了火山岩储层的一些特点和含油性规律：

（1）位于生油层系或邻近的火山岩是十分有利的含油气区。我国下辽河坳陷古近系沙河街组三段是该区主要的生油层系，位于其中的火山岩的含油性已被钻井资料所证实。济阳坳陷商河地区沙三段火山岩与该区主要生油层伴生，其含油性已被钻井资料所揭示。

（2）火山岩、火山碎屑岩储油物性的好坏是决定其含油性能好坏的基本条件。火山岩储层的孔、渗平均较低，但变化较大。对火山碎屑岩来说，纵向上物性差异较大（表 4-1-2）。火山喷发时形成的孔缝往往会被后期沉积物所充填，连通性较差，但火山岩性脆，在构造力作用下产生的构造裂缝对储油物性的影响很大。火山活动是由构造运动引起的。剧烈的构造运动导致断裂，沿断裂或断裂破碎带常伴有火山岩喷发、侵入，所以火山岩一般分布在断裂附近，特别是切穿基底的深大断裂附近，范围不大，而盆地中心或远离断裂处的火山岩分布较少。

表 4-1-2　火山侵入岩纵向特征表[3]

储层参数	顶变质段	上过渡段	中心段	下过渡段	底变质段
密度（均值）/（g·cm^{-3}）	2.58～2.75 （2.67）	2.73～2.85 （2.77）	2.81～3.00 （2.92）	2.75～2.86 （2.78）	2.60～2.77 （2.69）
渗透率（均值）/（×10^{-3}μm）	0.71～94.30 （25.19）	1.61～35.55 （13.34）	0.24～58.00 （13.01）	0.89～30.40 （12.78）	0.20～87.50 （23.08）
有效孔隙度（均值）/%	7.20～33.8 （10.83）	6.97～11.76 （8.13）	4.04～7.59 （6.14）	6.51～10.54 （8.02）	6.50～25.30 （9.87）
次生孔隙度（均值）/%	0～10.2 （2.01）	0～8.02 （4.32）	2.30～15.33 （6.14）	0～7.56 （3.98）	0～8.34 （1.98）
泥质含量（均值）/%	19.77～54.70 （43.23）	11.25～44.6 （17.84）	1.15～16.02 （6.28）	11.98～19.77 （17.90）	15.25～51.61 （32.65）
层速度（均值）/（m·s^{-1}）	3 180～4 150 （3 575）	3 420～4 310 （3 750）	3 650～4 500 （4 150）	3 560～4 350 （3 850）	3 250～4 200 （3 650）

另外，纵向上火山岩往往存在多期喷发叠置，这是由于盆地升降运动旋回的影响。断裂发育地区往往是构造上的脆弱带，盆地的升降运动会导致脆弱带再次断裂，继而造成岩浆的喷发。图 4-1-6 所示为济阳坳陷商河地区的一条地震剖面，纵向上钻井揭示了四期火山侵入岩的存在，分别发育于沙一、沙三上及沙三中下段地层中。其中的沙三中下段的火山侵入岩获得了高产工业油气流。

一般而言，盆地边缘斜坡及盆内古地形突起点上，相对位置较高，风化孔隙较发育，同时又经构造运动的发育演变，可望形成良好的储油场所。

2）泥质岩储集层

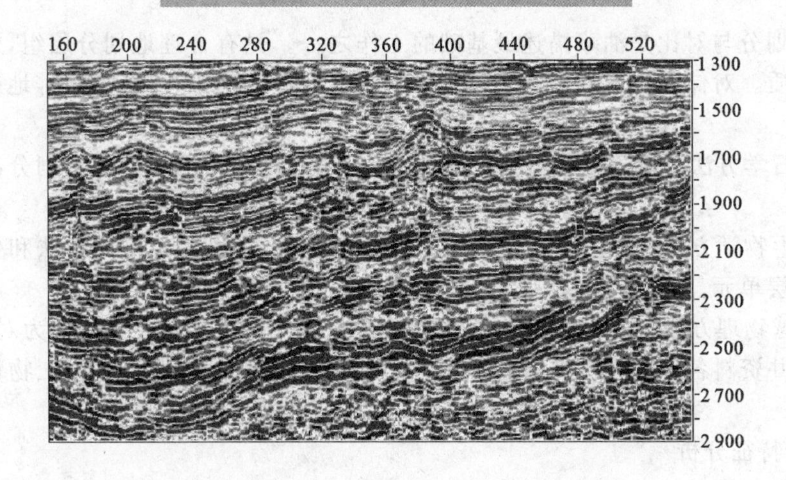

图 4-1-6　济阳坳陷商河地区火山侵入岩地震剖面

泥质岩与碎屑岩在沉积剖面中通常为相间互层，其分布也相当广泛，一般均作为盖层和生油层。如果泥质岩性脆且比较致密的话（如页岩、钙质泥岩等），则有可能在构造力的作用下产生较密集的裂缝，或泥质岩中含有的易溶成分（如石膏、岩盐等）经地下水溶蚀产生溶孔、溶洞时，形成储集层。也就是说，使致密泥质岩石成为储层的条件是次生作用形成一系列缝洞的结果。我国青海柴达木盆地酒泉子油田古近、新近系的钙质泥岩，就是因为其间发育致密裂缝而形成工业性产油层。江汉盆地含石膏的泥岩裂隙、晶洞中也见到了工业油流。

4.1.2　含油性预测的条件分析

随着各种数学方法和信号处理技术在地震勘探中的引入，利用地震资料进行烃类预测逐渐成为一个热门的话题。首先是 20 世纪 70 年代末出现“亮点”技术，以后又出现了利用多种地震特征综合检测油藏的技术。从 80 年代起，模式识别技术受到特别重视，尤其是神经网络模式识别在地球物理界得到了广泛的应用，如用于速度分析、地震道编辑、储层参数预测等，并将之理所当然地应用于烃类预测，且于 90 年代在局部获得成功。然而，随着油气勘探目标复杂程度的增大和石油工业对烃类预测要求的提高，人们对诸如神经网络等油气预测方法的认识更为理性，应用与实践更为扎实。在具体研究区域的油气预测与烃类检测过程中，应该充分认识到具体地质目标油气预测的难度与风险性，同时也应看到不同类型地质体的油气预测是有一定的地质规律和特点的，而且含油与含气预测的地质和地球物理基础严格来说是有明显差异的。为了说明具体地质体油气预测的可靠性和有效性，下面对油气预测与烃类检测的地质与地球物理基础进行初步分析。

1. 基本的地质条件分析

储层特征分析是砂体含油性预测的地质基础之一。此处从沉积层序、岩相特征、油藏模型以及储层岩性和物性特征分析等方面来描述研究区地质目标的储层特性。

1）沉积层序分析

沉积层序是指由一套整一、连续、成因上有联系的地层组成，并且顶、底是以不整合或与不整合可对比的整合面为界的地层单元。地层的划分和对比是最基础的地质工作，其主要目的是建立地层层序。在层序分析中，确定一个地区地层层序主要涉及对这一地区的地层的正确划分。确定一个地区与相邻地区地层层序的相互关系，将涉及不同地区之间的地层对比问题。实际上，地层的划分和对比是不能截然分开的。

层组的划分与对比是油藏描述最基础的工作之一。只有合理地划分层组，才能正确揭示层间非均质。对储层认识的精细程度取决于层组划分的精细程度。通常，地层划分对比方法包括：

（1）岩石学方法。以岩石或岩性特征作为对比标志，利用沉积旋回法划分出岩石地层单元。

（2）古生物学方法。以生物化石或化石群为对比标志，利用标准化石法和生物群法划分出生物地层单元。

（3）地球物理方法。以岩石的重力、电学、磁学、弹性波、放射性等特性为对比标志，利用地震和测井资料各自的分析与解释方法划分出地层分界面（地震）及岩性、物性和流体性质（测井）。

2）岩相特征分析

沉积相研究的目的在于解决目的层段的沉积环境、储集体成因及分布规律、沉积相和微相划分及时空演化。通过沉积相研究揭示储集体的几何形态、大小、展布及其纵横向连通性，揭示沉积相、沉积微相对储集体物性的控制关系，建立沉积模式并找出沉积相、沉积微相与油气分布的关系。

岩相特征分析通常要经历利用各种相标志（如岩石学、古生物、地球化学、地球物理标志）的相分析、地震资料的地震相分析、各种测井资料的测井相分析和沉积相转换等主要过程。它的基本理论依据就是层序地层学和地震地层学的相关内容，感兴趣的读者请阅读相关书籍。

相分析的一般程序是：

（1）单井剖面相分析。通过观察露头和岩心岩石的成分、结构、沉积构造及古生物等特征，建立垂向层序，分析可能的形成条件，了解相互关系，确定沉积相类型。

（2）剖面对比相分析。在单井剖面相分析的基础上，建立单井剖面间的关系，确定沉积相在二维空间的延伸特征。

（3）平面相分析。通过单井及剖面相分析，分析全区沉积相类型和展布。

地震相是指有一定分布空间的三维地震单元，它是特定沉积相或地质体的地震响应，其所包括的地震特征（如反射结构、振幅、连续性、频率和层速度等）与相邻单元不同。地震相分析是地震地层学研究的核心问题。所谓地震相分析，就是利用地震参数结合井下和地面的其他资料综合解释沉积环境和沉积体系。地震相分析的目的在于分析层序的沉积环境及古地理，重塑盆地的沉积史，预测生储油相带及地层、岩性圈闭。

随着地震勘探技术的飞速发展、地震相分析工作的不断深入，地震研究的方法也在不断更新。这主要体现在两个方面：一是利用地震参数研究地震相在纵、横方向上的变化规律；二是以古地貌和古水流为地质背景，侧重于几何形态分析并综合其他各项资料研究其沉积体系的变化规律。

测井相分析是指利用各种测井曲线并根据现有的钻井资料实现岩性粒度变化、岩相接触关系及沉积旋回等特征分析，得到研究区沉积环境和沉积体系的测井相分析成果。

测井曲线所包括的内容是地下岩性及组合的反映，不仅仅是划分地层和对比、划分油气水层的依据，也可以作为相分析的标志。在利用测井曲线进行相分析的过程中，主要使用自然电位曲线和视电阻率曲线，根据现有的钻井资料对沉积环境和沉积体系进行测井相分析和研究。

国内外有关研究认为：自然电位曲线对解释沉积环境有较好的效果。不同的曲线形态反映不同的岩性粒度变化、岩相接触关系及沉积旋回等特征。例如，箱形（包括平滑箱形、齿化箱形）对应厚层、块状砂岩或砾岩体；钟形代表向上变细的沉积序列，指示砂岩单层厚度向上变薄；指形一般指示砂泥薄互层沉积，通常是湖相薄层砂岩较好的电性特征；平滑线形代表低能的泥质环境；细齿化线形代表低能泥质岩、粉砂质泥岩、泥质粉砂岩及薄层灰质粉砂岩沉积。

沉积相分析的最后一个环节就是进行沉积相或沉积微相解释与分析，即根据岩性特征、自然电位曲线的电性特征、地震剖面的反射结构特征及其他特征，进行沉积环境和沉降史解释。

地震相的沉积相解释应遵循如下原则：

(1) 充分利用已有的钻井、测井和古生物资料，尤其是岩心分析资料，与地质相分析、测井相分析相互配合和引证。

(2) 具有特殊反射结构和外形的地震相，它们往往代表盆地中的骨架沉积相，如前积地震相、丘状地震相等。

(3) 有井区或过井剖面进行分析，确立地震相所代表的沉积相。

(4) 合理考虑各地震相单元的古地理位置及各地震相单元的组合关系，重点借助沿层相干体切片的特点及平面组合关系，以沉积相共生组合和沉积体系理论为指导，恢复盆地内沉积体系的类型和展布。

(5) 沉积相纵横向上的组合应符合沉积规律。纵向上不同层序之间除非有明显的沉积间断，否则其沉积环境应是连续和渐变的；横向上同一层序内相临相带的配制应符合沉积规律。

沉积相或沉积微相解释与分析的主要内容是：

(1) 剖面相分析。通过对沉积剖面的岩性、古生物及地球化学等相标志的研究，恢复地质时期沉积环境及其演变规律。

(2) 岩相古地理条件分析。通常，岩相古地理条件的基本控制因素为地壳活动、全球性古气候周期性变化。具体内容包括沉积物来源分析、母岩性质分析、古水动力条件分析、水体深度及古地形分析、古气候条件分析、水介质物化条件分析。

(3) 沉积相的综合判断：

① 根据海（湖）平面判断陆上或水下沉积体。海（湖）平面以上的沉积体一般有河流、冲积扇、（扇）三角洲平原亚相；海（湖）平面以下的沉积体包括水下冲积扇、（陡岸/缓坡）湖底扇、浊积扇、（扇）三角洲前缘亚相、前（扇）三角洲亚相。

② 根据水位线判断各类沉积体。通常特大高潮线附近、平均高潮线以上有冲积扇；特大高潮线以下、波基面以上为（扇）三角洲、水下冲积扇；波基面以下为深水浊积岩（指各种成因、各种位置的湖底扇和沟道浊积岩）。

③ 根据特征相标志判断沉积环境。如冲积扇相通常是强氧化环境的产物，泥岩红、黄、棕等氧化色，筛状沉积。河流相表现为"二元结构"，泥岩灰白、灰绿色。三角洲相表现为顶积、前积和底积的"三层结构"，前缘滑塌。湖底扇相通常为鲍玛层序，即递变层理。海岸相表现为冲洗交错层理，风成砂丘大型槽状交错层理。海岸相潮坪亚相表现为羽状交错层理。浅海相通常是以鲕绿泥石、海绿石为特征的自生矿物。浅海陆棚相风暴流沉积多为丘状交错层理。重力流沉积的概率累积曲线（概率图）为上拱单段式。（半）深湖亚相通常为暗色泥岩、丰富有机质沉积。

沉积相或沉积微相解释与分析的主要基础图件包括综合柱状剖面图、粒度分布曲线图、地层厚度图、砂岩厚度图、砂泥比图、泥岩颜色图、重矿物图、岩石类型图、电测曲线划相图和砂体几何形态图等。

3）油藏模型

油藏模型是反映油田规模的地质模型，是油藏描述综合研究的最终成果。它是对油藏类型、砂体几何形态、规模大小、储层参数和流体性质空间分布以及成岩作用和孔隙结构的高度概括。油藏地质模型的建立是油藏综合评价的基础，它可以反映研究区的油藏形成条件、分布规律和油气富集控制因素等复杂的地质条件，在勘探和开发过程中起到预测作用，也为油藏数值模拟研究提供基本格架。油藏地质模型包括的内容虽然很多，但最基本和最重要的参数是构造特征及断层发育分布、砂体的连续性和相互连通程度、油藏类型以及流体性质和分布。

油藏构造研究的目的是揭示油藏的构造型式、断裂特征，进行断块划分，探讨构造演化、形成机制，恢复构造应力场，进而阐明构造对油气藏形成和破坏的控制作用，揭示油气藏形成条件、分布规律和高产富集控制因素，为寻找更多的油气藏服务。

2. 储层横向预测条件分析

含油气盆地是在不同大地构造单元体制下经过漫长的地质历史演变所形成的。不同类型的盆地有其自身的沉积模式、构造发育史、成烃史和成藏模式，其特有的油气分布规律必然会在区域地球物理场以及其他各种地质资料记录的特征中表现出来。对于一个具体的盆地、坳陷、构造或油气藏而言，进行地球物理观测时其场源是相同的。它们反映的都是同一个地质体的不同地球物理特征，是地下地质体综合“映像”的反映。地层中岩石性质、流体性质的空间变化会引起地震反射波形、振幅、频率、能量、相位等一系列地震属性的变化。这些变化正是利用地震属性预测储层信息的主要依据。每个地质体具有不同地质特征，在地球物理场上的表现形式也各不相同，因而用不同的地球物理方法对其特征进行描述、用多种地震信息共同识别同一种地质现象，会大大提高识别的准确性和可靠性。

地震储层参数预测就是要找到正确描述地震属性参数与储层参数相互关系的有效方法。不过具体的方法都有其具体的应用条件，应用神经网络进行储层油气预测时的条件是：

(1) 地震资料的质量要高。应用神经网络进行油气预测必须有质量较高的地震资料，即高信噪比、高保真度和较好的一致性。研究认为：当地震资料的信噪比大于2时，才可以利用地震属性研究地质问题(储层参数、含油气性等)；当信噪比大于4时，利用地震属性研究地质问题时所提取的地震属性最稳定，所得结果的可靠性较高。

(2) 样本质量要高且具有差异性。应用人工神经网络来进行油气横向预测，极大地提高了油气横向预测水平。它要求待预测的输入信息中应该包含两类确定样本：一类是目的层含油气的先验信息，另一类是目的层不含油气的先验信息，而且两类先验信息的空间分布应尽量均匀。在成熟探区，此类要求容易满足，但在新探区，这个要求难以满足。

在神经网络油气预测中，样本的质量至关重要，它关系到油气预测的成败。根据前面的叙述，可以确定下面两类井一般不能作为样本。一是断层附近的井。因为这些井的油气层段有时可能短缺一部分，再加上断层的影响，井旁地震特征参数不易准确提取，使得井旁提取的地震特征参数难以准确反映油气特征。二是破碎带(低连续性)附近的井。因为在这种地带很难确定哪一个相位来代表油气层，在井旁地震道提取的特征参数未必能正确反映油气藏。代表含油气样本与代表不含油气样本的地震特征参数必须具有差异，只有符合这种条件的井及相应的地震数据才能作为样本。

(3) 高质量的特征参数(有效的特征参数)。作为神经网络输入部分的特征参数是油气预测所利用的信息,其质量的高低(或有效性)直接关系到预测效果的好坏。这就需要我们在储层参数预测前必须进行地震属性的优化处理。所谓有效的特征参数,是指选出的特征参数必须与我们要预测的储层参数是有关的,而且选出的地震特征参数(地震属性)彼此之间又是不相关的,即没有重复的地震信息。

(4) 围岩基本稳定。由于地震特征参数与储层段的岩性有关,因此,岩相基本稳定是利用神经网络进行油气预测的又一个前提条件。只有这样,地震特征参数的变化才可以认为是由储层及所含流体的变化引起的。

储层特性横向预测技术近几年发展很快,但应用极不平衡,特别是当地震资料信噪比较低时,储层特性横向预测有很大的难度。因此,提高地震资料信噪比、分辨率、保真度,是发展储层特性横向预测的前提条件。

4.1.3　地震资料品质的量化分析方法

衡量地震资料的品质可有多种方法,在此主要讨论最常用的几种方法,如频谱特征分析方法、相对分辨率估计方法、信噪比估计方法等。在具体实现时,通常从研究区的三维数据体中选取基干剖面进行分析。

1. 频谱特征分析方法

谱分析是描述地震记录特征的重要方法,它有两种形式:一是傅里叶谱分析,二是功率谱分析。前者用于确定函数,后者用于随机过程。若用于分析的地震数据是一个均值为 0 的随机过程,功率谱为它的一个统计特性,可以较好地表示反射波特征;若用于分析的地震数据是一个确定的时间函数,记录信噪比较高,分析时窗中有稳定的反射波脉冲出现,使用傅里叶谱分析描述反射波特征较为适宜。

2. 相对分辨率估计方法

所谓分辨率,是指分辨由相距很近的分界面来的反射波信号的能力。它与反射脉冲的延续时间等多种因素有关。由于在地震记录上不可能直接测量反射脉冲的延续时间,所以分辨率的量度可按地震记录自相关特征参数来定义。

设 θ 为自相关函数主极值半周期的宽度,S_1 为主极值半周期自相关曲线所包含的面积。将 S_2, S_3, S_4 简记为 $S_{2\sim4}$,表示自相关曲线依次三个旁极值面积之和。地震记录分辨率参数定义为 $\lambda = S_1/(\theta \cdot S_{2\sim4})$。$\theta$ 与反射波脉冲视周期有关,视周期越长,分辨率越低,所以参数 λ 与 θ 成反比。自相关函数的面积表示地震脉冲能量分布情况。脉冲越窄、相位个数越少,则地震脉冲分辨率越高,对这类脉冲主极值半周期面积 S_1 越大;相反,脉冲延续时间长、相位个数多,则地震脉冲分辨率越低,自相关函数旁极值面积 $S_{2\sim4}$ 越大。所以,参数 λ 与 S_1 成正比,与 $S_{2\sim4}$ 成反比。

在实际应用中,考察地震分辨率往往注重在某一处理过程的效果评价。例如,研究反褶积前后地震记录分辨率的变化,以判断该处理方法的效果。但是,地震记录分辨率参数与反射特征密切相关,并且是由地震记录自相关特征参数来定义的,因此它在储层预测中具有显而易见的地质解释意义。通常在大套均匀岩层中夹有反射性能强的夹层,则在地震记录上可以见到在较平静的记录背景上有少量清晰反射脉冲出现,此时记录分辨率参数 λ 较大;当反射层为薄互层结构,相邻反射层反射脉冲相互干涉,形成复杂波组时,地震记录分辨率参数 λ 较小。我们可以研究目的层段反射地震记录分辨率参数,并与某一标准值相比较,根据其间的差别判断目的层的性质;也可以研究两个时窗上的两段地震记录的分辨率的变化,阐明传播介质因素对记录特征的影响。

3. 信噪比估计方法

地震记录是物理观测得到的试验数据,反射信号是在干扰背景上记录到的。我们分析反射特征、拾取地震属性来研究油气储层,就不能不考虑干扰的影响。在使用地震资料进行储层预测前,对资料的信噪比进行定量评价是必要的。另外,地震记录的干扰背景也是地震记录特点的一部分。在一定的地震地质条件下,记录的干扰背景很强;在另外的地震地质条件下,记录的干扰背景可能较平静。如裂缝性油藏部分经常有地震记录规律性变差、信噪比降低的特点;河流相沉积,河道上反射特征会变得明显,出现信噪比增强的现象。因此,测定地震记录信噪比也具有重要的地质解释意义。从技术上看,信噪比经常用来评价野外工作的质量,考核资料处理效果。建立信噪分离方法,定量评价地震记录的信噪比,对我们的研究工作有着实际的意义。

设地震记录 $f(t)$ 由信号 $q(t)$ 和噪音 $n(t)$ 叠加而成,且噪音 $n(t)$ 为随机的,与信号 $q(t)$ 不相关,是一个满足正态概率分布规律的稳定随机过程:

$$f(t) = q(t) + n(t) \tag{4-1-1}$$

信噪比可以取为信号与干扰的均方振幅之比,即:

$$\eta = \sqrt{E_q / E_n} \tag{4-1-2}$$

为方便起见,信噪比也经常取为有效波平均振幅与干扰的均方振幅之比:

$$\eta = \frac{A_q}{\sqrt{E_n}} \tag{4-1-3}$$

式中的有效波平均振幅按下式计算:

$$A_q = \frac{1}{TK} \sum_{t=\frac{T}{2}}^{\frac{T}{2}} \left| \sum_{k=1}^{K} f_k(t) \right| \tag{4-1-4}$$

$$E_n = \frac{1}{TK(K-1)} \sum_{t=-\frac{T}{2}}^{\frac{T}{2}} \left\{ \left[\sum_{k=1}^{K} f_k(t) \right]^2 - \sum_{k=1}^{K} f_k^2(t) \right\} \tag{4-1-5}$$

式中,$k(k=1,2,\cdots,K)$ 为多道处理时使用的各地震记录道道序号,K 为参与处理的总道数;T 为各道分析时窗长度。

信噪比的计算为地震记录面貌分析提供了一个定量指标,是反射特征分析的重要参数。

4.2 烃类检测方法概述

从广义来说,烃类检测技术主要包括任何利用地震反射特征寻找油气藏的方法。亮点技术、暗点技术被称为经典烃类检测技术的代表。AVO 理论、资料处理与分析解释方法的日趋成熟,逐渐成为烃类检测实践的有效方法。本节在讨论亮点与 AVO 技术后,再介绍几种烃类检测的具体方法,包括地震属性分析技术、多元数理统计方法(因子分析和聚类分析方法)、Kohonen 网络的模式识别方法等。

4.2.1 亮点技术

所谓亮点,狭义地说就是指在地震剖面上,由于地下气藏的存在所引起的地震反射波振幅相对增强的"点"。它与其上下左右的反射振幅相比,更为突出明显。

1. 亮点技术的方法原理

界面的反射系数对反射波振幅有直接的影响，其大小取决于界面两侧的波阻抗差，即取决于界面两侧的速度 v 和密度 ρ。速度和密度又与岩石的孔隙度及孔隙中流体性质有着密切的关系，这种关系可由 Wyllie 方程给出。

Wyllie 方程给出了岩石中的波速 v 与孔隙度 ϕ 以及孔隙中流体波速 v_f、岩石基质波速 v_r 之间的关系：

$$\frac{1}{v}=\frac{\phi}{v_f}+\frac{1-\phi}{v_r} \tag{4-2-1}$$

式(4-2-1)适用于岩石孔隙中含油、气或水中的一种流体，且流体压力与岩石压力相等。随着流体压力的减小，上述关系应修改为：

$$\frac{1}{v}=\frac{C\phi}{v_f}+\frac{1-C\phi}{v_r} \tag{4-2-2}$$

式中，C 为一个常数。当流体压力等于岩石压力的一半且岩石压力为 4.13×10^7 Pa 时，C 值可取 0.85 左右。

由上述关系可以得到如下结论：

(1) 岩石孔隙中含有流体时，将使岩石的波速降低，原因是地震波在流体中的传播速度比在岩石基质中的速度要小。

(2) 岩石孔隙中含油，特别是含气时，岩石的波速将明显降低。

(3) 岩石的孔隙度增加，波速降低。

同样的结论也适合于密度，只不过密度的变化不像速度那样敏感。相比较而言，密度与孔隙度的关系更密切一些。估算岩石密度随孔隙度及其中所含的流体性质而变化的经验公式为：

$$\rho=\rho_f\phi+\rho_r(1-\phi) \tag{4-2-3}$$

式中，ρ_f 为岩石中所充填流体的密度；ρ_r 为岩石基岩的密度；ϕ 为岩石的孔隙度。

表 4-2-1 为砂岩孔隙度、密度、速度及与页岩之间的关系简表。从表中可以看出：砂岩含气与否对砂岩/页岩界面的反射系数影响很大，油/气界面、气/水界面也会产生强反射；气与顶界围岩之间的强反射更明显，且可能产生极性反转；油与水之间的速度、密度差异不大，油/水界面的反射振幅较弱。这些结论就是亮点技术的理论基础。

表 4-2-1　砂、页岩及油、气、水的物性简表[6]

岩　性	孔隙度 ϕ/%	密度 ρ/(g·cm^{-3})	速度 v/(m·s^{-1})	与页岩界面的反射系数
气		0.25	430	
油		0.87	1 180	
水		1.10	1 500	
页　岩		2.25	4 300	
致密砂岩		2.65	5 200	±0.175
含气砂岩	10	2.41	2 500	±0.23
含气砂岩	20	2.07	1 610	±0.49

2. 亮点标志和亮点资料的解释

亮点资料的处理在地震资料的处理中有专门的技术和方法，这里不作叙述。主要的一点就是要使反射波的振幅尽量接近于相应的反射界面的反射系数之比，或至少使反射波的振幅定性地反映出反射界面的反射系数。这种处理称为相对振幅保持，得到的剖面称为相对振幅保持剖面。

反射波振幅异常是指示油气藏存在的主要标志，但并非唯一标志。事实上，圈闭中聚集油气时，在地震剖面上不仅会引起振幅异常，而且会出现速度、极性、水平反射同相轴及吸收系数等一系列的异常。综合这些异常才能较可靠地确定油气藏的存在，提高亮点解释的成功率。

(1) 振幅异常(亮点)。产生亮点的原因前面已经提及，含油砂岩特别是含气砂岩在地震剖面上将以亮点形式出现。表 4-2-2 列出了页岩和含油、气、水砂岩的速度、密度及后三者相对于页岩的反射系数。图 4-2-1 所示为含油、气、水砂岩与围岩的地质模型及其地震响应。图中气和围岩之间、气和油之间可见明显的强振幅异常。

表 4-2-2 页岩和含油、气、水砂岩的物性简表[6]

岩　性	速度 $v/(\mathrm{m \cdot s^{-1}})$	密度 $\rho/(\mathrm{g \cdot cm^{-3}})$	波阻抗 Z	反射系数 R
页　岩	2 800	2.500	7 000	
含气砂岩	1 900	2.025	3 850	±0.292
含油砂岩	2 400	2.270	5 450	±0.125
含水砂岩	2 600	2.277	5 920	±0.085

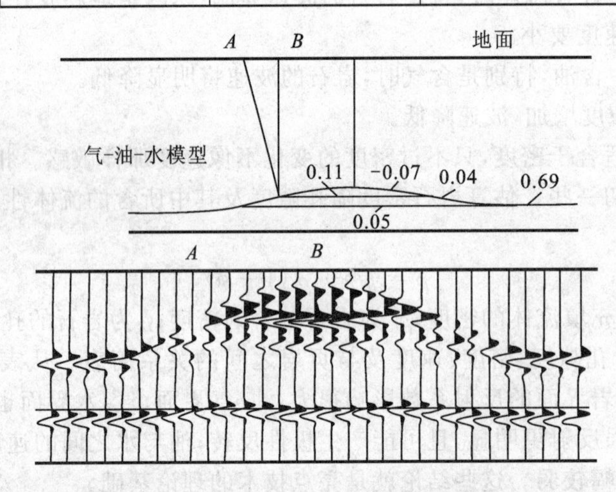

图 4-2-1　含气、油、水地质模型及其地震响应[6]

(2) 极性反转。含气(油、水)砂岩与顶界围岩(页岩)之间的界面反射系数可能出现负值，因而使其顶界的反射波极性反转，其范围指示了含气砂岩的边界。同样的道理，含油或含水界面若与顶界围岩接触，其接触带亦可能出现极性反转，只不过含气砂岩与围岩之间的极性反转更明显。

(3) 水平反射同相轴的出现(平点)。在砂岩储集层中，由于油气水的重力分异作用，使油、气、水之间的流体接触面保持水平，并有较大的反射系数，因而在地震剖面上表现为呈水平“产状”的反射波同相轴。特别是上覆层倾斜时，在倾斜界面层之间出现的这种强水平反射界面更能说明油气的存在。这种专门研究砂岩中流体之间水平接触面的方法就是所谓的“平点”技术。

(4) 速度下降。如图 4-2-1 所示，在含气、含油层及含水层以下均见有明显的同相轴下拉现象，其原因是地震波通过含油、含气及含水砂岩时传播速度明显降低，造成通过流体砂岩时所需的时间增大，使其下各反射层同相轴均产生下拉现象。在实际的地层介质中，含油与含水时速度、密度的差异并不大，因此地层介质中含油时不像含气那样出现亮点、平点及明显的速度下降。

(5) 吸收衰减。岩石中含油,特别是含气时,高频成分受到吸收衰减,因而在油气聚集部位地震波的主频急剧下降。另外,地震波通过含气砂岩时,其振幅由于强烈的吸收作用而发生显著衰减,从而使含气砂岩之下的反射波振幅比其两侧明显降低。吸收衰减的直接结果是亮点下部出现低频弱振幅,形成暗点。

亮点资料的解释主要利用上述诸多的亮点标志进行综合分析与评价。亮点技术在气藏检测中发挥着重要作用,国外有不少成功的例子,我国在寻找浅层气方面也有成功的例子。把亮点技术称为直接找油找气的方法,这种称法是不确切的。实际上,亮点技术也是一种间接找油找气的方法。这是因为亮点并不是直接反映地下的油气,而是反映岩石孔隙中油气存在所引起的储集层波阻抗的变化。振幅的异常也不是直接反映储集层本身的特性,而是反映储集层与上覆盖层间的波阻抗差异。所以我们说,亮点技术的应用也有一定的局限性,在解释中必须细心识别一些假象。例如,低含气饱和度(5%左右)的含水砂岩经常产生假亮点;又如砾岩、坚硬的粉砂岩、薄层石灰岩、硬石膏、褐煤层等,只要与上下岩层的波阻抗有较大的差别,在其分界面上就会引起显著的反射振幅异常,都可能形成明显的假亮点。这些假亮点是没有工业生产价值的。利用 v_s 和 v_p 资料、振幅随偏移距变化的信息(参考第3章中介绍的AVO技术部分)是区分真假亮点的有效手段。

3. 暗点

亮点和暗点实际上均是由储集层与盖层界面的反射系数决定的。通常情况下,当储集层的波阻抗(不管是否含有孔隙及流体)与盖层的波阻抗相差较大时,就会产生亮点。当然,这之中的主控因素是速度。当储集层的波阻抗与盖层相差不大时,则形成不了亮点,只能产生弱反射,即所谓的暗点。从理论模型看,产生暗点的结论无可厚非,地下储层与盖层之间因储层含油气的速度下降导致其与盖层的波阻抗差减小而产生暗点是可能的。但生产实践过程中发现,含气储层与顶界围岩之间大多属于亮点型,如我国南海珠江口地区、华北地区的浅层气等,均为亮点型反射。由于地质情况远比理论模型复杂得多,而且我们关注的也不是亮点型或暗点型反射这个标志,而是利用亮点或暗点这个标志来进行解释、预测。要做到这一点,就必须结合研究区的实际地质条件,进行必要的分析和计算,如利用研究区的砂泥岩速度随深度变化曲线计算反射系数随深度的变化曲线,借以帮助我们了解研究区振幅异常的特点。

在陆相沉积地层中,作为储层的砂岩含气后可能形成亮点,也可能形成暗点,关键取决于砂泥岩间的速度差 Δv 或砂岩含气后与泥岩的速度差。经大量资料分析总结认为:当砂泥岩间的速度差 $\Delta v>600$ m/s 或砂岩含气后与泥岩的速度差 $\Delta v>400$ m/s 时,则形成亮点;当砂泥岩间的速度差 $\Delta v<400$ m/s 或砂岩含气后与泥岩的速度差 $\Delta v<300$ m/s 时,则形成暗点。

4. 平点技术

所谓平点,简单地说就是出现水平反射。除了水平地层出现的平点反射以外,我们主要关心的是流体的接触面上产生的水平反射。由于油气水的重力分异作用,在油藏内部的油气水分界面通常是一个水平面,在地震剖面上反映出一条水平同相轴。所以,平点技术实质上就是利用流体接触面上产生的水平反射特征追踪油/气、气/水、油/水等的接触面来研究油气水的边界,确定平点反射的分布。

图4-2-2所示为倾斜储层的平点反射示意图。图4-2-2a为给定物性参数的理论模型,图4-2-2b为该模型相应的自激自收地震响应(使用零相位子波)。图中在含气砂岩与含水

砂岩的分界面上出现明显的水平反射，同时还看到，在页岩与含气砂岩、页岩与含水砂岩的分界面上，反射振幅的强弱关系非常明显，而且倾斜的含气砂岩和含水砂岩顶底反射波振幅的极性是相反的。

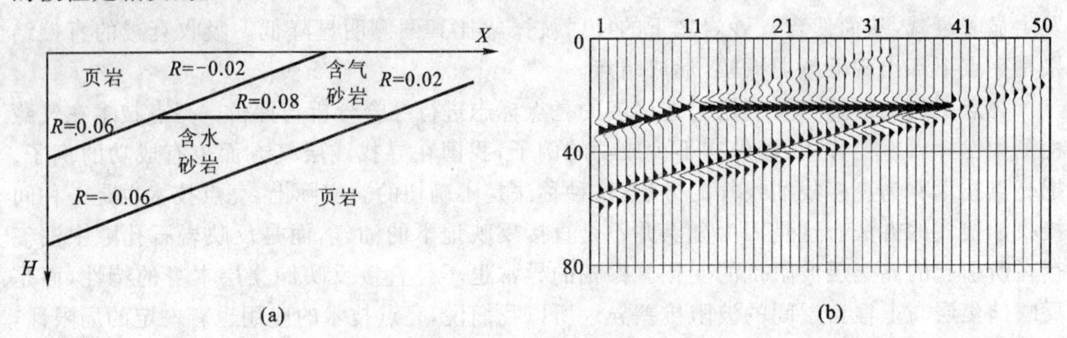

图 4-2-2　倾斜储层的平点反射示意图

(a) 给定物性参数的理论模型；(b) 倾斜储层模型的自激自收地震响应

从倾斜岩层中检测平点反射要有一定的条件，如油藏规模、储集层的倾角、厚度、子波频带等。但它作为一种利用振幅特征来检测油气的技术，为我们提供了油气勘探中所需要的油、气、水边界的可靠资料，得以帮助我们对油气的储集面积和油气储量作出较准确的估计。

图 4-2-3 所示为内蒙二连盆地由不同的地层产状、不同的构造形态形成的不同的平点特征，归纳起来有四大类型，即理想型、短轴型、弱反射型和扭曲型。

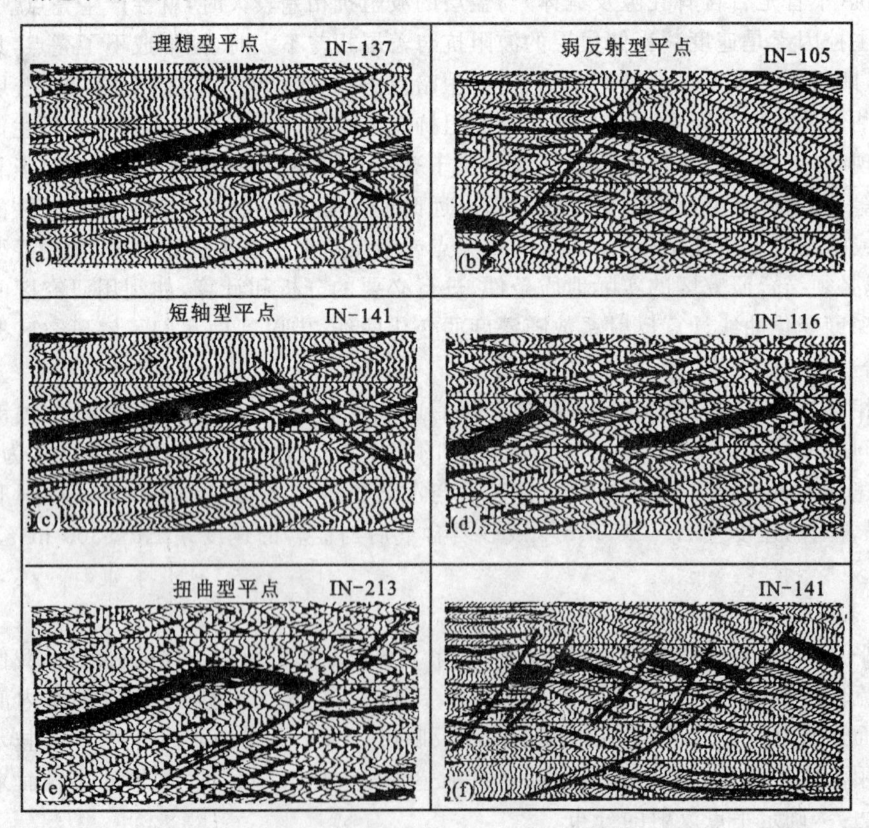

图 4-2-3　平点反射类型[7]

图 4-2-4a 所示为产生平点的地质模型，即为倾角较大的断块构造、砂层组厚度为 65 m、砂岩百分含量为 50%，由 2～6 m 的粉砂岩与 2～8 m 的泥岩组成薄互层；图 4-2-4b 所示为内蒙二连盆地一条地震剖面，图中可见到明显的平点反射波；图 4-2-4c 所示为该含气砂岩的合成地震剖面，也模拟出明显的平点反射波，而且在含气与含水薄互层的边界处存在明显的极性反转现象。

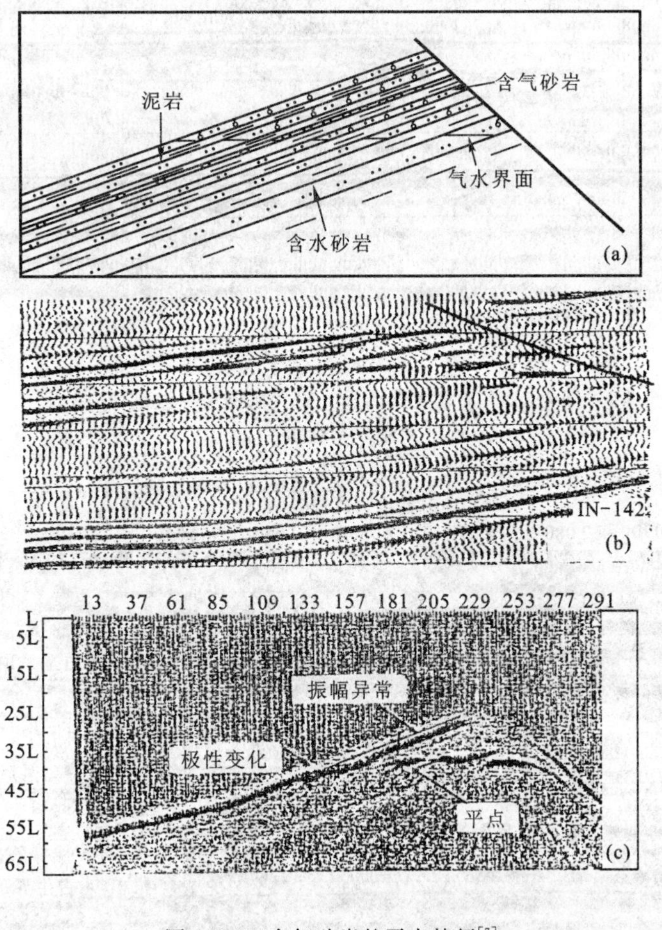

图 4-2-4　含气砂岩的平点特征[7]

(a) 地质模型；(b) 实际剖面；(c) 模拟剖面

下面介绍亮点技术实际应用的一个例子。图 4-2-5 所示为加拿大默纳姆气田一条纵波地震剖面。图中科洛尼层顶界的反射特征有明显强振幅异常及横向振幅突变现象，而同一地区的横波剖面(图 4-2-6)只表现为弱振幅且横向无振幅的突变现象。根据上面的现象，推断纵波剖面上的振幅异常可能为气层的反映。该区杜维内 11-26 井的资料证实了这种推断。

图 4-2-7 所示为上述测线西部的另一段剖面，纵波剖面上科洛尼层顶部反射见强振幅异常，该地区的横波剖面(图 4-2-8)也见到强振幅异常，而杜维内 5-28 井资料证明是由煤层引起的振幅异常。该地区的地质情况是：科洛尼地层产气，有一最大厚度达 6.7 m 的含气层，含气砂岩的波阻抗比下伏的含水砂岩和上覆页岩的波阻抗低。但科洛尼层内也有一些煤层，厚度为 3.66～6 m。煤的波阻抗与含气砂岩相似，其上下围岩波阻抗较高，因而在含气及含煤地层的顶、底产生较强的波阻抗差，对于地震纵波勘探产生强振幅异常。仅仅从纵

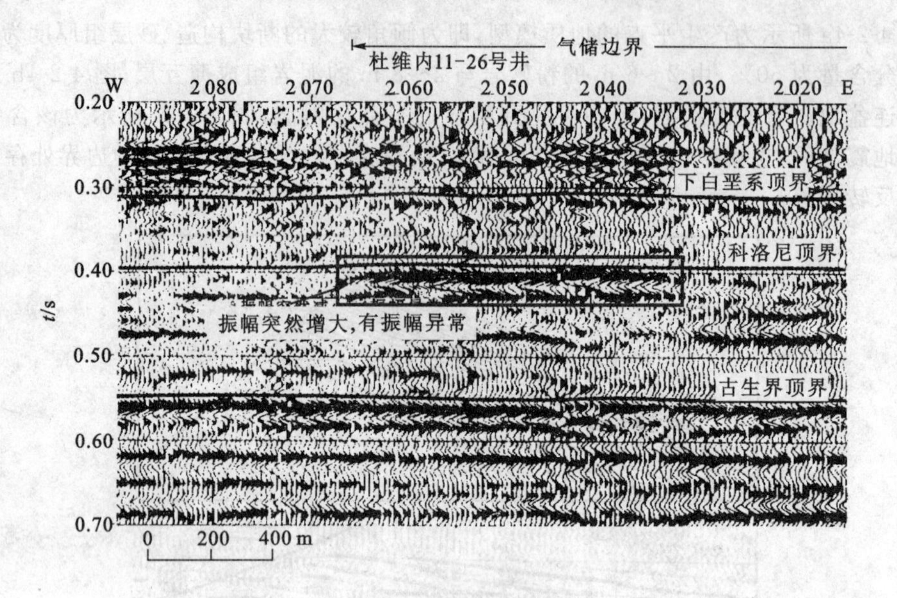

图 4-2-5　加拿大默纳姆气田大比例尺纵波剖面[6]

基准面:海拔 580 m

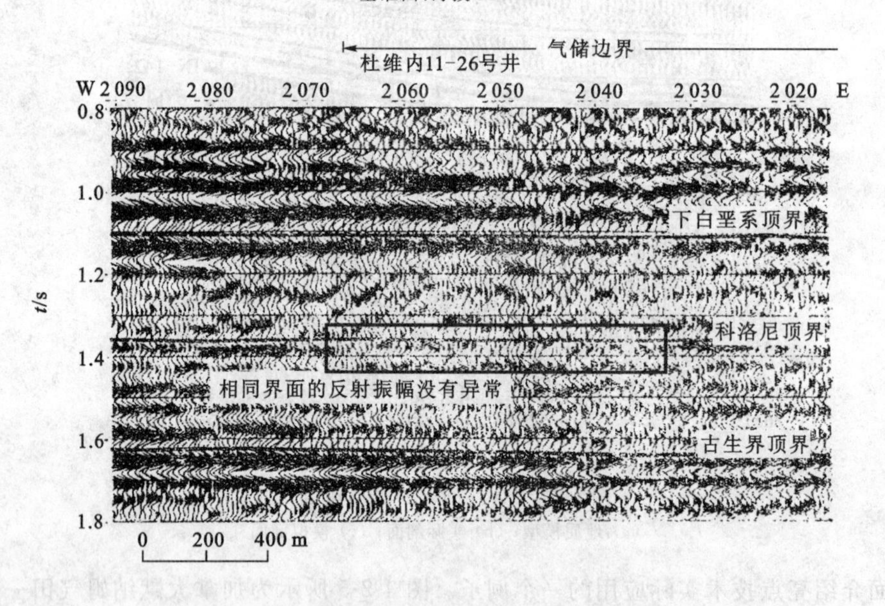

图 4-2-6　加拿大默纳姆气田大比例尺横波剖面[6]

基准面:海拔 580 m

波剖面上无法区分是含气还是含煤,但结合横波剖面就可以排除这种多解性了。

4.2.2　AVO 资料的烃类检测技术

在第 3 章中已经比较详细地介绍了 AVO 技术的方法原理,以及 AVO 资料的分析与利用的相关问题,在此我们主要介绍利用 AVO 资料进行烃类检测的有关方法。

1. AVO 分析的基本方法

在进行 AVO 分析之前,要对 AVO 资料进行相应的处理。这些内容此处不进行详细介绍,只简要说明 AVO 资料处理中两个阶段应该注意的问题。一是 AVO 资料的预处理阶

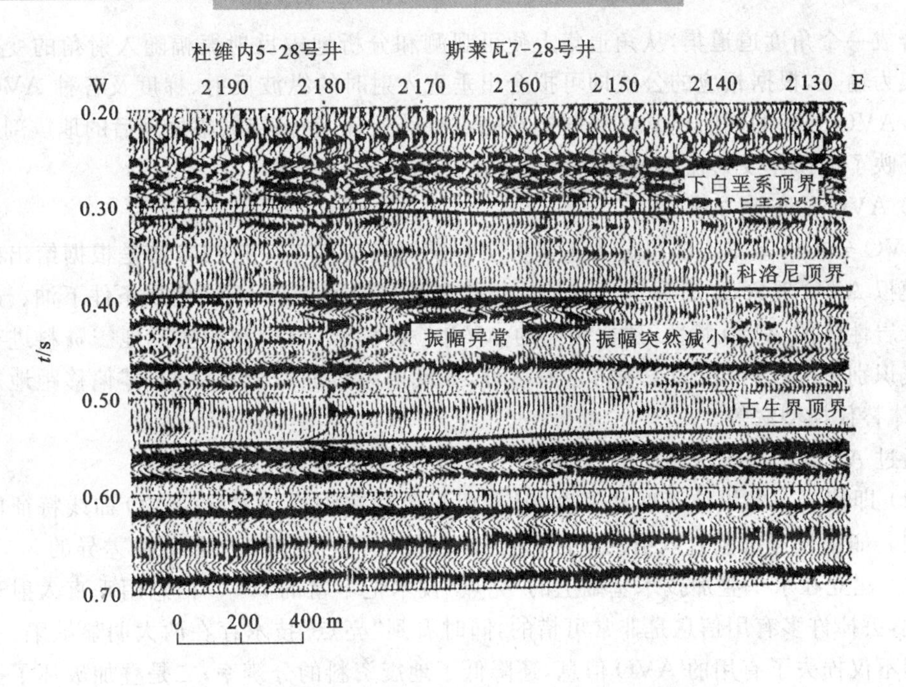

图 4-2-7　加拿大默纳姆气田西部大比例尺纵波剖面[6]

基准面：海拔 580 m

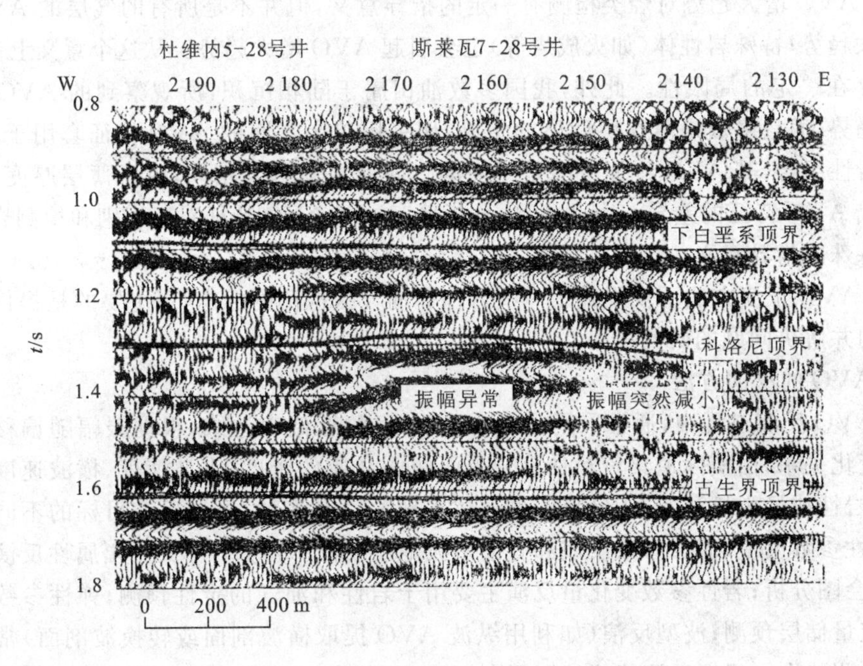

图 4-2-8　加拿大默纳姆气田西部大比例尺横波剖面[6]

基准面：海拔 580 m

段。预处理阶段的主要任务是得到高质量的 CMP 道集记录，这是 AVO 处理成功的关键。结合野外数据及地下地质情况，AVO 处理时应做好以下工作：① 精细的波前扩散补偿；② 震源组合与检波器组合效应的校正；③ 反 Q 滤波；④ 地表一致性处理；⑤ 叠前去噪处理；⑥ 叠前剩余振幅补偿；⑦ 精细的初至切除、速度分析和高精度的动校正；⑧ 叠前时间偏移。二是 AVO 属性处理阶段。AVO 属性处理是以 CMP 道集为输入，经角度道转换后，不同角度道合成一个角度道道集，从角道集上便可观测和分析地震反射振幅随入射角的变化。以角道集为输入，根据相应的公式即可拟合出垂直入射时的纵波反射、梯度及各种 AVO 属性剖面。AVO 处理的同时还常对资料进行亮点特殊处理，经保持振幅处理后的地震剖面较真实地反映了地质体反射振幅的相对强弱关系。

1）AVO 的正演方法

AVO 分析的基本方法可分为正演方法和反演方法两类。正演方法是根据给出的地质模型模拟 AVO 现象，结合研究区的地质规律和油藏特征，分析不同地质条件下油、气、水以及特殊岩性体的 AVO 特征，建立相应的 AVO 检测标志，最后利用实际地震资料进行岩性和油气识别。AVO 分析的正演方法有多种，如反射系数曲线分析法、非零偏移距地震模型法、流体替代模型法等。

通过 AVO 正演方法的研究，得到如下几点认识：

(1) 即使岩石的纵波速度和密度相同，但只要存在泊松比差异，AVO 曲线特征的变化就不同。如果仅考虑垂直入射的情形，是无法区分这种岩性或流体因素的差异的。

(2) 建立在水平叠加技术基础上的“亮点”技术把丰富的 AVO 信息用垂直入射理论进行简化，丢掉许多有用信息是非常可惜的，同时看到“亮点”技术存在两大明显缺陷：一是叠加过程不仅损失了有用的 AVO 信息，还降低了地震资料的分辨率；二是叠加破坏了振幅的真实关系，叠加记录的振幅并不是自激自收记录的振幅。

(3) AVO 增大趋势对烃类检测有一定的指导意义，但并不是所有的气层的 AVO 特征都呈增大趋势，特殊岩性体（如火成岩等）也会引起 AVO 增大趋势。从这个意义上讲，AVO 分析也存在一定的局限性。此外，我国多数油田属于陆相沉积，所观察到的 AVO 特征呈“暗点”趋势，而且多数是薄互层调谐的结果，切忌用单个界面的 AVO 特征套用于薄互层。不同的岩性组合，其 AVO 特征可能是不同的。即使岩性组合相同，由于薄层厚度不同，也可能造成 AVO 特征的差异。由此可见，分析薄互层的 AVO 特征对于识别和检测岩性或油气具有特殊的指导意义。

(4) AVO 正演方法不仅提供了一些岩性和油气藏检测的标志，更主要的是提供了一种分析问题并解决问题的研究思路。

2）AVO 的反演方法

在 AVO 反演过程中，通常采用 Zoeppritz 方程的近似表达式，根据振幅随偏移距或入射角的变化关系，由实际道集资料估算分界面两侧介质的密度、纵波速度、横波速度或泊松比，进行岩性或烃类检测。AVO 反演的具体实现方法有多种，根据反演目标的不同可分为 AVO 属性参数反演、储层参数反演和叠前多波地震反演。例如，广义振幅属性反演可用于 AVO 交会图分析；岩性参数变化量反演主要用于岩性和油气的定性预测；弹性参数反演主要用于定量储层预测；波型反演（如利用纵波 AVO 提取横波剖面或转换波剖面）常用于改善烃类检测能力。根据反演算法的不同，AVO 反演又可分为迭代正演模拟法、线性反演和非线性反演。

(1) 迭代正演模拟法。基本思路是：如果地质模型的厚度、纵波速度和密度已知，横波速度未知，则由 AVO 分析的特点，应取泊松比作为 AVO 反演的参数形式的未知量。给定泊松比，采用精确的 Zoeppritz 方程合成理论非零偏移距道集记录，与实际的 AVO 道集记录进行比较，通过不断修正模型的泊松比参数，使合成的理论记录与实际记录达到最佳匹配，此时的泊松比就是反演的岩性参数。有时也称这种方法为似泊松比测井方法。

(2) 非线性反演方法。许多学者对 Zoeppritz 方程进行简化，大致可以写成如下形式：

$$R_{pp} = A(\gamma)X + B(\gamma)Y + C(\gamma)Z \tag{4-2-4}$$

式中，γ, X, Y, Z 为待反演的目标函数；A, B, C 为系数。

由于 γ 的存在，式(4-2-4)就是典型的非线性方程，实际应用很不方便。解此类方程通常采用广义线性反演方法，将求解模型参数的非线性最小二乘问题转化为求解模型参数修正量的线性最小二乘问题，通过不断迭代修正模型参数达到最终反演全部目标函数的目的。

(3) 线性反演方法。基本思路是：对横波速度与纵波速度之比 γ 作出某种近似假设，如用纵横波背景速度比替代 γ，使之成为常数。这样，式(4-2-4)所反映的非线性 AVO 关系可以近似认为是线性的。采用最小二乘法进行曲线拟合或加权叠加可以反演各种 AVO 属性剖面，这是目前应用最广泛的 AVO 分析方法，其线性化的一般形式为：

$$R_{pp} = AX + BY + CZ \tag{4-2-5}$$

式中，X, Y, Z 为待反演的参数；A, B, C 为系数。

采用不同的简化公式，反演的对象 X, Y, Z 不同，系数 A, B, C 也不同。

(4) AVO 属性反演。传统的 AVO 属性反演基本上都是基于 Shuey 简化式。先反演截距 P 和梯度 G 属性，再由 P 和 G 的线性组合构成不同的 AVO 属性，这是采用双参数的 AVO 属性分析法。在此给出三参数的广义振幅来构造更一般的 AVO 烃类和岩性指示因子，引入新的 AVO 属性 W：

$$W = aA_0^R + bA_2^R + cA_4^R \tag{4-2-6}$$

或

$$W = (a - 4\gamma^2 b)C_\rho + (a + b + c)C_\alpha - 8\gamma^2 bC_\beta \tag{4-2-7}$$

式中，a, b, c 取不同的值，赋予 AVO 属性 W 不同的物理意义(表 4-2-3)。

表 4-2-3　AVO 属性及物理意义[8]

a	b	c	W	意　义
1	0	-1	C_ρ	密度变化量
0	0	1	C_α	纵波速度变化量
$-1/2$	$-1/(8\gamma^2)$	$0.5[1/(4\gamma^2)+1]$	C_β	横波速度变化量
1	0	0	C_{p0}	纵波垂直入射反射系数——截距
1/2	$-1/(8\gamma^2)$	$0.5[1/(4\gamma^2)-1]$	C_{s0}	横波垂直入射反射系数
0	1	0	A_2^R	反射振幅随偏移距变化率——梯度
1/2	1/2	0	$0.5[(C_{p0}+C_\alpha)-4\gamma^2(C_{s0}+C_\beta)]$	纵横波差异，当 $\gamma=0.5$ 时 $W \approx C_{p0}-C_{s0}$，表示纵横波阻抗或泊松比差异
1/2	$-1/2$	0	$0.5[C_\rho+4\gamma^2(C_{s0}+C_\beta)]$	横波信息，当 $\gamma=0.5$ 时 $W \approx C_{s0}$，表示横波阻抗
$-\kappa\gamma/2$	$-\kappa/(8\gamma)$	$1+\kappa\gamma/2+\kappa/(8\gamma)$	$\Delta F=C_\alpha-\kappa\gamma C_\beta$	Smith 流体因子
A_2^R	0	0	$A_0^R \cdot A_2^R$ 或 $P \cdot G$	振幅随偏移距增加而增加或减小

表 4-2-3 中各参数的含义及相应的公式分别为：

$$\left.\begin{aligned} A_0^R &= C_{p0} = C_\rho + C_\alpha \\ A_2^R &= C_\alpha - 4\gamma^2(C_{s0} + C_\beta) \\ A_4^R &= C_\alpha \end{aligned}\right\} \tag{4-2-8}$$

$$\left.\begin{aligned}C_\rho &= \frac{1}{2}\frac{\Delta\rho}{2\rho} \approx \frac{\rho_2-\rho_1}{\rho_2+\rho_1}\\ C_\alpha &= \frac{1}{2}\frac{\Delta\alpha}{\alpha} \approx \frac{\alpha_2-\alpha_1}{\alpha_2+\alpha_1}\\ C_\beta &= \frac{1}{2}\frac{\Delta\beta}{\beta} \approx \frac{\beta_2-\beta_1}{\beta_2+\beta_1}\end{aligned}\right\} \tag{4-2-9}$$

$$\left.\begin{aligned}&C_{p0} = C_\rho + C_\alpha = \frac{1}{2}\frac{\Delta\rho\alpha}{\rho\alpha} = \frac{1}{2}\Delta\ln(\rho\alpha) \approx \frac{\rho_2\alpha_2-\rho_1\alpha_1}{\rho_2\alpha_2+\rho_1\alpha_1}\\ &C_{s0} = C_\rho + C_\beta = \frac{1}{2}\frac{\Delta\rho\beta}{\rho\beta} = \frac{1}{2}\Delta\ln(\rho\beta) \approx \frac{\rho_2\beta_2-\rho_1\beta_1}{\rho_2\beta_2+\rho_1\beta_1}\\ &C_\sigma = \frac{1}{2}\frac{\Delta\sigma}{2(1-\sigma)^2} = 4\gamma^2(C_\alpha - C_\beta) = 4\gamma^2(C_{p0}-C_{s0})\\ &\gamma = \beta/\alpha\\ &\Delta F = C_\alpha - \kappa\gamma C_\beta \approx C_{p0} - \kappa\gamma C_{s0}\end{aligned}\right\} \tag{4-2-10}$$

以上各式中，ρ 为岩石的密度；α 为纵波速度；β 为横波速度；A_0^R，A_2^R，A_4^R 称为广义反射振幅；C_ρ，C_α，C_β，C_σ 分别为岩石密度、纵波速度、横波速度和泊松比的变化量；C_{p0}，C_{s0} 分别为岩石的波阻抗和剪切阻抗的变化量；γ 为横波速度与纵波速度的比值；ΔF 为 Smith 流体因子；κ 为常数。

（5）弹性阻抗反演。由 AVO 理论可知，零偏移距或小偏移距剖面可以近似视为声阻抗(Acoustic Impedance，AI)AI 的函数，它与岩石的密度和纵波速度有关。通常声阻抗对油层反应不敏感，只用声阻抗经常不能很好地识别油气。为了充分利用不同偏移距的 AVO 信息，Patrick 构造了一种类似于声阻抗的弹性阻抗(Elastic Impedance，EI)$EI(\theta)$。与声阻抗 AI 不同，$EI(\theta)$与入射角有关，它包含了岩性和流体性质等 AVO 信息。$EI(\theta)$的推导简述如下。

垂直入射的振幅或反射系数可写成：

$$A_0^R = R_{pp} = \frac{1}{2}\frac{\Delta AI}{AI} = \frac{1}{2}\Delta\ln(AI) = \frac{AI_2 - AI_1}{AI_2 + AI_1} = \frac{1}{2}\frac{\Delta\rho\alpha}{\rho\alpha} = \frac{\rho_2\alpha_2-\rho_1\alpha_1}{\rho_2\alpha_2+\rho_1\alpha_1} \tag{4-2-11}$$

类似地，对于非垂直入射的振幅系数应该满足下述关系：

$$R_{pp}(\theta) = \frac{1}{2}\frac{\Delta EI(\theta)}{EI(\theta)} = \frac{1}{2}\Delta\ln(EI) = \frac{EI_2 - EI_1}{EI_2 + EI_1} \tag{4-2-12}$$

根据 Zoeppritz 方程的 Aki 简化式[8]：

$$R_{pp} = \frac{1}{2}(1-4\gamma^2\sin^2 i)\frac{\Delta\rho}{\rho} + \frac{1}{2\cos^2 i}\frac{\Delta\alpha}{\alpha} - 4\gamma^2\sin^2 i\cdot\frac{\Delta\beta}{\beta} \tag{4-2-13}$$

式中，i 为弹性纵波入射角。于是得到下面的公式：

$$R_{pp}(\theta) = \frac{1}{2}(1-4\gamma^2\sin^2\theta)\frac{\Delta\rho}{\rho} + \frac{1}{2}(1+\tan^2\theta)\frac{\Delta\alpha}{\alpha} - 4\gamma^2\sin^2\theta\cdot\frac{\Delta\beta}{\beta} \tag{4-2-14}$$

比较式(4-2-12)与式(4-2-14)有：

$$\frac{1}{2}\frac{\Delta EI}{EI} = \frac{1}{2}\Delta\ln(EI) = \frac{1}{2}[(1-4\gamma^2\sin^2\theta)\Delta\ln\rho + (1+\tan^2\theta)\Delta\ln\alpha - 8\gamma^2\sin^2\theta\cdot\Delta\ln\beta] \tag{4-2-15}$$

于是，弹性阻抗 $EI(\theta)$可以写成：

$$EI(\theta)=\alpha^{(1+\tan^2\theta)}\beta^{-8(\beta/\alpha)^2\sin^2\theta}\rho^{[1-4(\beta/\alpha)^2\sin^2\theta]} \tag{4-2-16}$$

显而易见，以上导出的弹性阻抗 $EI(\theta)$ 为纵波速度 α，横波速度 β，密度 ρ 和入射角 θ 的函数。由式(4-2-16)很容易得到：

$$EI(0°)=AI=\rho\alpha \tag{4-2-17}$$

图 4-2-9 所示为声阻抗 AI 与弹性阻抗 $EI(30°)$ 反演曲线比较。由图可见：两条反演曲线的大部分区域是基本重合的，但在油藏部位（箭头所示处）可见两者的明显差别。它们的差异有助于区分和识别油藏。

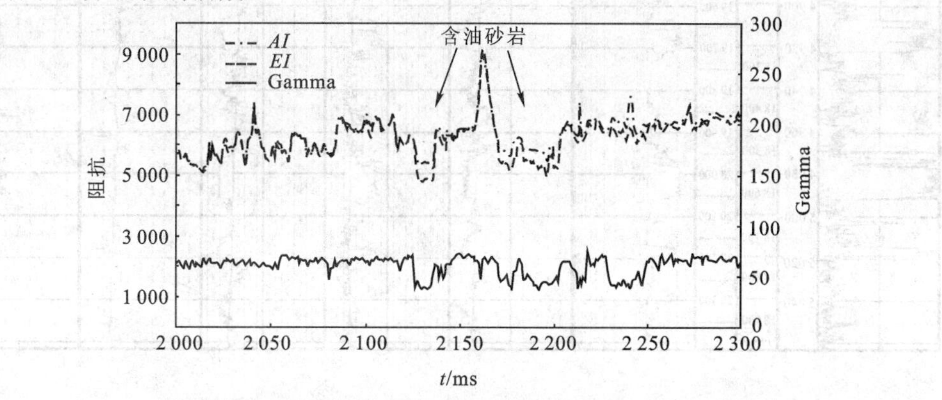

图 4-2-9　声阻抗 AI 与弹性阻抗 $EI(30°)$ 反演曲线比较[15]

图 4-2-10a 所示为声波测井曲线、声阻抗反演曲线和入射角等于 10°时的角道集叠加剖面；图 4-2-10b 所示为声波测井曲线、弹性阻抗反演曲线和入射角等于 30°时的角道集叠加剖面。比较可知：两种角道集叠加剖面存在明显的差异，但在声阻抗 AI 上没有那样明显的差别。

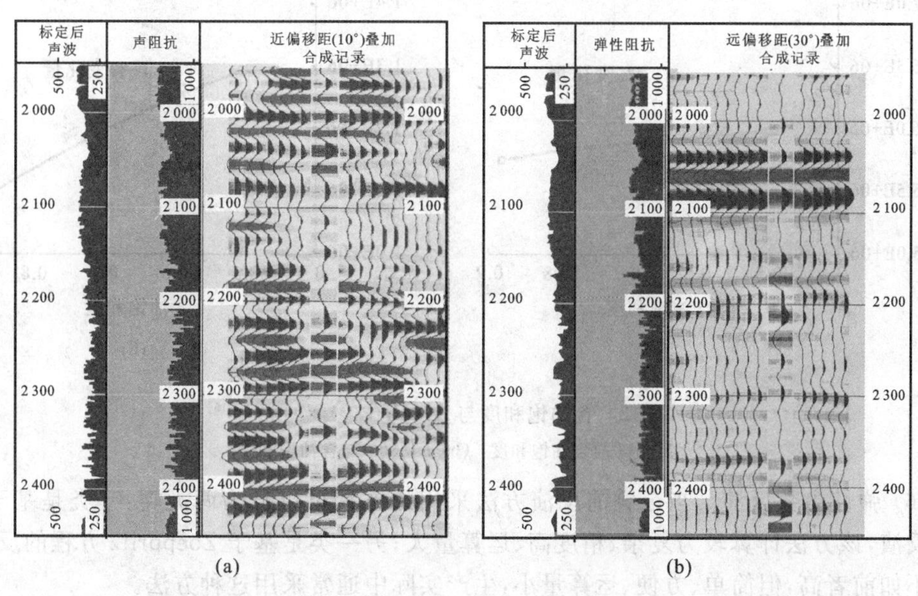

图 4-2-10　角道集叠加剖面[15]

(a) Sonic，AI 反演曲线和入射角等于 10°时的角道集叠加剖面；

(b) Sonic，EI 反演曲线和入射角等于 30°时的角道集叠加剖面

图 4-2-11 所示为墨西哥湾 MC619-1 井的典型岩石物性显示图件。单从声阻抗 AI 曲线上几乎看不到上部的砂岩响应，而在弹性阻抗曲线上该砂岩具有明显的峰谷特征。

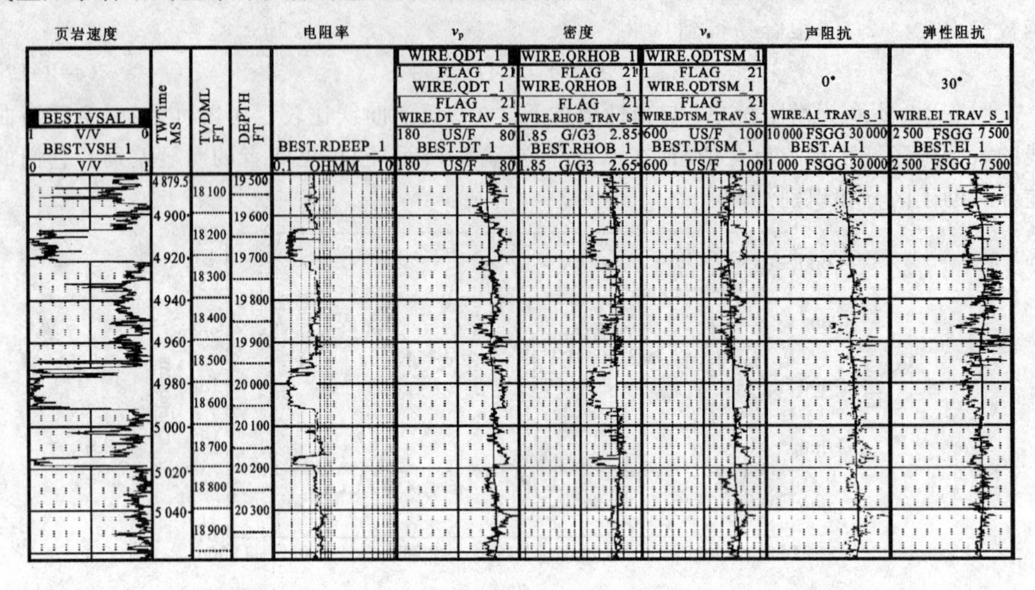

图 4-2-11　墨西哥湾 MC619-1 井的典型岩石物性显示[15]

图 4-2-12 所示为利用岩石样本测试结果计算的不同含油饱和度与 AI，$EI(30°)$ 间的关系。含油饱和度从 50％变化到 90％，AI 或 $EI(0°)$ 变化量只有 4％，而 $EI(30°)$ 的变化量却达到 16％。由此可见，充分利用了大偏移距地震信息的弹性阻抗反演技术极大地提高了油气识别的能力。

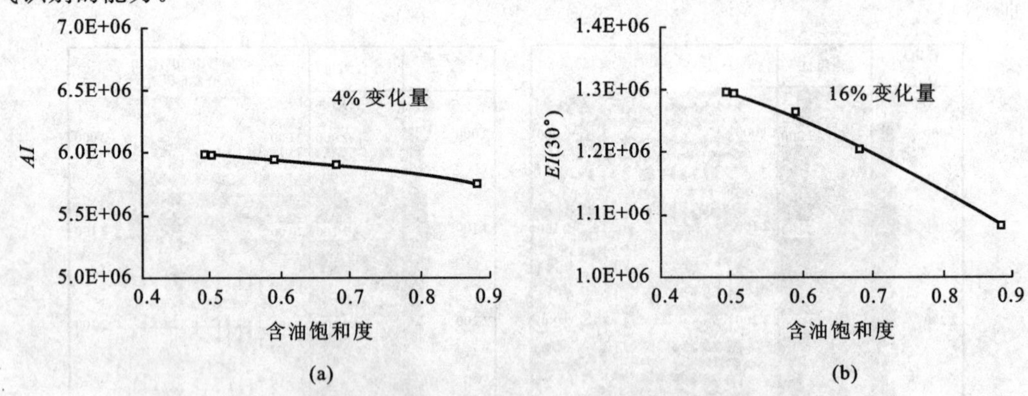

图 4-2-12　含油饱和度与 AI，$EI(30°)$ 间的关系[15]

(a) AI 与含油饱和度；(b) $EI(30°)$ 与含油饱和度

(6) 弹性参数反演。当今叠前反演方法采用的方程可以分为两大类：一类是基于波动方程反演，该方法计算较为复杂、精度高、运算量大；另一类是基于 Zoeppritz 方程的反演，虽精度不如前者高，但简单、方便、运算量小，生产实际中通常采用这种方法。

利用前面给出的公式(4-2-8)至公式(4-2-10)以及下面的公式，可以实现全部弹性参数反演，也可用于多波 AVO 分析。

通常，岩性参数变化量 C_ρ，C_α，C_β，C_σ，C_{p0}，C_{s0} 可由广义振幅 A_n^R $(n=0,2,4)$ 按下列方式计算：

$$\left.\begin{aligned}
C_\rho &= A_0^R - A_4^R \\
C_\alpha &= A_4^R \\
C_\beta &= \frac{1}{2}\left[\frac{1}{4\gamma^2}(A_4^R - A_2^R) + (A_4^R - A_0^R)\right] \\
C_{p0} &= A_0^R \\
C_{s0} &= \frac{1}{2}\left[\frac{1}{4\gamma^2}(A_4^R - A_2^R) - (A_4^R - A_0^R)\right] \\
C_\delta &= 2\gamma^2(A_4^R + A_0^R) + \frac{1}{2}(A_2^R - A_4^R)
\end{aligned}\right\} \tag{4-2-18}$$

由式(4-2-9)和式(4-2-10)，反演岩性参数的公式为：

$$\left.\begin{aligned}
\rho_2 &= \frac{1 + C_\rho}{1 - C_\rho}\rho_1 \\
\alpha_2 &= \frac{1 + C_\alpha}{1 - C_\alpha}\alpha_1 \\
\beta_2 &= \frac{1 + C_\beta}{1 - C_\beta}\beta_1 \\
(\rho\alpha)_2 &= \frac{1 + C_{p0}}{1 - C_{p0}}(\rho\alpha)_1 \\
(\rho\beta)_2 &= \frac{1 + C_{s0}}{1 - C_{s0}}(\rho\beta)_1
\end{aligned}\right\} \tag{4-2-19}$$

或利用如下公式：

$$\left.\begin{aligned}
\rho &= e^{2\int C_\rho} \\
\alpha &= e^{2\int C_\alpha} \\
\beta &= e^{2\int C_\beta} \\
\rho\alpha &= e^{2\int C_{P0}} \\
\rho\beta &= e^{2\int C_{S0}} \\
\gamma &= \beta/\alpha \\
\sigma &= 1 - 1/\int C_\sigma
\end{aligned}\right\} \tag{4-2-20}$$

利用以上诸公式，再采用合成声波测井或积分法，或基于模型的测井约束反演，就可以得到相应的弹性参数。

2. AVO 烃类指示因子

利用多波多分量地震数据或 AVO 处理成果，进行纵波、横波、转换波的 AVO 分析，预测储层的含油气和检测裂缝发育，是近年来国内外 AVO 技术应用的主要发展方向。它的基本理论依据是：孔隙性岩石中的 v_p 与岩石骨架孔隙度、孔隙中流体性质等有关(当孔隙中含油特别是含气时，v_p 会明显下降)，但 v_s 只与骨架速度有关而与孔隙中流体性质无关。也就是说，当孔隙中含气时，v_s 不发生明显的变化。这样，含气层的 v_p/v_s 相对于非含气层的就要变小，所以对于同一地层来说，如果横向 v_p/v_s 下降，则可能显示该区域含气。

多年的实际应用表明，地震振幅随偏移距或入射角变化在高精度勘探中是十分有效的。当烃类物质取代地下的盐水时，岩石物性会发生改变，从而引起地震振幅度变化，而这些岩石物性的变化分别控制了反射波的强度和 AVO 响应的特征。目前，常规的 AVO 分析方法

(P,G 两参数)是从地震资料中提取振幅,并通过截距 P 和斜率 G 两种属性将振幅随偏移距的变化与岩石物性联系起来。由于截距是纵波速度 α 和密度 ρ 的函数,斜率是横波速度 β 和纵波速度 α 的函数,所以三个主要弹性参数(α,β 和 ρ)彼此依赖、互有联系、不能分离。这在岩性变化剧烈、产层含气饱和度低的情况下就可能导致两参数 AVO 反演的失效。为此,不少研究者提出了一些改进方法,如 Kabir 建议利用密度差异作为含气饱和度的指示因子,Skidmore 等采用三参数(A_0^R,A_2^R,A_4^R)的 AVO 岩性属性反演提高烃类检测能力。

图 4-2-13 所示为产油区的层位切片,图 4-2-13a 至 c 分别为振幅异常、AVO 异常和密度异常分布图。在振幅和 AVO 异常中,除 A5 井外所有井都含气。A5 井为含水井,B1 井位于邻近含水区的薄气层,在振幅和 AVO 异常中的灰白区域则没有发现气藏。在密度异常平面图上,A5 井处在密度异常之外,B1 井处在密度异常边缘上。由此可见,利用密度异常描述产层更细致,也更可靠。

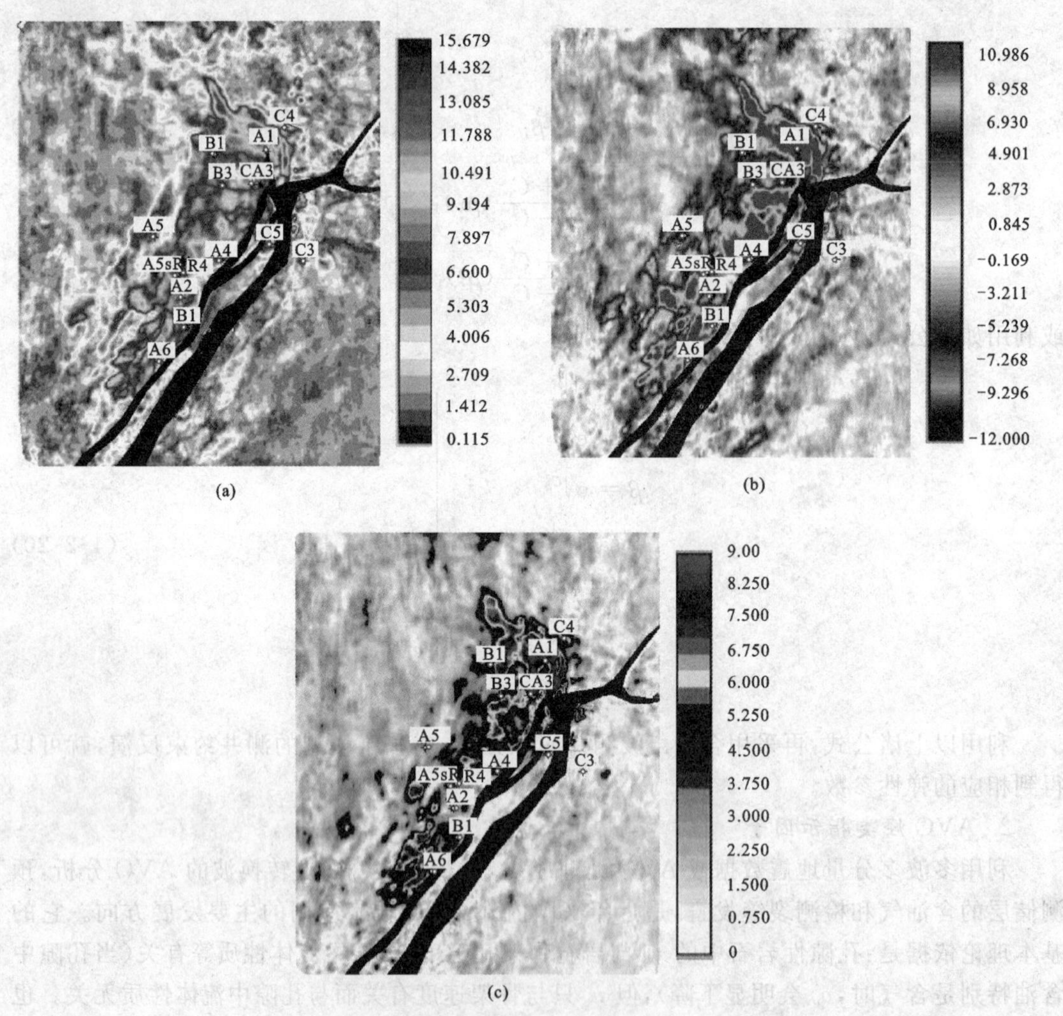

图 4-2-13 产油区的层位切片[16]

(a) 振幅异常;(b) AVO 异常;(c) 密度异常

图 4-2-14 所示为墨西哥湾一个开发区的振幅、AVO 和密度异常分布图。研究区内 4 个 AVO 异常区块中的 3 个已经钻探并出气,第 4 区块还未测试。地震资料是在该油田开

采多年后采集的，利用地震资料研究多年开采的油田所关注的是剩余油分布。从振幅和AVO 异常图上看不到异常轮廓的变化，然而在密度异常图上可见到轮廓的明显改变。在第1 和第 2 断块中的 3 口井附近，密度变化与振幅和 AVO 异常的范围相比有较大变化。在第3 断块中的振幅异常已被钻井证实，仅发现少量的气，且在开采几个月后被关闭，该井表明穿过的储层离断层太近。第 4 振幅异常区还未钻探，它在密度异常图上具有与振幅和 AVO相同的形状，表明具有良好的开采前景。

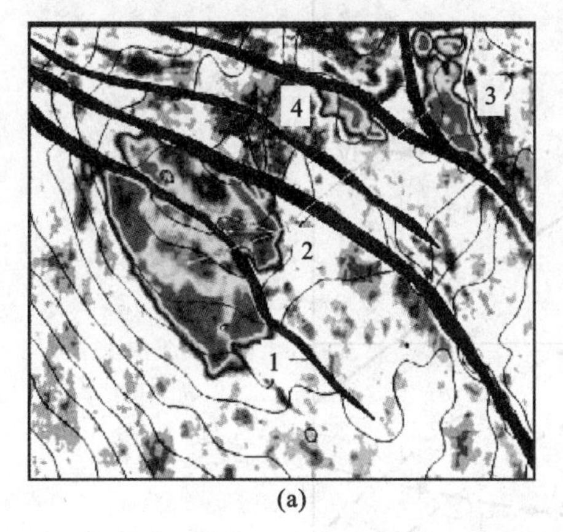

(a)

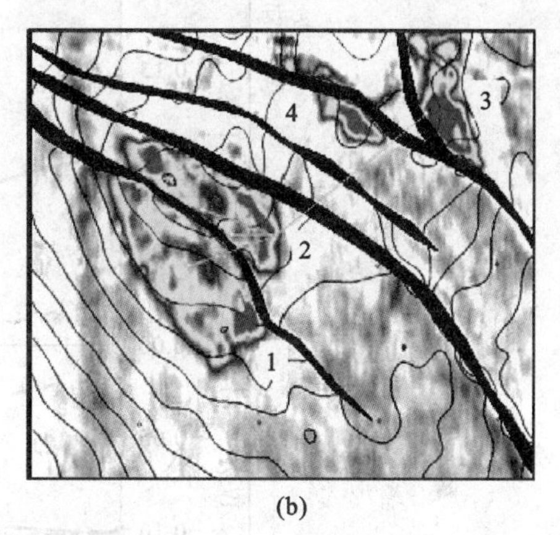

(b)

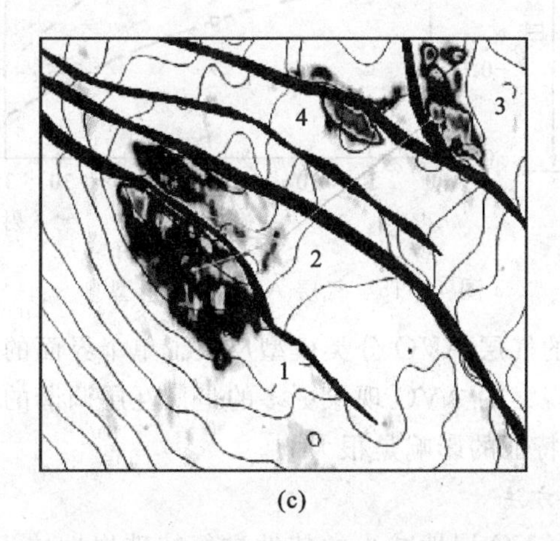

(c)

图 4-2-14　墨西哥湾某开区的异常分布图[17]

(a) 振幅异常；(b) AVO 异常；(c) 密度异常

AVO 烃类指示因子的分类经历了如下过程：1989 年，Rutherford 和 Williams 根据气层的波阻抗特征和泊松比特征，将气层分为三类；1993 年，Swan 对 AVO 烃类指示因子作过评论；1998 年，Castagna 等提出了把梯度和截距的背景趋势与岩石物性关系联系起来的公式，并将 Rutherford 和 Williams 的气层分类法推广到四类(图 4-2-15)。Ⅰ类为高阻抗含气砂岩(C1)。这类砂岩具有比上覆介质高的波阻抗，其 AVO 特征为：零偏移距振幅强且为正极性，AVO 曲线呈减小趋势，当入射角足够大时可看到极性反转。Ⅱ类为近零阻抗差的含气砂岩(C2)。这种砂岩的 AVO 特征为：零偏移距振幅很小，趋于零，故在零偏移距附近不易检测。随着偏移距的增大，其 AVO 特征变化较大，特别是不同岩性组合时的 AVO 特征变化更大。此类气层又可分为 C2P 和 C2N。前者 AVO 曲线开始大于零，随着偏移距的增大，振幅会减小并出现极性反转；后者 AVO 曲线都小于零，随着偏移距的增大，振幅绝对值增加。对于此类气层，Ross 提出用分偏移距段叠加和极性调整叠加的方法来减少因极性反转而导致的叠加能量减弱的风险。Ⅲ类和Ⅳ类为低阻抗含气砂岩(C3 和 C4)，它比上覆介质的阻抗低，其 AVO 特征为：零偏移距振幅很强，呈负极性。AVO(指振幅绝对值)呈增加趋势的为第Ⅲ类，墨西哥湾和国外大多数“亮点”气层属于此类；AVO(也是指振幅绝对值)呈减小趋势的为第Ⅳ类。

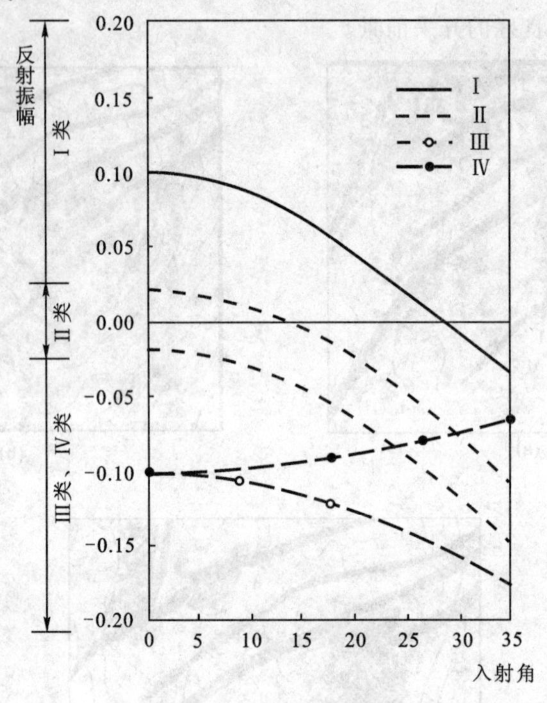

图 4-2-15　气层 AVO 分类模型[8]

需要说明的是，以上的气层 AVO 分类模型反映了单个界面的反射，只适用于厚气层情形。在实际地震勘探中，观察的 AVO 现象更多的是薄互层调谐的结果，而薄互层岩性的组合及厚度的变化对 AVO 特征的影响是很大的。

3. AVO 交会图分析方法

AVO 交会图是利用 AVO 属性减小的技性进行特殊岩性体识别和烃类检测的重要手段。由图 4-2-15 可见：气层的 AVO 响应十分复杂，AVO 特征出现四种方式，表明地下复杂地质条件可造成地震响应的多解性。AVO 交会图分析的目的是要减少气层评价中的多解性并试图找到最有效的烃类指示因子。在 AVO 交会图分析中，确定所用的最佳属性和显示 AVO 交会结果是需要解决的两个关键问题。通常，AVO 交会图分析有以下步骤：

(1) 编辑和准备用于 AVO 模型的测井曲线，创建流体或岩性替代的测井曲线。

(2) 形成井点处的流体或岩性 AVO 替代模型，利用 Gassmann 方程计算流体饱和岩石的模型。在此之前应该确定含气和含水砂岩(作为背景岩石，如致密砂岩、泥岩或钙质砂岩)存在的交会关系。

(3) 根据合成记录，分析和提取适合所给岩性或流体模型的 AVO 属性(如截距与梯度、截距与泊松比差异、流体因子等)。

(4) 结合模型结果对实际的地震 AVO 属性进行交会分析和解释。

图 4-2-16 所示为取自墨西哥湾实际地震数据的 AVO 属性截距 A 和梯度 B 交会图。

图中中间椭圆区为含水背景，左下方和右上方椭圆区分别为含气砂岩的顶、底。

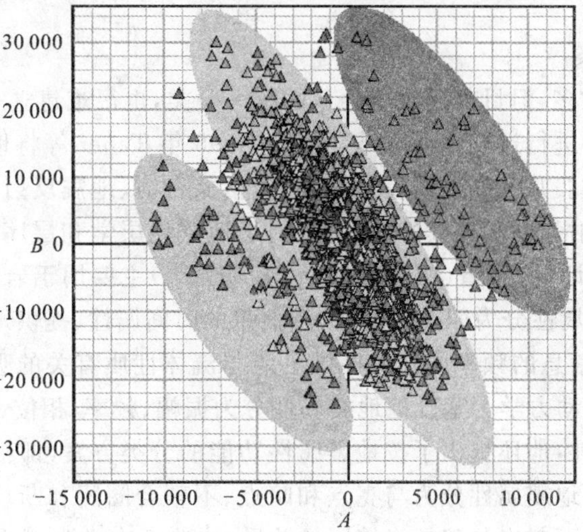

图 4-2-16　AVO 的截距 A 和梯度 B 交会图[18]

根据 AVO 的截距和梯度交会图，上述的四类气层特征见表 4-2-4。

表 4-2-4　气层 AVO 异常分类表[8]

类	相对声阻抗	截　距	梯　度	振幅与偏移距曲线
Ⅰ	比下伏地层单元高	+	−	减　小
Ⅱ	与下伏地层单元相当	+ 或 −	−	增加和减小，可改变极性
Ⅲ	比下伏地层单元低	−	−	增　加
Ⅳ	比下伏地层单元低	−	+	减　小

4.2.3　地震属性分析技术

地震属性分析是以一系列地震属性为载体，从地震资料中提取隐藏在内的信息，并把这些信息转换成与岩性、物性或油藏参数有关联的，可为地质解释或油藏工程直接服务的信息，从而达到充分发挥地震资料潜力，提高地震资料在储层预测、储层参数表征和油藏动态监测能力的一项技术。下面对地震属性的定义、种类、描述与适用性、优选以及应用等方面进行介绍。

1. 地震属性的定义

所谓地震属性(Seismic Attribute)，是指从地震数据中导出的关于几何学、运动学、动力学及统计特性的特殊度量。在众多的地震属性中，有些属性对特定的油藏环境比较敏感，有些属性对不易检测的地下界面异常更有利，还有些属性直接用于碳氢检测。20 世纪 70 和 80 年代，用于石油勘探的地震属性主要有振幅类属性(如亮点技术、AVO 技术、薄层厚度解释技术等)和与速度有关的地震属性(如 Glog，PIVT，Seislog 等处理软件)，还有反映振幅、频率、相位等特征的剖面属性，如三瞬(瞬时振幅、瞬时频率、瞬时相位)剖面技术、碳氢检测(HCI)技术等。进入 20 世纪 90 年代后，地震属性技术在许多方面取得了很大的进展，其范围包括从单道瞬时同相轴属性计算到比较复杂的多道窗口式地震同相轴属性提取，直至地震属性体的生成；应用也从简单的振幅异常检测到油藏随时间推移的流体运动前缘监测。

总之，地震属性技术可从地震资料中提取隐藏在其中的有用信息，大大提高了地震技术在石油工业中的应用水平。

2. 地震属性的种类

地震属性的类型很多，但目前还没有公认的统一分类，也很难建立一个完整的地震属性列表。对此有很多学者进行过归纳和总结。例如，1995 年 Taner 等将地震属性划分为几何属性和物理属性两大类。几何属性或反射特征（包括旅行时、地震反射构形、地震相单元边界反射结构、同相轴反射强度和连续性等）主要用于地震地层学和层序地层学解释；物理属性（包括振幅、三瞬、统计量、频谱、相关特性、叠前属性等）主要用于岩性及储层特征解释。1996 年，Brown 将地震属性分为四类：提供构造信息的时间属性、提供地层和储层信息的振幅属性、提供潜在储层信息的频率属性和提供可能与流体性质有关的吸收衰减属性。1997 年，Chen 则以运动学和动力学为基础把地震属性分为振幅、频率、相位、能量、波形、衰减、相关、比值等几大类。此外，他还提出了按地震属性功能的分类方案，即根据储层特征进行的地震属性分类方法。将地震属性分为与亮点和暗点、不整合圈闭和断块背斜、含油气异常、薄储层、地层不连续性、石灰岩与碎屑岩储层的差异、构造不连续性、岩性尖灭有关的几个大类。下面按属性的提取方式、应用领域等进行分类。

(1) 建立在运动学、动力学基础上的地震属性类型，包括振幅、波形、频率、衰减特性、相位、相关分析、能量、比率等。

(2) 以油藏特征为基础的地震属性类型，包括表征亮点、暗点、AVO 特性、不整合圈闭或断块隆起异常、含油气异常、薄层油藏、地层间断、构造不连续、岩性尖灭、特殊岩性体等的地震属性。

(3) 不同数据对象的地震属性类型，包括：① 以剖面为基础的属性，如传统的瞬时类属性或经速度、声阻抗等特殊处理后的剖面。② 以同相轴为基础的属性，提供了在地质分界面上或分界面之间的地震属性的变化信息，如沿层或层间瞬时属性、单道时窗的沿层或层间属性、多道时窗的沿层或层间属性。多道时窗提取属性时需给定分析时窗的上下限和道数，计算后的结果放在该多道时窗的中点。提取多道时窗地震属性时，使用三维数据体特别方便，有图 4-2-17 所示的八种方式可供选择。实践表明，用不同道空间组合模式提取的多道地震属性还有两方面的优越性：由于可得到各道互相关值，主元素等分析方法就可应用于相关矩阵，以便获取反映地震或地质信息是否连续的映像，同时也减少了属性提取中的随机干扰的影响；用于互相关分析的不同空间组合模式有助于揭示油藏构造、裂缝或断层方式的各向异性特征。③ 以数据体为基础的属性，由三维地震数据体得到的相关类型的属性体具有

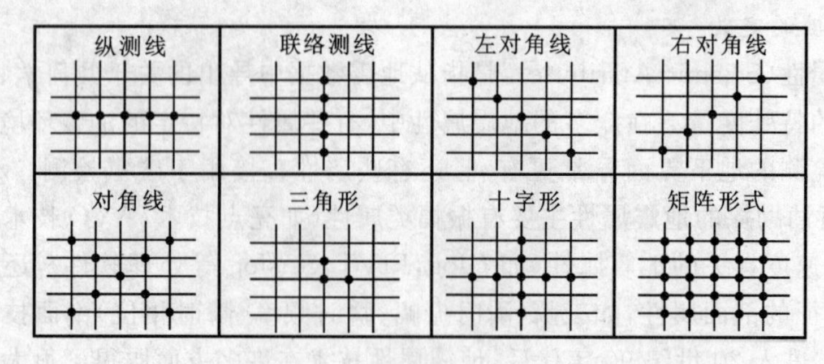

图 4-2-17　地震道的空间组合模式

很大的研究价值,如可提供地震信号相似性和连续性方面的最佳信息。

3. 地震属性的描述与适用性

常用的提取地震属性的分析方法包括复地震道分析、相关分析、傅里叶谱分析、功率谱分析、自回归分析、数理统计分析等。经过相应的分析计算后,可得到一系列地震属性参数,介绍如下。

1) 瞬时属性 (Instantaneous Attributes)

这是根据一定位置上地震数据的复数道分析技术导出的一系列地震属性参数,主要包括:

(1) 瞬时真振幅 $f(t)$。这是所选样点上各道时间域振动幅值,即为地震道数据的隐含表示。它广泛用于地震资料的构造和地层解释,常与其他振幅属性一起用于分离高幅区或低幅区,如亮点和暗点技术。

(2) 瞬时积分振幅 $q(t)$。这是从复地震道分析得到的时间域振动振幅,与瞬时真振幅 $f(t)$ 相差 90°相位。相位延迟特性在瞬时相位垂向变化的质量控制、确认薄层的某些 AVO 异常方面很有用处。

(3) 瞬时相位 $r(t)=\tan[q(t)/f(t)]$。表示在所选样点上各道的相位值,主要用于增强油藏内弱同相轴,对噪音也有放大作用。最终成图的彩色色标应考虑到结果的周期性,即 $r_{-180°}=r_{180°}$。由于油气的存在经常引起相位的局部变化,所以这一属性常和其他属性一起用作油气检测的指标之一。该属性也可用于测定薄层的相位特征,其横向变化与流体含量变化及薄层组合有关。

(4) 瞬时相位的余弦 $\cos r(t)$。这是由瞬时相位导出的属性。由于它固定的范围为 $-1\sim1$,易于理解,故常与瞬时相位一起用来显示异常的变化。它可用来识别地震地层层序及其特征;由于它没有跳变现象,故可用于数据增强处理。

(5) 瞬时真振幅乘瞬时相位的余弦 $f(t)\cdot\cos r(t)$。这一复合属性用来增强波峰或波谷振幅,特别适用于零相位地震数据,以便于构造解释。

(6) 瞬时频率 $\Psi(\omega)$。定义为瞬时相位对时间的导数,即 $\mathrm{d}r(t)/\mathrm{d}t$,单位用°/ms 或 rad/ms表示。经常用它来估计地震振幅的衰减;由于油气的存在往往引起高频成分的衰减,故可用这一属性检测油气。

(7) 振幅加权瞬时频率 $\sum[f^2(t)\cdot \mathrm{d}r(t)\mathrm{d}t]/\sum f^2(t)$。瞬时频率由瞬时振幅作加权,它提供了更强或更光滑的瞬时频率估计,也不易受噪音的影响。

(8) 能量加权瞬时频率 $\sum[A^2(t)\cdot \mathrm{d}r(t)\mathrm{d}t]/\sum A^2(t)$。瞬时频率由瞬时能量作加权,它提供了瞬时频率的最强估计,有利于道内异常或随机信息的压制或削弱。

(9) 瞬时频率的斜率 $\mathrm{d}[\mathrm{d}r(t)/\mathrm{d}t]/\mathrm{d}t$。瞬时频率的变化率,经常用来表示地震信息的衰减率或吸收率。由于不同的流体饱和引起不同的衰减,所以对高分辨率资料,这一属性可指示流体边界或展示气藏的展布范围。它也非常适合于四维地震中的动态监测。

(10) 反射强度 $A(t)=\sqrt{f^2(t)+q^2(t)}$。即振幅包络,它在鉴别亮点、暗点、平点中很有用;可用来确定油藏的流体、岩性、地层的横向变化,也可刻画层序,展示垂向上地层学特征的变化趋势,还可识别垂向流体含量的变化。作为复地震道幅度的绝对值,它损失了一定的垂向分辨率。

(11) 分贝表示的反射强度 $20\lg A(t)$。反射强度的分贝尺度。分贝尺度常用在频率域中显示功率谱,在此用来考察以分贝表示的反射强度的变化或异常。可用来识别振幅异常或层序特征,也可用来追踪地层学特征(如三角洲河道或砂岩),还可用于识别岩性变化、不整合、气体以及流体的聚集等。

(12) 反射强度的中值滤波能量。定义为反射强度的时间域中值滤波(Median Filtering)能量,该属性削弱了野值的影响,突出了连续、平稳的反射强度的峰值异常。

(13) 反射强度的斜率。反射强度随时间的变化率,在特征化垂向地层序列和油藏内流体成分的垂向变化方面非常有用。

(14) 视极性。定义为实际地震道在反射强度波峰处的极性,数值等于反射强度×sign。sign为反射系数的正负符号。常与反射强度一起用来检查沿层极性的横向变化。

(15) 响应相位。它是从围绕反射强度叶瓣的瞬时相位中导出的,是追踪地震子波的相位特性在时间、空间上改变的一种替代方法,可用于识别地震地层层序,检测岩相或流体含量的变化。当振幅特征相似时,可以作为区域性特征的识别标准。

(16) 响应频率。它是从围绕反射强度叶瓣的瞬时频率中导出的,是追踪地震子波的优势频率在时间、空间上改变的一种替代方法,可用来识别与气聚集而引起的频率异常。与瞬时频率所起作用类似。

2) 单道时窗属性(Single Trace Windowed Attributes)

这是对单道、一定时窗的地震数据经振幅特征分析、相关分析、傅里叶谱分析、功率谱分析、自回归分析、数理统计分析和计算后得到的一系列地震属性参数,主要包括:

(1) 平均振动能量。时窗内所有样点的振幅平方即为时间域平均能量,用于分析感兴趣层段的振幅异常,也是亮点和暗点检测的一个关键属性。

(2) 平均振动路径长度。定义为平均的道记录轨迹长度,是包括振幅和频率的复合属性。当与其他振幅和频率属性一起使用时,最能区分高幅/高频和高幅/低频、低幅/高频和低幅/低频之间的差异。

(3) 最大波峰、波谷振幅。时窗内记录道的最大波峰值或波谷值,用来识别由于岩性变化或油气聚集而引起的振幅异常。

(4) 累积绝对振幅。时窗内所有样点振幅的绝对值之和,用来特征化层序,指示由于岩性或油气聚集而引起的振幅异常。

(5) 复合绝对振幅。时窗内最大波峰、波谷振幅绝对值之和,常用来特征化由于岩性变化或油气聚集而引起的横向振幅异常。

(6) 均方根振幅。时窗内时间域能量和的均方根值,用来指示振幅异常和刻画层序特征,也用来追踪三角洲河道和含气砂岩的岩性变化。

(7) 复合包络差。顶底同相轴间对应半时窗内的振幅包络差,主要用来考察感兴趣区域由顶到底同相轴因不同饱和液引起的地震衰减,其横向变化指示了岩性和流体的变化,也适用于四维地震技术。

(8) 平均过零点。时窗内过零点数的平均值,是测定地震资料频率分量的另一种方法。

(9) 带宽比。这是时窗内数据的频率范围的统计测定,它包含地震震源子波和岩层反射率的影响。相对各种噪音而言,由于地震子波的带宽在横向上更为稳定,所以这一属性指示了高(或低)多次波或海上鸣震的出现区域。低频多次波或海上鸣震导致较小的带宽比。

(10) 优势频率比。使用自相关函数的快速傅里叶变换(FFT)并进行时窗平滑处理来测定时窗内记录道的优势频率。对于该属性和其他频谱类属性,至少需要8~10个样点,以便得到稳定的频谱。由于地震子波的优势频率在空间上是十分稳定的，因此该属性的变化主要由局部岩性和流体性质不同所致。油气的存在通常造成高频分量的衰减，所以优势频率的降低可以指示含气砂岩等。相邻道优势频率比可用来特征化感兴趣地带的横向变化。

(11) 中心频率比。这是时窗内数据对应频谱的峰值频率的统计测定，它对时窗内反射率较敏感。除非资料质量很差，该属性应与优势频率比类似，可指示含气砂岩的存在引起的频率吸收异常。

(12) 形心频率比。定义为功率谱面积的中心所对应的频率，常与优势频率比、中心频率比一起用于质量控制。

(13) 第一、第二、第三峰值谱频率。三者一同用来刻画振幅谱。三个峰值谱频率常用来检测由于上覆地层异常(如气饱和或裂缝存在)所致的选频吸收。时窗内主频特征及其横向变化指示由于气体或裂缝导致的吸收参数的变化。它也可识别由于地层学特征、岩相等改变而引起的细小的频率变化。

(14) 优势功率谱。优势频率对应的功率谱值，该属性的沿层横向变化指示了由于岩性或流体性质不同造成的反射界面不均匀性，也适用于四维地震。

(15) 优势功率谱的集中程度。定量计算主频附近能量分布的另一种功率谱统计测定方法。该属性沿层横向变化表明反射界面由于岩性或流体性质不同造成的不均匀性，也适用于四维地震。

(16) 有限的或特定的带宽能量。包含在由用户给定的低、高截频范围内的能量，通常与低频带宽能量一起用于检测含气砂岩和裂缝，特别适用于薄层。

(17) 特定的与有限的能量比。规定的带宽能量与有限的带宽能量之比。这是由含气所致的谱能量低频影响的重要标志，其横向变化可指示流体接触面及其变化。

(18) 衰减敏感带宽。定义为有限带宽能量值除以优势频率值。油气聚集通常引起高频衰减，由此导致带宽的改变，也适用于四维地震。

(19) 功率谱对称性。描述了频谱分布及相对于中心频率的形状对称性。它指示含气异常很有用，因为含气所致的高频分量的衰减造成频谱形状的不对称。

(20) 功率谱斜率。描述了频谱的分布特征及选频吸收，通常用来检测由于含气造成的频率异常。

(21) 相邻峰值比。时窗内最大峰值与其后的相邻波峰振幅之比，用于估计感兴趣地带的地震波衰减。

(22) 自相关函数的峰值比。确定自相关函数的最大峰值及相邻峰值，再进行比较，可估计目标层的地震波衰减。关于自相关函数的其他特征参数包括极大振幅值、极小振幅值、主极值面积、旁极值面积、主极值半周期宽度、给定延迟时间范围内自相关函数包含的面积、自相关函数幅值下降速度或梯度等。

(23) 地震记录分辨率的评价参数 $\lambda = \frac{1.0}{\theta} \cdot \frac{S_1}{S_{2\sim4}}$。按地震记录自相关函数的特征参数定义的分辨率估计 λ。式中，θ 为自相关函数主极值半周期宽度；S_1 为主极值半周期自相关函数曲线所包围的面积；$S_{2\sim4}$ 为自相关曲线依次三个旁极值面积之和。λ 可用来考查反褶积前后地震记录分辨率的变化，以判断该处理方法的效果。薄互层结构的反射层，相邻反射层的反射波相互干涉，形成复杂波组，此时的 λ 较小。

(24) 样点的数学均值。时窗内所有样点幅值的数学平均值，是用于去除地震道偏置值的统计属性。

(25) 振幅斜率。时窗内道振幅值对时间的平均变化率,可测定道内能量的一般趋势。

(26) 振幅峭度。时窗内各振幅值的4次幂之和,这一统计量可指示振幅值起伏的相对变化量,可确定时窗内优势同相轴。

(27) 正负振动比。正的振幅面积与负的振幅面积之比,用于鉴别时窗内同相轴的平衡,如识别与声波测井资料对比较好的储层内部同相轴的对应厚度。

(28) 样点值小于、大于门槛值的百分比。分别计算时窗内样点值小于或大于用户给定门槛值的个数,再计算其百分比。它可刻画海侵/海退层序,展示主要的地层学特征变化趋势。在平行、丘状、杂乱地层排列中该属性数值有所不同,可用来检测不同的沉积特征,还可用来识别沿一层或某一层序的振幅异常。

(29) 半能量时间。在给定时窗长度内,累积能量占序列总能量的一半时所用的时间占时窗长度的百分比。它可以指示地层学特征的变化。

(30) 正负振幅个数比。分别检测时窗内正、负振幅的个数,再取其比值。它可用来检测地层学特征的变化,局部时窗内可以检测沉积旋回的变化。

(31) 复赛谱分析算法求取对数衰减率 δ_c。按下式来定义:

$$\delta_c = \frac{1}{t_2 - t_1}\frac{dQ(f)}{df} \tag{4-2-21}$$

式中,t_1,t_2 分别为第一、第二时窗中点所对应的时间;$Q(f)=\ln[S_1(f)/S_2(f)]$,$\ln[S_1(f)]$和$\ln[S_2(f)]$分别为第一、第二时窗内记录的复赛谱(傅里叶谱取对数后再进行傅里叶反变换,得到时间域复谱,它是一种非线性滤波)经傅里叶变换所得到的频率域对数谱函数。

(32) 傅里叶谱分析算法求取对数衰减率 δ_f。按下式来定义:

$$\delta_f = \frac{1}{t_2 - t_1}\frac{dQ(f)}{df} \tag{4-2-22}$$

式中,$Q(f)=\ln[S_1(f)/S_2(f)]$,$S_1(f)$和$S_2(f)$分别为第一、第二时窗内记录的傅里叶谱。

(33) 功率谱分析算法求取对数衰减率 δ_p。按下式来定义:

$$\delta_p = \frac{1}{2(t_2 - t_1)}\frac{dQ(f)}{df} \tag{4-2-23}$$

式中,$Q(f)=\ln[P_1(f)/P_2(f)]$,$P_1(f)$和$P_2(f)$分别为第一、第二时窗内记录的功率谱。

(34) 低频能量比 LER。$LER = LE_2/LE_1$,LE_1 和 LE_2 分别为第一、第二时窗中的低频能量值。$LE_1 = EC/ET$。$ET = \int_{f_1}^{f_h} P(f)df$。式中,$P(f)$ 为时窗内记录的功率谱;f_1 为功率谱的低截频;f_h 为功率谱的高截频。$EC = \int_{f_1-c/2}^{f_1+c/2} P(f)df$。式中,$c$ 为低频能量带的宽度。

3) 多道时窗属性(Multi-Trace Windowed Attributes)

这是对多道、一定时窗的地震数据经相关分析、主元素分析或K-L变换等处理后得到的一系列地震属性参数,主要包括:

(1) 相关KLPC1。定义为多道、零延迟互相关矩阵的第一主分量。KLPC表示主元素分析法或由Karhumen-Loeve给出的K-L变换。该属性可用作多道时窗同相轴线性相干性测定,标准值为1。小于1代表了不连续或不相关的程度,可能是由倾斜的地质现象或更多的随机噪音引起的。它也可用来检测地震不连续,如断层和不整合等。

(2) 相关KLPC2。定义为多道、零延迟互相关矩阵的第二主分量。如果地震数据主要是由相关KLPC1特征化的，那么相关KLPC2给出了数据中剩余特征的第二个指标。通常吸收的特征类似于KLPC1，但数值范围不同。

(3) 相关KLPC3。定义为多道、零延迟互相关矩阵的第三主分量。它给出了数据中剩余特征的第三个指标。

(4) 相关KLPC比。主分量间差值之比，即$(PC_1-PC_3)/(PC_1-PC_2)$。它综合了上述三个属性的特征，通常可得到类似于KLPC1的特征描述。

(5) 相关长度。定义为所有道互相关值降到0.5时用道数表示的平均距离。这是横向连续性的一个表征参数，用来测定时窗内地震数据所代表的岩相，特别是对页岩很有用。

(6) 平均相关。定义为多道时窗内互相关的平均值。它可用来检测地震不连续性，不同的地震道空间组合模式所计算的平均相关属性可指示不连续性的各向异性。

(7) 加权相关。在互相关求和过程中，接近中心道的那些道的权系数给得大一些时所计算出的相关值。它也是用来检测地震不连续性的。

(8) 相关峭度。定义为多道时窗内平均相关的4次幂。它突出了地震不连续性，经常用来突出低相关点或轮廓。

(9) 最小相关值。定义为多道时窗内互相关的最小值。它也是用来检测地震不连续性的。

(10) 最大相关值。定义为多道时窗内互相关的最大值。它经常与最小相关属性一起使用，两者的差异更有助于地震不连续性解释。

(11) 相似系数。定义为叠加分量平均能量归一化的能量和，标准值为1，如下式：

$$R_{SS}=\int_0^T S_i(t)S_j(t)\mathrm{d}t\Big/\sqrt{\int_0^T S_i^2(t)\mathrm{d}t\cdot\int_0^T S_j^2(t)\mathrm{d}t} \tag{4-2-24}$$

式中，$S_i(t)$和$S_j(t)$分别为不同地震道；T为时窗长度。

该属性与标准值的偏差表示道间差异程度，用来指示地层的不连续性。

(12) 最大相关减最小相关。取各相关值中最大值与最小值之差。

(13) 中值。取各相关值的中值，即对一组相关数据从小到大排列，其中间位置的相关值即为中值。

(14) 均值减中值。取各相关值的均值与中值之差。

(15) 方差。取各相关值的方差，即$V=\dfrac{1}{N}\sum\limits_{i=1}^{N}(\rho_i-\bar{\rho})^2$。式中，$\bar{\rho}$为平均相关。

上述属性中，最小相关强调局部地震道间的不相似性；最大相关用于检测大的地层边界；均值、中值、加权相关给出道间相似性的趋势，对噪音有压制作用，但有平滑效应；最大相关与最小相关之差、均值与中值之差、方差给出局部相似性之间的差异。

4) 沿层构造属性(Event Object Structure Attributes)

它包括倾角分析、方位分析、边缘检测、差异检测等沿层构造属性。这些沿层构造属性可以揭示细小断层、地层学特征等。另外，通过这些属性的分布情况，还可以较为直观地展示目的层的构造分布。

(1) 倾角分析。倾角定义为时间梯度的大小，可由下式确定：

$$dip=\sqrt{\left(\frac{\mathrm{d}t}{\mathrm{d}x}\right)^2+\left(\frac{\mathrm{d}t}{\mathrm{d}y}\right)^2} \tag{4-2-25}$$

即在 x,y(主测线与联络测线)方向分别检测倾角,然后由梯度得该点倾角值。倾角分布图可以展示层位构造起伏的大小。值得注意的是:单独一个倾角值无特别意义,只有倾角的相对变化才有意义。

(2) 方位分析。定义为 y 方向时间梯度与 x 方向时间梯度之比的反正切,可由下式确定:

$$azimuth = \arctan\left(\frac{\mathrm{d}t}{\mathrm{d}y} / \frac{\mathrm{d}t}{\mathrm{d}x}\right) \tag{4-2-26}$$

它以正北方向为0°,沿顺时针方向依次增加至360°。方位提供了地质层位的倾向信息。

(3) 倾角/方位分析。这是将倾角与方位的信息综合显示在一张图件上。倾角、方位的计算仍分别按上述公式计算,最后显示时按图 4-2-18 所示。其中的颜色表示方位(倾向),同一种颜色的亮暗程度表示倾角的大小。由亮变暗表示倾角由缓到陡。倾角/方位属性综合了倾角与方位信息,其分布图可以展示层位构造变化的总态势。

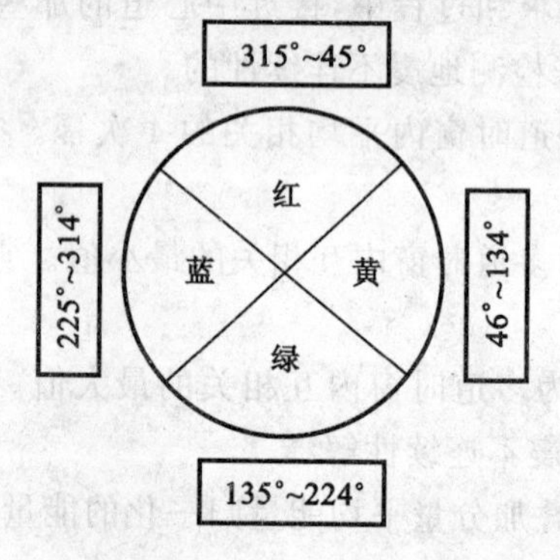

图 4-2-18 倾角/方位分析示意图

(4) 边缘检测。采用如下算法,对于一个由 9 道地震道组成的平面,首先分别计算主测线方向及联络测线方向的一阶导数,以两个方向的一阶导数平均值作为该平面中心的边缘检测值。实际计算过程如图 4-2-19 所示,其中 E 为中心点,X 方向二阶导数为 $X=[(C+2F+K)-(A+2D+G)]$,Y 方向二阶导数为 $Y=[(A+2B+C)-(G+2H+K)]$。边缘检测计算按下式进行:

$$edge = \sqrt{x^2 + y^2} \tag{4-2-27}$$

边缘检测突出大断裂的展布。

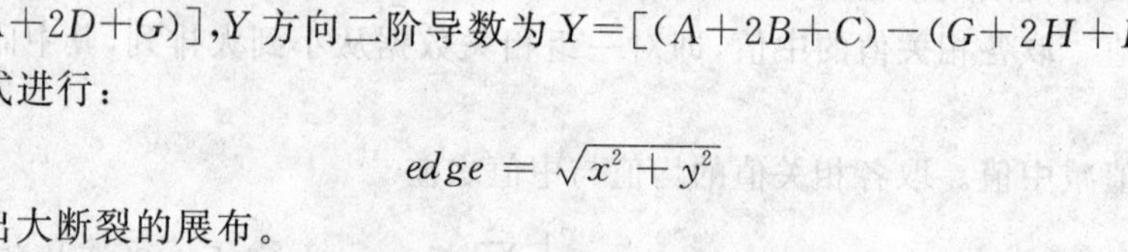

A	B	C
D	E	F
G	H	K

Y

X

图 4-2-19 边缘检测计算的示意图

从上面的讨论可知,从地震资料尤其是三维地震数据体中确实可以提取很多的地震属性参数。这些属性参数都是地下地层、岩性、物性特征的具体反映。有反映储层含油气特征的地震属性参数;有反映局部高振幅带的地震属性参数;有反映油藏厚度或断层特征变化的地震属性参数；也有反映储层频率吸收衰减的地震属性参数；还有研究储层裂缝及其发育带的地震属性参数，如反映储层吸收衰减特性的各种属性参数、沿层倾角方位检测的有关属性参数，倾角分析、方位分析、边缘检测等沿层构造属性参数。然而在利用地震属性参数解决具体地质问题时，并不是属性参数越多越好，关键在于属性参数的选择和合理应用。

4. 地震属性参数的优选

在讨论属性参数的优选问题之前，首先要进行地震属性的标准化处理，然后再进行相关分析，据此确定属性之间的相互关系。

1）地震属性标准化

在进行地震属性分析时必须对其进行标准化处理。这些方法包括总和标准化、最大值标准化、模标准化、中心标准化、标准差标准化、极差标准化和极差正规化等。针对地震属性参数的特点，常采用极差正规化标准对地震属性数据进行归一化处理，即将变量的每个观测值减去该变量所有观测值的最小值，再除以该变量观测值的极差（最大值减最小值即为极差），变换后的每个变量观测值都在 0～1 之间。

2）相关性定性分析

由于提取的众多地震属性之间并不是相互独立的，所反映的信息可能是类似的，因此在利用地震属性进行储层参数、油气预测之前，应该先分析地震属性之间的相关性，找出能够反映具体预测目标本质特征的、相互之间独立的地震属性参数。通常在所提取的各个地震属性之间作交会图（图 4-2-20），从中可以定性了解不同属性之间的相互关系。图 4-2-20 是从众多的地震属性中随机选用频率和振幅类的 7 个属性，用以展示它们之间的相关性。图

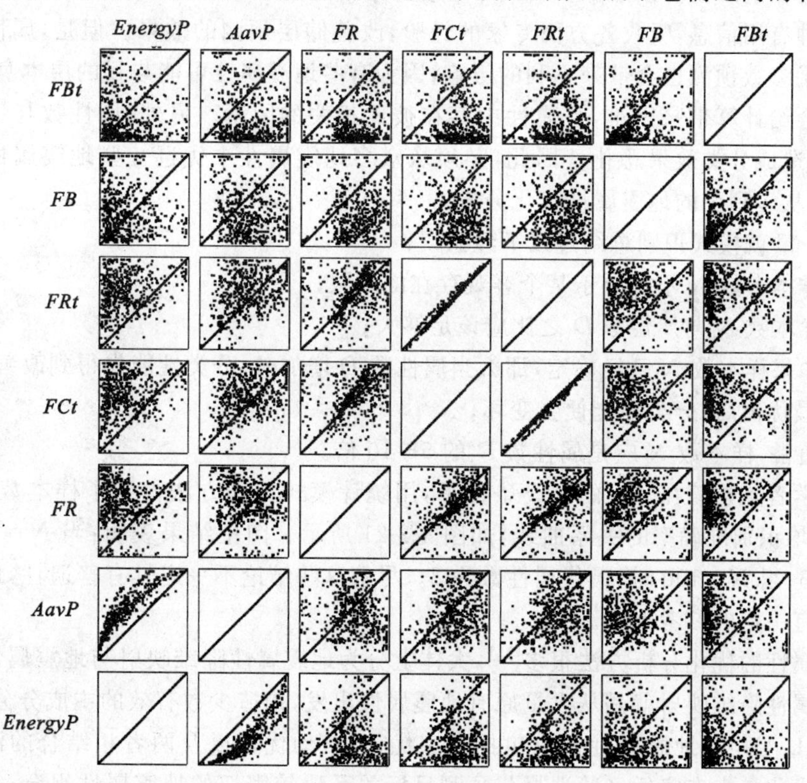

图 4-2-20　胜利油田某河道砂体部分沿层地震属性之间的交会分析图

中属性名称：FBt 为全谱带宽频率；FB 为有效段带宽频率；FRt 为全谱均方根带宽频率；FCt 为全谱平均频率；FR 为有效段均方根频率；$AavP$ 为波形正半周平均振幅；$EnergyP$ 为波形正半周能量。

3）地震属性参数的选择原则

目前，用于模式识别、油藏描述中的地震属性参数的总体选择原则是：

（1）不同的研究区域应根据本区的地质特点，并在试验的基础上选择相应的属性参数；

（2）需要解决的地质目标（如岩性、地层、含油气性、断裂带等）不同，选择的属性参数应有所不同；

（3）选择反映异常特征最敏感、物理意义最明确的属性参数参与运算或用作综合研究；

（4）在众多的地震属性参数中，反映异常特征相似的若干个参数只选其中之一即可；

（5）根据实践和经验，参与综合分析或处理的属性参数一般在 3～9 个为佳。

4）地震属性的优化方法

地震属性优化不仅是模式识别的关键步骤之一，而且对提高地震储层预测精度也具有重要意义。通常，在不同地区、不同层位，对所预测对象敏感的地震属性是不完全相同的。即使在同一地区、同一层位，对所预测对象的地震属性也有差异，因此有必要研究储层预测中的地震属性优化方法。

在利用地震资料进行储层参数预测时，通常要引入与储层参数有关的各种地震属性。地震属性的引入通常要经过一个从少到多，又从多到少的过程。所谓从少到多，是指在设计预测方案的初期阶段应该尽量多的列举出各种可能与储层预测有关的属性，这样就可以充分利用各种有用信息，吸收各方面专家的经验，改善储层预测的效果。但是，属性的无限增加对于储层参数预测也会带来不利的影响，因为有些地震属性可能与目的层本身无关，并且增加属性会给计算带来困难，且属性中存在彼此相关的因素。另外，属性数与训练样本有关，过多会造成分类效果恶化。因此，必须从众多地震属性中优选一些地震属性或属性组合，即进行从多到少的地震属性优化分析。

L. Kanal 就模式识别总结过以下经验[8]：

（1）样本个数 N 不能小于某个客观存在的界限；

（2）样本数 N 与属性数 D 之比应该足够大；

（3）如果样本数 N 已经确定，那么当属性数 D 增加时，分类性能先得到改善，但是当 D 达到某个最优值后，分类性能便会变坏；

（4）通常，样本数 N 应是属性数 D 的 5～10 倍。

我国学者陈季镐在一定的假设条件下，用统计模式识别方法得到了样本数 N、属性维数 D 与平均识别准确率的关系曲线，如图 4-2-21 所示。图中结果表明：当 $N=20$ 时，最优属性数为 5；当 $N=100$ 时，最优属性数为 8。尽管这些结论不一定具有普遍性，但对地震属性优化仍有一定的参考价值。

地震属性的优化分析方法很多[11]，大体上分为地震属性降维映射与地震属性选择两大类。地震属性降维映射就是从大量原有地震属性出发，构造少数有效的主成分分量，常用的方法是 K-L 变换。地震属性选取包括专家优化、自动优选以及两者相结合的混合优化方法。专家优化是由专家凭经验选择与预测目标关系比较密切的地震属性组合；自动优选方法主要是使用各种数学方法使得预测误差最小，包括地震属性比较法、顺序前进法、顺序后退法、遗传算法以及 RS 理论决策分析方法等；混合优化方法是结合专家知识经验，减少自

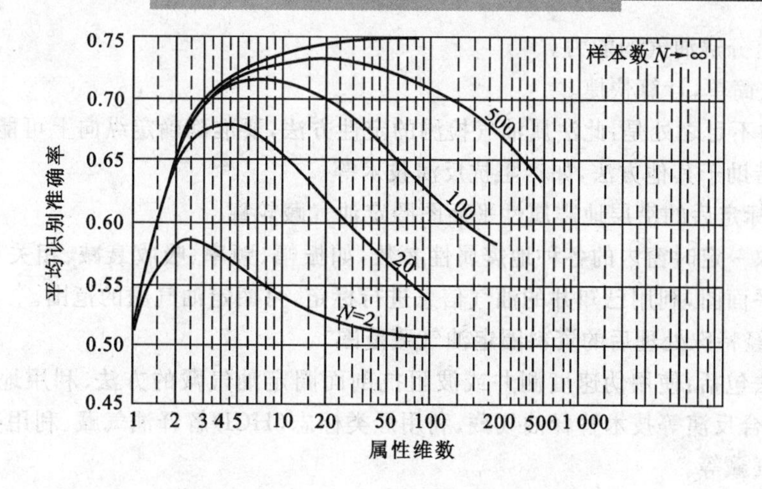

图 4-2-21　属性维数 D 与平均识别准确率的关系曲线[8]

动优化的计算量，常将专家优化与最优搜索算法相结合进行属性优化。

5. 利用地震属性圈定油气藏的例子

1) 利用速度变化规律解释油气藏

含油气地层通常表现为低速，利用速度谱资料沿测线分析速度变化规律或利用经内插、外推绘制的层速度平面分布图，根据平面图等值线分布规律，利用已知钻井的油气水信息进行标定，实现油气藏边界的圈定。

2) 利用层间速度差异常圈定油气藏范围

通常认为速度随深度近似呈线性关系变化。储层一旦含油气，就会使速度梯度发生变化，利用这一特点圈定油气藏范围的方法称为层间速度差分析方法(Differential Interformation Velocity Analysis, DIVA)。

DIVA 的具体做法是：沿相邻两个反射波同相轴，如储层顶底的反射同相轴，拾取每点的叠加速度，绘制在 x-v 坐标下，分别绘制顶底两条曲线，叠合在一起。如果岩性是均匀的，则两条曲线应该平行或近似重合。中间层段的地质规律发生局部变化，则两条曲线就会发散或交叉，据此可圈定局部低速异常区，如图 4-2-22 所示。图中阴影部分为可能的低速异常，它与感兴趣的目标层段的位置有关。

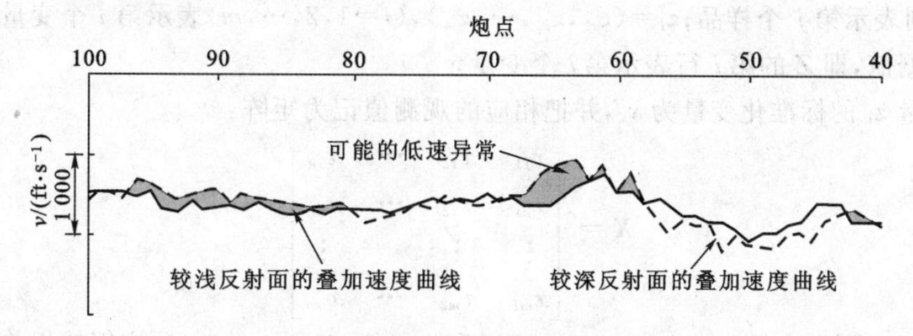

图 4-2-22　DIVA 的低速异常[12]

DIVA 的优点是：

(1) 减少了层速度计算中的误差。

(2) 通过加密拾取纵向上的反射层数，可提高纵向上识别油气的能力。

(3) 通过横向上加密速度谱点数，可提高横向分辨油气的能力；通过多层之间的比较，可提高宏观上分辨油气的能力。

(4) 方法简单,计算快捷。

DIVA 的不足之处是:此法属油气检测的定性方法,要准确确定纵向上可能的存储油气的层位必须借助于其他方法,如声阻抗反演技术等。

3) 利用标定后的沿层地震属性平面图圈定油气藏轮廓

沿层提取一定时窗内的各种地震属性参数,如振幅、频率、吸收衰减、相关特性等参数,绘制相应的平面图,利用已知井的油气信息进行标定,可圈定油气藏的范围。

4) 利用经特殊处理后的资料圈定油气藏范围

具体方法包括:使用伪速度测井或波阻抗剖面圈定油气藏的方法、利用地震岩性模拟(SLIM)或联合反演等技术解释油气藏、利用烃类标志(HCI)解释油气藏、利用亮点和 AVO 技术解释油气藏等。

上述技术的方法原理不再具体介绍。这方面的实际应用例子也很多,感兴趣的读者可阅读相关文献。

4.2.4 因子分析方法

1. 因子分析的基本概念

因子分析是研究变量间相关关系、样品间相似关系、变量与样品间成因联系以及探索它们之间产生上述关系的内在原因的一些多元统计分析方法的总称。根据它们的研究对象,因子分析大致可分为 R 型因子分析、Q 型因子分析和对应分析三种。下面详细介绍基于相关系数和相似系数统计量下的因子分析。

设有 n 个样品,每个样品包含 m 个变量。把 n 个样品 m 个变量的观测值写成数据矩阵形式:

$$\boldsymbol{Z}=\begin{bmatrix} z_{11} & z_{12} & \cdots & z_{1n} \\ z_{21} & z_{22} & \cdots & z_{2n} \\ \vdots & \vdots & & \vdots \\ z_{m1} & z_{m2} & \cdots & z_{mn} \end{bmatrix}$$

在矩阵 $\boldsymbol{Z}$ 中,$\boldsymbol{z}_j=(z_{1j},z_{2j},\cdots,z_{mj})^{\mathrm{T}}$,$(j=1,2,\cdots,n)$表示第 j 个样品 m 个变量的观测值,即 $\boldsymbol{Z}$ 的第 j 列表示第 j 个样品;$\boldsymbol{z}_i=(z_{i1},z_{i2},\cdots,z_{in})$,$(i=1,2,\cdots,m)$表示第 i 个变量在 n 个样品中的观测值,即 $\boldsymbol{Z}$ 的第 i 行表示第 i 个变量。

设变量 z_i 的标准化变量为 $\boldsymbol{x}_i$,并把相应的观测值记为矩阵:

$$\boldsymbol{X}=\begin{bmatrix} x_{11} & x_{12} & \cdots & x_{1n} \\ x_{21} & x_{22} & \cdots & x_{2n} \\ \vdots & \vdots & & \vdots \\ x_{m1} & x_{m2} & \cdots & x_{mn} \end{bmatrix}$$

对于任意两个变量 $\boldsymbol{x}_i=(x_{i1},x_{i2},\cdots,x_{in})$和 $\boldsymbol{x}_j=(x_{j1},x_{j2},\cdots,x_{jn})$,它们的相关系数为:

$$r_{ij}=\frac{1}{n-1}\sum_{k=1}^{n}x_{ik}x_{jk} \qquad (i=1,2,\cdots,m;j=1,2,\cdots,m) \tag{4-2-28}$$

m 个变量的相关系数构成一个 $m\times m$ 的矩阵:

$$R = \begin{bmatrix} r_{11} & r_{12} & \cdots & r_{1m} \\ r_{21} & r_{22} & \cdots & r_{2m} \\ \vdots & \vdots & & \vdots \\ r_{m1} & r_{m2} & \cdots & r_{mm} \end{bmatrix}$$

且 $r_{ij}=r_{ji}, r_{11}=r_{22}=\cdots=r_{mm}=1$，并称 $\boldsymbol{R}$ 为变量的相关矩阵。

任意两个样品 $\boldsymbol{x}_i=(x_{1i}, x_{2i}, \cdots, x_{mi})^{\mathrm{T}}$ 和 $\boldsymbol{x}_j=(x_{1j}, x_{2j}, \cdots, x_{mj})^{\mathrm{T}}$ 的相似系数为：

$$q_{ij} = \frac{\sum_{k=1}^{m} x_{ki} x_{kj}}{\sqrt{\sum_{k=1}^{m} x_{ki}^2 \sum_{k=1}^{m} x_{kj}^2}} \quad (i = 1,2,\cdots,n; j = 1,2,\cdots,n) \tag{4-2-29}$$

n 个样品的相似系数写成矩阵形式为：

$$Q = \begin{bmatrix} q_{11} & q_{12} & \cdots & q_{1n} \\ q_{21} & q_{22} & \cdots & q_{2n} \\ \vdots & \vdots & & \vdots \\ q_{n1} & q_{n2} & \cdots & q_{m} \end{bmatrix}$$

且 $q_{ij}=q_{ji}, q_{11}=q_{22}=\cdots=q_{m}=1$，并称 $\boldsymbol{Q}$ 为样品的相似矩阵。

R 型因子分析研究相关矩阵 $\boldsymbol{R}$ 的内部结构，从中找出 p 个对所有变量起控制作用的综合变量 $f_k(k=1,2,\cdots,p;p<m)$，并把变量 x_i 表示为 f_k 的线性组合，即：

$$x_i = a_{i1} f_1 + a_{i2} f_2 + \cdots + a_{ip} f_p + a_i e_i \quad (i = 1,2,\cdots,m) \tag{4-2-30}$$

当 $p \ll m$ 时，由上式化简研究系统，并进一步探索变量的成因联系及空间中变化规律的控制因素。

Q 型因子分析通过对相似矩阵 $\boldsymbol{Q}$ 内部结构的研究，寻找制约样品相似性的 p 个综合变量 $f_k(k=1,2,\cdots,p,p<n)$，并把样品 x_j 表示为综合变量 f_k 的线性组合，即：

$$x_j = a_{j1} f_1 + a_{j2} f_2 + \cdots + a_{jp} f_p + a_j e_j \quad (j = 1,2,\cdots,n) \tag{4-2-31}$$

当 $p \ll n$ 时，由上式化简样品研究系统，并进一步研究样品产生相似性的主要原因。

在此需要指出的是：上述两个公式也是 R 型和 Q 型因子分析的基本假设条件，其中 e_i 和 e_j 分别是服从均值为 0、方差为 σ_i^2 和 σ_j^2 的正态分布。

上述两种因子分析方法分析、综合原始观测数据，揭示变量之间和样品之间在成因上或空间上的联系，但却都不能直接反映出变量与样品间的联系。事实上，研究变量和样品之间的联系要比研究它们各自之间的关系更为重要。与此对应的分析方法是在上述两种因子分析方法的基础上发展起来的一种多元统计分析方法。它在同一个因子空间中揭示变量与样品的关系，且具有 R 型因子分析和 Q 型因子分析的共同特点。

2. R 型因子分析

在一般情况下，地震属性变量之间往往具有比较复杂的关系，既有相关的一面，又有独立的一面。变量间的复杂关系决定了不宜直接研究单一的变量，最好是研究由它们的组合构成的少数几个综合变量。这样的综合变量又叫主因子。主因子不仅具备相关性极小或不相关的特点，而且又能把原始变量所包含的不十分明显的差异尽可能多的反映出来。因子分析的任务之一就是找出 $p(p<m)$ 个主因子，把原始变量表示为 p 个主因子的线性组合，以此化简变量的研究系统。

n 个样品 m 个变量 $x_1, x_2, \cdots, x_m$ 观测值写成矩阵形式为：

$$\begin{bmatrix} x_{11} & x_{12} & \cdots & x_{1n} \\ x_{21} & x_{22} & \cdots & x_{2n} \\ \vdots & \vdots & & \vdots \\ x_{m1} & x_{m2} & \cdots & x_{mn} \end{bmatrix} = \begin{bmatrix} a_{11} & a_{12} & \cdots & a_{1m} \\ a_{21} & a_{22} & \cdots & a_{2m} \\ \vdots & \vdots & & \vdots \\ a_{m1} & a_{m2} & \cdots & a_{mm} \end{bmatrix} \begin{bmatrix} f_{11} & f_{12} & \cdots & f_{1n} \\ f_{21} & f_{22} & \cdots & f_{2n} \\ \vdots & \vdots & & \vdots \\ f_{m1} & f_{m2} & \cdots & f_{mn} \end{bmatrix} \quad (4\text{-}2\text{-}32)$$

或

$$\boldsymbol{X} = \boldsymbol{AF}$$

在进行综合研究时，如果用前 $p(p<m)$ 个主因子就能解释原始数据 80%～90%以上的信息，那么上式可改写为：

$$\boldsymbol{X} = \boldsymbol{AF} = [\boldsymbol{A}_1 \quad \boldsymbol{A}_2]\begin{bmatrix} \boldsymbol{F}_1 \\ \boldsymbol{F}_2 \end{bmatrix} = \boldsymbol{A}_1\boldsymbol{F}_1 + \boldsymbol{A}_2\boldsymbol{F}_2 \quad (4\text{-}2\text{-}33)$$

这里

$$\boldsymbol{A}_1 = \begin{bmatrix} a_{11} & a_{12} & \cdots & a_{1p} \\ a_{21} & a_{22} & \cdots & a_{2p} \\ \vdots & \vdots & & \vdots \\ a_{m1} & a_{m2} & \cdots & a_{mp} \end{bmatrix} \qquad \boldsymbol{A}_2 = \begin{bmatrix} a_{1p+1} & a_{1p+2} & \cdots & a_{1m} \\ a_{2p+1} & a_{2p+2} & \cdots & a_{2m} \\ \vdots & \vdots & & \vdots \\ a_{mp+1} & a_{mp+2} & \cdots & a_{mm} \end{bmatrix}$$

$$\boldsymbol{F}_1 = \begin{bmatrix} f_{11} & f_{12} & \cdots & f_{1n} \\ f_{21} & f_{22} & \cdots & f_{2n} \\ \vdots & \vdots & & \vdots \\ f_{p1} & f_{p2} & \cdots & f_{pn} \end{bmatrix} \qquad \boldsymbol{F}_2 = \begin{bmatrix} f_{p+11} & f_{p+12} & \cdots & f_{p+1n} \\ f_{p+21} & f_{p+22} & \cdots & f_{p+2n} \\ \vdots & \vdots & & \vdots \\ f_{m1} & f_{m2} & \cdots & f_{mn} \end{bmatrix}$$

式(4-2-33)表明原始数据所包含的信息可分解为两部分。$\boldsymbol{A}_1$ 和 $\boldsymbol{F}_1$ 是由 p 个主因子所包含的信息，而 $\boldsymbol{A}_2$ 和 $\boldsymbol{F}_2$ 可称为残余部分。残余部分可表示为 $a\boldsymbol{E}=(a_1e_1, a_2e_2, \cdots, a_me_m)^{\mathrm{T}}$，其中 $e_i(i=1,2,\cdots,m)$ 相互独立且服从 $\mathrm{N}(0,1)$ 正态分布，因此有：

$$\boldsymbol{X} = \boldsymbol{A}_1\boldsymbol{F}_1 + a\boldsymbol{E} \quad (4\text{-}2\text{-}34)$$

对于变量 x_i，它的线性表达式如下：

$$x_i = a_{i1}f_1 + a_{i2}f_2 + \cdots + a_{ip}f_p + a_ie_i \qquad (i=1,2,\cdots,m) \quad (4\text{-}2\text{-}35)$$

通常称公式(4-2-34)和(4-2-35)为 R 型因子分析模型。

因子分析模型中，在各变量中共同出现的因子 $f_1, f_2, \cdots, f_p$ 叫做公因子。它们是相互独立的理论变量，可将其理解为 P 维空间中互相垂直的 p 个坐标轴。$e_1, e_2, \cdots, e_m$ 叫做特殊因子。它们是每个单一变量所特有的因子。各特殊因子之间以及它们与所有公因子之间都是相互独立的。

a_{ij} 叫做因子载荷，是第 i 个变量在第 j 个公因子轴上的负荷。如果把 $\boldsymbol{x}_i$ 视为 p 维空间中的一个向量，那么 a_{ij} 则是在坐标轴 f_j 上的投影。矩阵 $\boldsymbol{A}_1$ 称为因子载荷矩阵。

对式(4-2-35)两边同时右乘 f_j，则有：

$$x_if_j = a_{i1}f_1f_j + a_{i2}f_2f_j + \cdots + a_{ij}f_jf_j + \cdots + a_{ip}f_pf_j + a_ie_if_j$$

两边取数学期望，即：

$$E(x_if_j) = a_{i1}E(f_1f_j) + a_{i2}E(f_2f_j) + \cdots + a_{ij}E(f_jf_j) + \cdots + a_{ip}E(f_pf_j) + a_iE(e_if_j)$$

由于模型是标准化的，故上式中的数学期望就是相关系数，因此有：

$$r_{x_if_j} = a_{i1}r_{f_1f_j} + a_{i2}r_{f_2f_j} + \cdots + a_{ij}r_{f_jf_j} + \cdots + a_{ip}r_{f_pf_j} + a_ir_{e_if_j} \quad (4\text{-}2\text{-}36)$$

由公因子和特殊因子的独立性可得：

$$\begin{cases} r_{f_if_j}=1 & (i=j) \\ r_{f_if_j}=0 & (i\neq j) \end{cases}$$

所以 $r_{x_if_j}=a_{ij}$，这表明因子载荷 a_{ij} 是第 i 个变量 x_i 与第 j 个公因子 f_j 的相关系数。

在 R 型因子模型中，可把 p 个公因子和 m 个特殊因子视为 $p+m$ 维空间中相互垂直的单位向量。这样，就由它们共同构成一个 $p+m$ 维的直角坐标系，并把该坐标系称为因子空间。变量 $\boldsymbol{x}_i$ 就是因子空间中的一个向量，因子载荷 $a_{ik}(k=1,2,\cdots,p)$，$a_{jk}(k=1,2,\cdots,p)$，a_i，a_j 则是向量 $\boldsymbol{x}_i$ 和 $\boldsymbol{x}_j$ 在各因子轴上的投影。在这种情况下，变量 $\boldsymbol{x}_i$ 与 $\boldsymbol{x}_j$ 的相关系数就是它们的相似系数，即：

$$\begin{aligned} r_{x_ix_j} &= \cos(\widehat{\boldsymbol{x}_i,\boldsymbol{x}_j})=\boldsymbol{x}_i\cdot\boldsymbol{x}_j/(\|\boldsymbol{x}_i\|\|\boldsymbol{x}_j\|) \\ &= a_{i1}a_{j1}+a_{i2}a_{j2}+\cdots+a_{ip}a_{jp}+a_ia_j \\ &= \sum_{k=1}^{p}a_{ik}a_{jk}+a_ia_j=\begin{cases}\sum\limits_{k=1}^{p}a_{ik}a_{jk} & (i\neq j)\\ \sum\limits_{k=1}^{p}a_{ik}^2+a_i^2 & (i=j)\end{cases} \end{aligned} \tag{4-2-37}$$

相关矩阵 $\boldsymbol{R}$ 可以写成：

$$\boldsymbol{R}=\begin{bmatrix} a_{11} & a_{12} & \cdots & a_{1p} \\ a_{21} & a_{22} & \cdots & a_{2p} \\ \vdots & \vdots & & \vdots \\ a_{m1} & a_{m2} & \cdots & a_{mp} \end{bmatrix}\begin{bmatrix} a_{11} & a_{21} & \cdots & a_{m1} \\ a_{12} & a_{22} & \cdots & a_{m2} \\ \vdots & \vdots & & \vdots \\ a_{1p} & a_{2p} & \cdots & a_{mp} \end{bmatrix}+\begin{bmatrix} a_1 & & & \\ & a_2 & & \\ & & \ddots & \\ & & & a_m \end{bmatrix}\begin{bmatrix} a_1 & & & \\ & a_2 & & \\ & & \ddots & \\ & & & a_m \end{bmatrix}$$

设 $\lambda_1\geqslant\lambda_2\geqslant\cdots\geqslant\lambda_p>0$ 是相关矩阵 $\boldsymbol{R}$ 的 p 个特征值，$\boldsymbol{u}_1,\boldsymbol{u}_2,\cdots,\boldsymbol{u}_p$ 是与 $\lambda_i(i=1,2,\cdots,p)$ 对应的 p 个单位特征向量，即对于任何的 $k=1,2,\cdots,p$，有：

$$\boldsymbol{Ru}_k=\lambda_k\boldsymbol{u}_k$$

于是可得因子载荷矩阵：

$$\begin{bmatrix} a_{11} & a_{12} & \cdots & a_{1p} \\ a_{21} & a_{22} & \cdots & a_{2p} \\ \vdots & \vdots & & \vdots \\ a_{m1} & a_{m2} & \cdots & a_{mp} \end{bmatrix}=\begin{bmatrix} u_{11}\sqrt{\lambda_1} & u_{12}\sqrt{\lambda_2} & \cdots & u_{1p}\sqrt{\lambda_p} \\ u_{21}\sqrt{\lambda_1} & u_{22}\sqrt{\lambda_2} & \cdots & u_{2p}\sqrt{\lambda_p} \\ \vdots & \vdots & & \vdots \\ u_{m1}\sqrt{\lambda_1} & u_{m2}\sqrt{\lambda_2} & \cdots & u_{mp}\sqrt{\lambda_p} \end{bmatrix} \tag{4-2-38}$$

综上所述，在 R 型因子分析中，求主因子的解就是求解相关矩阵的特征值和与之对应的特征向量。

3. Q 型因子分析

R 型因子分析方法是在样品的基础上研究变量之间的相互关系，而 Q 型因子分析方法则是在变量的基础上研究样品之间的相互关系。变量之间的相互关系表现在原始数据矩阵 $\boldsymbol{X}$ 的行之间，而样品之间的相互关系则表现在同一矩阵的列之间。因此，在进行 Q 型因子分析时，需要把在 R 型因子分析中的变量和样品的下标调换过来。

衡量样品之间相似性的度量之一是相似系数，即 m 维空间中两个样品点向量 $\boldsymbol{x}_i=(x_{1i},x_{2i},\cdots,x_{mi})^{\mathrm{T}}$ 与 $\boldsymbol{x}_j=(x_{1j},x_{2j},\cdots,x_{mj})^{\mathrm{T}}$ 之间夹角 θ_{ij} 的余弦，记为 q_{ij}：

$$q_{ij}=\cos\theta_{ij}=\frac{\sum\limits_{k=1}^{m}x_{ki}\cdot x_{kj}}{\sqrt{\sum\limits_{k=1}^{m}x_{ki}^2\sum\limits_{k=1}^{m}x_{kj}^2}}\qquad(i=1,2,\cdots,n;j=1,2,\cdots,n)$$

式中，x_{ki} 为第 i 个样品第 k 个变量的观测值；m 为变量数；n 为样品数。

n 个样品之间的相似系数构成一个 $n \times n$ 的相似矩阵：

$$\boldsymbol{Q} = \begin{bmatrix} q_{11} & q_{12} & \cdots & q_{1n} \\ q_{21} & q_{22} & \cdots & q_{2n} \\ \vdots & \vdots & & \vdots \\ q_{n1} & q_{n2} & \cdots & q_{nn} \end{bmatrix}$$

在 Q 型因子分析中，常对样品进行模标准化，即用每一样品向量的长度去除 $\boldsymbol{X}$ 的相应列。由于这样处理并不改变样品中各个变量的比例关系，因此样品之间的相似系数仍保持不变。也就是说，这样处理不会影响分析的结果。对变换后的数据来说，由于每一列的平方和为 1，因此，在样品空间中样品向量都具有单位长度。

当变量的量纲不同而导致样品的观测值的数量级差异明显时，往往先对原始数据矩阵的行进行极差标准化，然后再对极差标准化后的数据矩阵的列进行模标准化。

Q 型因子分析是从样品的相似矩阵出发，研究样品之间的相互关系以及探索样品产生相似性的原因。除此之外，其他的都与 R 型因子分析相类似，因此它也有与 R 型因子分析相类似的数学模型。

如果由 p 个因子(综合变量)$f_k(k=1,2,\cdots,p)$可以把给定的 n 个样品 $x_1,x_2,\cdots,x_n$ 线性表出，即：

$$x_j = a_{j1}f_1 + a_{j2}f_2 + \cdots + a_{jp}f_p + a_je_j \qquad (j = 1,2,\cdots,n) \tag{4-2-39}$$

式中，$a_{ji}(i=1,2,\cdots,p;p\leqslant m)$是第 j 个样品 x_j 在因子 f_i 上的载荷。

式(4-2-39)称为 Q 型因子分析模型。

Q 型因子模型也有与 R 型因子模型相似的主因子解：

$$\boldsymbol{a}_{ij} = \boldsymbol{u}_{ij}\sqrt{\lambda_j} \qquad (i = 1,2,\cdots,n;j = 1,2,\cdots,p) \tag{4-2-40}$$

式中，$\boldsymbol{u}_{ij}$ 为与相似矩阵的特征值 λ_j 对应的特征向量。

4. 对应分析

对应分析是在 R 型因子分析和 Q 型因子分析的基础上发展起来的一种多元统计分析方法。它把两种因子分析结合起来，对变量和样品统一进行分析研究。如前所述，两种因子分析都可以用少数几个公因子去提取研究对象的绝大部分信息，这不仅化简了原有的观测系统，抓住了控制原有观测数据的主要矛盾，而且通过研究公因子的特征，比较容易揭示研究对象在成因上或空间上的联系，也就便于直接进行分析研究。但是，R 型因子分析与 Q 型因子分析把变量与样品孤立起来分析，割断了它们的联系，这将会漏掉许多有用的信息。事实上，两种因子分析是同一问题的不可分割的两个部分。另外，样品的数目一般远远大于变量的数目，在进行 Q 型因子分析时，样品的相似矩阵占用大量的内存，计算量要大得多。还有一个问题就是不能对变量和样品用同一种标准化方法进行处理，这就给寻找 R 型与 Q 型因子分析之间的联系带来了困难。

鉴于上述原因，在 R 型因子分析和 Q 型因子分析的基础上产生了对应分析。它的主要优点是可由 R 型因子分析的结果很容易地导出 Q 型因子分析的结果，从而克服了 Q 型因子分析受内存容量限制的不足，并提高了计算速度。更重要的是，它把变量和样品反映在同一个因子空间中，便于对变量与样品统一进行解释和推断，因而常用对应分析方法提取主因子分量。

1) 原始数据的变换

设有 n 个样品，每个样品有 m 个变量，它们的原始观测值记为：

$$\boldsymbol{X}=\begin{bmatrix} x_{11} & x_{12} & \cdots & x_{1n} \\ x_{21} & x_{22} & \cdots & x_{2n} \\ \vdots & \vdots & & \vdots \\ x_{m1} & x_{m2} & \cdots & x_{mn} \end{bmatrix}$$

其中，$x_{ij}\geqslant 0(i=1,2,\cdots,m;j=1,2,\cdots,n)$，并且在每一行和每一列上至少有一个不为 0 的数。

记数据矩阵 $\boldsymbol{X}$ 第 i 行元素之和为：

$$x_{is}=\sum_{k=1}^{n}x_{ik}\qquad(i=1,2,\cdots,m)$$

第 j 列元素之和为：

$$x_{sj}=\sum_{k=1}^{m}x_{kj}\qquad(j=1,2,\cdots,n)$$

而 $\boldsymbol{X}$ 中 $m\times n$ 个元素之和为：

$$T=\sum_{i=1}^{m}\sum_{j=1}^{n}x_{ij}$$

并用 T 去除 $\boldsymbol{X}$ 的每个元素，得到一个新的数据矩阵，记为 $\boldsymbol{P}$，于是有：

$$\boldsymbol{P}=\begin{bmatrix} p_{11} & p_{12} & \cdots & p_{1n} \\ p_{21} & p_{22} & \cdots & p_{2n} \\ \vdots & \vdots & & \vdots \\ p_{m1} & p_{m2} & \cdots & p_{mn} \end{bmatrix}$$

矩阵 $\boldsymbol{P}$ 第 j 列的和为：

$$P_{sj}=\sum_{i=1}^{m}p_{ij}\qquad(j=1,2,\cdots,n)$$

用它去除以矩阵 $\boldsymbol{P}$ 第 j 列上的每个元素，得：

$$\left(\frac{p_{1j}}{p_{sj}},\frac{p_{2j}}{p_{sj}},\cdots,\frac{p_{mj}}{p_{sj}}\right)^{\mathrm{T}}\qquad(j=1,2,\cdots,n)$$

在 m 维空间中，利用上式为坐标的 n 个点来表示 n 个样品，称它们为样品点。每个样品点的坐标是各个变量在该样品中的相对比例。因此，研究 n 个样品的相似性的问题就转化为研究 m 维空间中 n 个样品点的相对位置的问题。两个样品点相距越近，它们的性质就越相似。

在研究样品点的相对位置时，如果第 i 个变量数量级较大，那么它对两样品点间的距离就有较大的影响。为了消除由于量纲不同而导致的数量级对距离的影响，可采用加权距离 $D(l,k)$ 作为两个样品点 l 和 k 之间接近程度的度量。

$$D(l,k)=\sqrt{\sum_{i=1}^{m}\frac{1}{p_{is}}\left(\frac{p_{il}}{p_{sl}}-\frac{p_{ik}}{p_{sk}}\right)^{2}}=\sqrt{\sum_{i=1}^{m}\left(\frac{p_{il}}{p_{sl}\sqrt{p_{is}}}-\frac{p_{ik}}{p_{sk}\sqrt{p_{is}}}\right)^{2}}\tag{4-2-41}$$

其中

$$p_{is}=\sum_{j=1}^{n}p_{ij}\qquad(i=1,2,\cdots,m)$$

为了计算加权距离，只要把 n 个样品点的坐标改为：

$$\left(\frac{p_{1j}}{p_{sj}\ \sqrt{p_{1s}}},\frac{p_{2j}}{p_{sj}\ \sqrt{p_{2s}}},\cdots,\frac{p_{mj}}{p_{sj}\ \sqrt{p_{ms}}}\right)^{\mathrm{T}} \qquad (j=1,2,\cdots,n)$$

即可。

用矩阵 $\boldsymbol{P}$ 中第 i 行元素的和

$$p_{is}=\sum_{j=1}^{n}p_{ij} \qquad (i=1,2,\cdots,m)$$

去除以矩阵 $\boldsymbol{P}$ 中第 i 行的各个元素，可得：

$$\left(\frac{p_{i1}}{p_{is}},\frac{p_{i2}}{p_{is}},\cdots,\frac{p_{in}}{p_{is}}\right) \qquad (i=1,2,\cdots,m)$$

该式表示 n 维空间中 m 个变量点的坐标。

两个变量点 l 和 k 之间的加权距离为：

$$D^{*}(l,k)=\sqrt{\sum_{j=1}^{n}\frac{1}{p_{sj}}\left(\frac{p_{lj}}{p_{ls}}-\frac{p_{kj}}{p_{ks}}\right)^{2}}=\sqrt{\sum_{j=1}^{n}\left(\frac{p_{lj}}{p_{ls}\ \sqrt{p_{sj}}}-\frac{p_{kj}}{p_{ks}\ \sqrt{p_{sj}}}\right)^{2}} \qquad (4\text{-}2\text{-}42)$$

为了计算变量点之间的加权距离，只需把 m 个变量的坐标改写为：

$$\left(\frac{p_{j1}}{p_{js}\ \sqrt{p_{s1}}},\frac{p_{j2}}{p_{js}\ \sqrt{p_{s2}}},\cdots,\frac{p_{jn}}{p_{js}\ \sqrt{p_{sn}}}\right) \qquad (i=1,2,\cdots,m)$$

可用 n 个样品点的坐标改写公式和 m 个变量的坐标，进一步研究样品和变量的关系。

2）协方差矩阵

在矩阵 $\boldsymbol{P}$ 中，若将元素 p_{ij} 视为概率，那么 p_i，p_j 就是边缘概率，因此 m 维空间中样品点第 i 个变量的概率均值为：

$$\sum_{j=1}^{n}\frac{p_{ij}}{\sqrt{p_{is}}p_{sj}}\cdot p_{sj}=\frac{1}{\sqrt{p_{is}}}\sum_{j=1}^{n}p_{ij}=\sqrt{p_{is}} \qquad (i=1,2,\cdots,m)$$

第 i 个变量与第 j 个变量的协方差为：

$$\begin{aligned}s_{ij}&=\sum_{k=1}^{n}\left(\frac{p_{ik}}{\sqrt{p_{is}}p_{sk}}-\sqrt{p_{is}}\right)\left(\frac{p_{jk}}{\sqrt{p_{js}}p_{sk}}-\sqrt{p_{js}}\right)\cdot p_{sk}\\&=\sum_{k=1}^{n}\left(\frac{p_{ik}-p_{is}p_{sk}}{\sqrt{p_{is}p_{sk}}}\right)\left(\frac{p_{jk}-p_{js}p_{sk}}{\sqrt{p_{js}p_{sk}}}\right)=\sum_{k=1}^{n}Z_{ik}\cdot Z_{jk}\end{aligned} \qquad (4\text{-}2\text{-}43)$$

其中

$$\boldsymbol{Z}_{ik}=\frac{p_{ik}-p_{is}p_{sk}}{\sqrt{p_{is}p_{sk}}}=\frac{\left(\dfrac{x_{ik}}{T}-\dfrac{x_{is}}{T}\dfrac{x_{sk}}{T}\right)}{\left(\dfrac{x_{is}}{T}\dfrac{x_{sk}}{T}\right)^{1/2}}=\left(x_{ik}-\frac{x_{is}x_{sk}}{T}\right)(x_{is}x_{sk})^{-1/2}$$

如果记

$$\boldsymbol{S}=[s_{ij}] \qquad (i=1,2,\cdots,m;j=1,2,\cdots,m)$$

$$\boldsymbol{Z}=[z_{ij}] \qquad (i=1,2,\cdots,m;j=1,2,\cdots,n)$$

那么 m 个变量的协方差矩阵为：

$$\boldsymbol{S}=\boldsymbol{Z}\boldsymbol{Z}^{\mathrm{T}} \qquad (4\text{-}2\text{-}44)$$

在 m 维空间中，第 k 个样品的概率均值为：

$$\sum_{i=1}^{m}\frac{p_{ik}}{p_{is}\ \sqrt{p_{sk}}}\cdot p_{is}=\frac{1}{\sqrt{p_{sk}}}\sum_{i=1}^{m}p_{ik}=\sqrt{p_{sk}}$$

任意两个样品 l 和 k 的协方差为：

$$s_{ij}^{*} = \sum_{i=1}^{m}\left(\frac{p_{ik}}{p_{is}\sqrt{p_{sk}}}-\sqrt{p_{sk}}\right)\left(\frac{p_{il}}{p_{is}\sqrt{p_{sl}}}-\sqrt{p_{sl}}\right)\cdot p_{is}$$

$$= \sum_{i=1}^{m}\left(\frac{p_{ik}-p_{is}p_{sk}}{\sqrt{p_{is}p_{sk}}}\right)\left(\frac{p_{il}-p_{is}p_{sl}}{\sqrt{p_{is}p_{sl}}}\right)=\sum_{i=1}^{m}\boldsymbol{Z}_{ik}\cdot\boldsymbol{Z}_{il}$$

其中

$$\boldsymbol{Z}_{ik}=\left(x_{ik}-\frac{x_{is}x_{sk}}{T}\right)(x_{is}x_{sk})^{-1/2}$$

记

$$\boldsymbol{S}^{*}=[s_{kl}^{*}]\qquad(k=1,2,\cdots,n;l=1,2,\cdots,n)$$

从而得样品的协方差矩阵为：

$$\boldsymbol{S}^{*}=\boldsymbol{Z}^{\mathrm{T}}\boldsymbol{Z}\tag{4-2-45}$$

3）因子载荷矩阵

由线性代数可知，矩阵 $\boldsymbol{ZZ}^{\mathrm{T}}$ 和 $\boldsymbol{Z}^{\mathrm{T}}\boldsymbol{Z}$ 有相同的非零特征值 $\lambda_1\geqslant\lambda_2\geqslant\cdots\geqslant\lambda_p(p\leqslant m)$，并且对其中的每个 $\lambda_j(1\leqslant j\leqslant p)$，若对应的 $\boldsymbol{u}_j$ 是 $\boldsymbol{ZZ}^{\mathrm{T}}$ 的单位特征向量，那么

$$\boldsymbol{v}_j=\boldsymbol{Z}^{\mathrm{T}}\boldsymbol{u}_j\tag{4-2-46}$$

是 $\boldsymbol{Z}^{\mathrm{T}}\boldsymbol{Z}$ 相应的单位特征向量；反之，若 $\boldsymbol{v}_j$ 是与 $\boldsymbol{Z}^{\mathrm{T}}\boldsymbol{Z}$ 的特征值 $\lambda_j(1\leqslant j\leqslant p)$ 对应的单位特征向量，那么

$$\boldsymbol{u}_j=\boldsymbol{Z}^{\mathrm{T}}\boldsymbol{v}_j\tag{4-2-47}$$

是 $\boldsymbol{ZZ}^{\mathrm{T}}$ 所对应的单位特征向量。

上述结果表明：当求得变量协方差矩阵 $\boldsymbol{S}$ 的特征值 $\lambda_j(1\leqslant j\leqslant p)$ 和与其对应的特征向量 $\boldsymbol{u}_j(j=1,2,\cdots,p)$ 后，便可得到 R 型因子分析的因子载荷矩阵。再由 $\boldsymbol{v}_j=\boldsymbol{Z}^{\mathrm{T}}\boldsymbol{u}_j$ 可直接求得 Q 型因子分析的因子载荷矩阵，这样就克服了由于样品数量过多带来的 Q 型因子分析在计算上的困难。此外，$\boldsymbol{S}$ 与 $\boldsymbol{S}^{*}$ 有相同的特征值，这些特征值表示各公因子所提供的方差，因而在变量空间中的第一因子、第二因子、……直到第 p 因子与样品空间中相应的各个因子在总方差中所占的百分比完全相同，因此，又可用相同的因子轴同时表示变量和样品，这样便把 R 型与 Q 型因子分析统一起来。

若取 $\boldsymbol{S}$ 的前 p 个特征值 $\lambda_j(1\leqslant j\leqslant p)$ 与它们对应的 p 个单位特征向量 $\boldsymbol{u}_j(j=1,2,\cdots,p)$，那么 R 型因子载荷矩阵为：

$$\boldsymbol{U}=\begin{bmatrix}u_{11}\sqrt{\lambda_1} & u_{12}\sqrt{\lambda_2} & \cdots & u_{1p}\sqrt{\lambda_p}\\ u_{21}\sqrt{\lambda_1} & u_{22}\sqrt{\lambda_2} & \cdots & u_{2p}\sqrt{\lambda_p}\\ \vdots & \vdots & & \vdots\\ u_{m1}\sqrt{\lambda_1} & u_{m2}\sqrt{\lambda_2} & \cdots & u_{mp}\sqrt{\lambda_p}\end{bmatrix}$$

并进一步可求得 Q 型因子载荷矩阵：

$$\boldsymbol{V}=\begin{bmatrix}v_{11}\sqrt{\lambda_1} & v_{12}\sqrt{\lambda_2} & \cdots & v_{1p}\sqrt{\lambda_p}\\ v_{21}\sqrt{\lambda_1} & v_{22}\sqrt{\lambda_2} & \cdots & v_{2p}\sqrt{\lambda_p}\\ \vdots & \vdots & & \vdots\\ v_{n1}\sqrt{\lambda_1} & v_{n2}\sqrt{\lambda_2} & \cdots & v_{np}\sqrt{\lambda_p}\end{bmatrix}$$

4）对应分析计算步骤

(1) 求矩阵 $\boldsymbol{Z}$。按下式把原始数据矩阵 $\boldsymbol{X}$ 变换为矩阵 $\boldsymbol{Z}$：

$$Z_{ij}=\frac{x_{ij}-X_{is}X_{sj}/T}{\sqrt{X_{is}X_{sj}}}\qquad(i=1,2,\cdots,m;j=1,2,\cdots,n)\tag{4-2-48}$$

其中

$$X_{is}=\sum_{k=1}^{n}x_{ik}\qquad(i=1,2,\cdots,m)$$

$$X_{sj}=\sum_{k=1}^{m}x_{kj}\qquad(j=1,2,\cdots,n)$$

$$T=\sum_{i=1}^{m}\sum_{j=1}^{n}x_{ij}$$

（2）R 型因子分析。求变量协方差矩阵 $\boldsymbol{S}=\boldsymbol{Z}\boldsymbol{Z}^{\mathrm{T}}$ 的特征值 $\lambda_1\geqslant\lambda_2\geqslant\cdots\geqslant\lambda_m$，按累积百分比 $\sum_{i=1}^{p}\lambda_i\Big/\sum_{i=1}^{m}\lambda_i\geqslant 85\%$ 取前 p 个特征值 $\lambda_1,\lambda_2,\cdots,\lambda_p$，并计算与它们对应的单位特征向量 $\boldsymbol{u}_j(j=1,2,\cdots,p)$，得 R 型因子载荷 $\boldsymbol{U}_{m\times p}$。

（3）Q 型因子分析。在 R 型因子载荷的基础上，根据 $\boldsymbol{v}_j=\boldsymbol{Z}^{\mathrm{T}}\boldsymbol{u}_j$ 求出 Q 型因子载荷 $\boldsymbol{V}_{n\times p}$。

4.2.5 聚类分析方法

1. 聚类分析的基本概念

聚类分析又称点群分析，它是按照客体在性质上或成因上的亲疏关系，对客体进行定量分类的一种多元统计分析方法。这种分类方法不仅综合考虑了所有的因素，而且不受已有分类结构的影响，只是以某种分类统计量为分类依据对客体进行分类，因此就有可能突破传统地质学建立的一些定性分类系统，从而得到更合理的分类结果。

按照客体之间的关系，可把分类中的客体分为无序客体和有序客体。彼此之间没有次序约束关系的客体称为无序客体；反之，称为有序客体。例如，对油气藏分类时，参与分类的油气藏就是无序客体；沿地层剖面按由老到新的顺序取了 n 个岩样，如果把岩样的分类结果用于地层划分，那么分类时岩样的顺序是不能打乱的，这些岩样就是有序客体。对无序客体和有序客体的聚类分析分别称为无序客体和有序客体聚类分析。

按照方法原理的不同，聚类分析又可分为聚合法聚类分析和分解法聚类分析等。

聚合法聚类分析在开始时每个客体自成一类，然后以某种表示客体亲疏关系的分类统计量为分类依据，把一些彼此之间关系最亲密的客体聚集合并为一类，把另一些彼此之间亲近的客体聚合为另一类，等等。在客体聚合为类（有的类内可能只有一个客体）的基础上，再根据类之间的亲疏程度继续合并，直到全部客体聚为一类为止，给出一个反映客体间亲疏关系的定量分类系统——聚类分析谱系图。

分解法聚类分析的分类过程与聚合法恰好相反，开始把全部客体看成一类，然后根据某种统计准则进行分解（分类），一直分解到所需的分类为止。

常用聚合法聚类分析对无序客体分类，而分解法聚类分析则多用于对有序客体分类。按照客体的不同，聚类分析又分为 Q 型和 R 型聚类分析。前者对样品进行分类，后者对变量分类。

2. 聚类统计量

如果有 n 个样品，且每个样品包含 m 个变量，那么 n 个样品 m 个变量的观测值 x_{ij}（$i=$

1,2,…,n;j=1,2, …,m)构成一个 $n \times m$ 的数据矩阵 $\boldsymbol{X}_{n\times m}$。

$$\boldsymbol{X}_{n\times m} = \begin{bmatrix} x_{11} & x_{22} & \cdots & x_{1m} \\ x_{21} & x_{22} & \cdots & x_{2m} \\ \vdots & \vdots & & \vdots \\ x_{n1} & x_{n2} & \cdots & x_{nm} \end{bmatrix}$$

从 $\boldsymbol{X}_{n\times m}$ 中可以看出：

(1) 矩阵的第 i 行表示第 i 个样品 m 个变量的观测值,可把第 i 行视为 m 维空间的一个点或一个矢量。

(2) 矩阵的第 j 列表示第 j 个变量的 n 次观测值,可把第 j 列视为 n 维空间中的一个点或一个矢量。

(3) 由(1)和(2)可知:研究样品间的相似性,把相似程度高的样品归为一类,就等价于研究矩阵行与行之间的关系,对矩阵的行进行归类。研究变量间的相关性,把相关程度高的变量归为一类,就等价于研究矩阵列与列之间的关系,对矩阵的列进行归类。

聚类统计量是指用于衡量客体间相似(或相关)程度的某种指标。

1) Q 型聚类统计量

(1) 相似系数。

矢量 $\boldsymbol{X}_i=(x_{i1}, x_{i2},\cdots, x_{im})$ 与矢量 $\boldsymbol{X}_j=(x_{j1}, x_{j2},\cdots, x_{jm})$ 夹角的余弦定义为矢量 $\boldsymbol{X}_i$ 与 $\boldsymbol{X}_j$ 的相似系数,即：

$$r_{ij} = \cos\theta_{ij} = \frac{\boldsymbol{X}_i\boldsymbol{X}_j}{\|\boldsymbol{X}_i\|\,\|\boldsymbol{X}_j\|} = \frac{\sum_{k=1}^{m} x_{ik}\cdot x_{jk}}{\sqrt{\sum_{k=1}^{m} x_{ik}^2 \sum_{k=1}^{m} x_{jk}^2}} \quad (i,j=1,2,\cdots,n) \tag{4-2-49}$$

$[r_{ij}]_{n\times n}$ 是实对称矩阵,且 $r_{11}=r_{22}=\cdots=r_{nn}=1$。$r_{ij}$ 愈接近于 1,样品 $\boldsymbol{X}_i$ 与 $\boldsymbol{X}_j$ 的性质愈相近。通常按 r_{ij} 的相对大小对样品分类。

(2) 相关系数。

$$R_{ij} = \frac{\sum_{k=1}^{m}(x_{ik}-\overline{x}_i)(x_{jk}-\overline{x}_j)}{\sqrt{\sum_{k=1}^{m}(x_{ik}-\overline{x}_i)^2 \sum_{k=1}^{m}(x_{jk}-\overline{x}_j)^2}} \quad (i=1,2,\cdots,n;j=1,2,\cdots,n) \tag{4-2-50}$$

相关系数 R_{ij} 反映 $\boldsymbol{X}_i$ 和 $\boldsymbol{X}_j$ 的相关程度。显然,R_{ij} 在区间[-1,1]内取值,且 $R_{ij}=R_{ji}$,$R_{ii}=1$。应把 R_{ij} 相对大的样品分为一类。

(3) 距离系数。

在正交坐标系中,两个样品点 $\boldsymbol{X}_i$ 和 $\boldsymbol{X}_j$ 之间的距离为：

$$d_{ij} = \sqrt{\sum_{k=1}^{m}(x_{ik}-x_{jk})^2} \quad (i=1,2,\cdots,n;j=1,2,\cdots,n)$$

d_{ij} 越小,样品 $\boldsymbol{X}_i$ 与 $\boldsymbol{X}_j$ 的性质越相近,所以应把 d_{ij} 相对小的样品分为一类。为了不使 d_{ij} 太大(因为只是将 n 个样品中 d_{ij} 相对小的样品分为一类,把 d_{ij} 缩小同样倍数,不影响分类结果),故将上式改写为：

$$d_{ij}=\sqrt{\frac{1}{m}\sum_{k=1}^{m}(x_{ik}-x_{jk})^2}\qquad(i=1,2,\cdots,n;j=1,2,\cdots,n)\tag{4-2-51}$$

$[d_{ij}]_{n\times n}$为实对称矩阵，且 $d_{11}=d_{22}=\cdots=d_{nn}=0$。

2) R 型聚类统计量

如前所述，研究变量间的相互关系就是研究原始数据矩阵 $\boldsymbol{X}_{n\times m}$ 列之间的关系，故只需对 Q 型聚类统计量略加修改就可得 R 型聚类统计量。

(1) 相似系数。

$$r_{ij}=\frac{\sum_{k=1}^{n}x_{kj}\cdot x_{kj}}{\sqrt{\sum_{k=1}^{n}x_{ki}^2\sum_{k=1}^{n}x_{kj}^2}}\qquad(i=1,2,\cdots,m;j=1,2,\cdots,m)\tag{4-2-52}$$

(2) 相关系数。

$$R_{ij}=\frac{\sum_{k=1}^{n}(x_{ki}-\overline{x}_i)(x_{kj}-\overline{x}_j)}{\sqrt{\sum_{k=1}^{n}(x_{ki}-\overline{x}_i)^2\sum_{k=1}^{n}(x_{kj}-\overline{x}_j)^2}}\qquad(i=1,2,\cdots,m;j=1,2,\cdots,m)\tag{4-2-53}$$

(3) 距离系数。

$$d_{ij}=\sqrt{\frac{1}{n}\sum_{k=1}^{n}(x_{ki}-x_{kj})^2}\qquad(i=1,2,\cdots,m;j=1,2,\cdots,m)\tag{4-2-54}$$

通常选用相关系数作为聚类统计量。

R 型聚类统计量是衡量变量相关程度的统计指标，可根据它的相对大小对变量进行分类，进而研究它们之间的类别组合关系。

3. 聚合法聚类分析

聚合法是将客体类由多变少，直到把全部客体合并成一类的一种聚类分析方法。它是目前最常用的聚类分析方法。

聚类分析的四条原则是：

(1) 若选出的一个样品或变量在分好的群中从未出现过，则把它们形成一个独立的群。

(2) 若选出的一对样品或变量，有一个已在分好的群中出现过，则把另一个样品或变量也归入该群中。

(3) 若选出的一对样品或变量都分别出现在已分好的两群中，则把两群连接成一个新群。

(4) 若选出的一对样品或变量都出现在同一群中，则这个样品就不再分群了。

4. 聚类分析的步骤

聚类分析方法的具体实现步骤如下：

(1) 开始聚类时，每个客体(样品或变量)自成一类。

(2) 按某种聚类统计量计算客体间的亲疏关系，把最亲近的两个客体合并成一类，形成一个由两个客体为一类的客体集团(类)。

(3) 计算某一类与其余类之间的亲疏关系，把最亲近的两个类合并成新的一类。

(4) 如果分类的总数目仍大于 1，则对上一步中合并成的亲类计算各类间的亲疏关系。

按新类的亲近程度继续合并新类，直到把全部客体聚合为一个大类为止。

(5) 最后按归类情况作出谱系图(图 4-2-23)。

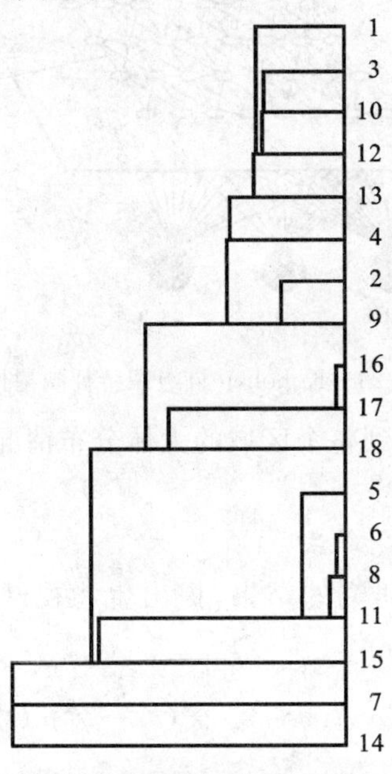

图 4-2-23　聚类分析的谱系图

4.2.6　利用 Kohonen 网络进行模式分类

Kohonen 网络是芬兰学者、国际著名网络专家 T. Kohonen 教授提出的一种无导师自组织自学习网络，可以实现对输入模式的特征进行拓扑逻辑映射。Kohonen 网络目前被广泛应用于模式识别、联想储存、组合优化和机器人控制等问题。

1. *Kohonen 网络基本原理*

生物学和脑科学研究表明，脑通过器官接受外界时空信息，在脑中是连续映象的。在听觉系统中，解剖学也说明邻近的细胞具有近似的特征频率、远离的细胞具有差别大的特征频率，这被称为部位表现。进一步研究发现，生物脑外层灰质基本上是二维的薄层结构。这些薄层上有许多区域对应不同的感知方式。在这些区域中，不同的神经元以最佳的方式响应各种各样的信号激励，形成一种拓扑意义上的有序图，称之为特征图。

1984 年，T. Kohonen 提出的著名的自组织特征映射人工神经网络就是根据人脑的这一特点提出的。图 4-2-24 所示是一个简单的双层网络。它由若干输入节点和输出节点组成。每个输出节点可通过可变连接权与所有输出节点相连，且输出节点间存在局部相互连接。这种网络将输入样本映射到输出层上，形成特征图。它们之间的权值是通过无导师竞争学习来实现的，称它为自组织特征映射(SOFM)。

Kohonen 网络的自组织映射的基本原理是：当某类模式输入时，输出层某一节点得到最大刺激而获胜，同时该获胜节点周围一些节点因侧向相互作用也受到较大的刺激。这时，与这些节点连接的权值矢量向输入模式的方向作相应的修正。当输入模式类别发生变化时，二维平面上的获胜节点也从原来的节点移到其他节点。这样，网络通过自组织方式用大量的训练样本数据来调整网络的权值，最后使得网络输出层特征图能够反映样本数据的分布情况。因此，根据 Kohonen 网络的输出状况，不但能判断输入模式所属的类别并使输出

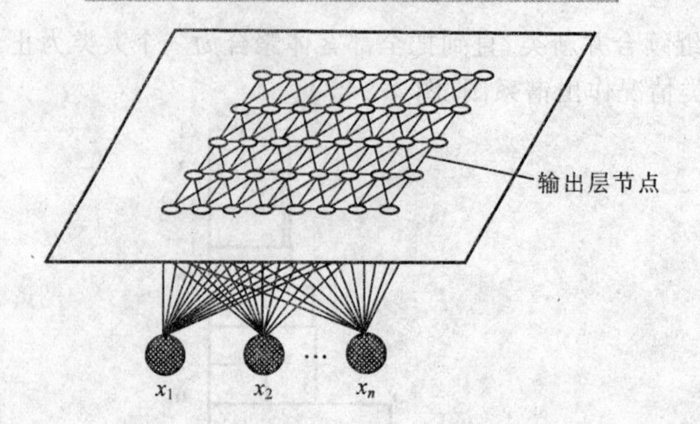

图 4-2-24 Kohohen 自组织特征映射网络[13]

节点代表某一类模式，还能够得到整个区域的大体分布情况，即从样本数据中抓到所有数据分布的大体本质特征。

2. Kohonen 自组织特征映射算法

Kohonen 根据大脑生理学研究的结果，提出生物视网膜接受外界信息的自适应方程为：

$$\frac{\mathrm{d}\omega_{ji}(t)}{\mathrm{d}t}=\alpha(t)\{\eta_j(t)\cdot x_i(t)-\gamma[\eta_j(t)]\cdot\omega_{ji}(t)\} \tag{4-2-55}$$

式中，$\alpha(t)$为学习常数，通常 $0<\alpha(t)<1$ 且随时间单调下降；$\eta_j(t)$为神经节点的触发频率；$\gamma(\cdot)$为非线性函数；$x_i(t)$为样品序列；$w_{ji}(t)$为加权函数。

假设在节点 j 的邻域 $NE_j(t)$内，$\eta_j(t)=0$。由于一般有 $\gamma(0)=0,\gamma(1)=1$，故上面的方程可进一步写为：

$$\begin{cases}\dfrac{\mathrm{d}\omega_{ji}(t)}{\mathrm{d}t}=\alpha(t)[x_i(t)-\omega_{ji}(k)] & j\in NE_j(t)\\ \dfrac{\mathrm{d}\omega_{ji}(t)}{\mathrm{d}(t)}=0 & j\notin NE_j(t)\end{cases} \tag{4-2-56}$$

如果将它们写成离散形式，则有：

$$\begin{cases}\omega_{ji}(k+1)=\omega_{ji}(k)+\alpha(k)[x_i(k)-\omega_{ji}(k)] & j\in NE_j(t)\\ \omega_{ji}(k+1)=\omega_{ji}(k) & j\notin NE_j(t)\end{cases} \tag{4-2-57}$$

这就是上面所讨论的非监督(无导师)竞争学习情况。

这里选择受最大刺激的输出节点所遵从的准则为：

$$|X(t)-W_j(t)|=\min\{|X(t)-W_i(t)|\} \tag{4-2-58}$$

Kohonen 网络算法步骤如下：

设样本特征数(输入节点)为 N，输出节点数为 K。

第 1 步，随机设置初始权值：

$$0<W_{ij}<1 \qquad (i=0,1,\cdots,N-1;j=0,1,\cdots,K-1)$$

第 2 步，输入一个新样本：

$$\boldsymbol{x}=(x_0,x_1,\cdots,x_{N-1})^{\mathrm{T}}$$

按下式计算 x 到所有输出节点的距离：

$$d_j(t)=\sum_{i=0}^{N-1}[x_i-W_{ij}(t)]^2 \qquad (j=0,1,\cdots,K-1) \tag{4-2-59}$$

第 3 步，选择与 x 距离最近的节点：

$$d_{j^*}(t) = \min_{0 \leqslant j \leqslant K+1} \{d_j(t)\}$$

第 4 步，调整网络权：

$$\begin{cases} W_{ij}(t+1) = W_{ij}(t) + \alpha(t)[x_i - W_{ij}(t)] & j \in NE_{j^*}(t) \\ W_{ij}(t+1) = W_{ij}(t) & j \notin NE_{j^*}(t) \end{cases}$$

其中，$i=0,1,\cdots,N-1$；$0<\alpha(t)<1$ 为增益函数(学习常数)，随时间 t 递减；$NE_{j^*}(t)$为节点 j^* 的邻域，随时间递减。

第 5 步，转第 2 步进行循环。当所有的样本输入一遍后，满足 $\max\limits_{0 \leqslant i \leqslant N-1; 0 \leqslant j \leqslant K-1} \{|W_{ij}(t+1) - W_{ij}(t)|\} < \varepsilon$，或达到预先取定的迭代次数后，学习结束。否则进入下一轮学习。

Kohonen 网络算法要求一个邻域。该邻域定义为环绕每个输出节点的区域。邻域的范围随时间逐渐缩小。邻域 $NE_{j^*}(t)$为包含 j 为中心而距离不超过某一半径的所有节点。随着训练过程的进行，$NE_{j^*}(t)$的半径逐渐变小，最后将只包含获胜节点 j 本身。

在 Kohonen 自组织特征映射算法中，$\alpha(t)$和 $NE_{j^*}(t)$都是随时间递减的参数，它们随应用问题的不同而具有不同的形式，在具体应用中应根据不同的对象进行精心选择。图 4-2-25 和图 4-2-26 分别给出了几种邻域 $NE_{j^*}(t)$按正方形和六边形收缩的示意图。其中，$0<t_1<t_2$，$NE_{j^*}(t)$表示在时间 t 和节点 j 的邻域的节点集。

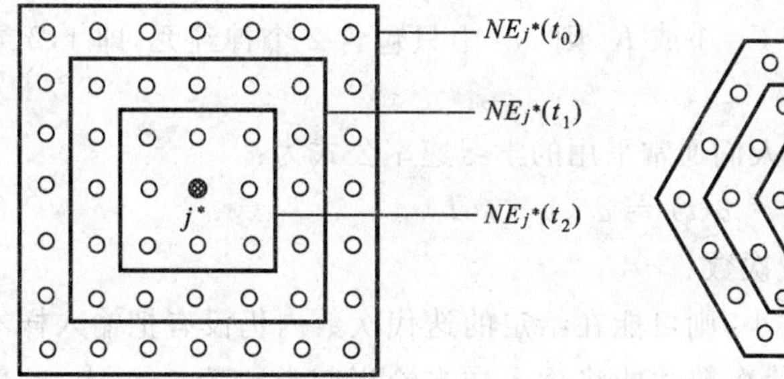

图 4-2-25　按正方形收缩的 $NE_{j^*}(t)$[19]

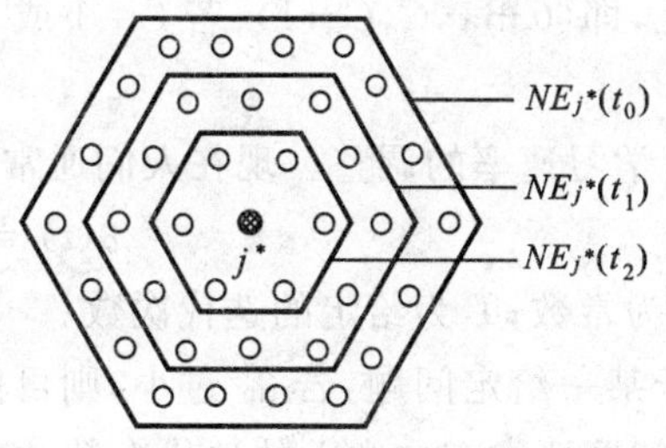

图 4-2-26　按六边形收缩的 $NE_{j^*}(t)$

Kohonen 自组织特征映射算法实际上是一种无导师学习矢量量化方法。这种方法无需知道训练样本的属性，而是通过自组织的方式进行模式聚类的。它比通常的矢量方法要优越，能在网络的输出端得到一个有序的特征图。实际上，Kohonen 自组织网络输出特征图相当于对模式输入数据进行特征提取，因而便于后一级进行有指导的学习和分类标注。此外，该方法通过设置邻域，保证在网络结束后，几何邻域较近的节点的权矢量既相互区别又相互联系。这使得对某一类样本，获胜节点得到最大刺激的同时，其邻域内的节点也有较大的输出。这样，在几何上相邻的节点输出值就能较精确地反映模式样本的概率分布。

从 Kohonen 网络的基本原理和算法来看，Kohonen 网络有如下几个特点：

(1) 网络中的权是输入样本的记忆。如果输出神经元 j 与输入 n 个神经元之间的连接权用 W_j 表示，对应某一类样本 X^P 输入，使 d_j 达到匹配最大，那么 W_j 通过学习后十分靠近 X^P，因此以后当 X^P 再次输入时，d_j 这个神经元必定会兴奋，d_j 是样本 X^P 的代表。

(2) 网络学习对权的调整不只是对兴奋的那个神经元所对应的权进行，对于其周围 N_C 区域内的神经元也同时进行调整。在 N_C 内的神经元可以代表的不只是一个样本 X^P，而是与 X^P 比较相近的样本都可以在 N_C 内得到反映，故这种网络对样本的畸变和噪音的容差大。

(3) 网络学习的结果使比较相近的输入样本在输出二维平面的位置上也比较相近。

3. Kohonen 网络进行分类的流程图

使用 Kohonen 聚类网络对样本进行分类，其中输入样本为一维的，输出节点即为分类数。图 4-2-27 所示为输出一维情况下的 Kohonen 网络，流程图如图 4-2-28 所示。

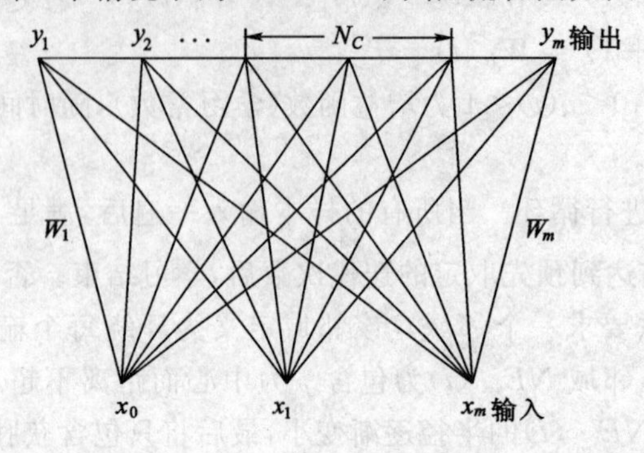

图 4-2-27　输出为一维情况下的 Kohonen 网络

在程序实现时应注意下面 3 个问题：

(1) 邻域的设置。由于输出为一维网络，故其邻域的设置有所改变(图 4-2-27)，即以 C 为中心的邻域 $N_C=(\max\{1,C-1\},C,\min\{C+1,K\})$。当 $2\leqslant C\leqslant K-1$ 时，N_C 中只包含 3 个神经元，即$(C+1,C,C-1)$；若 $C=1$ 或 K，则 N_C 中只包含 2 个神经元，即 1,2 或 $K-1$，K。

(2) 学习速率的调整。现在人们通常采用的学习速率公式为：

$$\alpha(t)=\alpha_0(1-t/T) \tag{4-2-60}$$

式中，α_0 为常数；T 为给定的迭代次数。

对于某一给定问题，若 α_0 过小，则可能在给定的迭代次数内仍没有把输入样本恰当分类(因该问题要求有非常大的迭代次数才能将输入样本恰当归类)；若 α_0 过大，一般会有两种情况发生：一是所有的样本全归一类；二是迭代不收敛，也就是在迭代过程中，一些输入样本所属类别总在变化，在一些类别中跳来跳去。所以，对于一个给定的聚类问题，要选择合适的 α_0。通常根据经验和尝试法确定。

不同的聚类问题、不同的样本数目，所要求的 α_0 是不一样的。常采用自适应调节的方法确定 α_0，即 $\alpha_0=\alpha_0(t)$。下面介绍自适应调节 α_0 的方法。

设有 L 个输入样本，每个样本有 N 个分量：

$$\boldsymbol{X}_i=(X_{i1},X_{i2},\cdots,X_{iN}) \qquad (i=1,2,\cdots,L)$$

输出节点为 M 个，也就是将 L 个输入样本分为 M 类。对应每一个输出节点均有一个连接权向量：

$$\boldsymbol{W}_j=(W_{1j},W_{2j},\cdots,W_{Nj}) \qquad (j=1,2,\cdots,M)$$

每个输出节点都代表一个类别。对应于输出节点的权向量可以看作是该类输入向量的典型样本。如果把该类输入样本看作是一个群集，那么对应于该输出节点的权向量就是群集的中心。按式(4-2-59)求每个输入样本与相应类别的权向量的距离的平方，并将它们累加起来，令其为 $\sigma(t)$。当迭代收敛的时候，或者说分类合适的时候，$\sigma(t)$应为最小。如果学习速率足够小，$\sigma(t)$在迭代过程中应该单调下降。如果在迭代过程中 $\sigma(t)$不下降反而上升，说明所用学习速率太大了，此时应该减小学习速率。在程序实现中，开始迭代时把式(4-2-60)中的 α_0 取得相对大些，迭代一定的次数后考察 $\sigma(t)$是否下降了。如果没有下降反而上升，则

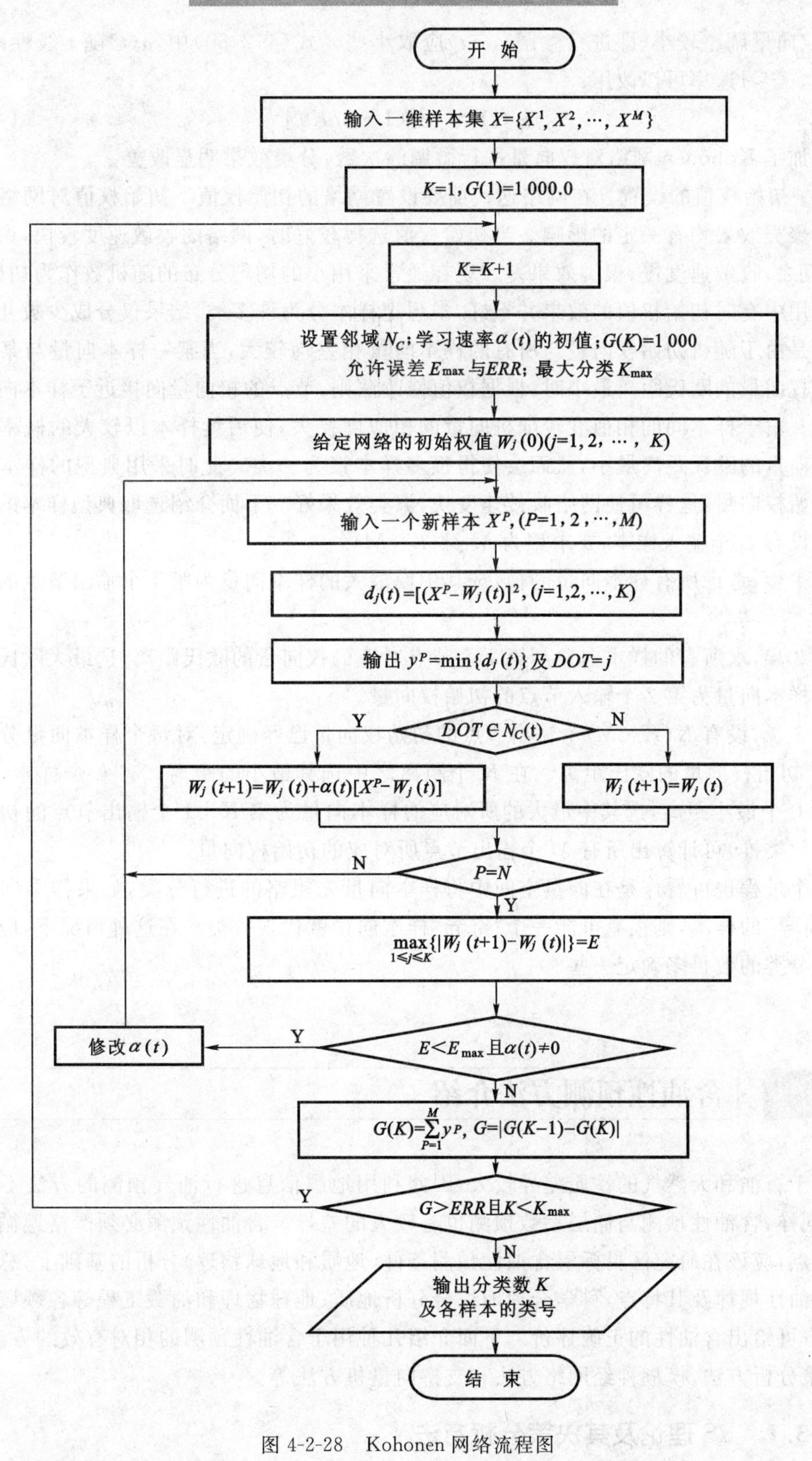

图 4-2-28　Kohonen 网络流程图

调整学习速率 $\alpha_0(t)=0.6\alpha_0(t-1)$；反之，$\alpha_0(t)=\alpha_0(t-1)$。

另外，由于 Kohonen 网络在迭代开始时的权向量调整较大，$\alpha(t)$ 应取大些；在迭代快结束时，权向量调整较小(即进行微调)，$\alpha(t)$应取小些。式(4-2-60)中，$\alpha(t)$随t线性减小，效果欠佳。学习速率可以改用：

$$\alpha_1(t)=[\alpha_0(1-t/K)]^2 \tag{4-2-61}$$

由于增加了 Kohonen 网络对权向量进行微调的次数，分类效果明显改善。

(3) 初始权值的设置。在网络迭代前要设置网络的初始权值。初始权值对网络的收敛速度和聚类效果均有一定的影响。当初始权值选得较好时，网络的收敛速度较快，聚类效果较好；反之，收敛速度慢，聚类效果差。现在通常采用小的均匀分布的随机数作为初始权值。实际应用中有时初始权值的效果并不好，本想把样本分为许多类，结果仅分成少数几类或一类。这是由于随机初始权向量与所有的样本向量相差均较大，当某一样本向量与某一输出节点的权向量的欧氏距离最小时，根据权值修改法则，节点的权向量向接近于样本向量的方向移动。由于样本间的相似度较随机向量的相似度要大，使后续样本以较大的概率与该节点的权向量的欧氏距离最小，从而会使得很多样本聚为一类。此时采用典型的样本作为网络的初始向量，这样可使网络收敛速度快，聚类效果好。下面介绍选取典型样本的方法。

假设有L个输入样本，要求聚为M类($L\gg M$)。

第1步，考虑所有样本向量的模，选其中模最大的样本向量为第1个输出节点的初始权向量。

第2步，求所有的样本向量与第1个节点对应的权向量的欧氏距离，选最大欧氏距离所对应的样本向量为第2个输入节点的初始权向量。

第3步，设有$K(K<M)$个输出节点的初始权向量已经确定，对每个样本向量分别求它与K个初始权向量的欧氏距离。在K个距离之中选其最小的距离。有L个样本，就可分别计算L个最小距离，选其中最大的所对应的样本向量为第$K+1$个输出节点的初始权向量。以此类推，可计算出所有M个输出节点所对应的初始权向量。

这个过程也可看作是在向量空间中将样本向量先粗略的进行分类，如果样本向量中有一些“奇异”的样本，则很有可能一个“奇异”样本向量就代表一类。在这种情况下，应尽量把所有要分类的数目多确定一些。

4.3 含油性预测方法介绍

由于石油和天然气的性质差异较大，因此利用地震信息进行油气预测的方法不能相提并论，同样，含油性预测与储层参数预测也有较大的差异。含油性预测必须严格遵循地质规律和特点，应该在研究区目标层含油性预测条件(地质和地球物理)分析的基础上，总结归纳储层含油性规律及其特点，科学合理地综合分析地质、地球物理和油藏工程等各领域的多种信息，方可给出含油性的正确评价。下面介绍几种用于含油性预测的相对有效的方法，包括RS决策分析方法、模糊神经网络方法和支持向量机方法等。

4.3.1 RS理论及其决策分析方法

RS理论为模式识别提供了一种新颖的方法，它可单独进行属性优化与模式分类，也可与其他模式识别方法结合起来进行属性优化与模式分类。

波兰理工大学教授 Z. Pawlak(1991)等提出了一个分析数据的数学理论,即粗集(Rough Set,RS)理论。这为研究对不完整数据进行分析、推理,发现数据间的关系,提取有用属性,简化信息处理,研究不精确、不确定知识的表达、学习、归纳方法等提供了一个有力的工具。同时,RS理论还为信息科学和认知科学提供了新的科学逻辑和研究方法,并且为智能信息处理提供了有效的处理技术。RS理论具有无需提供除问题所需处理的数据集合之外的任何先验信息,仅根据观测数据删除冗余信息,比较不完整知识的程度,即粗糙度、属性间的依赖性与重要性,抽取分类规则等的能力。近年来,这个理论已被国外学者应用于医疗数据分析、语言识别、金融与股票市场分析等领域,并且取得了丰硕的成果。目前,国内关于RS理论的研究与应用正在逐步兴起。

1. RS理论基本原理

一般来说,人工智能及其他复杂信息处理问题均以分类作为它们的基本机制之一。RS理论是建立在分类机制的基础之上的,它将分类理解为等价关系,而这些等价关系将对特定空间进行划分。为此,RS理论将等价关系对空间的划分与知识等同,将知识理解为:使用等价关系集R对离散表示的空间U进行划分,知识就是R对U划分的结果。因此,在U和R的意义下,知识库可定义为:属于R中的所有可能的关系对U的划分,记为$K=(U,R)$。这样,知识可以定义为:给定一组数据U与等价关系集合R,在R下对U的划分称为知识,记为U/R。如果一个等价关系集合对数据的划分存在矛盾,则将导致不确定划分,可用粗糙度来度量,RS就是为了实现这个考虑所建立的数学理论。

1）粗集概念

令$X\subseteq U$且R为一等价关系集。当R是某些关系的并集时,我们称X是R可定义的,否则X是R不可定义的。R可定义集是空间U的子集,它可在知识库K中被精确定义,而R不可定义集不能在这个知识库中被定义。R可定义集也称为R精确集,而R不可定义集也称为R非精确集或粗集。

当存在一个定义在U上的等价关系R且$X\subseteq U$为R精确集,则集合X称为K中的精确集;对于定义在U上的任何等价关系R且X为R粗集,则集合X称为K中的粗集。粗集可以近似地定义。为达到这个目的,使用粗集的上近似$R^{-}(X)$与下近似$R_{-}(X)$来描述,集合$bn_R(X)=R^{-}(X)-R_{-}(X)$称为$X$的$R$边界。

$R_{-}(X)$是对于定义在U上的等价关系(R,U)中所有一定能归入X的元素的集合;$R^{-}(X)$是对于定义在U上的等价关系(R,U)中可能归入X的元素的集合;$bn_R(X)$是对于定义在U上的等价关系(R,U)中既不能归入X也不能归入$-X$的元素的集合。我们也把$pos_R(X)=R_{-}(X)$称为X的R正域,把$neg_R(X)=U-R^{-}(X)$称为X的R负域,把$bn_R(X)$称为X的边界域。

2）粗糙度

集合X的不确定性是由于边界域的存在引起的。集合的边界域越大,其精确性越低。为了更准确地表达这一点,引入精度的概念。将X对等价关系R的精度使用R下近似集合成员个数与R上近似集合成员个数的比值来量度。

精度用来反映对于了解集合X的知识的完全程度。当然,其他一些量度同样可用来定义集合X的不确定程度。例如,可用R粗糙度来定义集合的不确定程度,将1减去集合的精度定义为粗糙度。X的R粗糙度与精度恰恰相反,表示集合X的知识的不完全程度。

由此可知:与概率论和模糊集合论不同,集合X不精确性的数值不是事先假定的,而是通过表达知识不精确性的概念近似计算得到的，这样，不精确性的数值表示是有限知识（对元素的分类能力）的结果。这里我们不需要用一个规则来指定精确的数值去表达不精确的知识，而是采用量化概念（分类）来处理，不精确性的数值特征用来表示概念的精确度。

3）知识表达系统

为了实现智能数据处理，需要知识的符号表达。知识表达系统的基本成分是研究元素（样本）的集合，关于这些样本的知识是通过指定样本的基本属性和它们的属性值来描述的。一个知识表达系统 S 可以表达为：

$$S=(U,C,D,V,f)$$

式中，U 为样本的集体；$C\cup D=A$ 为属性集合，子集 C 和 D 分别称为条件属性和结果属性；$V=\bigcup_{a\in A}V_a$ 为属性值的集合，V_a 表示属性 $a\in A$ 的范围；f 为一个信息函数，它指定 U 中每一样本 x 的属性值。

知识表达系统的这个定义可以方便地用表格来实现。知识的表格表达法可以看作是一种特殊形式的语言，用符号来表达等价关系。这样的数据表称作知识表达系统，有时也称为信息系统属性值表。

在知识表达系统数据表中，列表示属性，行表示样本，并且每行表示该样本的一条信息。数据表可以通过观察、测量得到。

容易看出：一个属性对应一个等价关系，一个表可以看作是定义的等价关系集，即知识库。因此，知识化简可转化为属性化简。

因知识库与知识表达系统之间具有一一映射关系，取决于属性和属性名称的同构，这样，所有知识库的定义都可以用知识表达系统的定义来描述。因此，知识库中任一等价关系在表中表示为一个属性和用属性值表示的关系的等价类。表中的列可看作某些信息的名称，而整个表包含了相应知识库中所有信息的描述，包含了能从表中数据推导出的所有可能的规律。所以，知识表达系统是对知识库中有效事实和规律的描述。

4）条件属性的简化和核、属性的依赖性

在 RS 理论中，消去冗余知识，进行知识简化的基本工作是利用两个基本概念（简化和核）来进行的。等价和近似分类是知识简化的基础。

令 $F=\{X_1,X_2,\cdots,X_n\}$ 为一条件属性。当 $\bigcap(F-\{X_i\})=\bigcap F$ 时，称 X_i 为 F 中可省略的；反之，X_i 是 F 中不可省略的。对于 $G\subseteq F$，当 G 中所有分量都不可省略时，G 为独立的。当 H 是独立的，且 $\bigcap H=\bigcap F$，则 H 是 F 的简化。F 中所有不可省略集的交称为 F 的核，记为 $\mathrm{Core}(F)$，即 $\mathrm{Core}(F)=\bigcap \mathrm{red}(F)$。这里 $\mathrm{red}(F)$ 是 F 的所有简化集。

要进行知识的简化并从一个给定知识中导出另一知识，我们还必须研究观测数据中属性间相互依赖的关系。在讨论不同的问题时，属性具有不同的重要性。这种重要性可在辅助知识基础上事先假设，也可以不使用事先假设的信息，只利用表中仅有的数据计算是否所有的属性都有相同的重要性。如果不是，它们在分类能力上有何区别。

为了找出某些属性或属性集的重要性，需要从表中去掉另外一些属性，再来考虑没有该属性后分类会怎样变化。若去掉该属性会相应地改变分类，则说明该属性的重要性高；反之，说明该属性的重要性低。

对于属性集 C 导出的分类的属性子集的重要性，可用两者依赖程度的差来量度，也可以用其他形式来表达。

5）决策表及简化

决策表是一类特殊而重要的知识表达系统，表示满足某些条件时决策的实施过程。多数决策问题都可用决策表来表达，因此这一工具在决策应用中起着重要的作用。

具有条件属性和决策属性的知识表达系统可表达为决策表。决策表中集合U的元素不表示任何实际的事物，只是决策规则的标识符。只有当所有的决策规则都相容时，决策表才是相容的，否则决策表是不相容的。

在人工智能中，一个样本集经常使用属性值对的集合(U)来表示。为了直观，U也可以用表格表示。纵向表示已知类别样本（简称样本，用序号表示），横向表示属性。样本与属性的交会点就是这个样本对应该属性的值。这个表称为数据表。如果属性分为条件属性与决策属性，则所构成的表就是前面提到的决策表。

决策表的简化就是化简决策表中的条件属性。化简后的决策表具有化简前决策表的功能，但是化简后的决策表具有更少的条件属性。因此，决策表的简化在工程应用中相当重要，同样的决策可基于更少的条件，通过一些简单手段就能获得同样要求的结果。

应该注意到，决策表中的行不表示对任何实际样本的描述，因此重复行表示的是同样的决策，可以把它消去。在这里消去属性和消去属性值是一回事。化简后的决策表是一个"不完全"的决策表，它仅包含那些在决策时所必须的条件属性值。

值得指出的是，一个属性子集可以不止一种简化形式。因此，一个知识表达系统的决策表的简化不是唯一的，这样就可以按照某些要求对问题的解进行优化。

2. 利用RS理论进行决策分析的方法

由前述可知，RS具有从信息表中抽取判别规则的能力。决策表的处理流程为：删除重复的样本；删除多余的属性；对每个样本删除多余的属性值；求出最小约简表；根据最小约简表求出决策规则。

下面用一个例子来说明RS决策分析方法。原始数据中共有52条记录，其中$C=\{a,b,c,d\}$是条件属性，$D=\{e,f\}$是决策属性。有许多决策是相同的，因此相同的决策规则可以合并。

(1) 从52行的原始决策中去掉重复决策得表4-3-1。

表4-3-1　去掉重复决策得到的简化决策表

U	a	b	c	d	e	f
1	3	2	2	2	2	4
2	3	2	2	2	2	4
3	3	2	2	1	2	4
4	2	2	2	1	1	4
5	2	2	2	2	1	4
6	3	2	2	3	2	3
7	3	3	2	3	2	3
8	4	3	2	3	2	3
9	4	3	3	3	2	2
10	4	4	3	3	2	2
11	4	4	3	2	2	2
12	4	3	3	2	2	2
13	4	2	3	2	2	2

(2) 去掉冗余条件属性。我们要考察表4-3-1是否相容，可以考察是否存在$C\Rightarrow D$，即是

否存在 $r_C(D)=1$。因为所有的条件都是不同的，考察依赖性和表 4-3-1 的相容性就能判断表中行为是否由哪些条件唯一确定的。首先从表 4-3-1 中去掉条件属性 a，得到表 4-3-2。

表 4-3-2 去掉条件属性 a 的简化决策表

U	b	c	d	e	f
1	2	2	2	2	4
2	2	2	2	2	4
3	2	2	1	2	4
4	2	2	1	1	4
5	2	2	2	1	4
6	2	2	3	2	3
7	3	2	3	2	3
8	3	2	3	2	3
9	3	3	3	2	2
10	4	3	3	2	2
11	4	3	3	2	2
12	3	3	2	2	2
13	2	3	2	2	2

因为下列决策对是不相容的：

第 3 行的 $b_2c_2d_1\Rightarrow e_2f_4$；第 4 行的 $b_2c_2d_1\Rightarrow e_1f_4$；第 2 行的 $b_2c_2d_2\Rightarrow e_2f_4$；第 5 行的 $b_2c_2d_2\Rightarrow e_1f_4$

故表 4-3-1 是不相容的。

用同样的方法去掉条件属性 b,c,d 判断表 4-3-1 的相容性，得出属性 a,c,d 是 D 不可省略的，属性 b 是 D 可省略的，即$\{a,c,d\}$是 C 的 D 核和 C 的唯一 D 决策。

这样，去掉冗余属性 b 和去掉属性 b 后出现的重复决策规则，列出新的决策规则表如表 4-3-3 所示。

表 4-3-3 新的简化决策表

U	a	c	d	e	f
1	3	2	2	2	4
2	3	2	1	2	4
3	2	2	1	1	4
4	2	2	2	1	4
5	3	2	3	2	3
6	4	2	3	2	3
7	4	3	3	2	2
8	4	3	2	2	2

注意到该决策表中仅有 4 种可能的决策，即有下列 e,f 决策属性值对：

$$(e_2,f_4),(e_1,f_4),(e_2,f_3),(e_2,f_2)$$

为了易于表示，把上述决策属性值对记为Ⅰ，Ⅱ，Ⅲ，Ⅳ，用决策表 4-3-4 表示。

表 4-3-4 简化决策表的另一表达形式

U	a	c	d	e	f
1	3	2	2		Ⅰ
2	3	2	1		Ⅰ
3	2	2	1		Ⅱ
4	2	2	2		Ⅱ
5	3	2	3		Ⅲ
6	4	2	3		Ⅲ
7	4	3	3		Ⅳ
8	4	3	2		Ⅳ

(3) 去掉条件属性中的冗余值。

现在去掉表中条件属性的冗余值。为此,必须针对每一决策类计算哪一个属性值是可省略或不可省略的,并求出该值和简化值。我们寻找区别所有的决策所必要的那些属性,保持表的相容性。

以计算表 4-3-4 中的第一决策规则 $a_3c_2d_2 \Rightarrow e_2f_4$ 的核值和简化值为例。该决策中 a_3 和 d_2 是不可省略的,因为下列规则对是不相容的:

规则Ⅰ:$c_2d_2 \Rightarrow e_2f_4$;规则Ⅱ:$c_2d_2 \Rightarrow e_1f_4$;规则Ⅰ:$a_3c_2 \Rightarrow e_2f_4$;规则Ⅲ:$a_3c_2 \Rightarrow e_1f_3$
而属性 c_2 是可以省略的,因为决策规则 $a_3d_2 \Rightarrow e_2f_4$ 是相容的。于是,a_3 和 d_2 是表 4-3-4 中的第一决策规则 $a_3c_2d_2 \Rightarrow e_2f_4$ 的核值。

对其余的决策规则照此方法计算核值,列入表 4-3-5 中。

表 4-3-5 决策规则的核值表

U	a	c	d	e	f
1	3	—	2		Ⅰ
2	3	—	1		Ⅰ
3	2	—	—		Ⅱ
4	2	—	—		Ⅱ
5	—	—	3		Ⅲ
6	—	2	—		Ⅲ
7	—	3	—		Ⅳ
8	—	—	—		Ⅳ

3. RS-Kohonen 分析方法的原理及其处理流程

RS 理论为模式识别提供了一种新颖的方法,它可单独进行属性优化和模式分类,也可与其他模式识别方法结合起来进行属性优化和模式分类。

RS 理论具有对不完整数据进行分析、推理、发现数据间的关系以及优化条件属性组合的能力,自组织神经网络具有较强的自组织能力。据此,在研究过程中,把 RS 理论与自组织神经网络方法有机地结合起来,完善了地震属性优化的 RS 决策分析方法,其处理流程如图 4-3-1 所示,具体的分析框图如图 4-3-2 所示。

从图 4-3-2 可以看到,在 RS 决策分析方法中,连续条件属性量化是制约 RS 理论应用

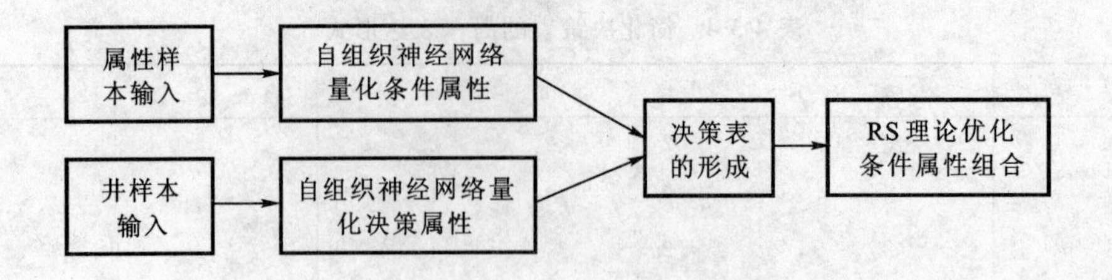

图 4-3-1 RS理论决策分析方法的处理流程图[20]

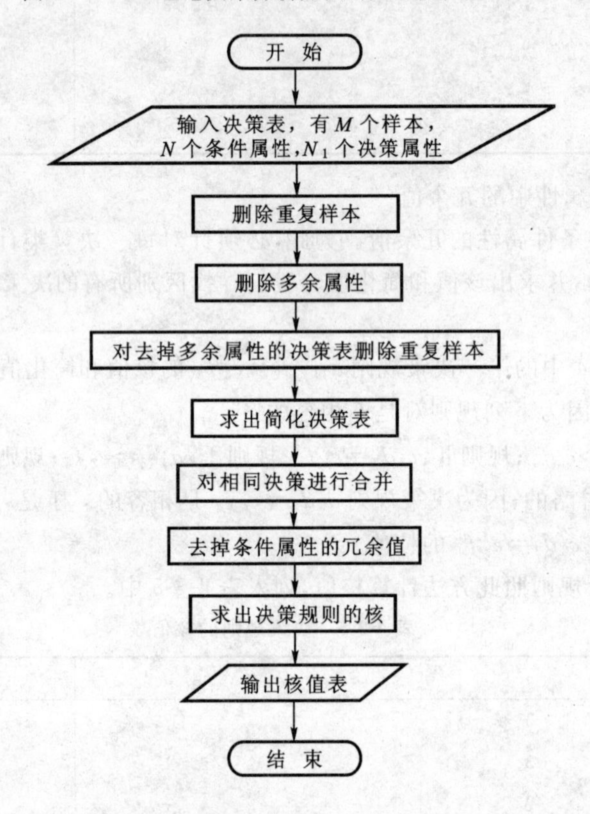

图 4-3-2 地震属性优化中的RS决策分析框图[20]

的关键问题。因此，在具体实现时必须考虑条件属性量化的最优化准则，即用最少的条件量化参数，使量化后的数据表相容。我们选用自组织神经网络对条件属性进行分类，其分类结果即为该条件属性的量化结果。

RS决策分析方法的具体实现步骤如下：

(1) 用自组织神经网络方法对条件属性值进行分类，其分类结果即为该条件属性的量化结果。

(2) 对井点的储层参数(如孔隙度值、泥质含量值)等进行分类，作为决策属性。

(3) 在井旁选取 N 道，将 N 道的地震属性与决策属性组成决策表。

(4) 采用RS理论优选出地震属性个数最少的属性组合。

(5) 用优化的地震属性组合进一步提取决策规则的核值。

4.3.2 模糊神经网络储层油气预测技术

20世纪80年代兴起的人工神经网络具有并行处理能力、分布式信息处理方式、自组织自学习能力、高度的鲁棒性和容错性等优点，经过多个阶段的发展后逐步走向成熟，正吸引各个领域的人员争相研究和应用。地球物理学家对它的模式识别能力和函数逼近能力特别感兴趣，因为它优于传统的统计方法和人工智能方法。它很快被引入到地球物理学领域，并力图解决油气识别、储层参数预测之类的问题，取得了一定的成效。目前虽然已经发展了数十种不同类型的神经网络，但在储层参数预测中最常用还是 BP 神经网络。BP 神经网络基本的方法原理已在第 3 章中介绍过。

基于人工神经网络技术的储层参数预测取得了很大的成功，但在实际应用中也暴露了一些不足。例如，在用 BP 网络建立储层参数预测模型时，对所选用的学习样本可靠性要求较高，输入信息的抗干扰能力较差，而且只能处理数值输入，无法对专家知识进行处理等。目前有不少学者提出了许多改进方法，但很多只集中在对误差曲面和权值调整方面。为了更好地把神经网络应用于油气预测，需要在实际应用中吸收专家知识，这可以通过引进模糊理论融合神经网络来实现。

1. 模糊理论与模糊聚类

为了解决大系统、复杂系统中难以精确化的问题，美国控制论学者查德(Z. A. Zadeh)在 1965 年提出了模糊集合。在地震资料处理和解释过程中，物探人员面对的往往是不明晰的信息，即经常遇到模糊的信息。模糊逻辑系统是传统布尔逻辑(0,1)的延伸，正好能够处理“部分真值”，即介于“全真”和“全假”之间的真值。模糊逻辑已经在层析成像和模糊聚类中取得了成功的应用。

设 U 为论域，一个定义在 U 上的模糊集合 A 由隶属函数 $\mu_A: U \rightarrow [0,1]$ 来表征。这里的 μ_A 称为模糊子集的隶属函数，$\mu_A(u)$ 表示 $u \in U$ 在模糊集合 A 上的隶属程度。通常，把一个具体的元素映射到一个合适的隶属度(或隶属值)是由隶属函数来实现的。

模糊集合的定义表明，论域 U 上的模糊子集 A 完全由隶属函数所表征，$\mu_A(u)$ 的大小反映了 u 对于模糊子集的从属程度。$\mu_A(u)$ 的值接近于 1，表示 u 从属于 A 的程度很高；$\mu_A(u)$ 的值接近于 0，表示 u 从属于 A 的程度很低。模糊的概念主要是指客观事物差异的中间过渡中的不分明性。该类事物没有明确的外延，可以按其程度分级描述，这样就可以用 0～1 间的数来表示，而不是简单地用 0 和 1 两个数来表示。隶属函数的作用就是将模糊集 u 中的每个元素映射为 0～1 间的隶属度，这样隶属函数就会由于映射的不同而具有多种多样的形式。为了与神经网络相一致，也可以采用 BP 神经网络中常常采用的非线性 Sigmoid 型函数。

在模糊集合之上的运算即模糊逻辑运算，常用的模糊逻辑包括比较、包含、交(与)、并(或)和补(非)等。此处的与、或、非运算是在常规集合运算的基础上发展而来的，具体形式如下。

逻辑与运算常用 T 算子来表示：

$$\mu_A(x) \otimes \mu_B(x) = \begin{cases} \min(\mu_A(x), \mu_B(x)) & \text{(模糊交)} \\ \mu_A(x) \cdot \mu_B(x) & \text{(代数积)} \\ \max(0, (\mu_A(x) + \mu_B(x) - 1)) & \text{(有界积)} \\ \left.\begin{array}{ll} \mu_A(x) & \text{当 } \mu_B(x) = 1 \text{ 时} \\ \mu_B(x) & \text{当 } \mu_A(x) = 1 \text{ 时} \\ 0 & \text{当 } \mu_B(x) < 1, \mu_B(x) < 1 \text{ 时} \end{array}\right\} & \text{(直积)} \end{cases} \tag{4-3-1}$$

逻辑或运算常用协 T 算子来表示：

$$\mu_A(x) \oplus \mu_B(x) = \begin{cases} \max(\mu_A(x), \mu_B(x)) & \text{(模糊并)} \\ \mu_A(x) + \mu_B(x) & \text{(代数和)} \\ \min(1, (\mu_A(x) + \mu_B(x))) & \text{(有界和)} \\ \mu_A(x) \quad \text{当 } \mu_B(x) = 1 \text{ 时} & \\ \mu_B(x) \quad \text{当 } \mu_A(x) = 1 \text{ 时} & \text{(直和)} \\ 0 \quad \text{当 } \mu_A(x) > 0, \mu_B(x) > 0 \text{ 时} & \end{cases} \tag{4-3-2}$$

逻辑非运算为：

$$\mu_{\overline{A}}(x) = 1 - \mu_A(x) \tag{4-3-3}$$

定义了模糊集后，就可以直接利用模糊集来表达不完全的特定关系，即模糊关系。模糊关系是一种特殊形式的模糊集合。一元模糊关系就是前面所述的具有一维隶属函数的模糊集合，二元模糊关系就是指具有二维模糊隶属函数的模糊集合，多维模糊关系可依此类推。所以，集合 X 和 Y 之间的二元模糊关系 R 是指定义在乘积 $X \times Y$ 上的模糊子集，其隶属函数如下：

$$\mu_R: X \times Y \rightarrow [0,1] \tag{4-3-4}$$

不同乘积空间上的模糊关系可以通过复合运算结合在一起。由于模糊关系也属于模糊集合，所以上述的模糊集之间的运算也可以用于模糊关系的运算。

模糊规则(也称模糊 if-then 规则)形为“if x 是 A then y 是 B”，其中的 A 和 B 分别是论域 X 和 Y 上的模糊集合定义的语言值。通常，称“x 是 A”为前件或前提，“y 是 B”为后件或结论。

模糊推理就是采用模糊逻辑由给定的输入到输出的映射过程。整个推理过程包括五部分，分别为：对输入变量模糊化；对模糊化以后的变量隶属度值应用模糊逻辑算子计算其输出；模糊蕴涵输出一个变换后的模糊集；模糊合成输出模糊结论集；反模糊化把输出的模糊集转化为确定数值的输出。

模糊系统(即模糊推理系统)就是指具有学习算法的模糊逻辑系统，它由服从模糊逻辑规则的一系列“if-then”规则所构造，而学习算法则依靠数据信息来调整模糊逻辑系统的参数。它是建立在模糊集合理论、模糊“if-then”规则和模糊推理等概念基础上的先进计算框架。

模糊聚类法是基于模糊关系之上的一种多元分析方法。在聚类之前需要首先对数据进行归一化。以多维地震属性数据 $U=\{u_1, u_2, \cdots, u_n\}$ 为例，其中 $u_i(i=1,2,\cdots,n)$ 代表第 i 个地震属性样本，$u_{ij}(j=1,2,\cdots,m)$ 代表第 i 个样本的第 j 维地震属性。首先要对 n 个样本建立模糊相似矩阵 $\boldsymbol{R}=(r_{ij})_{n\times n}$。$r_{ij}$ 表示 m 维地震属性样本 u_i 与 u_j 按照某种特征所计算出来的相似程度，称为相似系数。对于样本 u_i 本身来说，相似系数为 1，因此 $\boldsymbol{R}=(r_{ij})_{n\times n}$ 是一个对角线元素均为 1 的对称的模糊相似矩阵。这个过程称为标定，即标出衡量被分类对象之间的相似程度的统计量。

在标定过程中，计算相似系数的方法有数量积法、绝对值指数法、最大最小法、算术平均最小法、绝对值倒数法、夹角余弦法、相关系数法等十余种。在此采用夹角余弦法来计算属性样本之间的相似系数，计算式为：

$$r_{ij}=\frac{\left|\sum_{k=1}^{m}x_{ik}x_{jk}\right|}{\sqrt{\sum_{k=1}^{m}x_{ik}^{2}\sum_{k=1}^{m}x_{jk}^{2}}}\tag{4-3-5}$$

式中，m 为属性样本的维数。

对所有的地震属性样本分别计算相互间的相似系数后即可建立模糊相似关系矩阵 $\boldsymbol{R}$。一般来说，$\boldsymbol{R}$ 只满足自反性和对称性，不满足传递性，并且还不是模糊等价矩阵。模糊等价矩阵要求满足：自反性，即 $r_{ii}=1(i=1,2,\cdots,n)$；对称性，即 $r_{ij}=r_{ji}(i=1,2,\cdots,n;j=1,2,\cdots,n)$；传递性，即 $\boldsymbol{R}\otimes\boldsymbol{R}\subseteq\boldsymbol{R}$。$\boldsymbol{R}^2=\boldsymbol{R}\otimes\boldsymbol{R}$ 称为模糊自乘积，是一个 n 阶模糊方阵，其元素 $r_{ij}^{(2)}\triangleq\bigvee_{k=1}^{n}(r_{ik}\wedge r_{kj})(i=1,2,\cdots,n;j=1,2,\cdots,n)$。$\vee$ 表示逻辑或模糊算子；$\wedge$ 表示逻辑与模糊算子。由于只有当 $\boldsymbol{R}$ 是模糊等价矩阵关系时才能进行聚类，所以需要将 $\boldsymbol{R}$ 改造成模糊等价矩阵 $\boldsymbol{R}^*$，然后在适当的限定值上进行截取，便可得到所需分类。只需要对 $\boldsymbol{R}$ 进行多次模糊自乘积就可以得到模糊等价矩阵，即将 $\boldsymbol{R}$ 自乘得 $\boldsymbol{R}^2$，再将 $\boldsymbol{R}^2$ 自乘得 $\boldsymbol{R}^4$，如此继续下去直到出现 $\boldsymbol{R}^{2k}=\boldsymbol{R}^k$ 为止，于是 $\boldsymbol{R}^k$ 便是满足前述条件的一个模糊等价矩阵。

把 $\boldsymbol{R}$ 改造成为模糊等价矩阵之后，给定一个限定值即可对地震属性样本进行分类。通常称此限定值为模糊判别数 λ。由于模糊等价矩阵的对角线为 1 且沿对角线对称，并且矩阵元素都小于等于 1，对于给定的模糊判别数 λ 来说，若相似系数 r_{ij} 大于 λ，则认为样本 u_i 与 u_j 之间的相似性已经达到给定的要求，因此把所有大于 λ 的相似系数所代表的样本聚为相似性最好的一类，小于 λ 的相似系数则从大到小依次排列进行分类。由此可见：当 λ 较小时，认为所有的样本都达到相似性要求，可以把所有样本看作一类；当 λ 取为 1 时，相似性要求最高，此时单个样本自成一类。

2. 基于神经网络的模糊系统的实现步骤

通过模糊理论和神经网络的介绍，可知模糊系统和神经网络有以下共同之处：模糊系统和神经网络均可以在给定的系统输入/输出信号（或数据）之间建立系统的（非线性）输入/输出关系，并且在数据处理形式上均采用并行处理结构。

模糊系统和神经网络也有着明显的不同之处：神经网络虽然对环境的变化具有较强的自适应学习能力，但从系统建模的角度而言，它采用的是典型的黑箱型的学习模式，因此当学习完成后，神经网络所获得的输入/输出关系无法用容易被人接受的方式表示出来；模糊系统是建立在被人容易接受的“if-then”表达方式之上的，但如何自动生成和调整隶属度函数和模糊规则是一个很棘手的问题。

神经网络模型主要是以不适定数据为处理对象，能够解决许多常规信息处理方法难以解决或无法解决的问题，如记忆、感知和映象等一些主观现象经常被用来作为神经网络建模的目标。模糊逻辑是对与人类的思维和感知有关的一些现象建模的另一个有力工具。将模糊逻辑与神经网络融合在一起，充分利用神经网络和模糊逻辑系统各自的优点，既可以利用模糊逻辑来调整神经网络，也可以利用神经网络来学习总结出模糊系统的“if-then”规则，因此诞生了所谓的模糊神经网络（Fuzzy Neural Networks，FNN）。这是一个集语言计算、逻辑推理、分布式处理和非线性动力学过程为一体的系统。

模糊神经网络是神经网络和模糊系统相结合的统一叫法，涵盖两者之间的不同组合方式，既包括融入模糊理论的神经网络又包括基于神经网络的模糊系统。神经网络和模糊逻辑按照不同的需求而形成多种组合方式。例如,引入模糊运算的神经网络组建的狭义模糊神经网络,即常规模糊神经网络;用模糊逻辑增强网络功能的神经网络,这方面的研究刚起步;基于神经网络的模糊系统,即常说的神经模糊系统等。

常规模糊神经网络是在传统神经网络中加入模糊成分,通过调整网络参数进行学习。以对多层前向神经网络结构中融入模糊成分后所形成的模糊神经网络为例,它可以分为几种类型:

类型Ⅰ,模糊神经网络中用与或运算代替 Sigmoid 函数;

类型Ⅱ,模糊神经网络中的权值为模糊量;

类型Ⅲ,模糊神经网络中的输入为模糊量;

类型Ⅳ,模糊神经网络中的输入与权值皆为模糊量;

类型Ⅴ,在类型Ⅱ或Ⅲ或Ⅳ基础上用与或运算代替 Sigmoid 函数。

由此可见,常规模糊神经网络的神经元就是对普通神经元的改造,因此模糊神经元不但具有一般神经元的功能,还能反映神经元的模糊性质,具有模糊信息处理能力,所以就有处理实数输入的模糊神经元和处理模糊输入的模糊神经元两种神经元。另外,模糊神经元可以不像常规神经元那样在权系数的基础上对输入进行加权,而是采用前述的模糊逻辑运算,从而能够更好地处理模糊信息。

模糊神经网络还包括用模糊逻辑来增强网络功能的神经网络,为此需要构建完全具有能够处理模糊逻辑的模糊神经元。此时不但要求模糊神经元能够处理模糊信息,还需要在调整网络连接权系数的时候结合模糊神经元所选用的非线性关系进行调整。

常规模糊神经网络通常只对常规神经网络进行改进,使之能够处理模糊信息。当网络训练次数足够高时,其结果和常规神经网络的结果基本上是一致的。利用模糊逻辑来增强网络功能的神经网络,由于在调整网络权系数方面还不太成熟,必须吸收专家知识来进行模糊区间分类,否则就达不到其应有的应用效果。对于神经模糊系统来说,它还是一个模糊系统,其实质是使用比较成熟的神经网络方法来实现系统的模糊"if-then"规则,从而弥补了常规模糊系统的隶属度很难确定的不足。这样,神经网络和模糊系统的结合就更加紧密,使得基于神经网络的模糊系统得到了广泛的应用。

基于神经网络的模糊系统也称为神经模糊系统。它严格按照模糊逻辑的运算步骤分层构造,不改变模糊系统的基本功能(包括模糊化、模糊推理和反模糊化等)。该系统通常是先提取模糊系统的模糊规则(既可以为数据驱动,也可以为知识驱动),然后再利用神经网络的学习算法对神经模糊系统的参数进行调整。

神经模糊系统的实现方式也有很多种,在此采用基于神经网络的模糊推理系统,即用神经网络来构造模糊系统。利用神经网络的学习方法,根据输入输出样本来自动设计和调整模糊系统的设计参数,实现模糊系统的自学习和自适应功能。系统结构如图 4-3-3 所示,共有 $R+1$ 个神经网络(均为前向型 BP 神经网络,神经元的传递函数为 Sigmoid 函数,输出层函数采用线性函数),其中 $NN_1 \sim NN_R$ 分别表示 R 条规则的结论部分的函数 $f_j(x)$,而 NN_{mf} 则给出每条规则对于输入 x 的适应度。模糊系统的输出 y 由下式决定:

$$y = \sum_{j=1}^{R} u_j g_j \tag{4-3-6}$$

式中,g_j 为第 j 个网络 NN_j 的输出;u_j 为第 j 个网络 NN_j 的适应度,单个样本的适应度由 NN_{mf} 给出。

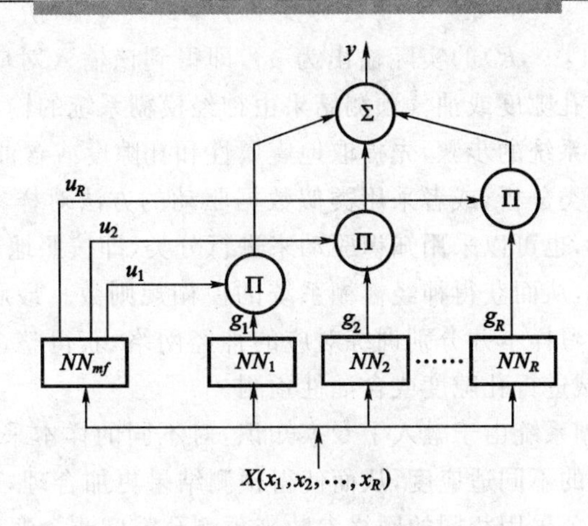

图 4-3-3　基于神经网络的模糊系统示意图[24]

可见，基于神经网络的模糊系统由多个神经网络构成，反映了模糊系统的模糊规则，其建立步骤如下：

(1) 确定神经模糊系统的输入输出学习样本(X_i, Y_i)，其中$i=1,\cdots,n$(n为样本个数)。以地震属性预测孔隙度或含油性为例，X_i代表学习样本中的地震属性，Y_i代表学习样本中对应的孔隙度。

(2) 用模糊聚类法对学习样本进行聚类，若聚类分成R组，则对应于神经模糊系统的R条模糊规则，此时对学习样本的聚类仅针对X_i，即对地震属性进行聚类以掌握学习样本中存在的差异性。

(3) 训练计算规则适用度的神经网络NN_{mf}。该网络为 BP 网络，NN_{mf}网络的目的就是要确定输入样本对于各个模糊规则$NN_j(j=1,\cdots,R)$的适应度，所以此网络的学习样本是上述的地震属性和聚类后的类别，即输入学习样本为(X_i, W_i)。其中W_i为地震属性样本聚类后所在的类的标志(为第(2)步所分成的R类)，即学习样本具有n个输入量，R个输出量。输出样本确定如下：假设学习样本中的X_i在第(2)步中被聚类到第S组，则说明R条模糊规则中第S条对样本X_i的适应度为最大，而其余的模糊规则对样本X_i的适应度最小，即可把NN_{mf}对应学习样本中的输出W_i定为：

$$W_i=(W_1^i, W_2^i, \cdots, W_{S-1}^i, W_S^i, W_{S+1}^i, \cdots, W_R^i)^{\mathrm{T}}=(0,0,\cdots,0,1,0,\cdots,0)^{\mathrm{T}} \quad (4\text{-}3\text{-}7)$$

此时的学习样本共有R个输出。W_i表示其中的第S个输出对此样本X_i具有响应，而其余输出则为 0。即对NN_{mf}网络来说，学习样本X_i将对R模糊规则中的第S条具有最大的适应度。利用所有的训练样本训练NN_{mf}即可获得系统对各地震属性的适应度的网络参数。

(4) 训练系统中各条模糊规则所对应的结论部分的神经网络$NN_S(S=1,\cdots,R)$，其中NN_S也为 BP 网络。此处的第S个神经网络就对应着系统的第S条模糊规则，其学习样本的输入为第(2)步中聚类到第S类的地震属性，输出为该输入地震属性所对应的孔隙度参数或含油性Y_i，即学习样本$(X_i, Y_i)_S$，即从第(1)步中所提供的学习样本中提取出来被聚类到第S组的样本。根据第(2)步的聚类结果把所有的学习样本分成对应的R组，然后逐个训练此处的R个神经网络，可以得到系统中对应的R条模糊规则。

对系统中的$R+1$个神经网络针对各自的学习样本进行训练，当系统训练达到要求的精度后，即可用于孔隙度或含油性预测。预测时对于每个输入都要分别利用$R+1$个神经网络进行预测，其中对应于NN_{mf}的实际输出为$U=(u_1, u_2, \cdots, u_R)$，即得到该输入所对应的模糊规则；$NN_S(S=1,\cdots,R)$的实际输出为 g_S，即得到该输入对应于各条模糊规则的预测结果。最后所得到的孔隙度或油气预测结果由神经模糊系统的输出式(4-3-6)决定。

根据构造神经模糊系统的步骤，先提取地震属性和孔隙度或含油性组成学习样本，然后对学习样本进行模糊聚类分析，或者采用类似数据驱动的方法对样本进行分类。在对样本性质比较了解的基础上，也可以采用知识驱动来进行分类，即按照地震属性和孔隙度或含油性的特点进行人工分类，从而获得神经模糊系统的模糊规则数。最后再根据分类的结果来调整单个神经网络的学习样本并分别训练对应的神经网络，获得整个神经模糊系统的系统参数后，即可对有效区域进行孔隙度或含油性预测。

由此可见，神经模糊系统由于融入了专家知识，对不同的样本采用不同的模糊规则，并获得各模糊规则对样本的不同适应度，从而使得预测结果更加合理，弥补了 BP 神经网络对性质差异较大的预测对象采用相同的网络参数来预测孔隙度或含油性的不足。

3. 模糊神经网络含油性预测实例

根据含油性预测问题的特殊性，结合模糊神经网络的优势不难看到：基于神经网络的模糊系统更加有利于薄储层含油性预测。这是因为常规模糊神经网络和常规神经网络之间没有什么本质的区别，有的甚至只是在常规神经网络的最后输出上加了一个模糊判断，或者只是对输入参数作一下模糊处理，从而扩展了常规神经网络的使用范围。对于融入了模糊概念的神经网络来说，其意义是很明显的，但是由于在模糊规则选择、模糊区间划分和隶属函数的选择上存在较多的人为因素，所以也很难直接用于油气预测。基于神经网络的模糊系统不但具备了模糊系统的含油性预测优势，还采用了神经网络的优势来生成模糊规则，同时也避免了选择隶属度函数的不确定性。由于融合了模糊系统和神经网络的功能，吸收了前面介绍的油气预测方法的优点，采用基于神经网络的模糊系统更加适合于含油性预测。

值得注意的是，在选择含油性预测的学习样本时，必须严格选择与含油性关系密切的地震属性参加预测。由于含油性好坏不易量化，所以很难在地震属性与含油性之间通过交会分析寻找其量化关系，此时就应该更多地吸取专家知识来选择模糊神经网络的学习样本。

采用基于神经网络的模糊系统进行含油性预测时，与前面所述的各种模式识别方法进行含油性预测一样，都要求系统的学习样本存在一定的差异性。该方法同样也不适合于仅有油井或仅有无油井的待测目标。

下面以胜利油田某探区的河道砂为例，展示利用基于神经网络模糊系统的模式识别功能。根据神经网络的模糊系统的构建步骤，对图 4-3-4 所示的河道砂体进行含油性预测，其主要过程是：先沿层提取该河道砂体的地震属性并抽取井旁道地震属性，然后在井旁道地震属性与含油性之间进行分析，选择与含油性关系密切的地震属性作为模糊神经网络的输入。在确定神经模糊系统的模糊规则数时，先利用模糊聚类方法对选择的井旁道地震属性进行聚类以求取模糊规则数。当然，模糊规则数也不能完全根据聚类结果来确定，而需要结合地震属性之间的差异，并更多地吸取专家知识才能选出合适的地震属性和模糊规则数。最后以此模糊规则数来调整系统的学习样本，并以此样本来训练神经模糊系统的系统参数，再利用系统参数来对整个砂体进行含油性预测。

沿河道砂体提取众多的地震属性，图 4-3-4 所示为众多属性之一的沿层平均振幅属性。通过对提取的属性逐一进行分析，筛选出 5 种地震属性用于模糊神经网络的含油性预测。这 5 种地震属性分别是：平均振幅、瞬时频率、自相关最小最大值之比、均方根振幅之比和自相关函数主瓣面积之比。

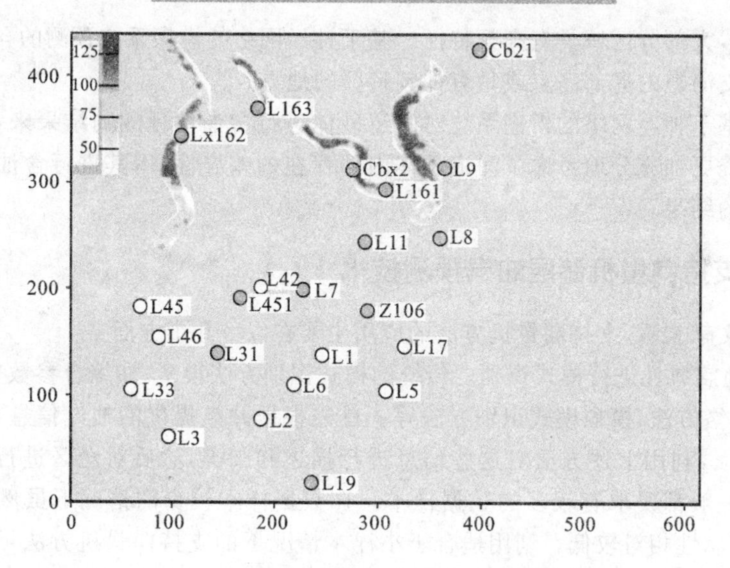

图 4-3-4　河道砂体的沿层平均振幅属性[23]

该河道砂体上的井位不多，但是井位之间具有一定的差异性。首先以从井点周围的地震道上提取的上述5种地震属性和含油性作为模糊神经网络的学习样本，然后再对这些学习样本利用模糊聚类方法进行分类。通过给定不同模糊判别参数就可以把学习样本分成不同的类，最终把样本分为2组，即确定模糊规则数为2。根据模糊规则数把学习样本进行分类拾取，并分别输入到模糊神经网络进行学习。训练完样本以后得到模糊神经网络的系统参数就可以对整个河道砂体进行含油性预测。图4-3-5所示为利用基于神经网络的模糊系统预测出来的该河道砂体含油性分布结果。

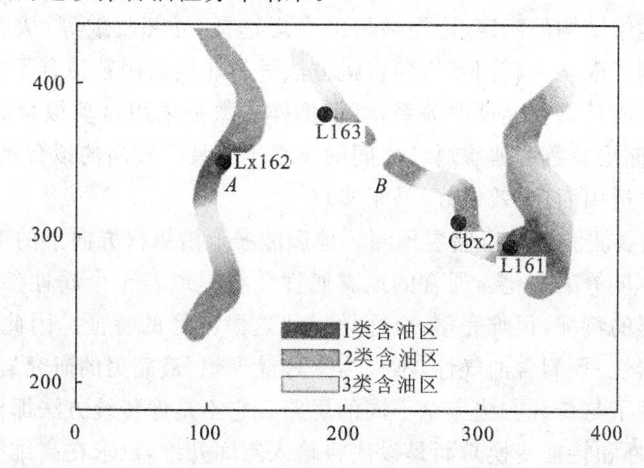

图 4-3-5　基于神经网络的模糊系统预测的河道砂体含油性分布[23]

从含油性分布预测结果来看，三支河道的含油性有一定的差异。对于左边一支河道来说，含油性较好的区域分布在局部高点、河道弯曲部位、河床宽窄变化等部位，这是由于整个分支河道处于河道砂体相对较高的部位，水流对河道变化处的冲刷作用较强，容易形成物性较好的岩性体。对于中间一支河道来说，受后期轻微构造运动的影响而有所断开(图中 *B* 处)。断开的地方均处于河道的相对高部位，与下伏的河道砂体易构成连续性较好的岩性体，并且在此高部位附近的同一层位有含油显示。基于神经网络的模糊系统预测结果也展示此区域为含油性较好的区域。对于右边一支河道来说，处于河道砂体的低部位，地势较低，沉积较平稳，大部分区域具有高频特征。基于神经网络的模糊系统预测的含油有利区基本上都位于该支河道的局部高点或具有低频特征的地方。

通过利用基于神经网络的模糊系统对河道砂体进行含油性预测的结果来看，基于神经网络的模糊系统更加充分地考虑了河道砂体内部存在的差异性，用其进行含油性预测能够取得比较理想的结果。

4.3.3 支持向量机储层油气预测技术

从国内外文献来看，支持向量机方法的应用主要在以下几个方面：

(1) 利用地震属性进行模式识别。传统的模式识别方法很多，如综合参数方法、判别分析方法、神经网络方法、模糊模式识别方法等。首先根据井点提供的油气信息或岩性、储层性质等定性特征，利用上述方法对这些信息进行描述和归类，然后对全区进行储层横向预测。这些方法一般都要求有较多的数据样本。在数据样本较少的情况下虽然也能进行预测，但预测的可靠性相对较低。利用适合于小样本情况下的支持向量机方法可望较好地解决这一问题。

(2) 利用地震属性进行储层参数预测。储层参数预测的目的就是借助地震信息预测储层参数的空间变化。地震信息不仅包含地层界面信息，还包含地层物性方面的信息。地震特征参数不仅与岩性、深度有关，而且与物性(孔隙度、渗透率、泥质含量等)有密切关系。从岩石物理学的角度看，在储层参数和地震信息之间并不存在直接的解析关系，因此需要通过数学统计的方法预测储层参数。目前常用的预测方法大多是建立在线性模型基础之上的，这只是实际模型的一定程度的近似。如果实际的和理论的模型差距过大，则预测结果将丧失其实用价值，甚至带来损失和危害。一些非线性方法也存在许多影响预测效果的因素，如神经网络方法中的网络结构的确定、隐层数目的合理选择、局部收敛等，从而使得这些方法在实际中的应用受到了限制。利用支持向量机方法进行非线性函数拟合不需事先确定储层参数和地震属性之间满足哪种类型的关系，可根据样本数据采用自动拟合的方法构造核函数，从而使得建立的储层参数和地震属性之间的关系不仅具有较高的拟合精度，而且具有较好的推广性。该方法适用面广，效果好，易于实现。

(3) 直接利用地震波波形进行储层预测。地震波波形沿纵横方向上的变化反映了反射界面的性质、岩性、厚度等的变化。通常的地震属性分析提取若干个属性参数，只能从某几个侧面反映这段波形的特征，很难完整、全面地描述这段波形的特征。因此，直接利用地震波波形属性来研究岩性、预测含油气性，不失为一种最理想、最完美的研究岩性的有效手段。支持向量机方法使用了与传统方法完全不同的思路。它不是像传统方法那样先试图将输入空间降维(即特征选择和特征变换)，而是设法将输入空间升维，以求在高维空间中使问题变得线性可分或接近线性可分。因为升维后只是改变了内积运算，并没有使算法复杂性随着维数的增加而增加，因此这种方法才是可行的。将已知的样本井段地震反射波波形数据构成输入向量、已知的储层参数作为输出向量，在支持向量机学习阶段，根据实际样本数据构造核函数，通过迭代运算获得最优权系数，利用得到的权系数就可以在整个工区内对该储层参数进行预测。这种方法充分完整地利用了地震波的波形属性，避免了属性参数提取中的片面性和属性优化分析过程中过大的工作量，并且还可以消除不同的储层参数对地震波的综合影响，实现起来更方便，应用效果也十分显著。

1. 统计学习理论简介

传统的统计学研究的是样本数目趋于无穷大时的渐近理论，现有学习方法也多是基于此种假设。但在实际问题中，样本数往往是有限的，因此一些理论上很优秀的学习方法实际应用起来可能不尽如人意。

与传统统计学相比，统计学习理论(Statistical Learning Theory，SLT)是一种专门研究小样本情况下机器学习规律的理论。机器学习的目的是根据给定的训练样本对某系统输入输出之间的依赖关系进行估计，使它能够对未知输出作出尽可能准确的预测。V. Vapnik等人从 20 世纪 60 和 70 年代开始致力于这方面的研究。到 20 世纪 90 年代中期，随着其理论的不断发展和成熟，再加上神经网络等学习方法在理论上缺乏实质性进展，统计学习理论开始受到越来越广泛的重视。

统计学习理论建立在一套比较坚实的理论基础之上，为解决有限样本学习问题提供了统一的框架。它能将很多现有方法纳入其中，有望帮助解决许多原来难以解决的问题，如神经网络结构选择问题、局部极小问题等。同时，在这一理论基础上发展了一种新的通用学习方法——支持向量机(Support Vector Machine，SVM)，它已初步表现出很多优于已有方法的性能。一些学者认为，SLT 和 SVM 正在成为神经网络研究之后新的研究热点，并将有力地推动机器学习理论和技术的发展。

机器学习问题就是根据 n 个独立同分布的观测样本，在一组函数中求一个最优的函数对依赖关系进行估计，使期望风险最小。由于可以利用的信息只有样本，期望风险无法计算，因此传统的学习方法中采用了所谓经验风险最小化(Experience Risk Minimization，ERM)准则。

事实上，用 ERM 准则代替期望风险最小化并没有经过充分的理论论证，只是直观上合理的想当然做法，但这种思想却在多年的机器学习方法研究中占据了主要地位。人们多年来将大部分注意力集中到如何更好地最小化经验风险上，而实际上即使可以假定当 n 趋向于无穷大时经验风险趋近于期望风险，在很多问题中的样本数目也离无穷大相去甚远。那么，在有限样本下，ERM 准则得到的结果能使真实风险也较小吗？

ERM 准则不成功的一个例子是神经网络的过学习问题。开始，很多注意力集中在如何使经验风险更小，但很快发现，训练误差小并不总能导致好的预测效果。在某些情况下，训练误差过小反而会导致推广能力的下降，即真实风险的增加，这就是过学习。

之所以出现过学习现象，一是因为样本不充分，二是学习机器设计不合理，这两个问题是相互关联的。究其原因，是试图用一个十分复杂的模型去拟合有限的样本，导致丧失了推广能力。在神经网络中，对有限的样本来说，网络学习能力过强，足以记住每个样本。此时经验风险很快就可以收敛到很小甚至零，但却无法保证对未来样本能给出好的预测。

统计学习理论就是研究小样本统计估计和预测的理论，主要内容包括四个方面的内容：

(1) 经验风险最小化准则下统计学习一致性的条件；

(2) 在这些条件下关于统计学习方法推广性的界的结论；

(3) 在这些界的基础上建立的小样本归纳推理准则；

(4) 实现新准则下的实际方法(算法)。

其中，最有指导性的理论结果是推广性的界，与此相关的一个核心概念是 VC 维(Vapnik-Chervonenkis Dimension)。

为了研究学习过程一致收敛的速度和推广性，统计学习理论定义了一系列有关函数集学习性能的指标，其中最重要的是VC维。有界实函数的VC维可以通过用一定的阈值将它转化成指示函数来定义。

VC维反映了函数集的学习能力，VC维越大则学习机器越复杂。目前尚没有通用的关于任意函数集VC维计算的理论，只对一些特殊的函数集知道其VC维。如在n维实数空间中，线性分类器和线性实函数的VC维是$n+1$。当$n=2$时，不难看出，平面上的任意3个不在一条直线上的样本点可由直线分别将他们中的0,1,2,3个样本分离出来，即3个不在同一直线上的样本被直线分开，共有$C_3^0+C_3^1+C_3^2+C_3^3=2^3$种分开形式。对于一些比较复杂的学习机器（如神经网络），其VC维除了与函数集有关外，还受学习算法等因素的影响，其确定更加困难。对于给定的学习函数集，如何用理论或实验的方法计算其VC维是当前统计学习理论中有待研究的一个问题。

统计学习理论系统地研究了各种类型的函数集、经验风险和实际风险之间的关系，即推广性的界。学习机器的实际风险是由两部分组成的：一部分是经验风险（即训练误差）；另一部分是置信范围，它与学习机器的VC维及训练样本数有关。在有限训练样本下，学习机器的VC维越高（即复杂性越高），则置信范围越大，导致真实风险与经验风险之间可能的差别越大。这就是会出现过学习现象的原因。机器学习过程不但要使经验风险最小，还要使VC维尽量小以缩小置信范围，这样才能取得较小的实际风险，即对未来样本有较好的推广性。

需要指出的是，推广性的界是对于最坏情况的结论，在很多情况下是较松的界，尤其当VC维较高时更是如此。这种界只在对同一类学习函数进行比较时有效，它可以指导我们从函数集中选择最优的函数，在不同函数集之间比较却不一定成立。寻找能更好地反映学习机器能力的参数和得到更紧的界是学习理论今后的研究方向之一。

从上面的结论看到，ERM原则在样本有限时是不合理的，我们需要同时最小化经验风险和置信范围。在传统方法中，选择学习模型和算法的过程就是调整置信范围的过程。如果模型适合现有的训练样本，就可以取得比较好的效果。但因为缺乏理论指导，这种选择只能依赖先验知识和经验，从而造成了类似于神经网络等方法对使用者“技巧”的过分依赖。

统计学习理论提出了一种新的策略：把函数集构造为一个函数集序列，使各个子集按照VC维的大小排列；在每个子集中寻找最小经验风险，在子集间折衷考虑经验风险和置信范围，取得实际风险最小。这种思想被称为结构风险最小化（Structural Risk Minimization，或有序风险最小化），即SRM准则。统计学习理论还给出了合理的函数子集结构应满足的条件以及在SRM准则下实际风险收敛的性质。

实现SRM原则可以有两种思路：一是在每个子集中求最小经验风险，然后选择使最小经验风险和置信范围之和最小的子集。这种方法比较费时，当子集数目很大甚至是无穷时不可行。二是设计函数集的某种结构使每个子集中都能取得最小的经验风险，然后只需选择适当的子集使置信范围最小，则这个子集中使经验风险最小的函数就是最优的函数。支持向量机方法实际上就是这种思想的具体实现。

2. 支持向量机

支持向量机是统计学习理论中最新的内容，也是最实用的部分。核心内容是在1992—1995年间提出的，目前仍处在不断发展和完善中。

支持向量机的实现思想：它通过事先选择的非线性映射将输入向量$\boldsymbol{x}$映射到一个高维空间Z，在这个空间中构造最优分类超平面，如图4-3-6所示。

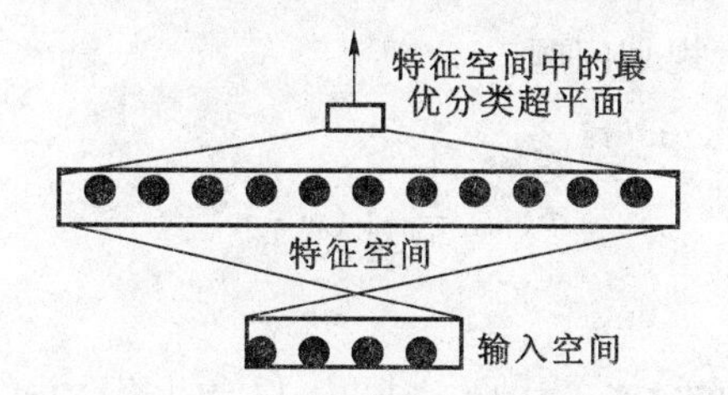

图 4-3-6 支持向量机实现思想[28]

例如，要构造一个与二阶多项式对应的决策面，我们可以构造一个特征空间 Z，它有如下的 $N=\frac{n(n+3)}{2}$ 个坐标：

$$z^1 = x^1, \cdots, z^n = x^n \qquad n\text{个坐标}$$

$$z^{n+1} = (x^1)^2, \cdots, z^{2n} = (x^n)^2 \qquad n\text{个坐标}$$

$$z^{2n+1} = x^1 x^2, \cdots, z^N = x^n x^{n-1} \qquad \frac{n(n-1)}{2}\text{个坐标}$$

式中，$\boldsymbol{x}=(x^1, \cdots, x^n)$。在这个空间中构造的分类超平面就是在输入空间中的二阶多项式。要在 n 维空间中构造阶数 $d \ll n$ 的多项式，我们需要多于约 $(n/d)^d$ 个特征。

要实现上述思想的 SVM 必须解决两个问题：一是概念上的问题，即寻找一个推广性好的分类超平面。特征空间的维数将会很高，将训练数据分开的一个超平面不一定能够很好地推广。二是技术上的问题，即实现高维空间的运算，简述如下。

1）最优分类超平面

给定训练数据：$(\boldsymbol{x}_1, y_1), (\boldsymbol{x}_2, y_2), \cdots, (\boldsymbol{x}_l, y_l), \boldsymbol{x} \in R^n, y \in \{+1, -1\}$，若这个向量集合被超平面 $(\boldsymbol{w} \cdot \boldsymbol{x}) - b = 0$ 正确地分开，并且离超平面最近的向量与超平面的距离是最大的，则此超平面就称为最优超平面，如图 4-3-7 所示。

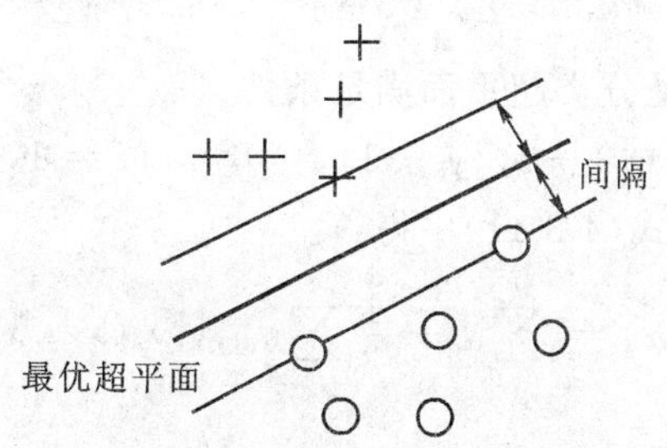

图 4-3-7 最优分类超平面示意图

它的数学形式可描述如下：

$$(\boldsymbol{w} \cdot \boldsymbol{x}_i) - b \geqslant 1 \qquad \exists\, y_i = 1$$

$$(\boldsymbol{w} \cdot \boldsymbol{x}_i) - b \leqslant 1 \qquad \exists\, y_i = -1$$

即

$$y_i[(\boldsymbol{w} \cdot \boldsymbol{x}_i) - b] \geqslant 1 \qquad (i = 1, 2, \cdots, l) \tag{4-3-8}$$

由数学验证：最优超平面就是满足式(4-3-8)且使 $\Phi(\boldsymbol{w}) = |\boldsymbol{w}|^2$ 最小化的超平面。

2）构造最优分类超平面

要构造最优超平面，必须用系数的模最小的超平面把属于两个不同的类 $y \in \{-1, 1\}$ 的样本集 $(y_1, \boldsymbol{x}_1), (y_2, \boldsymbol{x}_2), \cdots, (y_l, \boldsymbol{x}_l)$ 中的向量 $\boldsymbol{x}_i$ 分开。

由此，要求解下面的二次规划问题。

最小化泛函：

$$\Phi(\boldsymbol{w}) = \frac{1}{2}(\boldsymbol{w} \cdot \boldsymbol{w}) \tag{4-3-9}$$

约束条件：

$$y_i[(\boldsymbol{w} \cdot \boldsymbol{x}_i) - b] \geqslant 1 \qquad (i = 1,2,\cdots,l) \tag{4-3-10}$$

这个优化问题的解由下面的 Lagrange 泛函的鞍点给出：

$$L(\boldsymbol{w},b,\alpha) = \frac{1}{2}(\boldsymbol{w} \cdot \boldsymbol{w}) - \sum_{i=1}^{l} \alpha_i \{[(\boldsymbol{x}_i \cdot \boldsymbol{w}) - b]y_i - 1\} \tag{4-3-11}$$

式中，α_i 为 Lagrange 乘子。

在鞍点上，解 $\boldsymbol{w}_0, b_0, \boldsymbol{\alpha}^0$ 必满足以下条件：

$$\frac{\partial L(\boldsymbol{w}_0, b_0, \boldsymbol{\alpha}^0)}{\partial b_0} = 0, \quad \frac{\partial L(\boldsymbol{w}_0, b_0, \boldsymbol{\alpha}^0)}{\partial \boldsymbol{w}_0} = 0$$

即最优超平面有以下特性：

(1) 最优超平面系数 α_i^0 必满足约束条件：

$$\sum_{i=1}^{l} \alpha_i^0 y_i = 0 \qquad (\alpha_i^0 \geqslant 0,\ i = 1,2,\cdots,l) \tag{4-3-12}$$

(2) 最优超平面（向量 $\boldsymbol{w}_0$）是训练集中的向量的线性组合：

$$\boldsymbol{w}_0 = \sum_{i=1}^{l} \alpha_i^0 y_i \boldsymbol{x}_i \qquad (\alpha_i^0 \geqslant 0,\ i = 1,2,\cdots,l) \tag{4-3-13}$$

(3) 由传统的 Kuhn-Tucker 条件可得：只有所谓的支持向量可以在 $\boldsymbol{w}_0$ 的展开式中具有非零的系数 α_i^0，即支持向量就是使不等式(4-3-10)中等式成立的向量，则：

$$\boldsymbol{w}_0 = \sum_{\text{支持向量}}^{l} \alpha_i^0 y_i \boldsymbol{x}_i \qquad (\alpha_i^0 \geqslant 0) \tag{4-3-14}$$

故最优超平面的充要条件就是分类超平面满足条件：

$$\alpha_i^0\{[(\boldsymbol{x}_i \cdot \boldsymbol{w}_0) - b_0]y_i - 1\} = 0 \qquad (i = 1,2,\cdots,l) \tag{4-3-15}$$

将式(4-3-14)和(4-3-15)代入式(4-3-11)中得：

$$W(\boldsymbol{\alpha}) = \sum_{i=1}^{l} \alpha_i - \frac{1}{2}\sum_{i,j=1}^{l} \alpha_i \alpha_j y_i y_j (\boldsymbol{x}_i \cdot \boldsymbol{x}_j) \tag{4-3-16}$$

则问题等价于在非负象限

$$\alpha_i \geqslant 0 \qquad (i = 1,2,\cdots,l) \tag{4-3-17}$$

中最大化泛函 $W(\boldsymbol{\alpha})$，并服从约束条件：

$$\sum_{i=1}^{l} \alpha_i y_i = 0 \tag{4-3-18}$$

由式(4-3-14)可知，Lagrange 乘子和支持向量决定了最优超平面，因此要构造最优超平面，我们需要解决的是一个简单的二次规划问题：在约束条件式(4-3-17)和(4-3-18)下最大化式(4-3-16)的二次型。

设 $\boldsymbol{\alpha}^0 = (\alpha_1^0, \alpha_2^0, \cdots, \alpha_l^0)$ 为这个二次优化问题的解，则最优超平面对应的向量 $\boldsymbol{w}_0$ 的模等于：

$$|\ \boldsymbol{w}^0\ |^2 = 2W(\boldsymbol{\alpha}_0) = \sum_{\text{支持向量}}^{l} \alpha_i^0 \alpha_j^0 y_i y_j (\boldsymbol{x}_i \cdot \boldsymbol{x}_j) \tag{4-3-19}$$

基于最优超平面的分类规则就是下面的指示函数：

$$f(x) = \mathrm{sgn}\left[\sum_{\text{支持向量}} y_i \alpha_i^0 (\boldsymbol{x} \cdot \boldsymbol{x}_i) - b_0\right] \tag{4-3-20}$$

式中，$\boldsymbol{x}_i$ 为支持向量；α_i^0 为对应的 Lagrange 系数；b_0 为常数。

构造的超平面将具有较高的推广性，使分类间隔最大实际上就是对推广能力的控制，这是 SVM 的核心思想之一。统计学习理论指出，使分类间隔最大就是使 VC 维的上界最小，从而实现 SRM 准则中对函数复杂性的选择。

对于 N 维空间中的线性函数，其 VC 维为 $N+1$，但在分类间隔最大的约束下，其 VC 维可能大大减小。即使在很高维的空间中也可以得到较小的 VC 维的函数集，以保证有较好的推广性。同时，通过把原问题转化对偶问题，计算的复杂程度不再取决于空间维数，而是取决于样本数，尤其是样本中的支持向量数。这些特点使它有效地解决高维问题成为可能。

3. 核函数

非线性问题可以通过非线性变换转化为某个高维空间中的线性问题，然后在变换空间求最优分类面。这种变换可能比较复杂，因此这种思路在一般情况下不易实现。但是在对偶问题中，不论是寻优函数还是分类函数都只涉及训练样本之间的内积运算，这样在高维空间实际上只需进行内积运算，而这种内积运算是可以用原空间中的函数实现的，我们甚至没有必要知道变换的形式。根据泛函的有关理论，只要一种核函数满足 Mercer 条件，它就对应某一变换空间中的内积。

1992 年，Boser，Guyon 和 Vapnik 发现在特征空间 Z 中构造最优分类超平面并不需要显式来考虑特征空间，只需要计算支持向量与特征空间中的向量的内积。于是有了内积的回旋的概念：把变换空间的内积转化为原空间的某个函数进行计算，从而避免直接在变换空间中运算。称这个在原空间中用来计算变换空间中内积的函数为内积的回旋，其一般表达式为 $(\boldsymbol{z}_i \cdot \boldsymbol{z}) = K(\boldsymbol{x},\boldsymbol{x}_i)$，其中 $\boldsymbol{z}$ 是输入空间中的向量 $\boldsymbol{x}$ 在特征空间中的像。

根据 Hilbert-Schmidt 理论，$K(\boldsymbol{x},\boldsymbol{x}_i)$ 可以是满足 Mercer 条件的任意对称函数，即 $K(\boldsymbol{u},\boldsymbol{v})$ 描述某个特征空间中的一个内积的充要条件是：对使得 $\int g^2(u)\mathrm{d}u < \infty$ 的所有 $g \neq 0$，条件 $\iint K(\boldsymbol{u},\boldsymbol{v})g(u)g(v)\mathrm{d}u\mathrm{d}v < 0$ 成立。

因此，在最优分类面中采用适当的内积函数就可以实现某一非线性变换后的线性分类，而计算复杂程度却没有增加。概括地说，支持向量机就是首先通过用内积函数定义的非线性变换将输入空间变换到一个高维空间，在这个空间中求最优分类面。SVM 分类函数形式上类似于一个神经网络，输出是中间节点的线性组合，每个中间节点对应一个支持向量。

在满足 Mercer 条件下，采用以下 6 种形式的核函数，并根据训练数据调整了各种形式中的系数，使误差达到了最小。

(1) 多项式核：

$$K(\boldsymbol{x},\boldsymbol{x}_i) = [(\boldsymbol{x} \cdot \boldsymbol{x}_i) + 1]^d \tag{4-3-21}$$

其中，参数 d 为多项式的阶数。

(2) 径向基核：

$$K(\boldsymbol{x},\boldsymbol{x}_i) = \exp\{-\gamma \mid \boldsymbol{x} - \boldsymbol{x}_i \mid^2\} \tag{4-3-22}$$

其中，参数 γ 为核函数的宽度参数。

(3) 两层神经网络核：

$$K(\boldsymbol{x},\boldsymbol{x}_i)=S[v(\boldsymbol{x},\boldsymbol{x}_i)+c] \tag{4-3-23}$$

其中，$S(u)$为 Sigmoid 函数。

(4) 正交多项式展开核：

$$K(\boldsymbol{x},\boldsymbol{y})=c\cdot\exp\{2(\boldsymbol{x}\cdot\boldsymbol{y})\delta\}\exp\{-|\boldsymbol{x}-\boldsymbol{y}|^2\sigma^2\} \tag{4-3-24}$$

其中，$\delta>0,\sigma>0,C=\dfrac{1}{\left(\sqrt{\pi(1-q^2)}\right)^n},\delta=\dfrac{q}{1+q},\sigma^2=\dfrac{q^2}{1-q^2}$；$0<q<1$，$q$ 为正则化因子，q 越接近于 1，核 $K(\boldsymbol{x},\boldsymbol{y})$越接近于 δ 函数。

(5) 傅里叶展开核：

为使傅里叶展开具有更好的逼近特性，采用以下两种正则化的核。

① 强方式正则化的核：

$$K(\boldsymbol{x},\boldsymbol{y})=\prod_{i=1}^{n}\frac{1-q^2}{2[1-2q\cos(x_i-y_i)+q^2]} \tag{4-3-25}$$

其中，$0<q<1$，q 为强方式正则化因子。

② 弱方式正则化的核：

$$K(\boldsymbol{x},\boldsymbol{y})=\prod_{i=1}^{n}\frac{\pi}{2\gamma}\frac{\operatorname{ch}\dfrac{\pi-|x_i-y_i|}{\gamma}}{\operatorname{sh}\dfrac{\pi}{\gamma}}\quad(0\leqslant|x_i-y_i|\leqslant 2\pi) \tag{4-3-26}$$

其中，$0<\gamma<1$，γ 为弱方式正则化因子。

(6) 样条核：

用有 m 个节点 $d\geqslant 0$ 阶样条逼近区间$[0,a]$上的 n 维函数的核，这 m 个节点定义为：

$$(t_1,t_2,\cdots,t_m)$$

$$t_i=\frac{ia}{m}\quad(i=1,2,\cdots,m)$$

核的表达式为：

$$K(\boldsymbol{x},\boldsymbol{x}_t)=\prod_{k=1}^{n}K(x_k,x_{ik})=\prod_{k=1}^{n}\left[\sum_{\gamma=0}^{d}x^{\gamma}x_t^{\gamma}+\sum_{i=1}^{m}(x_k-t_{ik})_+^d(x_{tk}-t_{ik})_+^d\right] \tag{4-3-27}$$

其中，$(x_k-t_{ik})_+^d=\begin{cases}0 & 若\ x\leqslant t_{ik}\\(x_k-t_{ik})^d & 若\ x>t_{ik}\end{cases}$。

在 SVM 的应用中，节点的数目并不起十分重要的作用，因此为了简化计算，采用拥有无穷多节点的样条。核的表达式为：

$$K(\boldsymbol{x},\boldsymbol{x}_i)=\prod_{k=1}^{n}\left[\sum_{k=1}^{d}\frac{C_d}{2d-\gamma+1}(x_k\wedge x_{ik})^{2d-\gamma+1}|x_k-x_{ik}|^{\gamma}+\sum_{\gamma=0}^{d}x_k^{\gamma}x_{ik}^{\gamma}\right] \tag{4-3-28}$$

4. 用于非线性函数拟合的支持向量机方法

根据经验数据即样本$\{(x_i,y_i)|i=1,2,\cdots,L\}$估计函数依赖关系 $y=f(x)$方法的研究已近 200 年。最早由 Gauss(1777—1855 年)提出了最小二乘法，Laplace(1749—1827 年)提出了最小模方法。直到现在，估计线性拟合函数广泛应用的还是这两种方法。对于非线性拟合函数方法的研究直到最近几年才有突破性的进展，困难主要有两个方面：要求不依赖非

线性函数形式的通用方法；不仅要求对于给定经验数据具有一定的拟合精度，而且具有推广性，也就是用这种函数进行预报，x 要接近样本 x_i 时，计算值 $y=f(x_i)$ 也要接近 y_i。1986年，Rumelhart 等人提出的多层感知器的 BP 算法在理论上可以实现第一个要求，能以任意拟合精度拟合任何非线性函数，但在实现上由于采用梯度算法，常常产生局部极小问题，不可能达到任意给定的拟合精度。更糟糕的是，由于隐层中神经元的数目与经验数据的多少及性质有关，对于给定的网络结构，通常出现过学习现象，严重损害推广性。支持向量机同三层感知器一样是适合于各种非线性函数关系拟合的通用的机器学习方法，它从总样本中挑选出少数具有代表性的样本(即所谓支持向量)构成拟合函数，因而它是克服维数灾难的强有力的工具。

用支持向量机方法进行非线性函数拟合比较圆满地解决了通用性和推广性的问题。利用统计学习理论解决非线性函数拟合的支持向量机方法很困难，现在能查到的论文几乎都是利用支持向量机进行模式识别的。为了理论上的完整起见，采用以下数值分析的方式构造非线性函数拟合的支持向量机方法。该方法在解决非线性函数类型选择问题上应用了核函数技术，在解决推广性问题上采用了不适定问题的正则化解法。

1) 不依赖非线性拟合函数形式的内积核方法

为了寻求通用的非线性拟合函数，对于满足条件 $y_j=f(x_j)$，$j=1,2,\cdots,L$ 的未知函数，采用傅里叶多项式逼近：

$$f(x)=\frac{a_0}{\sqrt{2\pi}}+\sum_{k=1}^{N}(a_k\frac{\sin kx}{\sqrt{\pi}}+b_k\frac{\cos kx}{\sqrt{\pi}})$$

若记基函数系为：

$$u_1(x)=\frac{1}{\sqrt{2\pi}},\quad u_{k+1}(x)=\frac{\sin kx}{\sqrt{\pi}},\quad u_{k+N+1}(x)=\frac{\cos kx}{\sqrt{\pi}}\qquad(k=1,2,\cdots,N)$$

容易验证上述基函数为标准正交基：

$$\int_0^{2\pi}u_i(x)u_j(x)\mathrm{d}x=\begin{cases}1 & i=j\\ 0 & i\neq j\end{cases}\qquad(i,j=1,2,\cdots,2N+1)\tag{4-3-29}$$

又记 $\boldsymbol{C}=(a_0,a_1,\cdots,a_N,b_1,\cdots,b_N)^{\mathrm{T}}$，则有：

$$f(x)=\sum_{i=1}^{M}c_iu_i(x)=\langle\boldsymbol{C},\boldsymbol{u}(x)\rangle\tag{4-3-30}$$

其中，$M=2N+1$，求$(c_1,c_2,\cdots c_M)$的方程为：

$$y_j=\sum_{i=1}^{M}c_iu_i(x_j)\qquad(j=1,2,\cdots,L)\tag{4-3-31}$$

当 $L\ll M$ 时，用欠定方程组(4-3-31)求 $\boldsymbol{C}$ 没有意义，为此将 $\boldsymbol{C}\in R^M$ 用 L 个向量$\{\boldsymbol{u}(x_j)\in R^M\}\{j=1,2,\cdots,L\}$ 表示成 $\boldsymbol{C}=\sum_{j=1}^{L}\beta_j\boldsymbol{u}(x_j)$，其中 $\beta_1,\cdots,\beta_L$ 为待定参数。这时式(4-3-30)成为：

$$f(x)=\langle\boldsymbol{C},\boldsymbol{u}(x)\rangle=\sum_{j=1}^{L}\beta_jK_N(\boldsymbol{x},\boldsymbol{x}_j)\tag{4-3-32}$$

其中，$K_N(\boldsymbol{x},\boldsymbol{x}_j)=\langle\boldsymbol{u}(x),\boldsymbol{u}(x_j)\rangle=\dfrac{1}{2\pi}+\dfrac{1}{\pi}\sum_{k=1}^{N}(\sin kx\ \sin kx_j+\cos kx\ \cos kx_j)$

$$= \frac{1}{2\pi} + \frac{1}{\pi}\sum_{k=1}^{N}\cos\left[k(x-x_j)\right] = \frac{1}{\pi}\sin\left[\frac{2N+1}{2}(x-x_j)\right]/\sin\left(\frac{x-x_j}{2}\right) \tag{4-3-33}$$

当 L 很大时，不等于零的 β_j 只是其中的一少部分，其向量 $\boldsymbol{x}_j$ 为支持向量，$K_N(\boldsymbol{x},\boldsymbol{x}_j)$ 为核函数。

不难看出式(4-3-33)定义的核函数给出的式(4-3-32)适用于具有傅里叶级数展开的一大类非线性函数。只要给出参数 N，无需知道被拟合函数的具体形式。

2) 提高推广性的不适定问题的正则化解法

给定数据集即样本集$\{(x_i,y_i)|i=1,2,\cdots,L\}$，选定核函数 $K(\boldsymbol{x},\boldsymbol{x}_j)$ 拟合函数为：

$$y(x) = \sum_{j=1}^{L}\beta_j K(\boldsymbol{x},\boldsymbol{x}_j) + b_0 \tag{4-3-34}$$

其中，$b_0,\beta_1,\cdots,\beta_L$ 为下列不适定方程组的解：

$$y_i = \sum_{j=1}^{L}\beta_j K(\boldsymbol{x}_i,\boldsymbol{x}_j) + b_0 \qquad (i=1,\cdots,L) \tag{4-3-35}$$

而

$$b_0 = \frac{1}{L}\sum_{i=1}^{L}y_i - \sum_{i=1}^{L}\beta_j\left[\frac{1}{L}\sum_{i=1}^{L}K(\boldsymbol{x}_i,\boldsymbol{x}_j)\right]$$

记 $z_i = y_i - \frac{1}{L}\sum_{l=1}^{L}y_l$，$a_{ij} = K(\boldsymbol{x}_i,\boldsymbol{x}_j) - \frac{1}{L}\sum_{l=1}^{L}K(\boldsymbol{x}_l,\boldsymbol{x}_j)$，$\boldsymbol{f} = (\beta_1,\cdots,\beta_L)^{\mathrm{T}}$，$\boldsymbol{F} = (z_1,\cdots,z_L)^{\mathrm{T}}$，$\boldsymbol{A} = (a_{ij})_{L\times L}$，则方程(4-3-35)成为：

$$\boldsymbol{Af} = \boldsymbol{F} \tag{4-3-36}$$

用最小二乘法求方程组(4-3-36)的解，即由

$$\min\frac{1}{2}\mid\boldsymbol{Af}-\boldsymbol{F}\mid^2 = \frac{1}{2}(\boldsymbol{Af}-\boldsymbol{F})^{\mathrm{T}}(\boldsymbol{Af}-\boldsymbol{F})$$

得：

$$\nabla\left(\frac{1}{2}\mid\boldsymbol{Af}-\boldsymbol{F}\mid^2\right) = \boldsymbol{A}^{\mathrm{T}}\boldsymbol{Af} - \boldsymbol{A}^{\mathrm{T}}\boldsymbol{F} = 0$$

于是有：

$$\boldsymbol{f} = (\boldsymbol{A}^{\mathrm{T}}\boldsymbol{A})^{-1}\boldsymbol{A}^{\mathrm{T}}\boldsymbol{F} \tag{4-3-37}$$

通常 $\boldsymbol{A}^{\mathrm{T}}\boldsymbol{A}$ 是病态矩阵，有时不存在逆矩阵，即使能求出 $\boldsymbol{f}$，若 $\boldsymbol{F}$ 或 $\boldsymbol{A}$ 稍有变化，$\boldsymbol{f}$ 也将产业巨大的变化，因此，用预测模型(4-3-34)算出的 $y(x_j+\varepsilon)$ 远离 y_j。这种关系除了样本集外都不适用，也就是不具有推广性。为了从不适定方程(4-3-36)中求出连续依赖 $\boldsymbol{A}$ 和 $\boldsymbol{F}$ 的解，也就是具有推广性的解，20 世纪 60 年代人们提出了 3 种求解方法。这些方法的基础都是引入正则化泛函 $\Omega(f)$，因此都称为正则化方法。这些方法在一定意义上是等价的，即一种方法对某个给定的参数(如变分方法的 γ^*)得到解 f^*，那么在其他两种方法中存在相应的参数 ε^* 和 C^*，使它们得到同样的解。

采用 Phillips 方法求不适定问题方程(4-3-35)的解 $b_0,\beta_1,\cdots,\beta_L$ 变成求下述二次规划问题的解：

$$\min\Omega(\beta) = \frac{1}{2}\sum_{j=1}^{L}\beta_j^2$$

$$y_i - \sum_{j=1}^{L} \beta_j K(\boldsymbol{x}_i, \boldsymbol{x}_j) - b_0 \leqslant \varepsilon \qquad (i = 1, \cdots, L)$$

$$\sum_{j=1}^{L} \beta_j K(\boldsymbol{x}_i, \boldsymbol{x}_j) + b_0 - y_i \leqslant \varepsilon \qquad (i = 1, \cdots, L)$$

上述二次规划可通过 Wolf 对偶规划理论化成约束条件简单的便于计算的对偶规划。

$$\max L(\beta, b_0, \alpha) = \frac{1}{2} \sum_{j=1}^{L} \beta_j^2 - \sum_{i=1}^{L} \alpha'_i [y_i - \sum_{j=1}^{L} \beta_j K(\boldsymbol{x}_i, \boldsymbol{x}_j) - b_0 + \varepsilon] - \sum_{i=1}^{L} \alpha''_i [\sum_{j=1}^{L} \beta_j K(\boldsymbol{x}_i, \boldsymbol{x}_j) + b_0 + \varepsilon - y_i] \tag{4-3-38}$$

$$\frac{\partial L(\beta, b_0, \alpha)}{\partial \beta_1} = \beta_1 + \sum_{i=1}^{L} \alpha'_i K(\boldsymbol{x}_i, \boldsymbol{x}_l) - \sum_{i=1}^{L} \alpha''_i K(\boldsymbol{x}_i, \boldsymbol{x}_l) = 0 \qquad (l = 1, 2, \cdots, L) \tag{4-3-39}$$

$$\frac{\partial L(\beta, b_0, \alpha)}{\partial b_0} = \sum_{i=1}^{L} \alpha'_i - \sum_{i=1}^{L} \alpha''_i = 0 \qquad (\alpha'_i > 0, \alpha'' > 0, i = 1, 2, \cdots, L) \tag{4-3-40}$$

由式(4-3-39)得：

$$\beta_l = \sum_{i=1}^{L} (\alpha''_i - \alpha'_i) K(\boldsymbol{x}_i, \boldsymbol{x}_l) \tag{4-3-41}$$

将式(4-3-41)代入式(4-3-38)，消去 β 得：

$$\begin{aligned} L(\alpha', \alpha'') &= \frac{1}{2} \sum_{i,j=1}^{L} (\alpha''_i - \alpha'_i)(\alpha''_j - \alpha'_j) [\sum_{l=1}^{L} K(\boldsymbol{x}_i, \boldsymbol{x}_l) K(\boldsymbol{x}_j, \boldsymbol{x}_l)] + \\ &\quad \sum_{i=1}^{L} (\alpha''_i - \alpha'_i) y_i + b_0 (\sum_{i=1}^{L} \alpha' - \sum_{i=1}^{L} \alpha''_i) - \varepsilon \sum_{i=1}^{L} (\alpha' + \alpha''_i) - \\ &\quad \sum_{i=1}^{L} (\alpha''_i - \alpha'_i) \sum_{j=1}^{L} K(\boldsymbol{x}_i, \boldsymbol{x}_j) \sum_{l=1}^{L} (\alpha''_l - \alpha'_l) K(\boldsymbol{x}_l, \boldsymbol{x}_j) \\ &= -\frac{1}{2} \sum_{i,j=1}^{L} (\alpha''_i - \alpha'_i)(\alpha''_j - \alpha'_j) [\sum_{l=1}^{L} K(\boldsymbol{x}_i, \boldsymbol{x}_l) K(\boldsymbol{x}_j, \boldsymbol{x}_l)] + \\ &\quad \sum_{i=1}^{L} (\alpha''_i - \alpha'_i) y_i - \varepsilon \sum_{i=1}^{L} (\alpha' + \alpha''_i) \end{aligned} \tag{4-3-42}$$

式中，$\sum_{l=1}^{L} K(\boldsymbol{x}_i, \boldsymbol{x}_l) K(\boldsymbol{x}_j, \boldsymbol{x}_l) = \boldsymbol{u}^{\mathrm{T}}(x_i) [\sum_{l=1}^{L} \boldsymbol{u}(x_l) \boldsymbol{u}^{\mathrm{T}}(x_l)] \boldsymbol{u}(x_j)$。

由于 $\boldsymbol{u}(x_l)$ 是 M 维向量，因此 $\sum_{l=1}^{L} \boldsymbol{u}(x_l) \boldsymbol{u}^{\mathrm{T}}(x_l)$ 是 M 阶方阵，其中第 i 行第 j 列的元素利用正交性(4-3-29)得：

$$\sum_{l=1}^{L} u_i(x_l) u_j(x_l) = \begin{cases} 1 & i = j \\ 0 & i \neq j \end{cases}$$

于是有：

$$\sum_{l=1}^{L} K(\boldsymbol{x}_i, \boldsymbol{x}_l) K(\boldsymbol{x}_j, \boldsymbol{x}_l) = \langle \boldsymbol{u}(x_i), \boldsymbol{u}(x_j) \rangle = K(\boldsymbol{x}_i, \boldsymbol{x}_j) \tag{4-3-43}$$

将式(4-3-41)代入预测模型式(4-3-34)得：

$$y(x) = \sum_{j=1}^{L} (\alpha_j - \alpha_j^*) K(\boldsymbol{x}, \boldsymbol{x}_j) + b_0 \tag{4-3-44}$$

其中，

$$b_0 = \frac{1}{L}\sum_{i=1}^{L} y_i - \frac{1}{L}\sum_{i,j=1}^{L}(\alpha_j^* - \alpha_j)K(\boldsymbol{x}_i, \boldsymbol{x}_j) \tag{4-3-45}$$

$$\left.\begin{aligned} \alpha_j &= L\alpha'_j \\ \alpha_j^* &= L\alpha''_j \end{aligned}\right\} \tag{4-3-46}$$

将式(4-3-43)和(4-3-46)代入式(4-3-42),得到求 $\alpha_j, \alpha_j^*(j=1,2,\cdots,L)$ 的优化问题的目标函数。约束条件由式(4-3-40)和(4-3-46)得到:

$$\max L(\alpha,\alpha^*) = L \cdot L(\alpha',\alpha'') = -\frac{1}{2}\sum_{i,j=1}^{L}(\alpha_i^* - \alpha_i)(\alpha_j^* - \alpha_j)K(\boldsymbol{x}_i,\boldsymbol{x}_j) - \sum_{i=1}^{L}\varepsilon(\alpha_j^* + \alpha_i) + \sum_{i=1}^{L}(\alpha_i^* - \alpha_i)y_i$$

$$\sum_{i=1}^{L}\alpha_i - \sum_{i=1}^{L}\alpha_i^* = 0 \qquad (\alpha_i^* > 0, \alpha_i > 0, i = 1,2,\cdots,L) \tag{4-3-47}$$

由以上原理可知,整个问题就是解一个非线性优化问题。解此优化问题可以采用 SQP 法(Successive/Sequential Quardratic Programming Method),即序列二次规划法。

在使用此解法之前,我们的问题已假定是一个凸优化问题,具有“局部最优解总是全局最优解”的性质,且目标函数和约束条件均是二阶可微的,有 K-T 条件成立,即 Kuhn-Tucker 定理。

若 x^* 为问题

$$\begin{aligned} &\min f(x) \\ &\text{s.t.} \quad c_i(x) = 0, \quad i \in E \\ &\qquad\ \ c_i(x) \geqslant 0, \quad i \in K \end{aligned}$$

的局部最优解,且 x^* 为正则点(即支持向量),则存在满足下列各式的 Lagrange 向量 $\boldsymbol{v}$:

$$\begin{gathered} \nabla f(x) - \sum_{i \in E \cup K} v_i \nabla c_i(x) = 0 \\ c_i(x) = 0, \quad i \in E \\ c_i(x) \geqslant 0, \quad v_i \geqslant 0, i \in K \\ v_i c_i(x) = 0, \quad i \in K \end{gathered}$$

关于 SQP 的算法及其变量意义等问题,感兴趣的读者请参考相关文献,这里不再论述。

5. 模型试算与分析

通过上述的理论分析和支持向量机方法介绍,我们大体上了解了支持向量机方法。该方法可以有效利用地震波波形对砂体的储层参数或含油性进行研究,从而保留了地震波波形所具有的全部内在信息,并可以从多种因素产生的变化中分离出来,避免了多种因素之间的相互影响。为了说明支持向量机方法对砂体的储层参数或含油性进行预测的有效性,下面介绍几个理论模型的预测结果。

1) 模型 1

一个特殊岩性体的地层(厚度 30 m,横向延伸 500 m)包夹在某一围岩中的情形(图 4-3-8a)。围岩的速度不变,特殊岩性体的速度从左往右逐渐增大。由于特殊岩性体横向速度的变化,在横向上不同位置处特殊岩性体速度与围岩速度之间的关系发生了变化,使得顶底界面的波阻抗也发生了变化。通过波动方程数值模拟得到的合成剖面在横向上的波形变化是复杂的,振幅、相位、极性、频率等均发生了变化,如图 4-3-8b 所示。

利用其中少量已知点上的数据作为样本数据,通过选用几种属性进行特殊岩性体速度的横向预测难以得到理想的效果，而利用少量已知点上的地震波波形作为支持向量机的样本数据，最终预测的速度值与已知速度值相差无几，如图 4-3-9 所示。

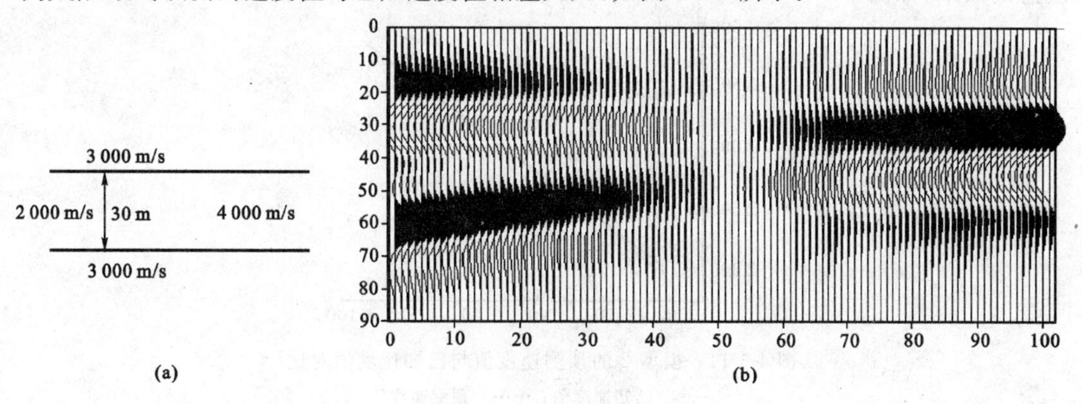

图 4-3-8　包夹特殊岩性体的地质模型与合成地震剖面

(a) 地质模型；(b) 地震响应

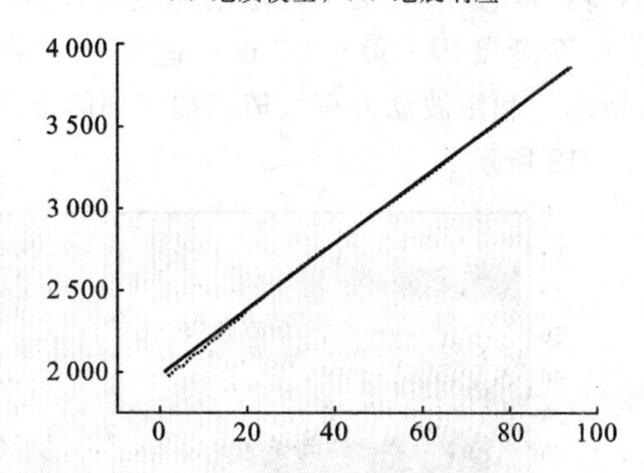

图 4-3-9　模型 1 的预测速度值与已知速度值对比

—— 已知速度值；…… 预测速度值

2）模型 2

一个特殊岩性体的地层(厚度 30 m，横向延伸 500 m)包夹在两个不同岩性地层(上覆地层的速度为 2 500 m/s，下伏地层的速度为 3 500 m/s)中的情形(图 4-3-10a)。特殊岩性体的速度从左(2 000 m/s)往右(4 000 m/s)逐渐增大，通过波动方程数值模拟得到的合成地震剖面如图 4-3-10b 所示。

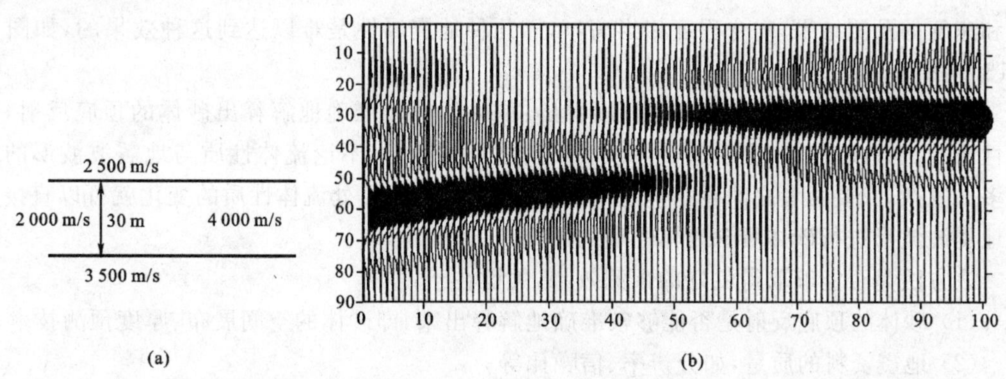

图 4-3-10　特殊岩性体包夹在两个不同岩性地层中的地质模型与合成地震剖面

(a) 地震模型；(b) 地震响应

利用少量已知点上的地震波波形作为支持向量机的样本数据进行预测，也得到了比较理想的效果，如图 4-3-11 所示。

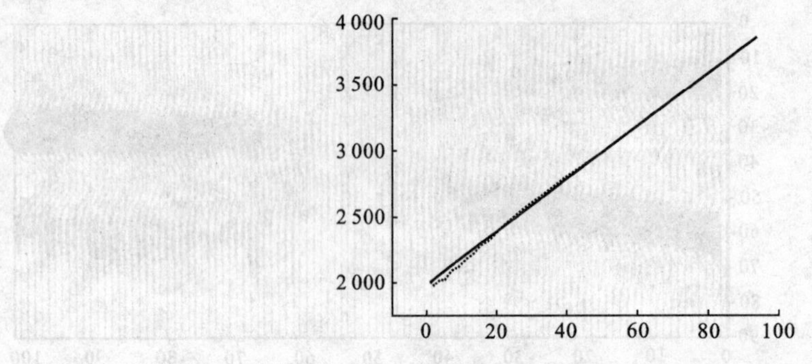

图 4-3-11　模型 2 的预测速度值与已知速度值对比

—— 已知速度值；…… 预测速度值

3）模型 3

为了进一步说明问题，将特殊岩性体（上下地层的速度为 3 000 m/s，横向延伸 500 m）的厚度设为变量，从左往右逐渐变厚（30～60 m），速度从左往右逐渐增大（2 000～4 000 m/s），如图 4-3-12a 所示。利用波动方程数值模拟得到的合成地震剖面同时受到厚度和速度的双重影响，如图 4-3-12 所示。

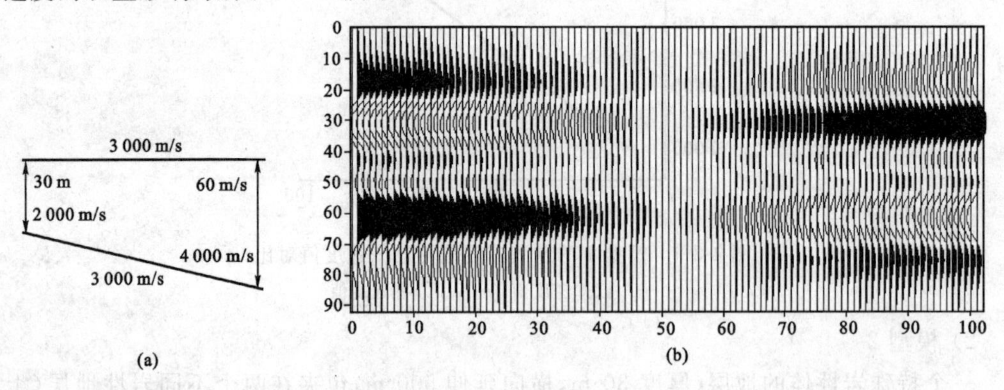

图 4-3-12　包夹特殊岩性体的速度和厚度都变化的地质模型与合成地震剖面

(a) 地质模型；(b) 地震响应

利用少量已知点上的地震波波形作为支持向量机的样本数据进行预测，分别得到了厚度和速度的预测结果，吻合程度相当高，单靠几种地震属性是难以达到这种效果的，如图 4-3-13 和图 4-3-14 所示。

从上面的理论模型计算结果可以看出：如果能够较准确地解释出砂体的顶底反射，不同性质的流体或多或少会引起砂体顶底反射波形的变化，不论流体性质与地震波波形的关系多么复杂，只要两者之间存在一定的关系，根据已知井点处流体性质的变化就可以直接利用地震波波形进行砂体所含流体性质的研究。

该方法是否能够取得良好的预测效果，关键在于：

(1) 砂体的顶底反射是否能够较准确地解释出来，即砂体的空间展布、厚度预测技术；

(2) 地震资料的质量，如分辨率、信噪比等；

(3) 井点处砂体所含流体性质是否准确、可靠，根据地震资料解释的砂体是否能够达到井位处小层分层的要求。

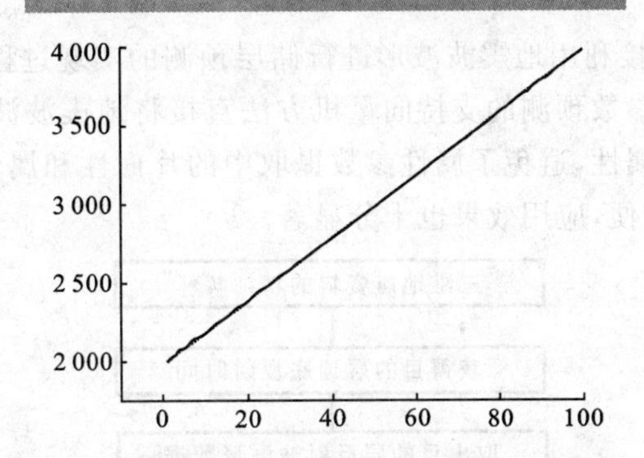

图 4-3-13　模型 3 的预测速度值与已知速度值对比

—— 已知速度值；…… 预测速度值

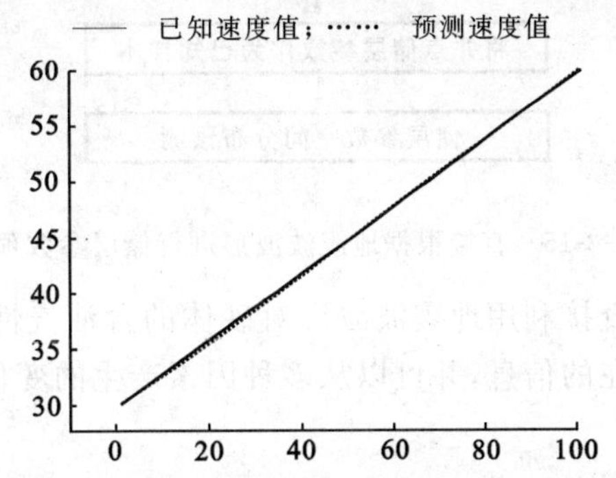

图 4-3-14　模型 3 的预测厚度与已知厚度对比

—— 已知厚度；…… 预测厚度

6. 预测实例

地震波波形沿纵横方向上的变化反映了反射界面的性质、岩性、厚度等的变化。通常的地震属性分析提取若干个属性参数。这些属性只能从某几个侧面反映这段波形的特征，很难完整、全面地描述这段波形的全貌。因此，直接利用地震波波形来研究岩性、预测含油气性，不失为一种最理想的有效手段。

1）方法的实现过程

经过三维地震资料的精细解释，得到目的层顶底反射时间。在实际资料的研究中，沿顶底反射时间开时窗，若只有顶层反射时间，向下取某一时窗长度(如 24 ms)，就可以取出整个工区内目的层的反射波波形数据。将已知样本井段地震反射波波形数据构成输入向量 $\boldsymbol{X}=(x_1,x_2,\cdots,x_n)$，其中 x_i 为时窗内各个时刻的地震数据，作为每个样本点的特征值。已知的储层参数作为输出向量 $\boldsymbol{Y}$，为了使全部输入数据满足支持向量机的要求，需要对输入向量 $\boldsymbol{X}$ 进行归一化处理，但不能对输入向量 $\boldsymbol{X}$ 的每一分量分别作归一化处理，否则会使地震波波形发生变化。此时，应找出整个工区内目的层段地震反射波的波峰极值振幅 $x_{\max}$ 和波谷极值振幅 $x_{\min}$，然后对时窗内所有地震数据采用公式 $\bar{x}=\frac{x-x_{\min}}{x_{\max}-x_{\min}}$ 对 $\boldsymbol{X}$ 进行归一化。这样，每一个样本井段便构成了一个样本对(X_n,Y_n)，从而便可构成支持向量机的训练样本集。

在 SVM 学习阶段，事先选择某一种核函数。不同的核函数采用不同的内积函数，将导致不同的支持向量机算法。通过实际地震资料的应用我们看到，运用正交多项式核函数、傅里叶展开核与样条核预测效果较其他几种核函数要好一些。通过迭代运算获得最优权系数，利用得到的权系数建立预测关系模型就可以在整个工区内对该储层参数进行横向预测，得到该储层参数的平面分布图。

图 4-3-15 所示为直接利用地震波波形进行储层预测的实现过程。从图中可以看出，利用地震波波形进行储层参数预测的支持向量机方法直接将地震波波形作为输入向量，充分完整地利用了地震波的属性，避免了属性参数提取中的片面性和属性优化分析过程中过大的工作量，实现起来更方便，应用效果也十分显著。

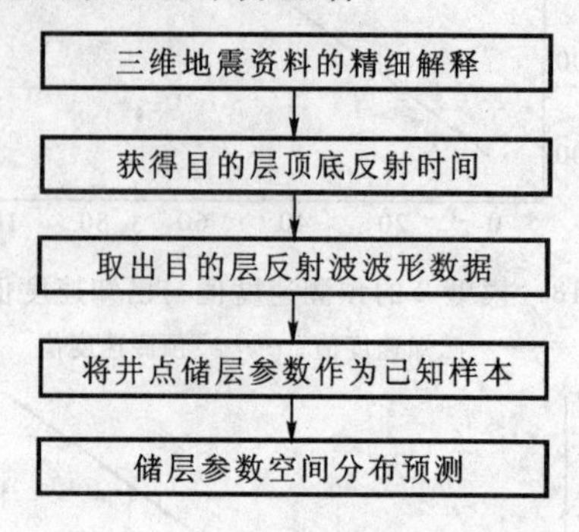

图 4-3-15　直接根据地震波波形进行储层参数预测

支持向量机方法可以直接利用地震波波形对砂体的含油气性进行研究，从而保留了地震波波形所具有的全部内在的信息，并可以从多种因素产生的变化中分离出来，避免了多种因素之间的相互影响。

2）实际资料的预测结果

在井参数准确解释的基础上，对于砂体在地震剖面上的波形进行了研究，将由正向波形解释的砂体与负向波形解释的砂体分成两组。对每一组砂体波形数据经分别均一化后，选用样本学习的方法，对整个砂体上孔隙度参数或含油性的展布进行预测。

下面以胜利油田某探区的砂体 1 为例，展示支持向量机方法预测储层参数或含油性的结果。砂体 1 对比解释的是正向波形，如图 4-3-16 所示。我们提取了研究区内 3 口井（当然井点信息越多越好）的孔隙度和泥质含量的解释成果作为学习样本，建立预测模型的关系。学习的结果如表 4-3-6 所示。我们用该关系对砂体 1 进行孔隙度和泥质含量分布预测，结果如图 4-3-17 和图 4-3-18 所示。

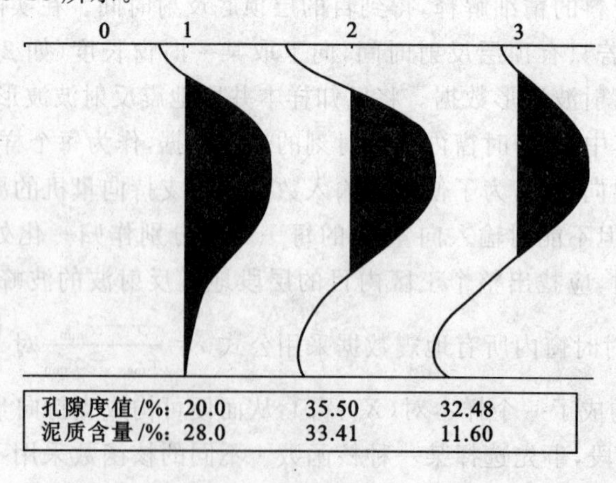

图 4-3-16　样本点的波形和对应的解释参数

表4-3-6　预测砂体1孔隙度时选取的学习样本与预测结果

样本序号	孔隙度/%				泥质含量/%			
	初始值	预测结果	误　差	错误率/%	初始值	预测结果	误　差	错误率/%
1	20.0	19.734 2	－0.265 8	－1.328 8	28.0	27.826 7	－0.173 3	－0.618 8
2	35.5	35.085 5	－0.414 5	－1.167 6	33.41	33.508 0	0.098 0	0.293 4
3	32.48	33.160 2	0.680 2	2.094 4	11.6	11.675 2	0.075 2	0.648 7

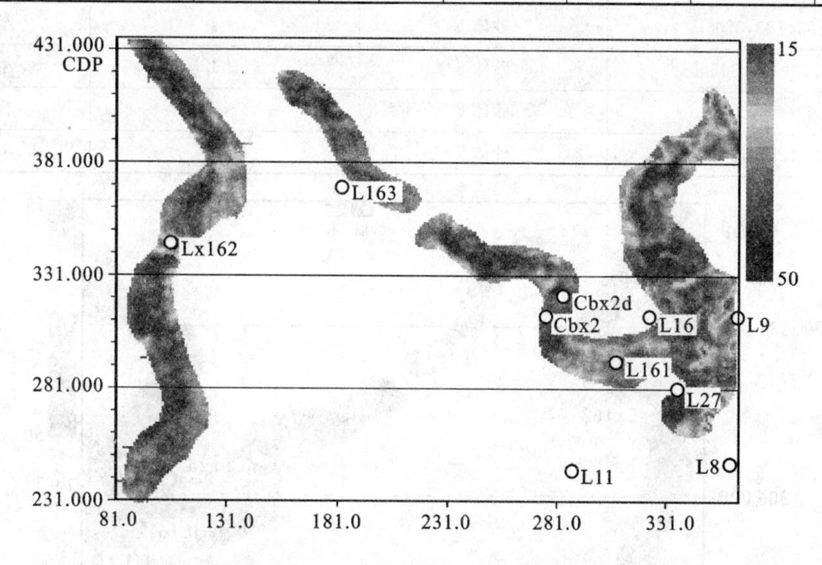

图4-3-17　砂体1的孔隙度预测分布图

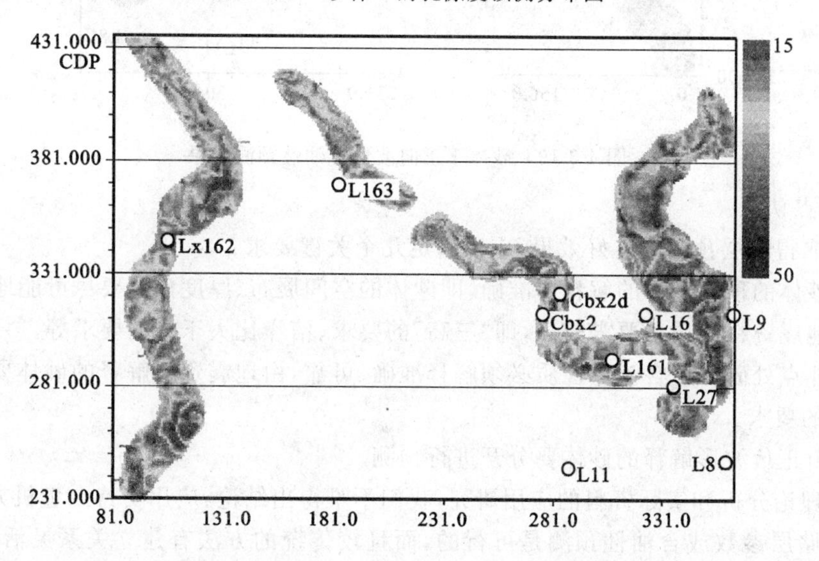

图4-3-18　砂体1的泥质含量预测分布图

利用支持向量机含油性预测方法对砂体1进行了计算，根据钻井资料的标定结果，砂体1对应于正向波形。样本取自研究区钻遇各砂体的所有井，含油的用“＋1”表示，不含油的用“－1”表示(表4-3-7)。预测结果的显示使用统一色标，红色(深色)表示含油性有利区，蓝色(浅色)表示不含油或含油性较差。砂体1含油性预测结果如图4-3-19所示。

表 4-3-7　研究区钻遇各砂体的含油性统计表

井名(线号,CDP号)	所在砂体	已知含油性	学习结果
Lx162(106,345)	砂体 1	+1	含　油
Cbx2(276,313)	砂体 1	−1	不含油
L161(308,293)	砂体 1	+1	含　油
L163(183,370)	砂体 2	−1	不含油
Lx162(106,345)	砂体 3	+1	含　油
L163(183,370)	砂体 5	+1	含　油
Lx162(106,345)	砂体 6	+1	含　油
Cbx2(276,313)	砂体 6	−1	不含油
Lx162(106,345)	砂体 7	+1	含　油

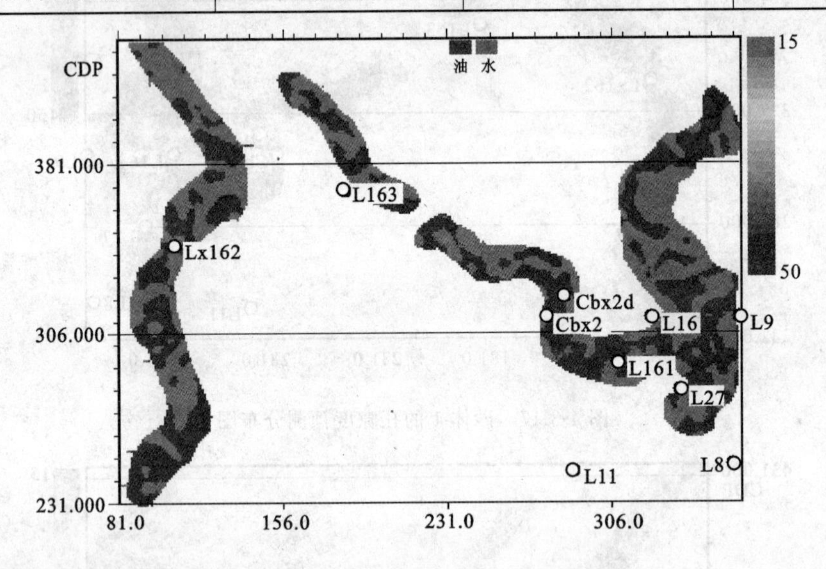

图 4-3-19　砂体 1 正向波形含油性预测结果

3）几点认识

要想取得储层预测的良好效果,应该满足几个关键要求:

(1) 砂体的顶底反射的解释要准确,即砂体的空间展布、厚度预测要尽可能地准。

(2) 地震资料的质量要求较高,即"三高"的要求、信噪比大于 2 的要求等。

(3) 井点处砂体所含流体性质必须解释准确、可靠,由地震资料解释的砂体要能够达到井点小层的要求。

(4) 由正负波形解释的砂体要分开进行预测。

通过理论分析和实际资料的应用研究,我们不难得出结论:应用支持向量机方法进行地震资料的储层参数或含油性预测是可行的,而且较传统的方法有建立关系灵活、计算速度快、预测相对准确等特点。支持向量机可以用于模式识别、回归分析和函数拟合等问题中,并且有一套坚实的理论基础。

4.4 储层预测结果的评价与检验

作为本章(包括第 3 章中储层参数预测方法)内容的总结,特别强调储层预测结果(孔渗饱等储层参数、含油或含气性预测)的分析、评价以及检验问题。在此对储层预测输入资料的有效性、预测结果的可靠性等方面进行简要阐述。

近年来,随着地震勘探技术的不断进步,地震储层横向预测技术得到了越来越广泛的应用,在勘探、开发的实践过程中取得了良好效益。然而,地震资料无论是用于常规的构造解释,还是用于特殊的岩性、物性及含油气性的预测,都具有其本身难以克服的多解性问题。因此,在地震储层横向预测工作中,如何提高储层预测精度、降低多解性就成为储层预测需要解决的关键问题。对此,广大科技工作者通过长期的生产实践已经积累并总结了很好的经验。

1. 储层预测输入资料的有效性分析

储层预测研究是一项综合、系统的研究,要求地质、地震(处理、解释与反演)、测井人员的协同一体化作业,要求随着资料和勘探开发实际情况的变化实时地作出反应与对策,对地下目标进行综合预测与评价。储层预测所用资料的有效性应该包括以下几方面的内容:

(1) 实际研究区块的资料状况,包括地震资料的信噪比、分辨率的量化分析,测井资料解释成果的可靠性评价,地质和开发资料的有效性评价等;

(2) 根据研究区的地质特点和具体的预测目标,分析研究地质、测井和地震资料之间的相关性;

(3) 根据上述分析结果选取合理、有效的储层预测方法;

(4) 从单井储层划分、对比入手,建立精细的储层沉积模式,通过对地震资料目的层段的精细解释,建立地层、构造模式,用于约束反演;

(5) 切实做好测井资料与地震资料的精细标定工作,充分利用研究区各井的单井波阻抗模型,提供尽量精细的初始波阻抗模型。

2. 提高储层预测精度的有效措施

减少多解性、提高储层预测精度,严格说来应该从地震资料的采集、处理着手,只有做到高分辨率采集、处理,才能达到高精度储层预测的目的。然而,实际中的储层反演及储层预测大多是利用已经采集好并经处理后的叠后资料。因此,要根据实际资料状况、实际地质情况及要达到的预测目的,采取相应措施与对策,做好储层预测工作。研究区域不同,实际资料状况不同,地质特点、预测目标不同,储层预测手段、措施也应不同。总体来说,要提高储层预测精度,必须做好以下几方面的工作:

(1) 地震、测井资料预处理。叠后反演输入的地震资料必须实现三高(高信噪比、高分辨率、高保真度)处理。同时,用来建立井模型的测井资料必须经过环境、噪声校正等预处理。

(2) 参数敏感性分析。具体选取哪些参数(地震属性、测井曲线)进行储层预测必须根据实际地区的地质情况和参数敏感性分析结果进行决策。参数敏感性分析通常由井旁道的地震属性与井孔地质参数间的相关性或交会图来实现,并且通过正演模拟来检验。一般而言,在研究区的储层预测中,首先反演出波阻抗参数,然后从波阻抗参数中分解出密度或层速度参数，最后用密度或层速度参数进行储层的岩性、地质参数以及含油气性预测。

(3) 严格、细致的模型约束。储层预测中的模型约束不仅包括常规的井模型、构造、层位模型的约束，还包括沉积模型、成岩模型的约束。模型约束实际上是客观地质规律（构造、沉积、成岩）在储层预测中的体现。模型约束越细致，预测结果就愈能体现客观地质规律，预测结果也就更加符合地下真实情况。

(4) 预测结果的综合分析与评价。对储层预测结果进行综合分析与解释是提高储层预测精度、降低多解性的有效途径。对储层预测的输出结果进行综合分析与解释，通常要结合地质、钻井、测井、分析化验资料以及地震参数等其他检测结果进行。评价或检验方法通常有正演模型法、统计分析法、交叉检验法等。

3. 油气三元预测模式

下面以油气三元预测模式为例，讨论并分析储层预测的能力问题。在图 4-4-1 中，上部的基本圆代表客观的油气藏，右侧基本圆代表基于数据、经验和理论的预测模型，左侧基本圆代表操作者（即用户）所具有的检测和预测能力。一个油气藏的勘探、开发全过程，实际上就是这三个基本圆不断变动，最后趋向一致重合的过程。在勘探、开发的某一个时间段里，三者相交构成了预测的典型区域，即这三个圆互相分割成七个扇区，分别代表预测过程的七种情况，如表 4-4-1 所示。

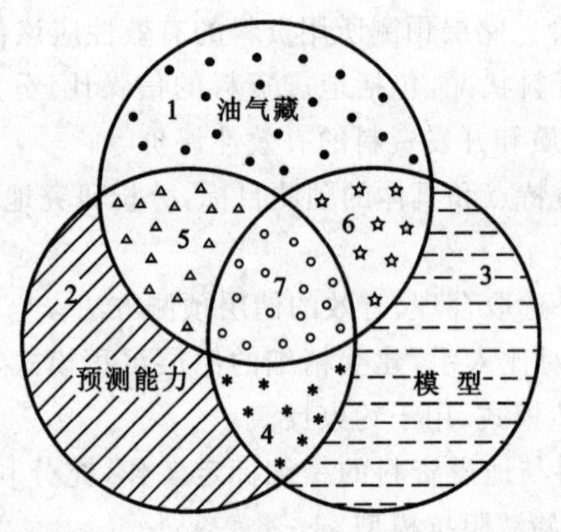

图 4-4-1 油气综合预测的多元预测模型[8]

表 4-4-1 预测过程分区说明表[30]

扇区号	客观油气藏	预测模型	预测能力	错误性质	
1	+			第一种一型错误	漏失真信息（漏报）
2	+	+		第二种一型错误	
3		+	+	第一种二型错误	引入假信息（错报）
4			+	第二种二型错误	
5	+			假正确（应预测而没有预测）	
6	+		+	偶然正确（产生错觉）	
7	+	+	+	预测正确（无错误）	

第一个域代表了研究区块或油田的油气潜力，或者是勘探开发程度；第二个域表示检测能力不足；第三个域是指预测模型与该区块油气特征的偏离程度，其面积越小，说明预测模型越接近实际；第四个域是指模型不符合实际情况，而用户又没有能力去指出预测模型的不

当之处，从而决策错误(如打了干井)；第五个域是预测能力基本圆的一部分，代表预测水平偏离实际的程度；第六个域表示尽管预测模型不足，但经验丰富者能依靠直觉分析，实现正确检测；第七个域是指预测模型正确并被检测识别，即找到油气。

把这七个域的特征连起来，与当前的勘探、开发工作相比，可以看出：当今我国油气预测最缺乏的主要是提高油气检测能力，改善团队工作环境，深入到各种地质、地球物理数据体的观察分析条件和快速方便、比对各种模型结果的手段，即图 4-3-20 中左侧的检测能力基本圆发展不够。而这些正是第 2 章中所介绍的浸入式可视化或虚拟现实系统所能提供的。国际上已有许多石油公司采用各种虚拟现实的可视化系统来提高预测水平，以降低勘探、开发成本。

参考文献

[1] 中国石油学会物探专业委员会. 开发地震. 北京：石油勘探开发研究院，1999

[2] 邹才能，池迎柳，李明，等. 陆相层序地层学分析技术. 北京：石油工业出版社，2004

[3] 孙建孟，王永刚. 地球物理资料综合应用. 东营：石油大学出版社，2001

[4] 王永刚，曹丹平，朱兆林. 神经网络方法烃类预测中的问题探讨. 石油物探，2004，43(1)：94-98

[5] 张军华，王永刚，赵勇，等. 相干体技术算法改进及其在 TJH 地区的应用. 物探与化探，2002，26(1)：50-52

[6] 陆基孟. 地震勘探原理. 东营：石油大学出版社，1993

[7] 洪月英. 阿尔善构造浅层气横向预测. 石油地球物理勘探局储层横向预测研究成果集(内部资料)，1991

[8] 邹才能，张颖，等. 油气勘探开发实用地震新技术. 北京：石油工业出版社，2002

[9] A R Brown. Seismic Attributes and Their Classification. The Leading Edge，1996，15(10)：1090

[10] Q Chen，S Sideney. Seismic Attribute Technology for Reservoir Forecasting and Monitoring. The Leading Edge，1997，16(5)：445-456

[11] 陈遵德. 储层地震属性优化方法. 北京：石油工业出版社，1998

[12] O R 伯格，D G 伍尔弗德. 地震地层学续篇(油气勘探中的一种综合研究方法). 袁秉衡，俞寿朋，等，译. 北京：石油工业出版社，1992

[13] 蔡煜东，许伟杰. 用多种地震信息预测油气的自组织人工神经网络模型. 石油物探，1994，33(2)：80-84

[14] R T Shuey. A Simplification of the Zoeppritz Equations. Geophysics. 1985，50(2)：609-614

[15] Patrick Connolly. Elastic Impedance. The Leading Edge，1999，18(4)：438-452

[16] Mike Kelly，Chuck Skidmore，Dave Ford. AVO Inversion，Part 1：Isolating Rock Property Contrasts. The Leading Edge，2001，20(3)：320-323

[17] Chuck Skidmore，Mike Kelly，Ray Cotton. AVO Inversion，Part 2：Isolating Rock Property Contrasts. The Leading Edge，2001，20(4)：425-428

[18] Brian Russell，Christopher Ross，Larry Lines. Neural Networks and AVO. The Leading Edge，2002，21(2)：268-276，314

[19] 董守华，刘兆国，杨文强，等. Kohonen 网络在奥灰岩溶发育带横向预测中的应用. 煤田地质与勘探. 1998，26(2)：55-57

[20] 刘伟. 地震属性优化及储层参数转换方法研究与应用：[学位论文]. 东营：石油大学(华东)，2002

[21] 乐友喜. 地震属性提取、分析与应用方法研究：[学位论文]. 北京：石油勘探开发研究院，2002

[22] 王永刚,刘伟,黄国平.地震属性的GA-BP优化方法.石油地球物理勘探,2002,37(6):606-611
[23] 曹丹平. 薄储层预测方法研究:[学位论文].东营:石油大学(华东),2004
[24] 王士同. 模糊系统、模糊神经网络及应用程序设计. 上海:上海科学技术文献出版社,1998:1-186
[25] 张凯,钱锋. 模糊神经网络技术综述. 信息与控制,2003,32(5):431-435
[26] 赵振宇,徐用懋. 模糊理论和神经网络的基础与应用. 北京:清华大学出版社,1996:103-115
[27] Vapnik V N.统计学习理论的本质.张学工 译.北京:清华大学出版社,2000:1-152
[28] 乐友喜,袁全社.支持向量机方法在储层预测中的应用.石油物探,2005,44(4):388-392
[29] 撒利明,曹正林.提高储层预测精度技术思路与对策.大庆石油地质与开发,2002,21(6):6-7,35
[30] 翁文波.预测学.北京:石油工业出版社,1996

第5章 地球物理资料综合分析方法

地球物理资料解释可简单理解为利用各种地球物理资料，根据地质上的标准所进行的某些判断。然而，由于地球物理勘探方法自身的特点（研究对象不是直接的，所获得的各种信息或数据都是地下地质现象的间接反映），加上地下地质现象本身的复杂性、地表条件的多变性以及各种数据本身的分辨率与分析手段的限制等，解释人员从这些地球物理资料中所得到的只不过是一种相对合理的推断。这种推断或解释成果的准确度和可靠性，首先取决于解释人员对各类数据以及从中提取的各种信息与地下地质情况之间对应关系的认识和理解；其次取决于从现有资料中提取有用信息的能力和手段，包括解释人员的分析能力、分析方法和工具。

从方法技术上看，地球物理资料解释主要朝三个方向发展：一是多学科的综合分析；二是人机交互解释系统；三是定量模拟。本章侧重于介绍地球物理资料综合分析的有关问题。

5.1 开展综合解释的必要性

地学中有三种不同性质的调查方法，即地质方法、地球物理方法和地球化学方法。在矿产调查中，地质方法是研究成矿的地质条件、地质环境和地质作用，从而进行找矿的一种方法。地球物理方法是根据地下岩石或矿体的物理性质差异在地表所引起的某些物理现象（表现为异常的现象）的变化去判断地质构造或发现矿体的一种方法，包括地震、重力、磁力、电法、地热、放射性及井中地球物理测量等。地球化学（化探）方法是对岩石、土壤、地下水、地表水、植物、水系以及湖底沉积物等天然产物中的一种或几种化学特征进行测定，再依据测定结果所发现的化探异常来实现找矿目的的。它包括岩石地球化学方法（金属量测量）、水化学方法和生物地球化学方法等。

本课程主要讨论地球物理勘探问题。所有的地球物理勘探方法都具有以下几个明显的特点：

(1) 物理学是物探方法的理论基础。将物理学原理和方法应用于地学，发展成了地球物理学。将它应用于找矿和勘探，又发展成了应用地球物理学。具体来说，它的基础理论包括地磁场、地电场、重力场、弹性波、放射性同位素等理论。地球物理勘探方法研究的是地球物理场或某些物理现象，而不是直接研究岩石或地层，这是完全不同于地质方法的。地球物理勘探方法不仅可了解地表或近地表的地质现象，而且通过场的研究还可获得深部地质现象的信息。

(2) 用物探方法解决一项地质任务时，要实现两个转化，即先将地质问题转化为地球物理的问题，再使用物探方法观测地质现象所反映的物探异常，最后根据观测数据或物理现象与地质体间存在的关系，把物探结果再转化为地质语言或图示，并赋予地质含义，肯定其地质效果。

（3）物探方法的观测结果存在多解性，表现在：不同地质体可能有相同的物理场；地质体的大小、形状、深度与产状等参数的不同组合可能引起相同的异常现象。

（4）每一种物探方法都有其应用条件和使用范围。由于矿床地质、地球物理特征及自然地理条件经常因地而异，从而影响方法的有效性或使某种地球物理方法在解决地质问题时存在局限性。

（5）每一种物探方法都要有资料的观测或采集、数据的整理或处理、资料的分析与解释三大环节。地球物理资料的观测必须使用相应的观测仪器和观测方式。观测数据的处理和解释必须使用相应的设备和专用软件。

（6）地球物理观测资料中既包含丰富多彩的地质信息，又可能受各种干扰因素的影响或存在人为的观测误差。

由此可见，开展地球物理资料综合研究和解释是非常必要的，这具体表现在下述几方面。

5.1.1 减少多解性

在地球物理勘探中，无论是重磁场方法，还是电场方法、时间场方法，它们的基本原理都是建立在正演问题基础上的。正演问题的实质就是利用“模型理想化”的思想，把复杂的地质问题通过某些假设条件转换为简单的物理或数学模型，再获取对应模型的波场或位场的响应。利用某种地球物理观测方法得到的资料来推断地下地质现象的过程，称为地球物理反演问题。地球物理资料解释属于反演范畴。由于地下地质问题的复杂性、多变性和介质的非均质性，反演问题的求解都是不适定的，即不具备唯一性解答。例如，有两组层速度 v_n 和层厚度 Δh 数值：① $v_{n1}=2\ 500$ m/s，$\Delta h_1=300$ m，$v_{n2}=3\ 600$ m/s，$\Delta h_2=700$ m；② $v_{n1}=3\ 600$ m/s，$\Delta h_1=700$ m，$v_{n2}=2\ 500$ m/s，$\Delta h_2=300$ m。它们分别代表两种地质结构，但按 $v_{av}=\sum_{i=1}^{n} h_i / (\sum_{i=1}^{n} h_i / v_i)$ 计算其平均速度，所得到的数值是一样的。这就是多解性最简单的例子，类似的例子还有很多。迄今为止还没有找到地球物理反演问题的直接解法。采用任何间接方法求解地球物理反演问题，都需要精确的先验知识、或已知的初始条件、或从其他途径获得的约束条件，以求减少反演问题的多解性。近年来，虽然各种处理方法及反演理论的研究在构思和技巧方面取得了很大的进展，但是都还没有攻克反演问题多解性这一难关。不过，在反演过程中所做的各种努力，实际上已经体现了综合的含义。

5.1.2 克服局限性

在介绍地球物理方法的时候，我们不难看到利用地球物理方法在解决地下复杂地质问题的能力上存在局限性。在讨论地震勘探分辨能力时，我们说地震勘探垂直分辨率的极限通常定义为 $\Delta h \geqslant \frac{\lambda}{4}$（$\lambda$ 为地震波波长）。如目标层埋深为 2 000 m，对应的波速为2 500 m/s，该反射波的主周期为 40 ms，则 $\lambda=100$ m，上述条件下的垂直分辨率为 25 m。也就是说，目标层顶底厚度大于 25 m 时，地震剖面上该目标层顶底反射波同相轴才可分辨或检测。对于横向分辨率，在水平叠加时间剖面上通常取决于第一菲涅尔带的半径 R_f，即 $R_f=\sqrt{0.5\lambda h}=\frac{v}{2}\sqrt{t_0/f_m}$。此外，由于震源激发能量的限制和大地滤波作用等的影响，使得勘探深度受到一定限制。位场法虽有勘探深部地层的能力，但由于受各种场的叠加作用的影响，使其对所研究对象的几何形态的反映不再那么“敏感”和精确。因此，有必要充分利用各种勘探方法各自的特点，扬长避短，进行地球物理资料的综合解释，从而提高勘探精度和可靠性。

5.1.3　避免观测误差及各种干扰

地球物理资料是多种多样的，每种资料都是由相应观测仪器在地面或井下逐点测量，再经计算机或相应分析工具处理、整理后获得的。某一种物探方法或单一的波场、位场信息只反映所研究地质体的某个侧面，而不可能反映其全部物理信息。例如，重、磁、电方法分别反映地下岩石的密度、磁性、电性；地震方法反映地下岩层的弹性和物性等。我们也知道，地球物理资料虽丰富多样，但各种观测数据中也包含着测量误差和各种干扰因素。这些观测误差和各种干扰因素的存在，表明用于地球物理反演的数据不是完全的确定性数据，而是带有异常随机分布而产生的随机数据与有效信息互相叠加的混合体。解决这一问题的有效方法就是地球物理数据的综合研究和统计处理。

地球物理资料解释的目的是要得到地下的地球物理模型，进而获取所需的地质模型。由于所用的地球物理方法及相应的资料在获取和处理上的局限性（多解性、局限性、观测误差和各种干扰），增加了获取反演问题精确解的难度。在所有物探方法中，重力勘探反演问题的多解性最为严重。这是因为如果不改变包含在引力等位面内的物质的总质量而重新分布其密度，则只要不改变原来等位面的形状和大小，密度的重新分布与上述等位面上和等位面外引力场的分布无关。磁法勘探反演问题的多解性比重力法好些。这是因为有磁性的地质体只占总地质体的一小部分，而所有地质体都有密度，加之磁性体常常以孤立形体的形式出现。电法勘探通常假设地下介质是水平层状的，故反演问题的多解性表现为电测深曲线的等值性。与重、磁、电方法相比，地震勘探资料解释所得的地下介质模型要肯定和明确得多。

影响地震资料反演问题解的非确定性的因素可能是：

（1）水平叠加剖面上的一些假象，如绕射波、回转波、倾斜层反射波同相轴的偏移等。

（2）速度的空间变化。

（3）断层等复杂的地质现象。

（4）侧面波。

（5）多次波或海上鸣震等。

以上只涉及地震勘探反演问题的运动学特点，地震波动力学特点反演问题的多解性远远超过运动学的反演问题。减少地球物理反演问题多解性的可能措施和方法包括：

（1）提高野外观测的精度和详细程度，如采用三维高分辨率地震勘探技术。

（2）进行资料的精细处理和分析，地球物理资料处理的目的是消除各种干扰，提高信噪比；消除假象，提高资料的保真度；合理分析，提高资料的分辨率和各种场的准确分离。

（3）采用综合解释和联合反演等方法。

总之，综合解释或综合研究的优越性主要体现在：单一方法解决复杂的实际地质问题存在局限性，而综合研究可以充分发挥各种地球物理方法的互补性，减少多解性；各种地球物理方法之间具有一定的联系并可以相互约束；各种综合信息的提取与综合解释有助于提高解释成果的可靠性和精确度。

实现综合地球物理解释所遵循的原则是"一、二、三、多"：即一种指导，就是以沉积岩石学、石油地质学和大地构造学等地质理论为指导；二个环节，是指岩石物性参数和地质模型，它们是联系地质与地球物理、地球物理正演和反演的纽带；三项结合，通常指正演与反演相结合、地质与地球物理相结合、定性解释与定量解释相结合；多次反馈，不断地修改模型并调整参数，以便达到逼近真实解的目的。

5.2 地球物理资料的综合应用

5.2.1 地球物理方法的综合应用

从上面的讨论中可知，任何一种物探方法都有一定的多解性。各种物探方法均建立在各自不同的物性差异基础上，利用不同的地球物理场，只能反映地下地质体物理-地质模型的某一侧面。在解决复杂地质任务及分析研究复杂地质体时，为了减少多解性，避免对地质体属性作出错误判断，采用综合勘探或各种地球物理资料的综合解释是非常必要的。

地球物理方法的综合应用包括方法间和方法内两种方式。方法间的综合应用通常由在整个探区使用的基本方法和在局部范围内应用的辅助方法组成。在解决具体的勘查对象时，基本方法与辅助方法同时应用。方法内的综合应用是指应用同一种物探方法的不同方法的组合。它可扩大基本方法的能力。如电剖面与电测深相配合；地面磁测与航空磁测相配合；折射波法、透射波法和反射波法地震勘探相配合；重力勘探中使用重力仪和重力梯度仪相配合等。

地球物理方法综合应用的方式包括：

(1) 水平综合应用。观测平面位于同一海拔高程的各种物探方法的综合应用。

(2) 垂向综合应用。通常是以地面观测为主，以宇宙测量、航空测量、地下测量为辅的物探方法的综合应用。

(3) 多目标的调查。既包括一般的地质测量，也包括专门的构造、地貌、工程地质测量，多种类型矿产的普查与勘探，以及任务范围十分广泛的物探方法的综合应用。

需要说明的是，卫星、航空、地面、海洋、地下或井中地球物理勘测是不同形式的技术综合。它把测量的技术手段和工作方法的共性结合起来，是一种广泛意义上的综合应用。

5.2.2 不同地质任务的综合方法应用

合理选择地球物理综合方法是个复杂的问题，通常要针对所解决的具体地质任务进行比较全面的考虑。除了考虑地质-地球物理的先决条件外，还必须考虑经济因素。在一般情况下，地球物理综合方法的组成必须包括能够反映不同种类信息的多种方法。换言之，这些综合物探方法能够观测到不同物理场的要素或同一种场的不同物理量，以及研究对象的物理-地质模型的不同参数，如岩石的物理性质、几何参数(形状、埋深和范围等)、地层的厚度和空间展布态势等。油气勘探、开发的地质任务大致可分为三个层次，即含油气盆地、圈闭和油气藏（储集层）。对不同层次的地质任务，综合物探方法有着不同的作用和选择。

1. 含油气盆地

含油气盆地首先是一个沉积盆地（指在一定的地质历史时期、在独立的地理区域、在相对统一的构造环境中，由一处或多处沉积来源的沉积物组成的沉积岩体地区），而且有油气生成、运移和聚集的所有地质条件，并且形成了油气藏和油气聚集带。对含油气盆地进行勘探的主要任务是从整体出发，查明区域的基本石油地质条件，包括构造、沉积和油气三个方面。各种物探方法及其综合应用在这三个方面都起了相当重要的作用。重磁力方法和电法主要用于分析和研究断裂与构造区划、基底起伏与基底岩性、火成岩分布、盆地边界与周边关系、盆地的深部构造等方面的问题。地震勘探方法主要用于分析和研究盆地内部基底及其以上各构造层的结构，包括断裂、构造层面的埋深与起伏、各种特殊地质体等方面的问题。

常用的综合模式是面积性重磁力、电法工作与区域性综合地质-地球物理大剖面结合。综合大剖面通常以地震剖面为骨干，配合大地电磁及高精度重磁力剖面。

2. 含油气圈闭

圈闭是指地层中能够捕获油气的场所。圈闭应当具备有效的储集层、盖层和遮挡或封堵条件。含油气圈闭的调查研究大致可分为三个阶段。第一阶段是寻找和发现圈闭。重磁力方法是快速经济的方法。第二阶段是查明圈闭的各种细节和参数，包括形态、埋深、范围、闭合度、上下地层的关系及断裂发育情况等。这一阶段以地震方法为主，配合密集采集的人工源电磁测深方法。第三阶段是圈闭的含油气性分析，包括圈闭在盆地内的构造部位及其与其他构造的关系、生储盖的配置、构造发育史与油气运聚史的关系、油气藏的直接检测等。这一阶段主要是各种资料的综合分析。

除了上述的背斜类圈闭外，与侵蚀面有关的圈闭也是一种重要的构造圈闭。由于侵蚀面往往是一个重要的密度界面及电阻率界面，因此可用重力和电法研究。非构造类型的圈闭种类也很多。由于形态复杂，有些圈闭不能形成良好的反射界面，用地震方法研究有一定的难度，而重磁电方法利用了它们在密度、磁性和电阻率方面的差异，往往能取得良好的地质效果。

3. 油气藏

油气藏是油气勘探的最终目标。由于油气藏一般具有类型复杂、规模小、厚度薄、埋藏深等特点，因此用普通物探方法（重磁电）解决油气储层的相关问题有一定的难度。目前，国内外正在发展的油储地球物理、井间地震、时间推移地震（四维地震）、油储电法、井中重力、成像测井等方法，正在探索解决复杂油气藏勘探、开发中的相关问题。随着我国大多数油气田逐渐进入勘探开发的后期，需要解决的难题越来越多，如油藏动态监测，浅层稠油开采，裂缝性油藏的监测与开发，剩余油监测与开采，低孔、低渗、水淹层油藏的监测与开采等。解决这些难题必须采用多学科、多种资料、多方科研人员综合研究的方法。

5.2.3　地球物理资料综合解释

简单地说，地球物理资料综合解释就是将具有内在联系的多种类型数据进行综合分析，确立较为完整的地质-地球物理模型，再综合地质和其他相关资料，进行更为详细的地质推断的过程。地球物理资料综合解释通常可分为定性解释和定量解释两部分。定性解释是指根据地球物理异常的各种信息来推断地球物理异常源的各种岩石物理性质及其地质原因。

定量解释是指根据地球物理数据使用数学物理方法反演异常源的物理参数(岩石的波速、密度、弹性常数、孔渗饱等参数)与几何参数(形态、规模、空间位置等)。无论是定性的,还是定量的综合解释,其目的都是尽量减少反演问题的多解性,提高解释成果的精确度和可靠性。它的基本标志是综合利用了多种地球物理方法或者一种场的不同性质的资料而作出协同解释。

按反演问题解的性质的不同,地球物理资料综合解释的方法可分为确定性方法和概率统计性方法两大类。确定性方法以位场理论和波动理论为基础,导出有关地球物理场所满足的基本数理方程,进而确定所研究问题的解。由于解释人员使用的各种观测资料本身就不是确定性的地球物理异常,所以在一般情况下,反演问题的解具有概率-统计性质。概率-统计方法是以数理统计、概率论和随机过程等理论为工具,根据相当数量的反演问题求解具有概率性质的问题而提出的一些数理统计的模式识别方法。

不同层次地质任务的地球物理综合勘探方法的选择各不相同。地球物理资料综合解释也随不同地质任务而异。图 5-2-1 所示为以含油气盆地为例说明的地球物理资料综合解释研究思路。

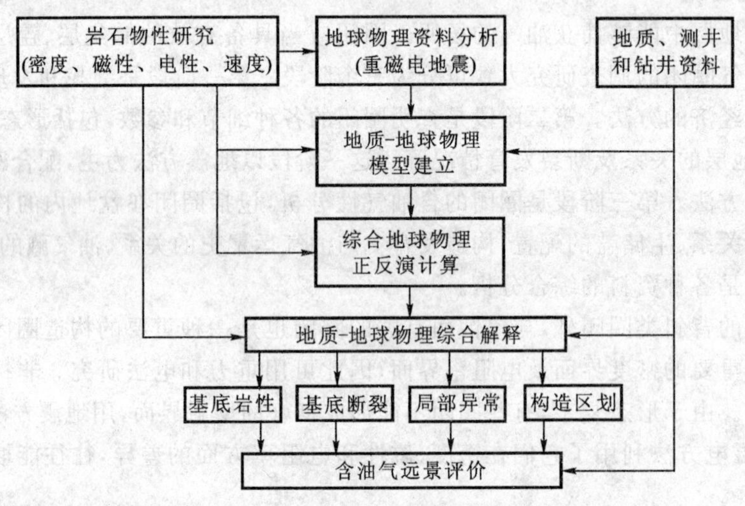

图 5-2-1　含油气盆地地球物理资料综合解释研究思路

5.3 地震、测井、地质资料的综合解释

5.3.1 基本流程

地震、测井和地质(文献资料、露头与地下地质资料)三种资料的综合解释与分析是油气勘探和开发过程中最基本、最重要的一种综合分析手段,也是油藏描述最基本的分析方法。可以说,这种综合分析与解释是油气勘探和开发赖以成功的关键。所谓的油藏描述,是以沉积学、石油地质学、构造地质学、地质数学、地震地层学和测井地层学的最新成果为理论基础,以计算机和自动绘图技术为手段,对地质、物探、测井、钻井、分析化验以及地层测试资料进行综合分析和处理,用于研究和描述油气藏的一项技术系统。油藏描述包括四个方面:地

质描述旨在建立油藏的总体概念；地震描述是要提供油藏构造和储集体几何形态等方面精细的解释成果；测井描述最终提交井位点处精确的各种储层参数；综合评价则需要完成油藏总体的定量描述成果。四个方面各具特色，又互为依托，联为一体。油藏描述大致可分为三个阶段，即油藏静态描述、油藏动态描述和油藏监测。图 5-3-1 所示为地震、测井和地质三种资料综合解释的基本流程。

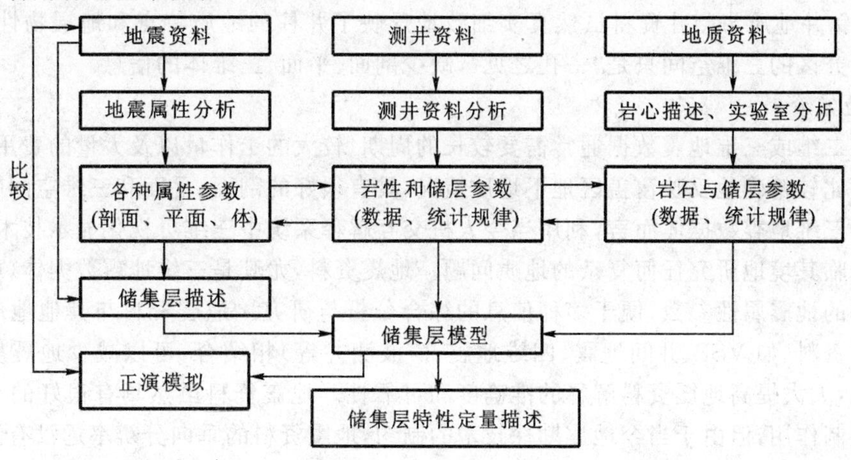

图 5-3-1　地震、测井、地质资料综合解释基本流程

5.3.2　三种资料各自的特点

由于地震数据、测井资料和岩心资料三者的垂直分辨尺度大不相同，因此在进行三种资料综合应用或解释时，必须对各类数据进行预处理。一方面，对地震数据而言，应尽量提高其垂直分辨率；另一方面，对测井资料进行适当的“粗化”，以使两者的垂直分辨率的数量级尽可能地趋近，达到两者间可对比的目的。为了更好地利用三种资料，我们先来分析一下三种资料各自的特点。

1. 地质资料

地质资料包括已有的文献资料，露头与地下岩心、录井资料等。这些资料是第一手的，它的研究对象是直接的，通常由野外露头观测或钻井岩心剖面来研究沉积岩的物质成分、结构、产状、岩层厚度、接触关系以及各种成因标志、岩性组合等在纵横方向上的变化，进而分析和总结研究区的地质规律及特点。通过实验室对岩石样品或薄片的分析、测试及研究，可得到不同岩性的储层参数，如孔隙率、含流体性质、速度、密度等。对研究区内所有井的岩心、录井资料进行面积和空间上的分析研究，可得到研究区内第一手的地质成果。准确度和可靠性取决于研究区的资料积累、研究程度、资料源的丰富程度以及研究人员的经验与水平等。

2. 测井资料

地球物理测井方法有很多种类，每种方法均由相应的测量仪器观测。大量的观测数据经处理后得到一条或多条测井曲线，常用的测井曲线有声波(AC)、密度(DEN)、电阻率(R)、自然电位(SP)、自然伽马(GR)、井径(CAL)、补偿中子(CNL)，以及地层倾角测井、全波列测井、成像测井等的相应图像。

测井资料在三种资料综合应用过程中所起的作用包括：

(1) 设计和控制储层模型的重要数据来源；

(2) 具有良好的垂向分辨率和深度控制；

(3) 各种测井曲线是垂向分层和井间地层岩性对比的基础；

(4) 提供了每个储层单元的烃类、水饱和度、孔隙度、渗透率、泥质含量等储层参数的精确数值；

(5) 经分析和处理可作出单井或井间有关构造及地层等方面的地质上的定量解释；

(6) 钻井地质与测井资料虽然真实细致地反映了井柱的地质特点和地层物性参数，但在整个研究区的三维空间只是"一孔之见"，缺少剖面、平面、三维体的信息。

3. 地震资料

获取二维或三维地震数据通常需要较长的周期、较大的工作量以及大量的费用，但地震资料可以比较精确地反映覆盖区地下地质情况，具有很好的剖面、平面和三维空间的控制作用。对于三维地震数据体而言，利用当今人机交互解释系统中三维可视化显示技术，可让解释人员身临其境地研究任何复杂的地质问题。地震资料，尤其是三维地震数据体，可以提供大量丰富的地震属性参数，便于多种信息的综合分析与研究。地震资料与其他地球物理方法所获的资料（如 VSP、井间地震、四维地震、声波测井等）相结合，可以减少地震反演问题的多解性，大大提高地震资料解释的准确度和可靠性。地震资料虽然具有很好的空间地质格局的控制作用，但由于当今地震勘探技术的制约，地震资料的垂向分辨率远没有测井资料的高。地震与测井虽同是地球物理方法，但两者具有较大的差异（表 5-3-1）。

表 5-3-1　地震资料与测井资料间的差异[1]

序号	差异名称	地面地震	声波测井
1	理论与方法	弹性波、反射波法	声波、折射波法
2	激发信号	子波频带为 8～80 Hz，波长 $\lambda=60\sim100$ m	20 kHz，速度 $v=34\ 000$ cm/s，周期 $T=50\ \mu s$，波长 $\lambda\approx17$ cm
3	观测方式与结果	地面规则观测；双程旅行时差；$\Delta t=1,2,4$ ms	井中连续观测；单程旅行时差；$\Delta h=0.125$ m
4	作用范围	整个介质范围；反映波阻抗界面	井深上的井径范围内；垂直方向特性
5	环境影响	规则干扰（面波、声波、多次波、侧面波）；随机干扰；50 Hz 工业电干扰等	井径、泥岩影响
6	优缺点	资料反映范围大且规则；有利于构造、地层、岩性、含油气性等研究；纵横波无频散；获取资料的过程复杂、效率低、费用高；垂向分辨率低	工作效率高；分辨率高；信噪比高；转换的孔渗饱等储层参数精度高；只反映平面上的一个点；存在频散现象

5.3.3　三种资料综合解释的典型实例

地震、测井和地质资料综合应用或解释主要是发挥三种资料的各自优势，扬长避短，建立三种资料的密切联系，使之在储层或油藏描述中发挥作用。下面简介三种资料综合解释或应用的典型例子。

1. 标定

标定是指利用井资料所揭示的地质意义（如储层埋深、岩性、厚度、含油气性、孔渗饱参数等）与其地震响应特征（如地震旅行时、波形、振幅、频率、相位、层速度等）之间的对应关系来判别或预测远离井、缺少井控制区域内地震信息的地质含义。它是一种定性或半定量的分析方法。这一分析方法的关键在于通过大量的统计分析，建立井内先验信息和井旁地震信息之间的某种对应关系或判别模式。利用这种关系或判别模式，就可合理地预测远离井位处或缺少井控制区域内相应地震反射特征所包含的地质意义。具体例子有：制作合成地震记录进行层位标定（图 5-3-2）、利用振幅等信息研究薄层厚度、储层横向预测（图 5-3-3）、模式识别等的广义标定。

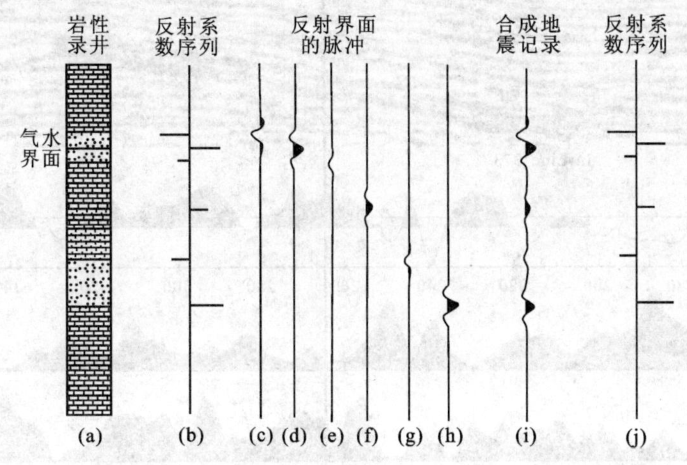

图 5-3-2　用于层位标定的合成地震记录制作过程（20 Hz 雷克子波）

广义标定的基本分析步骤包括：

(1) 地质和测井资料的整理与统计分析，确立先验的地质信息或数理统计关系。

(2) 层位追踪对比。

(3) 地震属性分析，形成若干种沿层属性参数数据文件；形成研究区内所有井的井旁地震属性参数文件。

(4) 建立井内先验信息和井旁地震信息之间的某种对应关系或判别模式。

(5) 判别与综合解释，包括编制相应的图件。

(6) 检验。

2. 模式识别

模式识别实际上是一种特殊形式的标定方法，即多参数标定方法。就其本意来讲，模式识别是利用计算机或其他分析仪器来模拟人类认识外部世界信息的能力的一门新兴学科中的重要组成部分，也是一门应用广泛且具相对独立性的实用技术。模式识别已在许多领域中应用：声音或语言的识别和理解；字符及文字的识别和理解；图像的分析和识别；医学信号的识别，包括心电、脑电、超声波波形的分析，自动诊断，染色体、癌细胞的分析识别等；遥感图片分析，作出农作物收成估计、资源估计、污染情况估计等；人脸和指纹的识别；工业上的自动检测；各种数据的特征识别；各种军事用途，如识别军事目标及其变化，雷达目标的自动识别等。模式识别中，模式的建立较为复杂且运算量很大，通常要借助计算机来完成。在模式识别过程中，用作标定的已知模式的地质意义，可以是实际已知的（地质统计确定的），也可以是模拟已知的，即参照邻区或类比盆地中已知储层所进行的模型研究确立的，还可以是神经网络学习的。

模式识别的主要步骤包括：

(1) 确立已知模式。

(2) 提取特征参数。

(3) 对黑箱式映射的模拟或进行标准样本学习。

(4) 根据模拟或学习得到的推理规则，对其他样本作判别分类。

(5) 对判别分类结果作地质解释并验证。

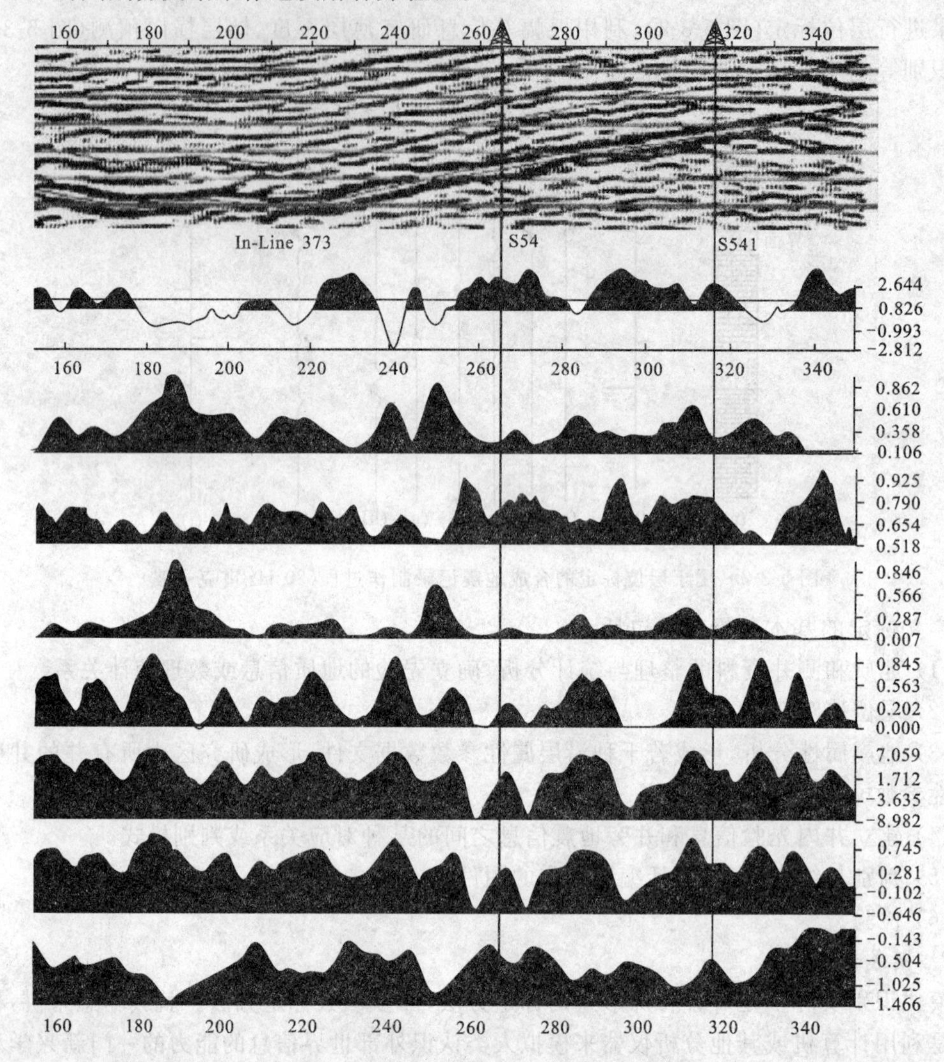

图 5-3-3 储层横向预测

3. *地震岩性模拟*

地震岩性模拟(Seismic Lithologic Modeling，SLIM)是用正演的思路把地震剖面结合井资料建立的层状模型反演成反映地下岩性等地质信息的一种处理方法。它通过迭代法获取岩性模型改变后的合成响应，运用的收敛准则是模型得到的合成剖面与实际地震剖面的匹配改善程度。SLIM 的输入是普通的层状速度模型，输出是岩性、层厚度、层速度、密度、声阻抗、孔隙度等储层细节。它的基本做法如图 5-3-4 所示。

地震岩性模拟的分析处理步骤包括：

(1) 资料准备，包括井资料整理和分析，地震资料的解释等。

(2) 建立过井测线的二维速度模型并进行二维地震岩性模拟。

(3) 将此最终二维岩性模型扩展到三维空间，进行三维地震岩性模拟，获取最终的三维岩性模型。

(4) 地质解释，即根据最终的三维速度模型定量描述所研究层位的基本特征，如岩性、几何形态、孔隙度等。

SLIM 方法避免了一般反褶积方法对子波的最小相位假设，也不需要假设反射系数是白噪的；可使随机干扰不参与反演，在反演过程中，使用了多种来源的先验信息，以约束条件的形式限制了地震反演的多解性。建立初始模型时，除了考虑测井、钻井地质资料外，如果研究区内无井或只有少数几口井，则主要从地震剖面出发，在整条地震剖面上选择少数"控制道"。迭代修改的厚度、速度、密度及子波等参数只是在这少数"控制道"上进行。有了"控制道"参数之后，整个模型就根据这些"控制道"作内插，最后用内插结果作正演，得到合成地震剖面。实际剖面与理论剖面作比较时，要求整段上的均方误差最小，并不要求每一道都完全吻合。这样既可加快运算速度，又避免了随机噪声参与反演。SLIM 所花费的计算机运行时间是相当可观的。此外，SLIM 也没有考虑层序地层学特征。

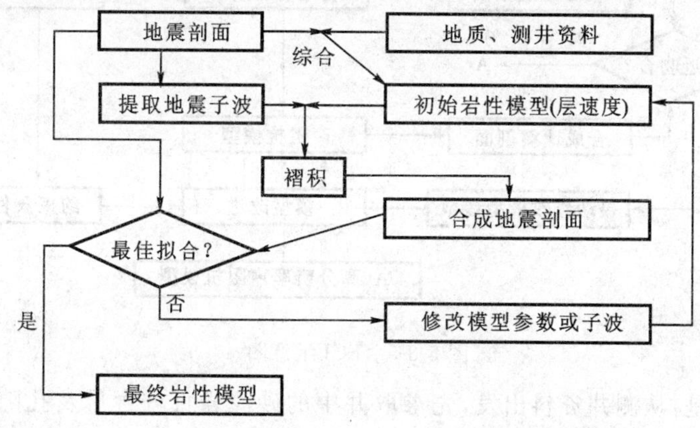

图 5-3-4　地震岩性模拟示意图

4. 井约束的模拟外推

井约束的模拟外推包括多方面，如宽带约束反演、岩性约束反演、声阻抗反演等。宽带约束反演(Broad-band Constrained Inversion，BCI)是提高地震资料视分辨率(地震资料信噪比大于 1 的有效频带以外的分辨率)效果较好的方法之一。提高地震资料视分辨率的其他方法还有最大似然反褶积(Maximum Likelihood Deconvolution，MLD)、L1 模反褶积(L1 norm Deconvolution)、最大或最小熵反褶积(Maximum or minimum Entropy Deconvolution，MED)、同态反褶积(Homomorphic Deconvolution，MD)、广义线性反演(Generalized Line Inversion，GLI)等。下面将介绍国外有代表性的几种测井约束反演方法。

1) 宽带约束反演(BCI)与岩性约束反演(LCI)

它们的思路是：测井资料具有十分详尽的垂向分辨率，但它只是空间上的"一孔之见"；地震资料虽然垂向分辨率不高，但具有剖面和空间上的良好控制；把这两种资料结合起来，取长补短，以便得到对地下地质情况的正确而详尽的了解。约束反演方法在井孔处完全依据并利用井的高频信息。由此出发，在地震剖面的控制下，按均方误差最小或 L1 模原则逼近实际地震记录，最终内插外推出高分辨率的约束反演剖面或反映储层详情的地质剖面。二维约束反演的明显缺陷是：在井孔处约束反演的结果与实际情况吻合很好，但随着离井距离的增大，反演过程中的外推误差也在增大。解决办法是先建立三维约束模型(三维声阻抗或层速度模型)，再实现三维反演。

BCI 方法利用测井资料经整理、计算后得到声阻抗，以此为约束条件，然后反复更新修改声阻抗模型，再用模型正演结果与实际地震剖面作比较，求取两者间的误差；利用线性规划的随机反演理论，由误差值求得一组模型参数修改量。线性规划的随机反演常用的公式为：

$$\boldsymbol{M}=\boldsymbol{M}_0+[\boldsymbol{G}^{\mathrm{T}}\cdot\boldsymbol{G}+\boldsymbol{C}_n\cdot\boldsymbol{C}_M^{-1}]^{-1}\cdot\boldsymbol{G}^{\mathrm{T}}\cdot(\boldsymbol{S}-\boldsymbol{D})\tag{5-3-1}$$

式中，$\boldsymbol{M}$ 为更新的模型；$\boldsymbol{M}_0$ 为初始模型；$\boldsymbol{G}$ 为灵敏度矩阵或称雅可比算子，它是由一系列偏导数组成的矩阵；$\boldsymbol{C}_n$ 为噪音协方差矩阵；$\boldsymbol{C}_m$ 为模型协方差矩阵；$\boldsymbol{S}$ 为地震数据；$\boldsymbol{D}$ 为估计的地震数据。

$\boldsymbol{S}-\boldsymbol{D}$ 表示剩余偏差或残差。$\boldsymbol{M}-\boldsymbol{M}_0$ 就是模型修改量或称摄动量，它是由残差根据式(5-3-1)计算而得到的。每次修改后，再重复以上计算，直到残差小于给定值为止。二维的BCI实现过程如图5-3-5所示。

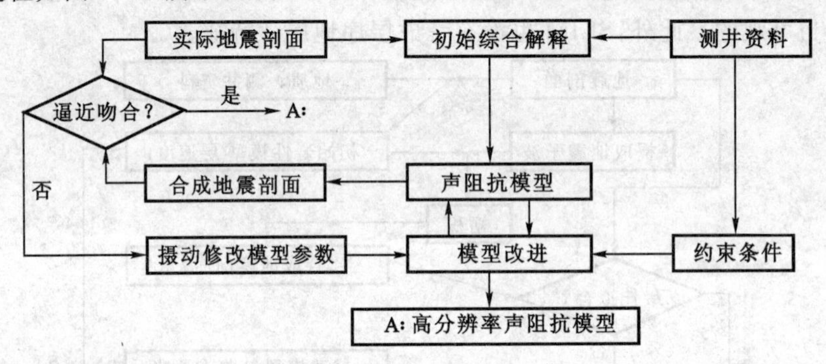

图5-3-5　BCI示意图

LCI的过程是：从测井资料出发，先求取井中的砂泥岩百分含量及孔隙度等储层参数，再由这些参数反推密度和速度，进而计算合成声阻抗，建立合成声阻抗与上述储层参数的关系，最后根据测井资料获取的岩性、物性约束条件，把经BCI处理后的高分辨率声阻抗剖面反演成岩性、孔隙度等地质模型。LCI的实现过程如图5-3-6所示。

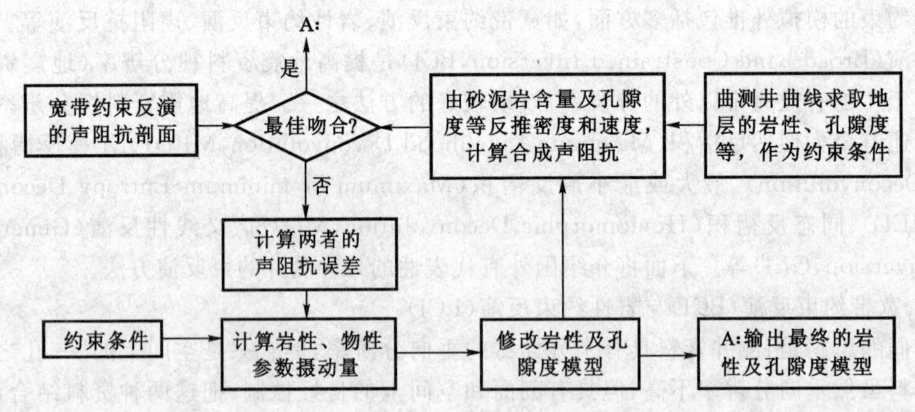

图5-3-6　LCI示意图

2）声阻抗反演模拟(ROVIM)

ROVIM(ρv Inversion Modeling)是法国CGG公司的非线性波阻抗反演算法，通过多道处理实现零炮检距偏移地震剖面向波阻抗剖面的转换。该方法的输入是偏移剖面、地震子波和初始模型。初始模型包括宏观模型、微观模型和模型参数三部分。宏观模型由几个主要的时间界面 H_n 组成。H_n 之间的波阻抗 I_n 可以在横向上和垂向上变化，也可以用先验的上、下限值进行约束。经过主要时间分界面之间的地层内插，得到反映地层细节的微观模型。根据地层横向对比情况，内插方式可以是底超、整合和削蚀等。模型参数在横向上对地层规则离散采样得到，即整条剖面的波阻抗反射时间，用 M 表示。根据模型参数 M，利用不含多次波的合成地震记录通过非线性反演得到模型的合成响应 F。将合成响应与实际地震资料 D 作比较，使两者间的距离函数 $C(M)$ 最小，最终得到一组最适合的模型参数 M，即最优的波阻抗模型。ROVIM 采用的目标函数 $C(M)$ 为：

$$C(M) = | D - F |^1 + W_I \mid M_I - M_I^{\text{pri}} \mid^1 + W_C \mid \text{Grad}(M_I) - \text{Grad}(M_I^{\text{pri}}) \mid^1 \tag{5-3-2}$$

式中，$|D|^1$ 为 L_1 模，即用误差的绝对值之和作为判断的标准；M_I 为初始波阻抗模型数据；M_I^{pri} 为先验的波阻抗模型，即由井资料获取的波阻抗数据；D 为实际地震数据；F 为合成地震数据；W_I 和 W_C 为权系数，控制着约束条件的作用强度，这是凭经验给定的参数，加大权系数就使约束能力增强；Grad(M)为地层阻抗的横向梯度。

$D-F$ 表示两者的残差；$|\text{Grad}(M_I) - \text{Grad}(M_I^{\text{pri}})|^1$ 表示两者的误差最小，即尽可能地使最终模型的横向砂层变化速率与井间的砂层变化速率保持一致。它可增强高频信息的横向内插的合理性与连续性，同时也可避免或限制高频随机干扰参与反演。该方法的最终目标是要使距离函数 $C(M)$ 达到最小，采用的方法是松弛迭代法直接求优化解。当 $C(M)$ 在模型空间中趋近最小时，就达到了最优波阻抗模型的解答。ROVIM 的实现过程如图 5-3-7 所示。

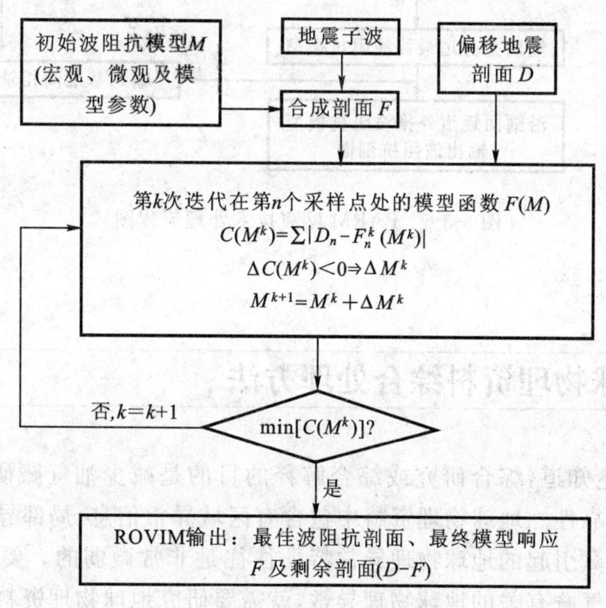

图 5-3-7　ROVIM 波阻抗反演模拟示意图

3）井约束的地震波动力学储层参数反演技术(PARM)

PARM(Parameter Modeling)技术的基本原理是建立在地震记录的褶积模型基础上的，即：

$$S(t) = R(t) * W(t) \tag{5-3-3}$$

式中，$W(t)$为地震子波，其表达式是：

$$W(t) = C \cdot \exp[-\tau(t-\beta)^2] \sin(2\pi f t) \tag{5-3-4}$$

式中，C 为子波的振幅系数；τ 为子波能量的衰减；β 为子波能量的延迟时间；f 为子波的视频率。

PARM 技术的做法是从测井曲线出发,建立地层的初始波阻抗模型,进而推演反射系数序列;再从井旁地震道提取地震子波,与反射系数序列褶积生成合成地震记录,并与实际井旁记录作比较,计算两者的互相关系数。当互相关系数达不到精度要求时,修改初始模型或地震子波。如此循环,直到互相关系数达到精度要求为止。输出的井旁道的波阻抗模型作为相邻道的测井记录,实现沿层外推,最终得到反演的波阻抗剖面。PARM 的反演过程如图 5-3-8 所示。

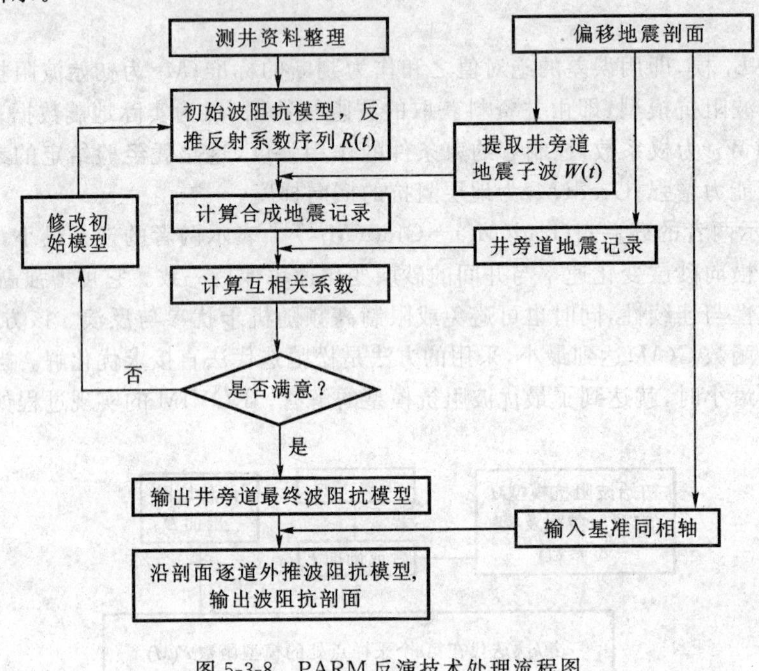

图 5-3-8　PARM 反演技术处理流程图

5.4　地球物理资料综合处理方法

通过前文的讨论知道,综合研究或综合解释的目的是减少油气藏研究的多解性,使解释、分析结果更具可靠性。地球物理资料中包含有区域异常信息、局部异常信息和各种干扰等,而地下存在油气藏引起的地球物理异常特征往往是非常微弱的。要从各种干扰背景中区分出微弱的、与油气藏有关的地球物理异常,就需要研究地球物理资料的综合处理方法。

5.4.1　工作步骤

地震参数综合处理方法研究的目的是建立一套地震多参数综合研究的数学模型,研制一套在计算机上实现地球物理数据综合研究的算法和相应软件,将综合研究过程变为计算机处理手段,把地球物理数据转换为地质解释语言,以便于地质人员直接应用和尽量减少人为的主观判断错误。

实现各种地球物理资料或多种地震属性参数综合研究的一个突出问题是一种地球物理场的变异往往受多种地质因素的影响,而单一的地质研究对象又会引起多个地球物理参数异常。在此情况下,为了获取符合程度较高的统一的地质结论,必须在多项地球物理数据中选取地球物理场能量贡献最大的有效成分，使之反映影响各个地球物理参数的共同地质因素。实现这一目的的常用方法包括数理统计方法，如主元素分析、判别分析、聚类分析等，输出能量最大准则滤波的综合参数法、模式识别方法等。

实现地球物理参数综合处理的工作流程如图5-4-1所示。图中涉及的地震属性分析和组成最佳参数矩阵问题，我们已在前面章节中讨论过，在此主要介绍信号检测与估计的基本方法以及两种最基本的模式识别方法(综合参数法与判别分析法)。

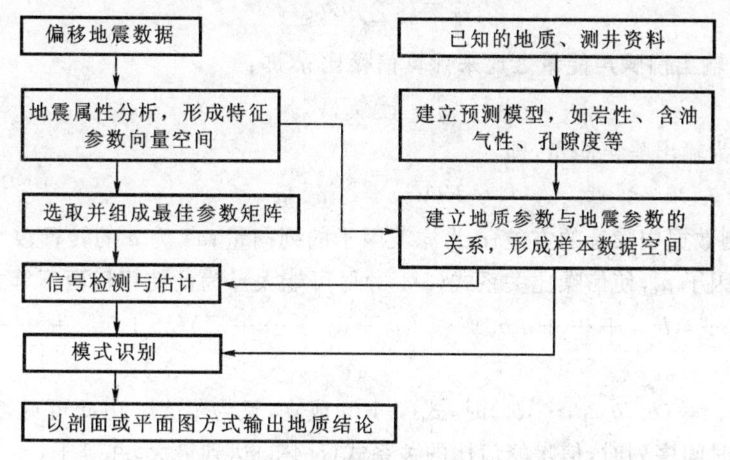

图5-4-1 地球物理参数综合处理流程图

5.4.2 信号检测与估计的基本方法

地球物理观测数据通常由三部分组成，即区域地球物理异常信号，局部地球物理异常信号，以及由表层不均匀性、观测误差和地球物理场中未被处理模型考虑的变异等构成的干扰。通常假定这些数据满足相加模型。根据研究目的的需要，通常又把由上述三部分组成的地球物理观测数据分为信号与干扰两部分。例如，把区域地球物理异常视为信号，把各种干扰和局部地球物理异常合并为干扰。处理的任务就是划分区域背景和局部异常，从观测数据中消除区域背景后，剩余部分就是局部异常和干扰，再从中检测出所需的局部地球物理异常信号。

信号检测与估计是通讯理论的重要组成部分。信号检测是判断观测数据中有无信号存在的问题；信号估计则是在确定信号存在于观测数据中的情况下估计信号参数的问题。在地球物理数据处理中，使用信号检测与估计的方法应该遵循下列基本原则：

(1) 根据研究对象的地质-地球物理模型提出相应的数学模型；

(2) 对异常信号与干扰的频谱特征和相关特征作详细研究；

(3) 根据不同准则选择适当的滤波器，对异常的存在与否作出统计判定；

(4) 对所选方法的处理质量和信号检测的可靠性作出合理评价。

下面介绍几种在信号检测与估计方面较为成熟且比较有效的算法。

1. 输出端信噪峰值比最大准则滤波器

设观测数据为 x_t，有两种情况：一种是 x_t 中含有已知信号 b_t 和白噪声 n_t；另一种是 x_t 中只有白噪声 n_t 而无已知信号 b_t。现要设计一个滤波器 a_t 来判断信号的有无。令滤波因子 a_t 与信号 b_t 等长度，都为 $n+1$ 个样点。此时，滤波器的输出为：

$$y_t = \sum_{s=0}^{n} a_s x_{t-s} \tag{5-4-1}$$

为了拾取信号或判断信号存在与否，应保证该滤波器输出中的信噪峰值比为最大。也就是说，要使在 t 时刻滤波器输出信号的峰值尽可能超出该时刻的噪音平均功率。通常取 $t=n$，即滤波器输出信号的中点峰值平方：

$$c_n^2 = \left(\sum_{s=0}^{n} a_s b_{n-s}\right)^2 \tag{5-4-2}$$

用 c_n^2 与滤波器输出白噪声能量之比来计算信噪比 η，即：

$$\eta = c_n^2 / E\{V_n^2\} \tag{5-4-3}$$

式中的 $E\{V_n^2\}$ 为输出噪声能量，即：

$$E\{V_n^2\} = \sigma_n^2 \boldsymbol{a}^{\mathrm{T}} \boldsymbol{I} \boldsymbol{a} \tag{5-4-4}$$

式中，σ_n^2 为观测数据中噪音的方差；$\boldsymbol{a}$ 为滤波因子的列向量；$\boldsymbol{a}^{\mathrm{T}}$ 为 $\boldsymbol{a}$ 的转置；$\boldsymbol{I}$ 为单位矩阵。

选择滤波因子 a_t，使信噪比关系式(5-4-3)尽可能大。为此使用柯西不等式：

$$(a_0 b_0 + a_1 b_{n-1} + \cdots + a_n b_0)^2 \leqslant (a_0^2 + a_1^2 + \cdots + a_n^2)(b_n^2 + b_{n-1}^2 + \cdots + b_0^2) \tag{5-4-5}$$

当 $(a_0, a_1, \cdots, a_n) \equiv (b_n, b_{n-1}, \cdots, b_0)$ 时，式(5-4-5)成立，且为最大。由此可见，滤波因子等于已知信号的逆时间序列时，信噪峰值比的关系式(5-4-3)达到最大，并等于：

$$\eta = (1.0/\sigma_n^2)(b_0^2 + b_1^2 + \cdots + b_n^2) \tag{5-4-6}$$

这个滤波器称为匹配滤波器(Matched Filter)。

计算匹配滤波器的输出 y_t，将滤波因子 $a_s = b_{n-s}$ 代入式(5-4-1)，则有：

$$y_t = \sum_{s=0}^{n} a_s x_{t-s} = \sum_{s=0}^{n} b_{n-s} x_{t-s} \tag{5-4-7}$$

替换下标变量，令 $j = n-s$，式(5-4-7)变为：

$$y_t = \sum_{j=0}^{n} b_j x_{j-(n-t)} = \phi_{bx}(n-t) \tag{5-4-8}$$

或

$$y_t = a_t * x_t = \phi_{xb}(t-n) \tag{5-4-9}$$

根据褶积与相关的关系，式(5-4-7)至式(5-4-9)说明了匹配滤波过程实际上是用已知信号与观测数据进行相关计算，以判断信号在观测数据中是否存在。这个滤波器也称为相关滤波器或相关器。如果滤波器的输入为信号部分，则输出为信号的自相关。输出中信号部分的振幅表示为：

$$c_t = b_n b_t + b_{n-1} b_{t-1} + \cdots + b_0 b_{t-n} = \sum_{s=0}^{n} b_{n-s} b_{t-s} = \phi_{bb}(t-n) \tag{5-4-10}$$

当 $t=n$ 时，c_n 为输出中信号的最大峰值，即：

$$c_n = \phi_{bb}(0) \geqslant |c_t| \tag{5-4-11}$$

也就是说，该滤波器将观测数据中的信号能量全部压缩在 c_n 上输出，以利于信号的检测。

在相关噪音背景上，已知信号的拾取问题可使用信号检测滤波器来解决。滤波器的设计使用了输出端信噪比最大准则。在输出为相关噪音时，输出噪音部分能量为：

$$E\{V_n^2\} = \boldsymbol{a}^{\mathrm{T}} \boldsymbol{Q}_n \boldsymbol{a} \tag{5-4-12}$$

式中的 $\boldsymbol{Q}_n$ 为输入噪音自相关矩阵。将式(5-4-12)改为代数式，可以写为：

$$E\{V_n^2\} = \sum_{t=0}^{n} a_t \sum_{s=0}^{n} a_s Q_{t-s} \tag{5-4-13}$$

信噪比用输出信号部分中间振幅平方 c_n^2 与输出噪音部分能量比来表示：

$$\eta = \frac{\sum_{\tau=0}^{n} a_\tau b_{n-\tau} \sum_{t=0}^{n} a_t b_{n-t}}{\sum_{t=0}^{n} a_t \sum_{s=0}^{n} a_s Q_{t-s}} \tag{5-4-14}$$

选择滤波因子 a_i 使信噪比 η 取极大值。为此，对式(5-4-14)按 a_i 求导，并令其为 0，得到：

$$2\sum_{\tau=0}^{n} a_\tau b_{n-\tau} b_{n-i} \sum_{t=0}^{n} a_t \sum_{s=0}^{n} a_s Q_{t-s} = 2\sum_{\tau=0}^{n} a_\tau b_{n-t} \sum_{t=0}^{n} a_t b_{n-t} \sum_{t=0}^{n} a_t Q_{i-t}$$

化简后可得：

$$\frac{b_{n-i}}{\sum_{t=0}^{n} a_t Q_{i-t}} = \frac{\sum_{t=0}^{n} a_t b_{n-t}}{\sum_{t=0}^{n} a_t \sum_{s=0}^{n} a_s Q_{t-s}} \tag{5-4-15}$$

式中，$i=0,1,\cdots,n$。

式(5-4-15)的左端各项与下标变量 i 有关，而右端各项与下标变量 i 无关，令其为常系数 $1/K$，代入式(5-4-15)得到：

$$\sum_{t=0}^{n} a_t Q_{i-t} = K b_{n-i} \qquad (i=0,1,2,\cdots,n) \tag{5-4-16}$$

常系数 K 不影响方程组解的相互关系，取 $K=1$，得到求解信号检测滤波因子的方程组为：

$$\sum_{t=0}^{n} a_t Q_{i-t} = b_{n-i} \qquad (i=0,1,2,\cdots,n) \tag{5-4-17}$$

式中，b_{n-i} 为已知信号 b_i 的逆时间序列。

已知信号 b_t 和噪声自相关矩阵，可按方程组(5-4-17)求解滤波因子，使输出端信噪峰值比为最大，从而实现在相关噪音背景上已知信号的检测。

2. 输出端信噪能量比最大准则滤波器

设有一个信号在介质中传播，介质对信号的频散作用不大，其振幅谱保持稳定，近似地视为已知；同时，周围介质中干扰的能谱也是可以测量的。由于信号形状不能准确知道，所以不能使用匹配滤波器。要求设计一个能量滤波器，用以对观测数据进行处理，使判断信号的概率增加。这个滤波器就是输出端信噪能量比最大准则滤波器，即输出端信噪能量比 λ 可表示为：

$$\lambda = \frac{\text{滤波器输出端信号能量 } E_s}{\text{滤波器输出端噪音能量 } E_n} \Rightarrow \max$$

设输入数据 $x_t = b_t + n_t$，$t=0,1,2,\cdots,n$。b_t 为信号，n_t 为噪音。设 a_i 为滤波因子，a_i 和 x_t 的长度都为 $n+1$，则滤波器的输出 y_t 为：

$$y_t = \sum_{s=0}^{n} a_s x_{t-s} \tag{5-4-18}$$

其中的信号部分为：

$$c_t = \sum_{s=0}^{n} a_s b_{t-s} \tag{5-4-19}$$

干扰部分为：

$$v_t = \sum_{s=0}^{n} a_s n_{t-s} \tag{5-4-20}$$

滤波器输出端信号能量 E_s 为：

$$E_s = \sum_{t=0}^{n} c_t^2 = \sum_{t=0}^{n} (\sum_{i=0}^{n} a_i b_{t-i})^2 = \sum_{t=0}^{n} \sum_{i=0}^{n} a_i b_{t-i} \sum_{m=0}^{n} a_m b_{t-m}$$

$$= \sum_{m=0}^{n} \sum_{i=0}^{n} a_i a_m \sum_{t=0}^{n} b_{t-i} b_{t-m} = \sum_{m=0}^{n} a_m \sum_{i=0}^{n} a_i Q_s(m-i)$$

于是得到：

$$E_s = \boldsymbol{a}^{\mathrm{T}} \boldsymbol{Q}_s \boldsymbol{a} \tag{5-4-21}$$

同理，滤波器输出端干扰的能量 E_n 为：

$$E_n = \boldsymbol{a}^{\mathrm{T}} \boldsymbol{Q}_n \boldsymbol{a} \tag{5-4-22}$$

式中，$\boldsymbol{Q}_s$ 为信号的自相关矩阵；$\boldsymbol{Q}_n$ 为干扰的自相关矩阵。

根据关系式，在滤波器输出端，信号和干扰的能量比 λ 为：

$$\lambda = \frac{\boldsymbol{a}^{\mathrm{T}} \boldsymbol{Q}_s \boldsymbol{a}}{\boldsymbol{a}^{\mathrm{T}} \boldsymbol{Q}_n \boldsymbol{a}} \Rightarrow \max \tag{5-4-23}$$

选择滤波因子 a_i 使信噪能量比 λ 为极大，为此，对式(5-4-23)按 $\boldsymbol{a}$ 求导，并令其为 0，得到方程组：

$$\boldsymbol{Q}_s \boldsymbol{a} - \lambda \boldsymbol{Q}_n \boldsymbol{a} = 0$$

或写为：

$$(\boldsymbol{Q}_s - \lambda \boldsymbol{Q}_n) \boldsymbol{a} = 0 \tag{5-4-24}$$

这是一个本征方程。对于白噪干扰，$\boldsymbol{Q}_n \equiv \boldsymbol{I}$，式(5-4-24) 可写为：

$$(\boldsymbol{Q}_s - \lambda \boldsymbol{I}) \boldsymbol{a} = 0 \tag{5-4-25}$$

对于相关干扰，式(5-4-24)左乘一个逆矩阵 $\boldsymbol{Q}_n^{-1}$，可得：

$$(\boldsymbol{Q}_n^{-1} \boldsymbol{Q}_s - \lambda \boldsymbol{Q}_n^{-1} \boldsymbol{Q}_n) \boldsymbol{a} = 0 \tag{5-4-26}$$

令 $\boldsymbol{K} = \boldsymbol{Q}_n^{-1} \boldsymbol{Q}_s$，代入式(5-4-26)，得到：

$$(\boldsymbol{K} - \lambda \boldsymbol{I}) \boldsymbol{a} = 0 \tag{5-4-27}$$

式(5-4-25)和式(5-4-27)都可归结为求解标准本征方程。本征值 λ 为输出端信噪能量比。选择最大本征值 $\lambda_{\max}$ 所对应的本征向量 $\boldsymbol{a}$ 为所求的最大能量滤波器的滤波因子 a_i。以此为滤波器的脉冲响应，即将观测数据中能量贡献最大的部分突出出来。在地球物理观测数据中，背景值可能延伸范围广、能量强，可视为能量贡献最大的低频分量。使用最大能量滤波器处理地球物理数据，输出的正是这个能量最大的低频成分。若把这个背景值从观测数据中分离出来，则可进行区域地质解释。由观测数据中去掉背景值，可获得局部地球物理异常，用于局部目标的地质解释。这里所说的地球物理背景值与局部异常的划分是相对的。最大能量滤波方法可用于各种规模的地球物理场研究，它是一种地球物理场分解的有效方法。

由于地球物理观测数据中信号和干扰是叠加在一起的，在处理前不易将信号与干扰分离开来，所以也就无法单独确定信号和干扰的自相关矩阵。为了设计最大能量滤波器，使用地球物理观测数据本身来计算信号的自相关矩阵。假定干扰为白噪声，其自相关矩阵为单位矩阵。设观测数据为 $x_t(t=0,1,2,\cdots,n)$，计算其平均值 $\bar{x}$：

$$\bar{x} = \frac{1}{n+1} \sum_{i=0}^{n} x_i \tag{5-4-28}$$

x_t 的自相关函数 $Q_s(\tau)$ 为：

$$Q_s(\tau)=\frac{1}{n+1}\sum_{i=0}^{n}(x_i-\bar{x})(x_{i+\tau}-\bar{x}) \tag{5-4-29}$$

建立自相关矩阵 $\boldsymbol{Q}_s$：

$$\boldsymbol{Q}_s=\begin{bmatrix} Q_{(0)} & Q_{(1)} & \cdots & Q_{(n)} \\ Q_{(1)} & Q_{(0)} & \cdots & Q_{(n-1)} \\ \vdots & \vdots & & \vdots \\ Q(n) & Q_{(n-1)} & \cdots & Q_{(0)} \end{bmatrix} \tag{5-4-30}$$

把式(5-4-30)式代入方程组(5-4-25)，求解本征值 λ，为此要解下列行列式方程：

$$\begin{vmatrix} Q_{(0)}-\lambda & Q_{(1)} & \cdots & Q_{(n)} \\ Q_{(1)} & Q_{(0)}-\lambda & \cdots & Q_{(n-1)} \\ \vdots & \vdots & & \vdots \\ Q_{(n)} & Q_{(n-1)} & \cdots & Q_{(0)}-\lambda \end{vmatrix}=0 \tag{5-4-31}$$

由大到小排列本征值 λ，找出极大值 $\lambda_{\max}$，代入下列方程组，求解对应的本征向量，即：

$$\begin{bmatrix} Q_{(0)}-\lambda_{\max} & Q_{(1)} & \cdots & Q_{(n)} \\ Q_{(1)} & Q_{(0)}-\lambda_{\max} & \cdots & Q_{(n-1)} \\ \vdots & \vdots & & \vdots \\ Q_{(n)} & Q_{(n-1)} & \cdots & Q_{(0)}-\lambda_{\max} \end{bmatrix}\begin{bmatrix} a_0 \\ a_1 \\ \vdots \\ a_n \end{bmatrix}=0 \tag{5-4-32}$$

求解方程组(5-4-32)时，必须保证向量 $\boldsymbol{a}$ 归一化，即满足 $\sum_{i=0}^{n}a_i^2=1$ 的条件。由于这个条件的限制作用，使输出数据中信噪比与滤波器的放大系数无关。使用由方程组(5-4-32)求出的本征向量 $\boldsymbol{a}$ 作为滤波因子，对观测数据按式(5-4-18)进行处理，得到滤波后的输出 y_t。y_t 就是观测数据中的背景值。从观测数据中减去背景值，得到剩余异常值 $\tilde{x}_t=x_t-y_t$。根据研究目标的性质，对 y_t 或 $\tilde{x}_t$ 进行地质解释。对平面观测数据的处理，原则上与剖面数据处理相同，主要区别在于平面数据处理应使用二维自相关函数。

3. 主元素分析

主元素分析实际上是最大能量滤波器的应用。将上述最大能量滤波方法用于地震剖面段分析，得到的就是地震剖面主元素分析算法，或称 KL(Karhumem Loeve)变换。

取一段地震剖面，各道样点用 x_{ik} 表示。下标 $i=1,2,\cdots,M$ 为样点序号，$k=1,2,\cdots,N$ 为剖面段的道序号。计算该剖面段的自相关矩阵(或称协方差矩阵)$\boldsymbol{Q}_x$，矩阵元素是：

$$Q_{ij}=\frac{1}{N-1}\sum_{k=1}^{N}(x_{ik}-\bar{x}_i)(x_{jk}-\bar{x}_j) \tag{5-4-33}$$

式中，$i=1,2,\cdots,M;j=1,2,\cdots,M;\bar{x}_i=\frac{1}{N}\sum_{k=1}^{N}x_{ik}$ 为记录样点对各道的平均值。

式(5-4-33)中使用 $\frac{1}{N-1}$ 是考虑到计算相关值时，数据总体平均值 μ 是未知的，而使用了数据中有限样点的平均值 $\bar{x}_i$ 来代替。这可能使方差估计带有偏差，即 $\frac{1}{N}\sum(x_i-\bar{x})^2$ 是方差 $\sigma^2=\frac{1}{N}\sum(x_i-\mu)^2$ 的偏差估计。为纠正这个偏差，在计算协方差矩阵时引入了系数

$\frac{1}{N-1}$,以便产生一个方差的较大估计值。将式(5-4-33)代入式(5-4-30),得到协方差矩阵,即:

$$\boldsymbol{Q}_x = \begin{bmatrix} Q_{11} & Q_{12} & \cdots & Q_{1M} \\ Q_{21} & Q_{22} & \cdots & Q_{2M} \\ \vdots & \vdots & & \vdots \\ Q_{M1} & Q_{M2} & \cdots & Q_{MM} \end{bmatrix} \tag{5-4-34}$$

这是一个正定实对称矩阵,主对角线的元素为方差。求解下列本征方差组:

$$(\boldsymbol{Q}_x - \lambda \boldsymbol{I})\boldsymbol{Z} = 0 \tag{5-4-35}$$

式(5-4-35)中{·}为系数行列式,其值为0,即:

$$\begin{vmatrix} Q_{11}-\lambda & Q_{12} & \cdots & Q_{1M} \\ Q_{21} & Q_{22}-\lambda & \cdots & Q_{2M} \\ \vdots & \vdots & & \vdots \\ Q_{M1} & Q_{M2} & \cdots & Q_{MM}-\lambda \end{vmatrix} = 0 \tag{5-4-36}$$

求解该行列式可得到 M 个本征值 $\lambda_i (i=1,2,\cdots,M)$。把它们按由大到小的顺序排列,并依次代入本征方程(5-4-35),得到 $M\times M$ 个本征向量 $\boldsymbol{Z}_{mi}(m=1,2,\cdots,M;i=1,2,\cdots,M)$。不同本征值对应的本征向量相互正交,即:

$$\sum_{i=1}^{N} \boldsymbol{Z}_{mi} \cdot \boldsymbol{Z}_{ni} = \begin{cases} 1 & m=n \\ 0 & m \neq n \end{cases} \tag{5-4-37}$$

式中,$\boldsymbol{Z}_{mi}$ 为 λ_m 对应的本征向量;$\boldsymbol{Z}_{ni}$ 为 λ_n 对应的本征向量。

地震记录按正交向量分解,用本征向量的线性组合作为地震数据的估计值,得到:

$$\boldsymbol{x}_{ik} = \sum_{m=1}^{M} a_{mk} \boldsymbol{Z}_{mi} \tag{5-4-38}$$

式中,a_{mk} 为一待定系数;$\boldsymbol{Z}_{mi}$ 为相应本征值 λ_m 的本征向量;$k=1,2,\cdots,N$ 为道序号;$i=1,2,\cdots,M$ 和 $m=1,2,\cdots,M$ 为样点序号。

对式(5-4-38)两边分别乘以本征向量 $\boldsymbol{Z}_{ni}$,再对 i 求和,得到:

$$\sum_{i=1}^{M} \boldsymbol{x}_{ik} \boldsymbol{Z}_{ni} = \sum_{i=1}^{M} \left(\sum_{m=1}^{M} a_{mk} \boldsymbol{Z}_{mi} \right) \boldsymbol{Z}_{ni} = \sum_{m=1}^{M} a_{mk} \sum_{i=1}^{M} \boldsymbol{Z}_{mi} \boldsymbol{Z}_{ni} \tag{5-4-39}$$

考虑到正交性的表达式(5-4-37),式(5-4-39)可写成:

$$\sum_{i=1}^{M} \boldsymbol{x}_{ik} \boldsymbol{Z}_{ni} = a_{nk} \tag{5-4-40}$$

式(5-4-40)表明,系数 a 是地震记录 $\boldsymbol{x}_{ik}$ 与本征向量 $\boldsymbol{Z}$ 的相关系数。

主元素分析的应用主要表现在以下三方面:

(1) 构成主元素剖面。在地震数据正交分解中,每个正交向量对方差的贡献与它所对应的本征值 λ 成比例。如果本征值 λ 按其数值由大到小排列,取前 $M1(M1<M)$ 个本征值对应的本征向量构成方差的大部分。若本征值按其大小顺序为 $\lambda_m(m=1,2,3\cdots,M)$,与之相应的本征向量值为 $\boldsymbol{Z}_{mi}$,其中 i 为向量中各元素序号。取前 $M1$ 个本征向量构成地震数据估计值 $\tilde{\boldsymbol{x}}_{ik}$,则有:

$$\tilde{\boldsymbol{x}}_{ik} = \sum_{m=1}^{M1} a_{mk} \boldsymbol{Z}_{mi} \tag{5-4-41}$$

式中，$\boldsymbol{Z}$ 称为主元素，代表地震记录中能量最大的、离散的频率成分。地震记录估计值 $\tilde{\boldsymbol{x}}$ 反映地震剖面中能量最大的异常变化。它排除了局部畸变因素，可以更好地反映所要研究的地质目标。地震资料数字处理中的一个重要目标是压制相关和不相关的各种干扰。主元素分析或 KL 变换可以看成是一个滤波过程，突出了延伸范围广的同相信号、压制了规则与不规则干扰，可以有效地提高资料的信噪比。

(2) 压缩数据的信息量。原有数据信息量为 $2M\times N$，经主元素分析或 KL 变换后的数据信息量为 $M1\times(M+N)$，远远小于 $2M\times N$。例如，取 $N=100$ 道，$M=100$ 点，$M1=5$，KL 变换前的数据信息量为 20 000 个，而 KL 变换后的数据信息量只有 1 000 个。

(3) 用于油藏目标的模式识别。在储层描述中，使用相关系数 a 可对地震资料进行分类。分类基础是长度准则。相邻两个地震记录 A 与 B，对应的相关系数是 a_{mA} 和 a_{mB}，m 为样点序号。两道之间的长度 d_{AB} 表示为：

$$d_{AB}=\sqrt{\sum_{m=1}^{M}\frac{(a_{mA}-a_{mB})^2}{\lambda_m}} \tag{5-4-42}$$

式中，λ_m 为本征值。

d_{AB} 越小，两道越相似。

d_{AB} 长度准则的物理意义虽不很明确，但可用来衡量两个记录特征的相似程度。分类过程是：先把每道地震数据分属一个类别；然后两两计算道间长度 d_{AB}，将 d_{AB} 相近的记录道合并为同一类；继续这个过程，直到获得指定的类别数分类为止。如果把研究区的地震记录分为属油藏部分和油藏以外部分两类，或者干脆把道间长度 d_{AB} 绘成曲线，再对曲线进行分类。若分成两类，则 $d_{AB}\geqslant P$ 属一类、$d_{AB}<P$ 属另一类，P 为分类的门槛值。P 可取为所有 d_{AB} 的平均值或平均值的百分比。主元素分析或 KL 变换也可用于岩性、沉积相等研究。

5.4.3　地球物理资料综合处理算法

地球物理资料综合处理的目的就是从反映地下地质因素的各项属性参数中排除个别参数畸变的局部原因，阐明对数据总体的影响因素，将参数测定结果与地质因素联系起来，为预测岩性、物性、含油气性等的横向变化和确定矿体、油藏的空间分布等提供可用信息。为了阐明所研究的地质对象而使用的综合研究方法，经常要用到有关对象的已知地球物理性质(即地质目标的验前信息)，这种方法称为学习标准的解释方法；在缺乏验前信息的情况下，综合研究方法包括了对所研究数据进行学习寻规的过程，这种方法称为自我学习目标的解释方法。下面分别介绍这两种方法的基本原理和具体实现过程。

1. 多项信息的综合参数分析方法

在一个面积上的地球物理观测通常沿测线进行，根据观测数据可获得与地下地质因素紧密相关的多项地球物理属性参数。设观测点集合 $k=1,2,\cdots,K$，选取最佳的地球物理属性参数集合 $l=1,2,\cdots,L$，把每一个测点看成一个研究对象，每个对象选定了 L 个属性参数。全部观测点的参数集合可表示为如下的矩阵：

$$\boldsymbol{x}_{kl}=\begin{bmatrix} x_{11} & x_{12} & \cdots & x_{1L} \\ x_{21} & x_{22} & \cdots & x_{2L} \\ \vdots & \vdots & & \vdots \\ x_{K1} & x_{K2} & \cdots & x_{KL} \end{bmatrix} \tag{5-4-43}$$

一般来讲，参数测定和计算都带有误差，也存在局部地质干扰，因此计算各个参数的加权平均值往往比单个参数对检测地球物理异常更有价值。我们寻求一个加权因子 h_l，计算各研究对象上多参数的加权平均值 S_k，使之按照信号有无分类方面具有最大的区分度。对多项参数 x_{kl} 进行线性组合，构成所谓的综合参数 S_k，形式如下：

$$S_k = \sum_{l=1}^{L} x_{kl} h_l \tag{5-4-44}$$

设 T 为判定门槛值。当 $S_k \geqslant T$ 时，为有信号 H_1 判定；当 $S_k < T$ 时，为无信号 H_0 判定。这是一个信号估计的问题。按照前面所述的基本原理来确定加权因子 h_l。

从 H_0 和 H_1 两类判定的角度来看，希望选择的 h_l 应使综合参数 S_k 对 H_0 和 H_1 有最大的区分度，即综合参数 S_k 对其平均值 $\overline{S}$ 的方差为最大：

$$\sum_{k=1}^{K} (S_k - \overline{S})^2 \Rightarrow \max \tag{5-4-45}$$

$$\left.\begin{aligned} \overline{S} &= \sum_{l=1}^{L} \overline{x}_l h_l \\ \overline{x}_l &= \frac{1}{K}\sum_{k=1}^{K} x_{kl} \end{aligned}\right\} \tag{5-4-46}$$

式中，$\overline{S}$ 为综合参数 S_k 的平均值；$\overline{x}_l$ 为属性参数 l 的平均值。

考虑到当 $|h_l|$ 增大时，式(5-4-45)也随之增大而无法求取极值。为此，选取目标函数 λ 为：

$$\lambda = \frac{\sum_{k=1}^{K} (S_k - \overline{S})^2}{\sum_{l=1}^{L} h_l^2} \Rightarrow \max \tag{5-4-47}$$

这是一个求取输出端能量信噪比为极大准则的滤波器设计问题。将式(5-4-44)和式(5-4-46)代入式(5-4-47)，整理得到：

$$\begin{aligned} \sum_{k=1}^{K} (S_k - \overline{S})^2 &= \sum_{k=1}^{K} \left(\sum_{l=1}^{L} x_{kl} h_l - \sum_{l=1}^{L} \overline{x}_l h_l \right)^2 = \sum_{k=1}^{K} \left[\sum_{l=1}^{L} h_l (x_{kl} - \overline{x}_l) \right]^2 \\ &= \sum_{l=1}^{L} h_l \sum_{m=1}^{L} h_m \left[\sum_{k=1}^{K} (x_{kl} - \overline{x}_l)(x_{km} - \overline{x}_m) \right] \end{aligned} \tag{5-4-48}$$

令

$$r_{lm} = \sum_{k=1}^{K} (x_{kl} - \overline{x}_l)(x_{km} - \overline{x}_m) \tag{5-4-49}$$

代入式(5-4-48)，得到：

$$\sum_{k=1}^{K} (S_k - \overline{S})^2 = \sum_{l=1}^{L} h_l \sum_{m=1}^{L} h_m r_{lm} \tag{5-4-50}$$

r_{lm} 为参数数据协方差或自相关矩阵元素。将式(5-4-50)写成矩阵形式，则有：

$$\sum_{k=1}^{K} (S_k - \overline{S})^2 = \boldsymbol{h}^{\mathrm{T}} \boldsymbol{R} \boldsymbol{h} \tag{5-4-51}$$

式中的自相关矩阵 $\boldsymbol{R}$ 为：

$$\boldsymbol{R}=\begin{bmatrix} r_{11} & r_{12} & \cdots & r_{1L} \\ r_{21} & r_{22} & \cdots & r_{2L} \\ \vdots & \vdots & & \vdots \\ r_{L1} & r_{L2} & \cdots & r_{LL} \end{bmatrix} \tag{5-4-52}$$

同理，式(5-4-47)的分母可以写为：

$$\sum_{l=1}^{L} h_l^2 = \boldsymbol{h}^{\mathrm{T}}\boldsymbol{I}\boldsymbol{h} \tag{5-4-53}$$

式中，$\boldsymbol{I}$ 为单位矩阵。

于是，目标函数 λ 的表达式(5-4-47)可写为：

$$\lambda=\frac{\boldsymbol{h}^{\mathrm{T}}\boldsymbol{R}\boldsymbol{h}}{\boldsymbol{h}^{\mathrm{T}}\boldsymbol{I}\boldsymbol{h}} \Rightarrow \max \tag{5-4-54}$$

与式(5-4-23)相比，这是滤波器输出端信噪能量比的问题。此处的噪音为白噪过程。由此看来，对多项地球物理参数取加权平均值的过程，也是一个最大能量滤波过程。为使 λ 取极值，对式(5-4-54)按 $\boldsymbol{h}$ 求导，并令其为 0，得到本征方程组：

$$(\boldsymbol{R}-\lambda\boldsymbol{I})\boldsymbol{h}=0 \tag{5-4-55}$$

求解方程组(5-4-55)，得到一系列本征值 λ 及相应的本征向量。取最大本征值 $\lambda_{\max}$，它所对应的本征向量就是满足条件式(5-4-45)和式(5-4-47)或式(5-4-54)的加权因子。使用所得的加权因子 $\boldsymbol{h}$ 对参数集合 X 按公式(5-4-44)处理，得到综合参数 S_k，可供解释和判定用。

上述过程就是拾取构成地球物理场能量贡献最大的过程，所得的综合参数与地球物理场背景值对应，受整体地质因素控制。从这个意义上讲，综合参数分析方法与主元素分析中的第一主元素相当。虽然综合参数本身已失去了各个参数原有的明确的物理意义，但它却代表了多项参数共性的变化，能够比较可靠地反映产生这些变化的地质因素。总之，综合参数分析方法既是地球物理资料综合处理的方法，又是对地球物理异常按其构成成分进行分解的手段，适用于反演特定地质参数的需要。

综合参数分析方法可以作为无标准样本学习的一种模式识别方法使用。用于地震属性参数综合处理的主要实现步骤有：

(1) 提取地震属性参数并形成最佳地震属性参数矩阵，形如式(5-4-43)。

(2) 考虑到各个参数具有不同的物理意义和量纲，在计算协方差矩阵之前，应对各参数进行归一化处理。可用均方根值作为归一化因子，再按式(5-4-49)计算归一化后的地震属性参数的自相关矩阵，形如式(5-4-52)。

(3) 求解本征方程组(5-4-55)，最大本征值 $\lambda_{\max}$ 所对应的本征向量就是所求的加权因子。

(4) 按公式(5-4-44)处理，得到综合参数 S_k。

(5) 进行统计判定：$S_k \geqslant T$ 为 H_1 判定；$S_k < T$ 为 H_0 判定。统计判定的门槛值 T 可根据综合参数 S_k 的概率来确定，也可用 $\overline{S}_k$ 来近似替代。

综合参数分析方法的应用实例如图 5-4-2 所示。

2. 地震属性参数的判别分析方法

根据观测数据的某些特征对它们进行分类，以分辨研究对象的类别，这种方法称为判别分析。用数理统计的术语来讲，判别分析就是要判定一个样品究竟来自哪一种已知母体。判别分析的内容包括两组判别和多组判别，现以两组判别为例来说明判别分析的基本思想。

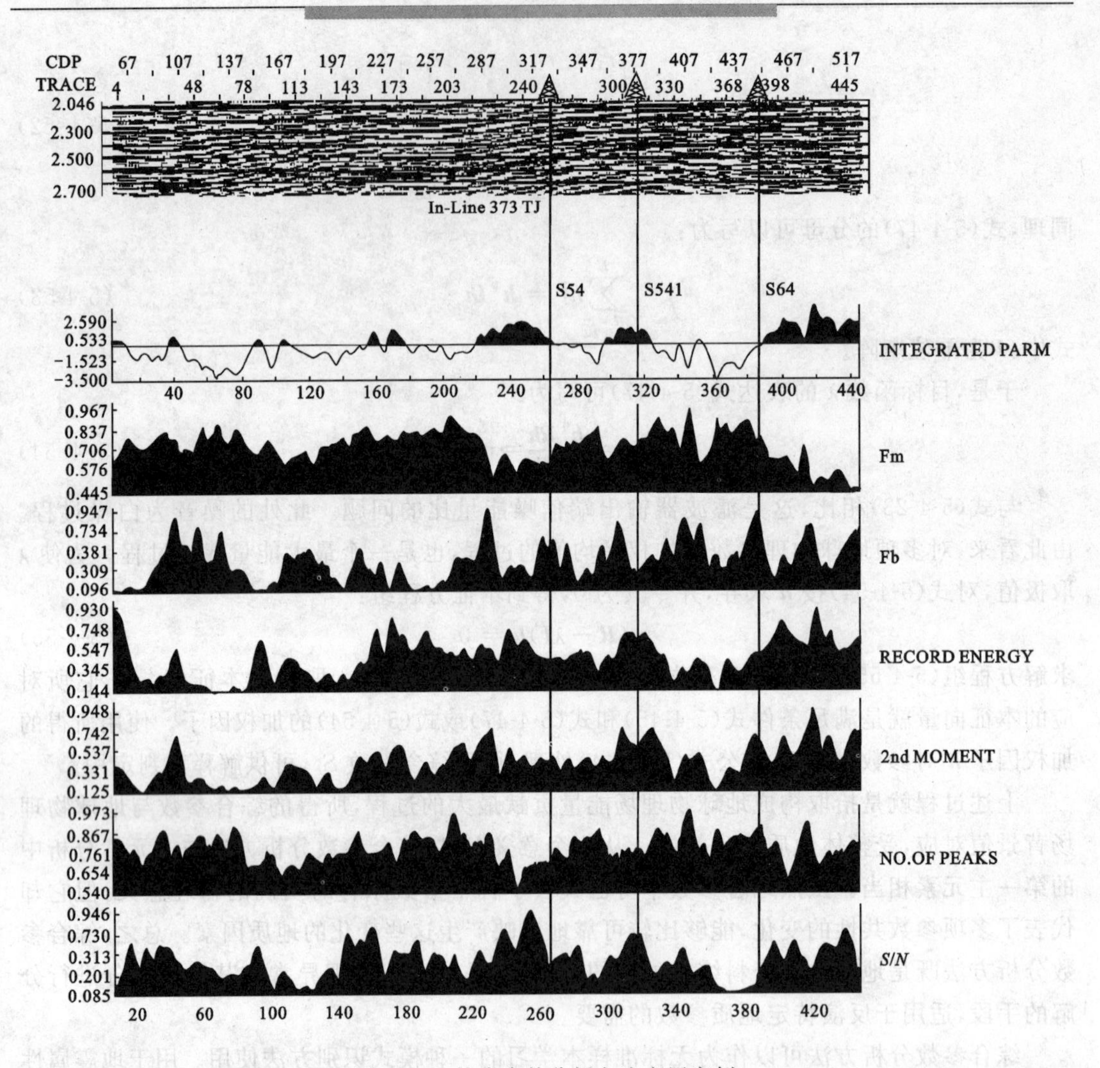

图 5-4-2 综合参数分析方法应用实例

设已知油藏的地球物理特征是层速度低值、吸收系数高值分布区。但是，由于油层和含水层在各个参数的分布上是互相重叠的，不易分开，很难根据个别参数进行判定。如图 5-4-3 所示，含油气储层的吸收系数 α 在 $3.2\times10^{-3}\sim6.8\times10^{-3}\ \mathrm{m}^{-1}$ 之间，层速度 v_n 在 $2.0\sim4.0$ km/s之间；含水地层的吸收系数 α 在 $1.5\times10^{-3}\sim5.2\times10^{-3}\ \mathrm{m}^{-1}$ 之间，层速度 v_n 在 $2.8\sim4.8$ km/s 之间；含油气部分与含水部分的参数互相重叠，无论使用哪一项参数的分布态势都无法将油气层分布范围与水层分布范围分离开来。但是，可以寻求一个新的参数 y（它既不是吸收系数，又不是层速度，而是两者的线性组合），使含油气和含水两部分地层在参数 c 上有最清晰的区分。设计因子 c 按参与综合研究的参数集合计算参数 y，使两种不同研究目标得以区分。这种算法就是判别分析。c 称为判别因子，y 称为判别函数。

为了对地震多项参数进行判别分析，应对选择的最佳参数集合按两种不同类型的地质目标（设 $j=1,2$）组织参数矩阵。假定在每个目标 j 上选取 K_j 个观测点，而每个观测点上选用了 L 个地震属性参数。每个参数用 $x_{kl}^{(j)}$ 表示，第一个下标字母 $k(k=1,2,\cdots,K_j)$ 表示测点号，第二个下标字母 $l(l=1,2,\cdots,L)$ 为参数序号，上标 j 为已知研究目标的类别号。构成两组参数矩阵，对第一研究目标，$j=1$，可有：

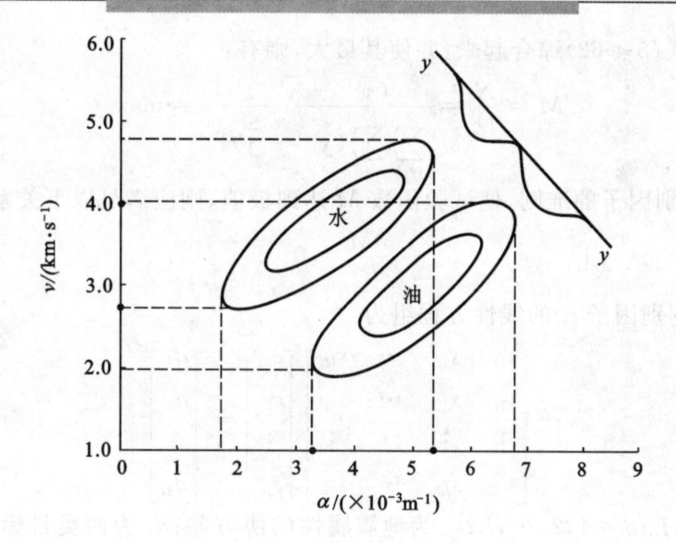

图 5-4-3　判别分析原理示意图

$$x_{kl}^{(1)} = \begin{bmatrix} x_{1,1}^{(1)} & x_{1,2}^{(1)} & \cdots & x_{1,L}^{(1)} \\ x_{2,1}^{(1)} & x_{2,2}^{(1)} & \cdots & x_{2,L}^{(1)} \\ \vdots & \vdots & & \vdots \\ x_{K1,1}^{(1)} & x_{K1,2}^{(1)} & \cdots & x_{K1,L}^{(1)} \end{bmatrix} \tag{5-4-56}$$

对第二研究目标，$j=2$，可有：

$$x_{kl}^{(2)} = \begin{bmatrix} x_{1,1}^{(2)} & x_{1,2}^{(2)} & \cdots & x_{1,L}^{(2)} \\ x_{2,1}^{(2)} & x_{2,2}^{(2)} & \cdots & x_{2,L}^{(2)} \\ \vdots & \vdots & & \vdots \\ x_{K2,1}^{(2)} & x_{K2,2}^{(2)} & \cdots & x_{K2,L}^{(2)} \end{bmatrix} \tag{5-4-57}$$

设 $c_l(l=1,2,3,\cdots,L)$ 为判别因子，则判别函数 y_k^j 为：

$$y_k^j = \sum_{l=1}^{L} c_l x_{k,l}^{(j)} \tag{5-4-58}$$

式中，j 为目标序号；k 为观测点序号；l 为参数序号。

按公式(5-4-58)计算两个已知研究目标上的判别函数 $y_k^{(j)}$。我们寻求判别因子 c，使在同类地质目标内判别函数 y 之间的差别尽量小，而在不同地质目标间，判别函数 y 之间的差别尽量大。也就是说，要求组内判别函数均匀，两组间判别函数对比度要大。用数学语言表述为：取第一类地质目标的判别函数平均值为：

$$\overline{y}^{(1)} = \frac{1}{K1}\sum_{k=1}^{K1} y_k^{(1)} \tag{5-4-59}$$

取第二类地质目标的判别函数平均值为：

$$\overline{y}^{(2)} = \frac{1}{K2}\sum_{k=1}^{K2} y_k^{(2)} \tag{5-4-60}$$

在组间，令两类地质目标的判别函数平均值之差的平方为 N。使 N 尽可能大，即：

$$N = (\overline{y}^{(1)} - \overline{y}^{(2)})^2 \Rightarrow \max \tag{5-4-61}$$

在组内，判别函数和它的平均值的差别 D 要尽可能小，即：

$$D = \sum_{j=1}^{2}\sum_{k=1}^{Kj} (y_k^{(j)} - \overline{y}^{(j)})^2 \Rightarrow \min \tag{5-4-62}$$

把式(5-4-61)和式(5-4-62)综合起来，并使其最大，则有：

$$M = \frac{N}{D} = \frac{(\overline{y}^{(1)} - \overline{y}^{(2)})^2}{\sum_{j=1}^{2}\sum_{k=1}^{Kj}(y_k^{(j)} - \overline{y}^{(j)})^2} \Rightarrow \max \tag{5-4-63}$$

根据以上选取判别因子的准则，使试验函数 M 达到极值，则应满足以下关系式：

$$\frac{\partial M}{\partial c_i} = 0 \tag{5-4-64}$$

经推导后，求解判别因子 c_i 的线性方程组为：

$$\begin{bmatrix} s_{11} & s_{12} & \cdots & s_{1L} \\ s_{21} & s_{22} & \cdots & s_{2L} \\ \vdots & \vdots & & \vdots \\ s_{L1} & s_{L2} & \cdots & s_{LL} \end{bmatrix} \begin{bmatrix} c_1 \\ c_2 \\ \vdots \\ c_L \end{bmatrix} = \begin{bmatrix} d_1 \\ d_2 \\ \vdots \\ d_L \end{bmatrix} \tag{5-4-65}$$

式中，$l=1,2,\cdots,L$；$m=1,2,\cdots,L$；s_{lm} 为地震属性的协方差；d_l 为两类目标第 l 参数平均值之差。

s_{lm} 和 d_l 分别表示为：

$$s_{lm} = \sum_{j=1}^{2}\sum_{k=1}^{Kj}(x_{kl}^{(j)} - \overline{x}_l^{(j)})(x_{km}^{(j)} - \overline{x}_m^{(j)}) \tag{5-4-66}$$

$$d_l = \overline{x}_l^{(1)} - \overline{x}_l^{(2)} = \frac{1}{K1}\sum_{k=1}^{K1}x_{kl}^{(1)} - \frac{1}{K2}\sum_{k=1}^{K2}x_{kl}^{(2)} \tag{5-4-67}$$

使用按方程组(5-4-65)求得的判别因子 c 对未知研究目标上的属性参数矩阵 $\boldsymbol{x}_{kl}$ 进行处理，得到目标上各观测点的判别函数 y 为：

$$y_k = \sum_{l=1}^{L} c_l x_{kl} \tag{5-4-68}$$

式中，x_{kl} 为测点参数矩阵元素。

根据上述判别分析原理，判别分析用于模式识别或储层横向预测方面的主要工作步骤是：

(1) 提取地震属性参数，并选取最佳参数组成参数矩阵 $\boldsymbol{x}_{kl}$。

(2) 在工区范围内，根据已知地质资料和先验信息选取两类不同地质目标的区段作为已知样本。对所选最佳参数集合按两个已知区段组成参数矩阵 $\boldsymbol{x}_{kl}^{(1)}$ 和 $\boldsymbol{x}_{kl}^{(2)}$。

(3) 按式(5-4-66)和式(5-4-67)计算地震属性参数的协方差 $s_{lm}(l=1,2,\cdots,L;m=1,2,\cdots,L)$ 和两类目标第 l 参数平均值之差 $d_l(l=1,2,\cdots,L)$。

(4) 按方程组(5-4-65)解出判别因子 c_i，并按式(5-4-58)得到判别函数 $y_k^{(j)}$。

(5) 计算判别界限 $y_c = \frac{K1\overline{y}^{(1)} + K2\overline{y}^{(2)}}{K1+K2}$；检查已知样本判别函数，与判别界限比较，进行分类判定。要求有足够多的正确判定，即判定分类与原来已知地质目标相同，称为回判正确。

(6) 将所求得的判别因子用于未知地区参数集合，按式(5-4-68)计算判别函数，进行分类判定。即当 $\overline{y}^{(1)} \geqslant \overline{y}^{(2)}$ 时，$y_k \geqslant y_c$ 属第一地质目标，$y_k < y_c$ 属第二地质目标；当 $\overline{y}^{(1)} \leqslant \overline{y}^{(2)}$ 时，$y_k \geqslant y_c$ 属第二地质目标，$y_k < y_c$ 属第一地质目标。

判别分析方法的应用实例如图 5-4-4 所示。

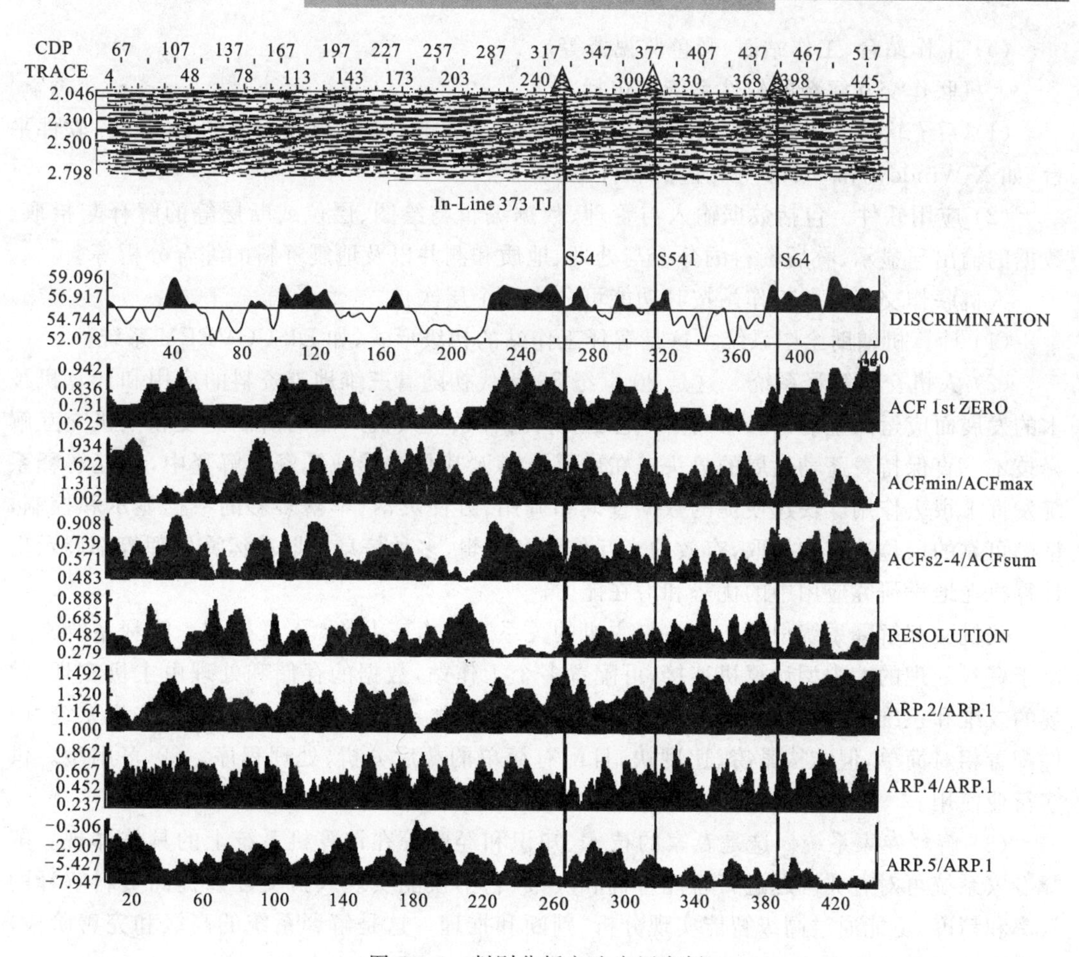

图 5-4-4　判别分析方法应用实例

5.5 地震资料的交互解释

20 世纪 80 年代中期，人们常说地震资料采集和处理技术发展迅速，而解释技术却停滞不前。目前却已不再如此，人机交互解释工作站越来越普遍。工作站和三维数据体的迅速增加需要新方法、新技术，这给众多的解释人员提供了新的机遇，提供了展示其才能的最佳场所。本节概括介绍地震资料交互解释的基本内容。

5.5.1　解释工作站

人机交互解释工作站是指在配置齐全、性能优良的计算机支持下，能够完成地质、地球物理资料综合解释的工作环境。这个工作环境通常称为人机交互解释系统，它包括相应的硬件和软件系统。人机交互解释系统的硬件配置应包括：

（1）主机系统。主机、图形处理器、协处理器、存储介质等。目前所使用的解释工作站有 SUN 序列工作站、IBM 序列工作站、SGI 序列工作站以及相应的服务器。

（2）数据输入系统。各类磁带机、光盘机、数字化桌、扫描仪以及网络设备等。

（3）人机交互控制器。鼠标器、键盘、数字化板（Tablet）等。

（4）输出系统。绘图仪（激光、笔式、静电彩色）、屏幕拷贝、打印机、彩色监视器等。

(5) 工作站台、工作站面、彩色监视器等。

人机联作交互解释的软件系统应包括：

(1) 系统软件。厂商操作系统，如 UNIX、LINUX 和 VMS 以及早期的 DOS 等；软件平台，如 X-Window 和 Motif 等先进的软件工具。

(2) 应用软件。包括数据输入与管理、数据编辑与绘图、层位或断层等的解释与拾取、数据的输出与显示、叠后资料的分析与处理、地质和测井以及地震资料的综合分析等。

人机联作交互解释工作站按其功能可分为三个层次：

(1) 计算机辅助绘图系统。这是解释工作站的初级形式，如 DISCOVERY 系统。

(2) 人机交互解释系统。这是 20 世纪 80 年代初随着三维地震资料的应用和计算机技术的发展而应运而生的。20 多年来，地震资料解释系统人机产品的研制开发和人机交互解释技术一直保持着蓬勃发展的势头。在地震资料尤其是三维地震资料解释中，交互解释系统发挥了很大作用。快速便捷的数据查询和调用，方便灵活、丰富多彩的数据显示和控制，精确可靠的层位追踪和拾取，有效的交互作图和编辑，多种信息提取和运算处理等都展示出计算机在地学研究应用中的优势和潜在能力。

人机交互解释系统根据工作站与主机的关系又分为三大类：① 联机型。解释系统常与用于资料处理的大中型计算机连接，可配置多个工作站，数据的存储和处理由主机实现，常规的二维和三维解释及作图由工作站完成。② 独立型。工作站本身配置专用主机系统，硬件配置相对简单，但结构紧凑、速度快，且配有简单的叠后分析、处理程序。③ 多用型。供多行业使用。

(3) 解释专家系统。这是专家的技术、知识和经验等在计算机系统上的具体体现。解释专家系统可对有关问题进行智能咨询和决策，它不仅能实现人机交互以提高资料解释的效率和精度，更能通过高级智能实现分析、判断和推理。这是解释系统的高级和完善阶段，也是人机交互解释系统的发展方向。

市场上出现过的解释系统型号主要有：早期的 CRYSTAL，DISCOVERY，INTERPRET，CHARISMA，SIDIS，MIPS，SIERRA，SUN，GEOQUEST 等；目前我国引进的、普遍使用的地震资料解释系统是 GeoFrame，LANDMARK，EPOS 等系列。

评价一种解释系统的好坏，通常要考查以下几方面：

(1) 完整的解释功能。常规二维、三维解释的方法和手段完备，除了构造解释外，还应有地层、岩性解释软件，能进行储层预测和油藏描述，可以对构造和沉积体进行定量分析或计算，还能适应解决我国以陆相盆地为主的含油气盆地中复杂地质问题的需要。

(2) 采用开放系统与网络化。系统可方便地进行软、硬件升级，可改变和扩展现有软件，可按统一的方式加入新的功能和应用软件，具有高度可移植性和进入计算机网络的能力。

(3) 具有强有力的图像处理功能。包括图像的编辑、格式转换、响应速度、可视化程度、图像显示的分辨率和对比度等。

(4) 计算能力。考查解释系统的叠后处理功能的完备性，大数据量计算的响应速度等。

(5) 数据的输入输出和编辑功能。包括数字化、数据格式转换等。

(6) 价格因数、售后服务和技术支持等。

5.5.2　交互解释的概念

交互解释的英文是“Interactive Interpretation”，常常译为“人机交互解释”。顾名思义，人机交互解释就是解释员在计算机的帮助下所进行的地质、地球物理资料综合解释的工作过程。解释员在交互解释工作站上发布一条指令，计算机就显示该指令的相应执行结果。交互的含义是指计算机处于工作状态，操作员在计算机终端前等待发布指令的响应。等待时间越短，计算机性能越好。如果计算机的响应不合适或不尽如人意，操作员可随时修改指令，直到满意为止。这一过程中，计算机和操作员是以对话方式实现的。换言之，交互系统的响应是快捷的，解释员可即时地完成解释系统功能范围内的任何操作。

地震资料解释大致可分为两种方式：一是传统的手工纸剖面解释；二是人机交互的工作站解释。相对于手工解释，人机交互解释具有如下特点或优越性：

1. 工作方式轻松、方便、灵活

传统的手工解释所用的地震资料是以纸剖面的方式存放的，解释的基本工具是铅笔、橡皮和尺子。有经验的解释人员都知道，地震资料的解释是相当复杂的工作，通常经过多次修改才能得到较好的解释方案。此外，纸剖面解释起来既费劲又麻烦，大量的地震剖面既难以保存，也难以管理。以人机交互方式进行地震资料解释时，使用的所有资料都存放在计算机的存储介质中。这些资料包括工区测网、地震数据、测井曲线、综合录井图以及 VSP 资料，还包括合成地震正演模型、解释后的层位及断层数据等。根据解释员的需要，这些数据任何一种的任何一部分，都可以由解释系统自动显示在图像监视器的屏幕上。解释员只需坐在桌前用鼠标在屏幕上进行一系列操作即可实现层位、断层的追踪对比、闭合、作图等解释工作。在整个解释过程中，解释员可以随时修改解释方案。只要给一个命令，解释系统就会把解释员希望修改的部分完全去掉，只保留想要的部分，且不必担心数据显示的清晰度(在纸剖面解释时，如果多次修改，剖面上的地震波形就会模糊不清，从而影响进一步的解释工作)。层位及断层的追踪对比、闭合工作完成后，计算机会自动准确地记录层位、断层数据，以备最后成图时使用。总之，人机交互解释工作方式要比纸剖面解释的工作方式轻松、方便、灵活得多，解释系统在解释过程中的每一步都为解释员减轻了负担。

2. 高效率和高精度

解释系统最初的作用，也是目前发展最快、应用最多的部分应该是它的绘图功能。所有的解释系统都有自己专门的绘图软件包，能将存放在数据库中的反射层和断层数据自动展到测网上，并根据解释员的要求进行不均匀数据的网格化，绘制等值线及各种成果图。由于在工作站上解释地震资料的过程中，计算机承担了大部分繁重而费时的工作，如数据管理、解释的层位和断层数据的记录以及绘制等值线和成果图时的数据网格化等一系列费时、费力的工作，从而使工作的效率大大高于人工纸剖面解释。这是因为在上述费时、费力的工作中，人的效率与计算机的工作效率是无法相比的。由于人机交互解释系统承担了大量繁琐费时的工作，给解释人员节省了大量的时间和精力，使他们有机会去深入分析研究已有的各种资料，并利用解释系统提供的多种手段实现地震资料的精细解释，进而提高地震资料解释的精度。

3. 对解释员的综合素质要求高

在工作站上进行人机交互解释时，解释人员面对计算机以及数据库中勘探工区的各种数据，优质高效地完成研究区的解释工作。通常解释员应该具备下列基本素质：

(1) 要有计算机的基础知识和应用能力。要懂得计算机的操作,记住相应操作系统下的基本操作命令和解释系统的基本解释步骤,能比较熟练地使用解释系统,会管理自己的各种数据文件等。

(2) 要有较高的英语水平。目前国内使用的地震解释系统大多是从国外引进的,解释系统的各类对话菜单和联机帮助文本都是英文的,因此具有较高的英语水平会更好地使用交互工作站完成解释工作。

(3) 要有全面深入的地球物理勘探知识。地球物理资料解释的最终目的是揭示地下地质现象,因此要求解释人员应该具备比较扎实的地质基础知识,熟练应用地质理论和规律指导地球物理资料解释的全过程。地球物理勘探包括野外资料采集、室内资料分析与处理、资料解释三大环节。一个熟练和优秀的解释员应该具备扎实、全面的地球物理勘探方面的专业知识,要了解野外资料采集过程和资料采集的有关参数和工作方法,还要有扎实的信号分析和地震资料数字处理方法的基础,以便更清楚地认识待解释的地球物理资料(如待解释的地震资料经过哪些数字处理步骤、各种处理方法对资料有何影响等,又如研究区内有哪些地球物理测井曲线、这些资料经过什么处理过程等)。因为目前的交互解释系统大多提供了许多叠后分析、处理手段(如合成地震记录、子波处理、声阻抗转换、地震属性分析等),这就要求解释人员能够充分利用这些分析处理手段来获取更多的有利于地球物理资料解释的信息,以便提高资料解释的精度和可靠性。

(4) 具有较高的综合分析和应用能力。交互解释需要熟练应用地质、测井、地震及开采等方面的资料,对地震资料进行综合解释,有效利用交互解释系统集所有勘探、开发资料于一体的优势,充分发挥解释人员的聪明才智,竭尽全力提高资料解释的准确度。

(5) 要求解释人员不断积累和丰富自己的工作经验,要有一定的洞察力和解决实际问题的能力。交互工作站的资料解释是一项实践性很强的技术工作,只有通过实践并不断钻研才能成为一个熟练的解释员。要成为一个优秀的解释员还必须具有研究新的解释方法和软件开发等方面的能力。

5.5.3 交互解释的基本流程

地震资料的交互解释是20世纪80年代初期问世的新技术,目前正处于普及和深入发展阶段。就当前我国从国外引进的工作站类型来看,占主导地位的交互解释系统是GeoFrame和LANDMARK两大序列。下面首先介绍这两大序列解释系统的基本功能,然后再介绍交互解释的基本流程。

1. GeoFrame(早期为IESX,GeoQuest)解释系统

GeoFrame是Schlumberger GeoQuest公司的软件产品,主要用于地震、测井、地质和油藏模拟资料的油气勘探与开发方面的综合分析和解释。早期的IESX的英文为Interactive Exploration System,是GeoQuest公司推出的第10版的交互解释系统。

由通用操作系统登入GeoFrame用户后,屏幕上出现如图5-5-1所示的主菜单。点击GeoFrame 4.0.4.2进入解释系统。该系统的总体结构如图5-5-2所示。

要完成工区的地震资料综合解释工作,启动GeoFrame后需相继完成各级菜单中的相应工作,如图5-5-3所示。GeoFrame的主菜单包括如下内容:

(1) Project:Select, Create, Update, Delete, Backup。包括工区的选择、创建、修改、删除和备份。

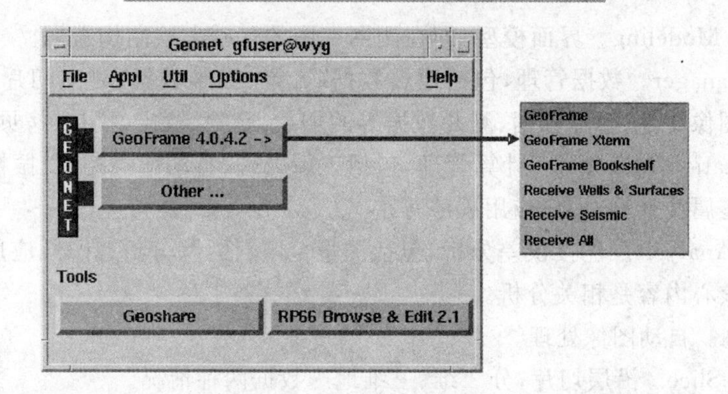

图 5-5-1 GeoFrame 主菜单

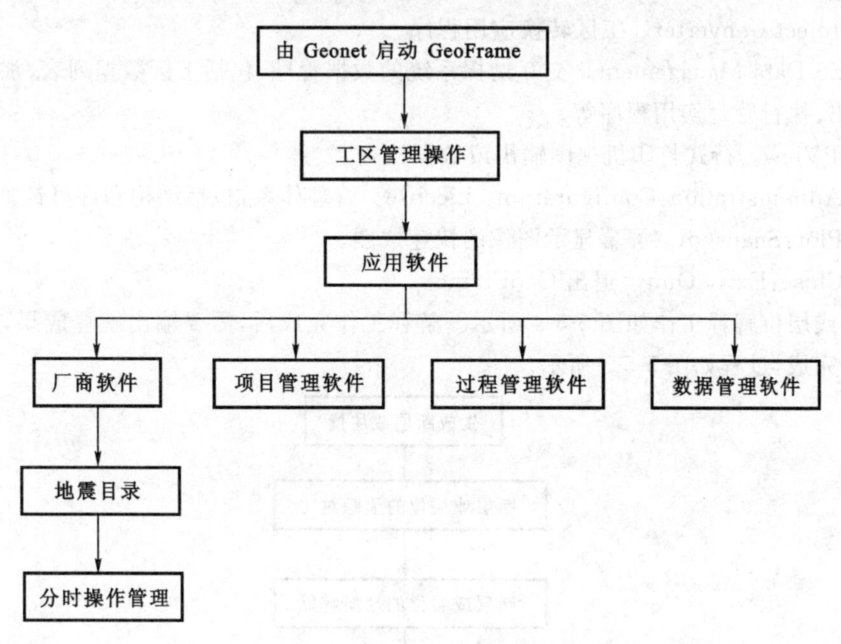

图 5-5-2　启动 GeoFrame 流程图

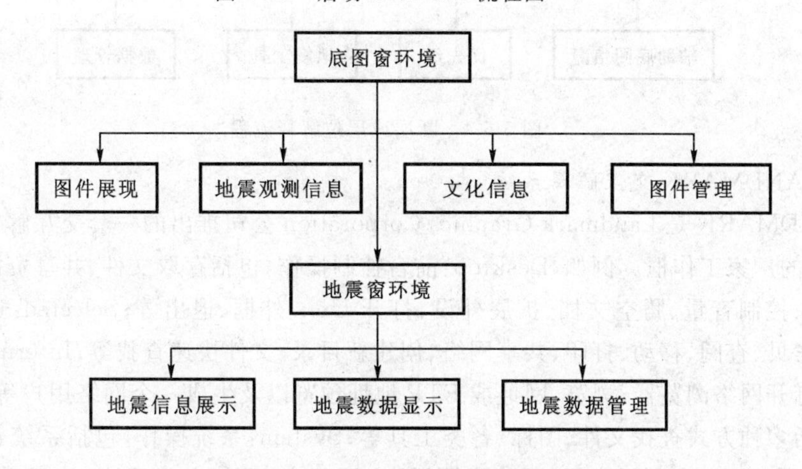

图 5-5-3　建立解释流程图

(2) Application。这是 GeoFrame 解释系统的主体部分，包括：

① Interpretation。包括测网底图、二维或三维地震资料解释的全部功能。

② Surface Modeling。界面模型，即在测网底图的基础上绘制构造图。

③ Data Manager。数据管理，包括地震数据（二维、三维数据，时间切片，沿层切片，层拉平数据等）、图像文件、解释数据、测井数据等的加载、删除、输出、拼接、拷贝等。

④ Computation Manager。计算管理，包括三瞬处理、自动增益控制、振幅归一化、相位旋转、滤波、地震属性计算、用户应用程序等。

⑤ Mistie Analysis。连接误差分析，包括测量范围、估计、分析、计算、应用、参数等的连接误差分析。核心内容是相关分析。

⑥ AutoPix。自动图像处理。

⑦ Surface Slice。沿层切片，分二维、三维地震数据两种情况。

⑧ Synthetics。制作合成地震记录。

⑨ Project Converter。工区转换应用程序。

⑩ IES Data Management。交互勘探系统的数据管理，包括工区数据列表、加载、删除、修改、输出、执行管理实用程序等。

⑪ LPView。行式打印机视图输出或数据检查。

(3) Administration：Configuration，License。管理体系，包括结构和许可证的管理。

(4) Plot：Snapshot。屏幕显示图像的快速成图。

(5) Close：Exit，Quit。退出 GeoFrame。

断层或层位解释工作如图 5-5-4 所示。解释工作完成后，需要输出解释成果，由专门的绘图软件完成，过程如图 5-5-5 所示。

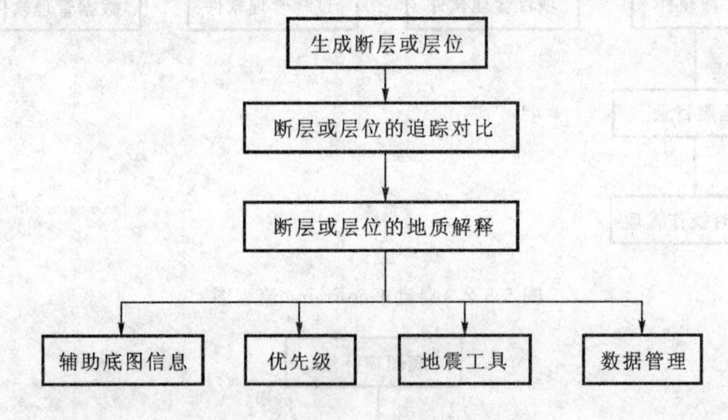

图 5-5-4　断层或层位解释流程

2. LANDMARK 交互解释系统

LANDMARK 是 Landmark Graphics Corporation 公司推出的一套交互解释系统，具有比较完善的厂家工作框。例如，Desktop：前台控制操作，包括存取文件、共享资源、启动屏幕保护程序、控制音量、腾空文档、扩展外设、打开 Unix 外框、退出等；Selected：选项操作，包括打开、拷贝、查阅、移动、打印、共享网络、创建新目录、文件快速查找等；Internet：互联网操作，包括打开网络浏览器、浏览、网址或 FTP 地址预览以及生成一个网络用户等；Find：查找操作，包括多种方式查找文件、图标、各类工具等；System：系统操作，包括系统管理、文件系统管理、打印管理、许可证管理、可信度测试、实用程序、重新启动系统、关闭系统等；Help：联机帮助。

LANDMARK 交互解释系统的主菜单如图 5-5-6 所示。图 5-5-6 所示菜单中各组件的

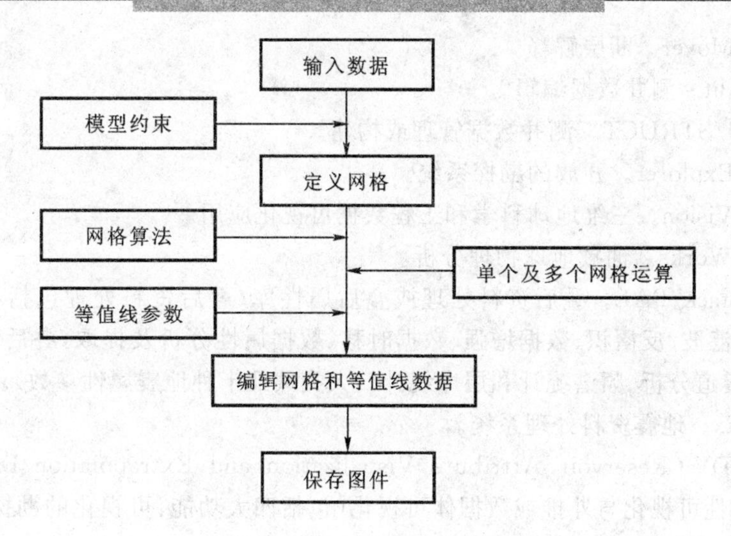

图 5-5-5　绘图工作流程

主要功能简要说明如下：

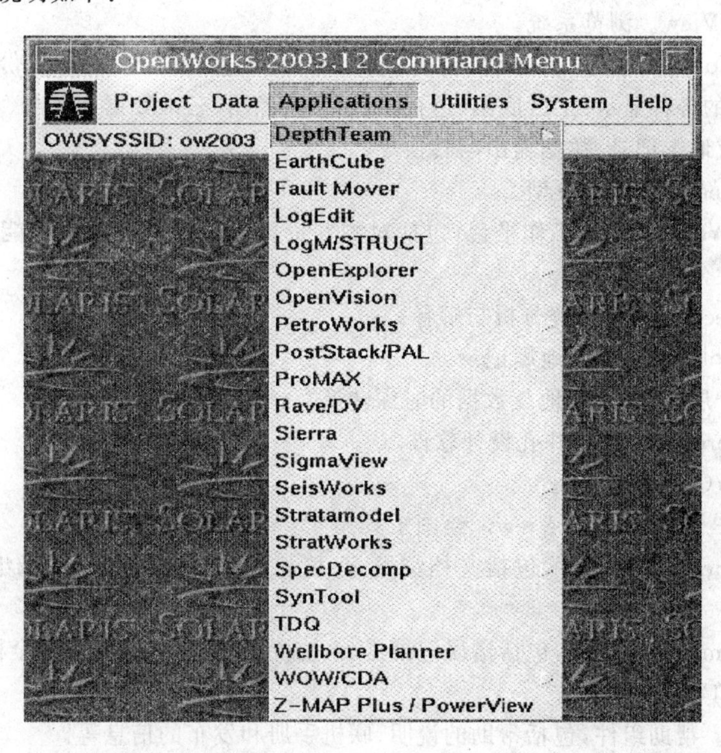

图 5-5-6　LANDMARK 交互解释系统的主菜单

(1) Project。工区组件，包括工区创建、管理、改变、状态显示、工区升级、工区底图编辑、数据分析与解释、测量系统管理等。

(2) Data。数据组件，包括数据输出、输入和管理。

(3) Applications。应用组件，包括等值线辅助和基本的解释功能：

① Depth Team。深度域操作组件。

② Earth Cube。地球模型。

③ Fault Mover。断层解释。

④ Log Edit。测井数据编辑。

⑤ Log M/STRUCT。测井数据管理或构建。

⑥ Open Explorer。开放的勘探系统。

⑦ Open Vision。三维地球科学和工程数据可视化应用。

⑧ Petro Works。油藏地球物理分析。

⑨ Post Stack/PAL。叠后资料处理或叠后属性库(叠后资料处理包括相干体分析技术、振幅处理、滤波、反褶积、数据增强、数据时移、数据属性分析及提取,叠后属性库包括振幅统计、复地震道分析、频谱统计和层序统计四大类共几十种地震属性参数)。

⑩ ProMax。地震资料处理系统。

⑪ Rave/DV(Reservoir Attribute Visualization and Extrapolation/Data Visualization)。油藏属性可视化与外推或数据体可视化(包括四大功能:可视化的勘探资料分析,统计分析,地学统计分析和地质、地球物理、油藏工程资料的外推)。

⑫ Sierra。地震资料处理系统。

⑬ Sigma View。浏览系统。

⑭ Seis Works。地震工作平台,包括二维、三维地震数据体的生成、备份、恢复,地震资料解释过程中的各种显示(工区底图、透视图、层位映像图、三维数据立体图、水平切片图、层位立体图、合成地震记录、数据输出与转换等)。

⑮ Stratamodel。地层模型。

⑯ Strat Works。地质工作平台,包括对测井资料分析解释的四大功能,即相关分析、交叉剖面、岩性分析和作图。

⑰ SpecDecomp。谱分解分析与解释。

⑱ SynTool。制作合成地震记录。

⑲ TDQ。层位、断层和地震数据的时深转换。

⑳ Wellbore Planner。井孔设计软件。

㉑ WOW/CDA。

㉒ Z-MAP Plus/Power View。绘图工具。

(4) Utilities。实用组件,包括文档浏览、环境状态工具、硬拷贝、映像编辑、屏幕拷贝等。

(5) System。系统组件,包括错误记录器、系统资源监视器、数据库健全检验器、备份工具和 Unix 窗口等。

(6) Help。帮助组件,包括帮助的说明、联机手册和发布的信息等。

3. 交互解释的主要工作步骤

了解了目前国内使用的两大交互解释系统后,下面介绍交互解释的主要工作步骤。

第 1 步:创建工区数据库。当接收一个解释项目后,必须把交互解释所用到的各种资料收集齐全,包括解释工区的地震成果数据、工区内所有井的测井曲线、地质分层数据、速度资料、VSP 资料等。然后利用交互解释系统的数据管理软件将上述有关数据存放在特定的数据库中。解释系统中的数据库是指合理地存放在计算机存储设备上的互相关联的数据的集合。通常每个工区对应一个数据库,相当于一个专职的极有责任心的工区资料保管员,你可以随时查阅任何一种资料。除了这些原始资料外,数据库还为以后解释的反射层和断层数据以及各种图件数据保留了位置与空间。换言之，在整个解释过程中，数据库或数据管理系统自始至终为你保管着所有数据文件。

第 2 步：动态观察。在解释之前，还必须了解并熟悉工区的基本地质规律、构造特点、目标层位特征以及前人所做的工作等。利用解释系统灵活多样的显示手段，可迅速了解整个工区地下构造的大体形态。动态观察方式有多种，如水平切片序列、三维数据立体显示、任意方位测线的剖面显示、联井剖面显示、栅状及椅状显示等（二维资料中上述显示受限）。通过动态观察，可对工区内目标层的地质结构、构造特点有个“形象”了解，以便后续的解释工作合理稳妥地进行。

第 3 步：层位标定。层位标定是指由地质或测井资料所揭示的目标层向相应地震剖面延伸的工作过程。通常在过井剖面上，通过测井曲线或综合录井图来确定目标层位，利用 VSP 资料或合成地震记录实现层位标定。在解释系统中，这一工作通常由 Synthetics 或 SynTool 来完成。

第 4 步：层位解释。这是交互解释系统发挥巨大作用的一个步骤，充分利用解释员的聪明才智和解释系统灵活有效的解释手段实现目标层位和断层数据的追踪与拾取。常规的纸剖面解释虽然比较直观，但远没有解释系统那样灵活、方便、有效。从地震剖面上拾取反射层和断层数据时，解释员可以从解释系统提供的任一种显示方式上拾取所需数据，如垂直剖面、水平切片、各种组合显示图件等；利用窗式显示时，解释员可看到某一断层或其他地质现象的空间展布情况，相互参照着拾取；对于构造细节，解释员可随时放大显示比例，还可参照解释系统中叠后处理成果来拾取；对于连续性较好的目标层，解释员只需给出几个控制点，解释系统就可实现自动追踪对比；对于地质构造变化平缓的相邻测线，解释系统可实现解释方案的拷贝，根据当前测线的剖面特点，稍作修改便可得到当前测线的解释方案。总之，交互解释系统为解释员提供了十分灵活有效的解释手段，只要熟练、合理使用，就可使地震资料解释的精度和速度大为提高。

第 5 步：验证或修改解释方案。修改解释方案通常由闭合精度来确定。所谓的闭合，是指相交剖面的交点处同一反射层的旅行时应该完全相等。如果交点处的两条剖面的旅行时差大于闭合误差，则必须修改解释方案，直至工区内所有交点都闭合为止。在这方面，解释系统的优越性也是十分明显的。验证通常由正演模型来完成。比较完善的交互解释工作站一般都配备有正演模拟的软件，其基本思路是：由已有的解释方案和速度资料、地质信息建立初始地震模型，再把该模型转换为声阻抗模型，并与给定子波进行相应运算得到合成地震剖面；合成地震剖面与对应的实际地震剖面进行比较，如果两者基本吻合则说明该解释方案是可信的，如果两者的差距较大则必须修改解释方案，然后再根据新的解释方案制作新的合成地震剖面，再与原始地震剖面对比。如此多次修改，直到两者基本吻合为止。

第 6 步：进行必要的辅助处理或综合分析、显示。现在的交互解释工作站一般都配有叠后资料分析与处理软件或油藏描述类的综合分析软件。利用这些软件进行相应的处理，可以得到大量的、对解释和综合分析大有益处的辅助图件，如各种沿层地震属性平面图、层间地震属性平面图、沿层相干切片图、沿层构造属性平面图（倾角分析、方位分析、倾角/方位联合显示、边缘检测等）、模式识别平面图、转换处理的储层参数平面图、地学统计图件等。灵活多样的显示功能是解释工作站的一大优点。充分利用这一优势，可以多种方式显示数据库中的各种资料，如剖面、平面、透视、立体可视、井柱栅状或立体显示等。这些图件既丰富了解释工作内容，又为后期撰写解释报告和验收答辩提供了充分的依据，还可大大提高项目的研究水平和地震资料解释的准确度、可信度。

第7步:计算作图与图件输出。在这一步中,交互解释系统的优越性得到充分体现。在人工纸剖面解释中,层位对比解释结束后,需要手工在测网底图上展数据。这是一项既单调繁琐又费时量大的工作,而且往往不能保证精度。在交互解释时,这一工作在第4步就已完成。交互解释系统的作图计算功能通常比较齐全,而且配有比较完善的专用软件,如ZMAP Plus等。所谓作图计算,是指解释系统对不规则层位解释数据进行网格化以及对应网格点的数据的基本运算。例如,经第4步后得到某一目标层顶底反射界面的旅行时间解释数据集合,分别记为 $T1$ 和 $T2$。该目标层顶底反射界面对应的深度数据集合分别为 $H1$ 和 $H2$,相应的平均速度数据集合分别为 $V1$ 和 $V2$,则通过多种运算可得到该目标层的顶底面构造图、等时差图、等厚度图。这一过程如图5-5-7所示。

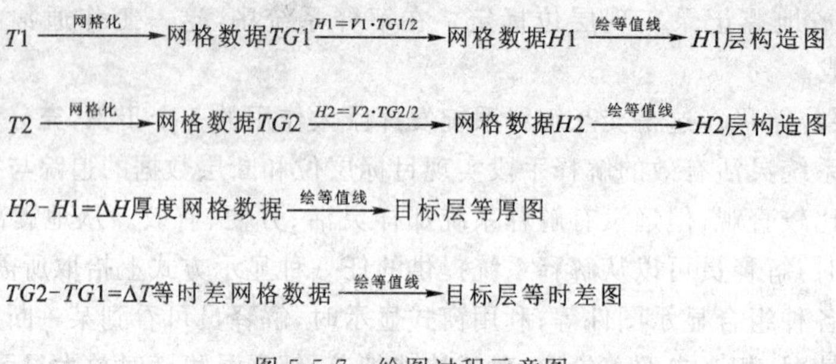

$T1$ —网格化→ 网格数据 $TG1$ —$H1=V1\cdot TG1/2$→ 网格数据 $H1$ —绘等值线→ $H1$ 层构造图

$T2$ —网格化→ 网格数据 $TG2$ —$H2=V2\cdot TG2/2$→ 网格数据 $H2$ —绘等值线→ $H2$ 层构造图

$H2-H1=\Delta H$ 厚度网格数据 —绘等值线→ 目标层等厚图

$TG2-TG1=\Delta T$ 等时差网格数据 —绘等值线→ 目标层等时差图

图5-5-7 绘图过程示意图

计算机作图的最大优点是操作直观灵活、运算快速精确、图件美观且便于永久保存。作图操作完成后的图像文件的输出可由多个途径实现,如专用彩色绘图仪、硬拷贝、屏幕拷贝、照相等,也可以直接保留图像文件,经计算机网络系统传到多媒体电脑,用作多媒体汇报的插图。

第8步:提交解释报告及相应的成果图件。这是地震资料解释的最后一步,也是最关键的一步。完成一个解释项目往往以通过答辩验收和提交最终解释报告为标志,而地震资料解释的最终成果报告和相应的成果图件通常要作为永久资料存档备案。地震资料交互解释的报告通常包括:解释项目的工作目标和主要任务;解释工区的基本地质概况,包括地震资料的采集、处理概况,地表情况,区域构造地质概况等;地震资料的交互解释过程,包括层位标定、各标志层的地震响应特征、断层和其他地质现象的地震响应特征、所进行的叠后处理或综合分析的内容等;地震资料的地质解释,包括各目标层的地质解释、断裂系统解释、圈闭分析等;地质解释成果,包括含油气有利地带预测、钻井井位、储量估计等;存在问题及下一步工作建议。

毫无疑问,三维地震勘探的日益增长必然促进人机交互解释技术的飞速发展。地下地质现象是隐蔽的、多维的,而且是十分复杂的,传统的二维资料难以描述清楚。要想搞清隐蔽而复杂的小断层、小幅度、小面积的构造或圈闭,只有综合利用钻采、测井、地质资料及三维地震数据体的成像技术,再加上人们的经验和智慧,才有可能达到目的。由此看来,未来的交互解释系统将会是"智能型综合人机交互勘探系统"。这种高级勘探系统应该具有下列特点:

(1) 智能的。集专家的知识、技术和经验于一体,能分析、推理和判断。

(2) 综合的。资料来源包括钻采、地质、测井、地震诸多方面。综合性的主要标志是系统的功能强、应用范围广,包括整个石油勘探开发过程中地质、地球物理和油藏工程的综合研究工作,如地震资料的人机交互处理、解释、测井分析、地质建模、油藏模拟、图像处理、数据库管理、作图,直到制定开发方案、增产措施、经济效益分析和综合地质研究等。

(3) 可视的。采用可视化显示技术,如LANDMARK公司开发的3DVI软件系统,可实现交互三维动画制作、三维数据体的可视化处理,可在三维空间显示解释的层位和断层、井径等。GeoQuest公司推出的GeoViz应用软件具有三维数据体图像生成器,可以获得高精度的图像和惊人的视觉化增强,可把重要的资料组合于一个三维显示的可视化图像上,让地球科学家如同置身于所解释的地质现象之中。

参考文献

[1] 孙建孟,王永刚.地球物理资料综合应用.东营:石油大学出版社,2001

[2] 陆基孟.地震勘探原理.东营:石油大学出版社,1993

[3] 何樵登.地震勘探原理和方法.北京:地质出版社,1986

[4] 李庆忠.走向精确勘探的道路——高分辨率地震勘探系统工程剖析.北京:石油工业出版社,1993

[5] 俞寿朋.高分辨率地震勘探.北京:石油工业出版社,1993

[6] R·E·谢里夫,L·P·吉尔达特.勘探地震学.北京:石油工业出版社,1999

[7] A·R·布朗.三维地震资料解释.北京:石油工业出版社,1996

[8] 大港油田科技丛书编委会.地震勘探资料处理和解释技术.北京:石油工业出版社,1999

[9] 王一新,等.石油综合地球物理方法与应用.北京:石油工业出版社,1995

[10] 王捷.油藏描述技术——勘探阶段.北京:石油工业出版社,1996

[11] 牛毓荃.石油物探新技术系列调研成果.北京:石油工业出版社,1996

[12] 杜世通,王永刚.地震参数综合处理方法在储层横向预测中的应用.石油大学学报,1993,17(1):8-15

[13] O Yilmaz. Seismic data processing. 8th ed. SEG,1997

习 题

1. 某工区只有原始的野外多次覆盖地震记录，试述如何利用多次覆盖资料求得平均速度、层速度、叠加速度和均方根速度（分地层倾角 $\varphi=0,\varphi\neq0$ 两种情况）。要求写出求得每一种速度的方法及主要公式，并加以说明。

2. 在速度分析时通常要绘制叠加速度-旅行时间图。Bauer 发明了一种快速直观方法来求取层速度。该方法假设地层水平，将叠加速度视为平均速度，其方法原理如图 1 所示。在两个拾取的速度之间画一个长方形，将不包含两个拾取点的对角线延伸与速度轴相交，就可以得到这两个拾取点之间地层的层速度。请完成下列工作：

(1) 证明这种方法是正确的，并讨论其在实际应用中的局限性。

(2) 假设横轴叠加速度(m/s)的坐标依次为 1 000，1 500，2 000，2 500，…，纵轴时间(s)的坐标依次为 0，1，2，3，…，请拾取图 1 中长方形的上一个同相轴和下一个同相轴之间的层速度，并讨论利用这种方法拾取层速度时影响精度的因素。

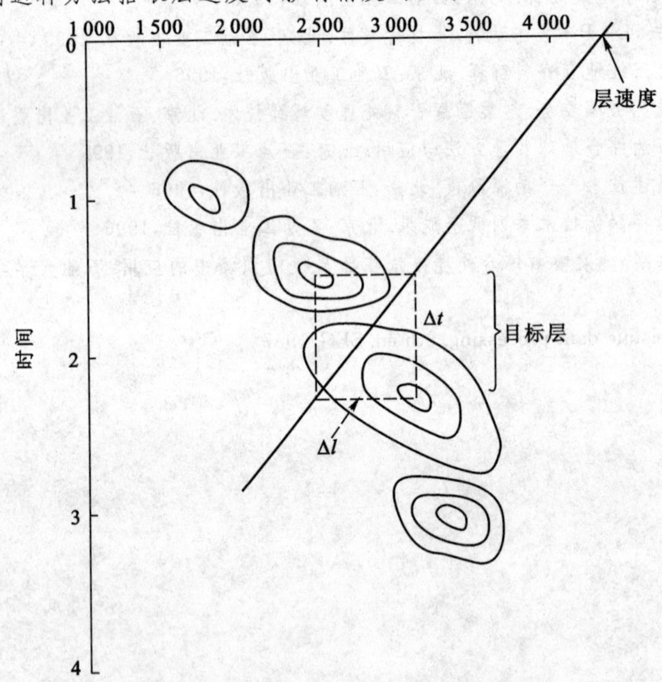

图 1　快速直观方法求取层速度示意图

(3) 利用快速直观方法来求取图 2 速度谱中 4 个同相轴所夹各层的层速度。

(4) 不考虑地下界面的倾斜，根据 CMP 反射波时距曲线方程，利用 x^2-t^2 作图方法求取图 2 速度谱中 4 个同相轴所夹各层的层速度，并与(3)中计算结果进行比较（注：图 2 中速度谱的起始速度值为 1 400 m/s，间隔是 150 m/s）。

3. 如图 3 所示的地震剖面，设箭头所示的倾斜同相轴上下介质的波速分别为 $v_1=3\ 000$ m/s，$v_2=3\ 500$ m/s，道间距 $\Delta x=25$ m，试计算剖面中该倾斜同相轴的倾角 ψ，CMP 为 700 处该同相轴的法线深度 h 和铅直深度 h_z，并进行必要的分析。

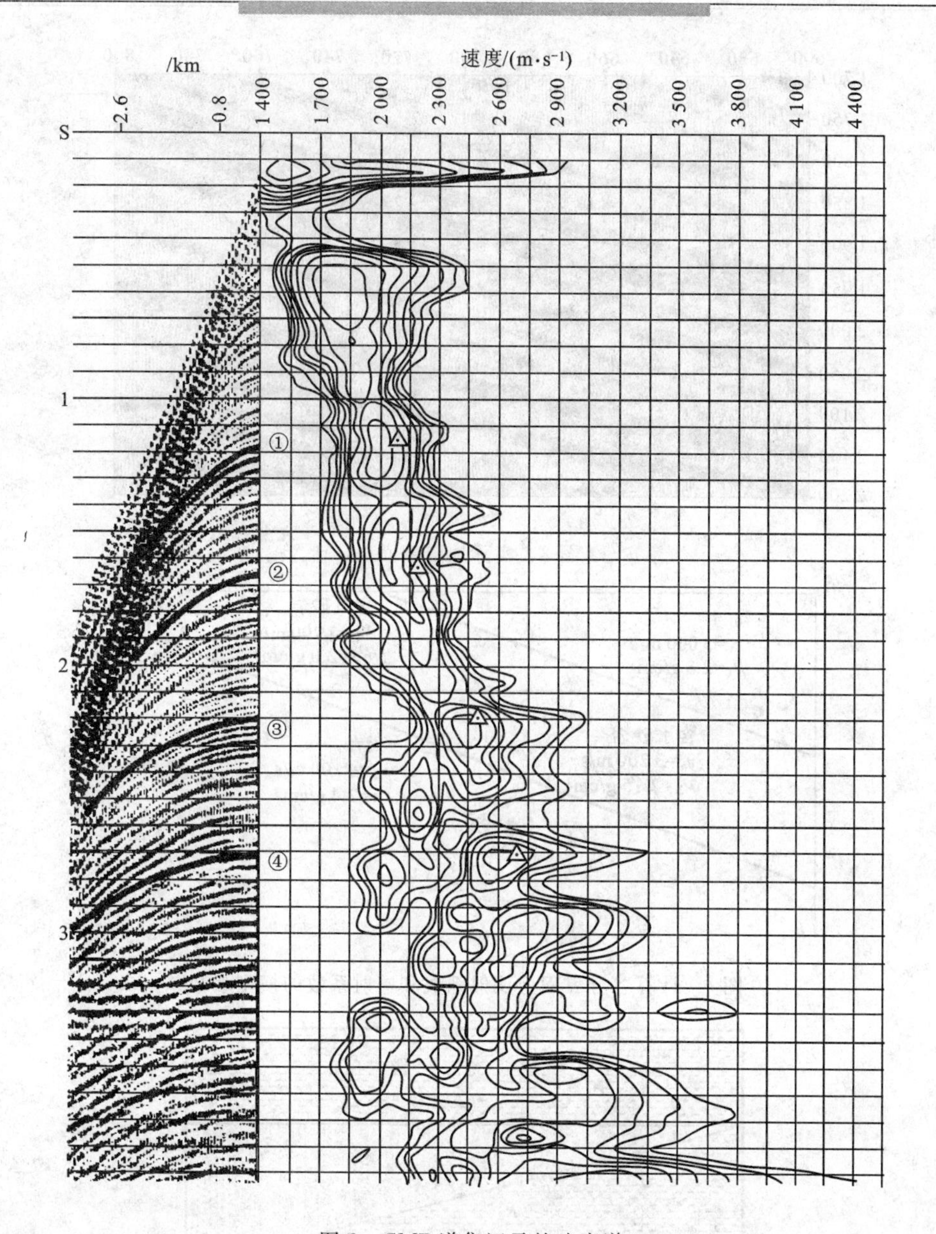

图 2　CMP 道集记录的速度谱

4. 分别计算图 4 中各分界面上的反射系数和透射系数(只考虑垂直入射、垂直反射的情形),分析砂岩层能否形成亮点并说明原因。

5. 楔形砂岩体地震响应的计算:已知一个楔形砂岩体夹在页岩中间,页岩的 $\rho_m=2.25$ g/cm^3,$v_m=2\ 500$ m/s,砂岩的 $\rho_s=2.55$ g/cm^3,$v_s=3\ 000$ m/s;砂岩厚度由 0 变到 75 m,如图 5 所示。在地面上有 26 个自激自收点,自左向右相邻点砂层厚度依次相差 3 m,R_1 和 R_2 间反射波时差 $\Delta\tau$ 近似相差 2 ms;所用的零相位子波按 $\Delta t=2$ ms 采样的 19 个离散值为 0,−8,−16,−20,−16,−8,0,12,24,30,24,12,0,−8,−16,−20,−16,−8,0。请完成下列工作(计算机编程和手工绘图均可):

(1) 计算 R_1 和 R_2 界面的反射系数,绘制出 26 道自激自收时间剖面。

(2) 若砂岩体夹在页岩和灰岩中间,灰岩的 $\rho_c=2.70$ g/cm^3,$v_c=4\ 000$ m/s,计算 R_1 和

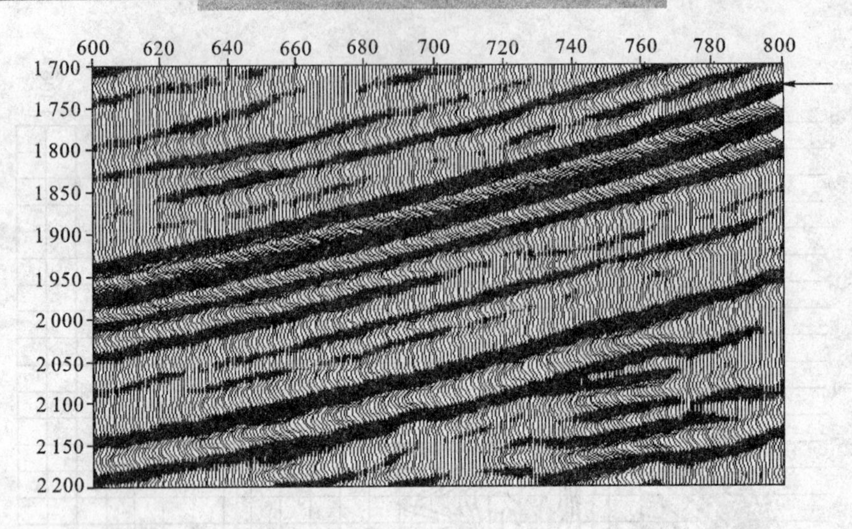

图 3　实际地震剖面段

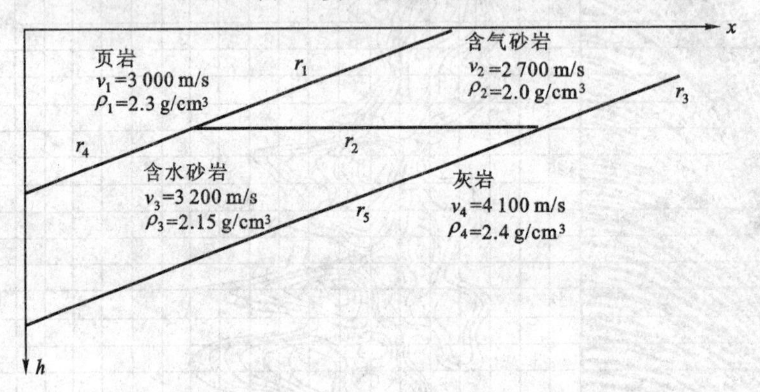

图 4　计算各分界面上反射系数和透射系数的模型参数

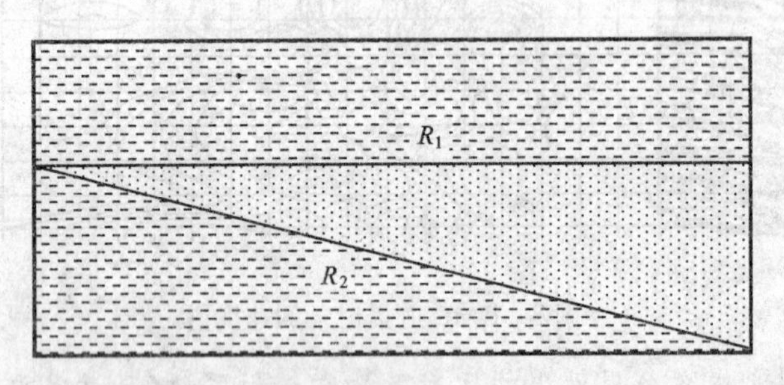

图 5　楔形砂岩体模型

R_2 界面的反射系数并绘制出 26 道自激自收时间剖面。

(3) 若采用最小相位子波，它的 19 个离散值为 0，12，24，30，24，12，0，−8，−16，−20，−16，−8，0，4，8，10，8，4，0，试计算并绘制出(1)和(2) 两种情况下的 26 道自激自收时间剖面。

(4) 根据以上 4 张自激自收时间剖面，绘制相应的时间-振幅解释图版。

(5) 分析以上 4 张自激自收时间剖面和相应的时间-振幅解释图版，可得到什么认识？

说明：① R_1 界面的 t_{01} 时间自已给定；R_2 界面的 $t_{02}=t_{01}+\Delta\tau_i$(楔形砂岩体内地震波的双程旅行时)；② 画图时注意零相位子波、最小相位子波与界面的对应关系；③ 手工绘图时，请选好绘图比例，绘在方格纸上。

6. 绘制凹界面与断层的时间剖面。已知地下有一个凹界面，在地面上相隔 100 m 的 13 个点处，该凹界面的铅垂深度分别为 500，575，650，715，780，830，840，830，800，730，650，580，500 m。凹界面以上覆盖介质是均匀的，对应的平均速度 $v_{av}=2\,000$ m/s，请完成下列工作：

(1) 画出该凹界面的地质形态，比例尺为：深度 H：1 cm=100 m，水平距离 x：1 cm=100 m。

(2) 画出该凹界面在自激自收剖面上的同相轴的形态，道间距为 100 m，个别位置可以适当加密。纵坐标 t_0 向下，1 cm 代表 100 ms；横坐标 1 cm 代表 100 m。

(3) 把自激自收时间剖面转换为深度剖面，在图上保留画出的圆弧，比例尺同(1)。

7. 如果要将振幅随偏移距变化(AVO)的图件转换为振幅随入射角变化的图件，应该如何标定图中的比例？如果速度随深度的增加而增大时，又会产生什么效果？

8. 在二维地震勘探时，假设地震测线沿地层倾向与走向分别布设，如果在这两条正交测线上分别进行速度分析，问在交点处得到的速度分析结果是否相同？为什么？如果对这两条测线分别进行水平叠加和叠后时间偏移处理，问在交点处水平叠加和叠后时间偏移剖面上的 t_0 时间都会闭合吗？为什么？

9. 如图 6 所示为采用零相位雷克子波得到的楔形体地质模型的地震响应(自激自收剖面)。图中道间旅行时差为 2 ms，$\lambda/4$ 的厚度所对应的层间旅行时差 t_0 为 12 ms，问为什么图 6a 中波的干涉是相长的，而图 6b 中波的干涉是相消的？如果楔形体的岩性速度为 3 000 m/s，雷克子波的主频为 40 Hz，请估计其调谐厚度。

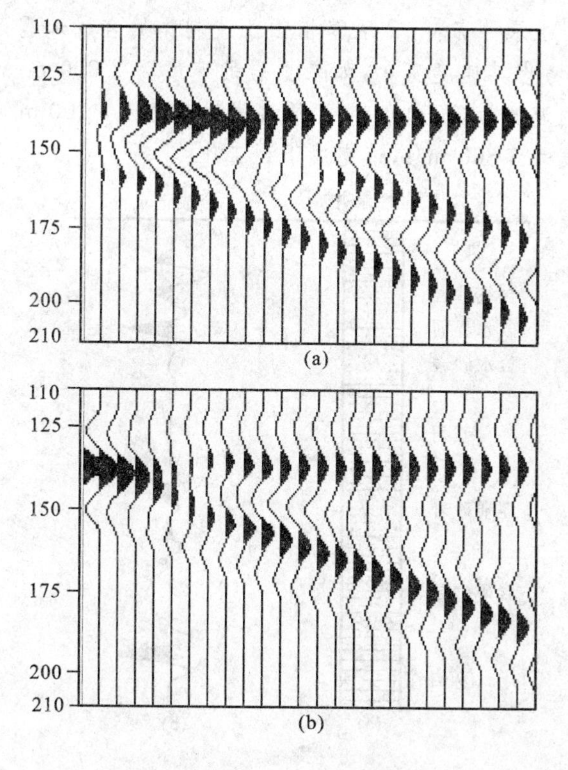

图 6　楔形体地质模型的地震响应

10. 示意绘制图7所示的自激自收时间剖面。注意各种波的相互关系，并说明使用什么方法可使水平叠加剖面的形态与地质模型尽量对应。

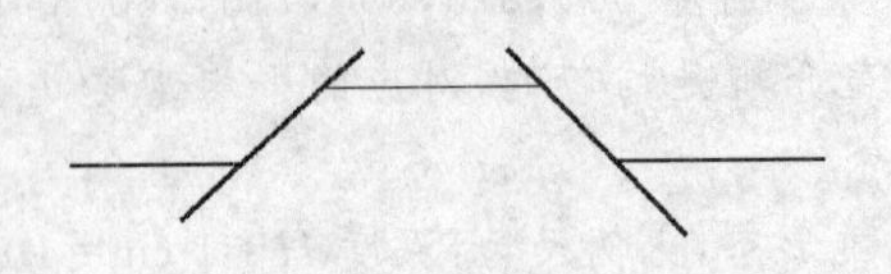

图7 地垒式模型

11. 图8是什么类型的地震剖面？该地震剖面上包含哪些波动特征？可看到哪些可能的地质现象？根据该地震剖面的特征示意绘制其地质模型。

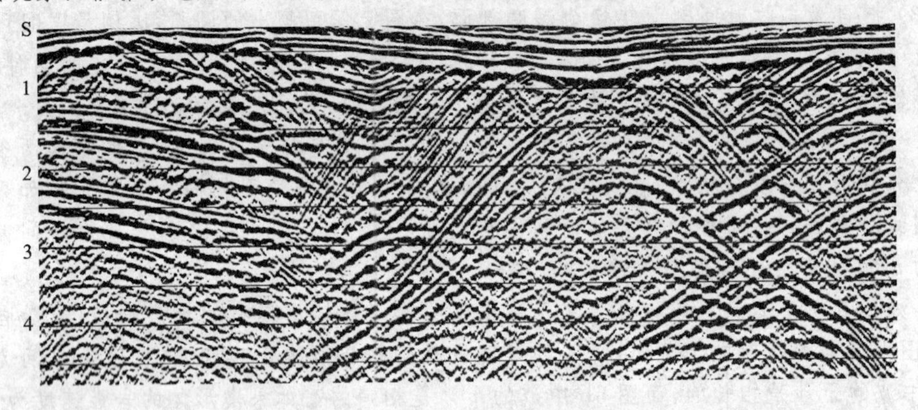

图8 一条实际的地震剖面

12. 图9是根据岩性录井资料，采用零相位子波制作的合成地震记录。假设不考虑各类岩性的密度差异，只考虑其速度变化，如果页岩的速度为2 900 m/s，含气砂岩的速度为2 600 m/s，含水砂岩的速度为3 000 m/s，泥质砂岩的速度为3 100 m/s，含砾砂岩的速度为3 000 m/s，灰岩的速度为3 800 m/s，请完成下列工作：

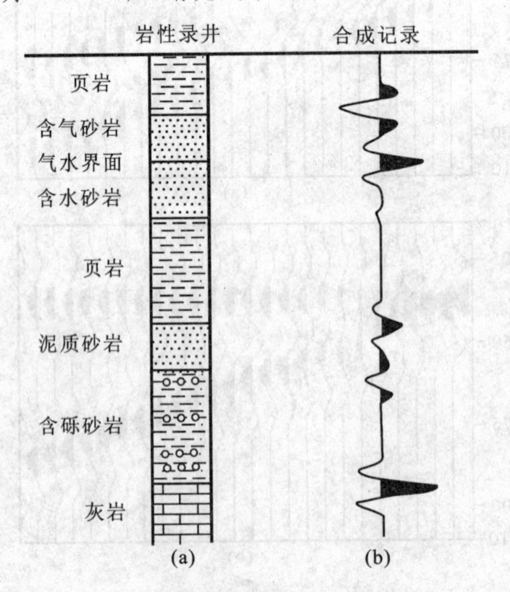

图9 录井岩性与合成地震记录

（1）分析在各岩性分界面上产生反射波的极性和反射系数的相对大小。

（2）分析合成地震记录与岩性分界面的对应关系。为什么反射波的同相轴与分界面不一定存在良好的一一对应关系？

（3）如何利用这样的合成记录实现层位标定？实际工作中的层位标定应该具有哪些基本资料？完成哪些工作步骤？

（4）分析零相位子波与各分界面间存在的关系。如果采用最小相位子波，它与各分界面间的关系又是如何？假如含气/含水砂岩的厚度减薄一半，合成记录会有什么变化？

（5）如果给定各种岩性的密度参数，页岩的密度为 2.6 g/cm^3，含气砂岩的密度为 2.2 g/cm^3，含水砂岩的密度为 2.4 g/cm^3，泥质砂岩的密度为 2.5 g/cm^3，含砾砂岩的密度为 2.3 g/cm^3，灰岩的密度为 2.7 g/cm^3，分析各界面的反射系数以及合成地震记录的变化。

图书在版编目(CIP)数据

地震资料综合解释方法/王永刚编著. —东营:中国石油大学出版社,2007.5(2012.9 重印)

ISBN 978-7-5636-2245-0

Ⅰ.地... Ⅱ.王... Ⅲ.①地震勘探—数据处理 ②地震勘探—地质解释 Ⅳ.P631.4

中国版本图书馆 CIP 数据核字(2006)第 051510 号

中国石油大学(华东)规划教材

书　　名:地震资料综合解释方法

作　　者:王永刚

责任编辑:袁超红

封面设计:王凌波

出 版 者:中国石油大学出版社(山东 东营　邮编 257061)

网　　址:http://www.uppbook.com.cn

电子信箱:shiyoujiaoyu@163.com

印 刷 者:山东省东营市新华印刷厂

发 行 者:中国石油大学出版社(电话 0532—86981532,0546—8392563)

开　　本:185 mm×260 mm　印张:22.625　字数:579 千字

版　　次:2012 年 9 月第 1 版第 3 次印刷

定　　价:33.00 元